上海空间电源研究所出版基金

航天电源技术系列

化学电源技术

（第2版）

马季军　等　编著

科学出版社
北　京

内 容 简 介

本书对航天器电源分系统中化学电源研究、设计、制造和应用，以及化学电源的理论、技术和测试进行较为详尽的论述。本书中内容主要来源于作者所在上海空间电源研究所承担的探月工程、北斗导航工程、高分对地观测专项、载人航天工程、深空探测、两代遥感平台、新一代及重型运载、重大武器型号等型号项目几十年的理论成果与工程实践经验。

本书可供从事和关心航天器总体和电源分系统技术领域研究、设计、制造、测试及应用的专业技术人员和管理人员使用，也可作为高等院校相关专业本科和研究生的参考书。

图书在版编目(CIP)数据

化学电源技术 / 马季军等编著. — 2版. — 北京：科学出版社，2020.6
(航天电源技术系列)
ISBN 978-7-03-065115-0

Ⅰ. ①化… Ⅱ. ①马… Ⅲ. ①化学电源 Ⅳ. ①TM911

中国版本图书馆 CIP 数据核字(2020)第 083594 号

责任编辑：徐杨峰 / 责任校对：谭宏宇
责任印制：黄晓鸣 / 封面设计：殷 靓

科学出版社 出版
北京东黄城根北街 16 号
邮政编码：100717
http://www.sciencep.com
南京展望文化发展有限公司排版
上海锦佳印刷有限公司印刷
科学出版社发行 各地新华书店经销

*

2015 年 2 月第 一 版 开本：787×1092 1/16
2020 年 6 月第 二 版 印张：29 3/4
2020 年 6 月第二次印刷 字数：673 000

定价：200.00 元

再版前言

《化学电源技术》从2015年发行至今已有4年多，一直深受广大读者的欢迎，获得一致好评，在此深表谢意。近几年化学电源取得了突飞猛进的发展，许多新型化学电源不断涌现，为了更好地满足广大读者的需求，我们对《化学电源技术》进行了修订。

此次再版，我们在许多方面做了修改、补充和删减。修订主要包括两个方面：一是补充了近几年化学电源的研究成果；二是完善了化学电源各章节的论述。本次再版作了如下调整。

由于初版第2章中介绍锌锰的干电池和第3章中介绍的铅酸蓄电池逐步被新型的电池所取代，而且它们在航天上的应用也很少，所以在再版中删除了这两类电池。

由于固态锂电池具有高安全性和高比能量等特点，近几年越来越受到化学电源专家的关注，所以再版增加了第7章全固态锂电池，内容包括固态锂电池工作原理、结构、制造和发展趋势。

将初版第10章其他化学电源中的燃料电池调整到再版的第8章。随着燃料电池关键技术的突破，燃料电池的研究也越来越受关注，再版时把燃料电池独立成章，详细介绍各种燃料电池的设计与制造。

将初版第10章其他化学电源中的电化学电容器调整到再版的第9章。电化学电容器具有大倍率脉冲放电的特点，在一些特定场合应用越来越广，再版时也把电化学电容器独立成章，详细介绍电化学电容器近期的研究进展。

将初版第10章其他化学电源中的水激活电池调整到再版的第11章。水激活电池由于具有一些独特的性能，在海洋领域仍有强大的生命力。再版时也把水激活电池独立成章，详细介绍水激活电池的制造、性能和维护。

再版的第12章新型化学电源是对初版第10章的补充和完善，再版时新增了钠电池和锂硫电池，考虑到这两种电池由于比能量高，在将来有望取代现有的锂离子电池，所以在再版的第12章中新增了两章节，专门对这两种电池进行介绍。在再版的12.1节中，补充和完善了锂空气电池、铝空气电池和锌空气电池。在再版的12.4节中对氧化还原液流电池进行了补充和完善。

此次再版，我们对初版作了较大的修改，全书再版的修订由马季军、张平负责审稿，其中第1章化学电源基础知识由朱荣杰完成；第2章锌银电池由王冠、杨炜婧完成；第3章镉镍蓄电池由凌玉完成；第4章氢镍蓄电池由马丽萍完成；第5章锂电池由郭瑞完成；第6章锂离子蓄电池由杨森完成；第7章全固态锂电池由吴勇民、吴晓萌完成；第8章燃料电池由邓呈维完成；第9章电化学电容器由杨晨完成；第10章热电池由胡华荣完成；第11章水激活电池由苏永堂完成；第12章新型化学电源由毛亚、刘雯、李永和邓呈维完成。全书由马季军统稿。以上作者的单位均为上海空间电源研究所。

本书可供航天器化学电源专业技术人员和管理人员使用,也可作为高等院校相关专业本科和研究生的选修教材或参考书。

科学出版社的编辑以及其他有关同志对本书的出版给予大力的支持和帮助,在这里对他们的辛勤工作表示深深的谢意和崇高的敬意!上海空间电源研究所的陆荣和杨炜婧对本书的再版修订工作提出了宝贵的意见和建议,在此一并表示感谢。

限于作者水平,本书难免会有一些不足之处,恳请广大读者批评指正。

本书编写组

2020年3月

目　　录

第1章 化学电源基础知识

1.1 化学电源的定义、特点及分类

1.1.1 化学电源的定义

顾名思义，电源——电力之源，即借助于某些变化（化学变化或物理变化）将某种能量（化学能或光能等）直接转换为电能的装置，通过化学反应直接将化学能转换为电能的装置称为化学电源，如常见的锌锰干电池、铅酸电池等。通过物理变化直接将光能、热能转换为电能的装置称为物理电源，如半导体太阳电池、同位素温差电池等。

化学电源在实现化学能直接转换为电能的过程中，必须具备两个必要的条件：

(1) 必须把化学反应中失去电子的过程（氧化过程）和得到电子的过程（还原过程）分隔在两个区域中进行，因此，它与一般的氧化还原反应不同；

(2) 两个电极分别发生氧化反应和还原反应时，电子必须通过外线路做功，因此，它与电化学腐蚀微电池也是有区别的。

从化学电源的应用角度而言，常使用“电池组”这个术语。电池组中最基本的电化学装置称为电池。电池组是由两个或多个电池以串联、并联或串并联形式组合而成的。其组合方式取决于用户所希望得到的工作电压和电容量。习惯上常将化学电源简称为电池。

1.1.2 化学电源的特点

化学电源与其他电源（如火力发电、水力发电、风能、原子能、太阳能等发电装置）相比，它具有以下特点。

(1) 能量转换效率高。其他的发电方式往往要经过很多步骤。例如，火力发电先把燃料的化学能转变为热能，再由热机将热能转变为机械能，最后才由发电机把机械能转变为电能。在整个发电过程中，每一次转换都要损耗部分能量，而且还要受卡诺循环的限制，能量转换效率最高只能达到40%，一般仅为25%。化学电源直接将化学能转变为电能，不经过上述中间步骤，也不受卡诺循环的限制，能量转换效率最高可达80%。

(2) 化学电源工作时不产生污染环境的物质，且不产生噪音。从环境保护的角度来看，它是受人欢迎的干净的能源。

(3) 化学电源不仅能产生电能，而且能储存电能，因此可与其他能源配合使用，组成能源系统。

(4) 可制成各种形状和大小以及不同电压和容量的产品用于各种场合。

(5) 使用方便，易于携带，安全，易维护。

(6) 能在高低温、高速、失重、振动、冲击等恶劣环境条件下使用。

(7) 启动快，储存时间长。

1.1.3 化学电源的分类

化学电源按电解液、活性物质的存在方式、电池特点、工作性质及储存方式等有不同的分类方法。

1. 电解液

(1) 电解液为碱性水溶液的电池称为碱性电池。

(2) 电解液为酸性水溶液的电池称为酸性电池。

(3) 电解液为中性水溶液的电池称为中性电池。

(4) 电解液为有机电解质溶液的电池称为有机电解质溶液电池。

(5) 电解液为固体电解质的电池称为固体电解质电池。

2. 活性物质的存在方式

(1) 活性物质保存在电极上。可分为一次电池(非再生式,原电池)和二次电池(再生式,蓄电池)。

(2) 活性物质连续供给电极。可分为非再生燃料电池和再生式燃料电池。

3. 电池特点

(1) 高容量电池;

(2) 免维护电池;

(3) 密封电池;

(4) 烧结式电池;

(5) 防爆电池;

(6) 扣式电池、矩形电池、圆柱形电池等。

4. 工作性质及储存方式

尽管化学电源品种繁多,分类方法多样,但习惯上按其工作性质及储存方式不同,一般分为四类。

1) 一次电池

一次电池,又称原电池。即电池放电后不能用充电方法使它复原的一类电池。换言之,这种电池只能使用一次,放电后的电池只能被遗弃。这类电池不能再充电的原因,或是电池反应本身不可逆,或是条件限制使可逆反应很难进行。如:

锌锰干电池	$Zn\|NH_4Cl \cdot ZnCl_2\|MnO_2(C)$
锌汞电池	$Zn\|KOH\|HgO$
镉汞电池	$Cd\|KOH\|HgO$
锌银电池	$Zn\|KOH\|Ag_2O$
锂亚硫酰氯电池	$Li\|LiAlCl_4 \cdot SOCl_2\|(C)$

2) 二次电池

二次电池,又称蓄电池。即电池放电后可用充电方法使活性物质复原以后能够再放电,且充放电能反复多次循环使用的一类电池。这类电池实际上是一个电化学能量储存装置,用直流电把电池充足,这时电能以化学能的形式储存在电池中,放电时化学能再转换为电能。如:

铅酸电池　　$Pb|H_2SO_4|PbO_2$
镉镍电池　　$Cd|KOH|NiOOH$
锌银电池　　$Zn|KOH|AgO$
锌氧(空)电池　　$Zn|KOH|O_2$(空气)
氢镍电池　　$H_2|KOH|NiOOH$

3) 储备电池

储备电池,又称激活电池。即其正、负极活性物质和电解质在储存期不直接接触,使用前临时注入电解液或用其他方法使电池激活的一类电池。由于与电解液的隔离,所以这类电池的正负极活性物质的化学变质或自放电本质上被排除,使电池能长时间储存。如:

镁银电池　　$Mg|MgCl_2|AgCl$
锌银电池　　$Zn|KOH|AgO$
铅高氯酸电池　　$Pb|HClO_4|PbO_2$
钙热电池　　$Ca|LiCl\cdot KCl|CaCrO_4(Ni)$

4) 燃料电池

燃料电池,是只要将活性物质连续地注入电池,就能长期不断地进行放电的一类电池。它的特点是电池自身只是一个载体,可以把燃料电池看成一种需要电能时将反应物从外部送入电池的一次电池。如:

氢氧燃料电池　　$H_2|KOH|O_2$
肼空气燃料电池　　$N_2H_4|KOH|O_2$(空气)

必须指出,上述分类方法并不意味着某一种电池体系只能分属于一次电池、二次电池、储备电池或燃料电池。恰恰相反,某一种电池体系可以根据需要设计成不同类型的电池。如锌银电池,可以设计为一次电池,也可设计为二次电池或储备电池。

1.2　化学电源的原理

化学电源是一个能量储存与转换的装置。放电时,电池将化学能直接转变为电能;充电时则将电能直接转化为化学能储存起来。电池中的正负极由不同的材料制成的,插入同一电解液的正负极都会存在自己的电极电势。此时,电池中的电势分布如图1.1中折线 A、B、C、D 所示(虚线和电极之间的空间表示双电层)。由正负极平衡电极电势之差构成了电池的电动势 E。当正、负极与负载接通后,正极物质得到电子发生还原反应,产生阴极极化使正极电势下降;负极物质失去电子发生氧化反应,产生阳极极化使负极电势上升。外线路有电子流动,使电流方向由正极流向负极。电解液中靠离子的移动传递电荷,电流方向由负极流向正极。电池工作时,电势的分布如 $A'B'C'D'$ 折线所示。

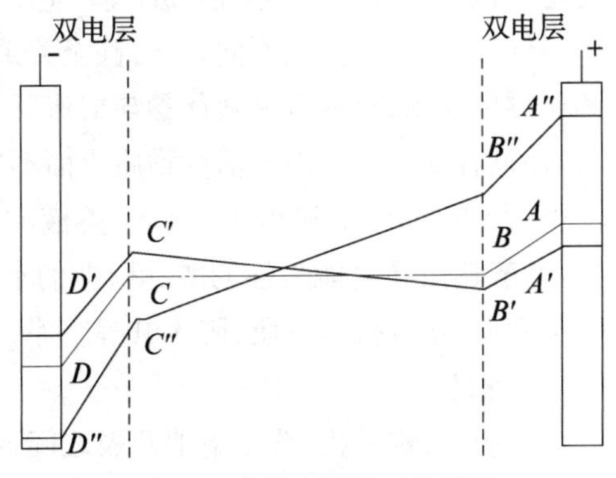

图1.1　化学电源的工作原理

上述的一系列过程构成了一个闭合通路，两个电极上的氧化、还原反应不断进行，闭合通路中的电流就能不断地流过。电池工作时电极上进行的产生电能的电化学反应称为成流反应，参加电化学反应的物质称为活性物质。

电池充电时，情况与放电时相反，正极上进行氧化反应，负极上进行还原反应，溶液中离子的迁移方向与放电时相反，充电电压高于电动势。

放电时，电池的负极上总是发生氧化反应，此时是阳极，电池的正极总是发生还原反应，此时阴极与充电时进行的反应方向正好相反，成为一个可以做功的化学电源。

1.3 化学电源的组成

化学电源的系列品种繁多，规格形状不一，但就其主要组成而言有以下四个部分：电极、电解液、隔膜和外壳。此外，还有一些零件，如极柱等。

1. 电极

电极包括正极和负极，是电池的核心部件，它由活性物质和导电骨架组成。

活性物质是指电池放电时，通过化学反应能产生电能的电极材料，活性物质决定了电池的基本特性。活性物质多为固体，但是也有液体和气体。活性物质的基本要求是：① 正极活性物质的电极电势尽可能正，负极活性物质的电极电势尽可能负，组成电池的电动势就高；② 电化学活性高，即自发进行反应的能力强，电化学活性和活性物质的结构、组成有很大关系；③ 质量比能量和体积比能量大；④ 在电解液中的化学稳定性好，其自溶速度应尽可能小；⑤ 具有高的电子导电性；⑥ 资源丰富，价格便宜；⑦ 环境友好。要完全满足以上要求是很难做到的，必须要综合考虑。

目前，广泛使用的正极活性物质大多是金属的氧化物，例如二氧化铅、二氧化锰、氧化镍等，还可以用空气中的氧气。而负极活性物质多数是一些较活泼的金属，例如锌、铅、镉、钙、锂、钠等。

导电骨架的作用是能把活性物质与外线路接通并使电流分布均匀，另外还起到支撑活性物质的作用。导电骨架要求机械强度好、化学稳定性好、电阻率低、易于加工。

2. 电解液

电解液也是化学电源的不可缺少的组成部分，它与电极构成电极体系。仅有电极、没有电解液，也不能进行电化学反应。电极材料选定之后，电解液有一定的选择余地，电解液不同，电极的性能也不同，有时甚至关系到电池能否成功供电。电解液保证正负极间的离子导电作用，有的电解液还参与成流反应。电池中的电解液应该满足：① 化学稳定性好，使储存期间电解液与活性物质界面不发生速度可观的电化学反应，从而减小电池的自放电；② 导电率高，则电池工作时溶液的欧姆电压降较小，不同的电池采用的电解液不同，一般选用导电能力强的酸、碱、盐的水溶液，在新型电源和特种电源中，还采用有机溶剂电解质、熔融盐电解质、固体电解质等。

3. 隔膜

隔膜，又称隔板，置于电池两极之间，主要作用是防止电池正极与负极接触而导致短路，同时使正、负极形成分隔的空间。由于采用隔膜，两个电极的距离可大大减小，电池结构紧凑，电池内阻也降低，比能量可以提高。隔膜的材料很多，对隔膜的具体要求是：① 应是电子的良好绝缘体，以防止电池内部短路；② 隔膜对电解质离子迁移的阻力小，则电池内阻就相应减小，电池在大电流放电时的能量损耗就减小；③ 应具有良好的化学稳定性，能够耐受电解液的腐蚀和电极活性物质的氧化与还原作用；④ 具有一定的机械强度及抗弯曲能力，并能阻挡枝晶的生长和防止活性物质微粒的穿透；⑤ 材料来源丰富，价格低廉，常用的隔膜有棉纸、浆纸层、微孔塑料、微孔橡胶、水化纤维素、尼龙布、玻璃纤维等。

4. 外壳

外壳是电池的容器，兼有保护电池的作用。在现代化学电源中，只有锌锰干电池是锌电极兼作外壳，其他各类化学电源均不用活性物质兼作容器，而是根据情况选择合适的材料作外壳。电池外壳应具有良好的机械强度、耐震动和耐冲击，并能耐受高低温环境的变化和电解液的腐蚀。因此，在设计及选择电池外壳的结构及材料时，应考虑上述要求。化学电源的外壳可采用各种橡胶、塑料及某些金属材料。

1.4　化学电源的应用与发展趋势

1.4.1　化学电源的应用领域

与其他电源相比，化学电源具有能量转化效率高、使用方便、安全可靠、少维护和易满足用户要求等特点。因此，它在工业、军事及其他领域有着极其广泛的应用。

各种类型电池的主要应用范围如图1.2所示。它分别标出了各类电池的功率水平和工作时间。在一定的效率水平和工作时间范围内，某种电池的使用会呈现相应的优势。

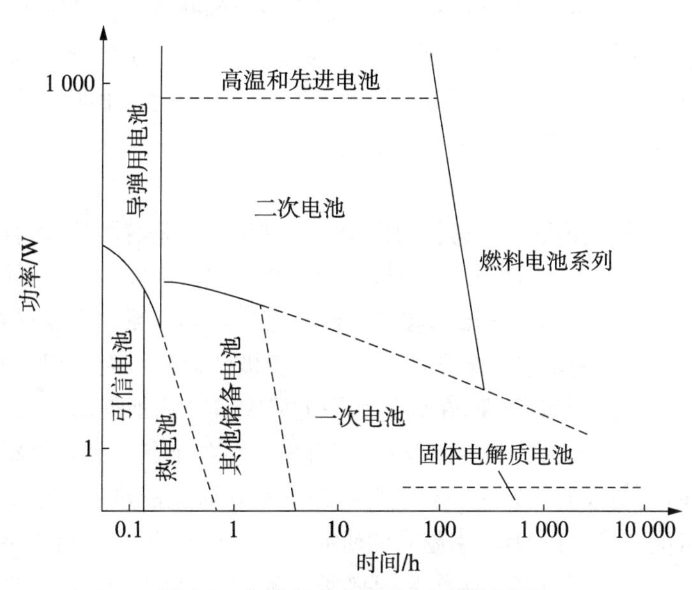

图1.2　各种类型电池的主要应用范围

一次电池常用于低功率到中功率放电。它们使用方便，相对价廉。外形以扁形、扣式和圆柱形为多见。在民用方面，一次电池中圆柱形(干)电池不仅用于照明、信号和报警装置,还广泛用于半导体收音机、计算器、玩具以及剃须刀、吸尘器等家庭和生活用品上。扣式电池主要广泛应用在手表等设备上,薄形电池则主要用于 CMOS 电路记忆储存电源等。在军用方面,一次电池主要用于便携通信、雷达、夜间监视设备,以及气象仪器、导航仪器等。

二次电池及其电池组,常用于较大功率的电源系统中。民用方面,可用于汽车启动、照明和点火、辅助和(备用)应急电源,以及(浮充状态下)负荷平衡供电。军用方面,它可用于在人造卫星、宇宙飞船、空间站、潜艇和水下推进方面,以及在电动车辆方面。

储备电池常在特殊的环境下使用。例如,储备热电池和储备锌银电池经多年长期储存之后能在短时间内高倍率放电,可用作导弹电源。在微安级低倍率放电条件下工作的固体电解质电池,储存寿命或工作寿命特别长,可用作心脏起搏器和计算机储存电源等可靠性要求特别高和寿命特别长的场合。

燃料电池主要用于长时间连续工作的场合。它已成功应用于"阿波罗"飞船等登月飞行和载人航天器中。同时,科研人员正在进一步研制燃料电池电站,使它并入公用电网供电。

1.4.2　化学电源的发展趋势

1. 从理论能量密度挖掘现有电池的潜力

根据热力学的相关理论,一种电池据反应可估算出其理论能量密度,但数据来源不同,数值不一,有时相差很大,这与反应中物质状态有关,与是否考虑到反应所处条件(如在水溶液与空气中的水与氧气量)有关。在电池运行中,实际能量密度最多只有理论容量的20%～35%,可能还有10%～20%的计算值潜力,值得去改进提高。这其中具体的数值有待商榷,但不可否认的一点是现有的电池仍有较大的开发潜力。以铅酸电池为例,现有的正极活性利用率仅达30%左右,还有很大的提升空间。在此基础上新型先进铅酸电池被研发出来,让这一传统化学电源重新焕发了生机。其他化学电源也是如此。因此,研究如何充分开发现有电池的潜力,将是未来化学电源研究的重要课题之一。

2. 拓展新型的先进电池活性材料

一般而言,电池的进步取决于材料的进步。自然资源总是有限的,而合成材料的潜力是无限的。今后可有意识地运用分子设计的思想,把导电聚合物材料、固体电解质合成纳入分子工程的对象。导电材料如聚苯胺、聚吡咯、聚噻吩等一系列合成材料已成为先河,而分子剪裁将因为可以满足在一定条件下作为正负极活性材料而出现。此外,除化学合成外,还有材料的电化学表面处理,在分子水平上研究各类添加剂的行为,材料的电化学制备、导电聚合物、新型电极材料、新型溶剂等都有广阔的前景。纳米材料所具有的独特性质和新的规律,已使人们认为这一领域是跨世纪科学研究的热点。纳米微粒作为电池正负极材料的可能性是存在的,越来越多的研究显现了它的特性,并对不少纳米级金属氧化物的电化学行为进行了研究。而作为锂离子电池的负极纳米微粒中的碳管的管壁厚度、管径、管腔、长度都可做到调控。通过调控合成条件,改变其形态参数,来调整电池的可逆和不可逆容量及循环寿命。此外,纳米材料的催化性质在燃料电池中已经得到应用,这进一步拓展纳米材料在电池中的实际应用,电池的性能有可能提升到一个新的高度。

3. 探索可利用的全新电化学反应

化学电源是一种将化学能转化为电能的装置。化学能无处不在，但人类能够利用将之转化为电能的却为数不多。因此开发新的可以利用的化学能，也是将来化学电源发展的一个重要方向，例如核电池的发明就具有较为典型的代表意义。核电池，又称同位素电池，它是利用放射性同位素衰变放出载能粒子并将其能量转换为电能的装置。核电池取得实质性进展始于20世纪50年代，由于其具有体积小、重量轻和寿命长的特点，而且其能量大小、速度不受外界环境的温度、压力、电磁场等影响，因此，它可以在很大的温度范围和恶劣的环境中工作。目前核电池已经在航天、极地科考、心脏起搏器等领域成功应用。当前现有的化学电源终究有其发展的极限，想要利用化学电源更好地为人类社会发展做出贡献，开发出全新的化学电源势在必行。

第2章 锌银电池

2.1 绪论

2.1.1 锌银电池的发展简史

锌银电池是化学电源中出现最早的电池系列之一，至今已有近二百年的历史。按照热力学计算，它的比能量和电动势都比较高，因此曾是人们长期向往的一个电池品种。但是，由于存在着一些难以解决的关键技术问题，直到 20 世纪 40 年代末，锌银电池技术才逐渐成熟起来，碱性锌氧化银体系才作为一次和二次电池获得承认，并得到了广泛的应用。

阻碍锌银电池发展的主要原因有两个：一是微溶于碱的氧化银不断从正极向负极迁移，很快形成连通两极的电子通道"银桥"而造成电池失效；二是初期采用的实体锌电极在氢氧化钾电解液中迅速腐蚀溶解。

1883 年，克拉克的专利叙述了第一只完整的碱性锌氧化银原电池。在锌银电池发展中，贡献最大的是安德烈和尤格涅尔。尤格涅尔在 1899 年制成了烧结式的银电极，使银电极的性能得到很大的提高，成为今天烧结式银电极的基础。1941 年，法国的亨利·安德烈预告了锌氧化银电池的现代发展。最初，他发现氧化银在碱性电解液中溶解时，溶解的银向锌电极迁移并在负极发生沉积。他提出用玻璃纸半透膜做锌银电池的隔膜，有效地减缓了银迁移，推迟了银桥的形成。他又采用了多孔锌电极和少量的浓氢氧化钾电解液，并确定了最佳的电解质浓度在氢氧化钾质量为 40%～45%时，可以使锌电极的腐蚀速度大大下降，终于制成了有实际应用价值的锌银二次电池。

第二次世界大战之后，电子技术的进步和工业技术的发展，迫切要求体积小、重量轻、比功率大、使用寿命长及使用方便的化学电源，因此，锌银电池在许多国家得到了推广，它的电性能和寿命等均有所提高。

到 20 世纪 50 年代，导弹及火箭技术的发展，需要有长期待机作战用电源。为弥补锌银电池寿命不长以及不能在荷电状态下长期湿态储存的不足，发展了人工激活干式荷电态锌银二次电池和自动激活锌银一次电池组。50 年代后期，航天技术的发展，使密封锌银二次电池得到了应用。我国锌银电池的研制和生产自 20 世纪 50 年代开始，至今已有近 70 年的历史。

2.1.2 锌银电池的性能和特点

1. 充放电电压的两坪阶特性

碱性锌银电池是一种高比能量和高比功率的电池。它的负极为金属锌，正极为银的氧化物（二价银的氧化物过氧化银 AgO 和一价银的氧化物氧化银 Ag_2O），电解液为氢氧化钾的水溶液。

由于锌银电池正极材料主要是由两种价态银的氧化物组成，因此，在对锌银电池充、放电时，对应着两种银氧化物生成和发生还原反应的过程，锌银电池充电曲线如图 2.1 所示，不同放电倍率下的放电曲线如图 2.2 所示。

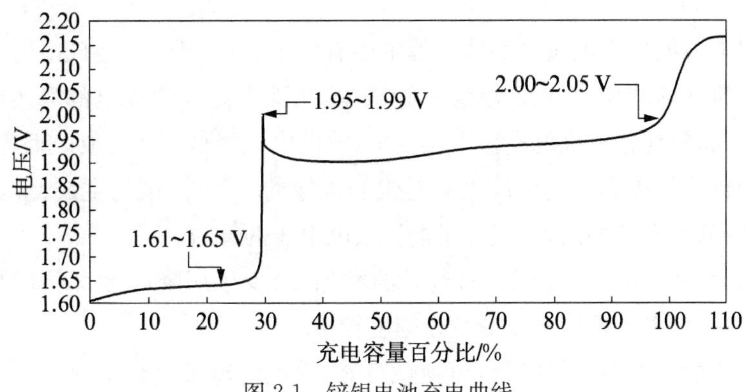

图 2.1 锌银电池充电曲线

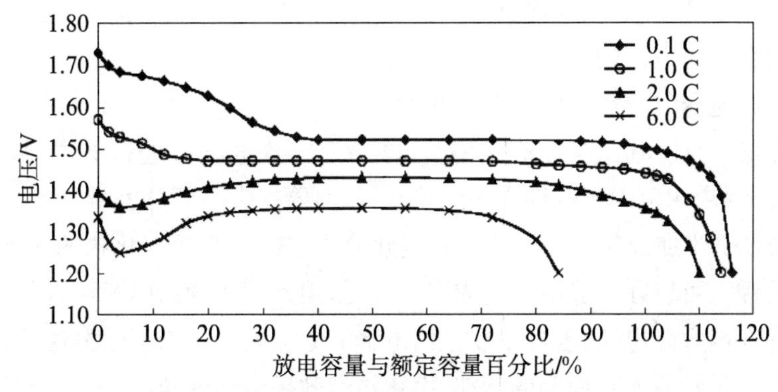

图 2.2 锌银电池在不同放电倍率下的放电曲线

可以看出，锌银二次电池的充电、放电曲线明显呈现阶梯状的特征。充电曲线的第一阶梯相应于大约 1.61～1.65 V 的充电电压，第二阶梯则相应于 1.95～1.99 V 的电压。两个阶梯也称为两个坪阶，电压较高的阶梯称为高坪阶，电压较低的阶梯称为低坪阶。低坪阶的充电时间约占总的充电时间的 30%，高坪阶约占 70%。

第一阶梯相应于银被氧化为一价的氧化物 Ag_2O，第二阶梯则相应于二价银的氧化物 AgO 的形成。在充电终止时，观察到第三个新的阶梯，在 2.05 V 以上，银的继续氧化基本终止，充电电流消耗于氧的阳极生成。

当用小电流放电时(图 2.2 中的 0.1 C 放电曲线)，二价银氧化物 AgO 在第一阶梯被还原，Ag_2O 则在第二阶梯被还原，第二阶梯的长度在放电时比在充电时要短得多。也就是说，在充电和放电时，出现了很明显的电压变化的滞后现象。大电流放电将使锌银二次电池的电压降低，并使放电曲线上第一阶梯的相对长度缩短。当用很大的电流放电时，第一阶梯完全消失，放电过程实际上是从第二阶梯的电压开始。

对于不同放电率的电池，两个阶梯长度不相同。在低倍率放电时，第一个阶梯的电压在1.75 V左右,为高坪阶电压段,占放电总容量的15%~30%。第二个阶段的电压为1.40 V左右,为低坪阶电压段,放出的容量占放电总容量的70%~85%,该坪阶的电压非常平稳。低坪阶放电电压平稳,使得锌银电池可以用于对电源电压平稳性要求严格的场合。然而,对于电压精度要求较高的使用场合,锌银电池的高坪阶电压成为突出问题。

导致锌银电池低坪阶电压平稳的原因主要有两个方面:① 电池放电时,氧化银电极上氧化银的含量逐渐减少,正极的反应面积减少,从而提高电池放电的真实电流密度,引起电极极化增大,氧化银电极的电极电位变负,放电电压降低;② 与放电低坪阶相应的是氧化银还原为银的过程。氧化银的电导是银的电导的$1/10^{14}$,银的生成使电极的电导大大增加,从而降低了电池的内阻,减少了电池放电电压的衰减。

极化的增大,使放电电压降低,而电导的增加,减少了压降程度,两者的作用相互抵偿,从而使电池工作电压保持不变或变化幅度较小。

锌银电池负极采用多孔锌电极,可逆性良好,放电时电极电位变化不大,也保证了电池工作电压的平稳。

在某些使用场合下,放电高坪阶电压会带来不利影响。一是该坪阶电压不平稳;二是高坪阶电压的存在对电池的使用造成许多不便。

消除高坪阶电压的方法主要有以下几种。

第一种方法:预放电。在电池使用前,以一定的放电制度进行放电,放出一部分容量,使电压达到要求的范围。这种方法简单易行,但要损失一部分容量。

第二种方法:添加卤化物。一般是在电解液中添加一定量卤化物的盐类,如氟化钾、溴化钾或碘化钾。可以在制造电池化成银电极时,用含卤化物的电解液进行化成,电池在出厂前已不存在高坪阶电压;也可以在激活电解液中加入卤化物。该方法比较简便,对容量没有影响。但是随着循环周期的增加,卤化物的效果会逐渐减弱。

第三种方法:采用脉冲充电或者不对称交流电充电。这些方法的充电电流是交变的,每一个交变周期里,正半周有一定的电流充电,负半周施加相反方向的电流,使电池放电,需要保持正半周充电容量大于负半周的放电容量。该方法的优点是:① 消除放电曲线上的高坪阶电压;② 提高容量。

2. 比能量和比功率

比能量是评价电池能量的综合性指标。在传统的水系电解液电池系列中,锌银电池的比能量是比较高的。实际使用的锌银电池活性物质利用率比较高,正极达85%~90%,负极达60%~70%。并且,其他零部件质量占的比例小,均可以使锌银电池具有较高的质量比能量。加上电池装配紧凑,其体积比能量也比较高。

比功率是衡量电池性能的另外一项主要指标。在某些要求短时间、大电流工作的场合,决定电池体积和重量大小的,首先往往不是电池的比能量,而是它的比功率特性。和其他传统的电池体系相比,锌银电池的比功率较高,可以用于高电流密度放电,这也是锌银电池长期被用于导弹、运载火箭上的原因之一。

主要的电池体系的比能量特性如表2.1所示。

表 2.1 几种二次电池的比能量

电池种类	质量比能量/(W·h·kg^{-1})	体积比能量/(W·h·dm^{-3})
铅酸电池	30～50	90～120
铁镍电池	20～30	60～70
镉镍电池	25～35	40～60
锌银电池	100～120	180～220
锂离子电池	120～140	260～340

在一般情况下,锌银电池的质量比能量为 100～150 W·h·kg^{-1},体积比能量为 150～240 W·h·dm^{-3},是目前大量生产的二次电池中比能量仅次于锂离子电池的一种。

3. 自放电

对于原电池和一些有长期荷电储存要求的二次电池来说,自放电是一个重要指标。锌银电池自放电主要是电极的电化学不稳定所引起的,其中包括两部分:锌负极的自溶解;正极氧化银的分解及银迁移。

汞是锌电极中的有益添加剂,为减少自放电,通常在制造电池时,向锌电极中加入一定量的金属汞(或汞的化合物)作为缓蚀剂。但是汞具有剧毒性,可以损害人的神经系统。很多研究人员都在研究对人体无害的代汞添加剂。

已知含有铜、铁、钴、镍、锑、砷或锡的电池是极为有害的,因此,一般对铁、铜等杂质的含量控制在 0.000 5%以内。而含有镉、铝、铋或铅的锌合金则可以降低锌的腐蚀速率。

电解液浓度也是影响负极自放电的一个重要因素,锌在低浓度氢氧化钾溶液中的自放电速率要大一些。因此,凡要求储存寿命较长的电池都采用较浓的氢氧化钾电解液。

4. 寿命

电池的寿命主要指循环寿命、湿储存寿命(包括荷电湿储存寿命)和干储存寿命。与其他化学电源相比,湿寿命短是锌银电池的一个突出缺点。

循环寿命是考核二次电池连续工作能力的指标。锌银二次电池循环寿命较短,通用的高倍率型电池只有 10～50 周次,低倍率型电池有 250 周次左右。特种锌银电池一般只有 3～5 周次。自动激活式锌银一次电池的湿寿命更短,通常以小时计。

二次电池每次充电后,在一定条件下储存性能满足技术要求的最长储存时间,称为电池的荷电湿储存寿命,也称为荷电湿搁置寿命,简称荷电湿寿命。荷电湿储存寿命低是电池自放电引起的,储存温度对锌银电池荷电容量保持率的影响如图 2.3 所示。

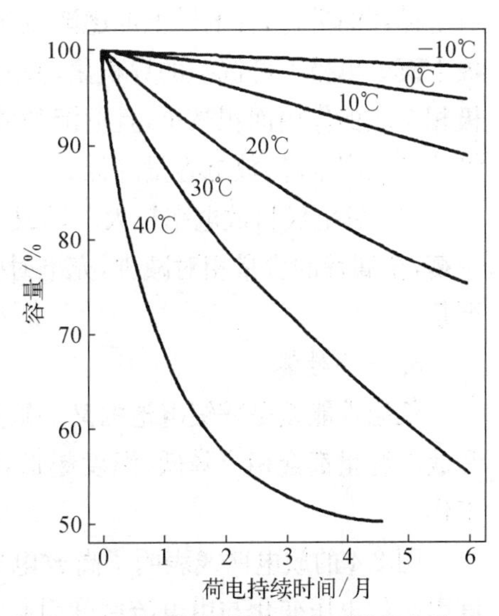

图 2.3 在不同的储存温度下锌银电池的荷电容量保持率

通常情况下,武器、运载用锌银电池(包括干式放电态锌银二次电池、干式荷电态锌银二次电池及自动激活式锌银一次电池组)都是干态出厂。到了使用前才加注电解液激活电池。电池(自装配后)

干态储存后，性能满足技术要求的最长储存时间，称为电池的干态储存寿命，或称干搁置寿命。

目前，锌银电池的干态储存寿命达5～8年，有的可储存12年以上。

由于锌银电池成本较高，从经济性考虑，希望电池的干态储存寿命、湿态储存寿命和荷电储存寿命越长越好。然而，实际上，锌银电池的使用寿命是较短的。限制其使用寿命的主要因素有隔膜的氧化和氧化银的迁移、锌枝晶穿透、锌电极的下沉和锌电极自放电率较大四方面。

(1) 隔膜的氧化和氧化银的迁移。锌银二次电池中通常使用水化纤维素膜作为主隔膜，化学稳定性较差。在电池中长期和氧化银、过氧化银等强氧化剂接触，会被氧化而受到破坏，造成强度变差。此外，锌银电池采用浓氢氧化钾作为电解液，对隔膜有腐蚀作用，长期浸泡在浓碱中的隔膜会发生解聚。同时，氧化银在氢氧化钾溶液中有一定的溶解性。25℃时，比重为1.40的氢氧化钾溶液中氧化银的溶解度为0.05 g·dm^{-3}(以Ag计)。在溶液中的形式是Ag^{2+}、OH^-离子和胶体银微粒。它们迁移到达隔膜后，将膜的分子氧化，本身被还原为银，沉积在隔膜上。溶解的氧化银还可以透过隔膜，到达锌负极，在负极上还原成银沉积下来。沉积在膜上的银积累到一定数量后，就可以透过隔膜，形成很细的银桥，发生电子导电。最初造成微短路，然后逐渐发展成完全短路，最终导致电池失效。

(2) 锌枝晶穿透。当负极过充电时，由于电极上的氧化锌或者氢氧化锌都已完全还原，电解液中的锌酸盐离子就要在电极上放电析出金属锌。首先是电极微孔中电解液内的锌酸盐离子被消耗，再继续沉积锌，只能通过电极外部电解液中的锌酸盐离子来实现。由于浓度极化较大，结晶在电极表面突出部分优先生长，形成树枝状结晶。枝晶可以一直生长到隔膜之间的间隙，甚至在隔膜的微孔里生长，以致穿透隔膜，造成电池短路。因此，锌枝晶穿透也是锌银二次电池寿命短的原因之一。

(3) 锌电极的下沉。由于锌酸盐溶液的分层性质，电池上部锌酸盐浓度低而碱浓度高，电池下部锌酸盐浓度高而碱浓度低，相对于同一锌电极来说，形成浓差电池。随着充放电循环的进行，锌电极上部逐渐减薄，下部逐渐加厚，使锌电极变形，这种现象称为锌电极下沉。电极下部沉积的锌积累，使隔膜涨破，造成电池短路。同时，锌电极变形后，与正极相对应的作用面积减小，且下沉的锌堵塞锌电极下部的微孔，也使作用面积减小，活性物质利用率下降，放电容量降低。

(4) 锌电极自放电率较大。锌银二次电池经过多次循环后，正、负极活性物质配比不平衡，金属锌的含量相对减少，充电时受银电极控制，放电时受锌电极控制，电池容量损失严重。

5. 低温性能

低温性能差是锌银电池的又一缺点。在较低温度，尤其在0℃以下工作时，放电电压和放电容量都会相应降低，温度越低，降低越多，甚至不能放出容量，电池也就随之停止工作。

图2.4的放电曲线表明了高放电率电池在不同温度下的放电性能。可以看出，由温度引起的电压变化与由电流密度引起的电压变化是紧密相关的，因此，低温的不利影响可以通过降低电池的电流密度得到改善。

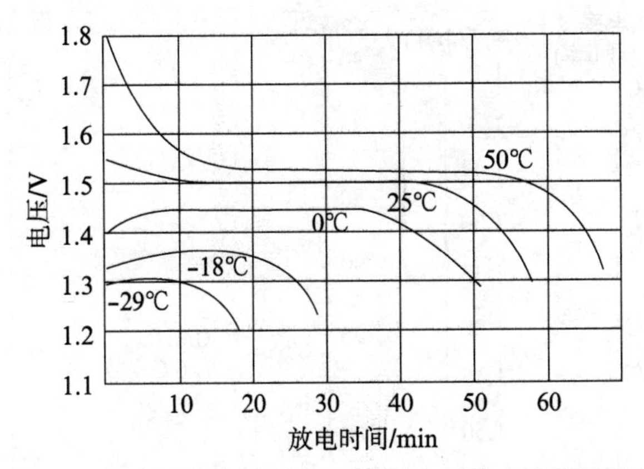

图 2.4　1 h 率下温度对高放电率锌银电池放电性能的影响

图 2.5 是低放电率电池在不同温度下的放电曲线。图 2.6 是环境温度对锌银电池质量比能量的影响情况。

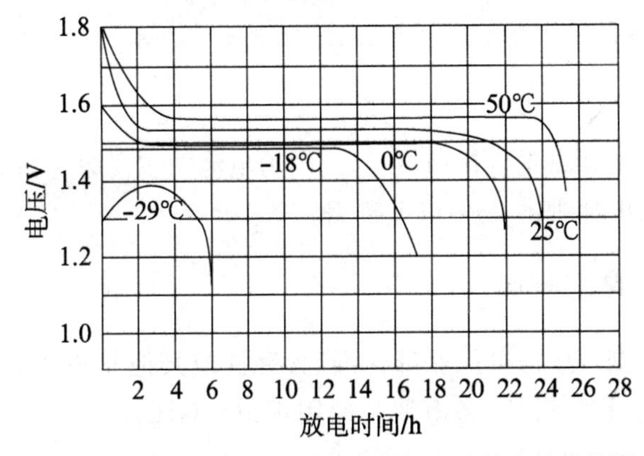

图 2.5　24 h 率下温度对低放电率锌银电池放电性能的影响

从图 2.4～图 2.6 可以看出，在 0℃以下时温度对锌银电池的影响相当大，对于电压精度要求严格的使用情况，要求电池在低温下工作时，需要给电池设计加热系统。

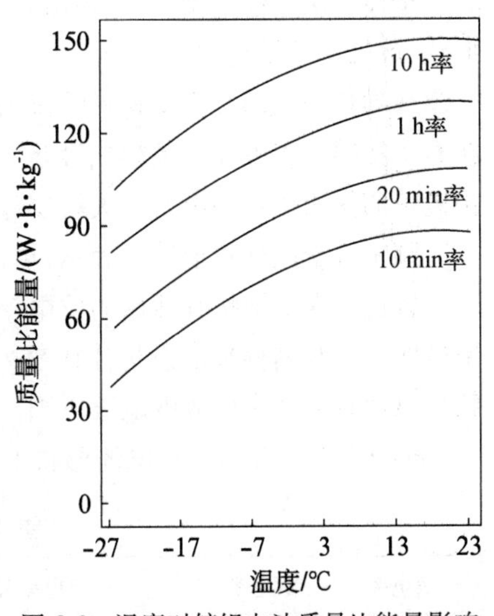

图 2.6　温度对锌银电池质量比能量影响

锌银电池低温性能差的原因在于：① 由于低温下氢氧化钾溶液的黏度增大，电导下降，引起浓度极化增大，电池内阻升高，电池电压下降；② 由于锌电极在低温下容易钝化(钝化是指金属阳极溶解时，正常溶解的金属由于阳极过程受阻碍，而突然停止溶解的一种现象)，使放电容量大大减小。

低温环境对锌银电池充电同样是不利的，0℃以下充电只能获得很少的容量，一般充电应在 15℃以上的环境中进行。

图 2.7 给出了环境温度、放电倍率与锌银电池工作电压、放电容量之间的关系。

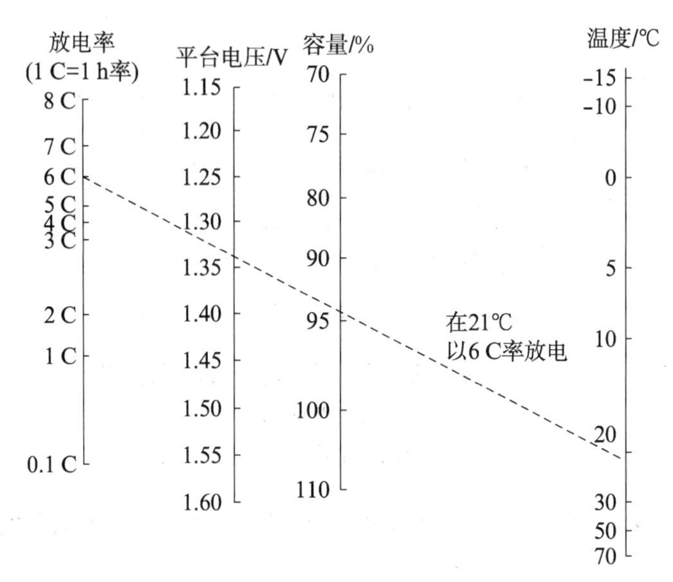

图 2.7 不同温度不同放电条件下锌银电池的性能

(锌银电池的容量和平台电压,可在电池工作环境温度与放电率之间划一条直线得出)

6. 成本

锌银电池的另一个缺点是价格昂贵,这是因为电池的主要原材料是贵金属银及银盐,它们在整个锌银二次电池中占75%以上费用。

2.1.3 锌银电池的命名规则

锌银系列电池的型号按信息产业部标准《含碱性或其他非酸性电解质的蓄电池和蓄电池组型号命名方法》和《锌银贮备电池组通用规范》(GJB 1876A－2011)中的有关规则命名。

单体二次电池的型号,主要由系列代号和额定容量数字组成。必要时,附加二次电池形状、放电率及结构形式代号。

系列代号以两极主要材料的汉语拼音第一个大写字母表示,负极材料在左,正极材料在右。锌银二次电池的系列代号是XY。X是负极锌的汉语拼音的第一个大写字母,Y是正极银的汉语拼音的第一个大写字母。

额定容量以阿拉伯数字表示,单位为安时(A·h)或毫安时(mA·h)。

锌银二次电池按其适用的放电率高低,分为低倍率型、中倍率型、高倍率型和超高倍率型四种。其划分标准及标注代号列于表2.2。其中,划分倍率范围中的0.5 C、3.5 C等就是电池具体适应的放电电流范围。

形状代号:开口二次电池形状不标注。密封二次电池形状代号见表2.3。

表 2.2 放电率字母代号

放电率	放电率代号	放电率范围	放电率	放电率代号	放电率范围
低倍率	D	<0.5 C	高倍率	G	3.5～7.0 C
中倍率	Z	0.5～3.5 C	超高倍率	C	>7.0 C

表2.3 形状代号

形状	形状代号
方形	F
圆柱形	Y
扁形(扣式)	B

注：全密封二次电池在形状代号右下角加脚注，如 F_1、Y_1、B_1。

单体二次电池型号排列顺序为：系列 形状 放电率 结构形式 容量

［例1］

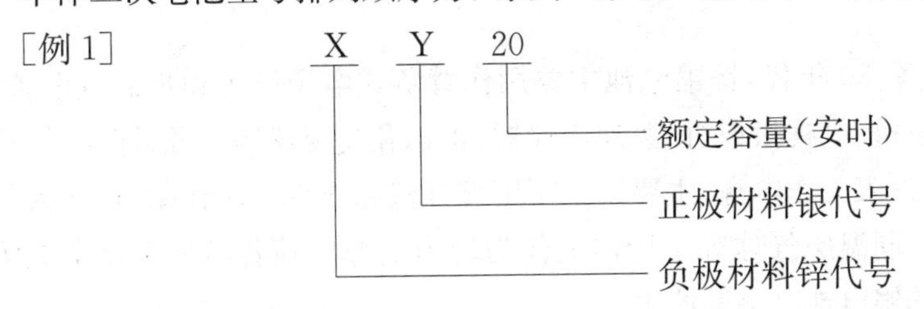

XY20表示额定容量为20 A·h的方形、开口、低倍率锌银二次电池单体。其中电池形状代号、低倍率代号均不标注。

［例2］

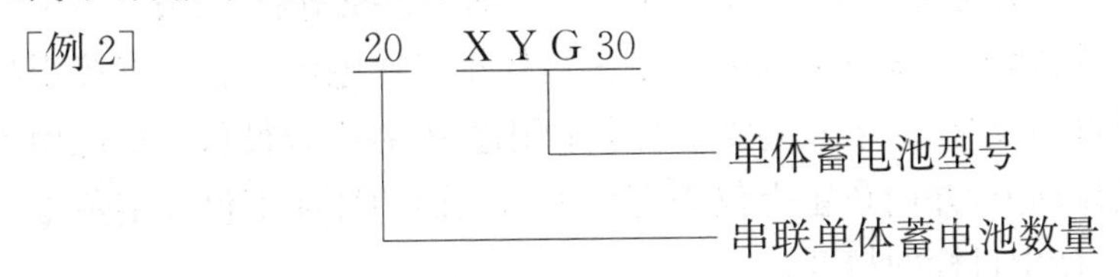

20XYG30表示由20只30 A·h高倍率型锌银二次电池单体串联组成的锌银二次电池组。

［例3］20XYZB18－008

20XYZB18－008表示由20只单体电池串联、额定容量为18 A·h的锌银储备电池。

2.1.4 锌银电池的分类和用途

锌银电池的分类方法有多种。按工作方式，可以分为一次电池(储备电池)和二次电池(蓄电池)。按储存状态，可以分为干式荷电态电池和干式放电态电池。按结构，可以分为密封式电池和开口式(即排气式)电池。按外形，可以分为矩形电池和扣式电池。按激活方式，可以分为人工激活电池和自动激活电池。按放电率，可以分为高倍率电池、中倍率电池和低倍率电池。上述几种分类方法可以概述如下：

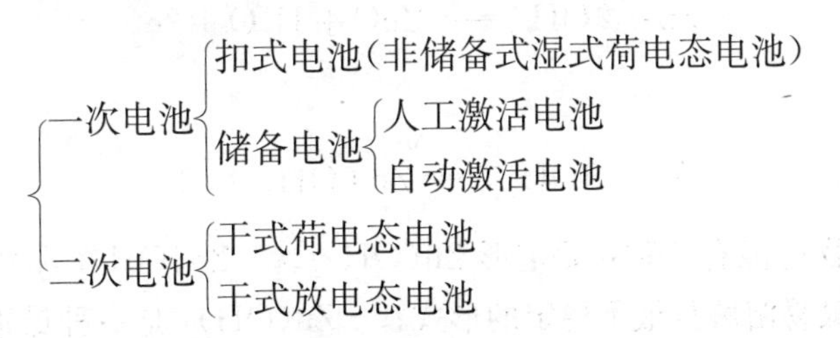

综合考虑锌银电池的优缺点，使它往往限用于某些对电池性能有特殊要求的场合，一般限于对电池体积和质量要求严格的军事设备上。必须指出的是，由于锌银电池具有卓

越的大电流放电性能和其他优异特性,使其广泛应用于航天、航空等领域。一次电池只限于那些要求高比能量但寿命短的用途,而二次电池则用于少量全循环和较短的湿寿命的场合。按照使用环境,可分为空间、空中、地面和水下等方面。

全密封电池多用于空间航天器,特别是对寿命较短的卫星,如几天到十几天,可用锌银电池作为主电源。如"东方红"一号卫星电源,第一、第二颗科学试验卫星电源,其单体电池均为全密封结构电池;美国的"徘徊者""水手""勘测者"和"航行者"等系列卫星,均采用了特殊设计的密封锌银电池。航天飞机、宇宙飞船和空间站等多采用锌银二次电池作为应急电源。

在20世纪60年代至80年代,锌银电池主要用作背负式电子设备和步话机设备、摄影机驱动装置、脉冲收发机、电视摄像机、医疗用仪器、雷达和夜视仪等电源;同时,锌银电池是飞机的应急启动与仪表工作电源(主要用于军用直升机和战机),还在靶机、无人驾驶飞机、有人和无人驾驶的同温层气球等飞行器上作为动力电源。随着新体系化学电源的应用,这些特殊应用的锌银电池已逐渐淡出。

此外,各种战略战术导弹武器均普遍采用锌银电池。目前,常规弹(箭)的控制系统、遥测系统、安全自毁系统、外弹道测量系统(弹上部分)、头部姿态控制系统、头部引爆装置等电源,基本采用自动激活锌银一次电池或者人工激活锌银二次电池。它们直接影响导弹运行的控制及弹头引爆的及时性,十分重要。在水下用途中,各类现役鱼雷操练用鱼雷多用人工激活二次电池作动力,并向鱼雷上仪表等供电。它们的性能不仅决定鱼雷的航速和航程,还影响运行与命中目标的精度。

2.2 工作原理

2.2.1 概述

锌银电池的电化学体系表达式为

$$(-)Zn \mid KOH \mid Ag_2O(AgO)(+) \tag{2.1}$$

表达式表明,锌银电池的负极是以氢氧化钾溶液为电解液的锌电极,正极是以氢氧化钾溶液为电解液的氧化银(过氧化银)电极。

锌银电池的锌电极在饱和锌酸盐的少量碱溶液中工作,锌电极的放电产物为氧化锌[式(2.2)]或者氢氧化锌[式(2.3)]:

$$Zn + 2OH^- = ZnO + H_2O + 2e \tag{2.2}$$

或

$$Zn + 2OH^- = Zn(OH)_2 + 2e \tag{2.3}$$

其中,负极反应产物可能有三种:无定形 $Zn(OH)_2$、ε-$Zn(OH)_2$ 和惰性 ZnO。无定形 $Zn(OH)_2$ 是一种最易溶解且最不稳定的形式;ε-$Zn(OH)_2$ 是一种最不易溶解而最为稳定的氢氧化物;惰性氧化物 ZnO,也比较稳定。

正极上银的氧化物放电的产物为还原生成的金属银,两种价态对应反应式(2.4)和式(2.5):

$$2AgO + H_2O + 2e = Ag_2O + 2OH^- \tag{2.4}$$

$$Ag_2O + H_2O + 2e = 2Ag + 2OH^- \tag{2.5}$$

因此,锌银电池放电时的总反应为式(2.6)~式(2.9),当放电产物为ZnO时:

$$Zn + 2AgO = ZnO + Ag_2O \tag{2.6}$$

$$Zn + Ag_2O = ZnO + 2Ag \tag{2.7}$$

当放电产物为 $Zn(OH)_2$ 时,

$$Zn + 2AgO + H_2O = Zn(OH)_2 + Ag_2O \tag{2.8}$$

$$Zn + Ag_2O + H_2O = Zn(OH)_2 + 2Ag \tag{2.9}$$

锌银电池可制成可充电式的二次电池,也可制成储备式的一次电池。电池充电时所进行的过程是上述放电反应的逆反应。

由锌银电池反应方程式可知,虽然锌电极与氧化银电极的电极电位,均与溶液中 OH^- 离子的活度有关,但由于 OH^- 离子并不参与电池总反应,因此锌银电池的开路电压(或电动势),仅取决于正、负极的标准电极电位:

$$E^0 = \phi_+^0 - \phi_-^0$$

正、负极的标准电极电位,随电极反应不同而不同。对于负极,当电极产物为ZnO时,

$$\phi^0_{Zn/ZnO} = -1.260\ V$$

$$\left(\frac{dE^0}{dT}\right)_{ZnO} = -1.161\ mV/℃$$

当电极反应产物为 ε-$Zn(OH)_2$ 时,

$$\phi^0_{Zn/Zn(OH)_2} = -1.249\ V$$

$$\left(\frac{dE^0}{dT}\right)_{Zn(OH)_2} = -1.001\ mV/℃$$

对于正极,当由AgO还原成 Ag_2O 时,

$$\phi^0_{AgO/Ag_2O} = +0.607\ V$$

$$\left(\frac{dE^0}{dT}\right) = -1.117\ mV/℃$$

当由 Ag_2O 还原为Ag时,

$$\phi^0_{Ag_2O/Ag} = +0.345\ V$$

$$\left(\frac{dE^0}{dT}\right) = -1.337\ mV/℃$$

因此,当负极产物为 ε-$Zn(OH)_2$ 时,相应于不同的正极反应,电池的电动势和温度系数分别为

$$E_1 = +0.607 - (-1.249) = 1.856\ \text{V}$$

$$\left(\frac{dE_1}{dT}\right)_{\varepsilon\text{-Zn(OH)}_2} = -0.116\ \text{mV/℃}$$

$$E_2 = +0.345 - (-1.249) = 1.594\ \text{V}$$

$$\left(\frac{dE_2}{dT}\right)_{\varepsilon\text{-Zn(OH)}_2} = -0.336\ \text{mV/℃}$$

负极产物为 ZnO 时,

$$E_1 = +0.607 - (-1.260) = 1.867\ \text{V}$$

$$\left(\frac{dE_1}{dT}\right)_{\text{ZnO}} = +0.044\ \text{mV/℃}$$

$$E_2 = +0.345 - (-1.260) = 1.605\ \text{V}$$

$$\left(\frac{dE_2}{dT}\right)_{\text{ZnO}} = -0.176\ \text{mV/℃}$$

其中,E_1 为相应于由 AgO 还原为 Ag_2O 时的电池电动势;E_2 为相应于由 Ag_2O 还原为 Ag 时的电池电动势。

2.2.2 锌银电池的成流过程

化学电源能够把它两极活性物质的化学能直接转换成电能,向外输出电流,还可以将输入的电流转换成活性物质的化学能储存起来。

把锌电极与氧化银电极用隔膜隔开,浸在氢氧化钾电解液中,组成锌银电池。锌电极具有较负的电极电位,为电池的负极;氧化银电极具有较正的电极电位,为电池的正极。正极和负极之间存在平衡电极电位差,就是电池的电动势。

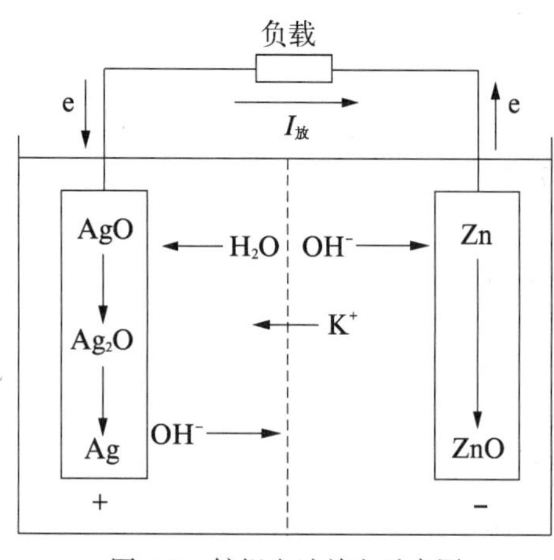

图 2.8 锌银电池放电示意图

将正极与负极通过负载连接起来时,如图 2.8 所示,因为两极之间存在着电位差,即有电流流过负载,同时,正、负极与电解液之间的平衡状态受到破坏。

负极锌是很活泼的金属,在碱溶液中,容易失去两个电子而被氧化成二价锌离子,由于外电路是电子导体,失去的两个电子通过外电路输送到正极。正极的过氧化银,在碱性溶液中具有较强的氧化性,容易得到电子而被还原。

随着放电的进行,电子通过外电路不断地从负极输送到正极,锌的氧化和银氧化物的还原不

断地进行。在电池内部，由于电场的作用和电极反应的进行，钾离子(K^+)做定向运动，从负极移向正极；氢氧根离子(OH^-)也做定向运动，从正极移向负极。电池内部靠这些离子在电解液中的运动而导电。

两电极产生电流的反应称作电极的成流反应，总的放电反应如式(2.10)、式(2.11)所示：

$$Zn + AgO + H_2O \xlongequal{} Zn(OH)_2 + Ag \tag{2.10}$$

$$Zn + AgO \xlongequal{} ZnO + Ag \tag{2.11}$$

对于二次电池，经过放电，两极活性物质的状态发生了变化，负极从还原态变成氧化态，而正极则从氧化态变成还原态。当施加外部直流电源，通入与放电时方向相反的电流时，可使两极活性物质恢复到放电前的状态。把电能转换为化学能储存起来的过程，称为充电。

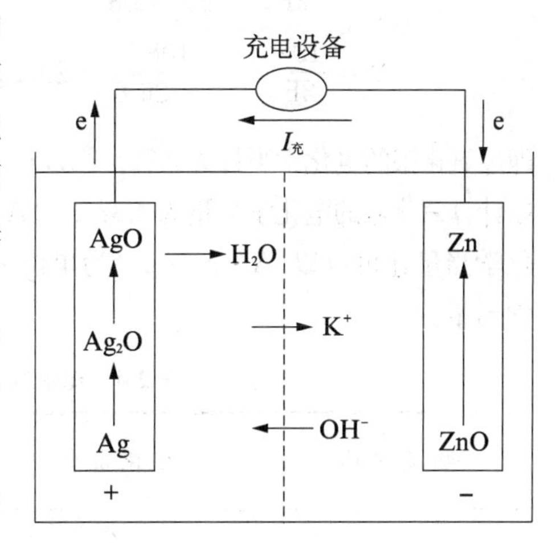

图2.9 锌银电池充电原理示意图

如图2.9所示，首先，正极银失去一个电子，从零价的银变为一价银氧化物，如式(2.12)所示：

$$2Ag + 2OH^- \xlongequal{} Ag_2O + H_2O + 2e \tag{2.12}$$

进一步再失去一个电子，一价银氧化物变成二价银氧化物，如式(2.13)所示：

$$Ag_2O + 2OH^- \xlongequal{} 2AgO + H_2O + 2e \tag{2.13}$$

外加直流电源的负极连接二次电池的负极，把从正极获得的电子供给负极，负极得到两个电子发生还原反应，氢氧化锌或氧化锌还原为锌，如式(2.14)、式(2.15)所示：

$$Zn(OH)_2 + 2e \xlongequal{} Zn + 2OH^- \tag{2.14}$$

$$ZnO + H_2O + 2e \xlongequal{} Zn + 2OH^- \tag{2.15}$$

随着充电的进行，电子通过外电路不断从正极输送到负极，银的氧化和氧化锌或者氢氧化锌的还原不断地进行。在二次电池内部，由于电场的作用和电极反应的进行，钾离子(K^+)做定向运动，从正极移向负极；氢氧根离子(OH^-)也做定向运动，从负极移向正极。电池内部靠这些离子在电解液中的运动而导电。

将正、负极进行的反应方程式合并，即得到充电时电池的总反应，如式(2.16)、式(2.17)所示：

$$Zn(OH)_2 + Ag \xlongequal{} Zn + AgO + H_2O \tag{2.16}$$

$$ZnO + Ag \xlongequal{} Zn + AgO \tag{2.17}$$

根据成流反应，可以计算活性物质的电化学当量，进一步还可以计算它们的理论容量。下文以过氧化银为例,说明活性物质的电化学当量及理论容量计算过程。

一个过氧化银分子还原成银,发生两个电子的转移。1 mol 过氧化银完全还原,就会得到2 F电量,生成1 mol银。按式(2.18)进行计算:

$$\begin{array}{ccccc} AgO + & 2e & \longrightarrow & Ag \\ 124\ g & 2\ F & & 108\ g \\ X & 1\ A\cdot h & & Y \end{array} \tag{2.18}$$

计算得出:$X=\dfrac{124}{2F}=\dfrac{124}{2\times 26.8}=2.31\ g\cdot(A\cdot h)^{-1}$

$$Y=\frac{108}{2F}=\frac{108}{2\times 26.8}=2.01\ g\cdot(A\cdot h)^{-1}$$

即过氧化银的电化学当量为2.31 $g\cdot(A\cdot h)^{-1}$,银的电化学当量为2.01 $g\cdot(A\cdot h)^{-1}$。同样可以计算氧化银的电化学当量为4.32 $g\cdot(A\cdot h)^{-1}$和锌的电化学当量为1.22 $g\cdot(A\cdot h)^{-1}$。电化学当量还可以以$(A\cdot h)\cdot g^{-1}$为单位表示。表2.4列出了锌银电池中有关物质的电化学当量。

表2.4　锌银电池有关物质的电化学当量

物质名称	变化价数	电化学当量	
		$g\cdot(A\cdot h)^{-1}$	$(A\cdot h)\cdot g^{-1}$
Ag	2	2.01	0.496
Ag	1	4.03	0.248
Ag_2O	1	4.33	0.231
AgO	2	2.31	0.432
Zn	2	1.21	0.824
$Zn(OH)_2$	2	1.85	0.541
ZnO	2	1.51	0.662

2.2.3　电解液

1. 电解液的作用和基本功能

电解液的作用和基本功能是:① 参加电极反应;② 起着电池内部的导电作用;③ 通过改变电解液的组成还可以给电池带来一些特殊的性能,以达到能够满足特定需要或者延长电池寿命的效果。

2. 对电解液的基本要求

除了参加电极反应外,电池对电解液的性能和组成还有如下要求:① 有尽可能高的离子导电率。② 有尽可能低的黏度。③ 有相当高的纯度。④ 对隔膜的侵蚀性要尽量小。⑤ 为了改善电池的某些性能,常在电解液中加入一些特殊的添加剂;有的是为了消除放电的高电压坪阶,加入氯化钾或溴化钾;有的为了延长电池的寿命,加入一定量的氧化锌、铬酸钾和氢氧化锂等。

3. 氢氧化钾溶液的物理性质

纯氢氧化钾溶液是无色透明的腐蚀性液体,和一般电解质溶液相比,它有较高的离子电导。

氢氧化钾(KOH)又叫苛性钾,在水中溶解度很大,可以配成浓度很高的水溶液,表2.5给出了20℃时氢氧化钾水溶液的密度和浓度。

表2.5 氢氧化钾水溶液的密度和浓度(20℃)

密度/(g·cm^{-3})	质量分数/%	KOH含量/(g·dm^{-3})	密度/(g·cm^{-3})	质量分数/%	KOH含量/(g·dm^{-3})
1.020	2.38	24.3	1.240	25.4	314.5
1.025	2.93	30.0	1.245	25.9	321.8
1.030	3.47	35.8	1.250	26.3	329.3
1.035	4.03	41.7	1.255	26.8	336.7
1.040	4.58	47.6	1.260	27.3	344.2
1.045	5.12	53.5	1.265	27.8	351.7
1.050	5.68	59.4	1.270	28.3	359.3
1.055	6.20	65.4	1.275	28.8	366.8
1.060	6.74	71.4	1.280	29.3	374.4
1.065	7.28	77.5	1.285	29.7	382.0
1.070	7.82	83.7	1.290	30.3	389.7
1.075	8.36	89.9	1.295	30.7	397.3
1.080	8.89	96.0	1.300	31.3	405.0
1.085	9.43	102.3	1.305	31.6	412.6
1.090	9.96	108.6	1.310	32.1	420.4
1.095	10.5	114.9	1.315	32.6	428.8
1.100	11.0	121.3	1.320	33.0	436.0
1.105	11.6	127.7	1.325	33.5	443.9
1.110	12.1	134.1	1.330	34.0	451.8
1.115	12.6	140.6	1.335	34.4	459.6
1.120	13.1	147.2	1.340	34.9	467.7
1.125	13.7	153.7	1.345	35.4	475.6
1.130	14.2	160.4	1.350	35.8	483.6
1.135	14.7	166.9	1.355	36.3	491.6
1.140	15.2	173.5	1.360	36.7	499.6
1.145	15.7	180.2	1.365	37.2	507.6
1.150	16.3	187.0	1.370	37.7	515.8
1.155	16.8	193.8	1.375	38.2	524.0
1.160	17.3	200.6	1.380	38.6	532.1
1.165	17.8	207.5	1.385	39.0	540.3
1.170	18.3	214.3	1.390	39.5	548.5
1.175	18.8	221.4	1.395	39.9	558.9
1.180	19.4	228.3	1.400	40.4	565.2
1.185	19.9	235.3	1.405	40.8	572.5
1.190	20.4	242.4	1.410	41.3	581.8
1.195	20.9	249.5	1.415	41.7	590.2
1.200	21.4	256.6	1.420	42.2	598.6
1.205	21.9	263.7	1.425	42.6	607.1
1.210	22.4	270.8	1.430	43.0	615.4
1.215	22.9	278.0	1.435	43.5	623.9
1.220	23.4	285.2	1.440	43.9	632.5
1.225	23.9	292.4	1.445	44.4	641.0
1.230	24.4	299.8	1.450	44.8	649.5
1.235	24.9	307.0	1.455	45.2	658.1

续表

密度/(g·cm⁻³)	质量分数/%	KOH含量/(g·dm⁻³)	密度/(g·cm⁻³)	质量分数/%	KOH含量/(g·dm⁻³)
1.460	45.7	666.6	1.490	48.1	718.9
1.465	46.1	675.3	1.495	48.6	727.7
1.470	46.5	684.0	1.500	49.1	736.5
1.475	47.0	692.0	1.505	49.5	745.4
1.480	47.4	701.4	1.510	50.0	754.3
1.485	47.8	710.1	1.515	50.4	763.3

电解液的电导是电解液重要的性质,与溶液的浓度、黏度、温度及杂质含量等有密切的关系。纯氢氧化钾电解液的电导率与电解液的浓度的关系见图2.10。在给定的温度下,氢氧化钾溶液的电导率最初随浓度的增加而增加,在较高的浓度范围内出现最高点,最高点的位置随温度的不同而不同。25℃时,电导率最高位置约为27%(质量百分比),相当于室温下的密度1.26 g·cm^{-3}。而在这一范围内,正好是Ag_2O溶解度的最高点。

从图2.10中还可以看到,随着温度的降低,出现最高点的浓度逐渐向较低浓度转移。而且,电导率逐渐下降,0℃的最高点只相当于25℃时的55%左右。但是,温度对电导率的影响比浓度的影响要大得多。图2.11可以看出三种常用比重的氢氧化钾溶液的电导率与温度的关系。

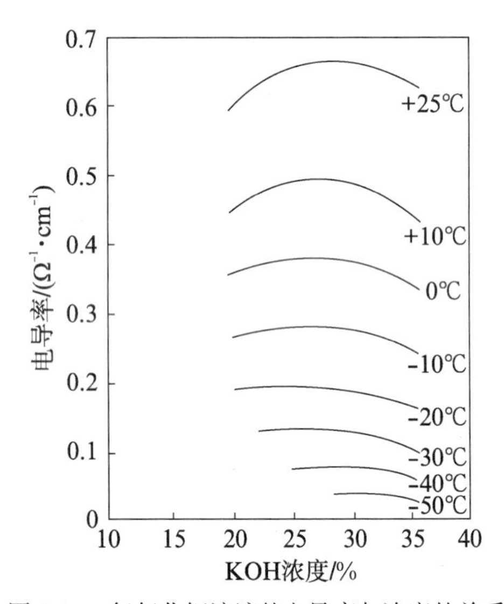

图2.10 氢氧化钾溶液的电导率与浓度的关系

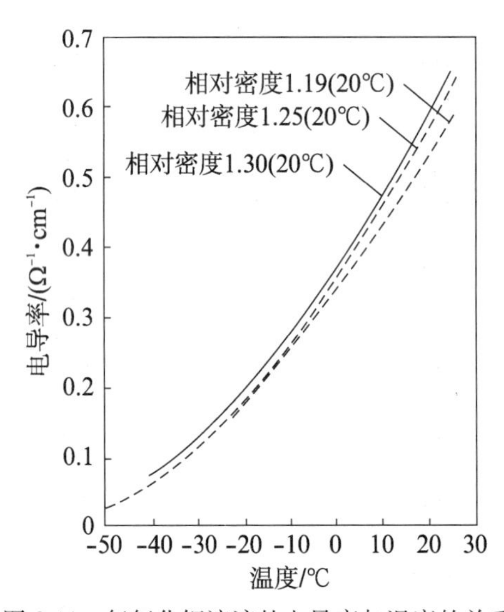

图2.11 氢氧化钾溶液的电导率与温度的关系

添加剂的加入同样会影响氢氧化钾溶液的电导率。假如氢氧化锂(LiOH)使氢氧化钾溶液的电导率下降,如表2.6所示。

表2.6 添加LiOH对KOH电解液电导率的影响

LiOH含量/(g·dm⁻³)	电导率下降/%	LiOH含量/(g·dm⁻³)	电导率下降/%
10	7.1	40	18.4
20	11.7	50	21.0
30	15.4		

在一定范围内，添加氧化锌(ZnO)也会使氢氧化钾溶液的电导率下降。

综上可见，氢氧化钾电解液的性质都与电解液的浓度有关，考虑到对电池电性能及寿命都有利，锌银电池所用电解液的浓度，一般选在30%～40%，尤其考虑到对寿命有利，选在40%(比重1.40)者较多，有的电池电解液浓度甚至高达45%。

2.2.4 隔膜

隔膜置于电池正负极之间，允许电解液中某些离子通过，但能阻止正、负极接触的电绝缘物质。因此，隔膜对电池的性能和寿命有很大的影响。进行隔膜设计时要选择各种特性的隔膜，进行适当的组合，使其各自发挥自己的特长，共同完成隔膜所承担的任务。

1. 电池内部各部位对隔膜的要求

为了便于讨论，将正、负极极片之间的空间分为四个区域。从银电极向锌电极分别编号为Ⅰ、Ⅱ、Ⅲ、Ⅳ四个区域(图2.12)。

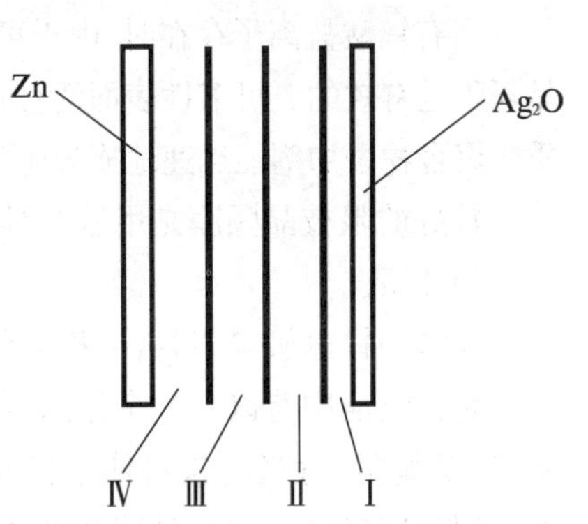

图2.12 各区域隔膜作用示意图

Ⅰ-银电极隔离物；Ⅱ-阻银隔离物；Ⅲ-阻枝晶隔离物；Ⅳ-锌电极隔离物。

1) Ⅰ区

Ⅰ区为紧贴银电极的隔膜，称为银电极隔离物。如前文所述，充电态的正极由Ag_2O和AgO组成，而AgO是不稳定的化合物，在湿搁置过程中会自发起反应，生成Ag_2O和O_2。Ag_2O在氢氧化钾溶液中有一定的溶解度，在溶液中可能以$Ag(OH)_2^-$的形式存在。它具有较强的氧化性。同时，AgO分解产生的O_2也有较强的氧化性。目前常用的水化纤维素膜带有能被氧化的基团，其分子结构中的环和侧链—OH基都能被AgO和O_2氧化。所以，水化纤维素和银电极之间要有银电极隔离物，它与强氧化能力的氧化银电极接触，它的作用是维持电解液层与电极接触，并保护下一层隔离系统免受氧化作用。所以要求银隔离物是多孔的、化学稳定性高的惰性基体，一般称为辅助隔膜。目前比较成熟的该区域隔膜是非编织物。常见的有尼龙毡、尼龙纸、聚丙烯毡等。通常是一层厚度为0.1～0.2 mm、具有80%～90%空隙率的多孔材料。对自动激活的一次电池来说，膜的润湿速度是很重要的。对人工激活的二次锌银电池而言，由于要承受很高的加速度和特殊的失重条件，所以要求有优良的润湿保持性能和芯给能力。有些材料的热稳定性和化学稳定性虽然高，但它的润湿保持性和芯给能力差。对这些材料，必须进行后处理——纤维亲水表面处理，如聚丙烯毡等。

2) Ⅱ区

Ⅱ区为阻银隔离物。它具有阻挡溶解的银从氧化银电极迁移到锌电极的作用，也就是能阻挡$Ag(OH)_2^-$在碱性电解液中的迁移。

要求阻银隔离物具有下列的一种或几种作用：① 必须要有能让K^+和OH^-离子通过，但选择性地不让较大的银络合物离子通过的细孔结构；② 它能与银或银络合物之一形成一种弱离解的络合物；③ 它能与银的络合物发生不可逆反应生成一种不迁移的物质；④ 膜的作用像一个选择性的溶剂，溶解碱，但不溶解银的络合物。

适用此区的常见隔膜是玻璃纸、肠衣素膜和纤维素膜等。

3) Ⅲ区

Ⅲ区为阻枝晶隔离物。它应能阻挡锌枝晶从锌电极向银电极方向的横向生长。锌电极的枝晶将导致电池组的短路,这是锌银电池隔膜的最大难题。所以,对阻枝晶隔离物的选择是很重要的设计环节。

从锌电极生长出来的枝晶通过高孔率的锌隔离物,然后到达阻枝晶隔离物。短期内,枝晶可能继续与隔膜平行地生长。同时,枝晶在寻找膜上的薄弱点,并透过它生长,达到银电极。二次电池再充电期间,枝晶生长。在锌酸盐离子已大部分消耗的场合,树枝状枝晶的生长速度更快。特别是在充电循环接近结束时更是如此。

当有锌酸盐离子存在时,由于可溶性物质从隔膜中漏滤出来,所以,以玻璃纸作为阻枝晶隔膜是有效的。可溶性表面活性剂的存在改变了晶体的生长方式,使它表现出阻枝晶性质。聚合物添加剂能迅速地掩蔽生长的结晶,可以阻止其生长和产生细碎而较软的沉积。

较好的阻枝晶隔膜是甲基纤维素膜和肠衣素等。

4) Ⅳ区

Ⅳ区为锌电极隔离物,常称为负极片包封纸。

它在电池中有以下几个作用:① 能增强电极的机械强度,负极成分大部分为氧化锌粉末,很脆弱,适当的包封使电极具有相当高的机械强度;② 保持电液对电极表面的接触,且起灯芯作用,放电时锌电极区电渗脱水,故锌隔离物比银隔离物应有更大的吸水能力;③ 防止电极干燥,以维持整个电极上电流密度的均匀性,也阻止了枝晶生长;④ 隔离物应使紧靠电极的均匀而静止的界面层起到增大电解液电镀能力的作用。

此区所用的锌电极隔离物,常见的有丝棉纸、耐碱棉纸等。

2. 对隔膜的要求

由上述四个区域的讨论,对隔膜的要求综述如下:

(1) 隔膜在碱性环境中必须能长时间地保持外形的稳定性和结构的完整性;

(2) 要有强的耐氧化作用,宁可让隔膜受二价银的侵蚀,也不能让银迁移到锌电极上;

(3) 有一定的湿强度,以阻止锌枝晶穿透引起的短路;

(4) 不能限制电解液中水合离子的迁移;

(5) 隔膜的电阻要小。

3. 隔膜的电阻

隔膜均为多孔的不导电的物质,仅当它浸入电解液后,才能导电。因此,隔膜导电实际上是靠孔中电解质溶液的离子传递。隔膜的微孔被电解液充满,构成许多电解液通路。在电场作用下,由通道里溶液中的离子来传导电流。因此,隔膜的电阻实际上是隔膜有效微孔中这部分电解质溶液所产生的电阻。

$$R_M = \rho_s \cdot J$$

式中,R_M为隔膜内阻;ρ_s为溶液的比电阻;J 为表征隔膜微孔结构的因素,与隔膜的结构有关。

从 R_M表达式可知,隔膜的电阻包含两项因素:① 电解质溶液的比电阻,它由溶液的组成和温度决定;② 隔膜的结构因素。对某一类隔膜,J 为一定值。

同一种隔膜在不同溶液中的电阻,主要是随溶液的比电阻而变化;在同一种溶液中比电阻一定的不同隔膜,其电阻反映了结构因素 J 的变化。

2.3 锌银电池的结构和制造

2.3.1 锌银电池的结构

1. 锌银二次电池的结构

锌银二次电池单体的结构见图 2.13,主要由电极组、单体电池外壳、单体电池盖、排气阀(气塞)、极柱等组成。电极组由正极、负极和隔膜组成,装在单体电池壳中,单体电池壳是用聚酰胺树脂注塑而成,配以聚酰胺树脂注塑的盖,盖子上一般装有两个极柱。电极组的正、负极引出极耳分别与正、负极柱连接,并通过极柱引出。一般在盖的中央留有注液口,注液口处安装排气阀。干式放电态电池的正极片在出厂时是银,负极片是氧化锌混合粉,干式荷电态二次电池的正极片和负极片在电池装配前就已经通过化成分别转换为银的氧化物和金属锌。正极片包覆一层尼龙毡,正、负极片之间使用隔膜隔离,组成电极组。有的电池负极包膜,有的电池正极包膜,也有的电池正、负极都包膜。

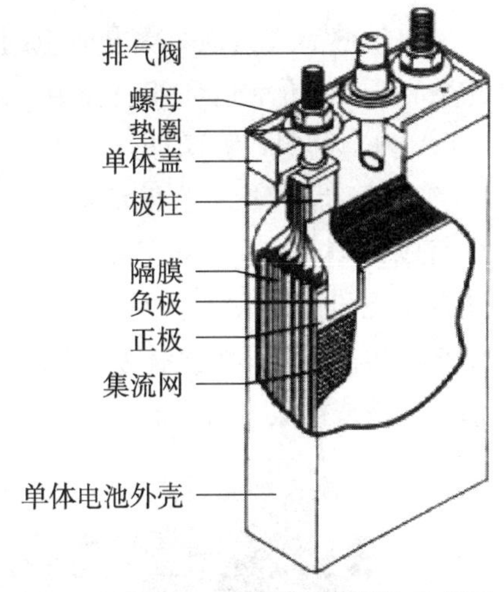

图 2.13 锌银二次电池单体结构示意图

正极片和负极片通常都使用银丝编制网或银箔切拉网作导电骨架,组成电极组后,正极极耳与负极极耳分别通过电池单体上的正、负极柱导出。

注入电解液后,注液口装上一个排气阀,当电池内部压力超过规定值时,气体可以泄出,而电解液不能泄漏。因此,这样结构的电池也称为开口式电池或排气式电池。

如果对负极采取减少析气的措施,采用高纯度电解液,上述干式荷电态的电池可以做成密封电池。与开口式电池不同之处在于气塞不是通气的,不作为气阀使用,注液后将注液口密封。

锌银二次电池是比较常见的一种锌银电池,在比较多的情况下,以电池组的形式使用,很少有单独使用单体电池的情况。方形单体电池的结构,便于形成组合电池时的连接,使得布局紧凑,空间利用合理。

图 2.14 为锌银电池组典型结构图,单体电池通过跨接片连接在一起形成电池组,组合电池外壳内的底面和侧面加热带和泡沫内,主要起到为单体电池加温和保温的作用,减少外界环境温度对电池性能的影响,确保电池在合适的温度条件下工作。

2. 锌银一次电池的结构

干式荷电态锌银电池也称储备电池,有人工激活式和自动激活式两种,前者多指人工激活干式荷电态二次电池,后者多指自动激活式一次电池组。

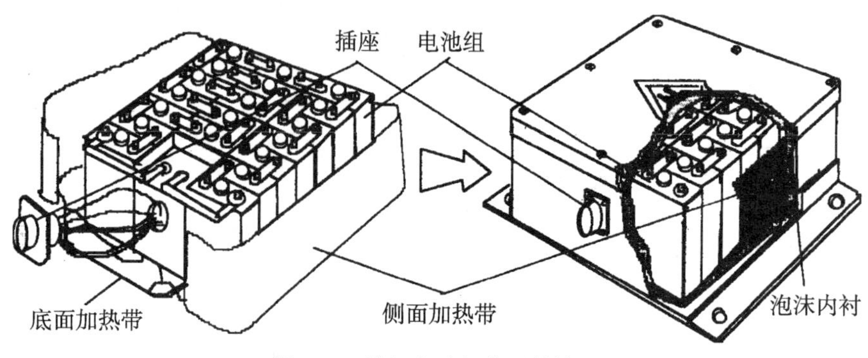

图 2.14　锌银电池组典型结构图

自动激活式锌银一次电池组的大小差异很大，大型电池组如鱼雷推进用的电池组可达数百千克，功率达到几百千瓦。小型电池组如某些电子仪器用的电池组，容量仅为 0.4 A・h，质量仅为 270 g。

自动激活锌银一次电池组的结构比锌银二次电池组的结构要复杂得多，一般由三部分组成：电极组部分、电解液储存系统和激活系统，有些电池组还要有加热系统。电解液储存系统和激活系统还可以统称为储液和激活系统，一般包括储存电解液的容器储液器，用来产生高压气体的气体发生器，把电解液与电池部分进行隔离的密封膜以及必要的推动电解液或冲破密封膜的运动件。

图 2.15　自动激活锌银一次电池组

图 2.15 为典型的导弹用自动激活锌银一次电池组。

储液和激活系统有多种形式，所以自动激活式电池组也多种多样。图 2.16 展示了四种不同类型的电池设计。激活源目前以气体发生器为主，气体发生器是一个小的火药筒，含有阻燃剂、火药和电子点火器等。

筒式自动激活锌银一次电池组目前较为常用。储液器是一个不锈钢或者铜质的圆筒，储液器通过接头与气体发生器和电池堆相连接，中间由密封膜隔离，电解液装入圆筒内，如图 2.17 所示。电池组使用时，通过外部电信号引燃气体发生器的药柱，产生的高压气体冲破储液器的密封膜，将储液器中的电解液高速推入电池堆进液分配通道内，然后再分配至每个单体电池槽，进而激活电池组，对外供电，工作原理见图 2.18。

从以上几种结构的自动激活式锌银一次电池组的激活机构和储液器可见，电池组的激活机构原理均是点燃气体发生器、产生高压气体、推动电解液、冲破密封膜、将电解液压入电池堆内。

为了满足低温环境下的使用需求，自动激活锌银一次电池组一般都有加热系统，用于在激活前对电解液进行加热。加热系统按照加热方式可以分为化学加热、电加热和中和加热等。化学加热是通过点燃可燃的金属粉放热达到加热的目的，如采用锆粉加铬酸钡

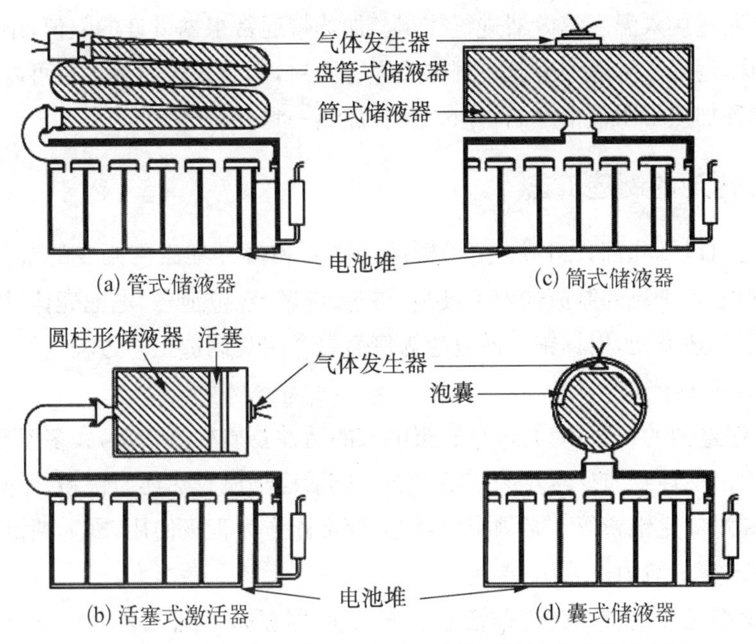

图 2.16 应用于自动激活电池的四种类型激活系统的示意图

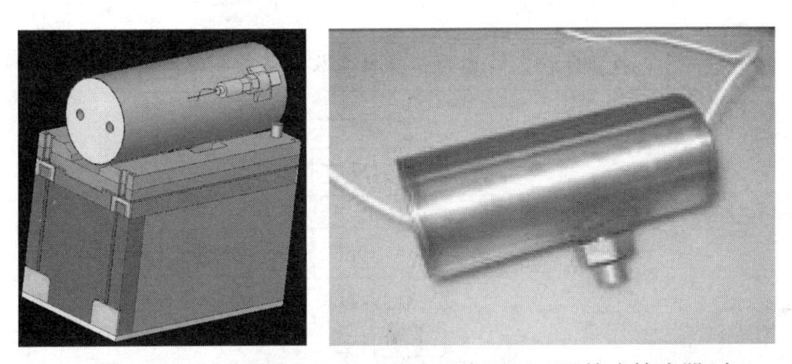

图 2.17 筒式自动激活一次电池装配示意图(左)及筒式储液器(右)

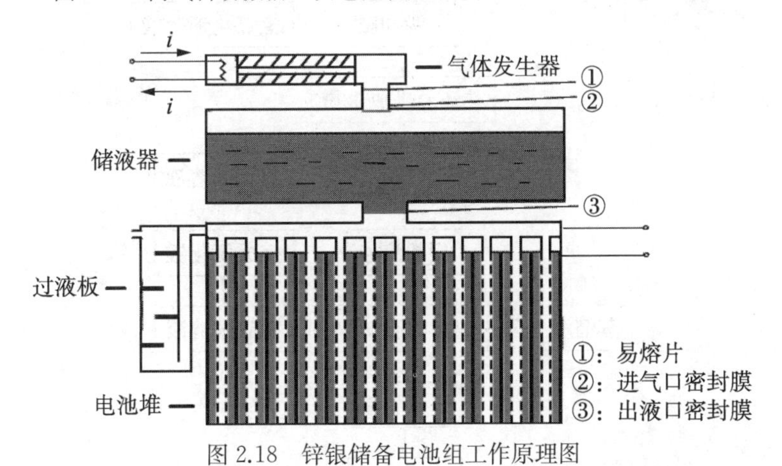

图 2.18 锌银储备电池组工作原理图

燃烧可达 1 000℃；电加热采用外部电源，对电池组内部的由电阻丝制作的加热带进行加热；中和加热则是利用酸碱中和反应放出的热进行加热。其中，电加热方式最为普遍。

电加热系统的装置比较简单，需要对储液器、电池堆设计一定形状、一定功率的加热带,加热线路通过接入温度继电器进行控制。加热带通常根据设计的阻值,用电阻丝绕制成一定的形状,用聚乙烯醇缩醛胶或硅橡胶进行固封,制作方式简单。也可以采用康铜箔的加热带,该种加热带阻值精度高,分布均匀,加热一致性好。

2.3.2 锌银电池的制造工艺

锌银电池由以下几部分组成:由正极活性物质和极片集流网制成的银正极片、由负极活性物质和极片集流网制成的锌负极片、隔膜、电解液、电池盖、电池壳体、极柱、螺母和垫圈等。为了叙述方便,以锌银二次电池为例简要介绍其制造工艺过程。

1. 活性银粉的制备

目前,锌银电池的正极均为银电极,银电极的活性物质种类较多,大多以硝酸银为主,制造成所需要的活性物质。常见的锌银电池正极活性物质有热还原银粉、醋酸银粉、葡萄糖还原银粉和过氧化银粉等。必须指出,纯银板不能作为正极使用,因为纯银板没有多孔性,不具备充放电的能力。

热还原银粉是使用最广泛的锌银电池正极活性物质,制造工艺简单、操作方便,电化学活性高和得粉率高等。热还原银粉的制造工艺流程如图2.19所示。

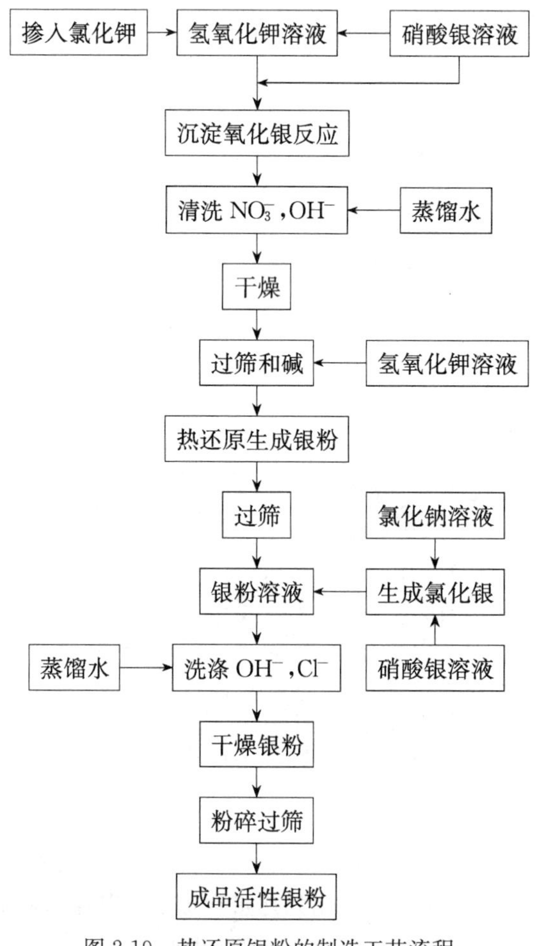

图2.19 热还原银粉的制造工艺流程

氧化银热还原法得到的活性银粉技术标准如表2.7所示。

表2.7 热还原银粉的技术标准

项目	技术要求	项目	技术要求
银(Ag)	>97%	铁(Fe)	<0.005%
氯化银(AgCl)	0.95%～1.75%	铜(Cu)	<0.005%
硝酸根(NO_3^-)	<0.05%	视密度*	1.20～1.60 $g\cdot cm^{-3}$

* 视密度为1 cm^3 容积内活性银粉的质量。由于测量时银粉颗粒之间没有外来压力存在，孔隙较大，故活性银粉的视密度比银的密度要小得多。

2. 负极活性物质的制备

制造锌银电池的负极，常用活性锌粉或混合锌粉。活性锌粉常用电解法制备，用于压成式电极。混合锌粉主要是锌粉和氧化锌粉的混合物，用于压成一化成式锌负极或涂膏式锌负极。

制备电解锌粉有碱性法和酸性法。在碱性电解液中电解制取活性锌粉是目前常用的方法。

电解液常用含有氧化锌的氢氧化钾溶液，以锌锭作为阳极，锌箔或者镍箔作为阴极。阳极接直流电源的正极，阴极接直流电源的负极。当电路接通后，两极与溶液的界面处发生电化学反应。

阳极发生锌的溶解，即锌的氧化过程：

$$Zn + 2OH^- = Zn(OH)_2 + 2e$$

进一步，$Zn(OH)_2$ 与氢氧根离子(OH^-)反应生成锌酸盐离子而溶解在电解液中。同时，电解液中的锌酸盐离子解离为 $Zn(OH)_2$，在阴极上还原析出锌。

$$Zn(OH)_2 + 2e = Zn + 2OH^-$$

电解中，温度高，极化减小，不利于细小树枝状沉积物生长，因此，电解中控制温度不超过45℃。每隔4～6 h刮下电沉积的产物，清洗干净，干燥，过筛即可。洗涤时，避免使锌粉暴露于空气中。

常用的混合锌粉是蒸馏锌粉与氧化锌粉的混合物。常用的比例是 Zn∶ZnO＝25∶75。根据需要加入一定量的氧化汞(约2%)或其他添加剂。加入锌是为了提高混合锌粉的导电性，充电时使氧化锌易于转变成有电化学活性的锌。加入氧化汞是为了减少锌的自放电。混合锌粉的工艺过程为：将锌粉、氧化锌粉及其他添加剂分别过筛，而后按照配比称取各组分，放在一起混合均匀。如果氧化汞等添加剂的含量不均匀，将会导致电池性能不均一。

3. 隔膜的制造

要求一种隔膜同时满足锌银电池的各项要求是不可能的。因此，采用复合隔膜的组合形式，一般在正极上包的膜称为辅助膜，采用惰性的尼龙布、尼龙纸、尼龙毡等，这种隔膜多孔，具有良好的吸储电解液性能，并且将正极片与主隔膜隔离，防止主隔膜氧化。锌负极包裹的耐碱棉纸也属辅助隔膜，一方面可以吸储电解液，另一方面还可以提高负极片的机械强度。目前主隔膜采用的水化纤维素膜应用最为广泛,它兼起阻银和阻锌枝晶的作用。

在锌银二次电池中使用的水化纤维素膜,其原料是高聚合度的三醋酸纤维素膜,经皂化处理和银镁盐处理两道主要工序再生而成。经银镁盐处理后的膜,经皂化处理后的膜,水洗至中性,烘干后即成"皂化膜",又称"白膜"。热水洗至中性,烘干后即成银镁盐膜,又称"黄膜"。

凡对循环寿命或干储存寿命要求较高的锌银二次电池,常用黄膜;对循环寿命和干储存寿命要求不高的场合,可用白膜。

水化纤维素膜的技术标准如表2.8所示。

表2.8 水化纤维素膜的技术标准

项　目	技术要求
厚度	(0.035±0.005) mm
抗拉强度	干强度:纵向不小于1.0 MPa,横向不小于0.8 MPa 湿强度:纵、横向大于0.2 MPa
含铁量(Fe)	不大于0.008%
醋酸根含量	不大于1%
静态吸碱率	不小于200%
面密度	不小于40 $g \cdot m^{-2}$
外观	颜色均匀,无褶皱,无黑点、污物和机械损伤

4. 正极片的制造

随着银正极片制造工艺过程的不同,银正极片大致可分为以下几种:烧结式正极片、涂膏式正极片和银氧化物粉末压成式正极片等,常用的方式为烧结式。

烧结是指在规定的高温下,使粉状物质黏结在一起,以得到多孔结构体的工艺。烧结式银电极使用活性银粉制作的电极,在低于熔点的合适温度下烧结,形成强度很好的多孔结构电极。该方法工艺简单,可在干式放电态锌银电池直接做正极片,也可在化成后作为干式荷电态锌银电池正极片。

必须指出,极片成型时压力、烧结温度和烧结时间,对正极片的孔率、活性物质利用率和机械强度有很大影响。表2.9给出了氧化银热分解银粉制作的银电极压制压力、孔率与强度之间的关系。

表2.9 银电极压制压力、孔率与强度的关系

孔率/%	厚度/mm	压强/($kg \cdot cm^{-2}$)	放电容量/($A \cdot h$)	电极强度
43.8	0.50	800	1.90	好
49.6	0.55	650	2.20	好
51.4	0.58	500	2.38	好
53.2	0.60	400	2.40	好
56.6	0.65	300	2.40	差
62.0	0.73	200	2.93	很差

烧结时间对电极性能的影响见表2.10;烧结温度对电极性能的影响见表2.11。

表 2.10 烧结时间对电极性能的影响

烧结时间/min	利用率/%	极片强度	变形情况	工艺性
5	70.0	差	不变形	极片间稍有黏结
10	72.5	较差	不变形	极片间稍有黏结
15	68.0	较好	不变形	极片间有黏结
20	—	好	不变形	极片间有黏结
25	71.2	好	不变形	极片间有黏结
30	68.0	好	不变形	极片间黏结较紧

表 2.11 烧结温度对电极性能的影响

烧结温度/℃	烧结时间/min	利用率/%	电极强度	工艺性
200	15	71.2	差	极片间无黏结
300	15	—	差	极片间无黏结
400	15	71.2	好	极片间稍有黏结,易分离
500	15	69.0	好	极片间稍有黏结,可分离
600	15	65.5	最好	极片间黏结较紧,不易分离
700	15	39.2	最好	极片间黏结较紧,不易分离

综合烧结温度和烧结时间对电极性能的影响,烧结的工艺条件可以确定为400～450℃下烧结25 min。在相同的烧结时间内,烧结温度较低时(300℃以下),没有起到烧结的作用,电极强度较差。烧结温度较高(600℃以上),电极间黏结较紧不宜分离,工艺上不可行。因此,选择烧结温度在400～500℃,使银粉颗粒间有一定黏结,工艺上也可行。

5. 负极片的制造

锌负极主要由电极集流网、负极活性物质和耐碱棉纸组合而成,从制造方法来分,主要有涂膏式负极片、压成式负极片和电沉积负极片等。

1) 涂膏式负极片

涂膏式负极片的制造方法是将一定比例的混合锌粉混合均匀,加入适量的黏结剂,调成膏状,涂在导电骨架上,晾干(或烘干)后模压成型。具体工艺流程如图2.20所示。

将干燥后的极片放入层叠式的压模中,在20～100 MPa范围内加压,控制极片在一定厚度范围内。然后,逐片放在木盘中,自然干燥,极片表面整洁无污点,厚度的均匀性和外形尺寸应符合设计要求。涂膏式电极的孔率一般为35%～45%,因为是以氧化锌状态为主,还原成金属锌后孔率将会增大。

2) 压成式负极片

(1) 电解锌粉压成式电极。用电解锌粉作活性物质,可以直接压制锌电极,与化成的氧化银电极相配,制作干式荷电态锌银电池。

(2) 混合锌粉压成式电极。这种电极与涂膏式电极相似,组成均为蒸馏锌粉与氧化锌粉的混合物;不同之处是,这种电极不用涂膏,而是用潮湿状态的混合锌粉直接以模压的方法制成。

3) 电沉积负极片

用含氧化锌的氢氧化钾电解液,以锌锭做阳极,铜箔做阴极,在较大的电流密度下电

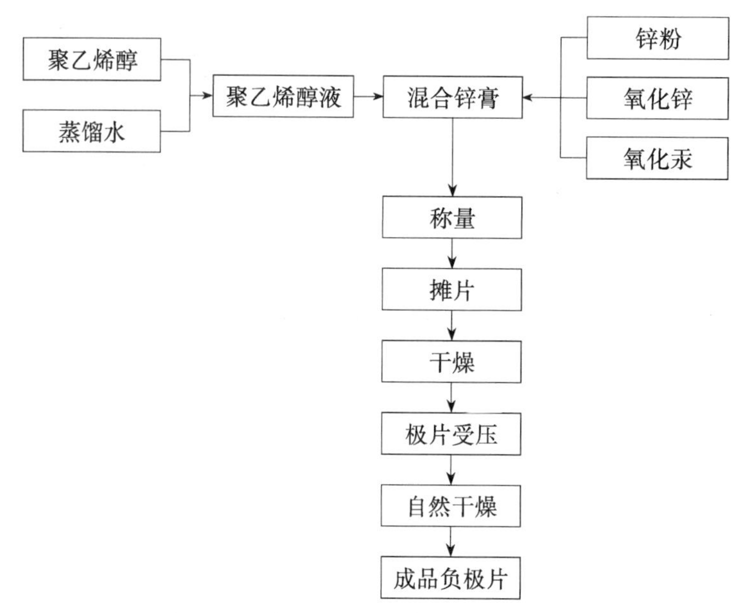

图2.20　涂膏式负极片的制造工艺流程

解。细小树枝状锌沉积在铜箔上,铜箔在电池中起到电极骨架和导体的作用。经过洗涤、冲切、干燥后,即成为所需要的锌电极。该方法多用于一次锌银电池的一种锌电极。它的特点是,极片可以做得很薄,使用铜箔做集流体,铜箔厚度约为0.05 mm,电沉积锌后,厚度约为0.25 mm。

6. 化成

极片化成是锌银电池生产过程中的一道重要的工序。通过化成,一方面可除去夹杂在电极中的有害杂质,如硝酸根离子;另一方面,电极经过化成,即是通过充电或充放电的电化学过程,可增大电极的真实表面积,使电池的电化学活性好。化成这个操作过程,有的在电池装配前进行,有的则在电池装配后进行。

极片化成的工艺流程如图2.21所示。就化成的正负极片装槽形式而言,可分双化成和单化成两种。

单化成是将所需要的电极配以辅助电极进行化成的方法。如可以将银电极单化成转化为氧化银电极,也可以将混合锌粉电极单化成后转化为锌电极,辅助电极可多次反复使用。

双化成是将所需要的两种电极装配在一起组成化成电池,进行化成后,同时得到正、负极片的方法。如银电极和混合锌粉电极配成化成电池,化成后分别转化为氧化银电极和锌电极。

7. 单体电池的装配

锌银二次电池结构的特点是极片紧装配。即正负极片之间依靠隔膜相互压紧,间隙很小,电池装配的松紧度为70%～80%,自由电解液量较少。

极片的厚度根据电池放电倍率确定:对于高倍率放电的电池,极片较薄,一般为0.5 mm左右,采用薄极片可以增加极片的实际工作表面积,减少电流密度,降低极化。对于长寿命、低倍率放电的电池,可采用较厚的极片,这时多孔极片的内表面利用率较好,采用厚的极片可以提高电池的比容量。

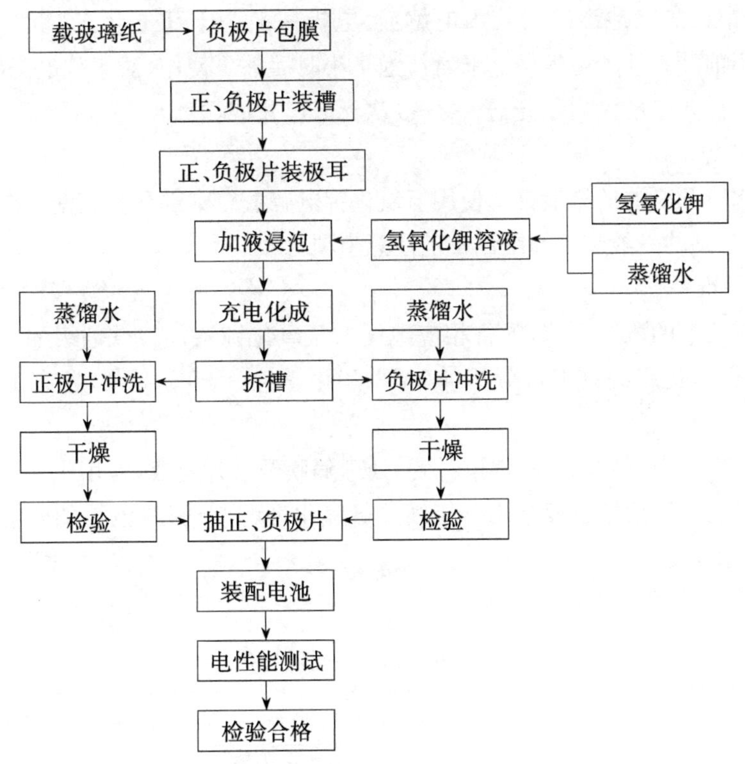

图 2.21 极片化成的工艺流程

单体电池的制造工艺流程如图 2.22 所示。

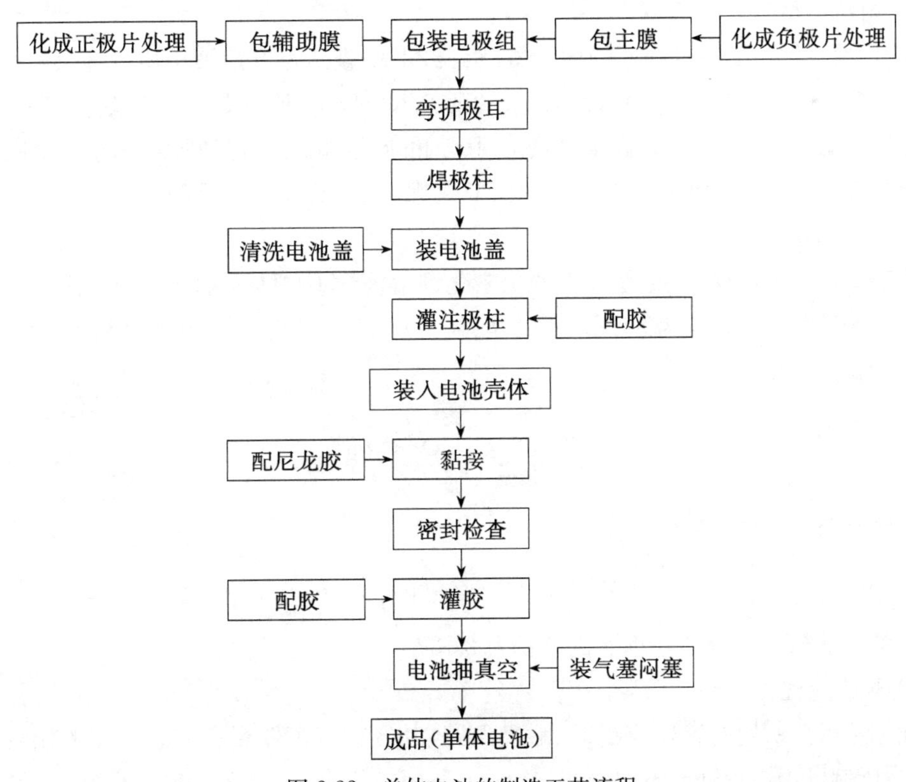

图 2.22 单体电池的制造工艺流程

目前,锌银二次电池出厂时均无电解液,电极一般为干荷电状态(也有的是放电状态),所以使用前须先注入电解液。通常浸泡半小时后即可使用(对于放电态出厂的电池,使用前尚须在注入电解液后预先进行 2～3 次充放电化成循环)。

8. 电解液的配制

极片的化成和电池的激活都要使用氢氧化钾电解液。本部分介绍配制电解液时材料用量的估算、配制的一般步骤和配制中的注意事项。

1) 材料的准备

根据所需溶液的浓度要求,准备相应纯度的氢氧化钾试剂。试剂级的氢氧化钾分成三个纯度等级,即优级纯(GR)、分析纯(AR)和化学纯(CP)。此外,还有工业纯的氢氧化钾。

锌银电池生产中,制造银粉、电解锌粉、处理隔膜及极片化成,常用化学纯的氢氧化钾配制溶液。电池的激活电解液常用分析纯的氢氧化钾配制;密封电池的电解液常用优级纯的氢氧化钾配制。

试剂等级的氢氧化钾含量见表 2.12。

表 2.12　试剂级氢氧化钾的含量

试剂纯度等级	优级纯(GR)	分析纯(AR)	化学纯(CP)
KOH 含量/%	≥85	≥82	≥80

配制电解液用水应该是高纯度的水,一般用蒸馏水,也可以用净化水。

2) 材料用量的估算

首先,要根据所配制电解液的比重值,从表 2.5 中查出每升溶液中所含纯氢氧化钾的量。由于氢氧化钾试剂中氢氧化钾的含量一般在 80%以上,所以要根据需要量换算成试剂量。用所需配制溶液中的质量减去氢氧化钾试剂的质量,就可以得到所需用的纯水质量。

欲配制 3 000 cm^3 相对密度 1.40 的氢氧化钾溶液,试计算需要的分析纯氢氧化钾试剂和蒸馏水的用量。

查表 2.5 可知,相对密度为 1.40 的氢氧化钾溶液含 KOH 为 565.2 $g \cdot dm^{-3}$,而分析纯氢氧化钾试剂含 KOH 为 82%。所以,配制 3 000 cm^3 比重为 1.40 的氢氧化钾溶液,需氢氧化钾试剂的质量为

$$\frac{565.2 \times 3}{0.82} = 2\,068 \text{ g}$$

蒸馏水的质量为

$$1.40 \times 3\,000 - 2\,068 = 2\,132 \text{ g}$$

因为水的比重约为 1,所以蒸馏水的体积为 2.132 L。

3) 配制过程

配制电解液所用的容器应耐碱、耐高温等,其容积视配制量而定。少量配制可用烧杯,大量配制可用白瓷缸或不锈钢槽。

量取比计算量稍少的蒸馏水至上述容器中,按计算的试剂量称取氢氧化钾试剂缓慢加入蒸馏水中,同时搅拌,使氢氧化钾完全溶解。

由于氢氧化钾溶解过程中放热,最好进行冷却。此外,还有大量碱雾放出,配制时最好在通风橱或空气流通的地方进行操作。

溶液冷却至20℃时,用相对密度计测量相对密度。若相对密度高于要求值,则适当加入少量蒸馏水;若相对密度低于要求值,则再加入一些氢氧化钾,最好取出少量溶液在量筒中测量相对密度。

调好相对密度的电解液可以用滤纸过滤到储存容器中。

取样分析KOH、K_2CO_3和杂质(Cu和Fe)的含量是否符合技术要求。如果KOH的含量不合格,可加注蒸馏水或加入KOH试剂进行调整;如果K_2CO_3和Cu、Fe的含量不合格,需要查明原因并制定处理办法。

合格的电解液需密闭保存,尽量减少与空气的接触,以防止生成K_2CO_3。

4) 注意事项

配制电解液时,应戴防护眼镜和橡皮手套,并应在工业场地准备5%的硼酸溶液,防止电解液烧伤。氢氧化钾试剂和溶液都有强烈的腐蚀性,要注意防护。

9. 各种黏结剂的配制

在锌银电池的生产过程中,常使用一些黏结剂,本部分概括介绍它们的配比及配制方法。

1) 聚乙烯醇溶液的配制

聚乙烯醇是制作负极的原材料之一,是一种水溶性的高分子化合物,常用它的3%或者6%的水溶液做涂膏式负极片或混合锌粉负极片的黏结剂。

按配比取一定量的蒸馏水倒入干净的烧杯中,称取所需量的聚乙烯醇粉末,在搅拌下徐徐加入水中。待聚乙烯醇完全被水浸润和膨胀后,将烧杯移至水浴中加热,并搅拌。加热温度控制在100℃以下,直至聚乙烯醇全部溶解。冷却后,用双层尼龙布过滤溶液,放密闭容器内保存。

2) 苯酚胶及苯酚水溶液的配制

国内生产的锌银二次电池单体壳和盖多采用聚酰胺树脂材料所制,这种材料的封接宜用苯酚胶。

按配比称取苯酚于锥形瓶中,在水浴中加热熔解。而后,依次加入聚酰胺树脂和蒸馏水,在水浴中加热,并不断搅拌,使其全部溶解,成为棕红色透明胶液。

因苯酚有腐蚀性,苯酚蒸气有毒,在配制时应戴橡胶手套和防护眼镜,最好在通风橱中进行。

2.4 人工激活锌银二次电池组

2.4.1 特性和用途

人工激活锌银二次电池组在使用前呈干荷电储存,使用时用人工灌注规定量的电解液使电池活化。它具有结构简单、操作维护方便、准备时间短、可检查、可靠性高和能反复使用等优点。

一般激活时间为30 min～1 h。激活前干储存寿命为5～10 a。激活后荷电状态湿搁置寿命为1～3月，放电状态湿搁置寿命为1 a。

根据负载要求人工激活锌银二次电池组，可分为低倍率、中倍率、高倍率和超高倍率放电四种。高倍率(如5 C)放电比能量可达46～87 W·h·kg^{-1}，低倍率(如0.1 C)可达72～250 W·h·kg^{-1}，循环周次5～150周。

由于该类电池比功率高、能瞬时输出大电流，常用作运载火箭、武器型号及卫星的控制、安全、遥测和回收等系统的一次电源。

2.4.2 结构组成

人工激活锌银电池组的典型结构如图2.23所示。除单体电池外，还包括电池组盖、电池组外壳、加热装置、保温装置、接插件等部分。

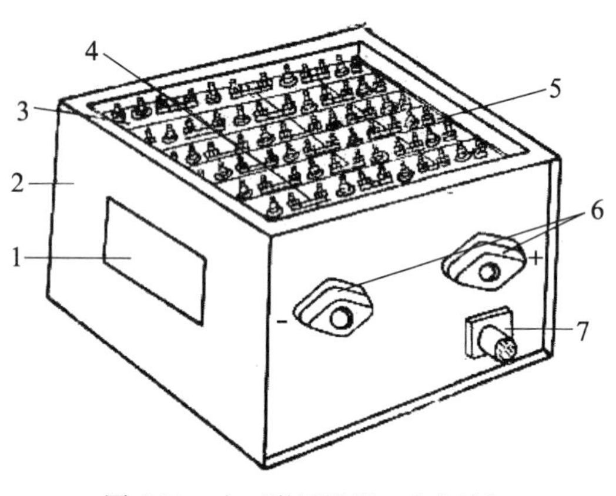

图2.23 人工激活锌银二次电池组(去盖后)结构示意图

1-产品铭牌；2-电池组外壳；3-单体电池；4-接线片；5-加热带；6-正负接线端；7-插头座；8-电池组盖(未画出)。

1. 外壳和盖组件

外壳和盖一般用铝合金板、钢板经铆接或焊接而成，也可用环氧玻璃钢缠绕成型，用以保护电池堆和其他装置不受使用环境条件的影响，同时起到隔热、防霉、防潮、防盐雾、密封和安装固定的作用。

外壳和盖之间多采用螺钉、搭扣连接，或用钢带捆绑，接缝处一般设置橡胶密封垫圈。较小的电池多用螺纹连接。目的是使内部各构件牢固，能承受住各种载荷的作用。为了安装方便，往往会根据用户要求增加固定用的支耳。

2. 防振和减振装置

电池组使用时环境条件很恶劣(如冲击、振动等)，除了提高单体电池强度(如增加底胶固定电极组)外，通常利用玻璃钢蜂窝结构、泡沫塑料和毛毡等作为减振垫以起减振作用。

3. 加热装置

人工激活锌银二次电池组主要采用电加热装置。电加热装置由加热带、温度继电器、换向继电器和插座组成。有些电池组安装有低温热管和热汇，组成加温装置。当电池内部温度低于某一温度时，用外电源或外热源对电池组进行加温，以保证电池的工作性能。

4. 隔热、保温和冷却装置

为了使电极组能在一定温度范围内工作，减少外界环境温度的影响，在电池组外壳四周和底、盖上装有泡沫塑料或毛毡、蜂窝泡沫塑料板等保温材料。

放电过程中，由于电池内阻的存在，电极组的温度逐渐升高。某些保温条件较好的系统(如潜艇、卫星等)和容量较大的电池更为明显。温度太高对电性能会造成不良影响。

为保证电极组在一定温度下工作，与加热作用相反，某些电池中还设有冷却装置。目前较好的方法也是采用热管、热汇装置，以便将电池组工作时产生的热量导出。

5. 插座、连接片等

为了构成电池组内部充放电回路，各单体电池间分别用连接片进行串、并联连接，并用螺母固定。插座作为电池组的输出端。

2.4.3 设计要点

二次电池组的设计，主要由两部分组成：其一是电性能的设计，以单体电池设计为基础，通过对选择的单体电池进行串、并联设计组装成电池组，以满足任务书中所规定的工作电压、工作电流、工作时间的要求；其二是结构性能设计，它保证单体电池组装成电池组后在特定的环境下完成其供电任务。

1. 外壳和盖组件的设计

1）结构形式和材料的选择

锌银二次电池组的结构质量取决于设计时所选择的结构形式和材料品种。在二次电池组中所占的质量比例大小也不一样。一般结构质量占电池组质量的30%～60%。而结构质量中，外壳和盖组件的质量又占了较大的比例。典型的运载火箭和武器型号用电池组中各主要零部件所占的比例如表2.13所示。

表2.13 主要零部件质量比例

零部件名称	占电池组质量/%		
	BF01-A2	KZ70-4C	1K71-5C
单体电池	42.6	48.9	50.4
外　壳	21.6	17.5	10.0
盖	8.1	6.5	4.3
保温装置	7.5	7.6	8.4
加热装置	5.4	6.5	7.8
插座、连接片	10.5	9.6	10.7
防震紧固件	4.3	3.4	3.4
其　他	—	—	5.0
合　计	100	100	100

电池实际输出的比能量M^*可由式(2.19)表示：

$$M^* = M_0^* K_E K_R K_W \tag{2.19}$$

式中，M_0^*为理论比能量($W \cdot h \cdot kg^{-1}$)；K_E为电压效率(%)；K_R为反应效率(%)；K_W为质量效率(%)，有

$$K_W = \frac{W_0}{W_0 + W_s} = \frac{W_0}{W} \tag{2.20}$$

式中，W_0为假设能按电池反应式完全反应的正、负极活性物质总质量(g)；W_s为不参加电池反应的物质总质量(g)。

从式(2.19)、式(2.20)中可以看出,减小 W_s,增大 K_W值,在提高电池实际比能量方面占有显著的位置,是电池结构设计者的主要任务。

之前设计的外壳、盖组件的材料大多选用不锈钢或碳钢,目前选用铝合金、镁合金或钛合金,随着复合材料的发展,如玻璃钢材料、夹层结构材料也逐渐应用到电池组的结构设计中。

选用比强度高、比刚度大的结构材料是空间飞行器各产品选材的原则之一。几种外壳、盖组件常用的材料性能如表2.14所示。

表2.14 几种材料的机械性能比较

材 料	碳钢	不锈钢	硬铝	镁合金	玻璃钢	玻璃钢蜂窝
密度(d)/($g\cdot cm^{-3}$)	7.8	7.8	2.7	2.2	1.8	0.44
抗拉强度(σ_B)/MPa	400～500	400～500	170～400	170～210	300	—
抗弯强度(σ_b)/MPa	—	—	—	—	97.8	61.8
弹性模(E)/MPa	$2.0\sim2.1\times10^5$	2.1×10^5	$0.67\sim0.7\times10^5$	0.42×10^5	0.025×10^5	0.173×10^5
泊松比(μ)	0.24～0.28	0.25～0.30	0.31～0.33	0.25～0.34	—	—

根据单体电池的外形,二次电池组外壳绝大部分是设计成方形容器。只是根据总体某些特殊需要才设计成圆形或半圆形的外形。因而一般可按方形容器和圆筒形容器进行设计。

外壳和盖的结构是相互匹配的,为了便于人工激活,应做成可拆卸的。连接结构大多是法兰式,根据密封要求的高低及外形尺寸的大小,可设计成内法兰式和外法兰式,密封要求不高,可用带式捆扎搭扣连接。

2) 强度和刚度的计算

外壳和盖的强度要求保证二次电池组能承受在起飞动力段、返回动力段所承受的动载荷。这些载荷包括过载、振动、冲击等(过载是恒力载荷,振动是疲劳载荷,冲击是瞬时载荷)。

方形容器可用平板受力状态进行设计和计算。在计算时假设:周边是嵌住的且整个板面承受均布载荷。

外壳和盖若有密封要求,还要按压力容器进行强度计算。电池容器设计,也属低压容器设计范畴,用材料均为薄板,强度计算的安全系数较大。为了增加容器的刚性,外壳的壁、底面及盖面,往往做成有冲压成型的加强筋,因而实际的挠度都比理论计算值小得多。

夹层结构的材料密度轻,具有高的比强度和比刚度。采用这种材料,可减小产品结构质量的10%～50%。若采用玻璃钢蜂窝结构,还有良好的电绝缘性、耐腐蚀、隔热和保温等优点。

夹层结构是一种由面板(或称蒙皮)和芯子所组成的承力结构。面板可采用金属(如铝等)或非金属(如玻璃钢等)。芯子可以是泡沫塑料,也可以是蜂窝结构。蜂窝芯子材料可以是金属(铝、不锈钢、钛合金等),也可以是非金属(玻璃布、纸张、棉布、塑料等)。夹层结构材料品种繁多,而作为结构材料,特别是用于航天领域,玻璃钢蜂窝结构占显著的地位。

3）密封设计

要使电池组在真空环境下正常工作，电池组的外壳必须进行密封设计。

由于本节介绍的电池组为人工激活式的，在使用之前往往要以手工的方式向电池加注电解液，进行激活。因此，外壳和盖组件之间设计成可拆卸连接形式。这种可拆卸的连接形式常用法兰结构、槽式结构等。

另外，电池的活性物质——金属锌和银氧化物，在碱性电解液 KOH 溶液中，热力学不稳定。多孔的锌电极总是发生锌的溶解和氢的析出；而正极银的氧化物与碱液接触会缓慢地分解释放氧气，产生的一部分氧气在电池内部还可以把锌电极氧化，而锌电极析出的氢气在一定条件下可以还原银氧化物。

因此，电池外壳设计还要考虑气体在密封的外壳中所产生的压力及其影响。一般小容量电池组可以采用整体的密封结构设计，而大容量的电池组必须在电池组盖上设计排气装置，即安全排气阀。常用的安全排气阀有机械隔膜式和电磁式两种。

4）外壳的三防设计

根据技术条件环境要求，二次电池组应符合“三防”的要求。所谓“三防”，从腐蚀来讲，是指防潮、防霉、防盐雾；从辐射讲，是指防电磁辐射、防核辐射和宇宙射线辐射。在此，主要指防潮、防霉、防盐雾。

2. 加热及保温装置的设计

温度对锌银电池工作特性的影响是一个很重要的因素。经验表明，它的最佳工作温度范围是 10～40℃。低于这个温度，其工作特性，如输出容量、工作电压都逐渐下降。有的人认为它的工作特性是一个临界的最低工作温度，是－20℃。低于这个温度，其工作特性显著下降。

为了保持锌银电池的工作特性，使其在低温环境条件下也能正常工作，二次电池组设计时必须考虑加热保温装置。保温装置指在二次电池组外壳的外表面衬以质轻、导热系数很低的绝热保温材料，如泡沫塑料、呢绒、海绵橡胶等。根据二次电池组的使用情况，使电池的温度逐渐升高所采用的装置，有以下几种加热方式：① 利用热空气在二次电池内进行循环加热；② 利用液体在二次电池内进行循环加热；③ 利用二次电池瞬间的短路放电；④ 利用二次电池预先充电；⑤ 利用附设于二次电池四周的外加热源；⑥ 电阻加热法，即依赖于电流通过电阻元件——高阻合金丝（或带）产生热量对二次电池加热，由于这种方法简单，制造维护方便，是至今一直沿用较为广泛的一种加热方法。

既要保证二次电池的工作特性，又要兼顾发射场某些条件的限制，因而设计时必须考虑到以下几点：① 二次电池组在环境温度改变的情况下，其内部单体电池间的温差变化不大，内部有比较均匀的温度场，同时在加热时，单体电池间的加温速率及差值也不能过大；② 加热的时间越短越好；③ 提供给电加热装置的外电源要根据发射场地的具体情况而异，如电压范围、功率大小等；④ 材料来源方便、价廉，加热器制造简单，使用维护方便等。

常用的二次电池组的保温材料是硬质泡沫塑料，几种常见的泡沫塑料的性能如表 2.15 所示。

表 2.15 部分泡沫塑料的主要性能

指 标	聚醚型聚氨酯泡沫塑料	聚酯型聚氨酯泡沫塑料	聚苯乙烯	聚氯乙烯
密度/$(g \cdot cm^{-3})$	0.045～0.065	0.17～0.18	0.06～0.22	0.09～0.22
抗压强度/MPa	0.25～0.5	2.2～2.35	0.3～2.0	0.5～1.5
抗张强度/MPa	—	0.55～0.85(150℃)	—	—
耐温性/℃	−60～120	−60～120	−80～70	−30～60
热导率/$(W \cdot m^{-1} \cdot K^{-1})$	92～100	≤167	≤167	138

常用的结构形式是用浸胶的无碱玻璃布作包封物，采用高电阻镍铬合金丝作发热元件，制成板状电加热器。这种加热器结构简单，加工方便，但浸渍胶选择不当容易造成吸湿、吸碱而引起绝缘电阻下降。

电加热器功率根据热平衡方程式进行计算。电加热器产生的热量(Q_w)为电池升温所需的热量(Q_1)和加热过程中的热损失(Q_2)之和。

各热量的计算公式，分别见式(2.21)、式(2.22)、式(2.23)：

$$Q_w = \frac{V^2}{R}t \tag{2.21}$$

式中，V 为加热电源电压(V)；R 为电加热器的电阻值(Ω)；t 为加热时间(s)。

$$Q_1 = m\bar{C}(T_2 - T_0) \tag{2.22}$$

式中，m 为电池质量(g)；$\bar{C}$ 为电池的平均比热容$(J \cdot g^{-1} \cdot K^{-1})$；$T_2 - T_0$ 为电池温升(K)。

$$Q_2 = \frac{T_1 - T_0}{\frac{\delta}{\lambda}}Ft \tag{2.23}$$

式中，$T_1 - T_0$ 为电加热器器壁表面与环境温度的温差(K)；δ 为保温层的厚度(cm)；λ 为保温层的热导率$(W \cdot cm^{-1} \cdot K^{-1})$；$F$ 为热传导的表面积，即电池组的外表面积(cm^2)；t 为热传导时间(与加热时间相同)(s)。

为简化计算，可将式(2.23)假定在电加热时，单层平壁处于稳定的热传导状态。

最常用的控制线路是在加热线路中串联温度敏感控制开关——温度继电器。如果加热功率较大时，采用大功率继电器(如换向继电器等)转换分流。

2.4.4 靶场测试

出厂的产品虽然已经按照技术条件所规定的内容进行了检查和抽样例行试验，并已确定为合格的产品，但为了确保锌银二次电池组可靠使用，在靶场使用之前，还必须对电池组进行单元测试和检查。

一般的检查测试内容和步骤：① 开箱后检查电池组有无机械损伤和其他污损，并对照装箱清单清点备件是否齐全；② 将电池组进行干态称量，测量外形尺寸和接口的安装尺寸；③ 开盖对电池组本身进行一般性检查，包括单体电池极性连接的正确性，各电气连接部分的正确性、可拆卸零件的互换性和紧固性、绝缘性；④ 加热系统工作正常性检查，包括电加热器的电阻值,继电器工作的正常性,还必须通电检查测定加热电流值,估算加热时间是否符合要求;⑤ 加注电解液,加注电解液方式可用常压法或减压法,电解液随产品出厂时用塑料瓶装好的,加注电解液的量,应保证在技术条件规定的范围内,切勿多加、少加和漏加;⑥ 加注电解液后的产品,经过规定的浸泡时间后,要检测单体电池和电池组的开路电压是否符合技术文件的规定;⑦ 开路电压合格的电池组,在一定的负载下进行放电检查,其工作电流、工作电压都应符合技术文件的规定;⑧ 合盖之前还应该进行湿态绝缘性能检查,加盖后还要称湿态质量;⑨ 上述合格产品,在安装之前,有的还规定一些其他的检查项目和要求,其目的在于提高产品的可靠性;⑩ 目前,用于运载火箭和武器型号的锌银二次电池组均做成干荷电态出厂,经过干态储存后造成电池容量的下降,因而,电池产品的储存寿命在各种文件中也有明确的规定。

上述检查中,若有某项不合格都应查明原因,排除故障,再加以检查,否则严禁装弹或箭。

2.5　自动激活锌银一次电池组

2.5.1　特性和用途

自动激活锌银一次电池组是一种储备式电池,在适当的温度下,用电解液自动激活。存放时,电解液和由活性物质制成的电极组分开,因此,可以长时间保存,而电池性能不会有重大变化。使用时,通常用电或机械方法将电解液加注到电极组中去,电池激活后即可使用。根据一次性使用的特性,这种电池称为一次电池。

自动激活锌银一次电池,可以采用不同的方法进行分类。如可以将其按照加热方式、储液器的结构形式分成不同的类型。具体分类如下:

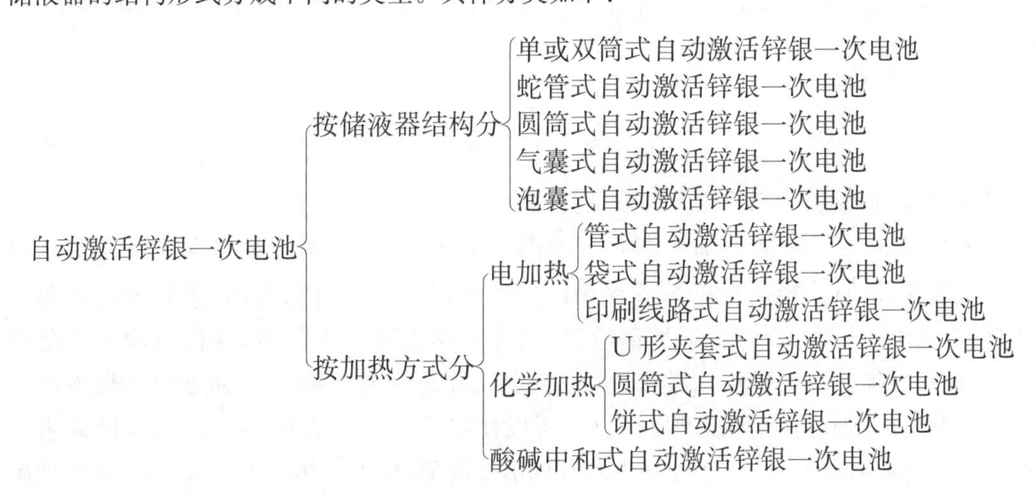

2.5.2　电加热自动激活锌银一次电池组

1. 电加热的基本原理

由于锌银电化学体系最适宜的工作温度为25℃,所以锌银电池在低于此温度下使用时,要发挥其应有的特性就必须进行加热。如果条件允许,最好采用电加热的方式。这种加热方式安全可靠,使电池具有较高的比能量。期望一个处于较低温度状态下的锌银电池组能正常工作,加入适当温度的电解液即可。实验和理论都表明,处于−40℃的锌银电池组,只要将+60℃的电解液注入其中即能转入正常工作。也就是说,注入电解液后电池组的平衡温度在25℃以上。如果在短时间内不考虑散热损失,这个平衡关系可用式(2.24)表示:

$$c_1 m_1 \Delta T_1 = \left(\sum_{i=1}^{n} C_i m_i \right) \Delta T_2 \tag{2.24}$$

式中,c_1 为电解液比热($J \cdot g^{-1} \cdot K^{-1}$);$m_1$ 为电解液质量(g);ΔT_1 为电解液相对升温(K);ΔT_2 为平衡后体系的升温(K)。

众所周知,

$$Q = IVt \tag{2.25}$$

式中,Q 为热量(J);I 为电流(A);V 为电压(V);t 为时间(s)。

综合式(2.42)、式(2.43)可以得出式(2.44):

$$c_1 m_1 \Delta T_1 = IVt \tag{2.26}$$

在实际使用过程中,用户通常都给出了外界的加热电源的电压,并限制了时间。所以化学电源的设计,应根据所设计电池的具体情况来确定加热电流,见式(2.27):

$$I = \frac{c_1 m_1 \Delta T_1}{Vt} \tag{2.27}$$

在确定了电流 I 后,根据欧姆定律就可以容易确定电阻丝的电阻值。

在设计电热器时,为了使加热器在电解液储存器内均匀分布、一般采用并联形式,见式(2.28):

$$\frac{1}{R} = \sum_{i=1}^{n} \frac{1}{R_i} \tag{2.28}$$

式中,R 为总加热电阻(Ω);R_i 为并联的分路电阻(Ω)。

必须指出,各种不同的加热器具有不同的加热效率,从国外某自动激活一次电池(52 C)推算,其加热效率为40%。这是由于储液器是由塑料制造的,用外围的加热带加热,电流不能过大,否则将损坏储液筒;其外壳用铝铸件来制造,这样就增加了散热量,从而导致加热时间变长。从−40℃加热到工作适宜温度要4 h。而盘管式储液器是由紫铜制造的,外有保温泡沫塑料包层,所以使加热效率提高到55%。对双圆筒内设加热管的电解液储存器,由于加热器放在储液器内部,减少了热损失,使加热效率增加到70%左右。

2. 加热线路

由于为武器型号要求电池组使用的操作简单,维护方便,并且过热会导致储液器受到损坏,造成电池失效,因此采用自动控制的方式对电池组加热。加热恒温线路中包括:加热器、温度继电器、切断及接通用的换向继电器等。具体线路见图2.24。

温度继电器可选择温度范围在25～35℃，换向继电器根据加热电流的大小确定。在实际装配过程中，储液器内电解液的温度通过温度继电器与储液器的距离以及隔热或传热材料的厚度来确定。储液器内电解液的温度与继电器的温控范围并不等同。只有这样，才能够保证电解液具有较高的温度，使电池在低温环境下使用。为了防止电池内部线路出现故障，温度失去控制，特别是高温过热使电池遭到破坏，一般应提供在各种温度条件下所需的加热时间或加温曲线，供使用人员判别加热时间是否正常时参考，如超过规定的时间，说明内部线路可能出现故障，采用人工切断加热电源，再转入使用。

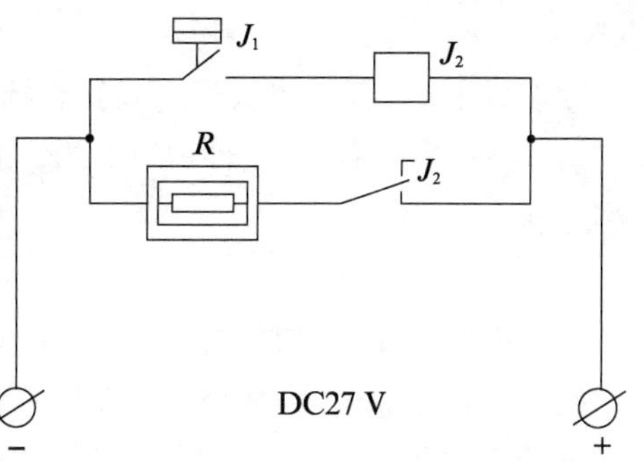

图2.24　电池加热线路原理图

J_1-温度继电器；J_2-换向继电器；R-加热器。

3. 储液器的结构形式及其功能

自动激活锌银一次电池的储液器形式多种多样，不仅是电解液的储存装置，还是电池组激活系统的重要组成部分，具有能储存电解液、良好的流体力学特性、能承受较高的压力以及工作后残留电解液少等特点。

从流体力学的角度来看，储液器的工作过程较复杂。由于激活是快速的，因此排出电解液的过程，很难说是稳定流动，而处理非稳流过程，涉及较复杂的数学方法，通常采用稳定流动的力学方程得到近似的结果，以便确定可靠激活一个储液器所需要的动力源，进一步可以进行气体发生器的设计，计算出其功率和推力、药形、药量等参数。

储液器的容积与所装电解液的体积之间的配合也是比较关键的，因为配合不好会导致电池失效。电解液过少，会使大量气体进入电池；电解液过多会经不住热冲击，导致密封膜的破裂。一般对储液器的基本要求是必须稳定地把电解液密封在储液器内，不工作时，不允许电解液有渗漏。但必须经得住规定温度范围内反复加热。也就是说，在热力学上是一个闭合体系，不允许有物质交换。同时也要求保持热力学上可逆性，即经过一个热循环后，能回到原来的状态。利用体膨胀的公式(2.29)作图(图2.25)，便于设计的合理性和可靠性。

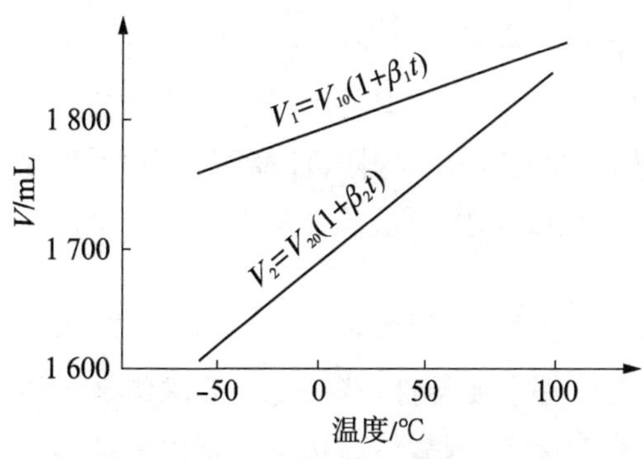

图2.25　储液器容积与电解液体积的温度关系

以装1 700 cm^3电解液的储液器为例，

$$\begin{cases} V_1 = V_{10}(1+\beta_1 t) \\ V_2 = V_{20}(1+\beta_2 t) \end{cases} \tag{2.29}$$

式中，V_1为常温(25℃)下储液器容积，为1 830 cm^3；V_2为常温(25℃)下电解液体积，为1 700 cm^3；V_{10}为0℃时储液器容积；V_{20}为0℃时电解液体积；β_1为储液器材料体胀系数，取紫铜5.7×10^{-5} K^{-1}；β_2为电解液体胀系数，取60×10^{-5} K^{-1}；t为温度变化值，即温

差(K)。

可以看出,V_2 不允许大于 V_1,电池组使用温度范围内,两线不相交,并留出相应的空余空间,保证储液器的稳定性,从图2.25上推测,在+120℃左右两线才相交,此时电解液已超过沸点,是不允许的。

4. 装电极组的壳体

装电极组的壳体大都由有机玻璃制成,或用其他塑料压制而成,也可采用木材制造。在结构上一般制成连通器的形式,即使电解液能同时等量的进入每个单体电池,使放电均衡。这种壳体通常由下面几个功能件组成。

1) 电解液分配道

电解液分配道是电解液进入壳体的主要通道。为了防止多余物,上面装有防多余物的筛板。筛板如果装在进口处,则呈"莲蓬头"状,可以有效地防止多余物的侵入。不过在设计时应注意其强度及安装的部位。如筛板损坏,其本身就成了多余物,从而使电池失效。

2) 电解液分配孔及排气孔

由电解液分配道来的电解液,由分配孔进入每个单体电池。而多余的气体则由排气孔排出壳体。

3) 气液分离装置

为防止多余的电解液随气体一同排出,设计了气液分离装置。这种装置一般采用多层次,再配以单向阀门形成一个过滤系统,从而有效地将气体与液体分开,以免电解液喷出大外壳,危害其他仪器。气液分离装置内部又装有能吸收电解液的物质(如棉纸等),这更增强了吸收效果。

电解液分配道、分配孔、排气孔及气液分离装置的良好配合,是连通器形式的壳体在设计过程中需要仔细考虑的问题。

5. 激活动力源的选择

激活动力源一般是采用压缩空气或气体发生器。因弹上通常备有压缩气源,但引出该气体要有通气管道,并且必须使用减压阀。而采用气体发生器则比较简单,使电池组自成系统。根据电池组带有多少电解液,以及储液器的流体力学特性(计算压头损失等)来决定气体发生器的用药量。在用药量确定后,设计气体发生器,实质上就是设计一个固体火箭发动机。

6. 电池组的组装

把激活动力源、储液器、装有电极组的电池壳体等主要部件,按一定的要求组装成电池组。用螺纹连接的方法把气体动力源与储液器连接在一起,然后用钢带把储液器与电池壳体连接在一起。将此电池组合件装入外壳内,按要求焊接好加热线路,加上保温层,盖好外盖板,电池组装完成。

7. 测试

装好的电池,按要求抽样,进行例行试验。试验方法按技术条件进行。这些试验,按用户单位提出的力学条件(如加速度、振动、冲击等)、热学环境(如高温、低温)、电学要求(如在各种湿度下的电绝缘性)以及空间环境(如低气压、电磁场、核辐射等)指标进行激活放电考核。

8. 维护和使用

电加热自动激活锌银一次电池在交付用户后，存放在规定环境条件的仓库中，经常进行监测，即干态测试。这时测试的主要内容包括测量发生器的电阻、加热器电阻以及相应接点的绝缘电阻等，必要时通过加热对加热线路进行检测。

9. 干储存寿命的影响因素

研究干态储存寿命使用的方法通常是将不同干储存期的电池按照出厂时的技术条件规定的试验方法激活放电，然后将所测得到的数据与该批产品出厂试验所测试得到的数据进行对比分析，得出平均年变化量，推测电池的干态储存寿命。

影响干储存寿命的因素主要如下。

(1) 活性物质(正、负极的材料)随时间的增长其化学组成发生变化。如正极中的 AgO 向 Ag_2O 及 Ag 转化，并部分放出氧气。而放出的氧又使负极发生钝化，即由金属锌向氧化锌转化。这一结果使电池的激活时间延长，容量减少。

(2) 电池的气动源——发生器中的某些零部件发生老化，使发生器的推力和功率均发生变化。特别是密封橡胶件的老化，使壳体的气密性降低，导致漏气，使激活时间延长。

(3) 温控敏感元件(温度继电器)老化，导致温控不准。

(4) 储液器漏液，腐蚀连接部位，使其强度下降，激活时受到力的冲击而破坏，使电池激活不正常或根本不激活。

(5) 电解液储存器漏液，导致电池绝缘电阻下降，造成绝缘性能不合格。

(6) 经过长期存放与运输，导致部分紧固件松动，使电池导电性或绝缘性受到破坏。

(7) 电池内的高分子材料(塑料壳体、橡胶件、胶黏剂等)的老化，导致壳体破裂，密封失效。

失效机理的研究指出，失效过程是一个比较复杂的物理化学过程，与周围环境有很大的关系，例如与温度的关系。

10. 带电湿搁置寿命

自动激活锌银一次电池通常是短寿命的。激活后，如不使用，在短时间内(一般数个小时)即失效。随着武器及其他航天器的发展，特别是战略导弹使用固体发动机以后，导弹发射前的准备工作缩短了。发射场有的已经转入地下(或在潜艇中发射)，有的是机动性强的车辆式。由于现代的侦察手段，导弹已不能在发射现场停留过久，必须采取发射完毕就撤离的方法来保护自己。发射前的准备工作也随之简化。临时安装化学电源(带电的二次电池通常在发射前安装)已变得很困难，近乎不可能(如已装在潜艇中的导弹)。因此，某些战略导弹(如美国民兵洲际导弹)便开始使用一次电池。为提高电池的可靠性及排除可能出现的其他故障，还要求一次电池激活后先给其他弹上仪器供电，以检查导弹工作是否正常，如不正常就需要排除故障。这就要求激活后的电池带电湿搁置。在带电湿搁置时间内，随时可以放电。另外，能湿搁置的电池，在这个时间内电池不短路，不泄漏电解液和排放有害气体，以避免损害弹内其他仪器。

研制能带电湿搁置的一次电池，关键是要寻找合适的隔膜材料和设计出漏电较小的电池壳体。既然一次电池有电解液分配系统，且是一个连通器，它也会有“漏电”问题，使电压偏低、容量下降，最终造成不能使用的后果。为此，在设计电池的分配系统时，使分配道尽可能长,必要时装上憎水装置,或涂敷憎水层(例如涂一层固体石蜡),也能起到一定的作用。

为了延长带电湿搁置寿命,隔膜可采用混合的匹配隔膜,即把一次电池所用的隔膜(如皱纹纸等)与二次电池所用的隔膜(如水化纤维素膜等)联合起来使用,不仅延长湿搁置寿命至几十个小时,还可以进行3～5周次的充放电循环,而激活时间在3～15 s。

2.6 使用和维护

2.6.1 注液和注液的方法

由于锌银二次电池的湿寿命有限,所以一般都是以干态出厂,直到使用前才加注电解液,这样可以大大延长电池的有效期。至于能否正确地给电池加注电解液,也是影响电池性能的一个重要方面。

锌银二次电池不宜过早加注电解液,干式放电态的电池可在使用前的4～5天注液,干式荷电态的电池可在使用前的2天,甚至几个小时才注液。这是因为电池注液后,它的主隔膜——水化纤维素膜受到浓氢氧化钾溶液的长期浸泡后分子结构会发生缓慢变化,强度变差。尤其是干式荷电态电池,注液后就开始了银迁移对隔膜的氧化破坏过程。所以,湿荷电态电池即使不使用,经过一段时间后也会自行短路失效。

1. 电解液量

从电池总反应式可以看出,反应过程中没有KOH的变化,从理论上说明,电池容量与电解液量没有严格的数量关系,只要能充满电极微孔和将隔膜充分浸润即可。从经验上看,高倍率型电池需要的电解液量相对要多一些;低倍率型电池的需要量相对少一些。实际上,电解液量是一个很重要的参数,每种电池在技术说明书中都有严格的规定。加多了既增加重量,还容易造成爬碱漏碱,影响使用;加少了,电极和隔膜干枯,放电困难,容量和负荷电压都会下降,甚至在勉强放电时还会因温升过高而损害电池。所以要严格控制,原则是当电解液渗透充分后,液面应当与电极上边缘齐平,或略高2～3 mm,但不能高过隔膜,电解液太高不但容易爬碱,还容易引起锌电极上涨。

2. 注液方法

1) 滴注法

有的电池气室较大,电解液可用注射器直接滴加。

首先戴好防护眼镜防止电解液不慎溅入眼内。用注射器(针尖的长度需根据需要进行截短)吸取规定量的电解液(或规定量的2/3),从电池气塞孔处缓缓滴入电池内,滴加速度可酌情掌握,只要碱液不上溢堵住气孔即可。若电解液一次未加足,过半小时后可再补入不足的部分。同时,在注射器吸入电解液后的移动过程中不要使针杆滑动,以免有电解液漏掉,影响电解液量的精确度,也防止滴落在电池表面上。若偶然滴到电池外面,应立即用脱脂棉擦净。加注完毕后,用脱脂棉蘸少许酒精擦净注液孔及电池外部的碱液,在气孔上轻轻塞上脱脂棉球。

电池立放1～2 h以后,转为侧向倾斜30°～45°,放置1～2天,翻转180°,再同样倾斜放置1天,使电解液充分渗透。倾斜放置时注意不要让倾出的游离电解液堵住出气孔。

恢复到正常位置直立放置1天。经充分渗透后的电解液面应和电极上边缘平齐。如果不符,应用注射器抽出多余的游离电解液或补加电解液。

取下气孔处脱脂棉球,用蘸有少量工业酒精的脱脂棉擦洗气孔,装上气塞。

以上注液步骤是针对低倍率型电池的。高、中倍率型电池电极较薄,容易渗透,渗透时间可以缩减至1～2天。

2) 抽气法

不能采用滴注法加液的电池,应采用抽气法。所使用的工具及材料与滴注法相同,另外还需要一块约5 mm的海绵橡胶板或真空橡胶板,裁下一个大小与气塞孔部分直径相近的圆片作为密封垫。注射器针尖从此密封垫的圆心穿过,并推到针的根部。

注液时,将吸了一定量电解液的注射器压到电池气孔上,让密封垫将螺孔封严。当抽动注射器杆时,空气从电池中抽出,在电池内形成相对的真空。一旦松开注射器杆,靠大气压力的作用,电解液自动被吸到电池中。如此反复几次,即可完全加注。如果用空的针筒这样从电池中抽气,就可加快电解液的渗透速度,从而大大缩短渗透等待的时间,是一个加快注液的简单易行的方法。

2.6.2 充电

充电是电池将外部直流电源供给它的电能转化为化学能储存起来的过程。充电时,正极上生成氧化银和过氧化银,负极上生成金属锌,电池恢复到放电前的状态。一般的充电方法是恒电流充电。需要注意的是:① 整流器的正极要和电池的正极相连,负极与电池的负极相连,不能颠倒;② 多个电池同时充电时要将它们串联起来充电,而不能允许将电池并联起来;③ 不同容量的电池不宜串联在一起同时充电。

2.6.3 严防过充电和过放电

锌银二次电池不耐过充电和过放电,所以要尽量避免。过充电时,电流完全用于电解水,生成氢气和氧气,对电池有极大的害处。首先,正极过充电产生的初生态原子氧具有很强的氧化性,可直接氧化隔膜,加速隔膜的破坏。其次,析出的气体搅动电解液,又冲刷掉正极上一些氧化银颗粒,加速银迁移的过程,也增加了对隔膜的破坏作用。最后,过充电时锌电极上长出锌枝晶,能够刺透隔膜,引起电池内部短路失效。从这三点可以看出,过充电会严重损害电池的使用寿命。

由于电池容量的不均匀,使用中个别电池的过放电也很容易出现。尽管过放电时不像过充电那样损害隔膜,但是,严重的过放电却可在银电极上电镀出金属锌,堵塞银电极微孔,显示出锌电极的电位,电池无法继续工作。因此,在使用中发现有个别电池已经过放电时就不要再继续放电,应当将过放电的电池更换。

2.6.4 自动激活锌银一次电池的使用

自动激活锌银一次电池从性能上来讲,具有锌银二次电池的基本特性,突出特点是使用方便,激活迅速,但是它的湿态寿命短,仅有几个小时到数十个小时,因此,只要一经激活,就无可挽回的被消耗掉,所以,对它的使用要特别慎重,不到关键时刻不轻易激活。

自动激活锌银一次电池使用中最重要的问题就是确保可靠激活,为了保证可靠,就需要在使用前做好各种检查和维护工作。

1. 装入整机前的检查

(1) 检查外观。新电池开箱后,需要看有无合格证,铅封是否正常,再查看外表有无损伤,有无电解液渗漏现象。

(2) 检查电池状态。对照技术说明书中插座接点的分配图找出正、负极接点,用万用表的适当电压档测量一下正、负极两端有无电压。若没有电压,再用电阻档测量一下这两点间是否为开路。

(3) 检查激活系统。找出插座上引进激活电源的两个接点,用万用表的低电阻档测量这两点间的电阻值,应在一至几欧姆范围内。如果测得电阻值为零,应当怀疑气体发生器有内部短路,要做进一步分析研究。如果测得为开路,或者其值大到几百欧姆,表明气体发生器内的点火电阻丝(桥丝)已断,电池不能使用。这里强调要用万用表的低电阻档测量,绝不能用高电阻档。这是因为高电阻档测量低电阻时通过的电流较大,有可能超过气体发生器允许的安全电流,使电池组被激活。尤其使用带高电压电池的万用表时更应小心。每一种自动激活锌银电池组的技术说明书里都对安全电流做了明确的规定,在测量气体发生器时绝对不可使电流超过这个界限。

(4) 检查加热系统。自动激活锌银电池组一般都备有低温加热装置,多数为电阻丝绕制成的电加热器。加热温度用温度继电器自动控制。当环境温度较低时,温度继电器闭合,接通外加热电源给电池组加热。待温度升到要求的范围后,温度继电器自动断开,加热停止。

检查时要先用万用表测量插座上“加热电源”接点间是否通路。如果开路,可能因环境温度较高,温度继电器已经断开,则应将电池组移至低温处(如0℃左右的冰箱里),放置1～2 h,然后再测。倘若已经接通,就可接入适合的外电源给电池组加热。测量加热电流是否在规定的范围内,最好继续加热一段时间,直至自动断开为止。如果电池组在低温下已放置数个小时,加热电源接点间仍为开路,或加热了很长时间,超过了规定的低温加热时间,加热仍不能自动停止,都表明系统有故障。

2. 装机

经检查无误后,电池组便可装入整机系统。这里除了要求安装和接线正确外,重要的是不要使激活电源线和加热电源线太细太长,电阻太大。

3. 激活前的准备

电池组激活前首先应检查激活电路是否畅通,激活电源电压是否符合要求。其次,检查加热电源电压是否正常,若环境温度低于15℃,则应接通加热电源提前给电池预热,提前的时间应大于或等于技术条件规定的电池加热时间。直到温度继电器断开,加热停止后电池组才可激活。当然,若环境温度较高,则可不对电池组加热。

4. 激活

当接到命令后,闭合激活电路。随着电流的通过瞬间,气体发生器点燃,并把电解液推进电池组。电池组两极间电压迅速的升到规定的范围之内,激活即宣告完成。通常这个过程是迅速和无误的,但是由于系统复杂,环节较多,也有出现故障的可能。所以,在有条件的地方应当接一个电压表检测电池电压的变化。如果激活电路闭合后电池还无电压，可能是电池未被激活，或者因个别电池单体没有注入电解液造成串联电路开路。遇到这种情况，需要先检查激活电路有无故障，而后再闭路激活一次。如果激活后电池电压太低，可稍待片刻，看能否升到正常，若仍达不到要求，只能更换新的电池组。

用过的电池组要尽快从整机上拆掉，以免搁置时间久后发生漏碱损坏其他仪器。

2.6.5 储存及运输的注意事项

锌银电池是比较贵重的物品，为了更好的发挥其性能，延长使用期限，应当做好储存及运输工作。

干态电池应当装在包装箱内，储存在阴凉、干燥、无腐蚀性气体的仓库里。环境温度不宜太高，一般为0～35℃。尤其是干式荷电态的电池在高温下会加速锌的氧化和过氧化银的分解，损失容量。

湿态电池的储存则应当更谨慎，因为它直接影响到电池的使用期限。一般说来，电池以放电态储存为好，这样可以减少银迁移对隔膜的破坏。但是，不允许将电池两极用导线短路起来储存。储存环境应当干燥阴凉，切忌在阳光下暴晒。环境温度最好在0～15℃，这样既可以减少锌电极的自放电，也减少了隔膜的银迁移危害。每隔10天左右检查一次，并及时清除电池表面的灰尘和渗出的碱液，保持电池的清洁，以便减少由于爬碱造成的绝缘下降。

锌银电池的极片一般较薄，强度相对也比较差。干态电池在运输时由于电极组晃动，遇到强烈的震动和撞击会损坏电池的极片。所以电池应当装在减震良好的包装箱中，要轻取轻放，不能倒置，也不可以日晒雨淋。湿态电池运输时也应装在包装箱内，用绝缘材料塞紧并盖好，严防两电极短路。

思考题

(1) 简述锌银电池的发展简史。长期以来不能制成实用的锌银蓄电池的主要原因是什么？

(2) 锌银电池如何分类的？主要在什么条件下应用？

(3) 写出锌银电池的电化学体系表达式，并说明含义。写出锌银电池的电极反应与电池反应，并说明锌银电池是如何产生电流的。

(4) 计算锌银电池中有关物质[Ag、Ag_2O、AgO、Zn、ZnO、$Zn(OH)_2$]的电化学当量。

(5) 锌银电池对电解液有什么要求？氢氧化钾电解液有什么性质？对锌银电池性能有什么影响？

(6) 简述锌银电池有哪些主要优缺点？锌银电池充放电电压的特点是什么原因造成的？

(7) 指出几种常用的消除或减少锌银电池放电高压坪阶的方法。

(8) 锌银电池的自放电是如何造成的？为什么在制造锌电极时常常加入一些汞的化合物？

(9) 为什么锌银电池常做成干式荷电电池？锌银电池寿命短的原因是什么？

(10) 自动激活锌银一次电池组有哪些部分组成？各部分有什么作用？

(11) 制备活性银粉的反应原理是什么?

(12) 隔膜的功能是什么?锌银电池对隔膜有什么要求?银镁盐隔膜制作工艺原理?

(13) 什么是化成?化成电池控制装配松紧比有什么作用?

(14) 什么是容量计算?根据什么原则确定设计容量?怎样计算设计容量?

(15) 锌银蓄电池有几种注液激活的方法?简述其要点及注意事项。

参考文献

戴维·林登,托马斯·B.雷迪.2007.电池手册(原著第三版)[M].汪继强,等,译.北京:化学工业出版社:188-198,331-340,661-680.

电子元器件专业技术培训教材编写组.1986.化学电源(下)[M].北京:电子工业出版社:1-176.

兰德等.1974.锌—氧化银电池组[M].《锌—氧化银电池组》译.北京:国防工业出版社:5-7,13-18,53-57,116-123,140-150.

李国欣.1989.弹(箭)上一次电源[M].北京:中国宇航出版社:135-174,216-237,259-293.

李国欣.2007.新型化学电源技术概论[M].上海:上海科学技术出版社:37-94.

孟宪臣.1982.锌银蓄电池[M].北京:人民邮电出版社:38-80.

总装备部电子信息基础部.2009.军用电子元器件[M].北京:国防工业出版社:515-518.

第3章 镉镍蓄电池

3.1 镉镍蓄电池概述

镉镍蓄电池以海绵状金属镉(Cd)为负极,氧化镍(NiOOH)为正极,氢氧化钾(KOH)水溶液为电解液。因此,镉镍蓄电池也称为碱性电池,该电池的电化学表达式为:

$$(-)\text{Cd} \mid \text{KOH} \mid \text{NiOOH}(+)$$

3.1.1 发展简史

自1900年前后瑞典人尤格涅尔(Jungner)发明镉镍蓄电池以来,已有100余年的历史,经历了从有极板盒式电极电池、烧结式电极电池、密封结构电池到采用纤维式、发泡式和塑料黏结式电极等新一代镉镍蓄电池四个阶段的发展。

第一阶段是20世纪前50年研制生产的以20世纪初W. Jungner等的一系列专利为基础的有极板盒式(或袋式)电池。甚至现在仍然以当时的结构形式生产,大量用作牵引、启动、照明及信号电源。

第二阶段是20世纪50年代研制的烧结式电极电池。1928年德国学者Pflerder等首次申请了烧结式电极专利,而在第二次世界大战期间,德国首次制成了烧结式电池。由于电极可以做得很薄,真实表面积很大,电极间距离可以缩小,因此,该烧结式电池可承受大电流密度的放电。第二次世界大战后,许多国家开始制造烧结式电池,烧结式电池在短期内得到迅速的发展,用作坦克、飞机和火箭等各种发动机的启动电源,有的还作为飞机的随航应急电源使用。

第三阶段是20世纪60年代研制的密封镉镍蓄电池。1948年德国学者Neumann首次申请了密封镉镍蓄电池专利,此后这一专利在全世界引起了广泛研究。在20世纪60年代初期,通过采用负极容量过量,海绵状的金属镉,被电解液润湿以后,被电极周围的氧所氧化;控制电解液用量,使用高微密度的微孔隔膜,氧化镍电极中添加氢氧化镉;加密封圈或金属陶瓷封接等措施,全密封镉镍蓄电池研制成功了。在20世纪60年代后期,研究人员对密封电池的充电率、放电深度和防止过充电进行了研究。20世纪70年代,引用先进的电子自动控制技术进行充放电保护研究,进一步提高了电池的可靠性。烧结式密封镉镍蓄电池能大电流放电,可以满足负载大功率的需要,可用作卫星、火箭、导弹、携带式激光器、背负式报话机、电子计算机、助听器和小功率电子仪器的电源。

第四阶段是20世纪70年代末各种新型电极不断地被开发应用所带来的镉镍蓄电池发展的崭新时期。特别是发泡电极、纤维电极和塑料黏结电极的研制成功,镉镍蓄电池又成为研究的热点,极大地推动了镉镍蓄电池在各个领域的应用,从此蓄电池开始全面进入个人电子消费品市场,同时电子技术的迅猛发展也带来了电池行业的繁荣。

镉镍蓄电池作为一种高效长寿命的电化学储能装置在航天事业的发展中也起到了重大的作用。据统计,自1957年10月4日苏联发射的世界上第一颗人造地球卫星——"斯普特尼克一号"上天以来,至1987年年底,全世界共发射成功各种航天器3 500多颗。其中电源系统为太阳电池和全密封镉镍蓄电池匹配联合供电的占90%(此外,主电源为化学电池的占5%,燃料电池为3%,温差发电器占2%。事实上,国际上20世纪60~70年代的确也有一些短寿命的卫星直接用镉镍蓄电池作为其主电源)。镉镍蓄电池的首次空间应用,在1959年8月6日美国发射的Explorer 6卫星上得以实现,随后不断得到改进,到20世纪末,借助电化学浸渍技术、隔膜新技术的推广应用和全密封镉镍蓄电池整体性能研究的成果,美国完成了其称为第四代空间用镉镍蓄电池的研发,Eagle - Picher Technologies的专家发表文章宣布已有1 400多个该类镉镍蓄电池单体成功应用于近40颗轨道飞行器。进入21世纪,镉镍蓄电池仍在承担卫星储能电源的任务。

我国早期的镉镍蓄电池研究在苏联有极板盒式镉镍蓄电池技术基础上开展。1955年年底,当时的天津754厂成功试制了袋式碱性镉镍蓄电池。1959年河南新乡国营755厂研制了碱性镉镍蓄电池;此后在1965年、1975年755厂分别成功研制了板式圆柱密封镉镍蓄电池、箔式圆柱密封镉镍蓄电池和全烧结式开口镉镍蓄电池,并于1980年建成完整的箔式圆柱密封碱性蓄电池生产线和烧结式镉镍蓄电池生产车间;在此期间755厂完成了多项改进,降低了成本,国内外首创的半烧结电池成为极具竞争力的产品。从20世纪80年代开始我国的镉镍蓄电池技术研究逐渐跟上了国际上的最新进展,出现了越来越多的研究成果,也有越来越多的单位利用自身条件和优势,吸收开发各类镉镍蓄电池技术,为国内各行业建设和发展,为丰富国民大众的生活,研发供应价廉物美的产品以及满足特种用途的镉镍蓄电池品种,同时我国的镉镍蓄电池也打入了国际市场,成为具有竞争力的创汇产品。在航天领域,我国镉镍蓄电池于1971年3月3日首次由实践一号卫星搭载飞行,设计寿命为一年,实际在太空中工作了8年之久,1981年9月20日镉镍蓄电池正式作为主储能电源用于实践二号卫星,从此开始了作为我国航天飞行器主储能电源的成功历程,应用范围囊括我国通信、气象、资源等长寿命(6个月以上)卫星和神舟号系列载人飞船,并且也已进入国际市场,在外国卫星上成功运行。

3.1.2 分类

镉镍蓄电池的规格、品种很多,分类的方法也不同。习惯上,可按如下原则区分。

(1) 按电极的结构和制造工艺分:① 有极板盒式,包括袋式、管式等;② 无极板盒式,包括压成式、涂膏式、半烧结式和烧结式等;③ 双极性电极叠层式。

(2) 按电池封口结构分:① 开口式,指电池盖上有出气孔;② 密封式,指电池盖上带有压力阀;③ 全密封式,指采用玻璃—金属密封、陶瓷—金属密封或陶瓷—金属—玻璃三重密封结构。

(3) 按输出功率分:① 低倍率(D),指其放电倍率<0.5 C;② 中倍率(Z),指其放电倍率为0.5~3.5 C;③ 高倍率(G),指其放电倍率为3.5~7 C;④ 超高倍率(C),指其放电倍

率>7 C。

(4) 按电池外形分：① 方形(F)；② 圆柱形(Y)；③ 扁形或扣式(B)，高度小于直径的三分之二。

镉镍蓄电池单体和电池组型号的命名是按《碱性蓄电池型号命名方法》(GB7169－87)中的有关规定进行的。

GB7169－87规定，镉镍蓄电池的系列代号为GN，是负极材料镉的汉语拼音Ge和正极材料镍的汉语拼音Nie的第一个大写字母。第三个字母为外形代号，但开口电池不标注，外形代号右下角加注1，表示全密封结构。第四位一般用于表示倍率，但低倍率也不标注。对单体而言，如：

GNY4——容量为4 A·h的圆柱形密封镉镍蓄电池；

GN20——容量为20 A·h的方形开口镉镍蓄电池(方形开口电池不标注代号)；

$GNF_1$20——容量为20 A·h的方形全密封镉镍蓄电池。

对电池组而言，如：

20GN17——由20只容量为17 A·h的方形开口镉镍蓄电池单体组成的电池组；

36GNF30——由36只容量为30 A·h的方形密封镉镍蓄电池单体组成的电池组；

18GNY500 m——由18只容量为500 mA·h的圆柱形密封镉镍蓄电池单体组成的电池组(额定容量单体为mA·h时，则在数字后面加“m”以示区别)。

3.1.3　性能特点

镉镍蓄电池具有使用寿命长(充放电循环周期高达数千次)、机械性能好(耐冲击和振动)、自放电小、低温性能好(−40℃)等优点，受到广大用户的欢迎。现分述如下。

1. 充放电特性

镉镍蓄电池的额定电压为1.20 V。开口镉镍蓄电池的充放电曲线如图3.1所示。

由充电曲线1可知，电池开始电压为1.35 V左右。充电时缓慢上升到1.4～1.5 V。仅在充电末尾急剧增长到1.75～1.80 V。由放电曲线2可知，镉镍蓄电池放电较为平稳。仅在放电终止时，电压突然下降。终止电压通常规定为1.0 V左右。平均工作电压为1.20～1.25 V。

镉镍蓄电池也适用于高倍率放电特性的要求，如图3.2所示。

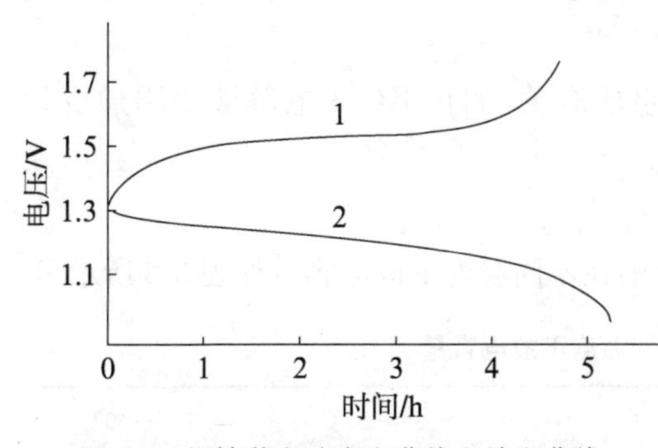

图3.1　镉镍蓄电池充电曲线和放电曲线

1－5小时率充电曲线；2－5小时率放电曲线。

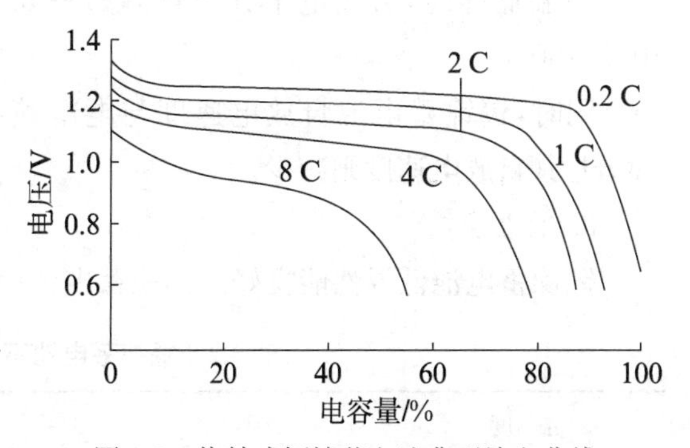

图3.2　烧结式镉镍蓄电池典型放电曲线

镉镍蓄电池电解液选用KOH溶液,其密度为1.30 g·cm^{-3}。这时,电导最大,放电容量也达极大值,不同温度下放电状态与电池内阻有关,如图3.3所示。

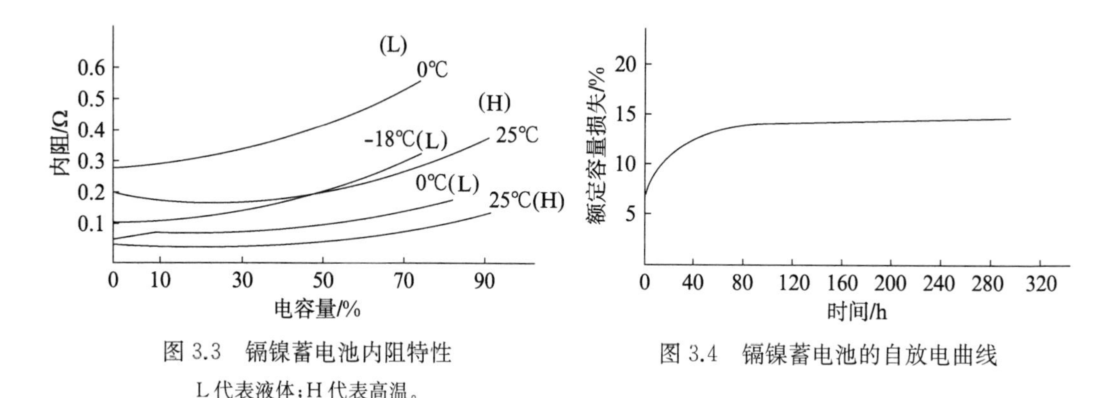

图3.3 镉镍蓄电池内阻特性

L代表液体;H代表高温。

图3.4 镉镍蓄电池的自放电曲线

2. 自放电

镉镍蓄电池的自放电大小与温度有很大关系。镉镍蓄电池在不同温度下的自放电如表3.1所示。室温下,充电初期,镉镍蓄电池自放电很大,之后速度变慢。经过2～3 d后,自放电几乎停止,如图3.4所示。在充电初期自放电相当严重,是氧化镍电极上NiO_2分解和吸附氧解吸附的结果。

表3.1 镉镍电池在不同温度下的自放电

温度/℃	自放电时间/昼夜	镉镍电池容量损失/%
+20	3	6.6
	6	7.1
	15	8.4
	30	11～18
+40	3	7.7
	6	9.8
	15	12.8
	30	23.4

高温储存时,自放电十分严重。如+40℃荷电储存一个月,镉镍蓄电池容量只剩70%～80%。

同时,镉镍蓄电池自放电速度与电解液组成有关,如在KOH电解液中添加少量LiOH,其自放电速度则减少。

3. 低温性能

镉镍蓄电池低温性能良好。镉镍蓄电池电池在不同温度下放电容量如表3.2所示。

表3.2 镉镍蓄电池不同温度下放电容量

温　度	20℃	0℃	−20℃	−40℃
5小时率放电容量	100	95	75	20

4. 耐过充电能力强

因为镉电极和氧化镍电极属于不溶性电极，所以镉镍蓄电池在充电时要求并不像锌银电池那样严格，不会因过充电而引起负极金属枝晶的产生和生长，也不会引起隔膜的破坏而造成电池内部短路。

5. 寿命长

寿命长是镉镍蓄电池的主要优点。若以使用时额定容量的70%作为判别标准，只要正确使用，精心维护，则镉镍蓄电池的循环寿命可达3 000～4 000周。若在电解液中加入LiOH，电池寿命还可长些，这是其他电池无法相比的。

6. 机械强度好

有极板盒式镉镍蓄电池，是活性物质包装在穿孔的镀镍钢带内压制成电极，再焊成极组，强度良好。而无极板盒式（烧结式）镉镍蓄电池，是把活性物质充填在烧结镍基板的微孔内形成烧结式电极采用紧装配结构，因此，其机械强度好，能承受较大的冲击和振动。

7. 镉镍蓄电池易制成密封电池

由于金属电极的特性，在镉镍蓄电池内部不产生氢气，又能复合过充电产生的氧气，因此，镉镍蓄电池容易被制成密封电池。

3.1.4 用途

镉镍蓄电池已在世界各国国民经济的许多领域得到越来越广泛的应用。

(1) 有极板盒式电池。由于它强度高、成本低，被广泛作为通信、照明、启动、动力等直流电源。

(2) 开口烧结式镉镍蓄电池。由于它能大电流放电，被用作飞机、火车、坦克及高压开关的启动电源或应急电源。

(3) 圆柱密封镉镍蓄电池。由于它机械强度好、不漏液、不爬碱、使用方便，被用作通信、仪器仪表及许多家用电器的电源。

(4) 全密封镉镍蓄电池。由于它能在真空下长期工作，被广泛用作各种人造卫星、宇宙飞船和空间站等空间飞行器的电化学储能装置。

(5) 扣式镉镍蓄电池。可用作电话载波机及助听器电源。

3.2 工作原理

3.2.1 成流反应

镉镍蓄电池充放电反应可表述如下：

$$\text{负极}\quad Cd + 2OH^- \underset{\text{充电}}{\overset{\text{放电}}{\rightleftharpoons}} Cd(OH)_2 + 2e \tag{3.1}$$

$$\text{正极}\quad 2NiOOH + 2H_2O + 2e \underset{\text{充电}}{\overset{\text{放电}}{\rightleftharpoons}} 2Ni(OH)_2 + 2OH^- \tag{3.2}$$

$$\text{总反应}\quad Cd + 2NiOOH + 2H_2O \underset{\text{充电}}{\overset{\text{放电}}{\rightleftharpoons}} 2Ni(OH)_2 + Cd(OH)_2 \tag{3.3}$$

镉镍蓄电池的成流反应如图3.5所示。从图3.5可知,电池放电时,负极镉被氧化,生成氢氧化镉;在正极上氧化镍接受了由负极经外线路流过来的电子,被还原为氢氧化镍。充电时正负极状态变化正好和放电相反。由式(3.3)可知,电池在放电过程中消耗水,而在充电过程中生成水,尽管在充放电循环中水不增加也不减少,但电池中的电解液量不能太少。

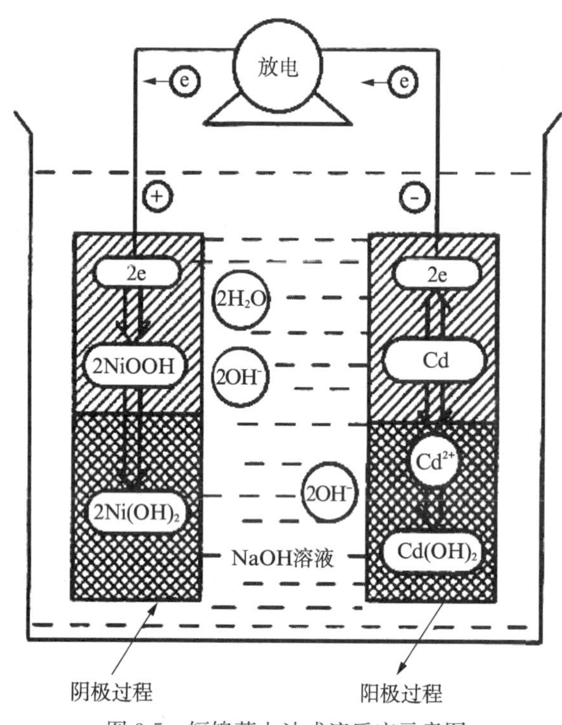

图3.5　镉镍蓄电池成流反应示意图

3.2.2　电极电位和电动势

根据式(3.1),负极的平衡电极电位为

$$\varphi_{Cd(OH)_2/Cd}=\varphi^0_{Cd(OH)_2/Cd}-\frac{RT}{2F}\ln\alpha^2_{OH^-} \tag{3.4}$$

式中,$\varphi^0_{Cd(OH)_2/Cd}=-0.809$ V。

同理,根据式(3.2)可知,正极的平衡电极电位为

$$\varphi_{NiOOH/Ni(OH)_2}=\varphi^0_{NiOOH/Ni(OH)_2}+\frac{RT}{2F}\ln\frac{\alpha^2_{H_2O}}{\alpha^2_{OH^-}} \tag{3.5}$$

式中,$\varphi^0_{NiOOH/Ni(OH)_2}=+0.49$ V。

式(3.5)和式(3.4)相减,就可得到镉镍蓄电池的电动势E:

$$E=1.299+\frac{RT}{F}\ln\alpha^2_{H_2O} \tag{3.6}$$

从式(3.6)可知,镉镍蓄电池的电动势E随碱溶液中水的活度的增加而增大。

根据化学热力学的关系式,可以推导出镉镍蓄电池的温度系数是负的:

$$\left(\frac{\partial E}{\partial T}\right)_P = -0.5\ \mathrm{mV} \cdot ℃^{-1}$$

即镉镍蓄电池的电动势随温度的增加而降低，温度每增加1℃，电动势降低0.5 mV。

3.2.3 氧化镍电极的工作原理

1. 氧化镍电极的半导体特性

正极氧化镍电极的充电态活性物质是六方晶系层状结构的β-NiOOH，放电后转变为$Ni(OH)_2$，纯净的$Ni(OH)_2$并不导电，但由于$Ni(OH)_2$在制备和充放电过程中总有一些没有被还原的Ni^{3+}以及按化学式计量过剩的O^{2-}存在，因此在$Ni(OH)_2$晶格中某一数量的OH^-会被O^{2-}代替，而同一数量的Ni^{2+}被Ni^{3+}所取代，如图3.6所示。$Ni(OH)_2$晶格中的Ni^{3+}离子，用符号表示为电子缺陷□e。$Ni(OH)_2$晶格中的O^{2-}离子，用符号表示为质子缺陷□H^+，这样就具备了半导体的性质，是一种P型半导体电极。这种半导体的导电性，决定于电子缺陷的运动和晶格中电子缺陷的浓度，氧化镍电极的导电能力随着氧化程度的增加而增加。当电池充放电时，在电极/溶液界面上发生的氧化还原电极过程是通过半导体晶格中的电子缺陷和质子缺陷的转移来实现的。

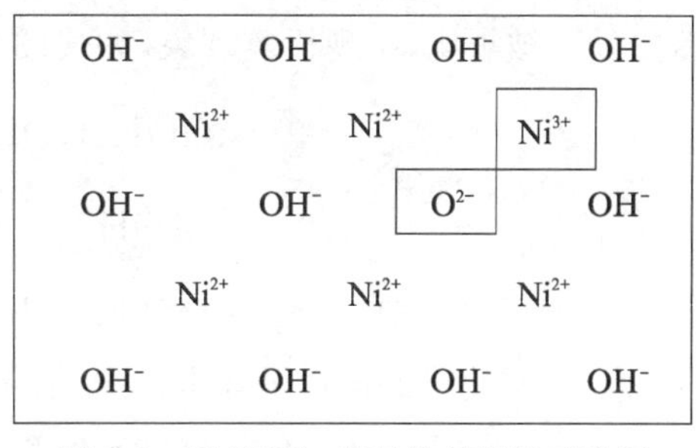

图3.6 $Ni(OH)_2$半导体的晶格示意图

当电极浸入电解液中。在界面上形成双电层。当$Ni(OH)_2$晶体与电解液接触时，$Ni(OH)_2$/溶液界面形成的双电层，如图3.7(a)所示。处于溶液中的H^+和$Ni(OH)_2$晶

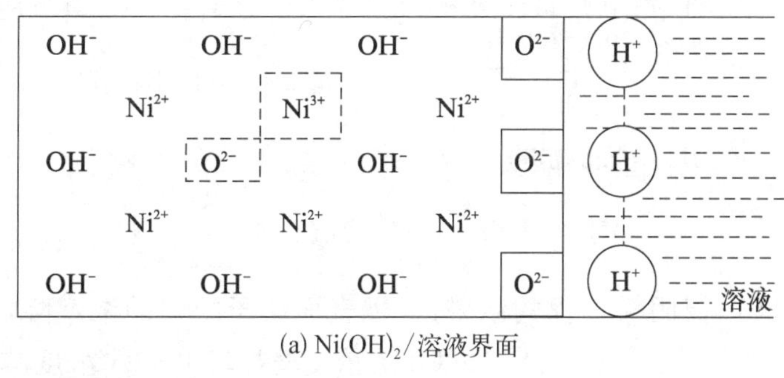

(a) $Ni(OH)_2$/溶液界面

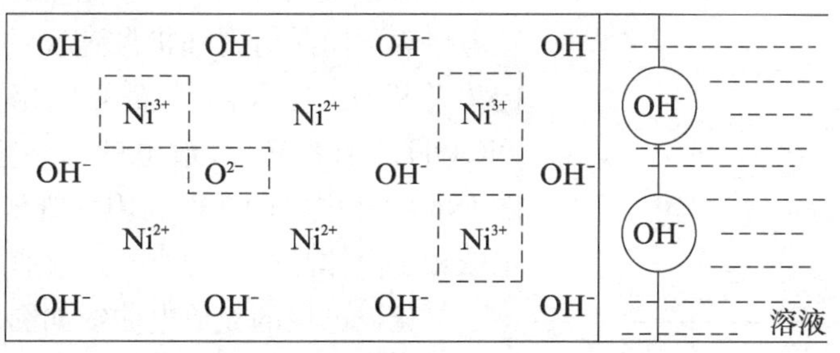

(b) NiOOH/溶液界面

图3.7 正极/溶液界面上双电层的形成

格中的 O^{2-} 定向排列起着决定电位的作用。在阳极极化时，H^+ 通过双电层的电场，从电极表面转移到溶液，和 OH^- 相互作用生成水。其反应方程式为

$$H^+(固) + OH^-(溶液) \longrightarrow H_2O + \square H^+ + \square e \tag{3.7}$$

这和 $Ni(OH)_2$ 电极的充电反应是一致的(充电是阳极极化过程)：

$$Ni(OH)_2 + OH^- \longrightarrow NiOOH + H_2O + e \tag{3.7'}$$

由于式(3.7′)阳极过程的结果，在电极表面产生了新的质子缺陷$\square H^+$和电子缺陷$\square e$，引起质子从晶格内部向表面层扩散，即相当于 O^{2-} 离子向晶格内部扩散。由于固相中扩散速度很小，因而会发生固相中氧的浓差极化。在极限情况下，表面层 H^+ 浓度为零，几乎全部变为 NiO_2，如式(3.8)所示。这时，急剧增加的阳极极化电位足以使溶液中的 OH^- 被氧化，出现析氧现象，如式(3.9)所示。

$$NiOOH + OH^- \longrightarrow NiO_2 + H_2O + e \tag{3.8}$$

$$4OH^- \longrightarrow O_2\uparrow + 2H_2O + 4e \tag{3.9}$$

因此受质子迁移速度的影响，镍电极充电不久，电极表面的 NiOOH 就开始转化为 NiO_2，同时此时的阳极极化电位也使 OH^- 离子氧化放出氧气，而电极内部仍有 $Ni(OH)_2$ 存在，并未全部氧化。充电到一定程度，NiO_2 掺杂到整个表层 NiOOH 的晶格中(为此也有人把这种现象视为化学吸附氧)，所以，正极充电时 O_2 的析出不是在充电终期，而是在充电不久就会开始。在电极表面形成的 Ni_2O 分子只是掺杂在 NiOOH 晶体中，并不形成单独的结构。这是氧化镍电极的一个重要特性。

充电充足时，NiOOH/溶液界面形成的双电层如图 3.7(b)所示。正极放电时进行阴极极化，从外线路来的自由电子与固相中的 Ni^{3+} 离子结合成 Ni^{2+}。与此同时，质子从溶液越过双电层，占据质子缺陷(在碱性溶液中，质子由水分子给予)。其反应方程式为

$$H_2O + \square H^+ + \square e \longrightarrow H^+(固) + OH^-(溶液)$$

这个阴极过程和 NiOOH 电极的放电反应一致。

$$NiOOH + H_2O + e \longrightarrow Ni(OH)_2 + OH^-$$

由于 NiOOH 电极阴极过程的结果，电极表面质子缺陷的浓度降低，即电极表面 $Ni(OH)_2$浓度增加，NiOOH 浓度减少。由于质子从电极表面向晶格内部扩散速度的限制，引起较大的浓差极化，在远离界面的电极深处还有很多 NiOOH 没有被还原，放电就到终止电位了。换言之，NiOOH 电极的活性利用率既依赖于放电电流，也依赖于固体晶格中的质子扩散速度。

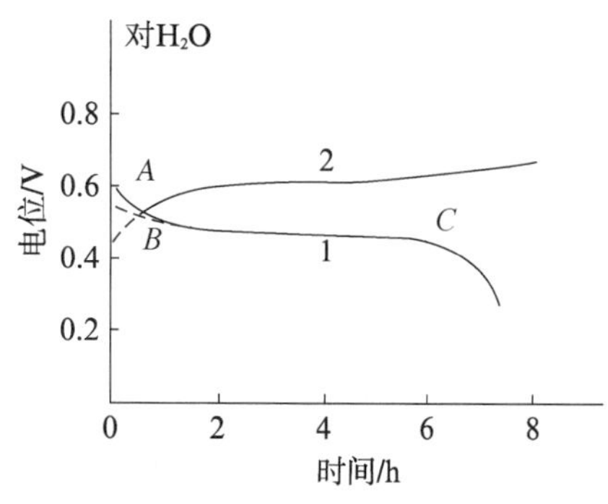

图 3.8　氧化镍电极充放电曲线

氧化镍电极的充放电曲线如图 3.8 所示。曲线1为放电曲线。开始放电时，电极电位为 +0.6 V(相对于 HgO 电极)，在短时间内下降到+0.48 V。

曲线1的虚线部分是充完电的电池搁置一定时间之后再进行放电的情况。由于搁置时有自放电，使开始放电在较低的电位下进行。*BC*段是电极放电的主要阶段。曲线2是充电曲线。

由于电极的半导体性质，反应进行不彻底，电极活性物质利用率不高。如提高电导率和固相中质子扩散速度，可以增加电极的充电率和放电深度，提高活性物质利用率。而半导体的导电率和质子扩散速度不仅依赖于温度，还依赖于晶格中存在的某些缺陷。引入某些“杂质”可以改变其半导体性能，从而改变其电化学特性。例如，正极中加入LiOH或$Ba(OH)_2$，锂和钡能增加氢析出的过电位，使充电效率提高。添加钴能大大增加电极的放电深度。当钴和钡或钴和锂同时添加时，充电效率和放电深度都有所提高，而且互不干扰。铁是有害杂质，它降低了充电效率，不能增加放电深度，必须尽量避免。

2. 镍电极活性物质的晶型结构

镍电极的还原态及氧化态物质按照晶体学理论，有$\alpha-Ni(OH)_2$、$\beta-Ni(OH)_2$、$\beta-NiOOH$和$\gamma-NiOOH$四种晶型结构。四种晶型的活性物质都可以看作是NiO_2的层状堆积物。它们在结构上的差别主要表现在层间距、排列方式和层间的嵌入粒子不同。当整齐有序排列时便形成$\beta-Ni(OH)_2$，当无规则堆积时则为$\alpha-Ni(OH)_2$。在充放电过程中，各晶型的$Ni(OH)_2$和NiOOH存在一定的对应转变关系，如图3.9所示。

$\alpha-Ni(OH)_2$ ⇄（充电/放电）$\gamma-NiOOH$

$\alpha-Ni(OH)_2$ ↓ 陈化 $\beta-Ni(OH)_2$；$\beta-NiOOH$ ↑ 过充 $\gamma-NiOOH$

$\beta-Ni(OH)_2$ ⇄（充电/放电）$\beta-NiOOH$

图3.9　晶型转变关系

$\beta-Ni(OH)_2$转变为$\beta-NiOOH$，相变过程中质子H+转移，两者层间距为0.45～0.48 nm，层间一般不存在水分子和其他离子插入。$\gamma-NiOOH$是$\beta-NiOOH$过充电时的产物，其还原产物为$\alpha-Ni(OH)_2$。$\alpha-Ni(OH)_2$和$\gamma-NiOOH$层间距为0.76～2.4 nm，层间嵌入有水分子和碱金属离子及CO_3^{2-}、NO_3^-等离子。在长期循环、过充电、高倍率充放电以及较浓的电解液条件下易形成$\gamma-NiOOH$。$\gamma-NiOOH$的生成使得$Ni(OH)_2$在充放电过程中其体积变化量也相应增加。当正常充放电时，$\beta-Ni(OH)_2$转变为$\beta-NiOOH$，其体积变化量仅15%；而当$\gamma-NiOOH$生成时，体积变化量为44%。研究普遍认为镍电极中$\gamma-NiOOH$的生成是造成电极膨胀、掉粉、微应力机械损伤乃至电极寿命终止的主要原因。此外它也可能是造成烧结式镍电极的Cd－Ni、H_2－Ni、MH－Ni电池记忆效应的原因之一。

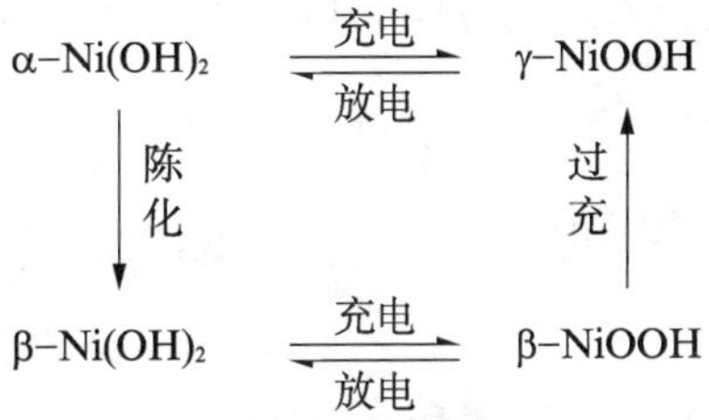

当电极反应仅在$\beta-Ni(OH)_2/\beta-NiOOH$之间进行时，电极活性物质体积变化量小，电极反应可逆性良好，电极性能稳定。这是因为$\beta-Ni(OH)_2/\beta-NiOOH$密度差别小，相应的晶格参数和层间距较为接近，两者具有良好的结构可逆性。而当电极出现$\alpha-Ni(OH)_2/\gamma-NiOOH$反应时，结构变化增大，结构中吸收的KOH大约为前者的4倍。Bode及其合作者确定了$\gamma-NiOOH$最高氧化态的近似成分为$(4NiO_2 \cdot 2NiOOH) \cdot (2K \cdot 2OH \cdot 2H_2O)$。Barnard及其合作者深入研究并发表多篇论文讨论了这一问题，提出了通用表达式$M_{0.32} \cdot NiO_2 \cdot 0.7H_2O$，其中$M$代表$Li^+$、$Na^+$、$K^+$和$Rb^+$，并且测量了$\beta-Ni(OH)_2/\beta-NiOOH$和$\alpha-Ni(OH)_2/\gamma-NiOOH$组成的电池的电压，开路电压前者

比后者高100 mV左右。更多的研究成果支持了这些观点,多种成分在晶间的存在起到了使高价态镍化合物稳定的作用,电极中的“杂质”似乎也是通过这种途径发挥作用。Yuichi Sato及其合作者认为γ-NiOOH是镍电极存在“记忆效应”的主要原因,他们的实验表明仅经过几个正常充放电循环电极内部集电体表面就形成了γ-NiOOH,然后随着浅充放电循环的进行向溶液中生长。也有观点认为“记忆效应”源于低能量β-NiOOH或$Ni(OH)_2$高电阻层的形成,Huggins分析了过充形成的无定形HNi_2O_3对电压和容量的影响。总的来说,镍电极的“记忆效应”与充放电历史有关,其机理存在多种解释,尚难定论。

3.2.4 镉电极的工作原理

负极活性物质为海绵状金属镉。放电时形成的最终产物是氢氧化镉。其反应方程式为

$$Cd + 2OH^- \underset{充电}{\overset{放电}{\rightleftharpoons}} Cd(OH)_2 + 2e$$

实验证明,镉电极的反应机理是溶解—沉积机理,即放电时镉以$Cd(OH)_3^-$形式转入溶液,然后生成$Cd(OH)_2$沉淀附着在电极上。在正常的工作电位(低于镉电极的钝化电位),反应过程是OH^-首先被吸附。

$$OH^- \longrightarrow OH_{吸} + e \tag{3.10}$$

也就是

$$Cd + OH^- \longrightarrow Cd + OH_{吸} + e \tag{3.10'}$$

这一吸附作用,在更高的电位下被进一步氧化:

$$Cd + 3OH^- \longrightarrow Cd(OH)_3^- + 2e \tag{3.11}$$

和

$$Cd(OH)_3^- \longrightarrow Cd(OH)_2 + OH^- \tag{3.12}$$

沉积在电极表面上的$Cd(OH)_2$呈疏松多孔状,它不妨碍溶液中OH^-离子连续向电极表面扩散。因此,电极反应速度不会受到明显影响,镉电极的放电深度较大,活性物质利用率较高。对于镉电极的放电产物有研究者根据放电前后电极重量的变化,并用电子显微镜、红外光谱和X射线衍射等方法,观察其放电产物为β-$Cd(OH)_2$或γ-$Cd(OH)_2$,或是两者的混合物。也有研究者通过中子衍射测试,说明放电产物是CdO。

如果到了镉的钝化电位,反应就不一样了。这时将在金属表面上生成很薄的一层钝化膜。这层膜一般认为是CdO。也有研究者根据镉电极放电停止时的双电层电容降低为原来的1/30,而欧姆电阻增加量小于6倍的实验现象,提出镉电极的钝化是由于吸附氧引起的,吸附氧的量只要等于几个分子层,就足以使镉电极钝化。如果放电电流密度太大,温度太低,碱液浓度低,都容易引起镉电极钝化。很明显,镉电极的放电容量或活性物质利用率会受到镉在溶液中钝化程度的限制。

防止电极钝化的措施主要是在制造活性物质时加入表面活性剂或其他添加剂。其目的是起分散作用、阻聚作用，阻碍镉电极在充放电过程中趋向聚合形成大晶体，使电极真实面积减少；同时，改变镉结晶的晶体结构。通常在生产实践中，一般加入苏拉油或25号变压器油。

其他添加剂有Fe、Co、Ni、In等，Fe、Co和Ni可提高电极的放电电流密度。Fe和Ni的加入，可降低放电过程的过电位。In可提高电子导电性。在开口电池中，一般加入Fe或Fe的氧化物；在密封电池中，一般加入Ni或Ni的氢氧化物。铊、钙和铝是对镉电极有害的杂质。

氢在镉电极上析出过电位很大。适当控制充电电流，充电时可不发生氢气逸出，同时，镉在碱性溶液中不会自动溶解，所以，镉电极的充电效率较高。

由于镉电极中总有少量的 Cd^{2+} 离子溶解在电解液中，除此之外，Armstrong和Churchouse在实验中发现，溶液中还有 $Cd(OH)_2$ 的悬浮物存在，在一定的电场作用下，Cd^{2+} 离子很快在电极表面的 $Cd(OH)_2$ 悬浮物上堆积起来，最终刺穿隔膜引起电池短路，因此在高可靠使用场合镉镍蓄电池需要按规定程序进行操作(参见3.6节)。

3.2.5 密封镉镍蓄电池工作原理

密封电池无须维护，受到了用户的欢迎。但是，实现密封不是一件容易的事。实现密封最重要的条件是防止电池储存时析出气体和消除电池在正常充电时产生的气体。

镉镍蓄电池是最先研制成密封电池的电化学体系，也是使用最广泛的密封电池。它与其他电化学体系相比，具有下列优点。

(1) 与以锌或铁为负极的电池不同，镉镍蓄电池在开路搁置或充电时，负极上不产生氢气。这是因为：

$$Cd(OH)_2 + 2e \longrightarrow Cd + 2OH^- \quad \varphi^0_{Cd^{2+}/Cd} = -0.809\ V \tag{3.13}$$

$$2H_2O + 2e \longrightarrow H_2\uparrow + 2OH^- \quad \varphi^0_{H^+/H_2} = -0.828\ V \tag{3.14}$$

即镉电极的标准电极电位 $\varphi^0_{Cd^{2+}/Cd}$ 比同溶液中氢电极的标准电极电位 $\varphi^0_{H^+/H_2}$ 正20 mV。因此，镉镍蓄电池储存期间无氢产生。而且，氢在镉电极上析出过电位较高(+1.05 V)。所以，适当控制充电电流可以抑制氢的产生，充电效率也很高。

(2) 镉负极分散性较好，呈海绵状，对氧具有很强的化合能力。因此，镍电极在充电或自放电时产生的氧迁移至负极，很容易与镉进行化合反应[式(3.15)]或电化学反应[式(3.16)]而被镉吸收。其反应方程式为

$$2Cd + O_2 + 2H_2O \longrightarrow 2Cd(OH)_2 \tag{3.15}$$

$$\begin{cases} 2Cd + 4OH^- \longrightarrow 2Cd(OH)_2 + 4e \\ O_2 + 2H_2O + 4e \longrightarrow 4OH^- \end{cases} \tag{3.16}$$

据报道，过充电时约有70%的氧气是与镉直接反应消耗掉，另外30%的氧气通过电化学途径消耗掉。

综上所述，虽然正极充电时析出的氧气可以被负极吸收，但还必须防止充电或过放电时氢的析出。因此，在设计和制造密封镉镍蓄电池时还须采取如下措施。

(1) 设计负极容量超过正极容量。密封电池设计时,负极始终有未充电的活性物质存在,即负极容量大于正极容量,也就是说,电池容量由正极决定,或电池容量受正极限制。正极负极活性物质容量比,一般控制在负极容量∶正极容量=(1.3～2.0)∶1。

当正极充足电发生过充时,负极上还有多余的 $Cd(OH)_2$(多余的负极容量称为充电储备物质)未被还原,避免了过充电时负极上氢气的析出。电池充电(或过充电)时,正极上产生的氧气扩散到负极,立即被负极海绵状镉吸收,生成 $Cd(OH)_2$,又成为负极充电物质。因此,负极永远不会有完全充足电的时候。通常,把这种充电的保护作用,称为"镉氧循环",如图3.10所示。

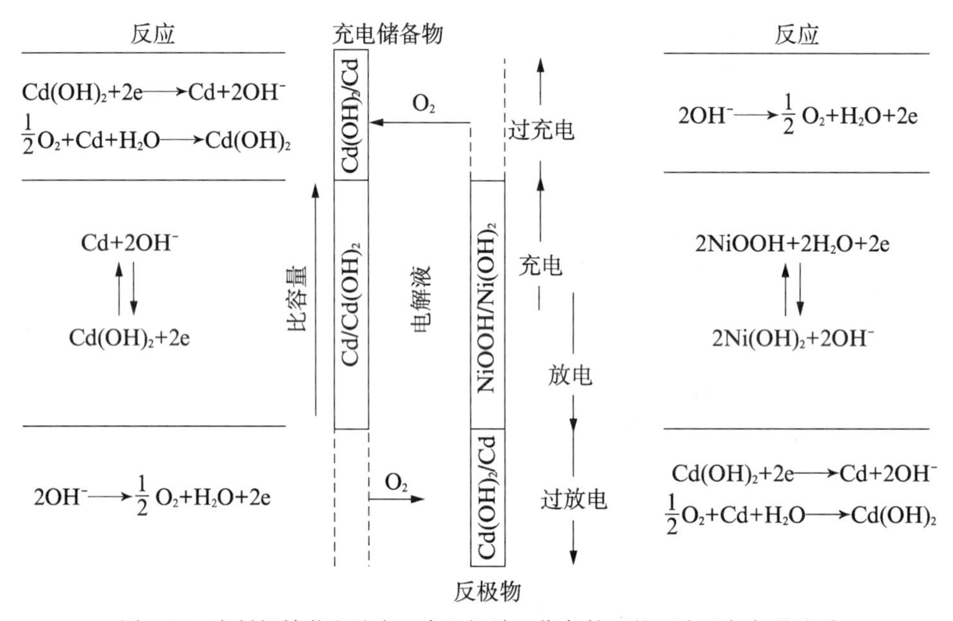

图3.10　密封镉镍蓄电池在正常和极端工作条件下的反应和氧气的流动

(2) 控制电解液用量。密封电池的电解液浓度与开口电池基本相同(都用密度为 $1.25\sim1.28\ g\cdot cm^{-3}$ 的 KOH 水溶液,加 $15\ g\cdot dm^{-3}$ 的 LiOH),但用量少得多,以保证氧气从正极向负极顺利扩散,在负极上有足够的反应表面积。因此,电解液用量必须控制适宜。当然,电解液量太多,电池内气室必然减小,电池内压力增大,如图3.11所示。

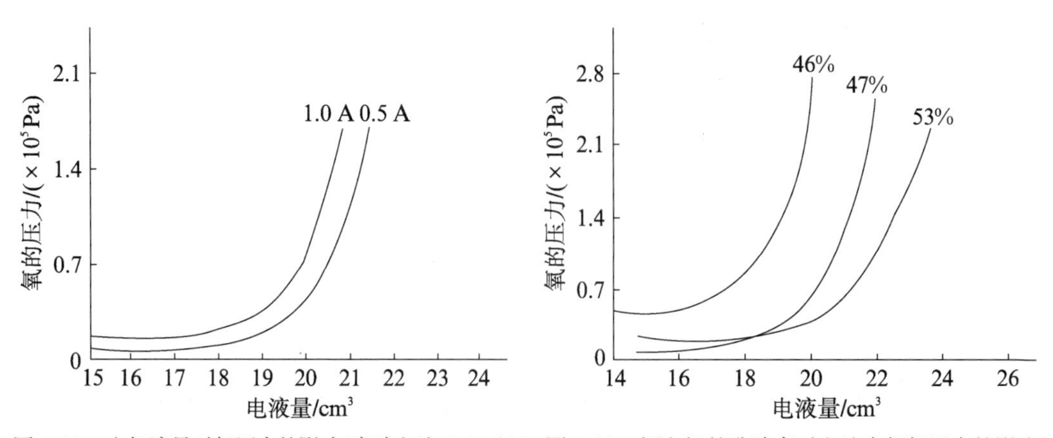

图3.11　电解液量对氧压力的影响(实验电池,4 A·h)　图3.12　镉电极的孔隙率对电池内氧气压力的影响

电解液的用量与电极孔率、隔膜材料有关。镉电极孔隙率对电池内氧气压力的影响如图3.12所示。其最适宜的用量根据实验确定，通常约为3～5 g·(A·h)$^{-1}$，或电极组质量的17%～19%。

(3) 选用微孔隔膜。在密封电池中，除了一般电池对隔膜的要求外，要求隔膜尽可能薄、透气性要好、孔径尽量小，以适应使氧气快速向负极扩散的需要。例如，圆柱电池用的单层膜——尼龙毡(0.27 mm厚)、纤维素毡(0.20 mm厚)或聚乙烯毡(0.22 mm厚)，扣式电池中用的三层膜——氯乙烯—丙烯共聚毡(0.06 mm厚)、纤维素毡(0.10 mm厚)和氯乙烯—丙烯腈共聚毡(0.06 mm厚)。

(4) 采用薄板片、紧装配。采用多孔薄型镍电极、海绵状薄型镉电极，实现单体内部紧装配。极片间距控制在0.2 mm左右，保证氧气向负极的顺利扩散。

(5) 进行反极保护。当由单体电池串联组成的电池组放电时，尽管单体电池型号相同，但其容量的不均匀性必定存在。因此，当容量最小的那只单体电池容量放完后，整个电池组仍在放电，此时容量最小的电池就被强制“过放电”，而造成反极充电状态，如图3.13所示。

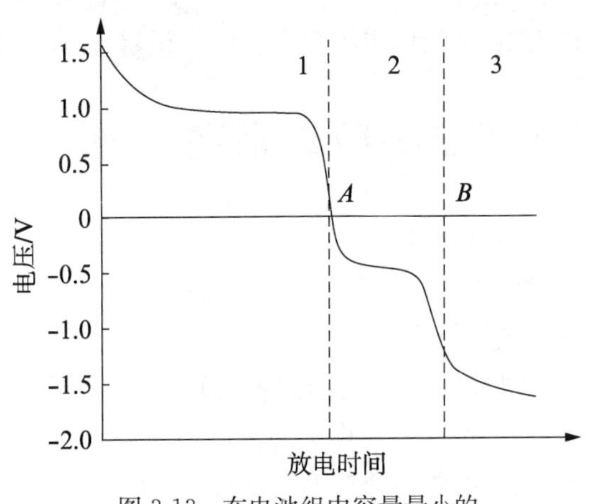

图3.13　在电池组中容量最小的单体电池过放电曲线

从图3.13可知，第一阶段是正常放电，放电到A点，电池电压降至零V。此时，正极容量已放完，因负极容量过剩，仍有未放电的活性物质存在。第二阶段电池电压急剧下降至−0.4 V，此时，负极继续氧化反应(正常放电)，而正极发生水的还原反应，产生H_2，这时，

负极：

$$Cd + 2OH \longrightarrow Cd(OH)_2 + 2e \tag{3.17}$$

正极：

$$2H_2O + 2e \longrightarrow H_2\uparrow + 2OH^- \tag{3.18}$$

放电到B点，负极容量已放完，负极电位急剧变正，电池电压降至−1.6～−1.52 V。此时，第三阶段正极上析出氢气，负极上析出氧气。

负极：

$$4OH^- \longrightarrow O_2\uparrow + 2H_2O + 4e \tag{3.19}$$

必须指出，电池过充电时，正极上生成O_2，负极上生成H_2，而强制放电(也称反极充电)时，正极上生成H_2，负极上生成O_2。电池一旦发生反极充电，是极其危险的。它使电池内压力急剧上升，引起爆炸；而O_2和H_2先后在同一电极上生成，更易引起爆炸。为此，除严格禁止过放电外，还须采取反极保护措施。

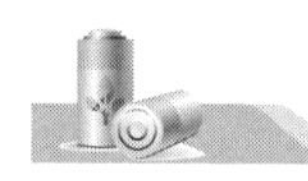

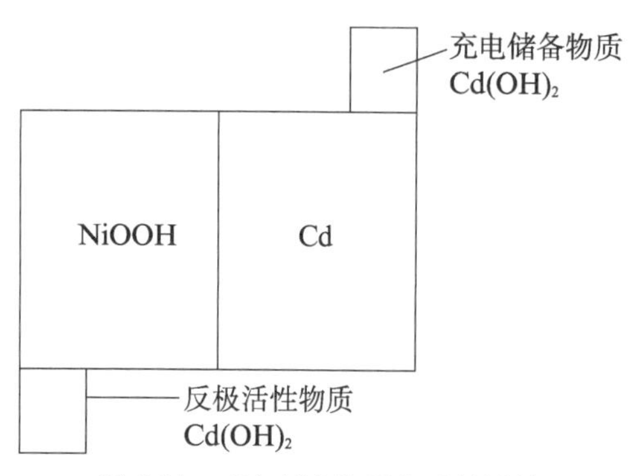

图 3.14 充电储备物质和反极活性物质示意图

目前,主要的反极保护措施是在氧化镍电极里加入反极物质 $Cd(OH)_2$,如图 3.14 所示。正常放电时,正极中被加入的 $Cd(OH)_2$ 并不参加反应,作为非活性物质存在,一旦电池出现过放电时,正极中被加入的这部分 $Cd(OH)_2$,立即进行阴极还原反应:

$$Cd(OH)_2 + 2e \longrightarrow Cd + 2OH^- \quad (3.20)$$

代替了水在正极上的还原,防止了在正极上生成 H_2,同时,还原生成的 Cd 又可与负极过放电时产生的 O_2,建立镉氧循环。这样,即使反极充电,电池内也不会有气体的积累,造成电池内压力的上升。

3.3 矩形开口式镉镍蓄电池

矩形开口式镉镍蓄电池的典型代表是烧结式镉镍蓄电池,根据正负极片是否均采用烧结极板区分为全烧结和半烧结镉镍蓄电池。

全烧结镉镍蓄电池是指其正负极片均经烧结而成可大电流放电的一类镉镍蓄电池。正负极片的基片均采用冲孔镀镍钢带在低密度镍粉和发孔剂组成的镍浆中拉浆,经刮平、干燥过程,在氢气保护的高温炉内烧结而成。然后,分别在硝酸镍和硝酸镉溶液中浸渍,经结晶、碱化处理获得正负极片,用这种极片即可组装成电池。由于极片采用烧结式结构,所以全烧结电池的内阻小,能以超高倍率放电。放电倍率可高达 45 C 以上。虽然全烧结电池目前市场售价稍贵,但它具有其他电池系列无法比拟的特性,尤其可提供高峰值功率和快速充电的良好性能,受到了用户的欢迎。

半烧结电池,是在全烧结电池基础上为了降低成本适应不同用户需要而发展的一个镉镍蓄电池新品种。所谓"半烧结"电池,即一半采用烧结电极,一半为非烧结电极。具体讲,是正极为烧结式极片、负极为压结式或涂膏式极片组装成的镉镍蓄电池。其价格较低,约为全烧结电池的 2/3。

3.3.1 电池结构

典型的全烧结镉镍蓄电池解剖图如图 3.15 所示。将经烧结和浸渍而成的正负极片之一包封隔膜,组成电极组。然后将电极组与极柱、螺栓、螺母连接紧固或将电极组与极柱用点焊方法

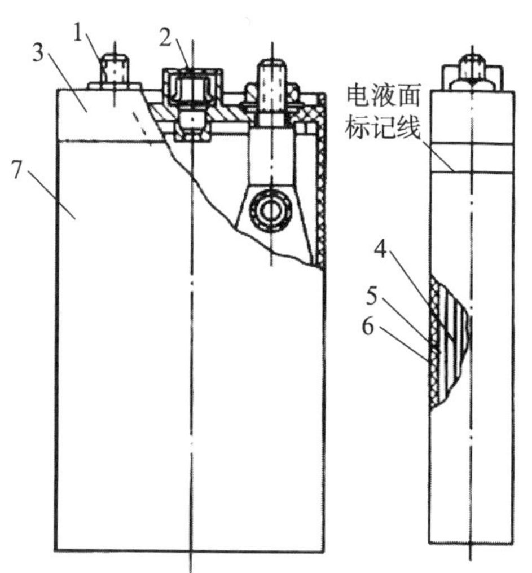

图 3.15 全烧结镉镍蓄电池结构示意图
1-极柱;2-气塞;3-盖;4-正极板;
5-负极板;6-隔膜;7-外壳。

连接,装在塑料电池槽内。用胶黏剂或超声波焊机把电池槽、盖封结好。最后灌注电解液,拧上气塞即可。

半烧结电池结构与全烧结电池基本相同。所不同的是负极片不是烧结式的,隔膜要包封在负极片上。通常,负极片数比正极片多 1 片。

3.3.2　电池制造

全烧结镉镍蓄电池的制造工艺流程如图 3.16 所示。

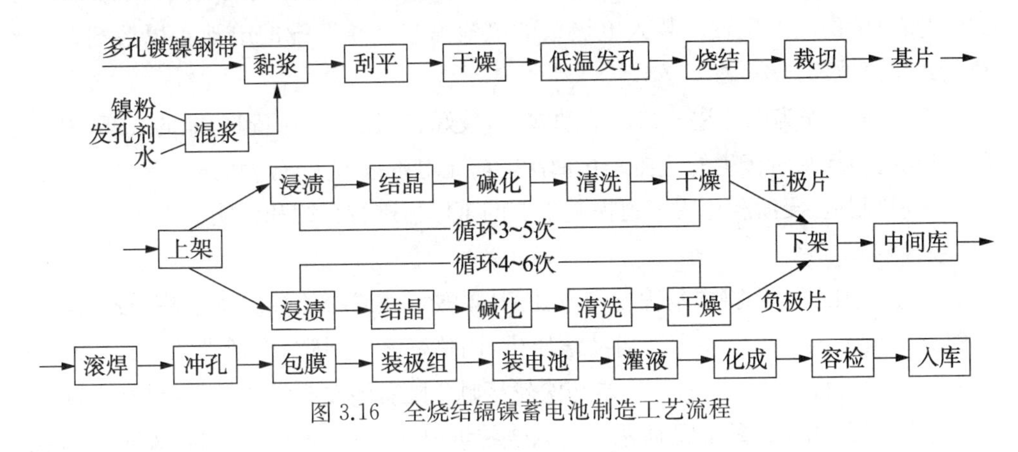

图 3.16　全烧结镉镍蓄电池制造工艺流程

(1) 骨架制造。骨架可作为烧结结构极片的机械支承,又可作为电化学反应的导体集流之用。同时,还使制造过程的连续性成为可能。目前,一般采用两种骨架:① 连续的(成卷)穿孔镀镍钢带或穿孔纯镍带作为制造骨架的基带,其厚度为 0.1 mm,孔径为 Φ1.5～2.0 mm,空隙率为 35～40%;② 镀镍钢丝或镍丝编织的网栅作为制造骨架的基网,典型网栅可采用 Φ0.18 mm 的镍丝,开孔尺寸 1.0 mm。

(2) 基片制造。将低密度镍粉沾黏在骨架上,经烧结而成基片。它通常有 80%～85%的孔率。孔率的大小可通过调整发孔剂量的多少及控制烧结温度和时间来实现。其厚度为 0.4～1.0 mm,可按设计要求加以控制。有干粉滚压法和湿法拉浆法两种,采用干粉滚压法制造基片,一般预先将基带或基网作黏浆处理,使其表面形成粗糙层增加镍粉的黏结力。

(3) 浸渍。这是在基片中添加活性物质的主要手段。它是决定电池容量的关键工序。目前常用的浸渍方法有静态浸渍法、电化学浸渍法和真空浸渍法等。

(4) 化成。极片浸渍后,除进行机械刷洗(或人工刷洗)和干燥外,须对极片充电和放电进行电化学清洗和化成。极片化成大致有配对化成、连续化成、组装电池化成及开口化成等。化成就是通过几次充放电过程,将正极氢氧化镍和负极氢氧化镉转变成活性物质的过程。化成大致有三个作用:① 可除去夹在电极间的有害物质,如硝酸根离子;② 经历数次氧化还原反应过程,可增大电极的真实表面积;③ 与电极结合较疏松的活性物质在化成后的清洗洗刷中可予以清除,用化成好的极片组装电池,一般不会发生活性物质从极片上脱落的现象。

(5) 隔膜选择。一般采用非编织的聚丙烯毡状物或维尼伦与尼龙的复合物作全烧结电池的隔膜。该材料的多孔性相对较好,构成通过电解液的离子导电通路。

(6) 极组装配。极组以正负极片交错方式装配。极组极耳用螺栓连接或焊接在极柱上。

(7) 电解液配制。采用氢氧化钾水溶液作电解液。常用电解液的密度为1.25 g·cm^{-3}和1.30 g·cm^{-3}两种。低温使用的电池应选用1.30 g·cm^{-3}密度的电解液。

(8) 极组装入电池槽及封盖。将极组装入电池槽中。电池槽和电池盖通常用尼龙或AS、ABS等工程塑料注塑成型。对电池槽要求有一定的透明度,使用期间可供操作和维护人员观察电池的液面位置。装入电极组的电池槽与其相匹配的电池盖以溶剂黏结密封、热封或超声波黏合。

(9) 拧气塞。作为电池注液口的活动塞头,最好选用带有止回阀功能的气塞,以防止回释放过充电消耗水所产生的气体。止回阀能防止电解液被大气所污染。

现对基片制造、浸渍和化成三道极其重要的工序再进行介绍和说明。

1. 基片制造工序

(1) 干粉滚压法。先将羰基镍粉与发孔剂(碳酸氢铵或聚乙烯醇缩丁醛)按一定配方混合,过筛后倒入滚压机料斗中。启动滚压机,调整好滚轮间隙,再把骨架事先切割成基片所需尺寸,然后将骨架插入料斗使之与滚轮接触。随着滚轮的慢慢转动,已轧上镍粉的骨架从滚轮下部送出,如图3.17所示。送入烧结炉内900～1 000℃(在H_2保护下)烧结,即为正负极片的基片。

混粉时,镍粉和发孔剂的体积比在1∶1左右。其质量比与它们的视密度有关。如羰基镍粉∶碳酸氢铵=5∶5～6∶4,羰基镍粉∶聚乙烯醇缩丁醛=6.5∶3.5～8∶2。

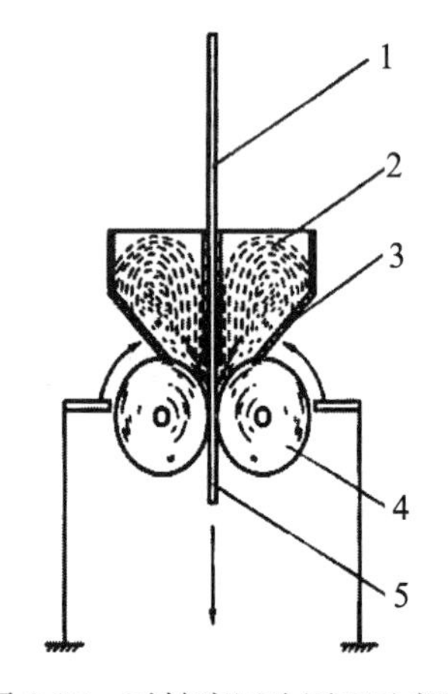

图3.17　干粉滚压法原理示意图

1-骨架;2-混合镍粉;3-料斗;
4-同步轧辊;5-待烧结基片。

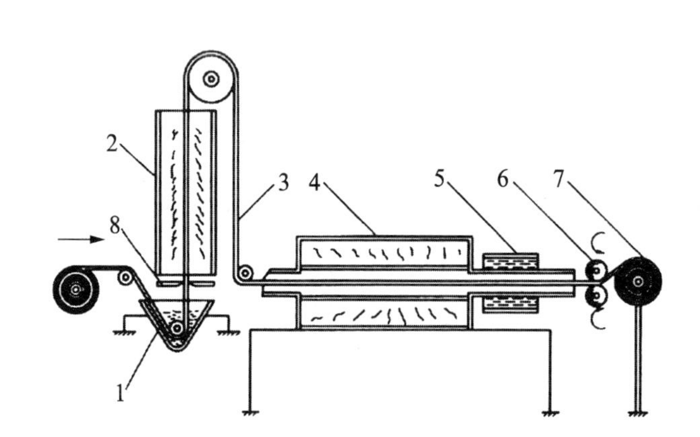

图3.18　湿法拉浆及卧式烧结炉内进行基片烧结的原理示意图

1-镍浆;2-烘道;3-干燥的基片带;4-高温烧结炉;
5-冷却室;6-同步进出辊轮;7-烧结成品带;8-刮刀。

(2) 湿式拉浆法。湿法拉浆和卧式烧结炉内进行基片烧结的原理如图3.18所示。

首先要配制镍浆。镍浆配制是关键环节之一。为确保一定的黏度,镍粉的密度测定、材料配比、混浆的速度和时间需严加控制。

烧结时保护气体(氢氮混合气体)流量、干燥通道的温度、拉浆模间隙、烧结温度、钢带走速（它是决定基板在高温中烧结时间的重要参数）等都必须严格加以控制。

2. 浸渍工序

(1) 静态浸渍法。静态浸渍是将基片插入浸渍架上分别浸在存有静置的硝酸镍与硝酸镉溶液中，使硝酸镍和硝酸镉填入正极多孔镍基片和负极多孔镍基片中，然后用KOH或NaOH碱化沉积成氢氧化镍和氢氧化镉。如此重复进行多次，直到活性物质的增重达到要求为止。典型的静态浸渍工艺参数如表3.3所示。

表3.3 典型的静态浸渍工艺参数

	浸渍溶液密度/($g \cdot cm^{-3}$)	pH	温度/℃	时间/h	浸渍次数
正极片	1.68～1.78	3～4	70～80	2～4	4～6
负极片	1.60～1.68	3～5	40～50	2～4	3～5
碱　化	1.15～1.20	—	70	2	—

浸渍溶液的配制：

正极浸渍溶液（1 dm^3），含硝酸镍1 500 g，硝酸钴75 g；

负极浸渍溶液（1 dm^3），含硝酸镉1 250 g，硝酸镍50 g；

碱化溶液（3 dm^3），含氢氧化钾1 000 g。

(2) 电化学浸渍法。电化学浸渍就是用电解的方法来获得活性物质。以镍基片作阴极，分别以镍或镉为阳极，在微酸性的硝酸镍或硝酸镉水溶液中接通直流电源，即在镍基片的孔中沉积活性物质氢氧化镍或氢氧化镉。这种方法工艺简单，节省了碱化过程，生产周期短，容易形成流水生产作业，能源及原材料消耗比静态浸渍少，只是浸渍液的处理较麻烦。电化学浸渍方法主要有两种，醇水溶液或水溶液电化学浸渍。

使用醇水溶液的电化学浸渍工艺制度：1.6～1.8 mol/L $Ni(NO_3)_2$，0.18～0.2 mol/L $Co(NO_3)_2$，乙醇∶水体积比为1∶1，pH 2.8～3.2，电流密度46.5～77.5 $mA \cdot cm^{-2}$，浸渍温度70～80℃，浸渍时间1～3 h。

使用水溶液的电化学浸渍工艺制度：1.5 mol/L $Ni(NO_3)_2$，0.175 mol/L $Co(NO_3)_2$，0.075 mol/L $NaNO_2$，pH 3～4，电流密度50～93 $mA \cdot cm^{-2}$，浸渍温度95～100℃，浸渍时间2～5 h。

与化学浸渍工艺相比，电化学浸渍制备镍电极有以下优点：在电极微孔内活性物质沉积均匀；浸渍量易控制；腐蚀程度小；利用率高，电化学浸渍镍电极活性物质利用率为100%～130%，而化学浸渍镍电极只有90%；电极膨胀小；生产效率高。

(3) 真空浸渍法。真空浸渍就是将基片放入密封容器中，用真空泵抽气，使容器内的负压达到一定值。然后将正负极浸渍液分别输入正负极容器中，并继续抽真空，保持一定时间。由于基片处于真空环境中，烧结镍结构孔隙中的空气被抽去，使硝酸镍与硝酸镉离子更方便地填入正负基片里。因此，真空浸渍是缩短浸渍时间，获得较高浸渍效率的工艺方法。

也可将基片放入已灌好浸渍溶液的密封容器中，然后抽真空，待容器内真空度达到一定值时，保持0.5 h左右，即完成一次真空浸渍。通常，真空浸渍比静态浸渍可减少一个周次，并可缩短浸渍生产周期，但生产设备投资及能源消耗较静态浸渍高。

3. 化成工序

(1) 配对化成。配对化成就是将浸渍好的正负极片组成临时电极对,中间加隔离板,放入化成槽内。视槽的大小放入15片正极、16片负极或20片正极、21片负极等,再把正负极分别连成并联状态(也可装成正极片比负极片多1片)。然后将若干化成槽连接成串联状,每个槽里加化成液,其液面高度应将极片完全浸没,即可通电进行充电。充电完毕,切断充电电路,在原化成槽里进行放电。待充放电达到要求后,即可出槽、清洗并干燥。典型的化成充放电参数如表3.4所示。

表3.4 典型的化成充放电参数

化成次数	充电		放电	
	电流/A	时间/h	电流/A	终止电压/V
第一次	0.2 C	9	0.2 C	1.0
第二次	0.2 C	7	0.2 C	1.0
第三次	0.2 C	7	0.2 C	1.0

(2) 连续化成。对湿法拉浆成型的极片可采用连续化成的办法。它在和连续电镀设备相似的设备上进行,如图3.19所示。

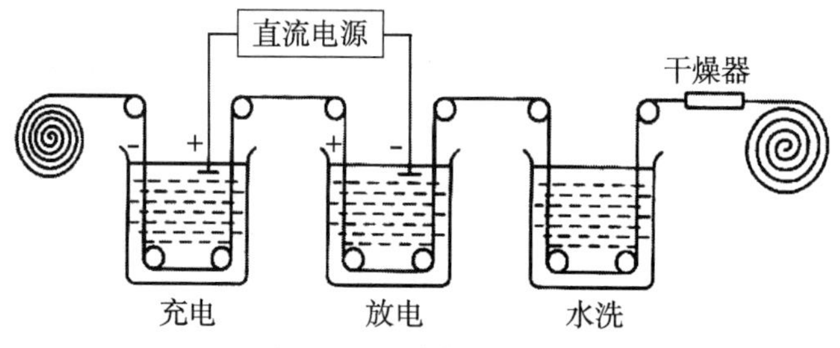

图3.19 连续化成示意图

连续化成还可分为配对化成与单化成两种。配对化成就是将正极片卷与负极片卷重新卷合,中间用卷状隔膜隔开,然后在图3.19所示的设备上进行化成。也可将三合一的成卷极片装入圆形的化成槽中,进行充放电化成。单化成就是正极片或负极片作为一个电极,另一个电极以不锈钢等材料代替作为辅助电极,在化成槽里进行化成。这种方法使用者不多,不仅物耗能耗增加,且生产周期增加一倍,但化成效果较配对化成要好,可按实际情况进行选择。

(3) 组装电池化成。该法适用于极片面积不大而不需再分割的极片。可直接组装成电池单体。灌注化成液后,即可进行充放电。达到化成目的后,倒去化成液,灌注电解液后即可送检入库。

(4) 开口化成。开口化成是一种不封盖的组装电池化成,与组装电池化成大同小异。由于部分极片经充放电化成后会有与电极结合较疏松的活性物质及极片附着物脱落,因此必须将极组拆开刷洗干净(主要是正极),然后重新包膜,组装电池。该法与组装电池化成法相比,生产周期稍长些,多花费些能源、原材料,但可确保产品无多余物,提高了产品品质和可靠性。

与全烧结镉镍蓄电池相比，半烧结镉镍蓄电池采用的烧结镍正极与其镍电极制造过程相同，但半烧结镉电极的制造一般采用两种方法：干式模压法和湿式拉浆法。

1. 干式模压法

干式模压法混合料的典型配方如表3.5所示。

表3.5　典型的干式模压法混合料配方

材料名称	海绵镉	氧化镉	氢氧化镍	变压器油
配比/%	40	52	5	3

先将氧化镉、海绵镉、氢氧化镍按比例混合均匀后，再加入变压器油混合均匀，并将混合粉与3%羧甲基纤维素(CMC)水溶液以19∶1比例拌匀。然后根据要求称取一定量的混合粉，取一半左右放入模具中，刮平，再放上骨架，并加入另一半粉。刮匀后，合上上模板，送入压力机中加压成型。成型压力一般控制在40 MPa左右。经干燥处理即成镉负极片，视需要进行化成或组装电池。

2. 湿式拉浆法

先将氧化镉、镉粉、反极物质按比例倒入和粉机中搅匀，再逐步加入变压器油混匀。配制3%的羧甲基纤维素钠水溶液，加入一定量的聚乙烯醇缩丁醛料。搅匀，测量黏度，再加入消泡剂。把混好的浆料倒入胶件磨机中，通过胶磨使粉变为细泥。把浆液倒入料斗中，用拉浆法使冲孔镀镍钢带表面沾满浆液，刮平。进入电加热烘道烘干。干燥程度以烘干到90%为好，使极片带不开裂。紧接着，立即进入液压工序。经液压后使极片的密度增加35%～40%。按要求裁切成不同规格的镉负极片。点焊上极耳后，成为完整的极片。视要求进行化成或组装电池(一般矩形电池均先装配电池后化成，而圆柱电池均采用单化成)。

3.3.3　电池性能

1. 放电特性

典型的全烧结镉镍蓄电池不同倍率的放电曲线如图3.20所示。半烧结电池不同倍率的放电曲线如图3.21所示。

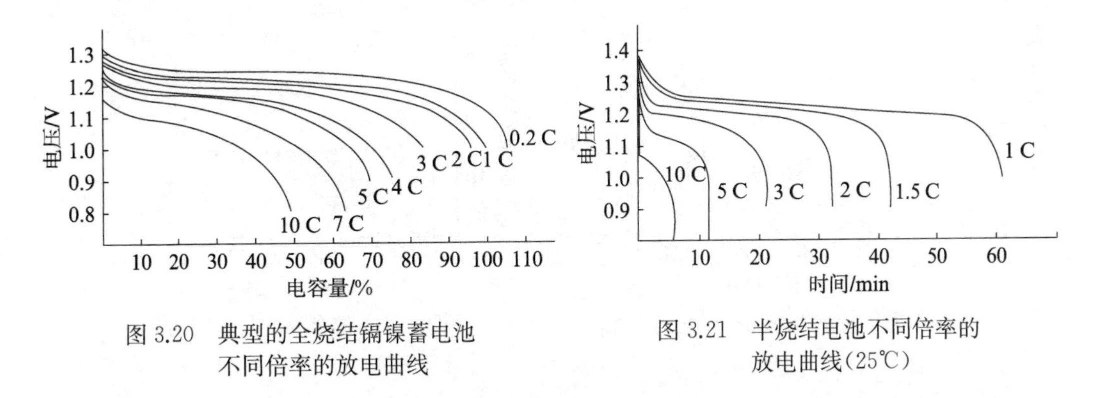

图3.20　典型的全烧结镉镍蓄电池不同倍率的放电曲线

图3.21　半烧结电池不同倍率的放电曲线(25℃)

2. 影响容量的因素

全烧结电池的电容量与放电倍率和温度有关。它们的关系分别如图3.22和图3.23所示。

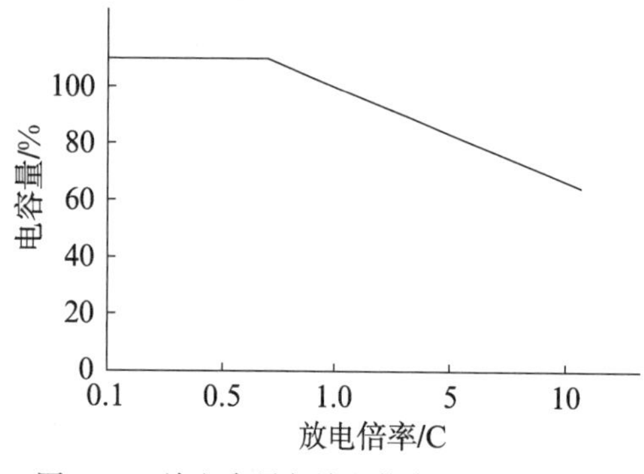

图 3.22　放电容量与放电倍率的关系(25℃)

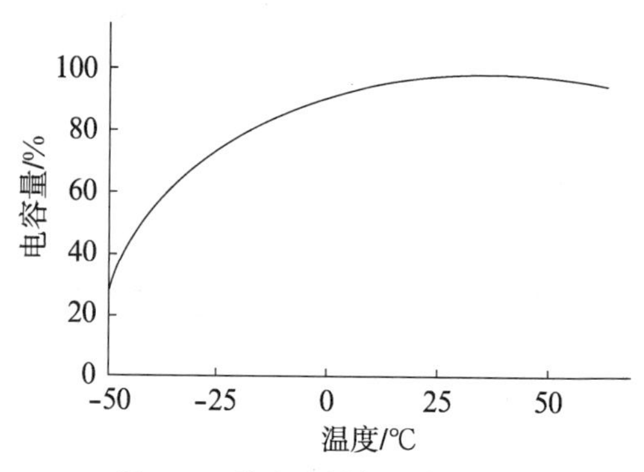

图 3.23　放电容量与温度的关系

3. 内阻

全烧结电池是所有镉镍蓄电池中内阻最小的电池。由于各制造厂商的结构设计、工艺技术有所不同,电池内阻稍有差异。表 3.6 列出了一些典型数据。

表 3.6　典型的全烧结电池内阻

电池容量/(A·h)	电池内阻/mΩ	电池容量/(A·h)	电池内阻/mΩ
20	0.8～1.5	80	0.3～0.7
40	0.6～1.0	100	0.2～0.4
60	0.4～0.8		

4. 荷电保持能力

荷电保持能力是指电池全充电后在开路情况下长期储存所剩余的放电容量。荷电损失的原因是自放电和电池间漏电。

自放电是由电池本质所决定的。试验表明,荷电保持能力与开路储存时间存在半对数的函数关系,如图 3.24 所示。自放电倍率大小是由电极的杂质和化学稳定性决定的。

储存温度也是影响电池自放电的重要原因之一,如图 3.25 所示。

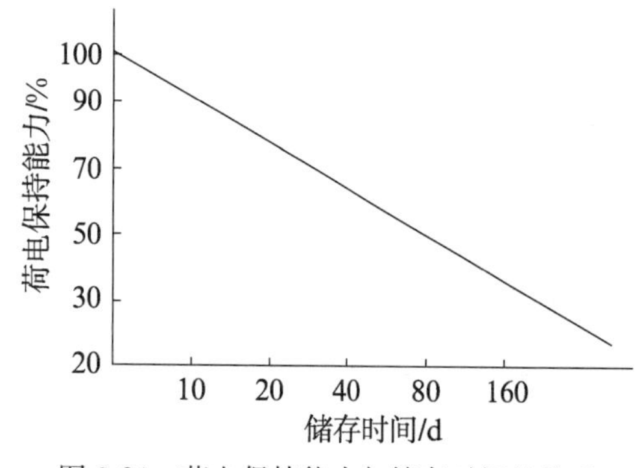

图 3.24　荷电保持能力与储存时间的关系

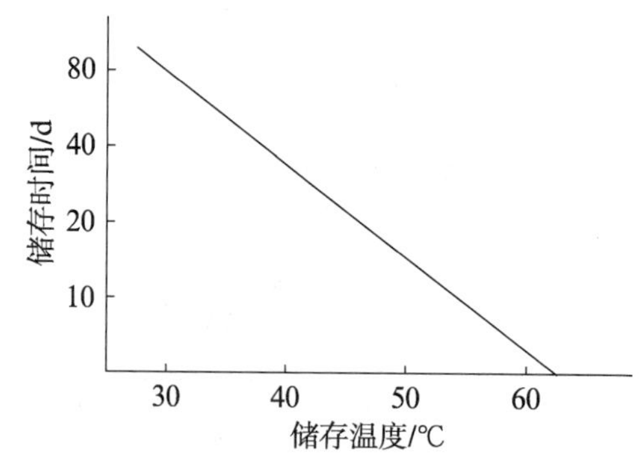

图 3.25　储存温度与时间的关系

5. 储存与寿命

全烧结电池可在任何充电态和很宽的温度范围(—60～+60℃)内储存。但最好的温度区间是 0～30℃,电解液液位正常,并保持垂直位置,以放电态储存为宜。储存后使用前，电池应充电活化，使之恢复到工作状态。

全烧结电池寿命分为充放电循环寿命和使用寿命两个方面。

(1) 充放电循环寿命。由于制造厂商的工艺技术和选用原材料的不同，可分为500周以上和800周以上两类。

(2) 使用寿命。使用寿命是指在正常使用和维护下(包括长期在浮充电下使用)，通常为10～15 a。若使用维护得当，使用寿命还可更长。

6. 比能量和比功率

全烧结电池在25℃下的比容量、比能量和比功率的典型平均值，如表3.7所示。

表3.7 典型比特性参数

参数	质量比特性	体积比特性
比容量	25～31 A·h·kg^{-1}	48～80 A·h·dm^{-3}
比能量	30～37 W·h·kg^{-1}	58～96 W·h·dm^{-3}
比功率	330～400 W·kg^{-1}	730～1 250 W·dm^{-3}

3.3.4 电池型号和尺寸

典型的国产全烧结镉镍蓄电池型号和外形尺寸，如表3.8所示。

表3.8 典型的国产全烧结镉镍蓄电池型号和外形尺寸

型号	额定电压/V	额定容量/(A·h)	外形尺寸/mm				极柱罗纹	正常充电		正常放电			最大质量/kg	循环寿命/周
			长	宽	高	带极柱高		电流/A	时间/h	电流/A	终止电压/V	放电时间/h		
GNC10	1.2	10	64	29	125	133	M8	2	7	2	1.0	5	0.54	≥500
GNC10-(2)	1.2	10	80	24	140	152	M8	2	7	2	1.0	5	0.56	≥500
GNC20-(2)	1.2	20	87	40	136	152	M8	4	7	4	1.0	5	0.88	≥500
GNC20-(3)	1.2	20	80	28	200	218	M8	4	7	4	1.0	5	0.92	≥500
GNC30	1.2	30	87	52	154	180	M10	6	7	6	1.0	5	1.30	≥500
GNC35	1.2	35	80	35	220	240	M10	7	7	7	1.0	5	1.50	≥500
GNC40	1.2	40	103	47	197	225	M12	8	7	8	1.0	5	1.68	≥500
GNC40-(2)	1.2	40	80	40	222	250	M10	8	7	8	1.0	5	1.70	≥500
GNC50	1.2	50	103	56	197	225	M12	10	7	10	1.0	5	2.10	≥500
GNC60	1.2	60	103	65	197	225	M14	12	7	12	1.0	5	2.52	≥500
GNC80	1.2	80	135	57	230	200	M16	16	7	16	1.0	5	3.60	≥500
GNC100	1.2	100	135	68	230	260	M16	20	7	20	1.0	5	4.50	≥500
GNC120	1.2	120	135	96	230	260	M16	24	7	24	1.0	5	5.40	≥500
GNC150	1.2	150	135	96	230	260	M18	30	7	30	1.0	5	6.70	≥500
GNC200	1.2	200	147	78	340	380	M18	40	7	40	1.0	5	7.80	≥500
GNC300	1.2	300	165	144	314	354	M20	60	7	60	1.0	5	14.60	≥500
GNC400	1.2	400	165	144	314	354	M20	80	7	80	1.0	5	18.50	≥500

3.3.5 典型电池设计

全烧结镉镍蓄电池以化学电源形式使用，航空机载电源是较典型的实例之一。如为某大型民航客机配套的直流化学电源，由两个电池组串联用作启动辅助电源，并可在常规直流电源发生故障时，为机载电子仪器设备应急供电。

航空机载电池组的技术要求如下。

(1) 额定电压：13.5 V。

(2) 额定容量：35 A・h(1 C率放电，≥60 min)。

(3) 最大工作电流：315 A。

(4) 最大工作电流放电时间：≥5 min。

(5) 外形尺寸：221×182×257 mm。

(6) 质量：21 kg。

1. 电池组设计

电池组外壳，一般采用不锈钢或耐碱涂料处理的钢结构所制成的密封箱体。配上相应的盖，用4个带弹簧的搭扣加以固定。电池壳备有过充电排气的气体扩散通道孔(管)。

电池组内部采取紧密装配，箱体内设有固定夹板，确保电池在外壳内无松动，具备经受剧烈的冲击后不松动、不受损伤的能力。

电池组由11只35 A・h全烧结开口式镉镍单体电池串联组成。单体电池间连接，一般采用连接片，正确地接在端面上，连接应牢固、可靠，接触电阻小。第一个和最后一个电池可用电缆线直接接在插座上。插座的型号须与用户协调一致。

根据需要，可在电池组中设置温度传感元件、加温装置等。

2. 单体电池设计

1) 正负极活性物质计算

根据法拉第定律，每克氢氧化镍产生0.289 A・h、每克氢氧化镉产生0.366 A・h电量。实际上活性物质利用率不可能达到100%。在开口镉镍蓄电池中，正极活性物质利用率约为95%，负极活性物质利用率约为60%。设计时还要留10%～20%的设计余量。因此，35 A・h电池的活性物质用量计算如下：

正极容量　　$35 \div 95\% \times 110\% = 40.5(\mathrm{A \cdot h})$

正极活性物质需用量　　$40.5 \div 0.289 = 140(\mathrm{g})$

负极容量　　$35 \div 60\% \times 110\% = 64.2(\mathrm{A \cdot h})$

负极活性物质需用量　　$64.2 \div 0.366 = 176(\mathrm{g})$

2) 极片体积计算

正极增重率为1.2～1.5 $\mathrm{g \cdot cm^{-3}}$，取1.3 $\mathrm{g \cdot cm^{-3}}$。

负极增重率为1.5～1.9 $\mathrm{g \cdot cm^{-3}}$，取1.6 $\mathrm{g \cdot cm^{-3}}$。

正极片体积　　$V_+ = 140 \div 1.3 = 107.7(\mathrm{cm^3})$

负极片体积　　$V_- = 176 \div 1.6 = 110(\mathrm{cm^3})$

3) 极片尺寸和数量设计

极片尺寸和数量的计算公式为

$$V = (WH\delta) \cdot n \tag{3.21}$$

式中，V为极片(正或负)总体积；W为极片宽度；H为极片高度；δ为极片厚度；n为极片

(正或负)数量。

国内外生产镉镍蓄电池的部分制造厂商烧结式极片的厚度如表3.9所示。

表3.9 部分制造厂商烧结式极片厚度比较

制造厂商	正极片/mm	负极片/mm
General Electric	0.69～0.71	0.80～0.82
Eagle Picher	0.63～0.70	0.68～0.78
SAFT(法)	0.83～0.88	0.82～0.90
上海新宇电源厂	0.60～0.80	0.60～0.80

根据电池组分配给电池单体的外形尺寸80 mm×35 mm×220(240)mm,若正负极片采用相同厚度的基片(0.7 mm),则正负极片的体积为

$$72 \times 140 \times 0.7 = 7\,056\ \mathrm{mm^3} = 7.056\ \mathrm{cm^3}$$

将2)计算的正负极片总体积和单片体积数据代入式(3.21),则正负极片的 n 值为

$$n^+ = 107.7 \div 7.056 \approx 15.3,\text{取 15 片}$$

$$n^- = 110 \div 7.056 \approx 15.59,\text{取 16 片}$$

4) 放电电流密度验证

极片总面积　　$15 \times 7.2 \times 14 = 1\,512\ \mathrm{cm^2}$

电池作用总面积　　$2 \times 1\,512 = 3\,024\ \mathrm{cm^2}$

0.2 C率放电电流值为7 A,电流密度为2.3 mA·cm^{-2}。根据实践经验,0.2 C率放电电流密度在2～3 mA·cm^{-2}时,其10 C率放电的负载电压一般在1.12 V左右(0.5 s时)。由此可知,当该电池组以9 C率放电(315 A)时,可以满足要求。

5) 单体装配松紧度计算

单体电池槽的壁厚一般为2～2.5 mm。因此,单体槽内腔厚度为29.2 mm。

隔膜选用丙烯毡和聚乙烯辐射接枝膜,总厚度为0.18 mm。

电极组总厚度为

$$15 \times (0.7 + 0.36) + 16 \times 0.7 = 27.1\ \mathrm{mm}$$

单体装配松紧度为

$$27.1 \div 29.2 \approx 92.8\%$$

满足单体电池装配要求。

3.4 圆柱形密封镉镍蓄电池

圆柱形密封镉镍蓄电池(以下简称圆柱电池或密封电池)采用了特殊的设计,可防止充电时由于析出气体而产生压力。电池内无游离电解液,因此不存在渗漏电解液的问题。使用期间除再充电外,无须维护和保养。

圆柱电池的工作原理,除与其他镉镍蓄电池一样外,还在于其负极活性物质相对过量,控制了电解液用量,选用微孔隔膜,采用薄极片紧装配的方法,在正极中添加反极物质进行了正极反极保护等。这样一来,防止了在电池内部积聚大量气体,达到了电池密封的目的(关于密封镉镍蓄电池的工作原理,请参阅3.2.5节)。

圆柱电池具有高容量、高功率、高可靠、密封性好、电压平稳、使用温度范围宽和坚固耐用,且可与干电池互换的特点。

3.4.1 电池结构

圆柱电池是用途极其广泛的电池之一。圆柱形结构易于大批量生产,而且这种结构可获得极好的机械和电气性能。

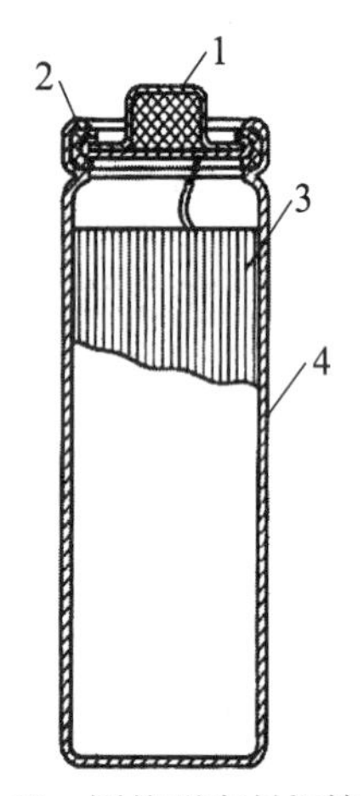

图3.26 圆柱形密封镉镍蓄电池结构示意图

1-组合盖;2-绝缘圈;3-卷式极片组;4-外壳。

典型的圆柱形密封镉镍蓄电池结构如图3.26所示。其外壳由金属材制成。内装卷片结构的箔式电极组(也有插片结构的电极组)。上面装有安全排气装置的顶盖组件。顶端为正极,外壳为负极。

圆柱电池的外壳用镀镍钢板引伸而成,也可冲压成型后再进行电镀处理。

圆柱电池的正极采用多孔烧结镍电极。用浸渍硝酸镍盐、再浸入碱溶液中沉淀氧氧化镍的方法充填活性物质。圆柱电池负极的结构和制造有多种。有的如同正极一样采用烧结镍基片,有的用涂膏法或压制法制造,也有的用电沉积法或发泡电极技术制造。

将连续加工成型的正负电极按规定的要求切割成一定的尺寸。然后,把它们连同中间的隔膜一起盘旋卷绕。隔膜通常采用渗透性好的非编织聚丙烯或尼龙和维尼纶的复合物。这些材料可吸收大量氢氧化钾电解液,并允许氧气渗透。最后把卷状电极装入外壳中加上顶盖组件进行封装。

圆柱电池的顶盖组件采用安全阀结构。若电池内部由于过度过充电或过放电产生超压时,则安全阀可自动打开排出气体。待电池内部压力恢复正常时自动复原。该安全阀排气结构可确保电池安全可靠而不会使电池外壳破裂。

安全阀有两种。早期生产的圆柱电池多数为一次密封型安全阀,如图3.27(a)所示。当电池内部气体压力增加到1~2 MPa时,密封膜鼓起被顶针刺破而排泄气体。此后电池不再密封,电池气体直接放出,空气中的二氧化碳也会直接进入电池,毒害电解液。同时还有溢出电解液的危险,电池不久就会失效。另一种就是目前普遍采用的再闭式二次密封型安全阀,如图3.27(b)和(c)所示。

3.4.2 电池制造

1. 电极制造

大规模圆柱电池电极生产均采用湿式拉浆法制造电极的基片。正极均用烧结式极

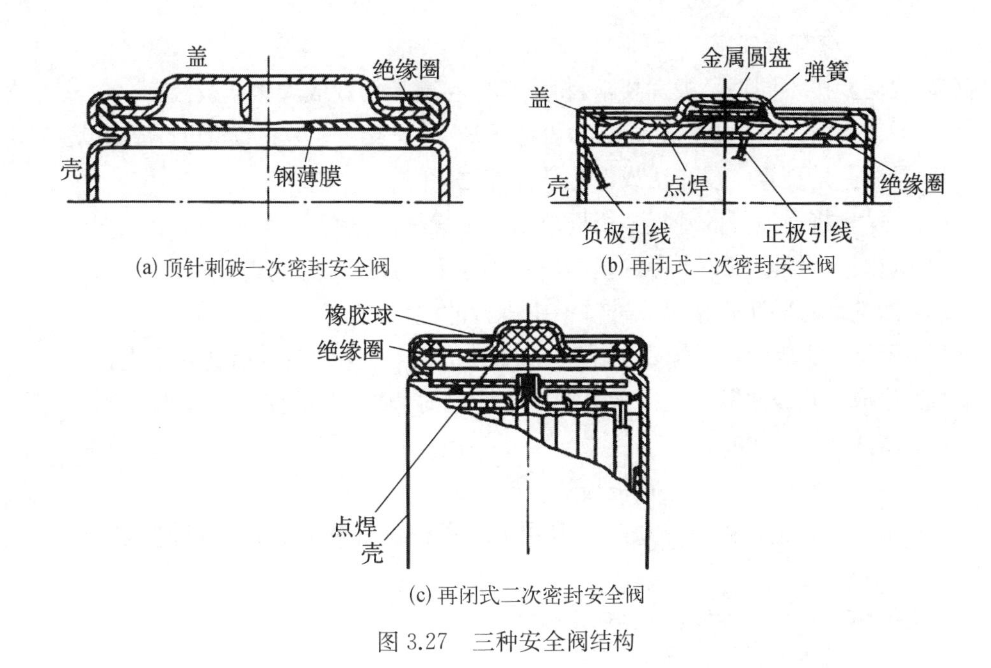

(a) 顶针刺破一次密封安全阀　(b) 再闭式二次密封安全阀

(c) 再闭式二次密封安全阀

图 3.27　三种安全阀结构

片。负极有的也采用烧结式极片，适应于大电流高倍率放电的场合，但大部圆柱电池的负极是采用经湿式拉浆后干燥再加压轧制成的半烧结板片。

1）正极制造

圆柱电池正极制造工艺流程如图 3.28 所示。

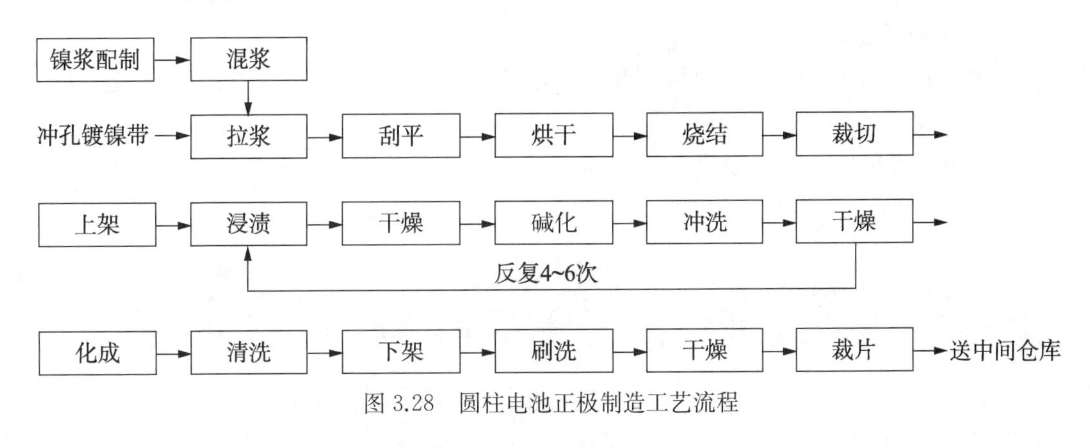

图 3.28　圆柱电池正极制造工艺流程

(1) 骨架制造。烧结镍电极骨架为冲孔镀镍钢带。可根据烧结炉膛的宽度设计若干条极片并列的冲孔带。注意在骨架一边留有 2～3 mm 光边。

(2) 镍浆配制。将视密度为 0.56～0.62 g·cm^{-3}的镍粉、CMC、聚乙烯醇缩丁醛按一定比例混合。

(3) 混浆。混好后浆液黏度约为 35 Pa·s，湿密度约 1.70 g·cm^{-3}。

(4) 烧结。将冲孔镀镍钢带通过传送机构进入镍浆斗沾上浆，经过刮刀刮平保持一定厚度，然后烘干，进入高温烧结炉。在一定温度下保持一定的烧结时间，再通过冷却段将基带送出(图 3.18)。为了得到高品质的基片，须控制好下列工艺参数：干燥炉温度；炉膛内氢氮气压力、流量；烧结炉温度；基带走速；冷却水压力。烧结后，及时测定基板强度和基板孔率,其应符合要求。

(5) 裁切。按不同型号极片要求,将连续成卷基带切裁成大张基板。

(6) 上架。将大张基板装在框夹上,再将框夹装在框架上。装夹数量可按浸渍设备确定。

(7) 浸渍。采用真空浸渍法或电化学浸渍法。

(8) 干燥。将浸渍好的基板整个框架吊入干燥槽内进行干燥。

(9) 碱化。将经浸渍并干燥的基板浸入 NaOH 溶液中,通电进行碱化处理。

(10) 冲洗。将整个框架吊入冲洗槽中进行冲洗。

(11) 干燥。从浸渍至干燥重复循环 4~6 次,待增重达到要求后转入化成。

(12) 化成。重复进行三充二放。第三次充电时,充入电量较少。

(13) 清洗。

(14) 下架。将浸渍好的正负极板从框架和框夹上卸下。

(15) 刷洗。将正负极板分别送入刷片机内进行刷洗和抛光,去掉极板表面的浮粉,露出镍基板本色。

(16) 干燥。

(17) 裁片。将大张极板进入剪片机,按要求进行极片长度剪切。然后将切断的极板进入裁片机,进行极片宽度切割。最后,将正负极片分别叠理整齐,包装好转入装配车间进行电池装配。

2) 镉负极制造

烧结式镉负极,其制造过程与上述烧结式镍正极基本相同,只有浸渍溶液组成和个别工艺参数稍有调整。

经湿式拉浆后干燥再加压轧制成的镉负极,其制造过程参见半烧结式镉电极的制造过程。

2. 电池装配

圆柱电池装配工艺流程如图 3.29 所示。

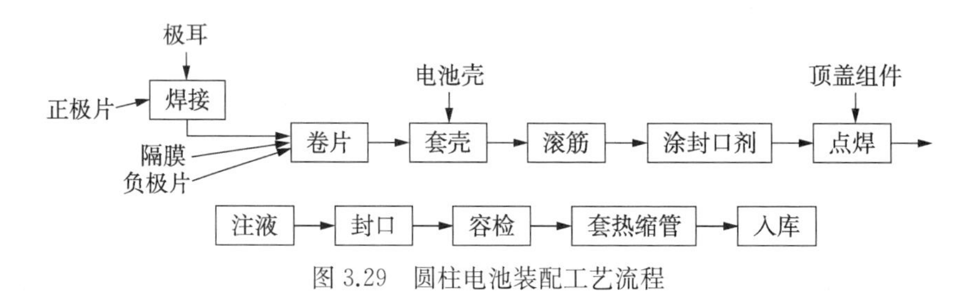

图 3.29 圆柱电池装配工艺流程

(1) 顶盖组件准备。按不同型号,分别将其顶盖组件进行装配、焊接和压力测试。

(2) 卷片。可在卷片机上进行。先将负极从上导向槽插入,插至碰到卷片机芯棒。再将正极插入下导向槽,启动设备,使芯棒带动正负极转动半圈。在负极片上放好隔膜。再次启动机器,使电极组卷绕成圈。用专用夹子取出电极组,检查电极组有无短路等异常现象发生。

(3) 套壳。将电极组无极耳的一端向里,插入电池壳内。放入绝缘圈。检查正极与外壳之间的绝缘电阻。

(4) 滚筋。在滚筋机或滚筋夹具上进行。滚筋后检查绝缘电阻、滚筋高度、深度及平整度。

(5) 涂封口剂。将配制好的沥青涂料倒入涂覆设备中。在夹套工位上放置电池。电池边转动,喷嘴边喷出沥青。放上密封圈后,对密封圈内角再喷涂一次。检查涂覆均匀度。

(6) 点焊。将极组之正极焊在电池盖上。

(7) 注液。在定量注液设备上进行。允许分2~3次加注。注液量必须十分严格,不准随意多加或少加。

(8) 封口。在封口机上进行。检查外观,应匀称、光滑。

(9) 容检。按工艺要求进行充放电容量检查。分档归类。揩擦电池顶部及底部污物。

(10) 套热缩管。在热缩机上进行。完成了电池单体的包装。

将上述各工位的设备按生产进度要求配备一定的数量,并按先后顺序排列,配置一条输送带,即可成为一条圆柱形密封电池装配生产流水线。

3.4.3 电池性能

1. 充电特性

圆柱电池常采用恒流充电。一般采用0.1 C率(10 h率)电流充电12~16 h。尽管许多电池可接受1/3 C率电流安全充电,但圆柱电池能够承受0.1 C率电流的过充电而对电池无损害。如用较高充电率充电,必须注意过充电不要过度,否则会使电池温度上升。圆柱电池不同充电率的充电特性曲线如图3.30所示。

用较高充电率充电,电压会明显上升。圆柱电池的电压曲线与开口电池不同。由于氧的再化合,负电极不可能达到开口电池那么高的充电状态,因而圆柱电池的充电终止电压较低。如果过充电率超出氧再化合或热耗散能力,也会导致电池失效。

当电池进入过充电时,大部分电流作用于产生氧气并与负极反应生成热量。过充电时产生的热量与电压和电流的乘积相等。稳定态的温度主要取决于过充电倍率、充电电压、单体与电池组的热传导特性和环境温度。图3.30表示了0.1 C、0.33 C和1 C率电流充电时的温升曲线。高于0.33 C率电流充电时,温度会急剧上升。

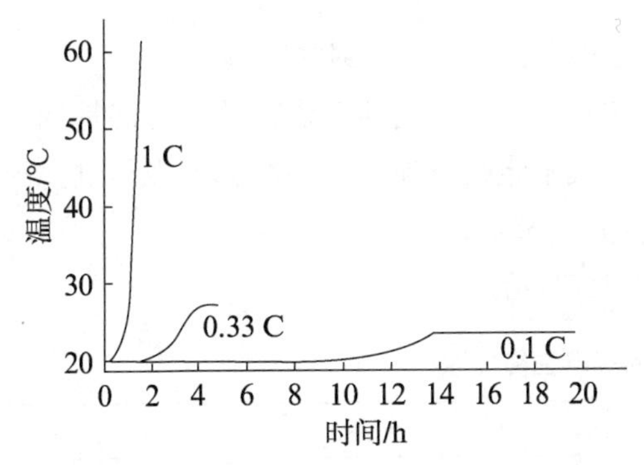

图3.30 圆柱电池充电时的温度上升曲线

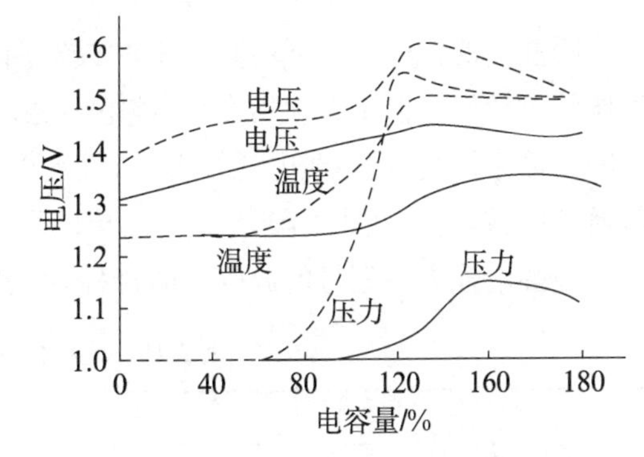

图3.31 圆柱电池充电时压力、温度和充电电压之间的关系

虚线为0.33 C率;实线为0.1 C率。

圆柱电池充电时的充电电压与内部压力、温度的关系如图3.31所示。从图3.31可知,以较高的0.33 C率充电时,开始电压较高。然后,它以与0.1 C率充电相同的速度变

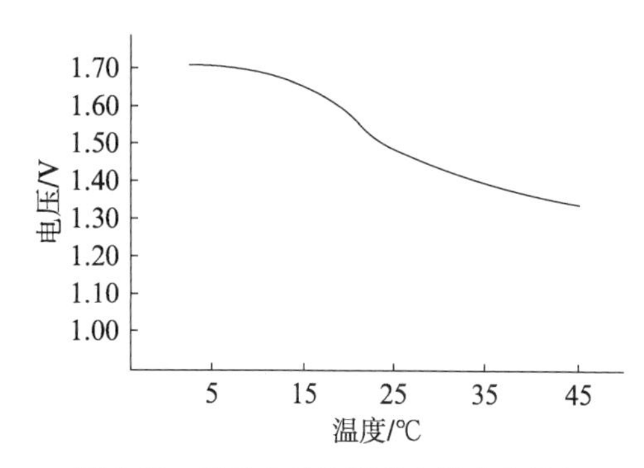

图 3.32 圆柱电池典型充电终止电压与温度的关系(0.2 C 率充 16 h)

化。但压力和温度开始上升得较快,且以比0.1 C率更快的速度上升。

圆柱电池充电温度以 0~30℃为宜。充电温度低,电池电压反而增高。因为氧气再化合在低温下反应较缓慢,因此充电率必须减小。超过40℃时充电效率很低。温度过高还会引起电池损坏。图 3.32 表示了圆柱电池以 0.2 C 率电流充电时,在不同温度下充电 16 h 时的终止电压。

恒电位充电可能会导致热失控,一般不宜采用。如采取措施对充电电流加以限制的话,该法也是可取的。

浮充电必须采取相同的措施。以较小的恒电流进行浮充,可使电池保持全充电态。每6个月定期放电,检查电池容量。然后再充电并转入浮充状态可确保电池具有最佳性能。

2. 放电特性

典型的圆柱电池放电曲线如图 3.33 所示。

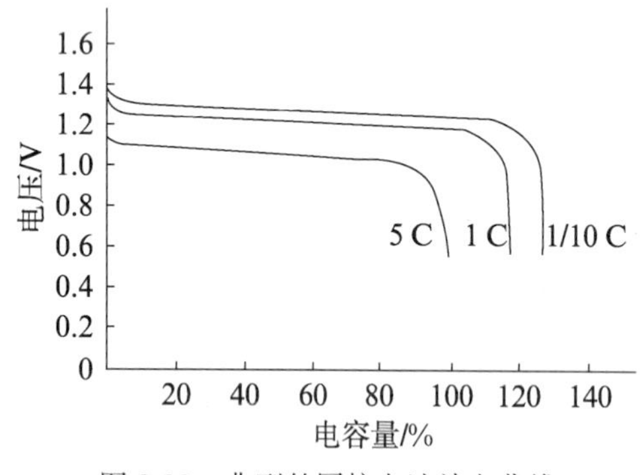

图 3.33 典型的圆柱电池放电曲线

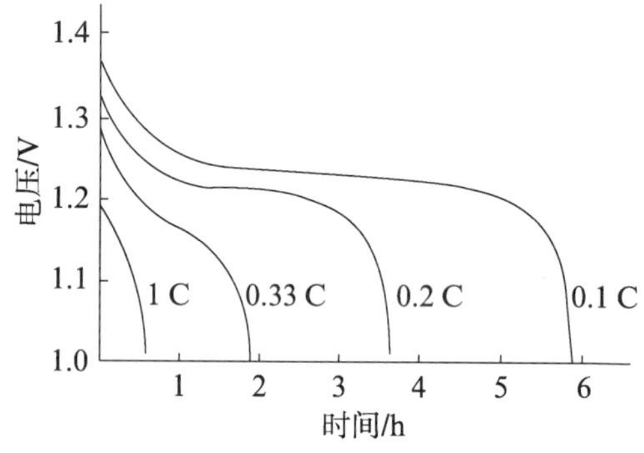

图 3.34 圆柱电池不同倍率放电曲线(−20℃)

圆柱电池在−20℃下不同倍率的放电曲线如图 3.34 所示。圆柱电池在−20~30℃工作状态较好。但是必须指出,在该范围之外,它仍能发挥有用的工作特性。特别是低温下的高倍率性能,比铅酸电池好得多,仅次于开口式全烧结电池。低温性能下降是电池内阻增大所致,高温性能下降是工作电压下降及自放电所致。

圆柱电池主要型号的放电性能指标,如表 3.10 所示。

表 3.10 圆柱电池的放电性能指标

电池型号	0.2 C 率		1 C 率		2 C 率		允许放电			脉冲放电	
	电流/A	容量/(A·h)	电流/A	容量/(A·h)	电流/A	容量/(A·h)	电流/A	时间/min	容量/%	2~3 min/A	2 s/A
5#(GNY500)	0.1	0.5	0.5	0.45	1	0.4	3	7.5	75	5	10
2.5#(GNY1200)	0.24	1.2	1.2	1.10	2.4	1.0	12	6	70	18	42
2#(GNY1800)	0.36	1.8	1.8	1.7	3.6	1.6	18	4.5	70	28	70
1#(GNY4000)	0.8	4.0	4.0	3.6	8.0	3.4	28	6	70	54	90

3. 内阻

电池内阻取决于欧姆阻抗、活化极化、浓差极化和容抗等因素。在一般情况下，容抗效应可忽略不计。活化和浓差极化引起的电阻效应随温度增加而减少、温度下降而增加。

圆柱电池以中倍率放电时，活化极化和浓差极化影响不大。但不同荷电态时其内阻稍有差异，如图 3.35 所示。

圆柱电池使用一段时间后，容量逐渐损耗，导致内阻逐渐增加。这与图 3.35 所示的不同荷电态的内阻变化相似。

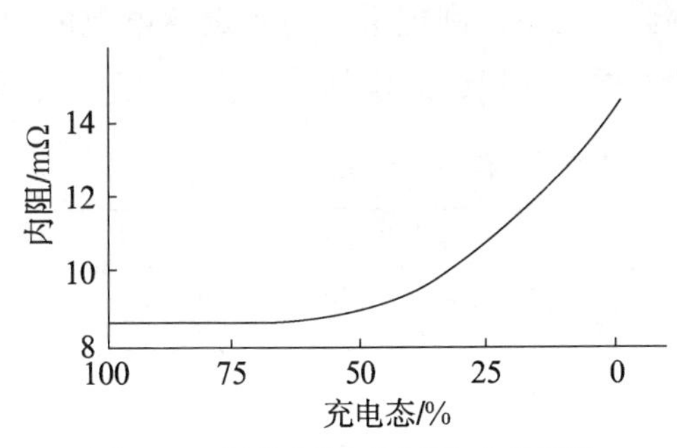

图 3.35 圆柱电池不同荷电态的阻抗

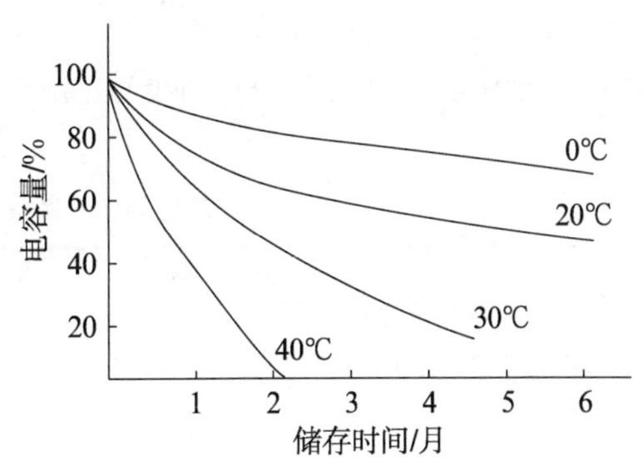

图 3.36 圆柱电池的荷电保持能力与温度、时间的关系

4. 荷电保持能力

荷电保持能力受时间和温度影响较大。图 3.36 表示了三者之间的关系。

圆柱电池的工作温度和储存温度如表 3.11 所示。

表 3.11 圆柱电池的工作温度和储存温度

电池类型	工作温度/℃	储存温度/℃
普通圆柱电池	−40～+50	−40～+50
优质圆柱电池	−40～+70	−40～+70

圆柱电池可在充电态或放电态下储存而不会损坏。使用时，经过再充电后即可恢复容量。

5. 电池反极

当若干电池串联使用时，容量最低的电池会被电池组内其他电池迫使反极。串联电池的个数越多，反极的可能性越大。电池反极时，正电极会产生氢气，负电极则产生氧气。这是十分危险的，甚至可能导致爆炸。经常的或较长时间的反极会导致电池内部压力增加而打开安全阀排气，从而使电解液损耗，直至干涸。

在使用由多个电池单体组成的电池组时，建议采用电压限制装置，以避免电池反极发生。

6. 循环寿命

圆柱电池有较长的循环寿命。在正确使用和控制充电条件下，可达 500 次以上。若在浅充放情况下，循环寿命更长，如图 3.37 所示。

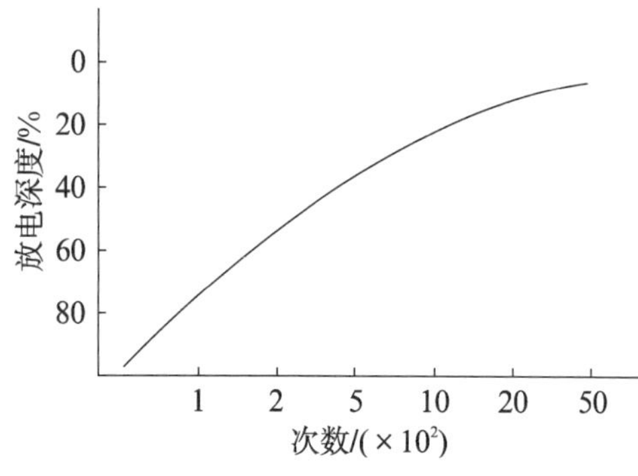

图3.37　圆柱电池循环寿命与放电深度的关系

除放电深度外,循环寿命还取决于充放电速率、循环频率、温度等因素。

用聚丙烯膜改善了圆柱电池使用寿命。特别是在温度升高的情况下较突出。因聚丙烯有较好的抗氧化性,当连续工作温度为70℃时,能使电池有满意的寿命。

3.4.4　电池型号和尺寸

典型的国产圆柱形密封镉镍蓄电池的型号和外形尺寸如表3.12所示。

表3.12　典型的国产圆柱镉镍蓄电池型号和外形尺寸

电池型号	容量/(A·h)	外形尺寸/mm		IEC命名	相当于干电池型号				重量/g
		直径	高		中国	美国	德国	美国	
GNY150	0.15	12	30			N	R_1	R_1	8
GNY180	0.18	10.5	44	KR12/30	7	AAA			10
GNY500	0.5	14	50	KR15/51	5	AA	R_6	R_6	25
GNY600	0.6	22	26			$1/2C_S$			30
GNY800	0.8	16.5	49						40
GNY1200	1.2	22	42		2.5	C_S			50
GNY1500	1.5	22	49				R_{14}	R_{14}	65
GNY1800	1.8	26	49	KR27/51	2	C			75
GNY2500	2.5	33	44	KR33/44					130
GNY3000	3.0	33	61	KR35/62	1	D	R_{20}	R_{20}	150
GNY4000	4.0	33	61		1	D	R_{20}	R_{20}	165
GNY5000	5.0	35	92	KR35/92	0		R_{25}	R_{25}	200
GNY7000	7.0	43	61						265
GNY10000	10.0	43	92	KR44/92					380

3.5　全密封镉镍蓄电池

航天用镉镍蓄电池要求可靠性高、寿命长(中低轨道卫星至少2～3 a,高轨道卫星至少8～10 a以上),必须能在高真空环境下工作。普通的密封电池在真空条件下经过长时间的逸出气体和微漏电液,最终将很快导致电液干涸而使电池失效,因此,普通的密封电池已无法满足航天要求。很明显,如何使电池从液密封到气密封是航天用全密封镉镍蓄电池长寿命高可靠的关键。由于全密封镉镍蓄电池的漏气率极小,应小于1.33×10^{-7} Pa·dm³·s⁻¹,通常也称为气密电池。

3.5.1　电池结构

10 A·h、15 A·h、24 A·h、50 A·h等4种典型的方形空间用全密封镉镍蓄电池外形如图3.38所示。

其中，电池单体的外形尺寸分别为：10 A·h，76 mm×23 mm×71 mm；15 A·h，76 mm×23 mm×114 mm；24 A·h，76 mm×23 mm×163 mm；50 A·h，127 mm×33 mm×144 mm。

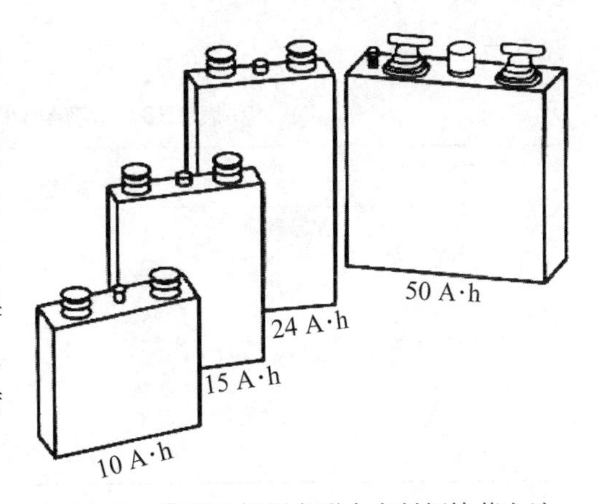

图 3.38 典型空间用方形全密封镉镍蓄电池（10 A·h、15 A·h、24 A·h、50 A·h）外形图

与开口电池和密封电池一样，全密封镉镍蓄电池也是由正极片、负极片、隔膜、电解液、外壳和盖、极柱等组成。航天用全密封镉镍蓄电池的主要设计参数大致可以归结为如下。

1）额定容量 6～100 A·h

2）基片设计

基片类型：Ni 网、穿孔镀镍钢带、穿孔镍带。

加工成型：干法烧结、湿法拉浆。

3）正极片设计

板片数：视实际需要而定。

宽度：53 mm、76 mm、127 mm、185 mm。

厚度：0.70～0.76 mm。

浸渍方式：化学法。

增重：12～15 g·dm^{-2}。

钴含量：约增重的 5%。

4）负极片设计

极片数：视实际需要而定。

厚度：0.75～0.89 mm。

浸渍方式：化学法。

增重：14～19 g·dm^{-2}。

预充电：有的未用，有的预充电 20%～30%。

5）隔膜

厚度(经压缩后)：0.18～0.28 mm。

材料：尼龙—6

6）电解液

含锂氢氧化钾水溶液，浓度：31%～34%。

7）负、正极容量比

理论值：1.6～1.8。

测量值：1.3～1.7。

8）外壳和盖设计

材料：不锈钢或 08F、08Al 碳钢。

加工成型：引伸法。

在全密封电池内部零部件的质量分配上，主要是正负极片的质量，约占 65%，如表

3.13 所示。

表 3.13　全密封 20 A·h 单体的质量分配

序　号	零部件	质量/g	占总质量的百分比/%
1	正极	277	29.7
2	负极	323	34.7
3	隔膜	15	1.6
4	电解液	93	9.9
5	壳盖	219	23.5
6	其他	6	0.6
总　计		933	100

3.5.2　电池制造

由上述可知,全密封镉镍蓄电池成败的主要关键是如何保证电池的气密性,而它的正负极片制造,与电解液、隔膜的匹配,以及负极活性物质过量、正极中加入反极物质等措施,都和密封电池基本相同,这里不再赘述。

1. 金属陶瓷封接

全密封镉镍蓄电池的气密性由金属陶瓷封接技术保证。常用的全密封方法有两种:金属玻璃密封和金属陶瓷密封。前者价格低、易制造,缺点是易碎、强度不够,在碱液中易腐蚀。后者强度高,在碱液中较稳定。因此,镉镍蓄电池采用金属陶瓷密封技术。

1) 全密封要求

电池能否达到全密封要求,其基本指标为:

(1) 外观。外观应完整,无裂纹、无熔穿现象发生。

(2) 漏气率。低于 1.33×10^{-7} Pa·dm^3·s^{-1}(电池盖的漏率应低于 1.33×10^{-8} Pa·dm^3·s^{-1} 的要求,用氦质谱检漏仪检测)。

(3) 强度。抗拉强度>40 MPa(用标准抗拉件测试)。

(4) 绝缘性能。大于 100 MΩ(电池正负极间测量)。

2) 封接方法和原理

金属陶瓷封接方法有:

(1) 烧结金属粉末法——Mo-Mn 法、Mo-Fe 法、W-Fe 法。

(2) 活性金属法——Ti-Ag-Cu 法、Ti-Ni 法、Ti-Cu 法。

(3) 氧化物焊料法——Al_2O_3-MnO-SiO_2 系、Al_2O_3-CaO-MgO-SiO_2 系。

(4) 气相沉积工艺——蒸发金属法、溅射金属法、离子涂敷。

(5) 固相工艺——固态封接、静电封接。

(6) 压力封接——压力封接、压力带技术。

(7) 其他封接——电子束焊、激光焊、离子喷涂。

常用的金属陶瓷封接方法为烧结金属粉末法和活性金属法两大类。

烧结金属粉末法(又称 Mo-Mn 法等),是在还原气氛中用高温在陶瓷体上烧结一层金属粉,使瓷件表面带有金属性质,再把已金属化的表面与金属件进行封接。

活性金属法(又称 Ti－Ag－Cu 法等),是利用钛、锆等金属对氧化物、硅酸盐等物质具有较大的亲和力,且易与铜、镍等金属在低于其各自熔点的温度下形成合金的特性,使含钛的合金在液态易与陶瓷表面发生反应,从而完成金属—陶瓷之间的封接。

3) 封接盖结构

封接结构有平封、套封和针封三种基本形式,如图 3.39 所示。这三种封接形式各有各的长处,适用于不同的场合。

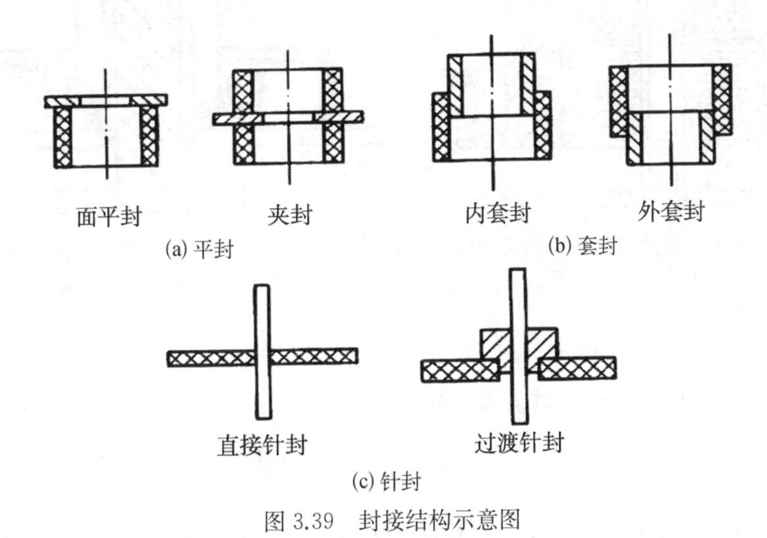

图 3.39　封接结构示意图

针对镉镍蓄电池的盖和极柱之间的封接而言,情况较复杂。除结构上应考虑减少封接应力外,还应使选用的金属和陶瓷的膨胀系数相匹配,选用弹性模量低、屈服极限低、塑性好的金属和合金;焊料熔点不宜过高,应有一定的强度和延展性;应尽量减少封接区金属的厚度,扩大平封金属环的内孔尺寸等。

A、B、C、D 四种典型的金属陶瓷封接盖截面图分别如图 3.40、图 3.41、图 3.42 和图 3.43 所示。

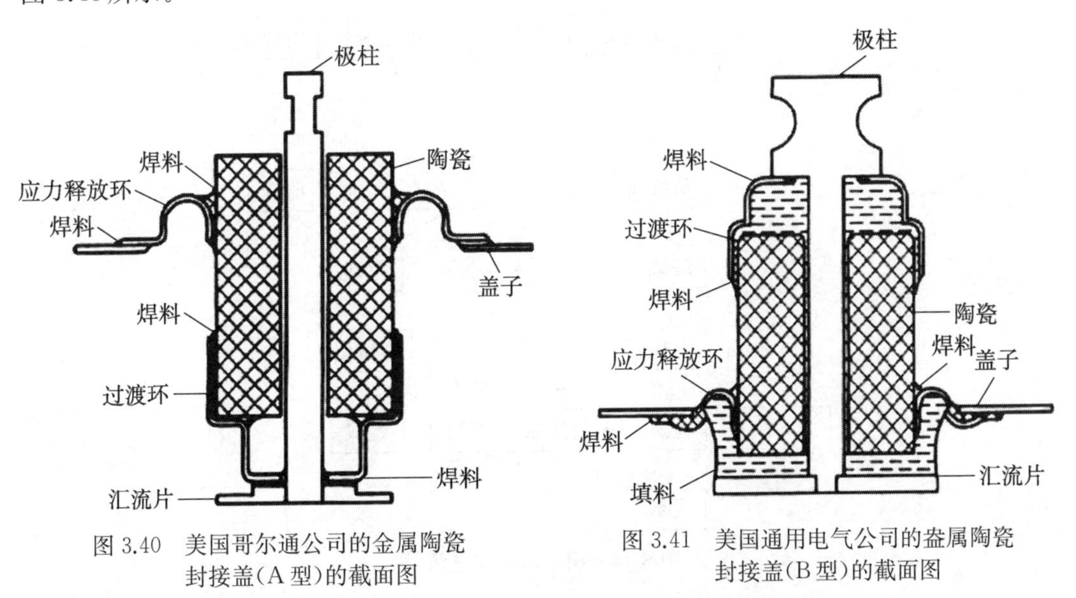

图 3.40　美国哥尔通公司的金属陶瓷封接盖(A 型)的截面图

图 3.41　美国通用电气公司的盎属陶瓷封接盖(B 型)的截面图

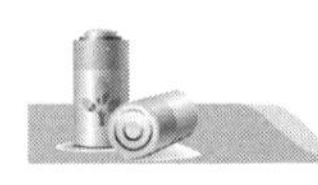

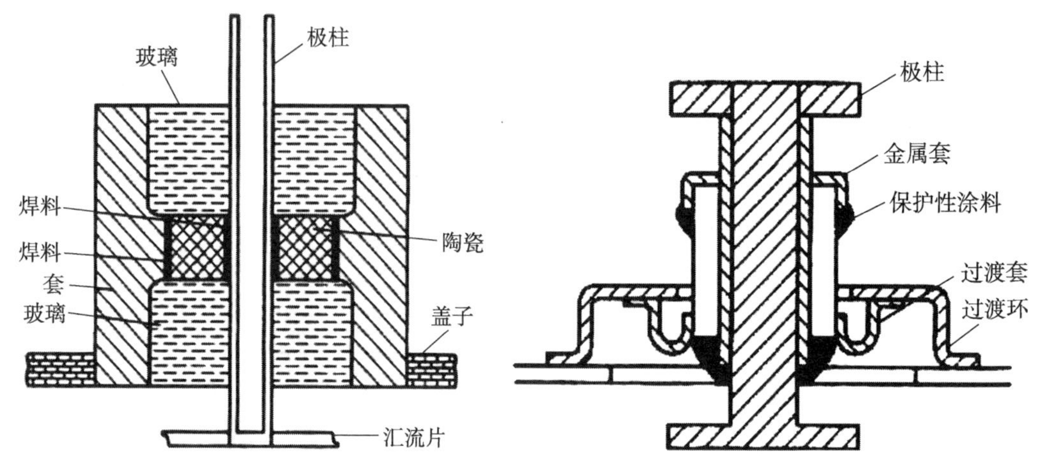

图3.42　美国梭诺通公司的金属玻璃陶瓷封接盖(C型)的截面图

图3.43　法国萨福特公司的金属陶瓷封接盖(D型)的截面图

A型结构中的过渡环作为汇流片与陶瓷连接的过渡零件。应力释放环主要是为了减少金属—陶瓷封接时和充放电时金属板柱和陶瓷间产生的应力。过渡环和应力释放环材料为可伐合金,陶瓷为85%～95% Al_2O_3 瓷。采用活性金属法封接,焊料为含78% Ag的低共熔Ag-Cu焊料。

B型结构中,填料用环氧树脂。采用活性金属法,焊料是Ag-Cu-Pd合金。

C型结构中,先把过渡套焊在盖上,然后进行金属陶瓷封接,最后封接玻璃。采用钼—锰法、焊料是Au合金。

D型结构采用了应力释放环、过渡套复合封接,再加上保护性涂料的封接方法。

4) 封接工艺简介

(1) 钼—锰法。钼—锰法工艺流程如图3.44所示。

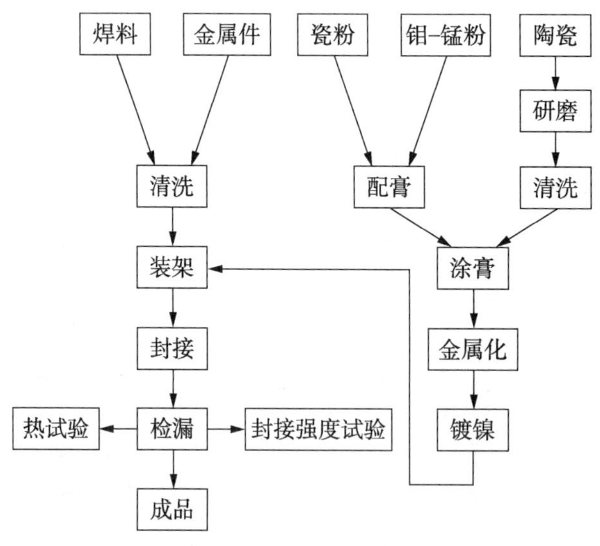

图3.44　钼—锰法工艺流程

① 陶瓷体的选择和清洗。选用95% Al_2O_3 瓷,表面研磨平整,用草酸或稀盐酸除锈,洗净剂清洗,蒸馏水煮洗,无水乙醇脱水烘干。

② 陶瓷金属化。涂膏:将纯度99.7%以上的钼粉、锰粉(过400目*)与95% Al_2O_3 粉按配方要求混合,加入一定量的硝化棉溶液和乙酸丁酯,球磨72 h以上。将该膏涂于陶瓷件表面上(厚度小于50 μm)。金属化:将涂好膏的瓷件置于钼舟中,在氢气炉中烧结。镀镍:在已金属化的瓷件上镀镍,以增强焊料的润湿性。

③ 金属件处理。金属件需镀镍,以利于焊料的润湿和流散。焊料可用Ag-Cu、Ag和Au-Ni焊料。使用前须去油和酸洗。

④ 装架和封接。把金属化的陶瓷、金属零部件和焊料在封接模具中进行装配,然后置于氢气炉中封接。封接温度较焊料流点高20~50℃,保温时间为几秒至几分。

⑤ 检验。对产品须做检漏、绝缘和外观检查。对封接样品而言,除检漏外,还须进行封接强度试验和热试验。必须指出,对全密封镉镍蓄电池陶瓷金属封接盖的检漏,以喷吹法为宜(通常不用氦室法和累积法)。

(2) 钛—银—铜法。钛—银—铜法工艺流程如图3.45所示。

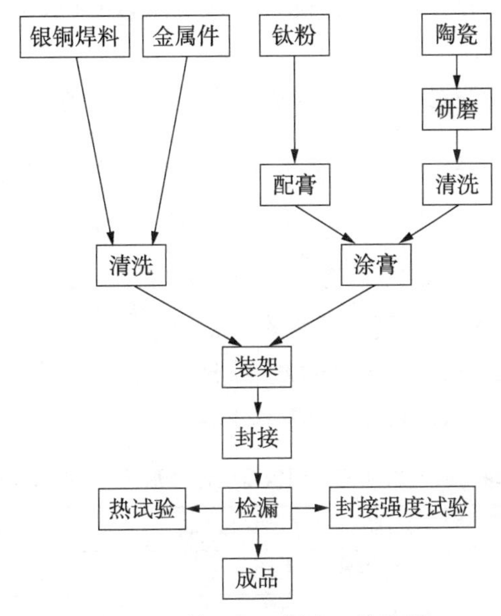

图3.45 钛—银—铜法工艺流程

该法对陶瓷的选择和处理、涂膏、金属件处理、装架、封接和检验等工序和钼—锰法基本相同。不同的是,钛—银—铜法在陶瓷上涂钛粉膏,不必进行金属化即可装架封接。封接在真空炉中进行。

(3) 防碱腐蚀措施。在全密封镉镍蓄电池中,由于陶瓷过渡层Mo、Mn、Ti和Ag-Cu焊料都是耐碱性较差的金属,在电池中长期工作易受碱腐蚀而使电池泄漏和陶瓷短路,最终导致电池失效。

采用Ag焊料不够理想,因为银的耐碱性能较好,但电池中存在银迁移的问题,使陶

* "目"指筛网在单位面积内的孔数,400目约为38 μm。

瓷件绝缘性能降低。

单纯采用金镍焊料也还有隐患存在,因为 Au-Ni 焊料流散性好,耐碱性能也好,但价格昂贵。同时,采用 Au-Ni 焊料虽解决了焊料的腐蚀问题,但陶瓷过渡层的腐蚀问题仍未解决。

为此,在金属—陶瓷封接的焊缝处,可以采取以下三种措施,来延长电池的寿命:① 添加玻璃釉,形成陶瓷-金属-玻璃封接结构;② 填灌保护性有机涂料;③ 电镀镍保护层。

2. 单体电池封口

全密封镉镍蓄电池的封口,可用氩弧焊、激光焊和电子束焊等方法。目前,仍以氩弧焊法为主。现简述如下。

(1) 焊前处理。若外壳和盖均为不锈钢材料,须先用汽油清洗,后在除油液中煮沸1 h 以上。取出水洗,稀盐酸(密度 1.09 g·cm^{-3}左右)中浸 1 min,水洗至干净为止。焊前除去焊接部位的氧化层(若外壳和盖均为镀镍钢板材料,必须事先将焊接部位的镀镍层除去)。

(2) 焊接。将盖放在外壳内,使接触处尽量无缝隙。焊接时,应注意将电池置于干冰或酒精干冰液内冷却。

(3) 检漏。焊接部位用细钢丝刷清除焊口氧化层,用肉眼检查应无气孔。经真空储存一段时间后,用酚酞检查应无碱液漏出。

上述方法也适用于在外壳制造过程中壳底和壳身的焊接。

3.5.3 电池性能

1. 物理性能

1) 外形尺寸、体积和质量

世界上几个全密封电池主要制造厂商的 6 A·h、9 A·h、10 A·h、12 A·h、15 A·h、20 A·h、21 A·h、24 A·h、30 A·h、36 A·h、50 A·h、55 A·h、100 A·h 全密封镉镍蓄电池单体的外形尺寸、体积和质量如表 3.14 所示。

表 3.14 航天用全密封镉镍蓄电池外形尺寸、体积和质量

额定容量/A·h	长/mm			宽/mm			高/mm			体积/cm^3			质量/kg		
	EP*	GE**	SAFT***	EP	GE	SAFT	EP	GE	SAFT	EP	GE	SAFT	EP	GE	SAFT
6	53	54	53	22	21	21	89	79	82	104	90	91	0.29	0.275	0.30
9	—	—	53	—	—	22	—	—	94	—	—	110	—	—	0.41
10	76	76	—	23	23	—	71	84	—	122	147	—	0.377	0.462	—
12	76	76	76	23	23	23	103	102	—	176	179	—	0.522	0.547	—
15	76	76	76	23	23	23	114	120	—	194	210	—	0.612	—	—
20	76	76	76	23	23	23	—	160	169	—	280	—	—	0.951	—
21	76	—	—	23	—	—	167	—	—	284	—	—	0.910	—	—
24	—	76	—	—	23	—	—	163	—	—	285	—	—	1.0	—
30	76	76	—	23	23	—	178	174	—	304	304	—	1.09	1.10	—
36	81	—	—	37	—	—	146	—	—	440	—	—	1.27	—	—
50	—	127	—	—	33	—	—	144	—	—	604	—	—	2.04	—
55	81	—	—	37	—	—	200	—	—	606	—	—	1.81	—	—
100	189	—	185	37	—	35	185	—	185	1 300	—	1 220	3.69	—	3.95

* EP-Eagle Picher(美国依格匹秋公司)。
** GE-General Electric(美国通用电气公司)。
*** SAFT-SAFT-America(法国萨福特美国公司)。

2）内阻

在40～60 Hz范围内6 A·h、10 A·h、20 A·h、50 A·h新电池的内阻与电池容量的关系如图3.46所示。由图3.46可知，电池内阻均在毫欧姆数量级，电池容量越大，内阻越小。

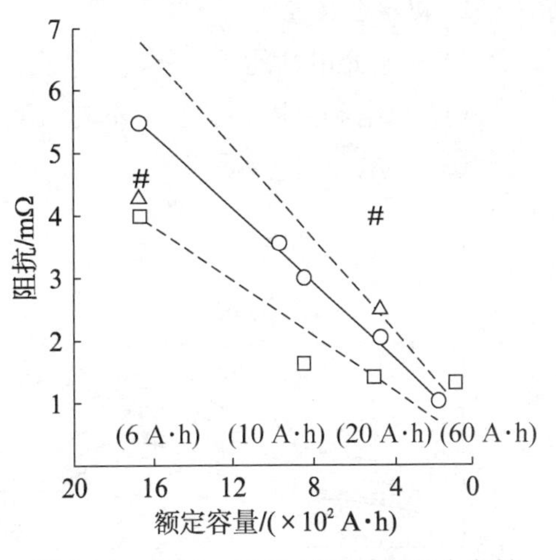

图3.46 在40～60 Hz范围内新的全密封单体内阻与容量的关系

（图中不同符号是指不同制造厂商）

3）热性能

全密封单体所需材料的某些热物理性质，如表3.15所示。若单体的高度为z方向，单体的长度为y方向，单体的宽度为x方向。则同一单体在x方向和y方向的热导率k_x和k_y的计算值和测量值的比较如表3.16所示。不同制造厂生产的同一20 A·h单体电池的k_x、k_y测量值的比较如表3.17所示。从表3.16和表3.17可知，单体长度方向（y）的热传导性能约比单体宽度方向（x）好一倍以上。

表3.15 某些镉镍蓄电池材料的热物理性质

材　料	比热/($J \cdot g^{-1} \cdot ℃^{-1}$)	热导率/CGS单位	密度/($g \cdot cm^{-3}$)
镍	0.46～0.54	0.636	8.90
NiO	—	0.009 41	7.45
NiO·OH	≈0.46	—	—
$NiO \cdot H_2O$	≈0.59	≈0.335	—
$Ni(OH)_2$	—	—	4.83
$Ni_2O_3 \cdot xH_2O$	—	—	4.83
镉	0.23	0.96	8.64
CdO	0.34	—	8.15
$Cd(OH)_2$	≈0.84	—	4.79
KOH(30%)	≈3.43	0.005 65	1.29
不锈钢(304)	0.50	0.163	8.03
尼龙	≈1.67	≈0.002 5	≈1.14

表3.16 6 A·h单体热导率计算值和测量值的比较（CGS单位）

参　数	k_x	k_y
计算值	0.018	0.218
测量值	0.028	0.079

表3.17 20 A·h实测热导率数据比较（CGS单位）

	k_x	k_y
Eagle Picher	0.010 9	0.023 4
General Electric	0.015 9	0.028 0
SAFT - America	0.011 3	0.029 3
平均值	0.012 6	0.026 8

2. 初始电性能

1) 初始充电性能

(1) 充电和温度的关系。不同温度下全密封电池的充电曲线如图3.47所示。

(2) 充电和充电率的关系。20℃下不同充电率时全密封电池的充电曲线如图3.48所示。

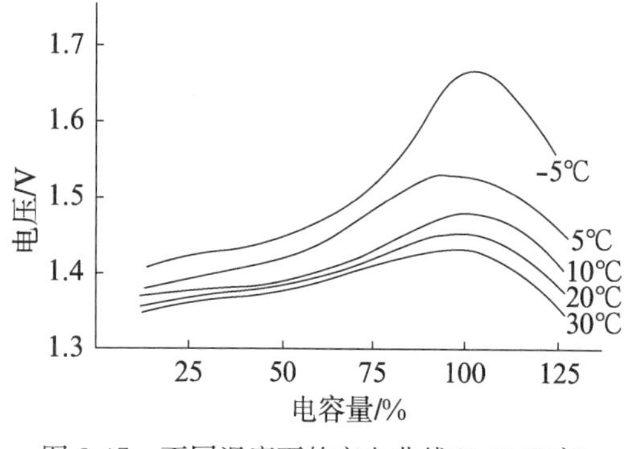

图3.47　不同温度下的充电曲线(0.25 C率)

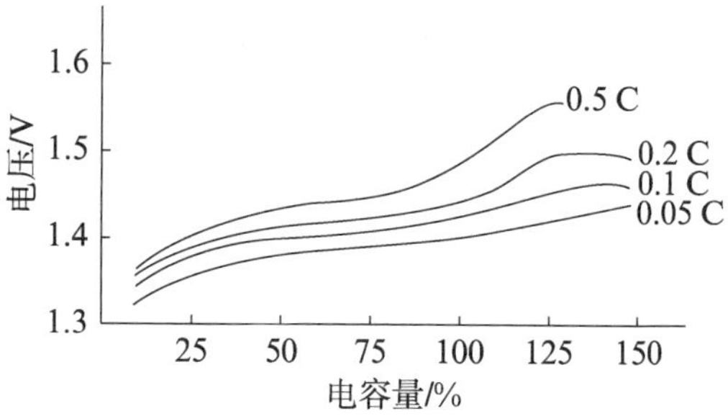

图3.48　不同充电率时的充电曲线(20℃)

(3) 充电终压与温度的关系。典型的全密封电池的充电终压与电池温度依赖关系(即电压强度补偿曲线)如图3.49所示。

(4) 荷电保持能力。全密封电池开路储存时其荷电保持能力与储存时间的关系如图3.50所示。

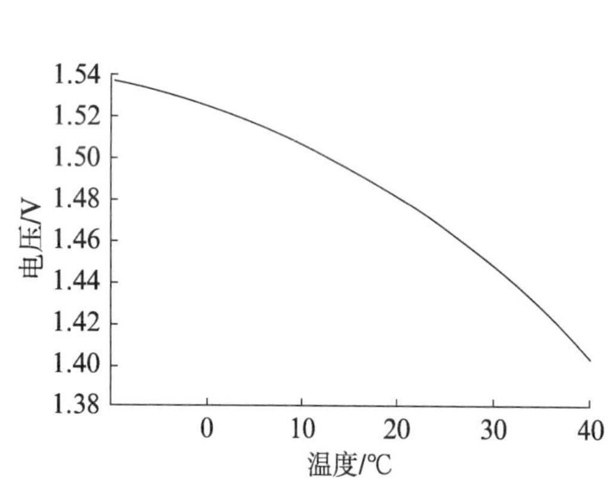

图3.49　全密封电池充电终压与电池温度的关系

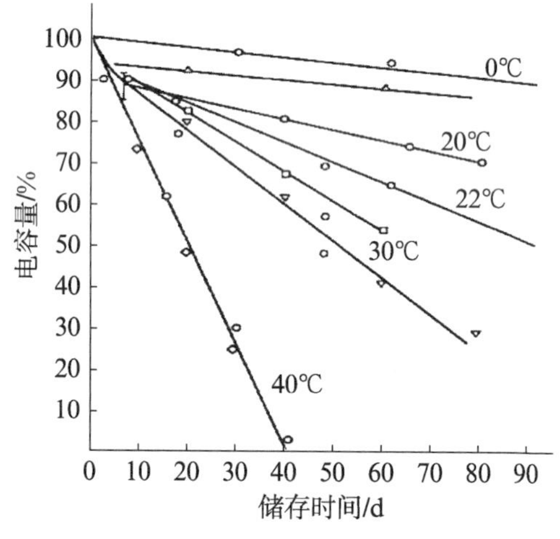

图3.50　全密封电池的荷电保持能力

2) 初始放电性能

(1) 放电容量与温度的关系。典型的全密封电池放电容量与温度的依赖关系如图3.51所示。从图3.51可知,电池最佳工作温度在5～10℃。

(2) 放电与放电率的关系。同一温度(10℃)下不同放电率时全密封电池的放电曲线如图3.52所示。

(3) 过放电与放电倍率均关系。同一温度下(10℃),不同放电倍率时全密封电池的过放电曲线如图3.53所示。

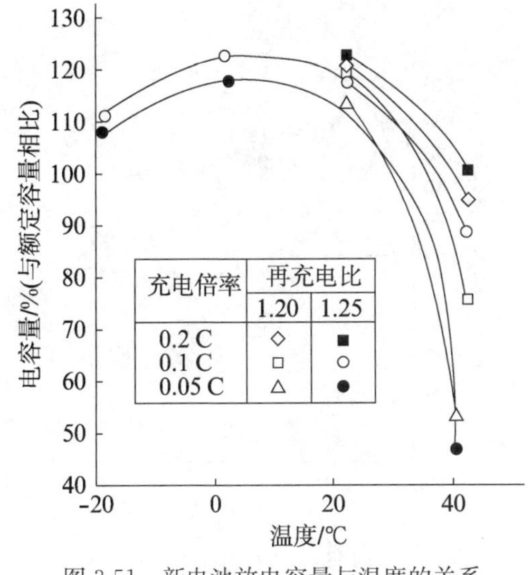

图 3.51　新电池放电容量与温度的关系

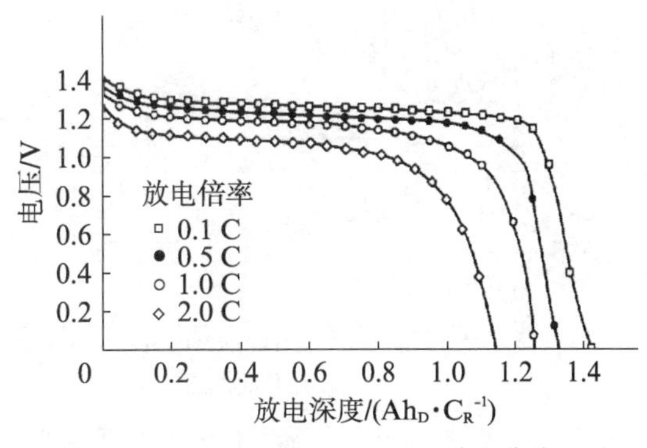

图 3.52　不同放电倍率时新电池的放电曲线(10℃)

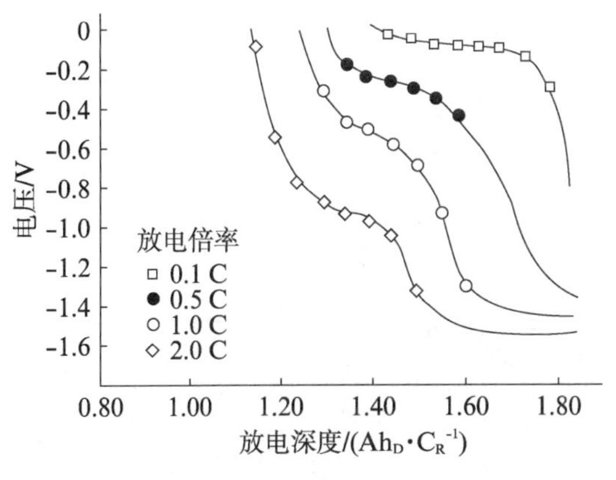

图 3.53　不同放电倍率时新电池的过放电曲线(10℃)

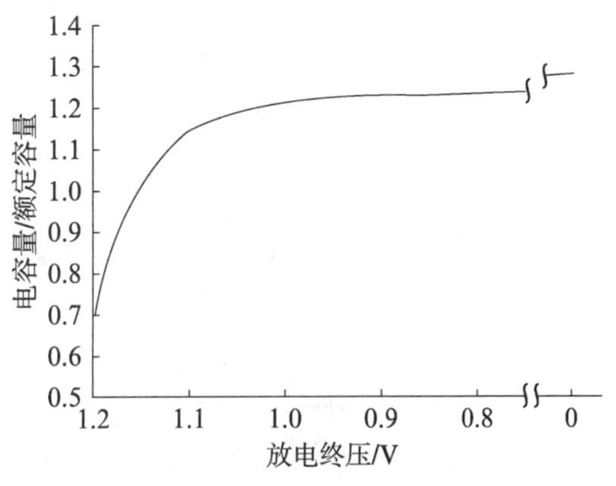

图 3.54　电池放电容量与放电终止电压的关系

(4) 放电容量与放电终压的关系。全密封电池的放电容量与放电终压的关系如图 3.54所示。由图 3.54 可知,对于性能好的空间用全密封电池来说,若放电终压选在 1.0 V,则电池能放出几乎是全部的容量,若放电终压选在 1.15 V,应能放出额定的容量。

3. 长期充放循环电性能

1) 在周期为 24 h 的高地球轨道循环中的电性能

典型的周期为 24 h 的高地球轨道条件下的充放电循环曲线如图 3.55 所示。在长达数年的高轨道运行中单体容量衰退曲线(随不同的放电终止电压而异)如图 3.56 所示。

2) 在周期为 100 min 的中低地球轨道循环中的电性能

典型的周期为 100 min 的中低地球轨道条件下的充放电循环曲线如图 3.57 所示。在长期的中低地球轨道运行中单体电池平均循环寿命与放电深度和温度的关系如图 3.58 所示。从图 3.58 可知,若放电深度不大于 20%、电池温度不高于 20℃,4 年多的中低轨道寿命还是可以保证的。在周期为 100 min 低地球轨道试验中放电终压与温度、放电深度的关系如表 3.18 所示。在 90～100 min 循环中,15%放电深度下可维持容量的再充电比与温度的关系如表 3.19 所示。

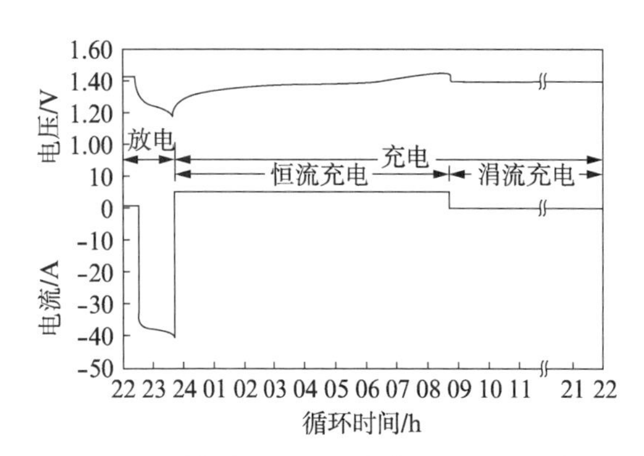

图 3.55　周期为 24 h 循环中典型的充放电曲线

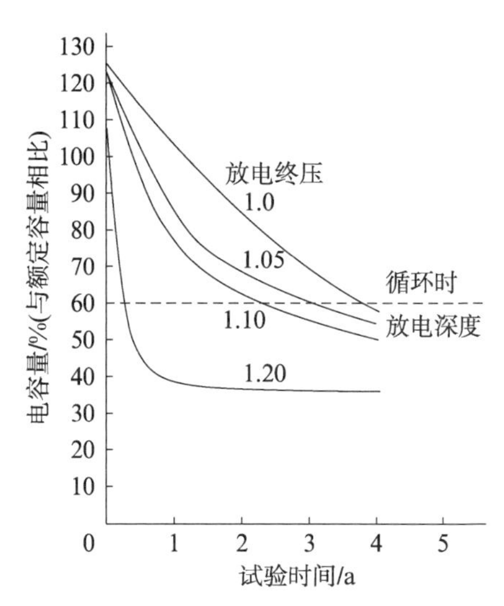

图 3.56　周期为 24 h 循环中容量衰退曲线(20℃,0.6 C 放电倍率,放电深度 60%)

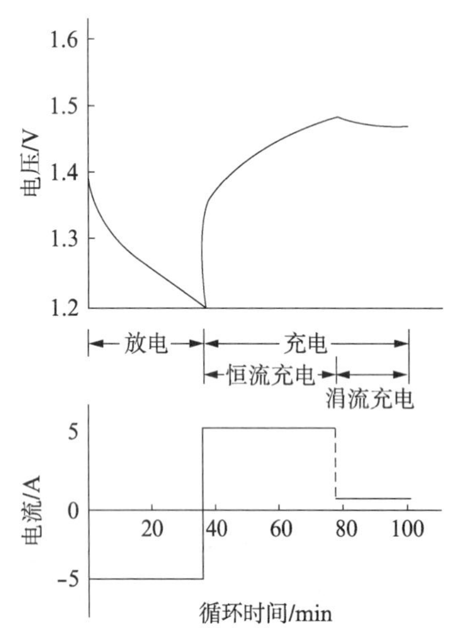

图 3.57　周期为 100 min 循环中典型的充放电曲线

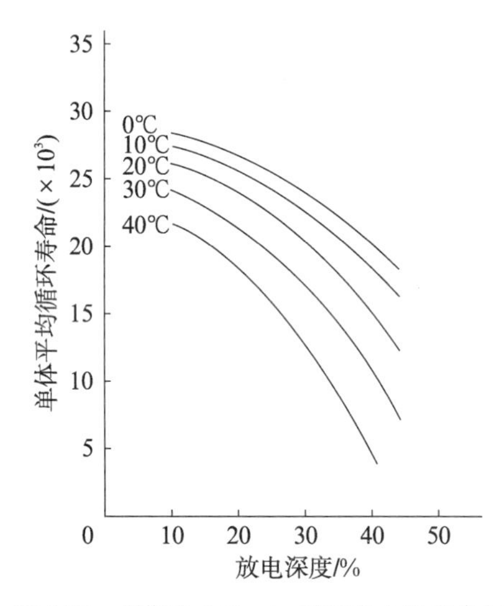

图 3.58　周期为 100 min 循环中电池寿命与放电深度和温度的关系

表 3.18　低地球轨道寿命试验中放电终压与温度、放电深度的关系

温度/℃	放电深度/%	每个单体电池平均放电终压/V	
		6 000 周	12 000 周
0	15	1.220	1.205
	25	1.175	1.163
	40	1.145	1.130
20	15	1.190	1.190
	25	1.176	1.173
25	15	1.14	1.12

表3.19 电池再充电比与温度的关系(周期90~100 min,放电深度15%)

温度/℃	再充放电比/[(充电A·h)/(放电A·h)]
0	1.04
15	1.09
32	1.15

3.5.4 电池组设计

1. 电池组的设计要求

电池组的设计必须满足用户的各种使用要求。对航天应用的全密封镉镍蓄电池而言,主要是指电性能设计、机械性能设计、热性能设计和磁性能设计四个方面。

1) 电性能设计

设计一定容量的单体,以串并联形式构成电池组,以满足航天飞行器使用时的电压、电流、工作时间要求,适应大电流脉冲放电需求等。为了保证镉镍蓄电池组满足在轨长期高可靠工作需求,一般在容量设计上,保证电池的额定容量达到所需容量的110%以上,并且电性能满足下列匹配要求:

(1) 电池组中各单体电池容量偏差不超出±4%的范围;

(2) 电池组中各单体电池电压偏差不超出±0.008 V的范围;

(3) 若电池组由几个结构块组成,则各电池结构块容量偏差不超出±5%的范围。

2) 机械性能设计

可采用电池组外壳、框架拼装或端板拉杆结构,结构强度设计为使用强度要求的3倍以上,同时单体电池之间紧装配。防止因电池内部压力而产生变形,并使单体电池之间及和外壳之间贴敷绝缘层达到电绝缘的目的。根据航天器安装板的结构强度设计安装支架或安装孔,使电池组牢固地固定在航天飞行器上。现在大部分航天飞行器镉镍蓄电池组采用端板拉杆结构,既保证了结构强度又最大限度地减轻了结构重量。

3) 热性能设计

根据镉镍蓄电池充放电过程中反应物的热力学数据变化,可以得到单位电池反应的理论可逆热效应为−26 kJ,即镉镍蓄电池在放电过程中放出26 kJ的热量,若换算成电流和热功来表示,即相当于0.14 $W \cdot A^{-1}$,实际测试结果高于此值,主要是电流流过电池各部位的阻性负载,也放出了一部分热量。对于充电,尽管镉镍蓄电池在充电过程中吸收热量,但由于充电过程中很快伴随着氧气的析出并扩散到负极复合而产生热量,因此在正常充电过程中,两者抵消,能够实际测得的热量较少,但当电池处于涓流充电或过充电过程中,则所有的充电功率均成为热量。所以全镉镍蓄电池组热设计相当重要,单体电池之间均应设计导热夹板,填敷导热胶,提供良好的热量传递通道,使每只单体电池在充放电过程中产生的热量迅速传递到热交换器上,保证每个电池结构块内部任意两点之间的温度差不超过2℃,组成电池组的各电池结构块之间的温度差不超过5℃。对于其他结构部位应采用敷设硅脂、包裹铝箔、包裹铟箔、增设加热带和增加热辐射涂层等多种热控方法,保证电池组工作在0~15℃。

4) 磁性能设计

镉镍蓄电池内部含有大量磁性材料,在磁场、电场的作用下,会产生变化的磁场,因此在设计上结构件应尽量选用无磁性的材料,在单体和电池组的排列方式,导线(电流)走向上尽量考虑磁补偿,使磁矩达到最小。更好的解决方案在于航天飞行器在整体布局上充分考虑镉镍蓄电池组的这一特性,通过合理布局抵消镉镍蓄电池组磁效应的影响。

2. 电池组充电控制

全密封镉镍蓄电池充电控制的目的,就是要求在没有过充电的情况下提供足够的充电量,以避免因过充电而产生大量热量的有害影响。

全密封镉镍蓄电池充电控制方法很多。一般有电压控制、压力控制、电压—压力双重控制、温度控制、安时计量控制、信号电极控制和微机控制等。

低地球轨道航天器镉镍蓄电池充电控制如表3.20所示。高地球轨道航天器镉镍蓄电池充电控制如表3.21所示。

下面介绍几种常用的全密封镉镍蓄电池充电控制方法。

(1) $V=f(T)$,电压温度补偿充电控制。电压温度补偿充电控制原理如图3.59所示。在光照期,太阳电池方阵通过充电器对镉镍蓄电池组进行恒电流充电。随着充电的进行,安装在电池组内的热敏电阻阻值在不断变化。到充足电时,即电池充电电压到达 $V-T$ 曲线上对应于该电池温度时的特定充电终止电压值时,充电控制电路动作,将恒电流充电电路切断,切向涓流充电或停止充电(图3.59)。该法优点是控制电路简单实用。目前已发展到用8条 $V-T$ 曲线控制充电终压值,视镉镍蓄电池组运行寿命长短和实际需要而异。FLTSATCOM卫星的镉镍蓄电池充电终压温度补偿曲线如图3.60所示。

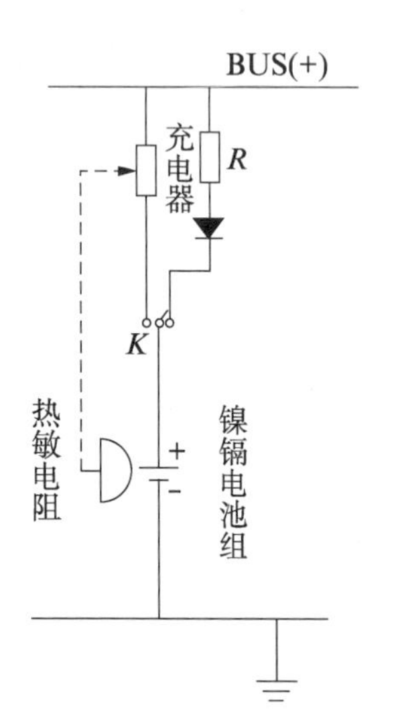

图3.59 $V=f(T)$充电控制原理

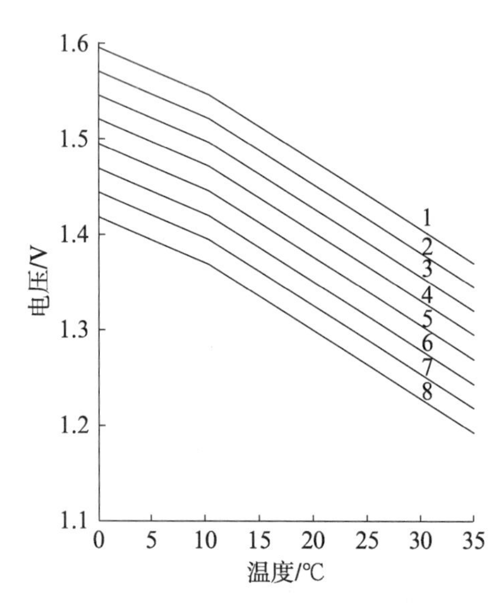

图3.60 FLTSATCOM通信卫星的镉镍蓄电池充电终压温度补偿曲线(单体级)

现在美国航空航天局传统镉镍蓄电池均采用8条标准充电终压温度补偿曲线,0℃时的单体电池充电电压范围为1.38~1.52 V,相邻两条曲线的间距为0.02 V,温度补偿系数

表 3.20 低地球轨道航天器镉镍蓄电池充电控制

项	目	OGO-4 OGO-6	Nimbus-Ⅱ	OAO-A_2	Lockhe-ed 6 型	Pegasus	OSO	ATM	OWS	HEAO	OSO-I	GSFCMMS	鉴别 计划
性质	在轨循环数/周	～5 000	>13 000	24 000	～8 000	～17 000	OSO-3，25 000 OSO-6,15 000	～4 000	～4 001		6 000		1 200
	单体容量/A·h	12	4.5	20	20	6	14	20	33	20	12	20/50	45
	电池组温度范围/℃	25～32	23～28	10～15	4～38	15～35		−10～30	2～38	4～23	15	0～20	5～15
	放电深度/%	25	10～14	10～16	25	13		8～13	30	15～21	15		25
	电池组数	2	8	3	4	2	4	18	8	3	2	2 或 3	4
充电控制	$V=f(t)$												
	$I=f(T)$												
	恒电流												
	安时计												
	定时充电断开												
	充电过温断开/C	35			50			35	50	30	35	35	36.7
	辅助电极信号												
	地面指令控制												

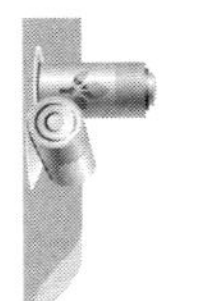

表 3.21　高地球轨道航天器镉镍蓄电池充电控制

项　目		Tacsat	Intelsat-Ⅲ	Intelsat-Ⅳ	DSCS-Ⅱ	DSP	TDSSP-A	SMS	HS333(ANIK)	AST-6	FLTSAT-COM	Marisat	Nato-Ⅲ
性质	寿命/a	3	5	7	5	3	5	5	7	2	5	5	7
	单体容量/A·h	6	9	15	12	15	6	3	7	15	24	10	20
	电池组温度范围/℃	0～33	15～26	3～27	4～26	10～29	28		4～29	0～25	5～23	4～29	4～29
	放电深度/%	28	60	31.5	39	42	40		60	50	68	47	45
	电池组数	3	1	2	3	3	2	2	2	2	3	2	3
	每个电池组内单体数	28	20	25	22	22	16	20	28	19	24	28	20
充电控制	电压控制		$f(T)$				$f(T)$			$f(T)$	$f(T)$		
	恒电流/C	1/10		1/15			1/10						1/16
	安时计												
	定时充电断开/C		37		35	43				35	26.7		29
	单体旁路												
	地面指令控制												
	切向涓流												
	去记忆效应能力												
	在轨活化												

为$-0.002\,33\ \mathrm{V}\cdot{}^\circ\mathrm{C}^{-1}$。充电电流根据功率需求确定，现在常采用大电流充电转恒压充电或恒压脉冲充电，更好地保证航天飞行器的用电。

(2) 电子安时计量充电控制。该法直接采用电子控制，也称安时计法。它是将放电的容量(安时数)测量并记录下来，加上一个附加容量(相当于该工作温度下的安时效率)，以脉冲计数的形式在放电结束时送到存储器中。在紧接着的充电过程中，脉冲计数器对通过的安时数"计数"。当与存储器指示的脉冲数相等时，产生停止充电的信号。该法的缺点是控制线路较复杂，特别是对再充电比和温度因素补偿不容易做准。

(3) 第三电极控制。用于镉镍蓄电池组充电控制的敏感元件——第三电极电池的结构如图3.61所示。第三电极即在镉镍蓄电池中加入一个氧电极。此电极与镉电极构成镉氧电池。两个电极之间再接入一个标准电阻R_s，形成外电路。此时，通过R_s的电流I_s将取决于镉氧电池的电动势及R_s数值。当电池过充电时，O_2分压上升，氧电极电位随之上升，使镉氧电池电动势上升，导致I_s增大。因此，外接R_s上的压降V_s也上升。可以利用V_s的某一给定值，作为控制线路电池充足电的"信息"，使控制电路动作，将大的充电电流自动转为涓流充电或切除充电电流，从而实现了电池的充电控制。

第三电极电池的化学反应式为

镉负极
$$Cd+2OH^- \longrightarrow Cd(OH)_2+2e \tag{3.22}$$

氧正极
$$\frac{1}{2}O_2+H_2O+2e \longrightarrow 2OH^- \tag{3.23}$$

总反应
$$Cd+\frac{1}{2}O_2+H_2O \longrightarrow Cd(OH)_2 \tag{3.24}$$

在采用第三电极时，往往又引入另一个称为第四电极的与镉电极相接的氧电极。它可增加负极的吸氧能力，并使第三电极信号电压在停止充电后迅速下降。

第三电极电压与充电时间的关系如图3.62所示。在周期为100 min的低地球轨道中

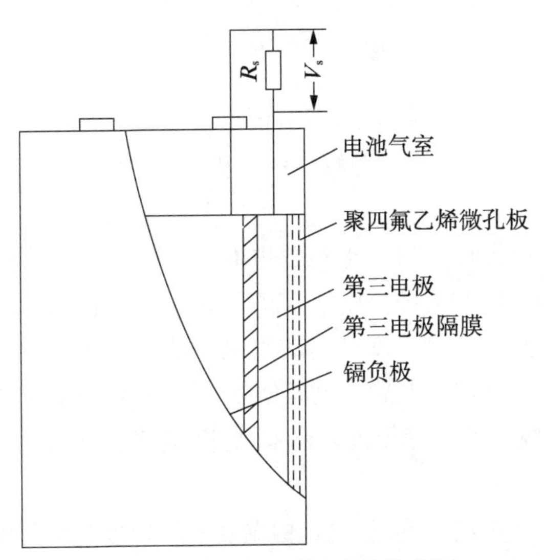

图3.61　第三电极电池结构示意图

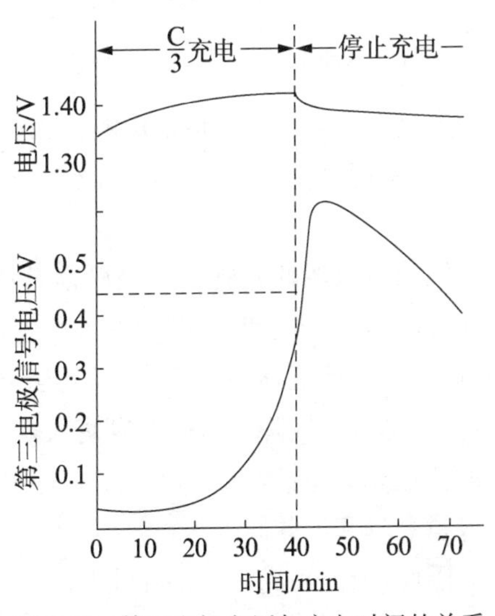

图3.62　第三电极电压与充电时间的关系

镉镍蓄电池电压、第三电极信号与时间的关系如图3.63所示。在以0.1 C充电、0.5 C放电的高地球轨道充放电循环中镉镍蓄电池电压、第三电极信号与时间的关系如图3.64所示。

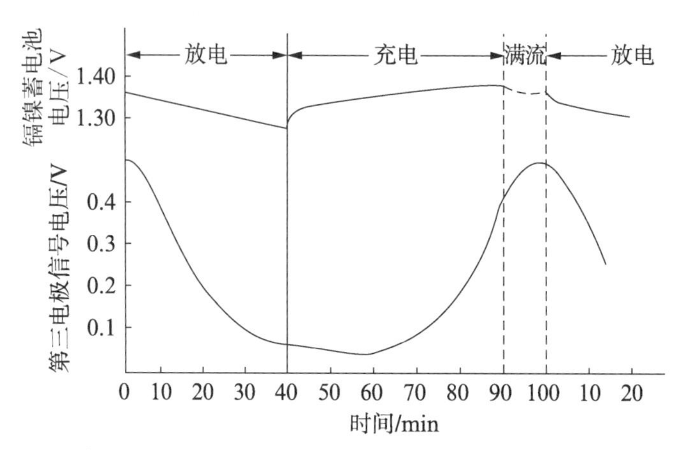

图3.63 低地球轨道镉镍蓄电池电压、第三电极信号电压与时间的关系

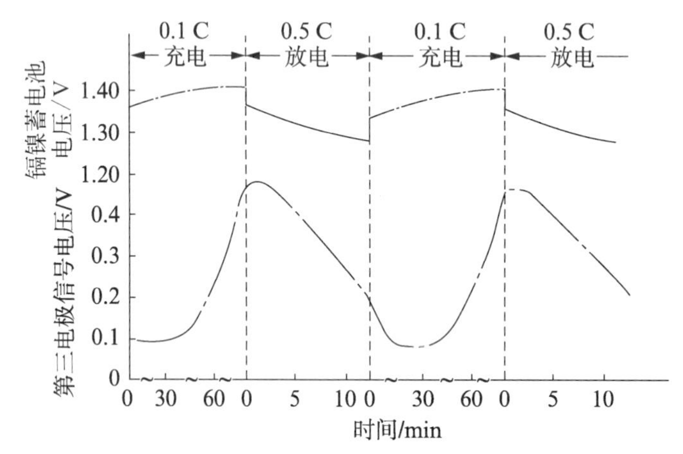

图3.64 高地球轨道镉镍蓄电池电压、第三电极信号电压与时间的关系

3. 电池组温度控制

温度对镉镍蓄电池性能影响极大。低温易使电池放电电压降低,在充电过程中易产生氧气,引起电池内压增大,以至破坏密封,甚至爆炸。电解液在低温时,易在正极引起结晶。

镉镍蓄电池的充放电过程很容易使电池温度上升。电池放电时,放出大量的热量。电池充电后期,也会因充电过头而发热。镉的溶解度随温度的升高而加快,加速向负极片外侧迁移,甚至迁移到隔膜中,以致引起电池短路。温度升高使小晶粒溶解并形成大晶粒,使镉电极活性降低。高温也使镍基片腐蚀和隔膜氧化。高温使碳酸钾数量增加,进一步消耗过充电保护物质$Cd(OH)_2$;镍电极逸气速度随温度升高而加速,最终也导致电池的容量衰降和失效。

因此,低温和高温对电池性能都是十分不利的。同时,电池内温度不均匀也会引起电池和电解液分布的不均匀,造成了极片老化的不均匀。为此,镉镍蓄电池温度必须控制。

对全密封镉镍蓄电池来说，电池最佳温度是5～10℃，一般工作温度范围可在0～20℃。

航天用全密封镉镍蓄电池组常用的几种温度控制方法如下。

(1) 主动温控。对于在低温下工作的镉镍蓄电池组，用电加热的办法给电池加热到所需温度，并通过加温继电器通断控制通过电阻加热片的加温电流，从而达到维持某个温度范围的目的。如国际通信卫星4号镉镍蓄电池组由28只方形全密封电池组成。采用"T"型肋骨结构。每个肋骨上装4只电池，每4只电池中装有28 W电加热器。每个电池带有信号器。"T"型肋骨作为与底部连接的散热片。

(2) 被动温控。对于在充放电过程中发热量较大的镉镍蓄电池组，控制热量传递通道，使热量迅速散发掉。可以采用金属导热片或热管冷却，使整个电池组散热，将电池组温度维持在某一温度范围内。例如，月球卫星镉镍蓄电池组由两组各10只方形全密封电池组成。电池组无底板，但每只单体电池底部粘有一块铝板，为电池与安装表面提供传热通道。接触面上用铟箔，以减少热阻，保证热接触良好。

3.5.5 航天应用

全密封镉镍蓄电池组在低轨道和高轨道条件下的空间应用情况如表3.20、表3.21所示。

下面再举几个典型的例子。

(1) 地球同步气象卫星(synchronous meteorological satellite, SMS)

地球同步气象卫星共有两个电池组。每个电池组由20个3 A·h单体串联组成，寿命5年(储存寿命2年)，峰值功耗729 W，放电深度60%，放电保护，1.0 V/单体。电池组尺寸140 mm×290 mm×70 mm，质量3.4 kg。电池组装配比(即电池组质量与各单体质量和之比)为1.10。电池组工作温度0～35℃。

(2) 改进的泰罗斯工作系统(improved TIROS operation system D, ITOS-D)

电池组由23个6 A·h单体串联组成。低轨道寿命1年，峰值功耗93 W，放电深度17%(最大为28%)。一条电压温度补偿曲线控制。充电电流0～1.5 A，放电电流0～3 A，放电保护，1.15 V/单体。电池组尺寸150 mm×130 mm×300 mm，质量9.1 kg。电池组装配比1.50，工作温度5～30℃。

(3) 大气勘探者(atmospheric explorer C, AE-C)

电池组由24个6 A·h单体串联组成，低轨道寿命1.33年(储存寿命1.33年)，三个电池组，峰值功耗261 W，放电深度18%(最大为40%)，放电电流0～2.7 A，充电电流0～1.6 A。利用辅助电极信号控制充电，充足后转入涓流150 mA。电池过温切除。电池组尺寸150 mm×130 mm×300 mm，质量2.28 kg，工作温度0～40℃。

(4) 航天小卫星(small astronomy satellite C, SAS-C)

电池组由12个9 A·h单体串联组成。低轨道应用，18 000周循环(0～25℃储存寿命为4 a)。30 A放电2 min，放电终电1.0 V/单体。单体外壳和盖材料为304不锈钢，0.15～0.30 mm厚非编织尼龙隔膜。电池单体尺寸80 mm×60 mm×70 mm。电池组质量6.2 kg，工作温度0～25℃。

(5) 轨道太阳观测器(orbiting solar observatory 1, OSO-1)

电池组由21个12 A·h单体串联组成。分两块安装，分别包含10个和11个单体。

低轨道寿命1年,放电深度15%,充电电流、放电电流均为3.2 A,放电终压1.18 V,过温(35℃以上)切除。8条指令温度补偿曲线控制充电。电池块尺寸为310 mm×120 mm×120 mm(10个单体)和330 mm×120 mm×120 mm(11个单体)。电池块质量分别为6.0 kg(10个单体)和6.6 kg(11个单体)。电池组装配比为1.14,工作温度−10~35℃。

(6) 应用技术卫星(applications technology satellite 6, ATS-6)

电池组由19个15 A·h单体串联组成。高地球轨道寿命2年。两个电池组,峰值功耗500 W。充电由一条温度补偿曲线控制,指令涓流值为C/20和C/60。放电终压1.0 V,过温(35℃以上)切除。电池组尺寸为300 mm×230 mm×190 mm,质量17.0 kg,装配比1.31,工作温度0~25℃。

(7) FLTSATCOM

电池组由24个24 A·h单体串联组成。高地球轨道寿命5年。三个电池组,其中每个电池组峰值供电410 W、1.2 h。每个电池组24 V以上可供电600 W·h,放电深度大于70%。8条温度补偿曲线控制充电,涓流充电为C/100。正反向单体旁路保护。电池组尺寸390 mm×300 mm×220 mm,电池组质量29.9 kg,装配比为1.33(单体总质量22.5 kg),工作温度4~32℃。

(8) 国防气象卫星计划(defense meteorological satellite program, DMSP)

电池组由17个30 A·h单体串联组成。高地球轨道寿命5年。分为两块安装,分别包含8个和9个单体。峰值功耗336 W。放电深度30%。每块电池中各有一个氧信号电极控制充电,最大充电率C/2,有温度补偿措施,无放电终压保护,低温下有加热器。电池块尺寸340 mm×230 mm×130 mm(8个电池),质量分别为11.9 kg(8个单体)和12.8 kg(9个单体),工作温度0~40℃。

上述例子是1965~1975年时间里的一些典型应用。到70年代末80年代初,镉镍蓄电池性能有了进一步的提高。在高地球轨道场合,在85%放电深度下达到了10 a以上的寿命;在低地球轨道场合,在30%放电深度下达到了5 a以上的寿命。

镉镍蓄电池长寿命轻质量的途径如下。

(1) 减轻单体外壳质量。减薄外壳厚度,采用新材料。如石墨纤维外壳质量比标准化的0.48 mm外壳减轻75%,比0.3 mm外壳减轻35%。钛合金的强度质量比有较大的提高。

(2) 减轻电池组装配结构质量。电池组采用标准化设计,去除了多余质量,组合端板采用钛合金,使电池组质量与单体总质量之比降到1.05~1.10。

(3) 改变极片制造过程。采用电化学浸渍的电极,提高了电极比容量,限制了对电池寿命不利的电极膨胀。

(4) 降低负极对正极的容量比。对于高地球轨道应用的电池,选用的负极对正极的容量比为1.5∶1。对于低地球轨道应用的电池,比值为1.25∶1。

(5) 对电池进行最低过充电保护,或用去除记忆效应的活化技术,维持镉电极的活性。

例如,NATO-Ⅲ电池组负极对正极的容量比为1.3∶1,单体比能量达48.5 W·h·kg^{-1}(实测容量)。电池组由20个20 A·h单体组成,比能量达39.7 W·h·kg^{-1},采用Intercostal

新结构。

例如，先进的轻质量电池组，其负极对正极的容量比为1.5∶1。正极采用电化学浸渍。单体比能量为50.7 W·h·kg^{-1}(实测容量)。电池组由14个34 A·h单体组成，比能量达46.3 W·h·kg^{-1}。

镉镍蓄电池的第4代产品已经研制成功，可以与氢镍电池相媲美。采用电化学浸渍增大正负极活性物质的比表面；采用聚苯并咪唑浸过的Zircar隔膜使其吸液多且在碱液中更稳定，改进电极的空间；采用新的添加剂抑止镉大晶体的形成，延长负极寿命。它在高地球轨道，80%放电深度下，可工作10～15 a；在低地球轨道，40%放电深度下，可工作43 000次充放循环。

3.6　使用维护

3.6.1　注意事项

在使用维护镉镍蓄电池前，必须熟知下列注意事项：

(1) 不要敲打、砸毁或焚烧电池，否则会飞溅出腐蚀性碱液误伤人、物或引起爆炸；

(2) 不允许在电池上放置金属工具或其他器具，否则有可能使电池短路放电而过热，损坏电池；

(3) 对于带气塞的镉镍蓄电池，充电前应打开气塞盖或将闷塞换成通气塞，带有闷塞的电池充电，会发生气胀而有可能引起电池爆炸；

(4) 充电场所应保持通风，防止氢氧气体积累发生爆炸事故；

(5) 不允许有明火接近充电的电池；

(6) 电解液是腐蚀性较强的碱性溶液，手或其他皮肤接触电解液时，应立即用硼酸水冲洗；

(7) 使用密封电池时不应大电流、长时间过充电，不允许过放电，严格按制造厂规定的制度进行充放电。

3.6.2　使用前检查与准备

(1) 目测检查电池外壳、盖有无机械损伤，电解液有否渗漏。

(2) 检查气塞、螺母、连接片等是否齐全，备用工具是否短缺。

(3) 密封电池不允许电解液泄漏。一旦发生电解液漏出，会在漏处出现碳酸钾结晶。可用酚酞试剂检查(若出现红色即表明电液泄漏)。

(4) 检查电压。测量电池开路电压，一般应在1.0 V左右。如果电池出厂时间过长或电池内部有微短路及运输中造成电极短路，会出现电池电压偏低，甚至零伏。若充电后已恢复正常，电池可照常使用。如确系内部微短路，电池不能使用。判别电池是否微短路的方法：将可疑电池用导线将正负极连接起来，短路10 h；取下短路导线，以1 C率电流充电5 min(也可用0.2 C率电流充电)，电池电压应大于1.30 V；开路搁置24 h，检查电压大于1.20 V以上为正常电池；小于1.20 V说明电池有问题。

(5) 电池如无异常，即可按要求将电池安装到电池架(箱、框)，按图纸用连接片将其连接成串并联状态。拧紧螺母,减少接触电阻。

3.6.3 充放电制度

镉镍蓄电池的充电制度如表3.22所示,放电制度如表3.23所示(直流屏等成套电源装置中有关所用镉镍蓄电池的放电制度,请参见其说明书中的有关规定)。

表3.22 镉镍蓄电池的充电制度

电池类型	开口全烧结电池			密封圆柱电池		
充电参数	充电电流/A	充电电压/V	充电时间/h	充电电流/A	充电电压/V	充电时间
正常充电	0.2 C	—	7	0.2 C	—	7 h
补充电	0.1 C	—	10	0.1 C	—	10 h
过充电	0.2 C	—	10	0.1 C	—	28 d
快速充电	0.5 C/0.2 C	—	2/2	0.33 C	—	4 h
浮充电	2~5 mA/A·h	1.37~1.39	不定	0.05 C	1.4	不定
均衡充电	—	1.46~1.28	4~8	—	1.44~1.46	6~10 h

表3.23 镉镍蓄电池的放电制度

电池类型	开口全烧结电池		密封圆柱电池	
放电参数	放电终压/V	放电时间/min	放电终压/V	放电时间/min
0.2 C率	1.0	300	1.0	285
1 C率	1.0	54	1.0	54
5 C率	1.0	8	0.8	6
7 C率	1.0	7	—	—
10 C率	1.0	1	0.6	2
12 C率	0.9	2	—	—
15 C率	0.9	1	—	—

3.6.4 电池活化

镉镍蓄电池储存了一段时间后,使用前须要将电池“活化”。而且使用一段时间后,会发生“记忆效应”,即经长期浅充放循环后进行深放电时,表现出容量损失和放电电压的下降。需经数次全充放循环后,恢复电池性能。换言之,消除镉镍蓄电池的记忆效应也需要活化。因此,电池活化处理(也称电池性能调节)是镉镍蓄电池使用维护不可缺少的重要环节之一。

1. 开口镉镍蓄电池活化

对开口镉镍蓄电池而言,电池长期处于浮充电状态或其他恒电压充电使用状态,会出现电池容量不足和单体电池之间容量不均匀等问题,要求每年进行一次活化。实际上,就是进行1~3次深充电、深放电,使电池的电化学活性“复活”,电容量恢复到一定的水平。具体的活化处理方法如下。

(1) 先对电池以0.1 C率电流充电8~14 h。停置1 h,以0.2 C率电流放电。放电终止电压为1.0 V。记录放电时间,计算电池容量。若与初期容量相差不多,可再通过1~2次充放电循环得到恢复。若容量相差较大,则须按下列步骤处理。

(2) 再用0.1 C率电流充足电后,以0.2 C率电流放电到每个电池平均电压约0.5 V,分别将每个电池的正负极柱短路12 h以上。

(3) 拆除短路导线。以0.1 C率电流充电。充电5 min后检查测量单体电压,如高于1.50 V,则认为电池内阻大,应补加蒸馏水。10 min后再次测量电池电压,将高于1.55 V和低于1.20 V的电池取出另行处理。

(4) 连续充电14~16 h。测量并记录单体电压,如电池电压低于1.50 V,则认为该电池不正常,必须更换。

(5) 以0.2 C率电流放电。放电终压为1.0 V。记录放电时间并计算电池容量。

(6) 若放电容量不足,可重复步骤(2)~(5),直到恢复一定容量为止。如活化多次仍达不到额定容量的70%,则认为电池已失效。

2. 密封镉镍蓄电池活化

若遇到下列情况则需进行密封圆柱电池的活化:

(1) 电池出厂后第一次使用前电池已长期储存;

(2) 浮充电状态使用半年以后;

(3) 固定放电深度长期充放电使用以后;

(4) 使用过程中发现电池工作电压和容量明显降低时。

圆柱电池的活化比较简单,有深充放活化和浅充放活化两种。

浅充放活化:以0.2 C率电流放电至每个电池为1.0 V;再以0.1 C率电流充电12~14 h;停0.5 h后,以0.2 C率电池放电至每个电池为1.0 V。

深充放活化:以0.2 C率电流放电至每个电流接近0 V;然后,以0.1 C率电流充电12~14 h;停0.5 h后,以0.2 C率电流放电至每个电池接近0 V;活化往往要进行1~3次循环,直到电池容量达到一定水平为止。若达不到规定容量,说明电池已失效。

3.6.5 电解液更换

电解液品质的好坏对电池性能有直接影响。各电池制造厂商对电解液都有一定的要求。配制电解液,必须采用合格的材料,严格控制杂质含量。在使用中也要随时注意电解液的变化。

电解液的劣化,主要是电解液吸收了空气中的CO_2生成的K_2CO_3不断积聚的结果。若电解液内K_2CO_3含量大于50 g·dm^{-3},则该电解液须更换。

根据开口电池实际使用经验,一般2~3 a、充放电100周次以上,须更换电解液。

更换电解液应在充电态进行,用塑料吸液器或针筒将电解液吸出,然后加注新的电解液。

电解液成分有三种,如表3.24所示。

表3.24 镉镍蓄电池电解液组成和密度

材料名称	材料规格	全烧结电池	
		常温用	低温用
氢氧化钾	优级纯(82%)	1 000 g	1 000 g
氢氧化锂	分析纯	30 g	27 g
蒸馏水	≥200 kΩ	2 000 g	1 700 g
电解液密度/(g·cm^{-3})		1.25±0.01	1.29±0.01

配制方法：将称好的蒸馏水倒入干净的容器内，然后把所需 KOH 缓慢倒入；边倒边搅拌；氢氧化钾溶解为放热反应，溶解温度可达 80℃左右；氢氧化钾全部加完后，趁热将氢氧化锂也慢慢倒入；搅拌至全部溶解；待温度降至 20℃时，测量溶液密度；允许多次调整，直至合格为止；调整好密度后，应静置 3～4 h；取其澄清溶液或过滤后保存在加盖密封塑料桶内。保存期一般不大于 2 a。

3.6.6 储存

需长期储存的电池应处于放电态，储存在通风、干燥、没有腐蚀性气体，温度为 5～35℃的仓库内。

对开口电池来说，还要将电解液液面调整到极片与隔膜全部浸没，换上闷塞，同时，将极柱、螺母、连接片等金属件涂上防锈剂或凡士林。

3.6.7 常见故障及处理方法

镉镍蓄电池(这里主要指开口电池)使用时的常见故障及处理方法如表 3.25 所示。

表 3.25 常见故障及处理方法

序号	故障	原因	处理方法
1	开路电压偏低	放电较深，出厂时间较长	用 1.2 C 率电流充电 5 min
2	充电极性反极	线路接反	用电压表逐个检查充电电压或放电电压
3	充电电压不正常	(1) 电解液不足，充电电压高	补加电解液或蒸馏水
		(2) 电池内部微短路	调换电池，送制造厂修理
		(3) 连接点接触不良	检查各触点情况，拧紧紧固件
		(4) 电液外溢，外部短路	清洗电池及箱架，保持干燥
4	冒液爬碱严重	(1) 电解液面过高	吸去多余电解液，及时清理，保持干燥
		(2) 气塞密封不严	清洗气塞，并拧紧
		(3) 亮盖黏结不良，渗漏液	调换电池，送制造厂修理
5	充电翻泡严重，液面下降快	(1) 充电电流过大，时间过长	调整电流值，按规定的电流和时间充电
		(2) 浮充电流过大	调整浮充电压及电流值，按 3 mA·(A·h)$^{-1}$ 进行浮充电
6	电池内部析出泡沫	电解液存在有极杂质	更换电解液
7	电池容量不足	(1) 充放电制度不符合要求	按规定的充放电要求进行
		(2) 电解液量少，露出部分级片	补加电解液或蒸馏水，经活化处理再作容量检查
		(3) 电解液使用时间不长，K_2CO_3 含量高	更换新电解液
8	放电时有电池反应	这是由电池本身不一致造成的，尤其是连续几次充放，造成个别电池或几个电池过放电	(1) 将反极电池拆下，以 0.2C 率充电使之恢复
			(2) 若正常充电不能恢复，可用 1～3 C 率脉冲充电
			(3) 掌握放电时间和放电终压，使不要过放电

续表

序号	故　障	原　因	处理方法
9	充电前开路电压很低，甚至为0 V	出厂时间较长，电池自放电较大，极片表面钝化	(1) 用正常充电制0.2 C率电流充5 min，电压大于1.30 V即为正常
			(2) 若电压还是冲不上去，可用大于1C率的电流充电1 min，电压大于1.30 V即可
			(3) 更换电池，送制造厂修理

3.6.8 电池的失效

尽管镉镍蓄电池使用寿命很长，但使用时间久了总会出现不能正常工作甚至完全不能工作的失效现象。

镉镍蓄电池的失效分两类：可逆失效和不可逆失效。当电池不符合规定的性能要求，通过适当的活化处理能恢复到可用状态，就称为可逆失效。当电池通过活化或其他方法仍不能恢复到可用状态，就称为不可逆失效或永久失效。

(1) 可逆失效。当电池以恒电流充放电和固定时间反复循环时，可能受到可逆的容量损失。这种效应就称为记忆效应。无论大电流放电到较低的终止电压或小电流放电到较高的终止电压，其效应相同。容量衰减的基本原因就是浅度放电。电池在重复浅放电循环中，由于放电平均电压降低而导致电池容量减少，如图3.65所示。从图3.65可知，第5次循环电压平段为1.25 V，而500次循环后，电压平段为1.15 V。这种放电电压损耗，多数可通过几次深充放循环后恢复。

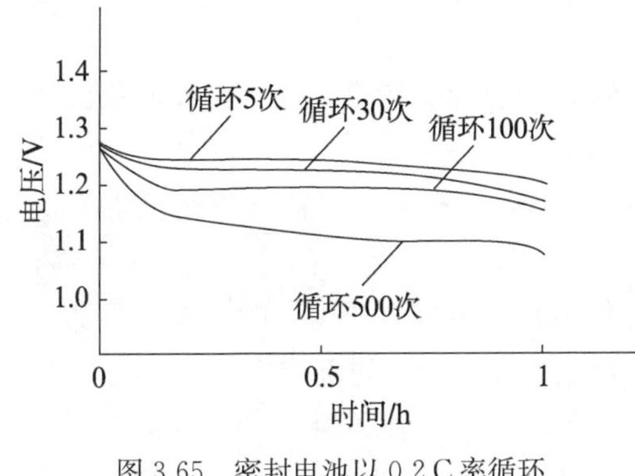

图3.65 密封电池以0.2 C率循环放电1 h的电压曲线

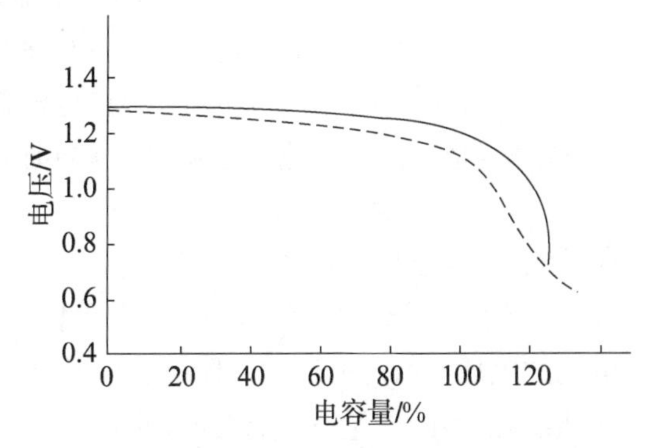

图3.66 密封电池以0.1 C率长期过充电后(虚线)放电的电压曲线与用0.1 C率充电18 h后放电的比较

长期过充电也可使电池发生可逆失效，尤其在高温下更是如此。如图3.66所示，由于长期过充电引起放电快终止时的“过渡阶梯”，虽容量仍可适当使用，但工作电压比较低。这也是可逆失效，通过几次深充放电循环后可恢复到额定电压和期望的容量。

(2) 不可逆失效。密封圆柱电池永久失效的原因主要有两个：短路和电解液干涸。

电池内短路，导致电池无使用价值。

电解液若稍有损耗即会引起容量减少。容量损耗与电解液减少成正比。电池反复反极、高温下高倍率充电、直接短路等都会引起电解液通过压力安全装置而损耗。电解液还可能长时间通过电池密封圈而消耗。由电解液损耗所引起的容量减少在高倍率放电时更为明显。

高温会降低电池寿命。温度较高会促使隔膜受损并增加短路的可能。较高温度还会使水通过密封圈迅速蒸发。尽管这种影响是长期的,但温度越高电池损坏越快。

现将电池失效界限、电池失效现象和电池失效原因讨论如下。

1. 电池失效界限

镉镍蓄电池的失效标准目前还没有一个统一的说法。这里主要是指还有使用价值的电池,其界限如何划分比较恰当,有的认为,电池容量达不到额定容量的一半,即判为电池失效;有的则认为,电池不能驱动这些仪器设备工作,称为功能失效,但还可用于其他场所。而且,有极板盒、全烧结开口电池、圆柱密封电池和全密封电池等结构、性能和寿命各不相同,难以提出一个统一的失效界限标准。在这里,综合各型电池的使用要求和影响因素,推荐一个镉镍蓄电池失效界限的判别标准:有极板盒式开口电池,60%;全烧结开口电池,70%;圆柱密封电池,50%。若电池经活化后容量小于上述规定值时,则判定该电池失效。

2. 电池失效现象

(1) 电池短路。电池短路有三种情况:① 低电阻短路,电池开路电压为0 V,以0.1 C率电流充电20 h,充电终止电压仍低于1.25 V;② 高电阻短路,电池充电终压大于1.25 V,充电后立即放电也能放出部分容量,但长时间搁置又降至0 V(称为微短路);③ 间隙短路,这种电池受到振动后,电压忽有忽无或忽高忽低。

(2) 电池开路。由于制造厂商工艺控制不严,电池内部焊接脱开或螺纹松动,充电控制失调,使用维护不正确等造成电池无电能输出。

(3) 电池膨胀。由于充电电压高,电池常处于过充电状态,造成半烧结电池的负极膨胀、壳体变形。圆柱电池也会发生电池膨胀问题。

(4) 气体阻挡层失效。这是由于过充电电流过大,过充电温度过高或电解液液面低时的高倍率放电所引起的恶果。

(5) 热失控。这是气体阻挡层失效的电池在恒电位充电场合所引起的后果。镉镍蓄电池的电压与温度成反比。环境温度升高时,电池电压则下降。过充电时电能部分转变成热能,产生的热量使电池温度升高。随着温度上升,电池电压则下降。若采用恒电压充电,就会造成充电电流增加,致使过充电量也增加。循环往复,使电池温度进一步升高,电压进一步下降,出现热失控。热失控可使电解液温度达到沸腾的程度,使隔膜受到严重损坏,直至电解液耗干,电池隔膜击穿引起内部短路。

3. 电池失效原因

(1) 高温。在高温下工作,会使隔膜强度降低,对正负极隔离作用变弱,短路可能性增加。由于隔膜的降阶和氧化,造成负极过充电保护措施(氢氧化镉还原变成金属镉)削弱,电池两极荷电状态改变,电池充电电压升高,负极过早析出氢气,使电池失效。高温下充电,电池容量会严重不足。

(2) 放电深度。放电深度越深,电池寿命越短。电池浅放电使用,工作时间肯定会长。

(3) 再充电系数。再充电系数(或充放比)指充入电容量与电池放出电容量之比。在正常情况下,开口电池的再充电系数为1.2~1.6,密封电池的再充电系数为1.2~1.4。再充电系数过大,过充电程度增加,电池发热严重,致使电池寿命缩短。

(4) 过放电。镉镍蓄电池能耐过放电。但从使用维护角度,尽量不要过放电。特别是圆柱电池和全密封电池,应严禁过放电。电池过放电,正极析出氢气,负极析出氧气。电池吸收氢气的能力差,只好迫使安全阀频繁排气而影响电池寿命。

由上述讨论可知,为了延长镉镍蓄电池的使用寿命,不仅要在产品设计和制造上下工夫,还要有一个良好的环境和遵守使用维护规则的习惯。在某些场合,使用维护好坏起了决定性作用。

3.6.9 航天用镉镍蓄电池的使用与维护

航天用镉镍蓄电池由于高可靠、长寿命要求,除了上述镉镍蓄电池使用维护的一般要求外,还需遵循下列原则,才能保证航天用镉镍蓄电池组在轨工作的良好性能。

1. 在轨工作条件

(1) 航天用镉镍蓄电池组在轨工作温度范围0~15℃。

(2) 航天用镉镍蓄电池组的每个结构块内各单体电池温差不大于2℃。

(3) 构成航天用镉镍蓄电池组的各个结构块间温差不大于5℃。

(4) 当航天用镉镍蓄电池组在轨充电温度大于25℃,应适当调整电池组的充放电状态。

(5) 航天用镉镍蓄电池组的充放电循环寿命与放电深度密切相关,要达到长期使用的目的,低轨道使用的放电深度不高于30%,高轨道使用的放电深度不高于60%。

2. 储存、运输、安装要求

(1) 航天用镉镍蓄电池组在良好储存条件下的储存寿命从单体电池加注电解液开始计算不超过3 a。影响储存寿命的主要因素是隔膜的降解和电解液对金属陶瓷封接层的腐蚀,两者均与温度成正比关系,因此航天用镉镍蓄电池组应保持放电短路态和低温储存,最佳储存条件是0℃。当储存期不大于45 d时,储存温度允许为−10~+20℃;当储存期超过45 d时,储存环境温度允许为−10~+5℃。

(2) 航天用镉镍蓄电池组应以放电短路态运输、安装,运输、安装期间每天电池组处于30℃温度以上的时间应不多于4 h,累计处于超过30℃温度以上的时间应少于10 d。

3. 地面使用要求

(1) 航天用镉镍蓄电池组不应在超出航天飞行器镉镍蓄电池组技术要求范围和轨道运行条件的情况下使用。

(2) 航天用镉镍蓄电池组放电态短路搁置超过14 d,使用前应进行如下活化和充电:

① C/20充电40±4 h;

② C/2放电至任一单体电池电压小于等于1.0 V;

③ 用0.5 Ω、8 W电阻跨接每个单体电池的正负极柱16 h,换导线短路4 h以上;

④ C/10充电16±1 h;

⑤ 根据活化效果重复②和③;

⑥ C/10 充电 16±1 h。

(3) 航天用镉镍蓄电池组开路搁置超过 4 h,使用前应进行 3～5 min 的放电激活,放电过程中任一单体电池电压不得低于 1.0 V。经短路处理后的电池组开路搁置超过 4 h,使用前应用导线短路每个单体电池的正负极柱 3～5 min。

(4) 航天用镉镍蓄电池组若需开路搁置超过 7 d,应提供 C/60～C/100 的涓流充电,涓流过程中电池组温度不得超过 25℃。

(5) 航天用镉镍蓄电池组保持涓流充电、间隙放电状态的时间达到 30 d,应进行如下调整和充电:

① C/2 放电至任一单体电池电压小于等于 1.0 V;

② 每个单体电池用 0.5 Ω、8 W 电阻跨接正负极柱 16 h;

③ 每个单体电池用导线短路 4 h 以上;

④ 以 C/20 充电 40±4 h,开路搁置 1 h;

⑤ 以 C/2 放电至任一单体电池电压小于等于 1.0 V,用 0.5 Ω、8 W 电阻跨接每个单体电池的正负极柱 16 h,换导线短路 4 h 以上;

⑥ 以 C/10 充电 16±1 h。

(6) 无论航天用镉镍蓄电池组处于何种状态,均应在发射前 7 d 内进行活化或调整,活化或调整后应保持涓流充电状态直至发射。

(7) 航天用镉镍蓄电池组的在轨活化。当航天飞行器镉镍蓄电池组在宇宙空间运行较长一段时间后(如 0.5 a、1 a 等),为了消除镉镍蓄电池固有的记忆效应(特别是经过半年左右全日照工况的镉镍蓄电池组,受长期涓流充电之后性能有所下降),必须对全密封镉镍蓄电池组进行在轨活化处理。常见的方法是:通过地面遥控指令,将电池组切出供电回路,接通固定负载将电能量放完;然后,再通过地面遥控指令将其切入供电回路,让太阳电池方阵为其充电,直至充足为止。必须指出的是,电池组的在轨活化只能在高轨道航天飞行器上进行,最好在阴影期即将到来之前进行活化效果较好。在中、低轨道航天飞行器实现较困难。当然,这种活化处理的循环次数可视实际需要而定。

3.7 发展趋势

20 世纪 70 年代末各种新型电极不断地被开发应用,带来了镉镍蓄电池发展的崭新时期,80 年代以来塑料黏结电极、纤维电极和发泡电极相继进入镉镍蓄电池的制造过程,21 世纪纳米级活性物质材料的广泛研究与应用,将进一步推动相关技术的发展。

3.7.1 黏结电极镉镍蓄电池

塑料黏结式电极在 20 世纪 70 年代得到大力发展,其主要特点是工艺简单、耗镍量少、成本较低,但大电流放电能力较差,循环使用寿命短。塑料黏结式电极的制造过程是采用 5%～10%的聚四氟乙烯悬浊液将活性物质、导电剂、添加剂等混合均匀后,用涂敷或刮浆的方法黏附到导电骨架上,经压制或辊压、烘干而成,电极制造过程如下。

1. 黏结式镍电极制造

黏结式镍电极制造工艺简单、耗镍量少、成本最低。

黏结式镍电极依黏结剂不同主要有成膜法、热挤压法、刮浆法等。

黏结式镍电极的主要原材料有高活性球形 $Ni(OH)_2$、导电剂镍粉、鳞片石墨或胶体石墨、乙炔黑等。一般在胶体石墨中加入乙炔黑，质量比为 3∶1。常用的添加剂有钴、镉、锌、锂、钡、汞等。添加剂的作用是提高 $Ni(OH)_2$ 电极活性和活性物质利用率，提高充电效率。常用的黏结剂有 PTFE、PE、PVA、CMC、MC、107 胶等。PTFE 与 CMC 联用效果最好，加入量为 2%的 CMC(3%)和 6.86%的 PTFE(60%)，$Ni(OH)_2$ 在干态电极中含量为 75%～80%。

球形 $Ni(OH)_2$ 具有密度高、放电容量大的特征，是具有适度晶格缺陷的 β-$Ni(OH)_2$，很适合于用作镉-镍电池的正极材料。

球形 β-$Ni(OH)_2$ 的制备方法如下。

(1) 化学沉淀法。化学沉淀法是镍盐或镍的配合物与苛性碱反应生成沉淀，通过控制温度、pH、加料速度、反应时间、搅拌强度等，可得到高结晶型的球形 $Ni(OH)_2$。所用的配位剂有氨、铵等，苛性碱为 NaOH、KOH。镍盐可以是 $NiSO_4$、$NiCl_2$、$Ni(NO_3)_2$ 等。

制备 $Ni(OH)_2$ 的基本工艺过程是：分别配制镍盐、苛性碱和配位剂溶液，加料、沉淀反应、沉淀分离、洗涤、烘干、筛分等。

加料方式包括：加入法，即将镍盐溶液喷淋到搅拌的碱溶液中；反加入法，即将碱溶液喷淋到搅拌的镍溶液中；并流加入法，即将镍盐溶液、碱溶液，配位剂溶液并流连续加入反应器中。

化学沉淀法中的氨催化液相沉淀法具有工艺流程短、设备简单、操作方便、过滤性能好、产品质量高等优点。

氨催化液相沉淀法是在一定温度下，将一定浓度的 $NiSO_4$、NaOH 和氨水并流后连续加入反应釜中，调节 pH 使其维持在一定值，不断搅拌，待反应达到预定时间后，过滤、洗涤、干燥，即可得 $Ni(OH)_2$ 粉末。

影响球形 $Ni(OH)_2$ 工艺过程的主要因素是 pH、镍盐和碱浓度、温度、反应时间、加料方式、搅拌强度等。工业生产控制的技术条件是：pH 10.8±0.1，温度 50±2℃；浓度为：$NiSO_4$ 1.4～1.6 $mol \cdot dm^{-3}$，NaOH 4～8 $mol \cdot dm^{-3}$，$NH_3 \cdot H_2O$ 10～13 $mol \cdot dm^{-3}$ 的溶液按 $n_{NiSO_4} : n_{NaOH} : n_{NH_3 \cdot H_2O} = 1.0 : (1.9 \sim 2.1) : (0.2 \sim 0.5)$ 并流连续加入反应釜中，反应生成的 $Ni(OH)_2$ 在反应釜中滞留时间一般在 0.5～5.0 h。

(2) 电解法。在外电流作用下，金属镍阳极氧化成 Ni^{2+}，水分子在阴极还原析氢产生 OH^-，两者反应生成 $Ni(OH)_2$。

影响球形 $Ni(OH)_2$ 电化学性能的主要影响因素有化学组成、添加剂种类、杂质种类和含量、粒径大小及分布，密度、晶型、表面状态和形貌、组织结构等。

① 化学组成的影响。镍含量、添加剂和杂质含量对 $Ni(OH)_2$ 的电化学性能均有一定的影响。纯 $Ni(OH)_2$ 的镍含量为 63.3%。因含有水、添加剂和杂质，实际镍含量只有 50%～62%。通常 $Ni(OH)_2$ 的放电容量随镍含量增加而增高。为了提高电极活性物质

的利用率，提高放电容量和充放电性能，在制备 $Ni(OH)_2$ 过程中，通常采用共沉淀法添加一定量的Co、Zn和Cd等添加剂。

$Ni(OH)_2$ 中的主要有害杂质是Ca、Mg、Fe、SO_4^{2-}、CO_3^{2-} 等，在制备 $Ni(OH)_2$ 过程中，必须把杂质控制在一定范围。

② 粒径及粒径分布的影响。粒径大小及粒径分布主要影响 $Ni(OH)_2$ 的活性、比表面积、密度。粒径小，比表面积大，活性就高。但粒径过小，会降低 $Ni(OH)_2$ 密度。由化学沉淀晶体生长法制备的球形 $Ni(OH)_2$ 的粒径一般在1～50 μm，平均粒径在5～12 μm较为合适。

③ 表面状态的影响。表面光滑、球形度好的 $Ni(OH)_2$ 振实密度高、流动性好，但活性较低；表面粗糙、球形度低、孔隙发达的 $Ni(OH)_2$ 振实密度相对较低、流动性差，但活性较高。$Ni(OH)_2$ 的表面状态不同，比表面积会差别较大，影响电化学性能。

④ 微晶晶粒尺寸及缺陷的影响。化学组成和粒径分布相同的 $Ni(OH)_2$ 的电化学性能有时也存在很大差别，其原因是 $Ni(OH)_2$ 晶体内部微晶晶粒尺寸和缺陷不同。在制备 $Ni(OH)_2$ 过程中，制备工艺、反应产物的后处理方法不同，添加剂的种类和添加量不同，都会对 $Ni(OH)_2$ 晶体的微晶粒大小和排列状态产生影响，从而引起 $Ni(OH)_2$ 晶体的内部缺陷、孔隙和表面形貌等的差异，导致同一组成和粒度分布相同的 $Ni(OH)_2$ 的电化学性能不相同。结晶度差、层错率高、微晶晶粒小、微晶排列无序的 $Ni(OH)_2$，活化速率快，放电容量高，循环寿命长。

2. 黏结式镉电极制造

黏结式镉负极活性高，$Cd(OH)_2$ 比容量为257 mA·h·g^{-1}。黏结式镉电极制造工艺类似黏结式镍电极的制造方法，如干式模压法、湿法拉浆法、塑料黏结法等。

(1) 干式模压法：将CdO、海绵镉、$Ni(OH)_2$、变压器油混匀，再按质量比 m(混合粉)∶m(3% CMC水溶液)=19∶1拌匀，放入模具中，再放入镀镍切拉网骨架，压平，加压成型，成型压力为35～40 MPa，然后干燥处理得镉电极片。

(2) 湿式拉浆法：先按质量比 m(CdO)∶m(Cd粉)=4∶1混匀成粉，黏结剂为3% CMC水溶液，添加剂有维尼纶纤维(切成2 mm)、Na_2HPO_4、7%聚乙烯醇水溶液、25号变压器油。配镉浆方法是将聚乙烯醇(7%)8.5 kg、维尼纶纤维素15～20 g、Na_2HPO_4(30.6%)720 g、25号变压器油400 cm^3 混合后，加入配好的氧化镉和海绵镉混合物粉15 kg，调成镉浆，用拉浆法使冲孔镀镍钢带粘满浆液，刮平，送入电加热烘干道烘干。烘干道有三段温度区间：下段55±5℃，中段120±5℃，上段150±5℃。

(3) 塑料黏结式：按质量配比 $m[Cd(OH)_2]$∶m(导电剂)∶m(添加剂)∶m(黏结剂)=80∶10∶4∶10混合，以830 μm冲孔镀镍铁网为集流网，液压成镉电极，导电剂为碳黑、活性剂，黏结剂为PTFE、CMC、C_2H_5OH。塑料黏结式电极可以用于制造小型镉镍蓄电池与大型镉镍蓄电池。用该技术制造的AA型电池已达到放电倍率7 C、比能量33 W·h·kg^{-1}、循环寿命大于500次，15 A·h方型电池比能量达到47.2 W·h·kg^{-1}，循环寿命7 500次。

3.7.2 电沉积电极镉镍蓄电池

电沉积电极镉镍蓄电池使用电沉积式电极。电沉积式电极活性物质比表面积大、利用率高、比容量高、能提供较高的能量密度，同时操作简单、周期短、污染相对较少。目前，用电沉积法可以制备Ni、Cd、Co、Fe高活性电极，一般在氧化物中电沉积制备的电极活性高，也可在硫酸盐或混合的金属盐中电沉积。电沉积电极制备是采用网状基底，在金属氯化物中通入氧气，进行恒电流电沉积。其电沉积过程在镍带或镀镍钢带上进行，金属带类似烧结加工用的基板材料。金属带穿过含有Cd^{2+}离子、温度、酸度适当的电沉积槽，然后与充电机的负极连接。正电极是由金属镉(Cd)制成，当电流流过时，镉溶解。通过调节电流密度使镉沉积并析出氢气，使镉沉积的同时析出氢气，形成海绵状镉层，然后用辊压方法将其压成所需的厚度。

电沉积负电极的制造方法使负电极处于完全充电状态，它与充满电的正电极一起组装成电池。若要建立所要求的充电余量，必须要将负电极放电至一定的荷电状态。可以通过加入一定量的过氧化氢(H_2O_2)，它使镉氧化来调节荷电状态并产生所需数量的放电态活性物质$Cd(OH)_2$。

影响电沉积镉电极性能的主要因素是：氧气流量、基底结构、电极距离、电解液种类和浓度、pH、电流密度等。氧气流量大、电极距离小，则电极活性高。

电解液可采用$CdSO_4$、$Cd(Ac)_2$或$CdCl_2$，以$CdCl_2$溶液电沉积的镉电极活性高，$Cd(Ac)_2$次之，当用$CdCl_2$溶液电沉积镉时，Cd^{2+}浓度增加，pH小于2，都会使电极活性降低。电流密度低也有利于提高电极活性，因为小电流密度和低浓度溶液有利于电沉积出较细微粒的金属。通入氧气可能把刚电沉积的镉氧化为$Cd(OH)_2$，而$Cd(OH)_2$又被电还原为金属镉，即还原—氧化—再还原过程不断重复进行，最终形成微颗粒的金属层。在氯化物溶液中，电沉积镉活性高，是因为Cl^-与Cd^{2+}形成$CdCl_4^{2-}$，阳极生成Cl_2，有利于生成各种价态的具有氧化性的氯酸根离子，这些都有利于增大镉电极的比表面。

3.7.3 纤维镍电极镉镍蓄电池

纤维镍电极技术实际是一种镉镍蓄电池电极导电骨架的制备技术，石墨或聚丙烯纤维毡经处理涂上镍层，烧结后，形成孔率高达94%～97%的纤维镍毡状物基体。纤维镍基体填充活性物质的方法一般采用电化学浸渍法，也有采用其他刮涂或浸渍方法。纤维镍电极强度好、可绕性强、导电性能较好，具有高比容量和高活性，可显著减轻电池质量，提高电池的能量密度，而且电池制造工艺简单、成本低，可大规模连续生产。其缺点是镍纤维易造成电池正负极微短路，导致自放电较大。

使用纤维式镍电极制造的AA型电池，容量可以达到800 mA·h，比通常烧结式镉镍蓄电池容量提高50%以上。纤维式镍电极也已用于航空和航天领域。

3.7.4 泡沫电极镉镍蓄电池

泡沫镍电极技术是20世纪80年代发展起来的新型电极，也是一种镉镍蓄电池电极

导电骨架的制备技术。该电极基体重量轻,活性物质载入量大,比能量高。电极容量密度高达500 mA·h·cm^{-3},电极活性物质利用率高达90%以上,快速充电性能好,制造工艺简单,设备投资少,成本低,但因该电极泡沫基体孔径大,活性物质填充后颗粒较大,活性物质与基体电子接触电阻较大,其放电电压较烧结式电极稍低,高倍率放电性能和循环寿命不如烧结式电极。

泡沫镍基板制造工艺分基板制造和电极制造两部分。发泡氨基甲酸乙酯树脂经处理后镀镍,烧结后形成三维网状结构的高孔率泡沫镍基板,然后将活性物质 $Ni(OH)_2$ 填充至泡沫镍基体孔隙中,经轧制成泡沫镍电极。

1. 泡沫镍基板制造

泡沫塑料发泡体选用多孔性树脂材料,如聚氨酯泡沫塑料,孔率为96%左右,孔径为300~600 μm。泡沫镍基板制造工艺过程如下。

先对泡沫塑料进行碱性除油、表面粗化使泡沫塑料孔壁表面呈现微观粗糙,提高镀层与基体的结合力,同时,使塑料孔壁表面的聚合分子断链,由疏水性变成亲水性;再通过敏化在塑料孔壁表面吸附一层易氧化的物质,使活化时易氧化,在表面形成氧化膜;活化是在泡沫塑料孔壁表面产生一层催化金属层,作为化学镀镍时的催化剂,一般采用胶体钯活化液或盐基胶体钯活化液;活化后通过解胶将泡沫塑料孔壁表面吸附的钯粒周围的亚锡离子水解胶体去掉,常用酸性液解胶或碱性液解胶,即酸性解胶用浓HCl(100 cm^3,加水至1 dm^3)洗、碱性解胶用NaOH(50 g·dm^{-3})溶液浸1 min。然后进行导电化处理,常用的导电化处理方法有化学镀镍、涂覆碳基导电涂料、真空气相沉积。经导电处理过的泡沫塑料用瓦特镀液或氨基磺酸镍镀液电沉积镍。一般沉积量为0.26 g·cm^{-3}以上,最后将已镀镍的塑料基体烧去,并在800~1 100℃下的还原气氛中烧制成发泡镍材。

2. 泡沫镍电极制造

泡沫镍电极制造工艺简单,只需将活性物质 $Ni(OH)_2$ 填充至泡沫基体孔隙中,经轧制成型即可。作为电极基板的泡沫要满足以下性能:孔隙率95%~97%,孔径分布50~500 μm,孔的线形密度40~100孔/25 mm,导电性能好,强度≥1.0N·mm^{-2},延伸性和柔软性好,比表面积约0.1 m^2·g^{-1}。

3.7.5 超级镉镍蓄电池

超级镉镍蓄电池(super NiCd)是美国航天用镉镍蓄电池制造公司用于区别传统航天用镉镍蓄电池,作为美国宇航局第四代航天用镉镍蓄电池的标志。其主要特点是用电化学浸渍镍、镉电极取代传统镉镍蓄电池中化学浸渍镍、镉电极,并借鉴 $Ni-H_2$ 电池氧化锆隔膜技术,使用浸渍聚苯并咪唑的氧化锆隔膜(PBI-Z)或浸渍聚苯并咪唑的聚丙烯隔膜取代尼龙隔膜,同时在结构、电解液和充电控制方面也做了适应性改进,通过这些改进提高了电池组的充放电性能,也延长了航天用镉镍蓄电池的使用寿命。

美国航空航天局从1988年到2000年已有1 400多个super NiCd电池单体成功应用于40多颗轨道飞行器,无一单体电池失效。1992年7月3日发射成功的SAMPEX飞行器镉镍蓄电池组在轨放电深度12%,充放电循环超过45 000次,此电池组的地面试验放电深度40%，充放电循环次数可达30 000次，在轨工作寿命可达5年以上。相比于美国航空航天局的标准镉镍蓄电池(standard NiCd)性能有了较大提升，super NiCd电池应用于低轨道卫星循环寿命可达5年以上(40%DOD)，应用于高轨道卫星则能运行15年(80%DOD)。超级镉镍蓄电池具有工作寿命长、放电深度大、有效比能量高等优点，而且作为镉镍蓄电池，在空间的应用相对较成熟，适合在通信卫星、气象卫星、资源探测卫星和各种科学试验技术卫星等中小卫星中作储能电源。

思 考 题

(1) 请写出镉镍蓄电池的成流反应式，并给出镉镍蓄电池的电动势表达式。

(2) 为什么镉镍蓄电池可以制成密封电池？

(3) 全密封镉镍蓄电池的主要特点是什么？

(4) 怎样提高全密封镉镍蓄电池的比能量？电池组的设计又必须要注意什么？

(5) 简述镉镍蓄电池正确使用和维护的要点。

(6) 在全密封镉镍蓄电池中加入第三电极，是怎样实现充电控制的？

(7) 全密封镉镍蓄电池为什么要选用金属—陶瓷封接技术进行单体电池的封口？全密封的基本指标是什么？

(8) 简述镉镍蓄电池的性能特点。

(9) 如何减弱或消除镉镍蓄电池的记忆效应？

(10) 已知基片烧结后，一张样片的干重100 g，吸水后湿重140 g，该样片网重为30 g，计算该基片的孔率。

(11) 简述新型镉镍蓄电极的典型代表及其主要特点。

(12) 列出镉镍蓄电池常见的失效现象，并分析引起镉镍蓄电池失效的原因。

(13) 为提高黏结式镍电极的电化学性能，增大放电容量，需对球形$Ni(OH)_2$进行改性，请简述常用的改性方法。

(14) 设计一种高倍率全密封80 A·h镉镍蓄电池，容量设计时留20%的余量，根据所掌握的知识确定正负极片尺寸和单体电池尺寸，并给出确定设计参数的条件。

(15) 镉镍蓄电池正负极片浸渍后，需进行化成，请简述化成的目的。

(16) 某型号70 A·h镉镍蓄电池单体在20±2℃的环境温度下以7 A电流充电16 h后，再以14.0 A电流放电至1.0 V历时6 h；以7 A电流充电16 h，搁置三日后，再以14.0 A电流放电至1.0 V历时5 h 45 min，请问镉镍蓄电池单体的自放电率是多少？

(17) 请分别简述镉镍蓄电池充电、放电阶段温度变化情况，并分析原因。

(18) 简述电化学浸渍法制备镍电极的优点。

(19) 采取哪些途径能够使镉镍蓄电池具有长寿命、轻质量的特点？

参 考 文 献

电子元器件专业技术培训教材编写组.1986.化学电源(下册)[M].北京：电子工业出版社，177－298.

郭柄焜，李新海，杨松青.2009.化学电源——电池原理及制造技术[M]. 长沙：中南大学出版社.

李国欣.2007.新型化学电源技术概论[M].上海：上海科学技术出版社，95－169.

李国欣.2011.航天器电源系统技术概论(下)[M].北京：中国宇航出版社，106－213.
Linden D，Reddy T B. 2002. Handbook of batteries (3rd Edition) [M]. New York：McGraw-Hill.
Scott W R，Rusta D W. 1979. Sealed-cell nickel-cadmium battery applications manual[R]. Maryland：NASA Scientific and Technical Information Branch，N80－16095.

第4章　氢镍蓄电池

4.1　氢镍蓄电池概述

顾名思义，氢镍蓄电池是以氧化镍为正极活性物质、氢为负极活性物质的一种蓄电池。根据其负极状态的不同，氢镍蓄电池包括高压氢镍蓄电池和低压氢镍蓄电池。其中，高压氢镍蓄电池是镉镍蓄电池技术和燃料电池技术相结合的产物，其正极来自镉镍蓄电池的氧化镍电极，负极来自燃料电池的氢催化电极。作为一种新体系，高压氢镍蓄电池有自己独特的技术特点。它不同于镉镍蓄电池，它的负极活性物质是氢气，气体电极和固体电极的共存产生了氢镍蓄电池新的技术特性。它也不同于燃料电池，它能反复充电和放电循环使用，作为活性物质的氢气将在催化电极上反复生成和消失，氢气压力变化范围在0.3～6 MPa或更大。

高压氢镍蓄电池电化学表达式为

$$NiOOH + \frac{1}{2}H_2 \rightleftharpoons Ni(OH)_2 \tag{4.1}$$

低压氢镍蓄电池正极与高压氢镍蓄电池正极一致，但负极氢活性物质以原子状态吸附于储氢合金内，电池内部不存在高压，因此大大降低了电池壳体设计与制造难度，安全性也相应提高。因此，低压氢镍蓄电池也称为金属氢化物镍蓄电池。

低压氢镍蓄电池电化学表达式为

$$M + xNi(OH)_2 \rightleftharpoons MH_x + xNiOOH \tag{4.2}$$

以示区别，下文中高压氢镍蓄电池称为氢镍蓄电池，低压氢镍蓄电池称为金属氢化物镍蓄电池。

4.1.1　发展简史

自20世纪70年代起，氢镍蓄电池由于自己的独特优点得到了系统研究和发展。主要目标是航天应用，用作卫星和空间站的储能设备，替代长期以来一直服役并起过重要作用的密封镉镍蓄电池。其高比能量特性使电池在满足功率和能量的使用要求下质量得到减轻，其长充放循环寿命能使卫星工作寿命延长，产生巨大经济效益。特别是随着卫星设计工作寿命的延长，镉镍蓄电池成为寿命限制设备的情况下更具有重要意义。此外，其承受过充电和过放电能力强的特点使电源系统控制部分的设计能够简化，从而提高电源分系统的可靠性。高压氢镍蓄电池和镉镍蓄电池性能对比如表4.1所示。截至20世纪末，世界上航天器主要采用的蓄电池性能对比如表4.2所示。尽管近年来受到了高比能量锂离子蓄电池的冲击，但是其优良的高功率特性和较长的寿命使其仍将在航天领域占领一席之地。

表 4.1　高压氢镍蓄电池和镉镍蓄电池性能对比

项　　目		高压氢镍蓄电池	镉镍蓄电池
工作电压/V		1.25	1.23
充电态确定		内部氢气压力测量	无法确定
质量比能量/$(W \cdot h \cdot kg^{-1})$	理论值	378	209
	实际值	40～90	20～40
体积比能量/$(W \cdot h \cdot dm^{-3})$		73	140
充电放电速率		任意速率	速率较低
过充电能力		允许长期过充电，但需考虑散热	允许低速率短期过充电
过放电能力		允许高速率过放电，电池温度反而下降	不允许过放电，只允许极低的速率下，短时间反极
最佳工作温度/℃		−5～15	0～15
低温性能		允许低温充电，低温性能佳	镉电极不能低温充电
自放电率(20℃，7 d)/%		30	10
工作压力/MPa		3～5	≤0.2
极柱密封方式应用		金属—陶瓷封接，塑压密封	金属—陶瓷封接
外形特点		圆柱体，上下两端为半圆或碟形	矩形
应用		高椭圆轨道，同步轨道，低轨道卫星	高轨道或低轨道卫星
寿命		高轨道 10～15 a，低轨道 5 a 以上	高轨道 8～10 a，低轨道 3 a 以下

表 4.2　飞行器用主要的蓄电池性能比较

电 池 种 类	镉镍蓄电池	高压氢镍蓄电池	锂离子蓄电池
电压/V	1.2	1.25	3.6
质量比能量/$(W \cdot h \cdot kg^{-1})$	35	70	120
LEO 寿命/a	3～5	5～10	5～8
GEO 寿命/a	8～10	15～20	10～15
国外发展程度	成熟	成熟	开始应用
国内发展程度	成熟	成熟	开始应用

氢镍蓄电池在世界上的第一次应用是在美国海军技术卫星Ⅱ号(NTS-2)上用作储能电源。该卫星于 1977 年 6 月 23 日发射升空，并成功地在轨道连续运转 10 多年。氢镍蓄电池性能达到设计要求。飞行试验的成功向世界表明了氢镍蓄电池用于航天领域的可行性、现实性和先进性。1983 年发射成功的国际通信卫星Ⅴ号也使用了氢镍蓄电池，开始了在国际通信卫星Ⅴ号及后继型号上全面使用氢镍蓄电池的发展计划。1990 年，氢镍蓄电池首次应用于低轨道卫星，即哈勃太空望远镜，并在轨运行了 12 年以上，验证了氢镍蓄电池的良好性能。

目前在国际上各个轨道航天工程中，氢镍蓄电池已经得到普遍应用。高轨道长寿命大功率卫星 90%以上都使用氢镍蓄电池，低轨道从哈勃卫星开始也应用得越来越多。占欧美市场 85%以上份额的美国 Eagle-Picher 技术公司已生产制造了 4 万多氢镍蓄电池单体和 450 多个电池组，在 300 多个卫星上得到了应用，在轨飞行时间已积累超过 3.5 亿个小时。俄罗斯则已在 150 多颗卫星上采用了氢镍蓄电池。法国 SAFT 公司制造的氢镍蓄电池也已在28颗GEO卫星上得到了应用,在轨飞行时间已积累超过0.66亿个小时。

氢镍蓄电池研发和应用最具代表性和先进性的是美国,美国从20世纪70年代开始研制独立压力容器(independent pressure vessel, IPV)氢镍蓄电池,容量主要是30～50 A·h(直径3.5 in*),80年代中期开始研制容量80 A·h的IPV氢镍蓄电池和以容量40 A·h为代表的共用压力容器(common pressure vessel, CPV)氢镍蓄电池(直径3.5 in),以及20 A·h以下的CPV氢镍蓄电池(直径2.5 in),90年代开始研制100 A·h以上容量的IPV氢镍蓄电池(直径4.5 in)和CPV氢镍蓄电池,都相继取得成功并得到实际应用。90年代中后期开始研制300 A·h以上容量的氢镍蓄电池(直径5.5 in)。2001年11月26日发射的美国DIRECTV-4S数字电视卫星采用了该直径的超大容量氢镍蓄电池。因此,目前航天用氢镍蓄电池技术发展已相当成熟,已基本系列化,见表4.3。而俄罗斯也从20世纪70年代甚至更早开始研制和应用氢镍蓄电池,主要是IPV氢镍蓄电池,CPV和单一压力容器(single pressure vessel, SPV)氢镍蓄电池虽有过研发,但没有成功和实际应用,俄罗斯IPV氢镍蓄电池在技术特点和制造工艺方面有别于欧美,其有自成一体的标准规格和特点,见表4.4。美国和俄罗斯氢镍蓄电池的应用情况如表4.5、表4.6和表4.7所示。从列表可以看出,氢镍蓄电池应用高轨道(GEO)多于低轨道(LEO),IPV多于CPV,中、小容量多于大容量。

表4.3　美国氢镍蓄电池单体系列型谱

氢镍蓄电池系列	工作电压/V	直径/in	容量范围/(A·h)
IPV	1.25	2.5	10～20
		3.5	10～100
		4.5	100～300
		5.5	200～500
CPV	2.50	2.5	6～20
		3.5	20～60
		4.5	50～150
		5.5	100～225
SPV	27.5	5.0	10～25
		10.0	30～60
		13.0	80～120

表4.4　俄罗斯氢镍蓄电池单体系列型谱

氢镍蓄电池系列	容量范围/(A·h)	直径/mm	直筒段长度/mm	极柱螺母
IPV	8～25	ϕ40	80～120	M4×0.75
	20～40	ϕ76	125～190	M6×0.75
	40～60	ϕ76	190～215	M6×0.75
	60～140	ϕ96	215～340	M8×1.0

* 1 in=2.54 cm。

表4.5 美国部分IPV氢镍蓄电池的应用情况

卫星型号	轨道	额定容量/(A·h)	DOD/%	卫星数量
INTELSAT V	GEO	30	56	6
		30	72	2
GSTAR	GEO	30	60	4
SAPCENET	GEO	40	60	3
ACS-1	GEO	35	65	1
SATCOM K	GEO	50	65	2
OLYMPUS	GEO	35	60	1
ITALSAT	GEO	30	65	1
EUTELSAT Ⅱ	GEO	58	74	5
TV-SAT Ⅱ	GEO	30	/	/
Astro 1A	GEO	50	70	1
Astro 1B	GEO	50	65	1
ANIK-E	GEO	50	70	2
TELECOM 2	GEO	83	75	3
INTELSAT Ⅵ	GEO	44	60	5
PANAMSAT	GEO	35	60	1
ASC Ⅱ	GEO	40	60	1
AURORA	GEO	40	60	1
SUPERBIRD	GEO	83	75	2
INTELSAT K	GEO	50	65	1
INTELSAT Ⅶ	GEO	85	70	5
Satcom C3/C4	GEO	50	55	2
Telstar 4	GEO	50	70	3
Inmarsat 3	GEO	50	65	4
INTELSAT ⅦA	GEO	120	/	/
DIRECTV-4S	GEO	>200	/	1
Hubble Space Telescope	LEO	88	8	1
Intelnational Space Station	LEO	81	35	1

表4.6 美国CPV氢镍蓄电池组应用状况(1998年NASA计划)

卫星型号	发射日期	电池组容量/(A·h)	电压/V	备注
ORBCOMM-2	1998/4/28	10	12.5	5-CPV
QUICKBIRD	1998/7/1	40	28	11-CPV
DLR-TUBSAT	1998/9/1	12	10	4-CPV
ORBITER	1998/12/10	16	28	11-CPV
LANDER	1999/1/1	16	29	11-CPV
STARDUST	1999/2/6	16	28	11-CPV
ORBVIEW-3	1999/6/1	20	28	11-CPV

续表

卫星型号	发射日期	电池组容量/(A·h)	电压/V	备　注
ORBVIEW-4	1999/12/1	16	28	11-CPV
CHAMP	1999/12/1	16	28	11-CPV
MAP	2000/8/1	23	28	11-CPV
HISSI	1999	15	28	11-CPV
MITA	1999	7	28	11-CPV
DEEP SPACE	1998	12	25	10-CPV
GENISIS	1999	16	28	11-CPV
GRACE	1999	16	28	11-CPV
SAC-C	1999	12	28	11-CPV

表4.7　俄罗斯JSC SATURN公司部分氢镍蓄电池组应用计划

飞行器型号	运行轨道	电池组型号	起始研制日期/年	研制阶段
Gonetz D1	LEO	21NH-25	1996	SSP
Cosmos	LEO	21NH-25	1996	SSP
Rodnik	LEO	19NH-25	2004	FM
Resurs DK	LEO	28NH-70R	2004	FM
Monitor	LEO	28NH-40	2004	FM
MKS	LEO	22NH-100	/	BDR
Arkon-2	LEO	30NH-70 A	2005	BDR
Liana	LEO	28NH-70R	2005	FM
Persona	LEO	28NH-70E	/	FM
Ekran-M	GEO	28NH-45	1988	SSP
Cosmos	GEO	28NH-45	1990	SSP
Gals	GEO	28NH-60	1990	FM
Express	GEO	28NH-60	1992	FM
Ekspress-A	GEO	28NH-70	2000	FM
SESAT	GEO	40NH-70	2000	FM
Yamal-200	GEO	18NH-100	2003	FM
Dialog	GEO	28NH-40	2004	FM
Express-AM	GEO	40NH-70	2003	FM
Cosmos	GEO	40NH-70	2004	FM
Molniya-3K	High Elliptic Orbits	28NH-45 M	1998	FM
Cosmos		40NH-70	2004	FM
VEO EKS		30NH-70	/	BDR
Glonass	High Circular Orbits	28NH-50	2003	FM
Interbol	Long Range Space	28NH-45	1995	SSP
Fobos-Grunt		18NH-50	/	BDR

注：BDR—base design review，基线设计评审；FM—flight model，飞行试验；SSP—small scale production，小规模生产。

在我国,氢镍蓄电池的研究也已有20多年的研究历史,首次航天应用为2003年11月15日应用于中星20号通信卫星,主要以高轨道应用为主,低轨道应用较少。

国内研制的IPV、CPV和SPV氢镍蓄电池及电池组性能数据如表4.8、表4.9所示。

表4.8 国内IPV氢镍蓄电池单体系列型谱及应用情况

电池型号	额定容量/(A·h)	实际容量/(A·h)	质量/g	尺寸/mm	比能量/(W·h·kg^{-1})
QNY$_1$G30	30	36	860	ϕ89×150	52
QNY$_1$G35	35(36)	40	960	ϕ89×165	52
QNY$_1$G40	40	47	1 130	ϕ89×166	52
QNY$_1$G50	50	60	1 300	ϕ89×210	57
QNY$_1$G60	60	66	1 460	ϕ89×220	56
QNY$_1$G80	80	95	2 000	ϕ89×230	59
QNY$_1$G100	100(106)	110(113)	2 180	ϕ115×215	64
QNY$_1$G120	120	132	2 520	ϕ115×243	65
QNY$_1$G120	120	132	2 950	ϕ118×240	55.9
QNY$_1$G150	150	155	3 150	ϕ115×256	63
QNY$_1$G200	200	210	4 200	ϕ115×341	63

表4.9 国内CPV、SPV氢镍蓄电池单体系列型谱及应用情况

电池型号	额定容量/(A·h)	实际容量/(A·h)	质量/g	尺寸/mm	比能量/(W·h·kg^{-1})
2QNY$_1$G15	15	18	1 000	ϕ89×165	48
2QNY$_1$G30	30	35	1 600	ϕ89×220	55
2QNY$_1$G40	40	46	2 100	ϕ90×232	55
2QNY$_1$G60	60	66	3 000	ϕ118×200	55
7QNY$_1$G5	5	6.3	1 650	ϕ90×200	35
5QNY$_1$G24	24	26.5	—	—	—
18QNY$_1$G8	8	10	—	—	—

4.1.2 氢镍蓄电池分类与命名

1. 分类

高压氢镍蓄电池的分类有以下几种方法。

1)按应用轨道分类

根据飞行器轨道的不同,可分为高轨道和低轨道用氢镍蓄电池,两者在设计上有所不同。高轨道飞行器每年进行的充放电循环次数只有92周次,在轨10年也只有920次充放电,但放电深度较大,最大为80%。而低轨道飞行器用氢镍蓄电池每天要进行16周次的充放电循环,一年要经受5 500周次的充放电循环,如果在轨5年,经受的充放电循环次数可达27 500次,但是放电深度较浅,最大为40%。根据上述不同的使用特点,氢镍蓄电池的设计异同点如表4.10所示。

表4.10 高轨道和低轨道用氢镍蓄电池的设计异同点

项　目	低轨道	高轨道
镍电极活性物质载量(电化学浸渍)/(g·cm^{-3})	1.55±0.1	1.67±0.1
电解液浓度/%	26～31	31～38

续表

项目	低轨道	高轨道
隔膜	双层氧化锆 石棉	双层氧化锆 石棉 多层聚丙烯
极堆设计	背对背式 循环往复式	背对背式
电极形状	菠萝片式电极	菠萝片式电极

2）按氢镍蓄电池单体的直径分类

按单体直径大小，氢镍蓄电池可分为2.5 in、3.5 in、4.5 in和5.5 in等。通常的设计为20 A·h容量以下的氢镍蓄电池的直径为2.5 in，20～100 A·h容量以下的氢镍蓄电池的直径为3.5 in，100～250 A·h容量的氢镍蓄电池的直径为4.5 in，200～350 A·h的氢镍蓄电池直径为5.5 in。

3）按氢镍蓄电池的结构特点分类

按结构特点，氢镍蓄电池可分为IPV氢镍蓄电池、CPV氢镍蓄电池、SPV氢镍蓄电池、DPV氢镍蓄电池等。

IPV氢镍蓄电池在一个压力容器内只有一只单体，容器内多片正负极并联，对外的输出电压为1.25 V，应用时根据需要由多个单体电池串联而成。该电池组质量比能量、体积比能量较低。IPV氢镍蓄电池研制时间较长，技术成熟，容量在200 A·h以下、直径为3.5 in和4.5 in的氢镍蓄电池已得到普遍应用，目前已在研制直径为5.5 in、容量在300～500 A·h的超大容量氢镍蓄电池。

CPV氢镍蓄电池在一个压力容器内只串联两只单体电池，对外的输出电压为2.5 V，应用时根据需要由多个CPV单体电池串联而成。该电池质量比能量和体积比能量优于IPV氢镍蓄电池，美国NASA计划从1998年开始两年内有近20颗卫星采用CPV氢镍蓄电池作为储能电源，其直径大多在2.5 in和3.5 in，容量为6～60 A·h，目前正在研制直径为5.5 in、容量在200 A·h以上的CPV氢镍蓄电池。

SPV氢镍蓄电池在一个压力容器内串联电池组所需的所有单体电池，对外的输出电压为所有单体电池的电压之和，单体数目由所需的电压决定。SPV氢镍蓄电池具有更低的成本和更高的比能量，在1994年得到首次应用，成熟的产品有5 in和10 in两种直径，容量为15～60 A·h。目前正在研制直径为13 in、容量为120 A·h、电压为27.5 V的SPV氢镍蓄电池。

互靠式压力容器(dependent pressure vessel, DPV)氢镍蓄电池是一种全新的氢镍蓄电池结构形式，其电池单体形状为圆柱状，相互叠加排列靠紧，单体与单体之间设置散热片，并采用刚性的端板和高强度拉杆连接支撑固定，与镉镍蓄电池组拉杆式结构相似，电池工作压力为3.5～7 MPa。

2. 氢镍蓄电池命名

氢镍蓄电池单体和电池组型号的命名按如下规定进行。

氢镍蓄电池的系列代号为QN，是负极氢气的汉语拼音Qing和正极材料镍的汉语拼音Nie的第一个大写字母。第三个字母为外形代号，Y代表圆柱形，外形代号右下角加注

1,表示全密封结构。第四位一般用于表示容量。

对单体而言,如:$QNY_1 40$ 表示容量为40 A・h的全密封氢镍蓄电池。

对电池组而言,如:$28QNY_1 40$ 表示由28只容量为40 A・h的全密封氢镍蓄电池单体组成的电池组。

4.1.3 氢镍蓄电池特性

1. 电压特性

氢镍蓄电池标准电动势 $E^0=1.319$ V,与镉镍蓄电池基本相近($E^0=1.33$ V)。充电和放电过程中,由于极化,工作电压偏离标准电动势。

图4.1给出了典型的充电曲线,同时给出了不同充电速率时的充电曲线。图4.2给出了典型的放电曲线,同时给出了不同放电速率时的放电曲线。从图中可知,充电工作电压范围在1.40~1.60 V,或更高些,随充电速率而定。放电电压范围在1.20~1.30 V,电压平稳,而且与镉镍蓄电池工作电压相近,因此氢镍蓄电池能够顺利取代镉镍蓄电池用作航天储能电源,而不给电源系统的设计带来很大的变化。

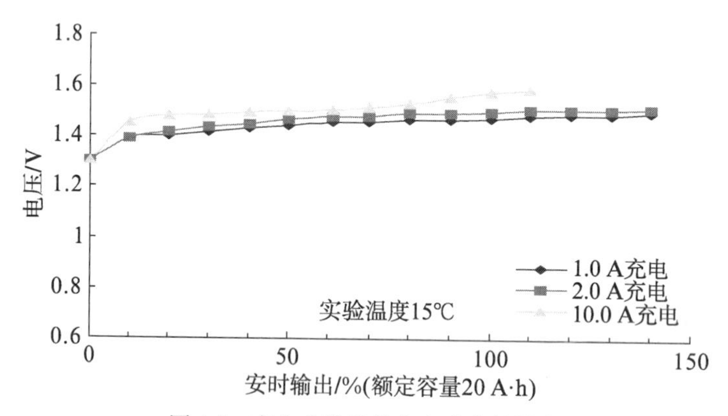

图4.1 充电曲线及其充电速率的影响

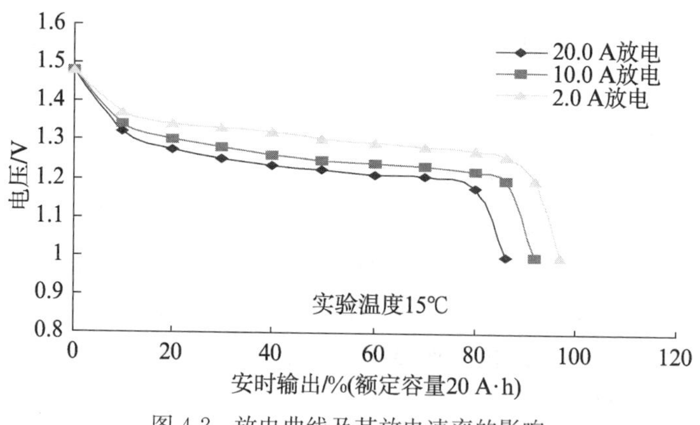

图4.2 放电曲线及其放电速率的影响

氢镍蓄电池充电和放电电压值随速率和温度而变化。虽然航天用氢镍蓄电池不是设计成大功率使用的,但由图4.1和图4.2可知,在C/10、C/2和C三种速率下,放电电压平稳。放电电压随速率增加而有所下降,充电电压随速率增加有所增加。

图4.3和4.4给出了温度对氢镍蓄电池充放电电压的影响。

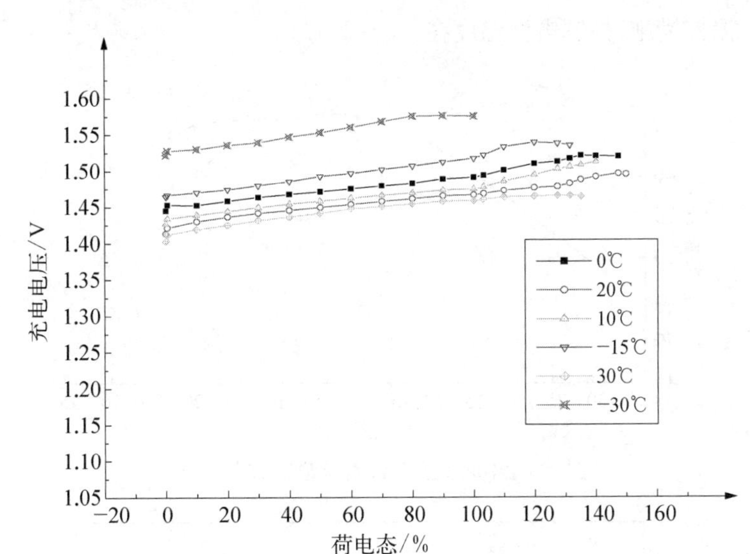

图4.3 不同温度下氢镍蓄电池充电电压

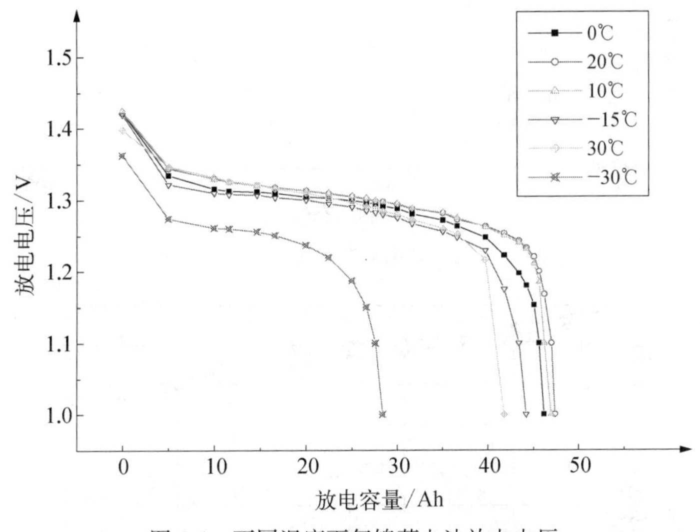

图4.4 不同温度下氢镍蓄电池放电电压

从图4.3可以看出，温度越低，充电终止电压越高；充电速率越大，充电终止电压越高。由于电池的充电终止电压值是充电控制的重要参数之一，因此准确获得这类数据对航天电源系统的设计至关重要。

2. 容量特性

氢镍蓄电池的容量与放电速率和工作温度有关。放电速率对电池容量的影响可以从图4.2看出。放电速率增加，容量减少。图4.5则给出了氢镍蓄电池容量和环境温度的关系。可以看出，随着温度的升高，电池放电容量先升高后降低。在10℃时的容量比20℃时容量高10%。温度升高使充电效率降低，这是导致放电容量减少的原因之一。从图4.6充电效率与温度的关系曲线可看出，温度越高充电效率越低。当电池荷电态达到100%时，0℃下的充电效率为95%，而10℃下为88%。从图4.7充电温度与电池容量的关系可

见,充电温度越低电池的容量越高。实际应用中,为了保证氢镍蓄电池的最佳工作性能,设计中采用了温控措施,控制电池温度在-5～20℃。

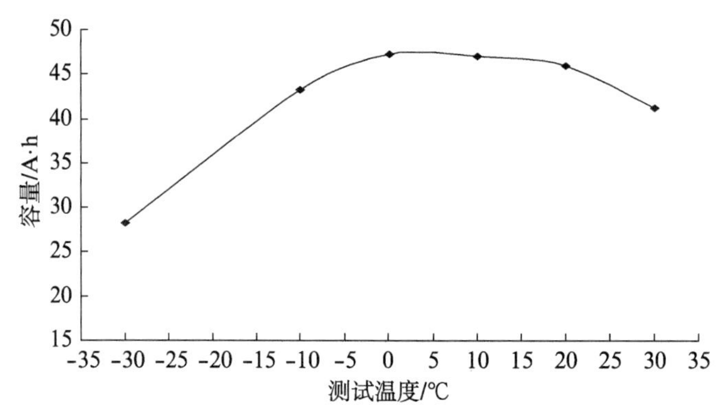

图4.5　不同温度氢镍蓄电池的放电容量

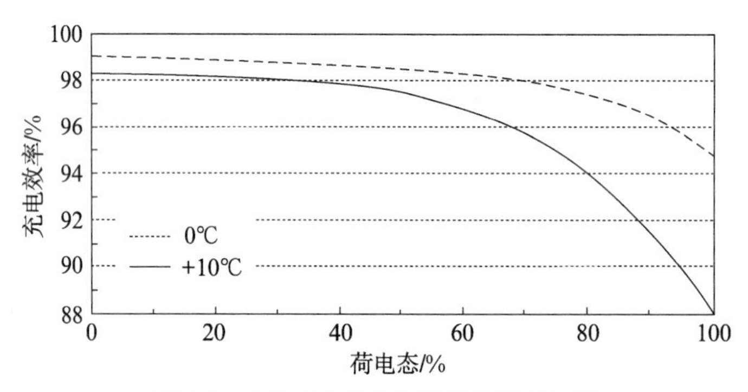

图4.6　电池充电效率与温度的关系曲线

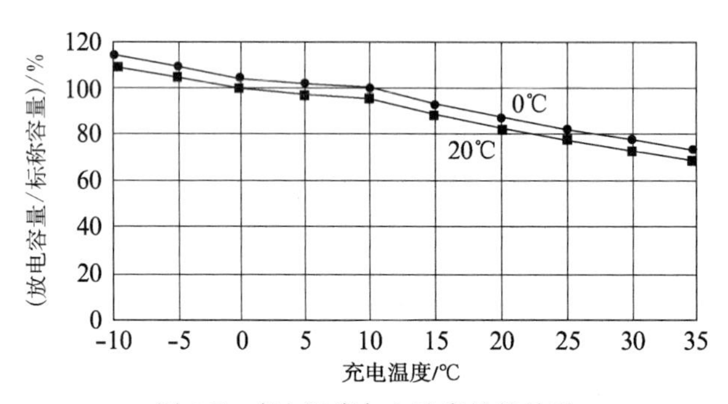

图4.7　充电温度与电池容量的关系

3. 热特性

氢镍蓄电池作为一个复杂的电化学体系,其热量来源主要包括可逆热效应、极化热、过充电过程中的氢氧复合热。

1) 可逆热效应

氢镍蓄电池的热力学状况与镉镍蓄电池非常相似。两种电池的正电极相同,并且氢电极的平衡电位仅仅比镉电极电位低0.02 V。氢镍蓄电池的可逆热效应为-36 kJ,可逆热是负值,这意味着氢镍蓄电池在正常充电期间是个吸热过程,放电期间是个发热过程,且放电电流越大,可逆热效应产生越快,发热量越明显。

2）欧姆极化热

电池内部各种电阻如隔膜电阻、电解液电阻、正负电极导电基体的电阻和活性物质间的接触电阻等集中表现为电池欧姆内阻的大小，而克服欧姆极化所需的电能以热量形式散发出去，因此电池欧姆内阻越小，电池的充放电效率越高，产生的热量越少。

3）电极极化热

正负极活性物质发生反应时会存在电化学极化和浓差极化，电化学极化是由于电子转移步骤迟缓引起的极化，浓差极化是由于电极表面的活性物质浓度变化所引起的，这些极化会使电极电位偏离平衡电位，从而产生热量。

4）氢氧复合热

由氢镍蓄电池的过充电过程中的电化学反应可知，过充电的电量全部转化为氢氧复合释放出的热量，此时的充电效率极低。

上述热量变化导致氢镍蓄电池在放电过程中温度升高，在充电过程中温度下降。当充电充足转入过充阶段，电池温度又开始上升。图4.8和图4.9反映了这一特点。

图4.8所示的放电曲线为国际通信卫星V号用30 A·h单体电池在200 A电流放电时的放电曲线。可以看到，放电过程中电池温度迅速从－2℃上升到60℃。温度通过贴在壳体外壁上的传感器测得，所以这还仅仅是壳体的温度，电池内部温度还要高。

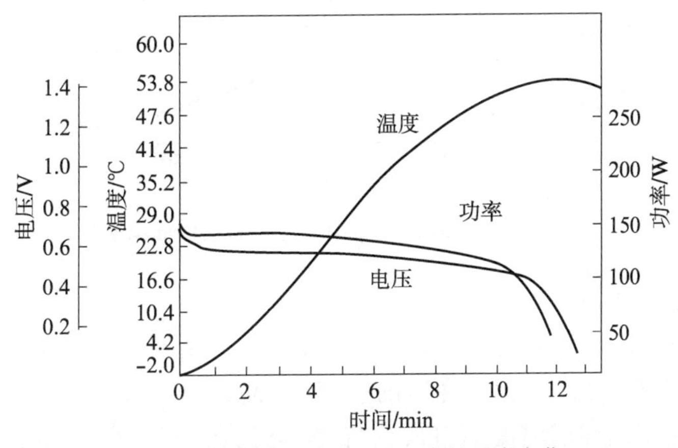

图4.8 氢镍蓄电池放电过程中的温度变化

图4.9的数据是飞行试验实测数据。在放电过程中，电池组温度上升，转充电过程后电池组温度下跌，当转入过充电阶段时电池组温度又回升，最后在涓流阶段，电池温度又逐渐下跌。数据表明，在全部工作阶段，电池组最高温度不大于20℃，涓流阶段温度不超过15℃。电池温度控制的设计达到预期要求。

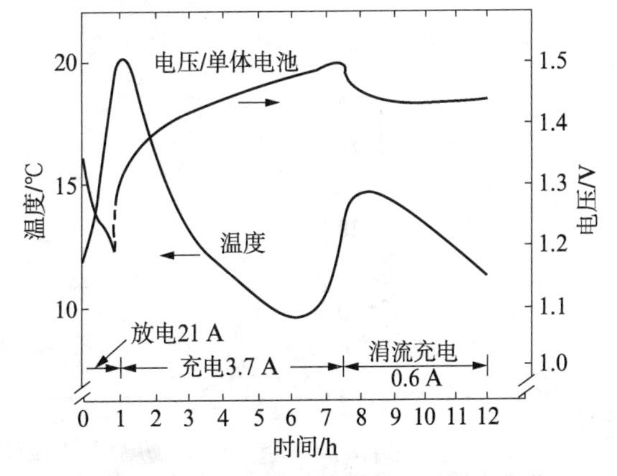

图4.9 氢镍蓄电池充电过程中的温度变化

4. 气体压力特性

氢镍蓄电池负极活性物质是氢气，充

电时产生氢气,放电时消耗氢气。因此在充电和放电过程中氢气压力是发生变化的。氢气压力与壳体安全系数有关,在氢镍蓄电池研制初期,为保障安全,壳体的安全系数在3.0以上,因此最高设计压力在5 MPa以下,但是随着氢镍蓄电池技术的日益成熟和用户对电池高比能量的要求,目前设计的壳体安全系数在2.5左右,设计压力在6～8 MPa。

氢镍蓄电池的优点之一是气体压力与电池的带电状态(容量状态)有直接联系。如果充电是恒电流,则气体压力线性地随充电时间变化。图4.10清楚地显示了这种特点。曲线表明,充电过程中气体压力增加,过充电时压力有个上升阶段,然后趋于平稳。过充电所产生的氧气能与氢气在催化电极上复合,当产生气体的速率与气体复合的速率相等时,气体压力为一平衡值。开路储存阶段,由于自放电,内部气体压力下降。放电过程中,气体压力继续下降,而在过放电阶段,气体压力仍能维持在一个稳定值,这是由于在镍电极上产生的氢气在氢电极上继续消耗。

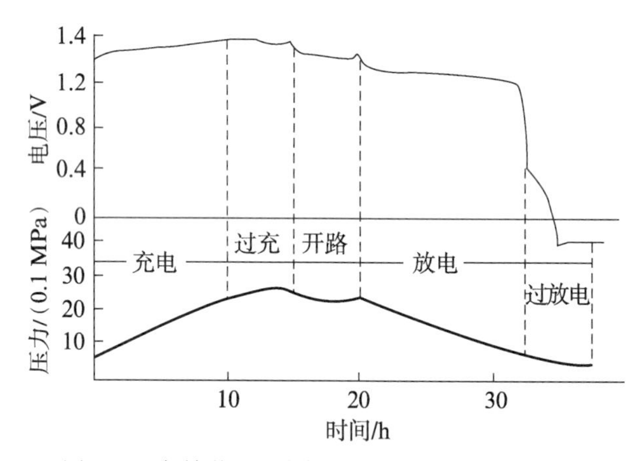

图4.10　氢镍蓄电池内部压力随充放电时间的变化

5. 自放电特性

氢镍蓄电池与镉镍蓄电池不同,正极和负极活性物质不能由隔膜分开。负极活性物质氢气充满整个单体电池容器内的空间,因此自放电较镉镍蓄电池大。图4.11是氢镍蓄电池在不同环境温度的自放电特性,可见在20℃时的自放电速率比0℃时大一倍。

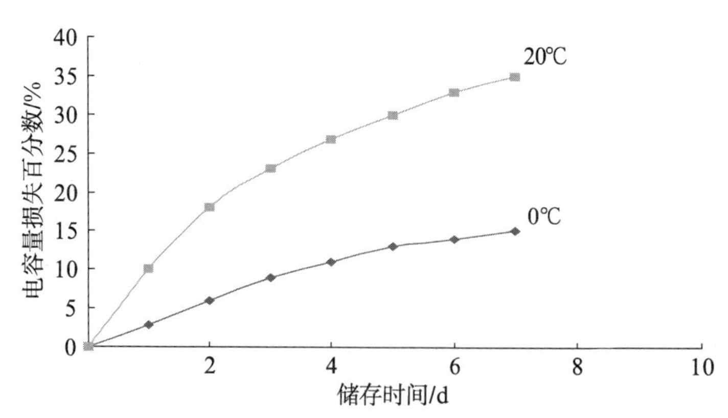

图4.11　氢镍蓄电池在不同环境温度的自放电特性

除了从测定电池开路搁置后的容量得知自放电速率外，也可以从电池开路搁置中氢压的减小来测定，因为氢压是电池容量的直接指示。当然，采用此法前，电池内部气体压力与容量的对应关系要事先确定。图4.12显示了开路搁置中单体电池容量的变化。自放电数据表明，自放电速率正比于氢气压力。

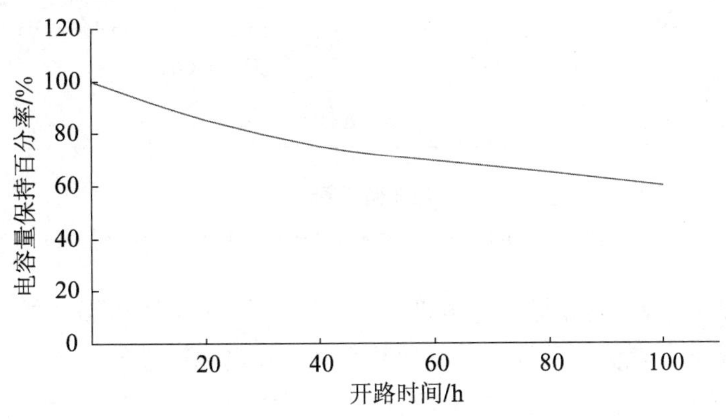

图4.12　氢镍蓄电池自放电率随开路时间的变化

6. 寿命特性

工作寿命长是氢镍蓄电池突出的优点之一。根据目前氢镍蓄电池组的使用情况可知，氢镍蓄电池组在地球同步轨道条件下工作寿命可达15年以上，太阳同步轨道条件下工作寿命可达8年以上。

通常，单体电池寿命试验结束是以放电工作电压跌到1.0 V以下为判据的。导致电池工作寿命结束或失效的主要原因如下。

1）正极膨胀

镍电极随着充放电循环次数的增加而膨胀，最终导致烧结基板解体。膨胀速率是所用KOH电解液浓度、活性物质浸渍量、放电深度和运行环境温度的函数。极板膨胀还将挤压出隔膜吸收的电解液，导致其干涸而造成电池失效。图4.13为在10℃下放电深度对氢镍蓄电池寿命的影响，其关系式为

$$N = 1\,885.04e^{4.621(1-\mathrm{DOD})} = 191\,511.73e^{-4.621\mathrm{DOD}} \tag{4.3}$$

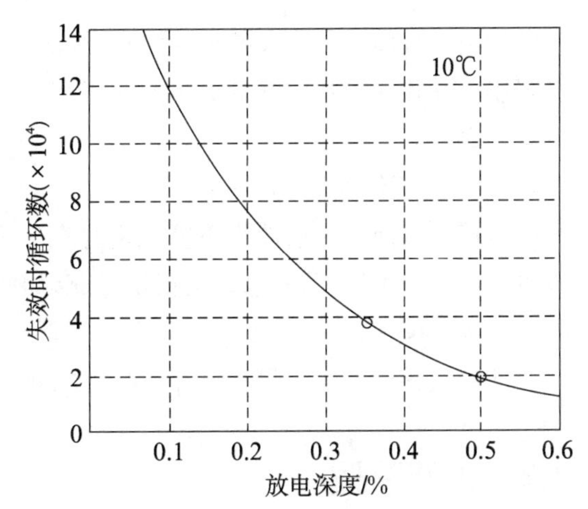

图4.13　放电深度对氢镍蓄电池循环寿命的影响

式中，N为循环次数；DOD为放电深度。

氢镍蓄电池的寿命与DOD呈负指数关系。图4.14为KOH浓度对氢镍蓄电池容量和寿命的影响，可见随着KOH浓度的提高，电池容量增加，循环寿命降低。

2）电解液再分配

由氢镍蓄电池的工作原理可知，电池极堆是电池的发热体，在充电末期和放电过程中

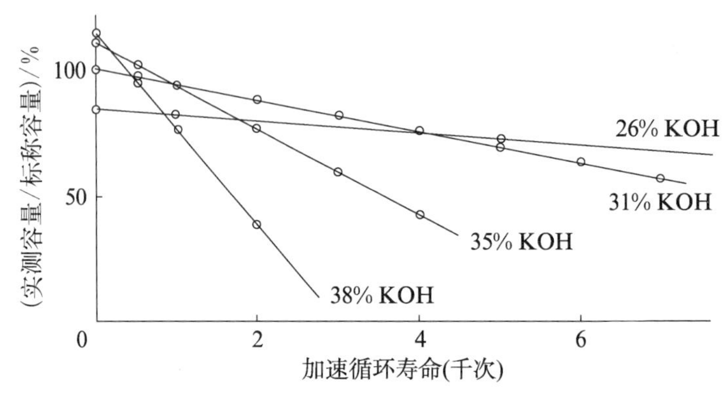

图 4.14 KOH 浓度对氢镍蓄电池容量和寿命的影响

电极堆会放出大量的热，这会导致电池极堆部分温度高，上下壳体温度低，从而导致单体电池出现温度差异。该温度差异过大将导致水蒸气在电池冷端发生凝结，而为了维持电池壳体内水蒸气压的平衡，水会不断地从极堆内蒸发出来，并凝结在电池壳壁上。实际上水的迁移驱动力是由于温度不同而造成的水蒸气压的差异，因此一定要把单体电池内部的温差控制在合理的范围内。

同时，在充电和过充电的时候，都有可能导致电解液随气体传递离开电极和隔膜。充电时候，在负极产生氢气，然后通过气体扩散网进入围绕电极组的自由空间，同时带走一部分电解液。在过充电时，正极产生氧气，氧气在背对背的正电极之间往外扩散，并带走一部分电解液。这种影响在地球同步轨道工作条件下不大，因为充电速率较小，随着充电速率的增加，这种影响会加大。

另外，当正极随着循环而变厚时，活性物质慢慢逐步移至极片表面，这导致与隔膜相接触的极片表面孔径大大减小，导致毛细活动加剧，使电解液更易从隔膜中吸走，同时，正极膨胀也导致在极片内部有更多的孔体积，可以吸存更多的电解液，使电解液再也不能形成重复循环。

3）密封壳体泄漏

氢镍蓄电池负极活性物质氢气密封在压力容器中，如果密封失效，发生泄漏，使电池放电时间逐渐缩短，而充电时又很快过充，如此反复，电池性能越来越差，最终失效。

4）隔膜降解

使用氧化锆编织布隔膜不存在降解问题。

4.2 工作原理

氢镍蓄电池工作状态可以划分为三种：正常工作状态、过充电状态和过放电(反极)状态。在不同工作状态下电池内部发生的电化学反应是不同的。图 4.15 为氢镍蓄电池成流反应示意图。表 4.11 列出了不同工作状态下的电极反应及相应的电极电位和电池电动势。表 4.12 列出了实测的电池电位值和电池电动势值的对比。这些公式没有完全考虑活性物质氢氧化镍在充电状态下的价态，在更高的氧化态下，水分子、KOH 会进入氢氧化镍晶格结构内。高氧化态的氢氧化镍($Ni^{+3.67}$)为γ相,低氧化态的氢氧化镍($Ni^{+3.0}$)为β相,表4.11～表4.13中镍电极的电极电位均为β相状态下的数值。读者可以参考Barnard的研究,以进一步了解β相和γ相的化学计量、价态特点和电动势特点。

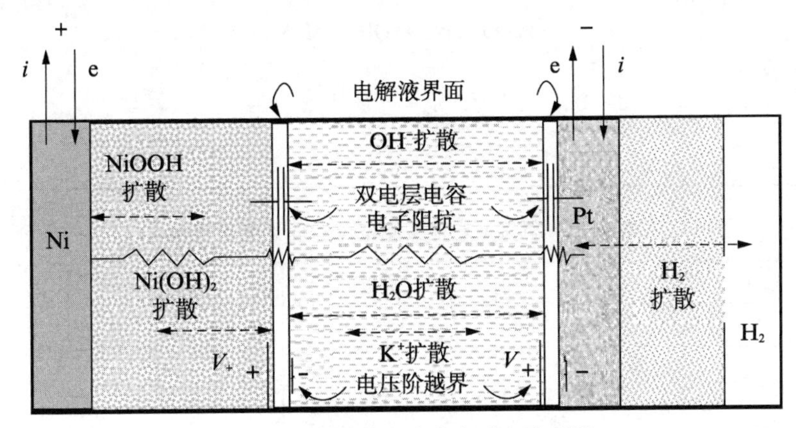

图4.15 氢镍蓄电池成流反应示意图

表4.11 氢镍蓄电池充放电过程发生电极反应

工作状态	电化学反应式	电极电位/V
正常充放电:		
镍电极	$NiOOH+H_2O+e \underset{充电}{\overset{放电}{\rightleftharpoons}} Ni(OH)_2+OH^-$	+0.409
氢电极	$\frac{1}{2}H_2+OH^- \underset{充电}{\overset{放电}{\rightleftharpoons}} H_2O+e$	−0.829
电池总反应	$NiOOH+\frac{1}{2}H_2 \underset{充电}{\overset{放电}{\rightleftharpoons}} Ni(OH)_2$	1.319
过充电:		
镍电极	$2OH^- \longrightarrow 2e+\frac{1}{2}O_2\uparrow+H_2O$	+0.401
氢电极	$2H_2O+2e \longrightarrow 2OH^-+H_2\uparrow$	−0.829
电池反应	$H_2O \longrightarrow H_2\uparrow+\frac{1}{2}O_2\uparrow$	+1.23
在催化点上的反应	$\frac{1}{2}O_2+H_2 \longrightarrow H_2O+热量$	
过放电(反极),有两种情况:		
(1) 带有正极过量的电池		
镍电极(直到预充量被完全消耗尽)	$NiOOH+H_2O+e \longrightarrow Ni(OH)_2+OH^-$	+0.409
镍电极(预充量被完全消耗尽以后)	$2H_2O+2e \longrightarrow 2OH^-+H_2\uparrow$	
氢电极	$2OH^- \longrightarrow \frac{1}{2}O_2\uparrow+H_2O+2e$	
在催化点上的反应	$\frac{1}{2}O_2+H_2 \longrightarrow H_2O+热量$	

续表

工作状态	电化学反应式	电极电位/V
(2) 带有负极过量的电池		
镍电极	$2H_2O+2e \longrightarrow 2OH^- + H_2\uparrow$	
氢电极	$\frac{1}{2}H_2+OH^- \longrightarrow e+H_2O$	−0.829
电池总反应	无净反应	

表 4.12　氢镍蓄电池实测电位和理论电动势值

工作状态	正常		过充电	过放电	开路**
电动势(E_0)/V	1.391		1.23	0	1.319
实测电压*(E)/V	充电	1.5	1.52	−0.2	1.339
	放电	1.25			

* 该数值随不同条件有变化。

** 在氢气压力 5×10^5 Pa 的实际条件下。

氢镍蓄电池的热力学数据见表 4.13。

表 4.13　氢镍蓄电池热力学数据

物　质	摩尔焓($\Delta_f H_m^0$)/(kJ·mol^{-1})	自由焓($\Delta_f G_m^0$)/(kJ·mol^{-1})
H_2	0	0
β-NiOOH,H_2O	−676	−561
β-hNi$(OH)_2$	−537.8	−453.5
H_2O	−285.8	−237.2

根据上述数据,氢镍蓄电池化学反应的焓变和自由能如下:$\Delta H = -295$ kJ;$\Delta G = -259$ kJ。

温度系数为 $dE_0/dT = -0.6$ mV/℃,即氢镍蓄电池的电动势随温度的增加而降低,温度每增加1℃,电动势降低0.6 mV。可逆热效应为

$$Q_{rev} = T\Delta S = \Delta H - \Delta G = -36 \text{ kJ}$$

式中,Q_{rev}为负值,意味着在放电期间可逆热效应会放出更多的热量,充电期间产生的热量下降。

4.2.1　正常充电和放电

从表 4.11 可见,在正常工作状态下,正极(氧化镍)电极发生的电化学反应与镉镍蓄电池正极所发生的电化学反应相同。负极(氢电极)发生的电化学反应与燃料电池负极所发生的反应相同,放电时氢气被氧化成水,充电时水被电解,氢气又被生成。电池总反应过程发生后,除了氧化镍被氢气还原生成氢氧化镍或相反过程之外,没有水量的变化,也没有 KOH 量的变化,因此 KOH 溶液的浓度也不变。

4.2.2　过充电

当充电进行到氢氧化镍向氧化镍的转化已经完成时，正极的电化学过程由水的电解来接替。反应结果是氧气在正极界面析出，电池进入过充状态。

在过充电状态下负极继续进行氢气析出的过程。因为负极本身为铂黑催化电极，因此正极界面析出的氧气能够在负极的铂催化剂表面迅速地和等当量的氢气化学复合生成水。复合反应的速度非常快，即使过充电速率很高情况下产生的氧气几乎都能及时复合。对电池内部气体成分分析结果表明氧气分压低于1%。从表4.11列出的电极反应可见，连续过充电并不发生水的总量和KOH溶液浓度的变化。但是，氢氧复合后会释放出大量的热，导致氢镍蓄电池温度升高，因此在一定的温控条件下，氢镍蓄电池具有相当的耐过充电能力。

4.2.3　过放电

氢镍蓄电池的过放电有两种情况，对于容量限制为镍电极即负极过量的情况，当放电进行到正极的氧化镍阴极还原成氢氧化镍的过程结束，氢气将在正极界面开始析出，电池进入过放电状态。在过放电状态下负极依然进行氢气催化氧化生成水的过程，正极产生的氢气能够等当量地在负极消耗掉，电池内部不会发生因氢气积累而造成的内部压力升高，电池电位也基本保持不变，在−0.2 V左右，电池温度反而比正常放电时下降。

对于容量限制为氢气即正极过量的情况下，当放电到氢气被消耗尽后，在铂电极上会发生OH^-的放电，生成氧气，该氧气的氧化性较强，会与负极铂金属发生反应：

$$2Pt + O_2 + 4OH^- + 2H_2O \longrightarrow 2Pt(OH)_4^{2-} \tag{4.4}$$

该反应会造成铂的溶解，尽管在后续的充电过程中又会被还原成铂金属，但是这会导致负极的比表面积降低，催化能力下降。当过量的正极也被消耗尽后，在正极上发生析氢反应，此时生成的氢气与氧气会在负极表面复合生成水，因此电池内部也不会发生因氢气积累而造成的内部压力升高，但电池温度此时会上升。过放电反应并不造成KOH溶液浓度和水量的变化，因此氢镍蓄电池有相当好的耐过放能力。

4.2.4　自放电

当电池处于搁置期间会发生自放电过程，因为负极活性物质是氢气，氢气占据了壳体内部的空间包围着电极极组，并与正极活性物质氧化镍直接接触。但是氢镍蓄电池自放电反应的特点是氢气还原氧化镍的过程以电化学方式进行而不是以化学方式进行。氢镍蓄电池的自放电率与电池温度和内部氢气压力有关。

4.3　氢镍蓄电池单体设计

4.3.1　氢镍蓄电池单体结构

图4.16为氢镍蓄电池单体剖面结构示意图。从图4.16可以看到，氢镍蓄电池单体基

本组成为：① 压力容器(包括极柱和密封件)；② 电极组；③ 端板；④ 极柱及密封件；⑤ 焊接环等结构件。

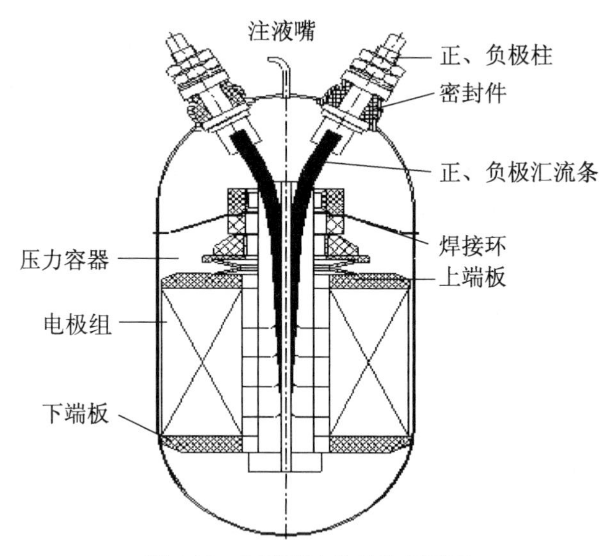

图 4.16　氢镍蓄电池单体剖面图

电极组由正电极、负电极、隔膜及扩散网以一定形式堆叠而成。组成电极组各部件及其排列见图 4.17。可以看出一定数量的电极组元件通过中轴、端板等紧固件组装成电极组整体，再通过焊接环牢固地安装固定在壳体中。

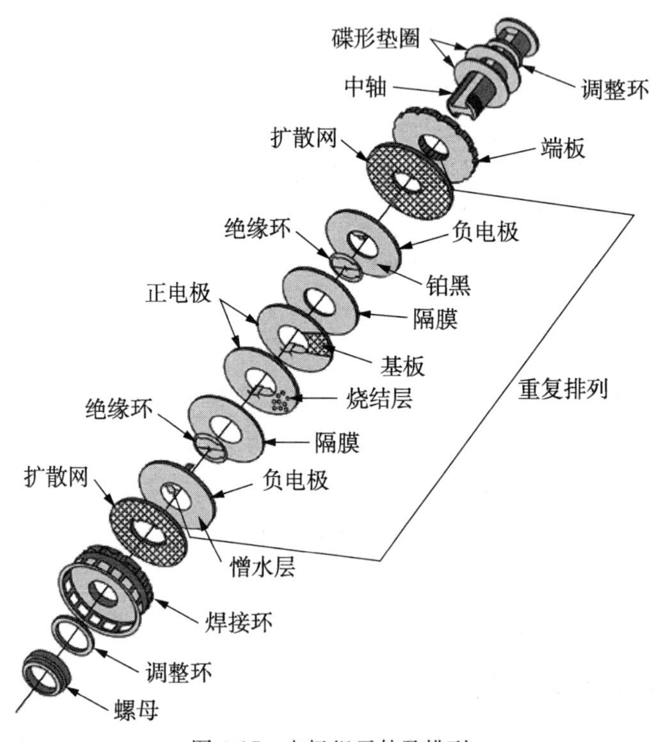

图 4.17　电极组元件及排列

可以认为电极组是由若干单元按顺序堆叠起来的,这种单元称为电极对。电极对有两种组成型式：背对背式和重复循环式,见图4.18。

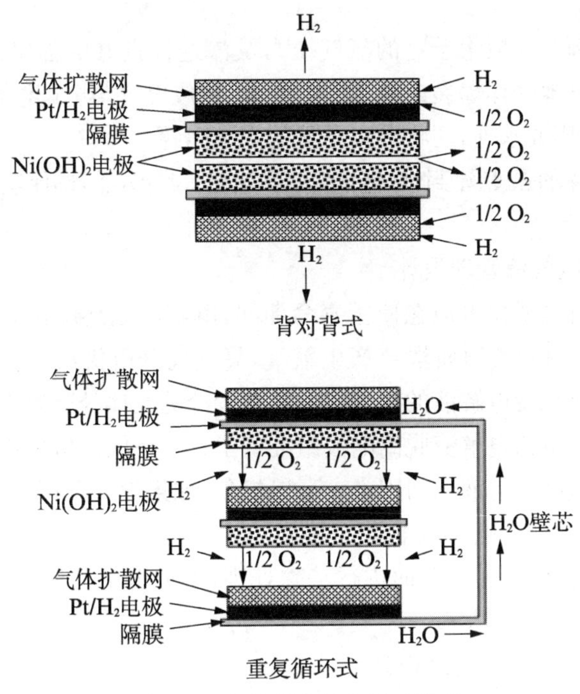

图4.18　氢镍蓄电池电极对形式

背对背式电极对由两片正电极、两层隔膜、两片负电极和一层气体扩散网组成。两片正电极背对背排列,通过两边的隔膜分别与两片负电极贴近。若干这样的电极对单元顺序排列就可以组成不同容量的单体电池。1975年前研制生产的氢镍蓄电池全部采用这种背对背型式的排列。这种型式的特点是：当隔膜采用燃料电池级的石棉膜时,由于该膜不透气,电池在充电和过充阶段在镍电极上析出的氧气被迫从两片镍电极之间的缝隙赶出并绕过隔膜进入氢气气室与其复合。

重复循环式电极对由一片正电极、一片隔膜、一片负电极(带气体扩散网)组成。若干这样的电极对单元顺序排列就可以组成不同容量的单体电池。这种型式是从1975年以后,在研制低轨道卫星用氢镍蓄电池时提出并采用的。这种型式特点是一个电极对中的镍电极直接面对下一个电极对中的氢电极。从镍电极中析出的氧气直接通过气体扩散网在氢电极表面均匀地与氢气复合。这样的复合过程使氧气产生到复合所经过的途径缩短,复合反应的面积大,因此是有优点的。当然,这种形式也带来不利之处,随着氧气从一个电极对转移到下一个,实际造成了水从一个电极对转移到下一个电极对,需要采取相应措施使失去的水再循环过来。

电极组堆叠后采用极堆螺母进行紧固,此时可以调节电极堆的松紧比 η,从而调节极堆高度,松紧比一般取95%～99%,计算方法如下：

$$\eta = \text{调节后电极堆厚度} / \text{电极堆零部件厚度实测值之和} \times 100\% \tag{4.5}$$

式中,电极组零部件包括正极片、负极片、隔膜、扩散网、隔离膜及端板(上、下)。

4.3.2 单体设计目标

1. 安全性

氢镍蓄电池内部存在数十千克的氢气压力及渗透性良好的强腐蚀性 KOH 溶液，一旦由于高压造成蓄电池壳体爆裂或由于密封失效，造成氢气与电解液泄漏，除造成电池失效、性能不能满足使用要求外，还将导致严重的安全问题。

因此，必须从壳体的强度、密封性(包括气密和液密)设计入手，确保氢镍蓄电池的安全性。

2. 长寿命

1) 氢镍蓄电池电解液管理设计

电解液的管理就是要使电池在使用寿命期间，电解液始终就位并保持合理分布。氢镍蓄电池在充电末期和过充电阶段会产生氧气，氧气离开电极组的过程中会带走一部分电解液。电极组发热也使电解液的水分挥发并在较冷的壳体处凝聚下来。氢镍蓄电池内部储存氢气这一特点也给电解液脱离电极组准备了一个空间。电极组与壳体之间的隔离空隙也使脱离电极组的电解液返回困难。可以想象，如果没有合理的电解液管理，随着充放电的进行，电池将会由于电极组干涸而失效。

为此，常通过对蓄电池壳体壁面进行特殊处理，形成电解液回流通道，避免出现电极组干涸。

2) 氢镍蓄电池内部氧气管理设计

氢镍蓄电池充电后期和过充阶段，在镍电极界面产生的氧气将离开镍电极，绕道转移到氢电极区与氢气化学复合，并保持合适的电解液平衡。单体电池设计时必须考虑提供氧气一个什么样的移动途径。如果途径是长的，意味着单体电池内部有更多的氧气在转移，氧气分压将会升高。如果氧气在氢电极界面的化学复合分布不均匀，可能会导致氢电极表面局部过热和损坏，甚至局部熔化。所以单体电池内部氧气的管理是否合理将会严重影响电池的性能。

为此，在单体结构设计及材料选用时，需要充分考虑如何建立合理的氧气扩散途径，通过改善氧气管理，保障蓄电池的性能与安全性。

3) 热管理设计

氢镍蓄电池的工作过程始终与热有联系，放电时发热，充电时吸热，转入过充电状态又发热。合理的单体电池设计应考虑到电池的热效应，把从电极、导线和极柱处产生的热量均匀和有效地发散出去，使电池内部各处的温度尽可能地保持均匀。如果热量分布不均匀，必将造成温度差，进而引起不均匀的电流分布和不均匀的电解液分布。

氢镍蓄电池的放电容量、自放电特性和工作寿命都是温度的函数，镍电极的充电效率也是温度的函数，因此，单体电池热管理的设计对保障电池性能非常重要。

为此，应使用热传导优良的材料，氢镍蓄电池单体采用薄形电极、低载量活性物质，采用耐高温、吸碱量大的氧化锆隔膜，降低电池的极化，减小发热量，并有利于提高单体电池温度均匀性。单体电池采用全金属外壳，有利于散热。

4) 充电管理

良好的在轨管理是保证氢镍蓄电池长寿命的重要因素，而充电控制是在轨管理的重要部分。针对低轨道飞行器储能蓄电池充电电流大、充电时间短的特点，特别需要精准地获知电池容量，并根据电池荷电态和充电效率的关系制定合理的充电电流，避免电池发生过充。

对于氢镍蓄电池来说，内部氢气压力与电池容量呈正比关系，即氢压直接指示电池的荷电态，因此以氢压为控制指标是最理想的充电控制方式。压力—容量充电控制方法基本原理为：采用压力传感器测量氢镍蓄电池内部氢气压力，根据压力计算出电池容量，以此为基础，制定一定的充电策略，确保在轨不发生过充和欠充，以保证长寿命性能。

4.3.3 氢镍蓄电池单体详细设计

1. 容量

首先，按式(4.6)计算额定容量：

$$C = I \times t / \mathrm{DOD} \tag{4.6}$$

式中，C 为容量(A·h)；I 为工作电流(A)；t 为工作时间(h)；DOD为放电深度(%)，一般低轨道使用放电深度不大于40%，高轨道使用放电深度不大于80%。

设计容量一般取额定容量的110%～120%。氢镍蓄电池为正极限容、负极过量设计。正极活性物质 $Ni(OH)_2$(氢氧化镍)的理论容量为0.289 A·h/g，实际利用率为90%，据此可以得到所需正极活性物质的量。负极为氢催化电极，选用比表面积大的铂黑作为催化剂。

2. 压力容器

壳体选择强度高、耐碱腐蚀、不易发生氢脆的材料，一般选用高温镍基合金(国外牌号为Inconel718，国内为GH4169)。制成壳体后需进行热处理，处理后硬度不小于400 HV。壳体内壁与电池极堆相接触的部分喷涂多孔氧化锆涂层，以利于电极堆内的电解液回流，从而实现电解液管理。具体设计过程如下。

1) 电池壳体壁厚的设计

壳体壁厚根据电池质量和内部最高工作压力而定，薄壁压力容器筒体段和球冠段壁厚的计算公式分别如下：

$$S_{筒} = \frac{PDn}{2\sigma_b \phi - P} \tag{4.7}$$

$$S_{球} = \frac{PDn}{4\sigma_b \phi - P} \tag{4.8}$$

式中，$S_{筒}$、$S_{球}$ 为壳体直筒段和球冠段壁厚(cm)；P 为最高设计压力(MPa)，氢镍蓄电池内部最高工作压力一般设计为5～8 MPa，具体依据电池的尺寸而定；D 为壳体内直径(cm)；n 为壳体安全系数，一般取2.0以上；σ_b 为材料的抗拉强度，取1 380 MPa；ϕ 为焊缝系数，一般取0.9，即焊缝处的强度为本体强度的9/10。

因此，若电池的直径为89 cm，设计压力为6 MPa，则直桶段壁厚为0.43 cm，球冠段壁厚为0.21 cm。

2) 电池壳体体积设计

电池壳体体积包括在最大工作压力下气体的体积和电极堆的体积,电池壳体包括直筒段和球部。氢镍蓄电池内部最大氢气体积计算如下。

氢镍蓄电池内部氢气主要在电池充电阶段产生,充电阶段的化学反应式为

$$Ni(OH)_2 \longrightarrow \frac{1}{2}H_2 + NiOOH \tag{4.9}$$

由式(4.9)知1 mol $Ni(OH)_2$ 反应将在氢电极上产生0.5 mol的 H_2。因此可知一定容量的氢镍蓄电池在充满电时所产生 H_2 的量,进而可根据气体状态方程式(4.10)计算得到氢气所占用体积:

$$V_{气} = nRT/P \tag{4.10}$$

式中,$V_{气}$ 为壳体内氢气所占用体积(m^3);P 为设计氢压(Pa);n 为氢气物质的量(mol);R 为阿伏伽德罗常数,为8.314 $Pa \cdot m^3 \cdot mol^{-1} \cdot K^{-1}$;$T$ 为绝对温度(K),取电池工作时承受的最高温度,一般为35℃。

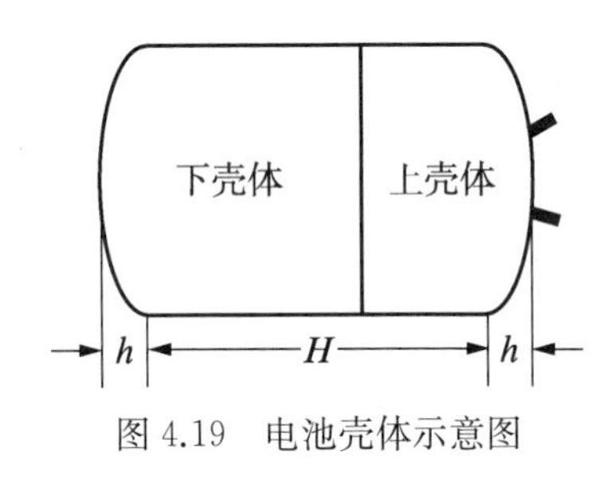

图4.19 电池壳体示意图

氢镍蓄电池内部电极堆体积为电极堆所有零部件的体积之和。

根据电池壳体体积和选用的电池壳体外形即可得出电池壳体的尺寸,如图4.19所示的电池壳体的尺寸计算如下:

$$V_{壳} = V_{气} + V_{电} = 2 \times V_{球冠} + V_{直筒} = 2 \times \frac{\pi}{3} \times h^2(3r - h) + \frac{\pi}{4}D^2H \tag{4.11}$$

式中,h 为球冠高度;r 为球冠半径;D 为壳体内径;H 为圆筒段长度。

上、下壳体的长度尺寸分割原则为:下壳体直筒段根据电极堆长度(下端板到焊接环的长度)而定,尽量将电极堆下端板放置到壳体直筒段与圆弧段的交界处,有利于固定电极堆,同时留有1~2 mm的余量,剩余尺寸即为上壳体尺寸。

3. 镍电极

镍电极是氢镍蓄电池的关键部件之一,不仅质量占了单体电池质量的35%,而且它的容量限制了电池的容量。镍电极的性能对电池性能和充放电循环寿命影响最大。从制造工艺过程来讲,镍电极的工艺复杂性和工艺控制严格程度在氢镍蓄电池各部件中也占首位。

目前采用的镍电极形状有两种,一种为截去两边的圆盘形,电极中间带有一小孔供电极组装配用,如图4.20(a)所示。截去圆盘部分面积是为了在壳体中留出空隙供电极组的正汇流条和负汇流条占用。另一种形状为环形,也称菠萝形,如图4.20(b)所示。这种设计主要从热量散失角度考虑。电极中心挖去一个小圆的目的是留出空间给导线占用。导线将从中心圆孔通向极柱。这种电极形状能使电极外圆与壳体的间隙更小,使电极内圆边缘离壳体的距离也缩小,从而使电极产生的热量更容易,更均匀地导向壳体。

镍电极由冲孔镍网、镍粉、活性物质氢氧化镍组成,其设计包括极片尺寸、孔率、活性

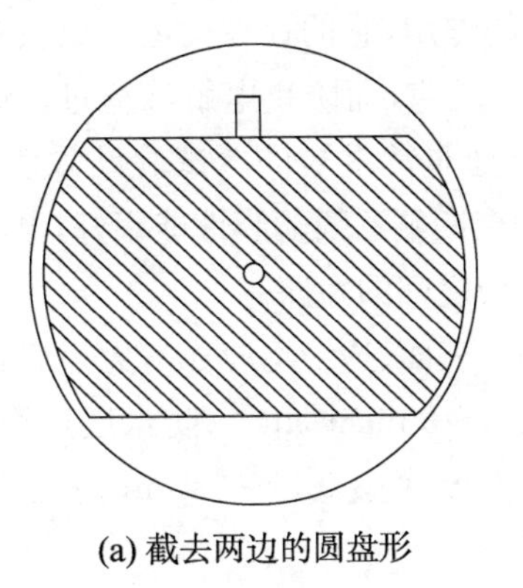

(a) 截去两边的圆盘形

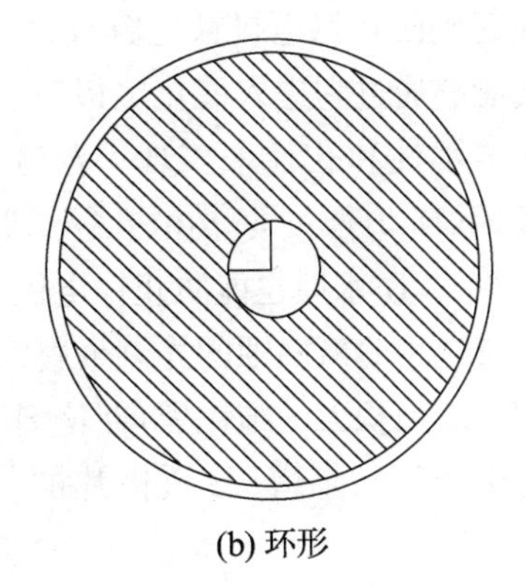

(b) 环形

图 4.20 镍电极外形结构

物质孔体积增重等参数。

1）镍电极尺寸

镍电极尺寸包括内、外径和厚度。

$$
\begin{aligned}
\text{镍电极外径} = & \text{电池壳体外径} - 2 \times \text{电池壳体壁厚} \\
& - 2 \times \text{电池壳体内壁喷涂的氧化锆涂层厚度} \\
& - 2 \times 1.5\ \text{mm}(\text{极堆与壳体间隙})
\end{aligned}
$$

镍电极内径：根据单体的散热要求和质量要求合理选择镍电极的内径，以容量不大于 100 A·h 的电池为例，一般低轨道选取 30 mm，高轨道选取 26 mm。

2）镍电极厚度

镍电极厚度选取要综合考虑电池的质量要求、容量要求、寿命要求及工艺制造的可行性，一般低轨道选取 0.80～0.90 mm，高轨道选取 0.85～0.95 mm。

3）镍电极孔率

镍电极孔率选取要综合考虑电池的质量要求、寿命要求及工艺制造的可行性，一般选取 80%～90%。

4）活性物质孔体积增重

活性物质采用化学浸渍或电化学浸渍的方法填充于基板孔隙，其单位体积增重影响电池的容量、质量、寿命和工艺可行性，一般低轨道选取 1.5～1.7 $g \cdot cm^{-3}$，高轨道选取 1.7～1.9 $g \cdot cm^{-3}$。

4. 氢电极

氢电极与燃料电池氢电极基本相同，为聚四氟乙烯黏结的铂黑催化电极。它是多层结构，面层为催化层，由聚四氟乙烯乳液和含铂催化剂的活性炭混合而成。背层是防水层，由一层聚四氟乙烯薄膜组成。中间层是一片镍网，既是电极的骨架，又是集流网。

催化层是多孔结构，提供了气、液和固(催化剂)三相界面。合适结构的三相界面是催化电极活性的重要保证，因而正确的制造工艺是非常重要的。如果催化剂含量不够，则不能提供足够的反应点发生异相电化学反应。聚四氟乙烯含量太多将使电催化剂形成断开的结构，某些催化剂将形成孤岛，成为永久干涸区域而得不到充分利用，导致电极效率降低。聚四氟乙烯含量太少则导致电化学活性点被电解液淹没。

防水膜起到防止氢电极被电解液完全浸没的作用,它的存在使氢气以及在过充阶段产生的氧气能够通过它进入催化电极三相区发生反应,而防止电解液通过。该功能主要由防水膜的憎水性和孔径来实现。合适的孔径是非常重要的。试验结果表明,牌号为GORELEX SIO415,厚度50 μm、孔径0.2 μm的聚四氟乙烯薄膜性能很好,电池内部氧气浓度低于0.1%。防水膜也能防止镍电极和氢电极之间的短路。

导电骨架选用耐碱腐蚀的光刻金属镍网制成,表面、边缘均应光滑无毛刺,厚度均匀;催化剂选用比表面积大的纯铂黑,催化剂用量为4～6 $mg \cdot cm^{-2}$;防水层选用耐碱腐蚀、防水透气的聚四氟乙烯薄膜;负极片的外径比正极片小0.5～1 mm,内径比正极片大0.5～1 mm。

5. 隔膜

用于氢镍蓄电池的隔膜有燃料电池级石棉膜和氧化锆布,也有聚丙烯膜。早期也曾使用过尼龙毡。石棉膜和氧化锆布具有热稳定和湿润性好的特点。两者都有优良的孔结构,电解液保持能力强。在目前阶段,地球同步轨道卫星用氢镍蓄电池主要使用石棉膜,该膜的技术发展成熟,性能可以满足使用要求。

石棉膜是不透气的,因此在充电和过充电期间镍电极上逸出的氧气要绕道先进入电极组和压力容器之间的空间,再通过负极的气体扩散网区进入负极的多孔背面与氢气复合生成水。长期研究表明,在地球同步轨道工作条件下,由于氧气逸出引起的电解液输送损失很少,几乎测量不出,氧气分压小于氢气分压的1%,低于危险值。由于氧气复合而造成的负极和正极边缘地区的过热也不明显,因此石棉膜的使用是有效和安全的。试验结果表明,过高倍率的充电会导致电解液输送的损失,所以对于正在研制的低轨道卫星用的氢镍蓄电池,主要应选用氧化锆布。

氧化锆布有杰出的化学和几何形状的稳定性,它的特殊结构能够起到储存电解液的作用,对于电解液的控制十分有用。这种隔膜材料既可加工成无纺形式,也可以与少量高分子材料一起编织后加工成形以加强强度。由于氧化锆布能够透过气体,这种隔膜也被称为双功能隔膜。使用这种隔膜时,在高倍率充电和过充电过程中,电解液输送损失少,电极组外也无氧气分压积聚,能够满足低轨道卫星用氢镍蓄电池的使用要求。研究工作也发现,在连续过充电状态下,氧化锆布传递太多的氧气而造成了氢电极局部击穿成洞。造成的原因是氧化锆布隔膜结构不够均匀。正在研究和试验的途径是采取措施改变氧化锆布的氧气传递特性。氢镍蓄电池在充电后期会析出氧气,氧气与氢气在负极表面复合并产生大量的热,一侧的隔膜将受到强烈的热冲击,因此隔膜需具有较高的熔点。此外,氢镍蓄电池充放电循环中,镍电极会膨胀挤压隔膜,隔膜需要具有良好的抗压及保液能力。

为此,低轨道应用一般选用无机隔膜,包括石棉和氧化锆;高轨道应用可以选用有机隔膜,包括聚丙烯。

6. 电解液

氢镍蓄电池使用氢氧化钾水溶液,密度在1.3 $g \cdot cm^{-3}$左右(25℃)。有时也添加一定量的氢氧化锂。其浓度和用量依据电池的使用寿命和比能量而定。浓度越低,电池的充放电循环寿命越长,但比能量会降低;浓度越高,电池的充放电循环寿命越短,但比能量将提高。低轨道应用一般选用浓度为26%～31%，而高轨道应用一般选用31%～38%。用量一般以3～5 g/(A·h)为宜，过多将导致内部产生爆鸣，过少则影响蓄电池寿命。

7. 极柱与电池壳体的密封

极柱与壳体的密封目前有两种形式：金属—陶瓷密封和塑压密封，具体依据制造工艺的可行性选择。选择塑压密封时，需要注意密封件之间的尺寸配合、密封件材料的选择和密封结构的设计，确保密封的可靠性，塑压密封件材料一般选用尼龙或者聚四氟乙烯。

8. 压力传感器设计

国际上通常采用两种压力传感器进行压力测量。俄罗斯采用内置的压力探头，这种方法测量的氢气压力比较准确，但是对制造工艺要求极高。欧美等国家则通过在电池壳体上粘贴电阻应变片，组成外置式压力传感器测试压力。

外置式压力传感器的传感元件是电阻应变片，它是一种电阻式的敏感元件。它的外形如图4.21所示，由敏感栅、覆盖层、基底和引出线四个部分组成。电阻应变片的敏感量是应变。

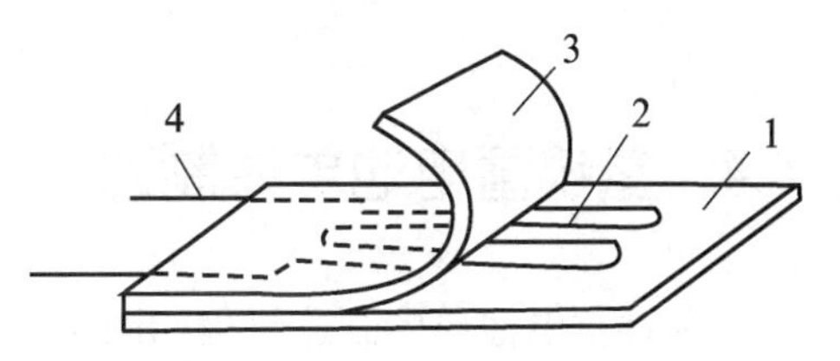

图4.21 箔式电阻应变片结构图

1-基底；2-敏感栅；3-覆盖层；4-引出线。

其工作原理为：被测弹性体在压力下产生形变从而引起电阻阻值的改变，相应的输出电压信号发生改变。即利用应力应变使电阻丝产生形变，使其长度、截面积等发生改变，如下式所示：

$$R=\frac{\rho L}{A} \tag{4.12}$$

式中，R 为电阻值；ρ 为电阻率；L 为电阻丝长度；A 为电阻丝横截面积。

导体拉伸时，L 变大，A 变小，R 变大；导体收缩时，L 变小，A 变大，R 变小。粘贴在弹性元件表面上的应变片，仅考虑载荷和温度的作用时，输出的应变值可用下式表示：

$$\varepsilon_{总}=\varepsilon_{\sigma}+\varepsilon_{T} \tag{4.13}$$

式中，$\varepsilon_{总}$ 为输出的总的应变值；ε_{σ} 为荷载作用产生的应变值；ε_{T} 为温度引起的应变值(虚假应变)。

从中可以看出，电阻应变片输出的应变值由真实应变和虚假应变两部分组成，虚假应变是不需要的，但是由于环境的温度总是有一定的变化，所以虚假应变总是存在，因而需采用温度补偿的方法来消除温度产生的应变的影响。电阻应变片温度补偿的方法主要有桥路补偿和应变片自补偿两类。其中，应变片自补偿则是利用应变片本身特性使温度变化引起电阻增量相互抵消，以达到温度补偿的目的。应用较多的是桥路补偿，具体实施方法为：利用两个特性相同的应变片，粘贴在材质相同的两个试件上，置于相同的温度环境中，其中一个受力，其上的应变片称为工作片，另一个不受力，作为补偿片，将两个应变片分别接到电桥相邻的两个桥臂中，当温度变化时，两个应变片的电阻增量相等，电桥仍保持平衡，从而达到温度补偿的目的。

为此，选用惠斯通电桥作为测量电路，见图4.22。用两对应变片组成一个典型的四元

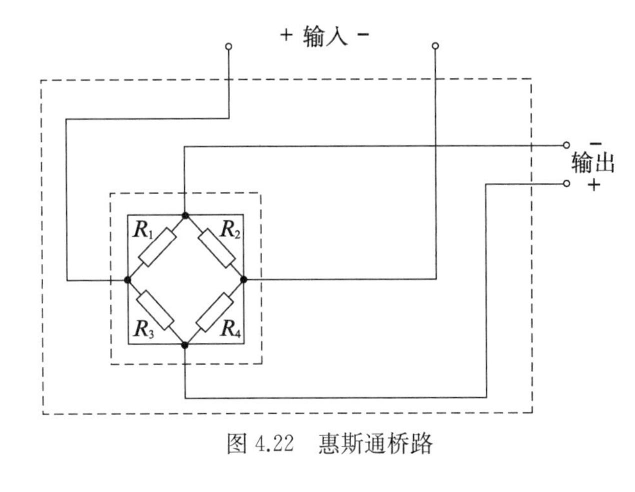

图 4.22　惠斯通桥路

式惠斯通电桥(Whetstone bridge)电路，两个电阻应变片 R_1 和 R_4 作为主动式应变片，可直接贴在壳体上，用于测量壳体的微应变，同时感受电池壳体的温度和感受电池壳体的应变，另外两个电阻应变片作 R_2 和 R_3 为被动式应变片，粘贴在材料性质、环境温度与电池壳体一样的补偿块上，然后再将补偿块粘贴在电池壳体上，使电阻应变片只感受电池的温度而不感受电池壳体的应变，从而实现温度补偿。

4.4　氢镍蓄电池单体制造

氢镍蓄电池单体制造流程如图 4.23 所示，主要工序包括负极片制备、正极片制备、单体装配、电池焊接、电解液加注、性能测试其他结构件加工等。

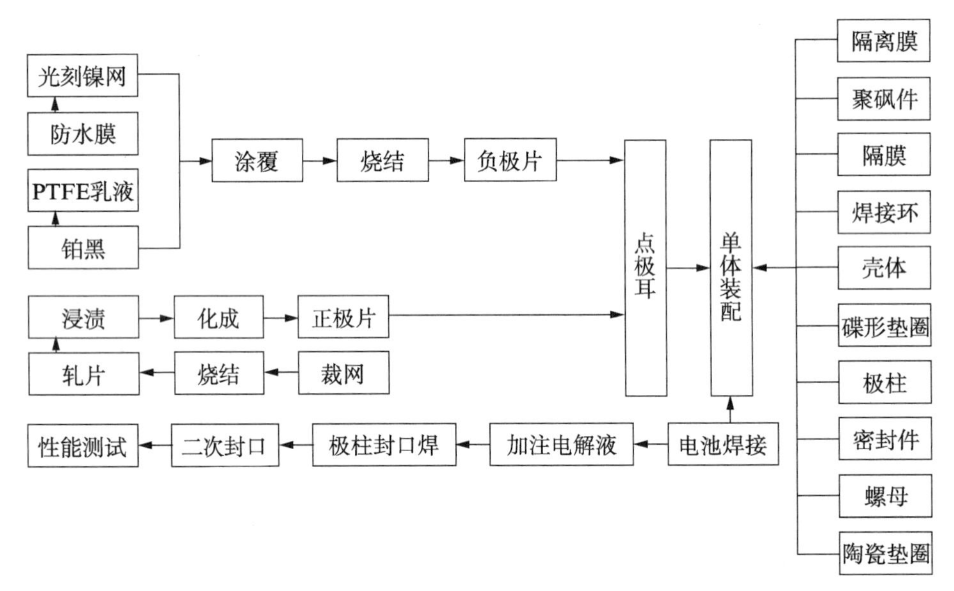

图 4.23　氢镍蓄电池单体制造流程

4.4.1　壳体制造

壳体的制造方法有引伸法、液压法。液压法将壳体加工成初步形状，然后再用电化学加工法加工到要求的厚度。此种工艺能够很好控制壳体厚度，质量较轻。引伸法为一次成型，将板材拉伸到所需的长度，该方法决定了壳体直桶段的壁厚比圆球段厚，但是根据物体的承压公式，在相同壁厚的情况下，圆顶段所承受的压力比直通段可以大一倍，因此这并不影响整个壳体的强度。

其中,引申法的加工流程如图4.24所示。

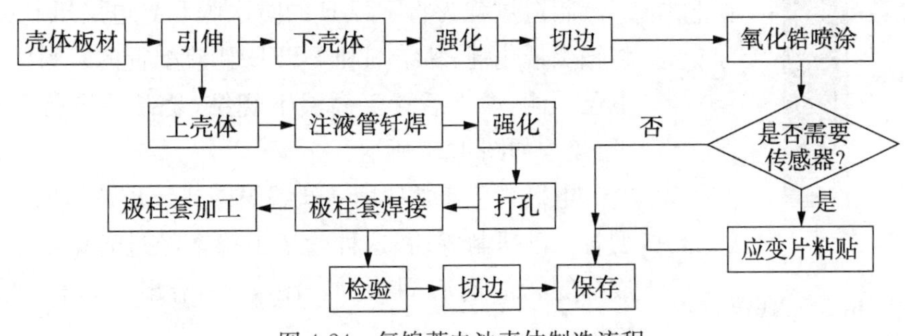

图4.24 氢镍蓄电池壳体制造流程

壳体内壁喷涂氧化锆的目的一是进行电解液管理,通过将其和隔膜接触的方法将极堆析出的电解液吸回到极堆内,二是充当电极堆和壳体间的电子绝缘层。

4.4.2 镍电极

氢镍蓄电池镍电极基本制造流程如图4.25所示。

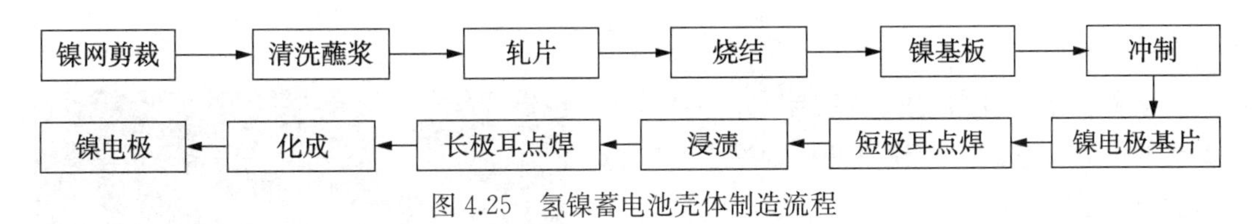

图4.25 氢镍蓄电池壳体制造流程

主要工序简介如下。

(1) 镍网导电骨架剪裁：目前采用冲孔镍带、编制镍网等基体。

(2) 镍基板烧结：目前有两种过程即干法烧结、湿法烧结。干法烧结即将镍粉、造孔剂、黏结剂等混合均匀,轧制到导电骨架上制成。湿法烧结即将上述粉料用乙醇或水混合成浆料,通过刮浆的方法将浆料涂到导电骨架上,先烘干再进行烧结。湿法烧结的强度大于干法烧结基板,但孔率要低,基板制造过程中应控制的参数包括厚度、强度、孔率、孔径、孔径均匀性和孔在基板纵向的分布。这些参数对电极强度、活性物质利用率和降低电极极化均有重要的影响。

(3) 活性物质浸渍：通常采用电化学方法进行,分为乙醇基浸渍液和水基浸渍液。也可以采用化学浸渍法,浸渍工艺与镉镍蓄电池相同。该过程要控制活性物质浸渍量。

(4) 化成：将浸渍好的镍电极与镉电极组装成模拟电池,放在大量电解液中进行充放电处理。过程中要计算电极容量、活性物质利用率,同时考察电极放电平台。这是后续镍电极筛选匹配的重要参数。

4.4.3 氢电极

目前有两种方法制备氢电极,一种以烧结镍基体作为导电骨架,通过沉积的过程将Pt、Pd等催化剂沉积到烧结镍的微孔内,这种电极也称为亲水性氢电极。另一种为憎水性氢电极,其制造方法来源于燃料电池的氢电极。其结构如图4.26所示。通常以后者为

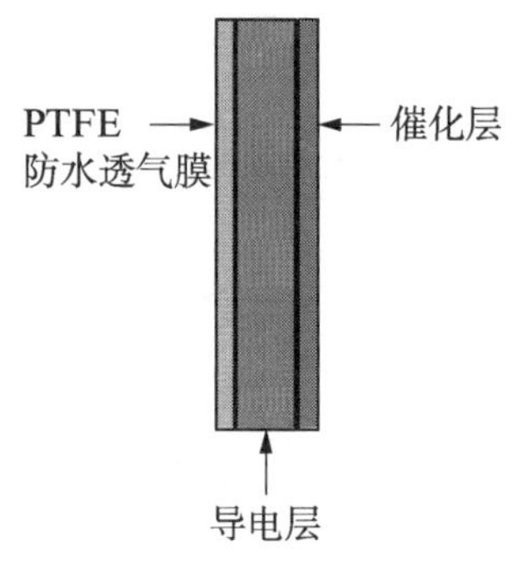

图 4.26 憎水性氢电极结构

多见。

制造过程为将 PTFE 的防水膜和导电层压制在一起，将铂黑催化剂、黏结剂和 PTFE 乳液配置的浆料涂敷到导电层一侧，烘干后置于高温下烧结，烧结后进行去极化处理，流程如图 4.27 所示。

电极骨架通常使用镍丝编织网或镍皮冲切网。一种新型骨架已研制成功，这种骨架由镍箔经过光化学刻蚀而形成辐射状的同心圈构型。图 4.28 给出了这种骨架的实物图。

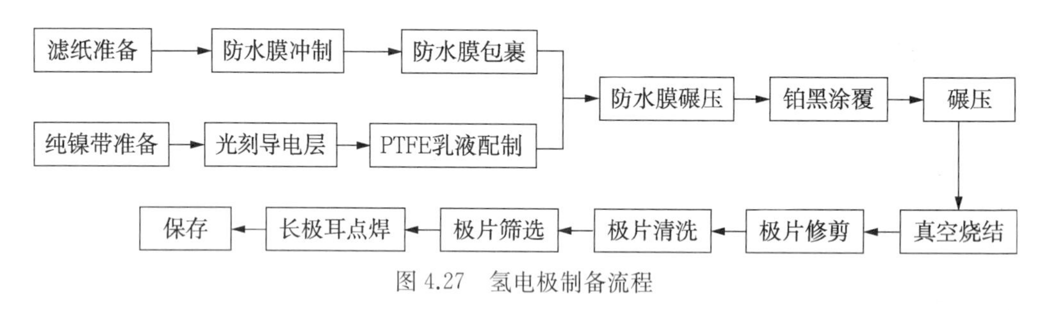

图 4.27 氢电极制备流程

这种骨架厚度薄、质量轻、导电性能好，很重要的好处是它消除了模具冲切镍网引起的金属尖点，从而减少了电极间短路或者电极与壳体短路的可能性。

通过燃料电池开发阶段的长期研究，氢电极制造技术比较成熟，相比于镍电极，具有优良的稳定性，所以氢电极不构成氢镍蓄电池性能和寿命的制约因素。

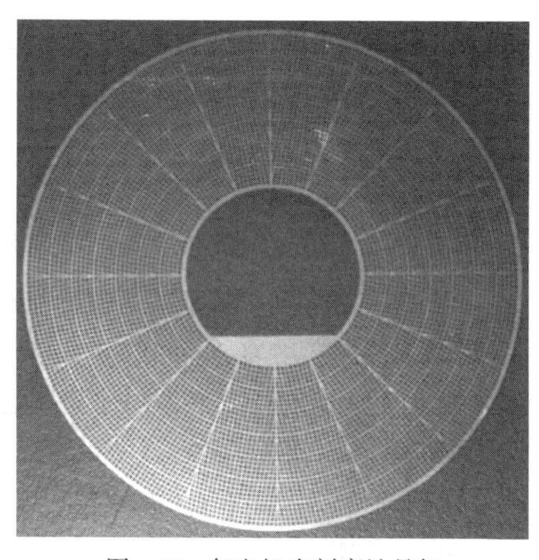
图 4.28 氢电极光刻腐蚀骨架

4.4.4 隔膜

氧化锆隔膜制造工艺难度极大，其制造的基本流程如图 4.29 所示。

工艺技术难点如下。

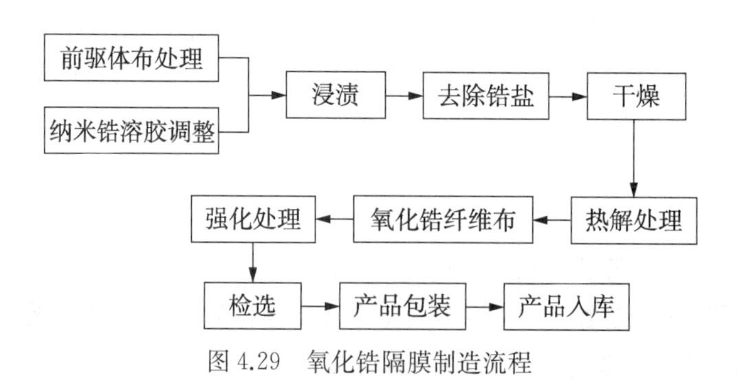

图 4.29 氧化锆隔膜制造流程

(1) 氧化锆隔膜显微结构控制技术。控制氧化锆纤维直径、空心纤维、晶粒形貌及尺寸等参数,使隔膜具备耐碱性能好、吸碱率高、柔韧性高、隔热等特点。

(2) 吸碱率均匀性控制技术。控制氧化锆隔膜的密度、厚度、结构方式及强化处理方式,使隔膜吸碱率均匀。

(3) 氧化锆隔膜面电阻控制技术。降低面电阻的有效途径为提高隔膜孔隙率和减小隔膜厚度,但会直接影响隔膜的吸碱率和隔膜强度,需要采用适当的添加剂在两者之中取得最优平衡。

(4) 产品批次一致性控制技术。隔膜的一致性会导致电池的稳定性和一致性,所以需从原材料、原材料处理到烧结、强化处理,直至产品的检选等各工艺环节参数的控制入手,保证产品性能一致性。

4.4.5 电解液

采用电阻率大于 1.0 MΩ·cm 的去离子水配制含锂氢氧化钾溶液,溶液中 KOH 含量为 388～424 $g \cdot dm^{-3}$;LiOH 含量为 7.5～8.5 $g \cdot dm^{-3}$;有害物质 K_2CO_3 的含量不应大于 7.5 $g \cdot dm^{-3}$;Fe 的含量不应大于 25.0 $mg \cdot dm^{-3}$。配制好的电解液的有效期为三个月。

4.4.6 电极组

将准备好的零部件按一定次序堆叠,堆叠形式依设计而定。其中的中轴、挡板和极堆螺母采用聚砜材料注塑成型。焊接环的材料与壳体相同,采用磨具冲制。由于镍电极在使用过程中会发生膨胀,因此在极堆上放置弹性碟形垫圈对其厚度进行调节,以免其过分挤压隔膜。

4.4.7 电池装配

将装配好的极堆放置在电池壳体内,焊接好后加注电解液,一般采用真空加注法,调整电解液量到设计值,最后封口活化。

4.4.8 压力传感器

压力传感器制造工艺流程见图 4.30,过程中最重要的是应变片的粘贴工艺,根据粘贴胶水种类的不同,具有不同的粘贴工艺。

应变片粘贴前需要对组成桥路的 4 片应变片的阻值进行匹配、应变片表观观察和粘

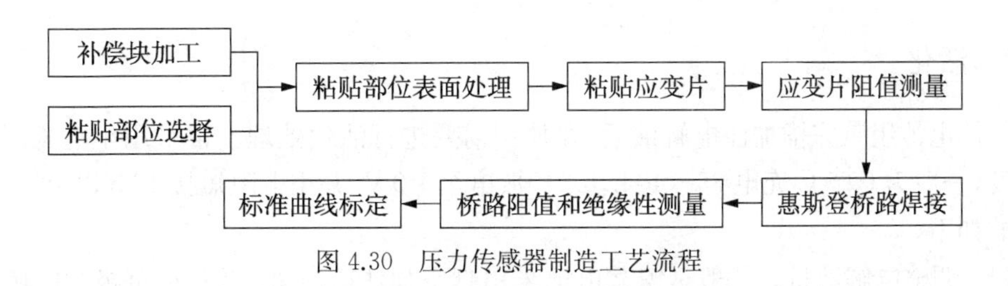

图 4.30 压力传感器制造工艺流程

贴部位的表面处理。其中粘贴部位的表面处理非常重要,对后续的粘贴质量有重要影响,因此一定要确保粘贴表面无缺陷、氧化层和不平整的现象,粘贴表面要通过打磨处理成毛面,以利于增大比表面积提高黏结强度。粘贴使用的胶水有多种,包括常温胶、高温胶等,根据不同的胶水种类有不同的粘贴工艺,可根据产品用途、可靠性、操作难易程度等选用合适的胶水。粘贴后需要对应变片进行严格、精细的质量检查,包括阻值、微观状态(包括应变片栅丝是否有变形、损坏,是否有气泡)等。压力传感器桥路连接一般采用锡焊的形式用电缆将桥路连接起来,连接过程注意焊接质量,不得有虚焊现象。桥路连接后需进行桥路阻值和绝缘测试。

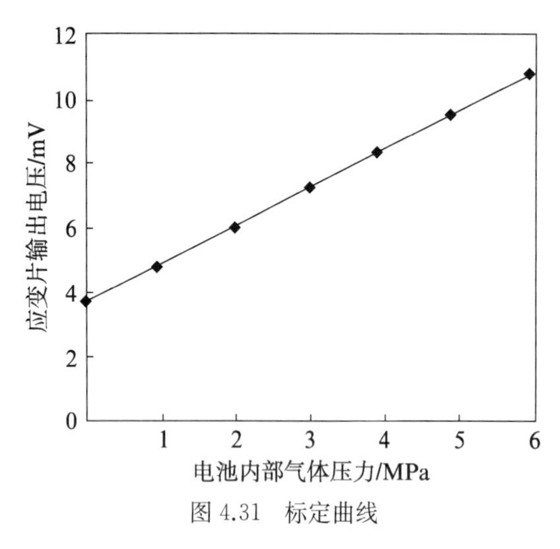

图4.31 标定曲线

压力传感器制造完毕后需进行标准曲线标定,即在桥路供电端施加一定的激励源,如恒流源或恒压源,输出端即相应输出一电压信号,逐渐增加电池内气体压力,即增大壳体载荷,就得到电池内气体压力与传感器输出信号间的关系,如图4.31所示。

利用上述标定曲线,可实时监测充放电过程中氢镍蓄电池内部氢气压力变化,如图4.32所示。由图4.32充放电期间氢压与时间的关系,可进一步换算成氢压与容量的关系,如图4.33,从而最终可以通过传感器的输出信号,判断氢镍蓄电池容量,实现氢压充电控制。

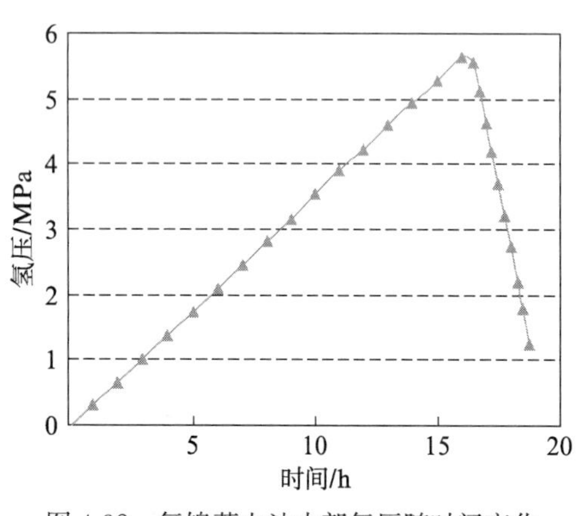

图4.32 氢镍蓄电池内部氢压随时间变化

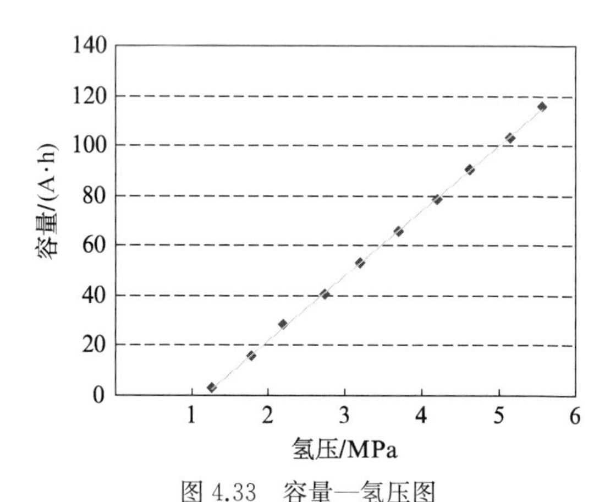

图4.33 容量—氢压图

4.4.9 活化

单体电池组装完毕加注电解液后,在使用前要进行活化处理。常采用小电流深充放电制度(一般为0.05 C充电36~40 h,0.2 C放电至1.0 V,并用电阻短接16 h以上)。活化的目的如下。

(1) 调整电解液量。一般氢镍蓄电池采用真空加注电解液,因此正负极和隔膜的空隙内均充满了电解液。电池在充电过程中会有一部分电解液被气体排出，形成游离态，这部分对电池没有作用，化成后要将这部分游离态电解液倒掉。

(2) 创建气体通路。为氢气的反应提供通路。

(3) 调整电池的设计过量状态。电池活化后要对设计过量状态(正极过量还是负极过量)和过量值进行设置和调整。之后电池要进行密封。活化后做这一步对电池的一致性较好。

4.4.10 性能测试

制备后的单体需进行一系列的性能测试，以验证单体的设计和制造满足要求，一般的测试项目和测试制度如下。

1. 外观

用目视法检查氢镍蓄电池单体的外观。蓄电池单体外壳完整，表面整洁，无污迹，无凹坑，无划伤痕迹，无电解液残余，极柱、陶瓷垫圈和注液管无损伤和裂纹。

2. 尺寸

从同批生产的蓄电池单体中随机抽取五只，用游标卡尺(精度 0.02 mm)测量其外形尺寸，应满足设计要求。

3. 质量

用数字式电子秤(感量为 0.1 g 或精度更高)称量氢镍蓄电池单体质量，应满足设计要求。

4. 内阻

用 Agilent 4338B 毫欧测试仪测量氢镍蓄电池单体放电态内阻，应满足设计要求。

5. 容量测试

在 20±2℃的环境温度下，开路搁置 1 h 以上，用 0.1 C 电流充电 15±2 h，充电结束后停 0.5 h，再以 0.5 C 电流放电至单体终压 1.0 V。放电结束后用 0.2 Ω 电阻跨接蓄电池单体正、负极短路 16 h 或短路至单体电压不大于 0.05 V。重复两次容量测试。根据放电电流和放电持续时间计算蓄电池单体容量，应满足设计要求。

6. 自放电率

在 20±2℃的环境温度下，开路搁置 1 h 以上，用 0.1 C 电流充电 15±2 h，充电结束后开路搁置 72 h，再以 0.5 C 电流放电至单体终压 1.0 V。放电结束后用 0.2 Ω 电阻跨接蓄电池单体正、负极短路 16 h 或短路至单体电压不大于 0.05 V。根据放电电流和放电时间计算氢镍蓄电池单体搁置后的容量，用式(4.14)计算氢镍蓄电池单体的自放电率，应不大于 30%。

$$\text{自放电率}=\frac{\text{容量}(20℃,0.5\ \mathrm{C})-\text{搁置后容量}(20℃,0.5\ \mathrm{C})}{\text{容量}(20℃,0.5\ \mathrm{C})}\times 100\% \tag{4.14}$$

7. 短路恢复电压

在 20±2℃的环境温度下，蓄电池单体经 0.2 Ω 电阻跨接正、负极短路处理处于全放电态，单体电压应不大于 0.05 V，然后以 0.1 CA 电流充电 5 min，开路搁置 16 h 后测量蓄电池单体短路恢复电压,一般应不得低于1.10 V。

8. 工作电压

设置环境温度20±2℃,蓄电池单体开路搁置1 h以上,用0.1 C电流充电15±2 h,充电结束后停0.5 h,然后实际在轨的使用要求进行充放电循环,记录每周蓄电池单体放电终止电压和充电终止电压,一般进行30周次,则每周次的充电终止电压和放电终止电压即为工作电压,应满足设计要求。蓄电池单体在第30周充电结束后,应进行放电处理,即用0.5 C电流放电至单体终压1.0 V,用0.2 Ω电阻跨接蓄电池单体正、负极短路16 h或短路至单体电压不大于0.05 V。

9. 碱液密封性能

碱液密封可以用下列任一方法进行检测:

(1) 用棉花球蘸1%的酚酞乙醇溶液检查蓄电池单体极柱密封部位、注液管焊缝和壳体焊缝,若显红色,表明蓄电池单体电解液泄漏或有电解液残余;

(2) 用含无水乙醇的棉花球检查蓄电池单体极柱密封部位、注液管焊缝和壳体焊缝,然后用1%的酚酞乙醇溶液滴在棉花球上,若显红色,表明蓄电池单体电解液泄漏或有电解液残余。

10. 气体密封

检验方法为将充电态(荷电≥65%)的蓄电池单体放入氢质谱检漏系统的检漏罐中,抽真空进行检漏。

合格判定:抽真空8~12 min,漏率$\leqslant 1.0\times10^{-7}$ Pa·m^3·s^{-1}。

4.5 氢镍蓄电池组设计

4.5.1 氢镍蓄电池组结构

1. IPV/CPV氢镍蓄电池组结构

IPV/CPV氢镍蓄电池组是指由一定数量的IPV和CPV氢镍蓄电池单体通过串联联结方式组成电池组,电池组的结构有立式和卧式两种形式,如图4.34和图4.35所示。

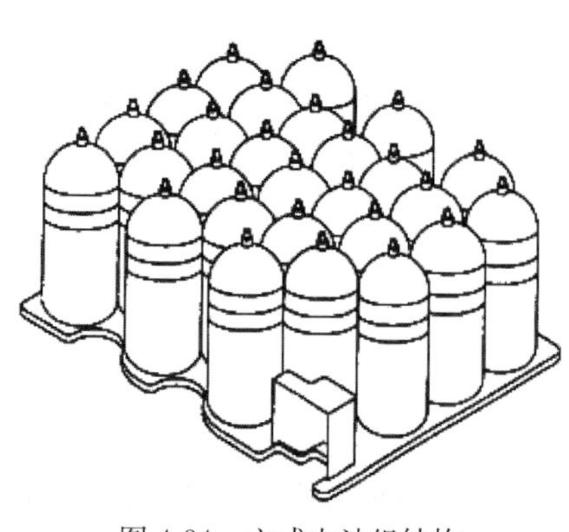
图4.34 立式电池组结构

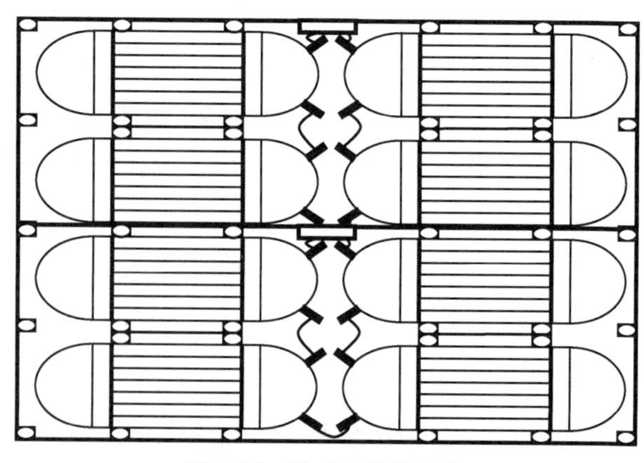
图4.35 卧式电池组结构

相对于立式结构，卧式结构更有利于电池的散热，但是电池组所需要的安装面积会增加许多，因此卧式结构多用于功率较小的微小卫星。表4.14列出了IPV和CPV氢镍蓄电池组的性能特点。可见CPV多采用卧式，因为其内部有两个单体，卧式结构能保障其热环境一致。

表4.14　IPV氢镍蓄电池组和CPV氢镍蓄电池组性能比较

类别	额定容量/(A·h)	实测容量/(A·h)	电池数	电压/V	质量/kg	长度/cm	宽度/cm	高度/cm	质量比能量/(W·h·kg^{-1})	体积比能量/(W·h·dm^{-3})
IPV氢镍电池组	10	11	11	28.0	9.48	56.5	28.9	19.4(立式)	32.5	12.3
	30	38	27	33.8	31.0	59.7	43.8	22.0(立式)	41.4	22.3
	35	43	31	38.8	39.4	67.3	48.4	24.7(立式)	42.3	20.8
	58	70	27	33.8	48.6	59.7	43.8	27.0(立式)	49.8	33.8
	88	95	22	27.5	58.3	85.6	25.9	25.8(立式)	45.6	46.3
CPV氢镍蓄电池组	6	7.1	10	25	7.93	40.6	35.6	7.4(卧式)	22.4	17.5
	12	12.8	11	28	11.35	31.1	22.2	20.6(立式)	31.6	24.6
	20	23	8	20	13.24	43.2	45.7	12.8(卧式)	34.7	25.0

2. SPV氢镍蓄电池组的结构

表4.15列出了IPV、CPV和SPV三种氢镍蓄电池组结构电池的性能特点对比，可见，SPV氢镍蓄电池组具有比IPV氢镍蓄电池组和CPV氢镍蓄电池组更好的质量比能量和体积比能量。

表4.15　IPV、CPV和SPV氢镍蓄电池组性能特点

性能特点	IPV		CPV		SPV	
	30 A·h	40 A·h	30 A·h	40 A·h	30 A·h	40 A·h
容量/(A·h)	33.7	44.9	33.5	43.4	36.6	45.8
长度/mm	136.7	161.2	113.0	160.5	111.5	167.6
宽度/mm	113.0	92.4	71.6	51.0	65.2	65.2
高度/mm	41.9	48.5	66.5	65.7	65.2	65.2
质量比能量/(W·h·kg^{-1})	36.0	41.9	41.5	51.4	49.3	54.5
体积比能量/(W·h·dm^{-3})	25.2	30.8	33.1	46.4	46.7	47.2

图4.36为SPV氢镍蓄电池结构图，与IPV氢镍蓄电池和CPV氢镍蓄电池一样，为圆柱形带有两端为半球形的壳体，其内部单元电池的结构示意图如图4.37所示。单元电池是SPV氢镍蓄电池组的核心部件，它直接关系SPV氢镍蓄电池组设计的成败。在圆筒形的有效空间中，SPV电池组内部单元电池设计必须满足电学的、化学的、热学的、机械的要求。一般情况下，单体电池有圆形、半圆形两种形状。但无论何种形状的单元电池，都必须有可靠的保液性能、电路结构、气流通路，并且单元电池还必须具有高的一致性及良好的散热通道。

单元电池壳体材料一般选用具有良好的耐碱、耐老化性能及具有良好的高低温性能、焊接性能的塑料。单元电池壳体外部包覆一层导热性能良好的轻质耐碱金属材料作为散热片，一般为镀镍的轻质铝合金，与电池组壳壁相接处，起到快速散热的作用。

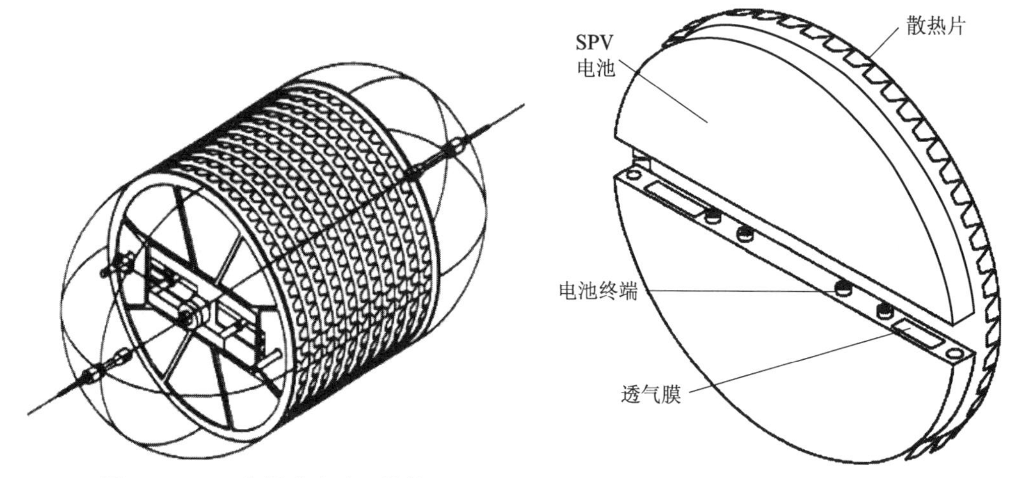

图4.36　SPV氢镍蓄电池组结构图　　　图4.37　SPV氢镍蓄电池组内部单元电池结构图

SPV氢镍蓄电池制造和使用的难点在于：如何保证单元电池的一致性，因其不可更换；如何防止单元电池间生成电解液桥，这会造成电解液的分解；电池间的气体管理等。同时如果电池组内部单元发生开路将导致整个SPV氢镍蓄电池组失效，且不能通过并联防开路元件来进行保护。

3. DPV氢镍蓄电池组的结构

DPV是氢镍蓄电池组结构上的又一大突破。DPV氢镍蓄电池组结构简单、质量轻，而且不存在CPV氢镍蓄电池和SPV氢镍蓄电池中的电解液桥问题，同时没有水蒸气和氧传输引起的热力学分配不均问题。美国Eagel - Picher公司已经研制成功90 A・h DPV氢镍蓄电池，并模拟LEO、40%DOD进行了4 863周寿命试验，60%DOD进行了2 885周寿命试验，但到目前尚未得到应用，图4.38为DPV氢镍蓄单体电池电堆结构。可见，DPV电池完全不同于上述三种结构的电池，电极组元件为方形，比起圆环形大大提高了各个元件的利用率。

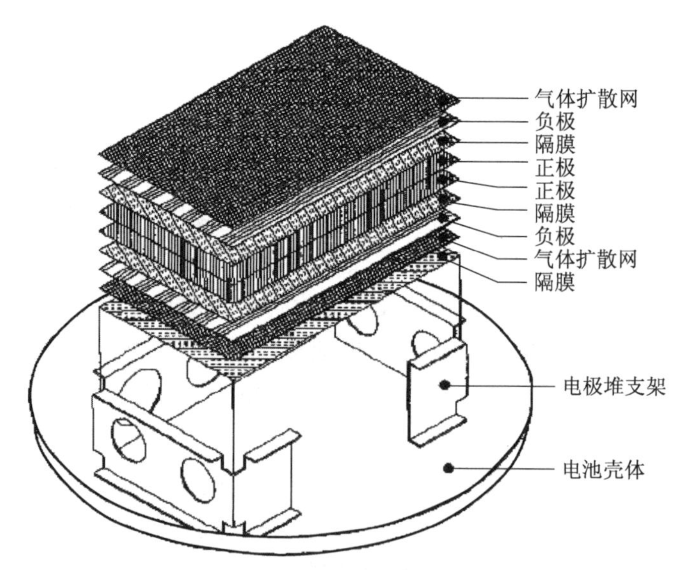

图4.38　DPV氢镍蓄单体电池电堆结构

压力容器的几何形状是DPV氢镍蓄电池的另一个特点，单体电池的壳体由两个一样的无缝半壳体构成，示意图如图4.39。其中的一个半壳上引出电极终端。DPV电池组之所以称为互靠式，是由许多这样的单体电池互相紧邻以将内部氢压互相抵消，因此电池壳体不用承受整个电池的压力，因而可采用薄壁设计减轻电池质量。电池组示意图如图4.40和图4.41。DPV电池组不同于IPV和CPV，不需要安装袖套，DPV电池组借鉴了空间镉镍蓄电池的组合设计，电池间放置散热片，多个单体电池互靠在一起通过拉杆和端板固定，这使得电池组的体积比能量大大提高。

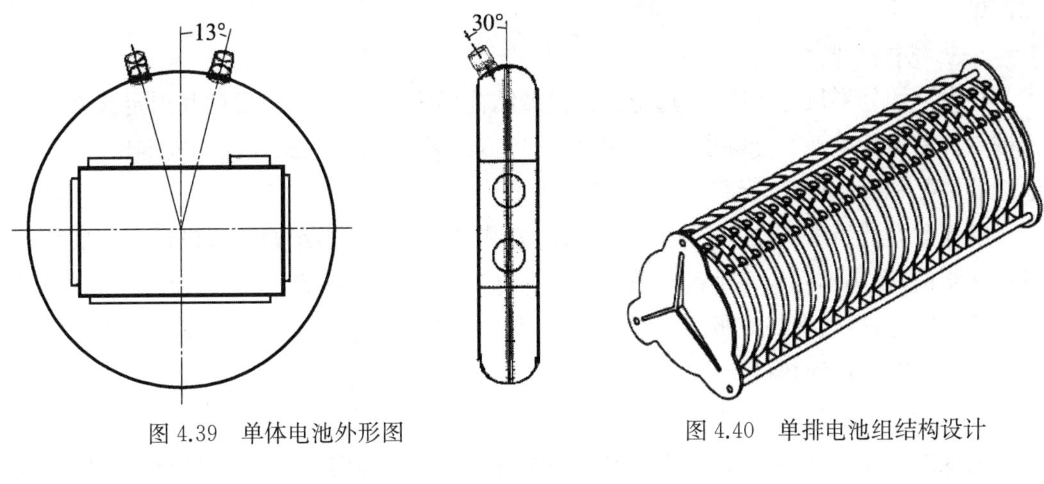

图4.39 单体电池外形图

图4.40 单排电池组结构设计

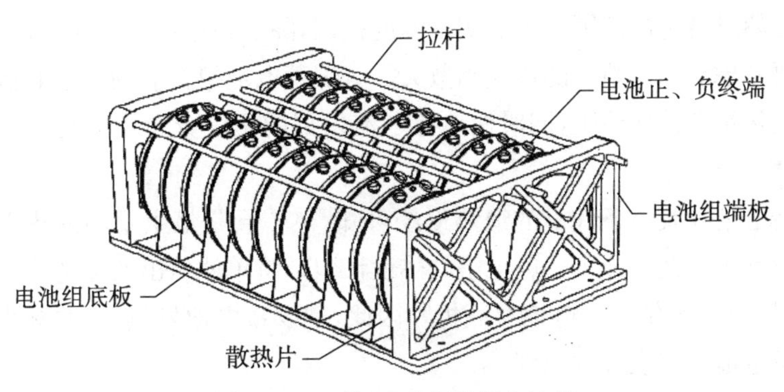

图4.41 双排DPV氢镍蓄电池组

4.5.2 氢镍蓄电池组设计

氢镍蓄电池组基本组成包括单体电池、电池组结构件（包括导热袖套、安装底板）及功率、信号电连接器。

电池组结构件起到支撑单体电池和散热的作用，因此一般采用强度高、质量轻、导热性能好的材料。到目前采用过的材料有铝合金、钛合金、镁合金及碳纤维等。圆筒形导热袖套的长度和厚度及底板的厚度对电池的导热性能有着重要的影响，这也是电池组热设计的关键。为了减少单体电池和导热袖套间的热阻，电池和袖套间要填充导热硅脂胶，同时起到固定的作用。导热袖套和底板间的连接采用螺钉，并涂敷导热硅脂。

实际上为了监测电池组的性能和进行充放电控制,氢镍蓄电池组的单体电池上要粘贴一些测温用的温度传感器、测电池内部压力的压力传感器等元器件。有些电池组为了避免发生单体电池开路失效这样致命的故障,还要在每个单体电池旁并联防开路保护元件,如旁路二极管组件等。

下面介绍氢镍蓄电池组设计的一般要素。

1. 电性能设计

根据储存能量、功率和使用寿命的要求,选定单体电池的容量和数量,其中单体的设计详见4.3节。

2. 机械结构设计

在允许的外形尺寸范围内,选定最佳机械结构形式,将单体电池排列和固定起来。该机械结构需保证电池组能够承受使用时力学环境的考验,又具有最佳性能成本比,而且电池组的装配和拆卸操作简便。

氢镍蓄电池组采用立式安装结构和卧式安装结构。蓄电池组合结构设计采用底板—散热套结构,密集排列。每个蓄电池单体通过包覆聚酰亚胺薄膜和室温硫化硅橡胶与散热套绝缘固定,散热套与底板通过螺钉连接紧固,并充分考虑电池散热要求,散热套与底板接触面之间涂覆导热硅脂。

3. 热设计

电池组工作期间,各单体电池的温度要维持在一定范围内,而且各单体电池之间的温度梯度也不能超过规定的范围。为了实现温度控制,除了在电池组外部采取措施以外,电池组设计时要考虑到内部热量的传递和散失。氢镍蓄电池组在兼顾质量的情况下使电池具有较低的发热量和传热热阻,同时使单体电池内部的温度分布均匀是氢镍蓄电池热设计的关键。

由氢镍蓄电池在真空条件下的散热途经可知,热传导是最主要的散热方式。氢镍蓄电池组的热设计也以此为原则。电池组的热设计包括将单体传出的热量传导到电池的散热袖套,再从散热袖套传导到电池组底板。因此,减少蓄电池发热量,并减小各个环节热传导的热阻是电池组热设计的原则。

4. 充电控制

电池组在充放电循环过程中需要在充电时将放出的容量充回去,充电的安时容量需要稍微大于放电的安时容量,以补充自放电带来的容量损失。

对于低轨道使用的氢镍蓄电池,充电控制的主要要求是在要求的时间内将电池充满并避免过充,以减少过充带来的热量,对于氢镍蓄电池在0~10℃的工作温度范围内,其安时效率几乎可达100%,瓦时效率可达85%。氢镍蓄电池最初采用与镉镍蓄电池相同的充电控制方法,即温度补偿电压控制($V-T$)和安时再充比控制,典型的充电容量和放电容量比率为1.01~1.05。

随着氢镍蓄电池压力测量技术的稳定性和准确性的提高,采用氢压作为充电控制法,由于氢压与氢镍蓄电池容量的呈线性关系,同时充电过程中氢压随时间的变化率也反映了电池的充电效率,因此目前也有许多在轨型号采用氢压容量充电控制方法。

4.6　氢镍蓄电池组制造

氢镍蓄电池组的制造流程如图4.42所示。

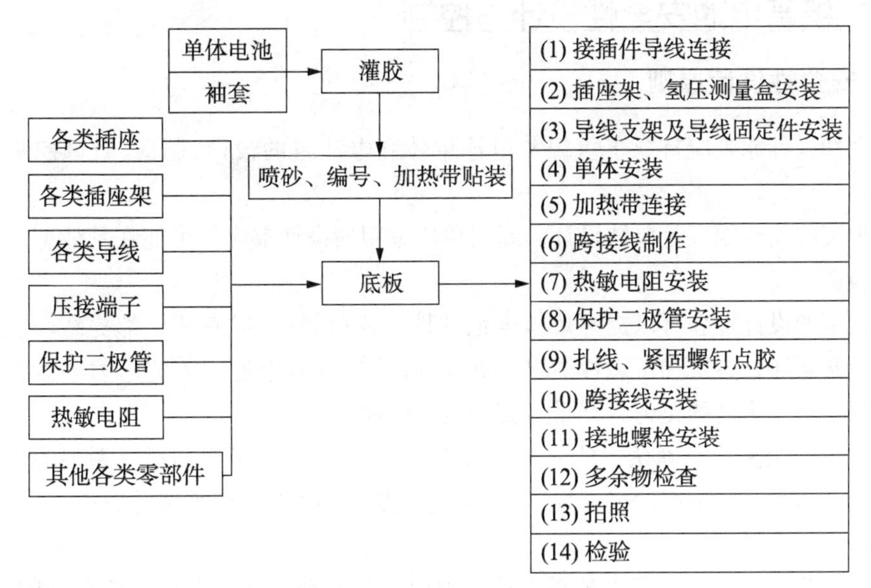

图4.42　氢镍蓄电池组制造流程

以上工序可划分为零部件准备、单体绝缘胶灌封、结构装配、电子装联及检验等。

4.6.1　零部件准备

将散热套、底板、插座罩等零部件放入清洗剂溶液中用脱脂纱布擦洗，然后用自来水冲洗至无泡，零件表面应光亮无油迹。用无水乙醇脱水后自然晾干，或进45～50℃烘箱烘干。用滤纸或脱脂纱布包好，保存在料架内待用。

4.6.2　结构装配

采用手工或自动化方式在蓄电池单体安装表面贴绝缘胶带，之后采用专门工装与设备，将单体与袖套进行导热胶灌封。灌封后将裸露的单体壳体表面进行抛光处理，并采用电腐蚀方法刻写产品编号。

对电池组安装底板进行多余物的清理，按照工艺顺序将带导热袖套的单体、插座架、氢压测量盒、防开路二极管组件、热敏电阻、接地电阻及螺钉绝缘套等安装在电池组底板上，需要散热的部件在安装面涂覆导热硅脂。

4.6.3　电子装联

氢镍蓄电池组的电子装联相对电子单机产品简单，主要包括电连接器导线连接、功率导线走线和安装、信号导线走线和安装、汇流条和接地桩安装、扎线、紧固螺钉点胶和检查等过程。过程中要遵守航天电子装联禁限用工艺的要求。

电池组制造完毕后,须清除蓄电池组和蓄电池组底板表面的灰尘或多余物,再用吸尘器将电池组和电池组底板表面吸干净。将电池组安装在工艺底板上,套上保护罩,装入包装箱。检查装箱清单,其他附件及产品有关文件应正确无误。

4.7 氢镍蓄电池安全性设计与控制

4.7.1 安全性设计原则

安全性设计原则应贯穿于氢镍蓄电池单体和电池组的设计、制造、质量控制等各个方面。

最重要的安全因素是单体设计。新研单体采用的设计都应尽可能在其他型号上已得到飞行验证。

引入新的设计理念可以提高单体电池的性能或可靠性,或者两者都提高。但是新的单体设计必须通过鉴定和可靠性测试。并且,作为氢镍蓄电池壳体的压力容器设计的任何更改都要求作为新的压力容器重新获得质量认证。

第二个安全要素是确认单体的制造过程满足设计要求,可以通过一系列的生产过程控制检查、验收试验、生产商过程控制、强制检验点、质量控制、极堆成分分析、单体破坏性物理分析等来完成。

通过收集和检查氢镍蓄电池单体或电池组关于安全处理和操作的信息,可以发现单体或电池组潜在的危险点。单体或电池组的自身缺陷可能引起一个或多个危险事件,操作失误也可能引发危险事件。

4.7.2 安全故障与失效

1. 安全隐患与控制措施

1) 单体氢气泄漏

氢气从单体内部泄漏到外界环境中是非常危险的。氢气扩散到空气中可能引起燃烧,达到一定浓度时,甚至可能引起爆炸。在良好的通风条件下,氢气会快速上升并分散到空气中去。然而,如果房间内空气流通不佳,氢气可能在天花板下方滞留。

控制措施:① 电池储存环境有足够的通风条件;② 在电池放置区域的天花板上安装氢气探测装置;③ 电池放置区域内禁止吸烟。

2) 压力容器高压破裂

氢镍蓄电池壳体设计需确保电池能够在高压条件下安全工作。HTS用氢镍蓄电池能够在7 MPa的压力下工作。单体电池从单体爆裂压力到最大工作压力间有2～4倍的安全系数。为确保安全性,所有单体都要经过1.5倍的最大工作压力的保压试验。

HTS氢镍蓄电池用压力容器的裂纹机理分析表明,保压试验后可能存在的最大尺寸缺陷或裂纹在4个完整的寿命周期内不会长大到引发爆裂的临界尺寸。

INTELSAT Ⅴ用氢镍蓄电池单体在0～5 MPa的氢气压力间工作。要求通过超过250 000周次的压力疲劳试验。失效一般是由极柱套的焊接区内裂纹扩展导致的泄漏。这些试验结果在TRW对INCONEL718压力容器的裂纹机制进行分析中得到证实,研究表明在0～5 MPa压力工作的电池，在爆炸前已经由于裂纹扩展导致泄漏失效。

控制措施：① 所有氢镍蓄电池单体都要进行最高工作压力1.5倍的保压试验；② 每批次的INCONEL718壳体至少要进行两次的爆破试验。爆破压力对于最大工作压力至少有2倍的安全系数，推荐安全系数是2.5以上。

3) 单体内氢氧混合导致的爆炸

单体内局部的氢氧聚集将导致微型爆炸，通常称为爆鸣。这种微型的爆炸在电池活化期间较常见(活化过程可排出多余电解液，形成合理的气体通道并消除内部气泡)。单体设计应尽可能排除或降低这种微型爆炸造成的破坏，已经发生过在活化时由于爆鸣引发故障的事故。活化充分的电池在大部分工作条件下性能优异，无爆鸣情况。

控制措施：确保电池在规定的使用条件范围内工作和操作。

4) 电解液泄漏

氢镍蓄电池若发生电解液泄漏，则同时必然发生气体泄漏。电解液泄漏常表现为密封处和壳体上出现白色物质。发生电解液泄漏后必须马上停止试验，移出电池并更换泄漏单体电池。

控制措施：① 对单体焊接区域及极柱部分进行全面检查，及时发现电解液泄漏的迹象；② 在电池组验收极试验和发射前对电池组内每个单体进行电解液泄漏检查。

2. 单体和电池组制造缺陷及控制措施

1) 单体电池外壳与结构件间短接

氢镍蓄电池组一般由多个单体电池串联组成，每个单体电池装入结构件内，单体电池壳体上包裹一层绝缘材料，使得单体电池和结构件间绝缘。在电池组使用时结构件通常接地，如果绝缘膜破裂，使得单体电池外壳和结构件间发生短接，此时短路电流受极堆和壳体间短路物质的电阻值所限。为此，大多数飞行器的电池组设计时，结构件和飞行器安装面间都采用高阻连接进行绝缘。

控制措施：检查电池模块所有可能与接地端连接路径的绝缘性。

2) 单体内部的微短路

镉镍蓄电池最常见的失效方式即为内短路导致的容量下降，这种失效方式在氢镍蓄电池中也较为常见。

控制措施：对电池组中每个单体电池的电压进行监测，通过观察电压(容量)是否偏低来判断。

3) 单体电池氢气泄漏

发生氢气泄漏后，电池的氢压和容量将明显下降。即使漏率很低，经过一段时间后，最终也将表现为容量下降。如果单体发生氢气泄漏，则单体电池在放电时将受到负极的限制。电池组中其他的正常单体电池将对这个负极受限的单体进行反向放电。电池在这种情况下可能继续工作，直到极堆干涸、电池短路或开路。

控制措施：监测电池组中单体电压，更换不匹配的单体。

3. 操作失误及控制措施

1) 电池或单体的外短路

外短路可能是氢镍蓄电池使用中最大的危险之一。充满电的电池组若发生短路，将以非常大的速率进行放电。这将导致开关上电弧放电、短路继电器熔解、电池壳体与接地线间的电弧放电等。除对外部负载及设备造成损害外,短路还将造成电池组自身发热量过大,从而使电极堆部件受损,并可能导致密封件处泄漏。

控制措施:① 电池单体或电池组储存时,应处于放空电且开路状态;② 电池组安装保护罩;③ 只对放空电后的电池进行操作;④ 电池组在装入飞行器之前应进行彻底的容量检查。

2) 高温下工作(超过30℃)

电池组在轨时正常工作温度范围应该为−5~15℃。在对电池进行操作时,环境温度不应超过30℃。超温度范围工作或使电池暴露在30℃以上的高温环境时,电池将出现永久性的容量损失。

控制措施:电池组操作及使用过程中,对温度进行持续监测。任何情况下,均不允许温度超过30℃。

3) 过充电

电池组过充电时,所有过充的能量都将以热量形式散发。因此,过充电将导致电池组温度上升,甚至可能导致热失控。在正常的操作条件下,电池温度通常在−5~15℃。然而,如果电池严重过充,温度将快速上升。

若电源系统不对严重过充电加以限制,将对电池产生破坏并有潜在的危险。电池温度将上升,内部的正极和负极将被破坏,气体扩散网将融化,密封件可能失效,电池发生泄漏。

控制措施:在电池组中不同位置单体的袖套和底板上安装温度传感器对温度进行监测。在电池充电时设置温度上限,达到报警温度后停止充放电。

4) 低温工作(低于−25℃)

氢镍蓄电池电解液中KOH的浓度一般为26%~38%,其冰点温度相应为−30~−40℃,考虑安全边界,氢镍蓄电池最低温度限制为−25℃。使用≤26% KOH的浓度时,不能在低于−10℃的环境中工作。

控制措施:对电池温度进行监测,在任何时候温度不允许低于−25℃,温度过低时使用加热装置控制温度。

4.8 使用和维护

4.8.1 注意事项

高压氢镍蓄电池应用于空间飞行器,为确保在整个发射飞行过程的性能和寿命,对氢镍蓄电池的储存、地面使用和处理均要特别注意,这里介绍的是氢镍蓄电池组在使用处理过程中的一些注意事项。

(1) 电池组如果经受了开路,不间断的使用,即开路、涓流充电、偶尔放电等累计达到30天应该进行活化处理。20℃下的活化制度为:① C/2放电到1.0 V;② 1 Ω电阻短路到每只单体电池电压小于0.03 V;③ C/20电流充电40±4 h;④ 重复步骤①和步骤②;⑤ C/10充电16±4 h;⑥ 重复步骤①、步骤②、步骤⑤。

(2) 电池组不能并联充放电，在卫星的功率系统中要进行一定的隔绝处理以避免一组电池组失效后对其他电池组造成影响。

(3) 电池组以放电态装入飞行器，装后电池组要进行充电并检查所有的功能和单体电池。

(4) 当氢镍蓄电池组被短路储存时，短路电阻应跨接在每只单体电池上，以免单体电池发生反极，反极会损坏单体电池。

(5) 功率系统应能够阻止电池组发生过充电，因为产生的热量能够损坏电池组。

(6) 在处理和储存时电池组的温度应该被监控。处理温度不应超过 18℃，非处理温度不应超过 25℃，超过 30℃的搁置将导致永久的容量损失。

(7) 采用加热器保证电池组的温度不低于－25℃，以防止电解液结冰。

4.8.2　储存

氢镍蓄电池如果储存不当会产生第二放电平台，而第二放电平台在 1.0 V 以下，这造成了氢镍蓄电池可用容量的损失。国外对氢镍蓄电池储存失效机制进行了深入的研究。结果表明，储存温度、时间、储存状态、氢镍蓄电池的预充形式都对第二放电平台的产生有影响。主要的研究机制认为在储存期间在烧结镍基体和活性物质之间生成了 NiO 阻挡层。

根据氢镍蓄电池组的发射程序，储存期可从几个星期到几年。下面的三种方法常用来储存和维护电池的容量：① 全充电状态开路储存在 0℃以下，但是这些电池每 7 天到 14 天一定要进行补充电或者是涓流充电；② 全充电以 C/100 的电流涓流充电，储存在 0℃以下；③ 放电态开路储存在 0℃以下，可储存 3 年。

运输阶段电单体池/电池组应处于全放电短路状态，单体电池/电池组分别装在包装箱内，要避免潮湿，温度控制在 5±5℃。每 5 到 10 个单体电池放在一个包装箱内，最好采用空运以减少运输时间。运输设备应该带有温度记录仪以确保飞行件电池不暴露在超过 25℃的温度下。电池组的容量在运输前后均要检查以免发生容量衰减。

在发射场地，电池组的处理应处于放电态。电池组能在满荷电态下，在室温下进行短期储存，但每 7～14 天一定要进行补充电。飞行件电池组要保持涓流充电一直到发射前。飞行件电池组的最后活化应该在卫星发射前的 14 天进行，完全活化以后，飞行件电池应该保持低倍率的涓流充电状态直到发射，如果发射被延迟，则每 30 天活化一次。如果发射被延迟超过 90 天，电池组应该保持冷储存。

4.9　高压氢镍蓄电池发展趋势

截至 20 世纪末，高压氢镍蓄电池已成为空间飞行器用最主要的化学储能电源之一，国内外发射的高轨道飞行器几乎 100％采用高压氢镍蓄电池，低轨道飞行器也有相当数量的飞行器采用高压氢镍蓄电池作为储能电源。尽管目前受到了高比能量的锂离子蓄电池的冲击，但是其成熟的飞行经验、高可靠性和长寿命不会使其退出应用舞台。同时工程技术人员也在进行技术开发使其具有更高比能量，如采用纤维镍作镍电极的导电骨架、优化单体电池和电池组的结构设计,开发300 A·h以上大容量的电池以满足高功率卫星的需求等。因此在未来高压氢镍蓄电池还会在空间飞行器上发挥其优势,扩大其应用范围。

4.10 低压MH/Ni蓄电池概述

4.10.1 发展简史

1969年,Zijlstra等发现具有应用前景的储氢合金$LaNi_5$。从此储氢合金的研究和利用得到了较大的发展。20世纪70年代初,Justi和Ewe首次发现储氢材料能够用电化学方法可逆地吸放氢,随后开始了金属氢化物/镍(MH/Ni)蓄电池的研究。1974年,美国发表了TiFe合金储氢的报告。1984年,飞利浦公司研究解决了储氢材料$LaNi_5$在充放电过程中容量衰减的问题,使MH/Ni蓄电池的研究进入实用化阶段。1988年,美国Ovonic公司开发出MH/Ni蓄电池。1989年,日本松下、东芝、三洋等公司开发出MH/Ni蓄电池。20世纪80年代末,我国研制出储氢合金,90年代研制成AA型氢镍蓄电池。从MH/Ni蓄电池的发展简史可看出,负极储氢合金材料的发展对MH/Ni蓄电池的发展起到了极大的推动作用。

日本、美国、法国等许多国家都从MH/Ni蓄电池的材料、电极成型工艺、在线检测技术及工装设备等许多方面投入了大量的人力、物力和财力,极大地推动了MH/Ni蓄电池的研发和产业化进程。美国最先于1987年建成试生产线,随后日本在1989年前后进行了试生产。目前有美国Ovonic、法国SAFT、德国Varta、日本松下、三洋、汤浅等世界知名MH/Ni蓄电池生产商。

在国家863计划的支持下,我国于1992年在广东省中山市建立了MH/Ni蓄电池中试生产基地,有力地推动了MH/Ni蓄电池研发和产业化进程。目前国内已建起数家年产千万只电池的大型企业,如比亚迪、江门三捷、海四达等,逐步发展成为在国际上具有竞争力的电池生产基地。

4.10.2 特性和用途

表4.16列出了MH/Ni蓄电池和镉镍蓄电池的性能特点对比,可见MH/Ni蓄电池具有如下明显的优点:① 高比能量,约为Cd/Ni二次电池的1.4~2倍;② 环保型,不含Cd等有害物质,被称为绿色电池。

表4.16 MH/Ni电池与Cd/Ni电池性能特点比较

	性能特点对比
标称电压	相同(1.25 V)
比能量	MH/Ni电池大约为Cd/Ni电池的1.4~2倍
放电曲线	相同
放电截止电压	相同
高倍率放电能力	相同
高温性能	Cd/Ni电池稍好于MH/Ni蓄电池
充电过程	基本相同,采用多步恒流充电制度并带有过充电保护

续表

	性能特点对比
操作温度	基本相同
自放电率	MH/Ni 稍高于 Cd/Ni 电池
循环寿命	基本相同,但 MH/Ni 蓄电池更依赖于使用条件
应用领域	基本相同
环境友好性	由于无 Cd，MH/Ni 电池更友好

截止 21 世纪初,MH/Ni 蓄电池广泛应用于移动电话、笔记本电脑、家用电器、现代化武器、航空航天等许多领域。

4.10.3 化学原理

MH/Ni 蓄电池的工作原理见图 4.43。其电化学式可表示为

正极：

$$Ni(OH)_2 + OH^- \underset{放电}{\overset{充电}{\rightleftharpoons}} NiOOH + H_2O + e \tag{4.15}$$

负极：

$$M + xH_2O + xe \underset{放电}{\overset{充电}{\rightleftharpoons}} MH_x + xOH^- \tag{4.16}$$

电池总反应式可表示为

$$M + xNi(OH)_2 \underset{放电}{\overset{充电}{\rightleftharpoons}} MH_x + xNiOOH \tag{4.17}$$

式中,M 及 MH_x 分别为储氢合金和金属氢化物。

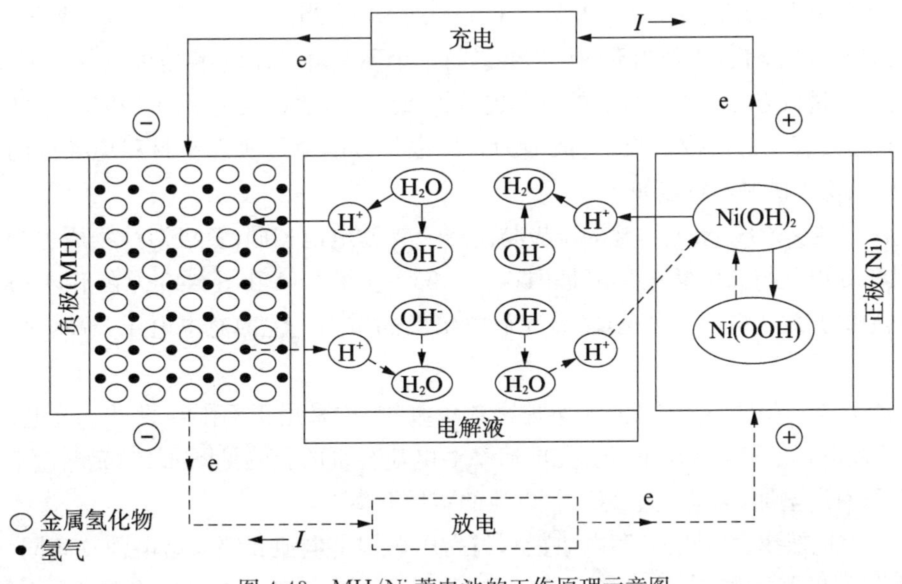

图 4.43 MH/Ni 蓄电池的工作原理示意图

由式(4.15)~式(4.17)可以看出,充放电过程中发生在 MH/Ni 蓄电池正负电极上的反应均属固相转变机制,整个反应过程中不产生任何中间态的可溶性金属离子,因此电池的正、负极都具有较高的稳定性。电池工作过程中没有电解质组元的额外生成或消耗,充放电可看作只是氢原子从一个电极转移到另一个电极的反复过程。

MH/Ni 蓄电池是一种免维护电池,采取正极限容、负极过量的设计原理。视应用领域的不同其比值为(1∶1.2)~(1∶1.8)。当 MH/Ni 蓄电池过充和过放时,正负极上发生的反应为

过充电时,

正极:

$$4OH^- \longrightarrow 2H_2O + O_2 + 4e \tag{4.18}$$

负极:

$$O_2 + 2H_2O + 4e \longrightarrow 4OH^- \tag{4.19}$$

$$4MH + O_2 \longrightarrow 4M + 2H_2O \tag{4.20}$$

过放电时,

正极:

$$H_2O + e \longrightarrow \frac{1}{2}H_2 + OH^- \tag{4.21}$$

负极:

$$2M + H_2 \longrightarrow 2MH \tag{4.22}$$

$$MH + OH^- \longrightarrow H_2O + M + e \tag{4.23}$$

可见,MH/Ni 蓄电池在过充电过程中,正极上析出的氧气可扩散到负极表面经过化学和电化学复合反应还原为 H_2O 或 OH^- 进入电解液,当氧气的扩散速度与氧气在负极上的还原速度相等时,电池内部的压力会维持一个不变值,从而避免电池内部压力积累升高的现象。过放电时正极上析出的氢气也可扩散到负极表面被过量的负极吸收,故 MH/Ni 蓄电池具有良好的耐过充、过放能力。这也是该电池可实现密封和免维护的基础。MH/Ni 蓄电池的基本特点如下。

(1) 电压。MH/Ni 蓄电池的正极与高压氢镍蓄电池相同,负极活性物质也为氢气,因此其工作电压与高压氢镍蓄电池相近,为 1.25 V。图 4.44 和图 4.45 为在不同充放电倍率下电池的充放电电压。可见,随着充放电倍率的增加电池的充电电压升高、放电电压下降。

(2) 容量。MH/Ni 蓄电池为实现密封免维护,均采用正极限容设计。放电速率增加,电池放电容量和电压均下降。充电速率对电池容量的影响见图 4.46,充电速率加大,电池容量有所增加,但是超过 2 C 后,电池的容量下降。

(3) 充电效率。MH/Ni 蓄电池正极与高压氢镍蓄电池和镉镍蓄电池均相同。而镍电极上氧的析出导致其充电效率下降。充电效率与充电温度和电池的荷电状态有关。温

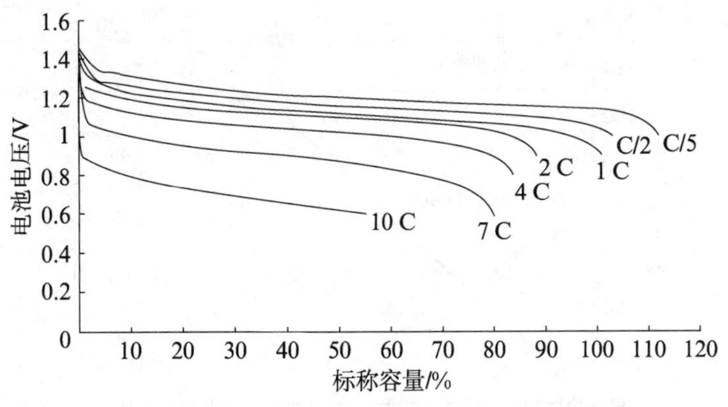

图 4.44 放电速率对 MH/Ni 电池放电电压的影响

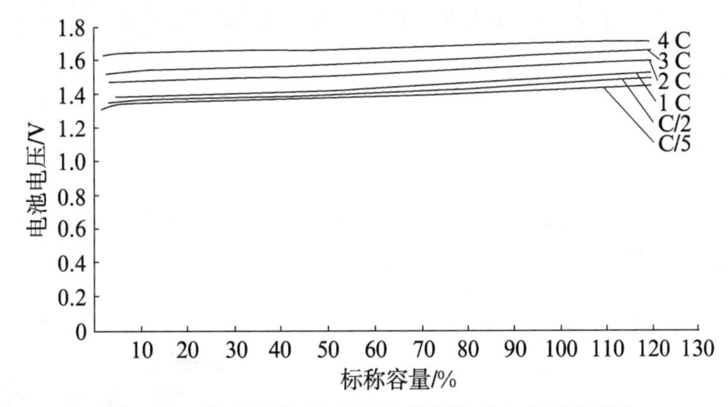

图 4.45 充电速率对 MH/Ni 蓄电池充电电压的影响

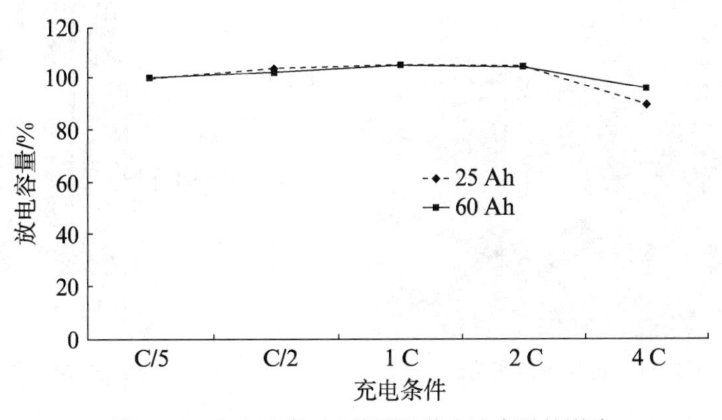

图 4.46 充电速率对 MH/Ni 蓄电池容量的影响

度越高充电效率越低。充电效率随着电池荷电态的增加而降低,如图 4.47 所示。当荷电态超过 95%时,电池的充电效率急剧下降。此时由于氧气在负极的复合,电池的温度也开始上升。

(4) 寿命。MH/Ni 蓄电池的寿命限制因素与高压氢镍蓄电池不同,为负极储氢合金。储氢合金在碱液中的腐蚀、氢质子在充放电过程中在储氢合金内的嵌入和脱出,导致储氢合金的粉化等原因,造成储氢合金的性能的衰退。使用温度越高、放电深度越大都会

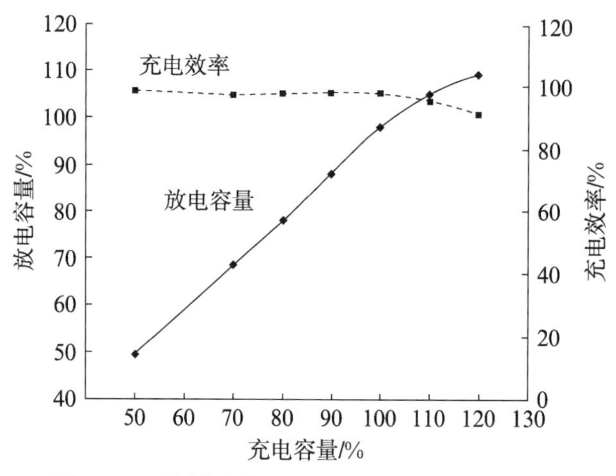

图 4.47　不同荷电态下 MH/Ni 蓄电池的充电效率

加剧上述过程的发生,导致电池寿命缩短。

4.10.4　结构与制造

MH/Ni 蓄电池的外形结构有两种——圆柱形和方形,实物图如图 4.48 所示。圆柱形氢镍蓄电池结构如图 4.49 所示。

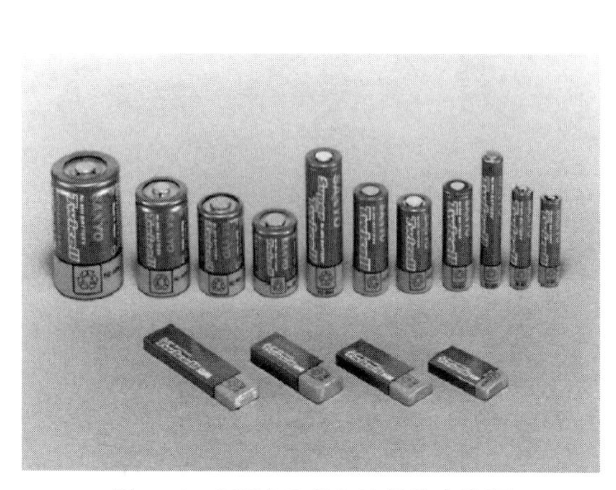

图 4.48　MH/Ni 蓄电池单体实物图

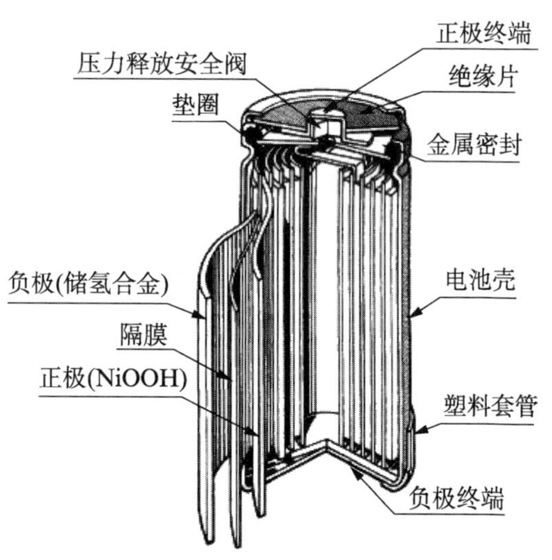

图 4.49　卷绕式 MH/Ni 蓄电池

圆柱形一般为卷绕式,即将正电极、隔膜、负电极叠放好后,卷绕成圆柱形,安装在圆柱形壳体内,一般壳体为负极,顶盖为正极。方形采用叠片式,即将方形的正极、隔膜和负极按次序叠放后放置于方形壳体内,极组要和壳体绝缘,正负极从壳盖分别引出。无论方形还是圆柱形,其基本元器件均包括正极、负极、隔膜、电解液、壳体、密封件等。

1. 正极

在镍电极制备过程中,制备技术的选择、添加剂和黏结剂的使用、充填工艺和集流体骨架的选择等对镍电极的电化学活性和活性物质填充量均有影响。国内外大力开发的纤维式镍电极、黏结式镍电极、发泡式镍电极等新型镍电极均比传统的烧结式镍电极容量高,电极特性好,但是寿命和功率性能还存在差距。

2. 负极

常用的制作工艺为涂膏式,即将储氢合金粉与添加剂、黏结剂和水混合成浆料涂敷到导电集流体上(如泡沫镍和穿孔镀镍钢带),烘干后裁成电极,也称为涂膏式电极。但Yoshinori等人认为涂膏式电极的缺点是:黏结剂阻碍了三相界面,即气相(氧气)、液相(电解液)、固相(储氢合金)的形成和氧气在合金表面的还原,导致电池内压升高,不能大电流充电,增大了合金颗粒间的接触电阻,从而使电极内阻提高;由于黏结剂的存在,电极的质量比容量降低。因此Srinivasan等将合金粉末与添加剂混合均匀后直接轧制在导电集流体上,大大提高了电极的高倍率性能。而江建军等将制好的涂膏式电极在保护气氛下进行烧结处理,以除去黏结剂,并使颗粒间形成微接触。这不但提高了储氢合金电极的倍率性能,还提高了电极的循环稳定性。

3. 隔膜

MH/Ni蓄电池隔膜必须具有以下性能:良好的润湿性和电解液保持能力;优良的化学稳定性;足够的机械强度;较高的离子传输能力和较低的电阻;良好的透气性。一般来说,隔膜的吸碱量、保液能力和透气性是影响电池各方面性能的关键因素。在MH/Ni蓄电池中使用的隔膜大多沿用Cd/Ni电池所用隔膜,主要有尼龙和聚丙烯两种。尼龙隔膜亲水性好,吸碱量大,但化学稳定性略差。Ovinnic公司通过对尼龙隔膜细化处理,使电池的寿命提高了3倍。聚丙烯隔膜化学稳定性好,机械强度高,但聚丙烯隔膜是憎水性的,吸碱率偏低,透气性较好,使用时通过对其进行一定的处理使一部分具有亲水性,一部分具有憎水性,则能保证隔膜既有良好的吸碱量和保液能力,又有良好的透气性,从而提高电池的综合性能。通过对聚丙烯隔膜采用高能辐射、紫外线法等手段进行接枝处理,即将丙烯酸单分子接到基材上,提高了亲水性,延长了电池的循环寿命。还有厂家将隔膜磺化处理,改善了电池的自放电率,氟化处理提高了隔膜的机械强度和电解液保持率。

4. 电解液

MH/Ni蓄电池电解液的主成分为KOH,但为提高电池的寿命和高温性能,一般加入少量NaOH和LiOH。因为Li^+和Na^+的半径小于K^+,更容易进入镍电极内部。由于$Ni(OH)_2$为层状结构且具有半导体的特性,当异种离子插入时,可能改善其原有的结构特征,降低镍电极充电时的极化,从而提高其充电效率。但是NaOH和LiOH的电导率小于KOH,因此从提高功率特性的角度考虑加入量不能过多。

电解液的量对于电池性能的影响也是显著的。这是因为电池内空间有限,电解液过多时,它已经不仅使电极及隔膜润湿,而且富余的电解液还附在电极和隔膜的表面,甚至充盈在电池中心的空间,这使得充电尤其是高倍率充电过程中正极产生的氧气在通过隔膜和负极表面的液层到达负极的过程中受阻而不能被及时复合,从而导致了电池内压升高,电池漏液。电解液量过少,正负极和隔膜上分配得到的电解液相对贫乏,电池内阻较高,从而使高倍率放电容量和电压平台降低,因此合适的电解液量至关重要。

5. 壳体

MH/Ni 蓄电池壳体材料选用镀镍的不锈钢,以耐碱腐蚀,采用冲模工艺加工成方形、圆柱形。

6. 密封件

圆柱形 MH/Ni 蓄电池的顶盖组件也采用安全阀结构,若电池内部由于过度过充电或过放电产生超压时,则安全阀可自动打开排出气体。待电池内部压力恢复正常时自动复原。该安全阀排气再密封结构,可确保电池安全可靠而不会使电池外壳破裂或者是电池发生泄漏。

7. 新型电池结构设计

在技术发展后期一些研究者从伏打电堆(Volta pile)的结构模式即将电池通过双极连接片串联在一起以获得高电压中获得启发,试图将此思路应用于高功率 MH/Ni 蓄电池组的开发。这种双极性的设计(图 4.50)使得 MH/Ni 蓄电池提高了功率能量比,降低了价格,易于操作。已有研究结果表明,双极性的 MH/Ni 蓄电池组功率密度达到 1 000 W·kg^{-1},比能量达到 45 W·h·kg^{-1}。其性能已经达到了 DOE/PNGV 制定的要求。但是双极性的开发一直还处在实验室阶段,因为此项技术本身尚有很多难题需要解决,例如单体电池之间的电解液隔离、单体电池边界的密封、单体电池损坏后的维修以及双极板在电解液中的耐腐蚀性等。故此技术应用于实际仍然有许多工作要做。

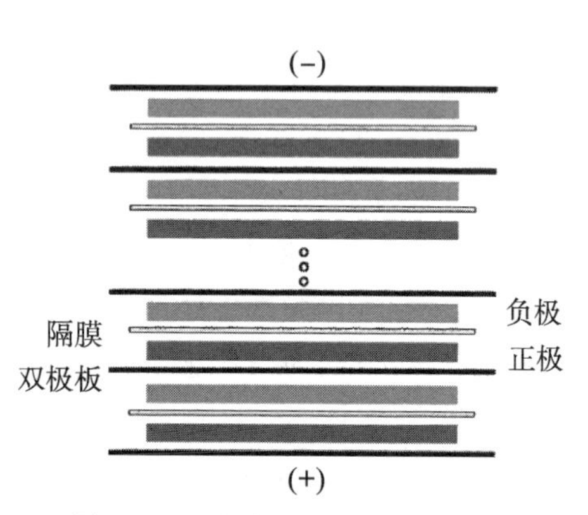

图 4.50　双极性电池组的组合原理

4.10.5　应用分析

近年来 MH/Ni 蓄电池由于受到高比能量锂离子电池的冲击,已逐渐退出 3C 市场(移动电话、笔记本电脑、数码设备)。因此 MH/Ni 蓄电池在朝着低成本化、高容量化和轻重化发展的同时,必须致力于拓宽新的应用市场。近年来,适合高功率等特殊场合应用的 MH/Ni 蓄电池日益受到人们的青睐。混合电动车、电动工具、电动玩具和新一代 42 V 汽车电气系统为综合性能优良、价格适中的 MH/Ni 蓄电池提供了广阔的市场空间,但是也对 MH/Ni 蓄电池也提出了新的性能要求。如混合电动车(HEV)要求其辅助动力电池具有高充放电功率性能,要求脉冲放电峰功率达到 600～900 W·kg^{-1}。而航天模型、电动工具等要求其至少能在 10～20 C 率放电。因此为满足以上要求,世界许多知名大公司及科研院所大力开发高功率 MH/Ni 蓄电池。

图 4.51 为混合电动车用高功率氢镍蓄电池组(350 V/60 A·h)。表 4.17 列出了目前已上市的各大汽车公司开发的 HEV 概念车和所采用的辅助动力源。由此可见,MH/Ni 蓄电池是目前 HEV 的主流动力电池。

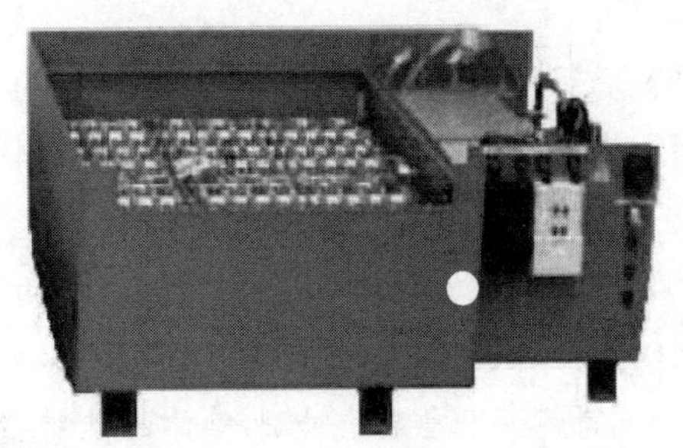

图4.51　混合电动车用高功率氢镍蓄电池组(350 V/60 A·h)

表4.17　HEV或HEV概念车采用的辅助动力源

汽车公司	HEV车名	电池组	动力系统
丰田	Prius	MH/Ni	THS混合动力系统
	Prius 2000	MH/Ni	
	THS-C	MH/Ni	
本田	Insight	MH/Ni	IMA混合动力系统
日产	Tino	Li-ion	Neo混合动力系统
福特	Prodigy	MH/Ni	—
	Escape	MH/Ni	—
通用	Chevnolet Triax	MH/Ni	Gen Ⅲ 混合动力系统
	Precept	MH/Ni或Li-ion	—
克莱斯勒	ESX3	Li-ion	—
飞雅特	Multipla	Li-ion	—

MH/Ni蓄电池在空间领域也得到了一定的应用。美国Gate公司和Eagle-Picher公司是研制卫星用MH/Ni蓄电池的主要公司。Gate公司研制的22 A·h电池循环寿命已达6 000次(室温、50%DOD);Eagle-Picher公司10 A·h电池也完成了3 000次寿命循环(室温、45%DOD)。研究机构对MH/Ni蓄电池开发计划,是使其达到地球同步轨道80%DOD下15年工作寿命和30%DOD下30 000次的低轨道寿命。

MH/Ni蓄电池作为镉镍蓄电池替代技术之一,尤其在小卫星上应用前景很好。为了提高MH/Ni蓄电池的寿命和性能,还需在以下几个方面开展研究: ① 进一步开发储氢能力强、热力学稳定、寿命长的储氢材料;② 进一步研究MH/Ni蓄电池的充放电特性和热特性;③ 进行充电方法研究,适应空间应用。

思考题

(1) 请写出高压氢镍蓄电池的分类及其特点。

(2) 试述IPV、CPV、SPV、DPV氢镍蓄电池单体的异同点。

(3) 导致高压氢镍蓄电池寿命失效的主要原因有哪些?

(4) 请写出高压氢镍蓄电池在正常充放电、过充电和过放电过程中的电化学反应式。

(5) 请计算一只设计容量为40 A·h的高压氢镍蓄电池在充满电后产生的氢气

质量。

(6) 请写出薄壁压力容器直筒段壁厚的计算公式并给出公式内各符号的意义。

(7) 请画出惠斯通电桥,并解释温度补偿的原理。

(8) 高压氢镍蓄电池活化的目的是什么?

(9) 高压氢镍蓄电池的密封性包括哪两个方面? 应如何检查?

(10) 高压氢镍蓄电池单体电极堆的排列方式有几种? 各有什么优缺点?

(11) 简述高压氢镍蓄电池单体的热特性。

(12) 简述为提高高压氢镍蓄电池组的比能量,研究者在高压氢镍蓄电池组的技术上做了那些改进。

(13) 简述引起高压氢镍蓄电池安全事故的原因有哪几方面,具体的控制措施是什么?

(14) 引起高压氢镍蓄电池内部电解液再分配的原因有哪几个? 如何对高压氢镍蓄电池进行电解液管理?

(15) 简述 DPV 氢镍蓄电池组的设计原理。

(16) 简述 MH/Ni 蓄电池的特点并写出电化学反应式。

参考文献

李国欣.2007.新型化学电源技术概论[M].上海：上海科学技术出版社：172-218.

李国欣.2008.航天器电源系统技术概论[M].北京：中国宇航出版社：858-904.

马世俊.2001.卫星电源技术[M].北京：宇航出版社：118-125.

Barnard R, Randell C F, Tye F L. 1980. Studies concerning charged nickel hydroxide electrodes-measurement of reversible potential[J]. Journal of Applied Electrochemistry, (10): 109-125.

Berndt D. 1997.蓄电池技术手册(第二版)[M].唐槿,译.北京：中国科学技术出版社：191-434.

Dunlop J D, Rao G M, Yi T Y. 1993. NASA handbook for nickel-hydrogen batteries[M]. USA: NASA.

Ruetschi P, Meli F, Desilvestro J. 1995. Nickel-metal hydride batteries — the preferred batteries of the future[J]. Journal Power of Sources, (57): 85-91.

第5章 锂电池

5.1 锂电池概述

5.1.1 发展简史

锂是自然界里最轻的金属元素，密度约为水的一半。同时，它又具有最低的电负性，标准电极电位是−3.045 V(以氢电极为标准)。所以选择适当的正极材料作正极，与锂相匹配，可以获得较高的电动势。这种以锂为负极的电极堆，再加以适当的电解液组装成电池，这种电池应当具有最高的比能量。正是基于这种考虑，世界上相关学者在20世纪60年代初期就着手锂电池的研究和开发。由于金属锂遇水会发生剧烈的反应，所以当时一般电解质溶液都选用非水电解液。早期正极材料多选用CuF_2等，但是这些正极材料在电解液中很容易溶解。另外，初期电池结构材料在电解液中也不能很好地承受长期腐蚀，所以没有形成真正的商品锂电池。1970年以后，日本松下电器公司研制成功了Li/CF_x电池。这种电池首次解决了上述缺陷，真正得到了应用，并被誉为1971年全日本的十大新产品之一。1976年，日本的三洋电器公司推出了Li/MnO_2电池，首先在计算器等领域得到了广泛的应用。

与此同时，1970年美国建立了动力转换有限公司(Power Conversion Inc.)专门从事Li/SO_2电池的研究，并于1971年后正式投入商品生产，商标名称为Eternacell，主要用于军事用途，被称为当时最有前途的一种锂电池。目前在美国军方的各种便携式装备中Li/SO_2电池应用已十分广泛。

法国SAFT公司在20世纪60年代就开始了锂电池的研究。该公司Gabano博士在1970年第一个获得$Li/SOCl_2$电池的专利权。1973年，美国GTE公司、以色列塔迪朗工业有限公司(Tadiran Israel Electronics Industries, Ltd.)相继正式生产$Li/SOCl_2$电池。特别是后者，与特拉维夫大学合作，在1975年建成了一个工厂，1977年重新设计，建成大规模生产设备并投入生产，1978年开始在全世界出售$Li/SOCl_2$电池。目前，美国、法国、以色列等国家均已有商品。

几乎与锂一次电池同步，各国开展了锂二次电池的研究。最初工作集中在金属卤化物、金属氧化物和其他可溶正极材料上，但做成的电池自放电率大，不能令人满意。20世纪80年代中期真正开发成功的锂二次电池只有加拿大Moli公司的Li/MoS_2电池。但是这种电池到90年代初由于诸如安全等方面的考虑，还没有能真正进入到千家万户之中。90年代后，许多科学家都将目光瞄准到锂离子可充电池身上。

5.1.2 分类

锂电池是以金属锂为负极的一类电池的统称，是整个化学电源中的一个重要分支。锂电池有许多种类。从可否充电来分，分为一次锂电池和二次锂电池。一次锂电池，又称锂原电池,即电池放电后不能用充电方法使它复原的一类电池。换言之,这种电池只能使用一次,放电后的电池只能被遗弃,如 $Li/SOCl_2$、Li/SO_2、Li/MnO_2、Li/CF_x 电池等。二次锂电池,又称锂蓄电池,即电池放电后可用充电方法使活性物质复原以后能够再放电,且充放电能反复多次循环使用的一类电池,代表性的锂二次电池为 Li/S、Li/MoS_2 电池等。

由于金属锂与水能发生剧烈的化学反应,所以一般锂电池的电解液均采用非水溶剂作为电解液的溶剂。这种溶剂如果是有机溶剂,也就是溶质溶于有机溶剂里,成为有机电解液,由此构成的锂电池称为有机电解质锂电池。如果溶质溶于无机溶剂中,成为无机电解液,构成的锂电池称为无机电解质锂电池。有机溶剂有许多种,最常用的是碳酸丙烯酯(PC)、碳酸乙烯酯(EC)、γ-丁内酯(γ-BL)、四氢呋喃(THF)、乙腈(AN)、二甲氧基乙烷(DME)、二氧戊环(1,3-DOL)等。溶质最常用的是高氯酸锂($LiClO_4$)、六氟磷酸锂($LiPF_6$)、四氟硼酸锂($LiBF_4$)、六氟砷酸锂($LiAsF_6$)等。最常见的一次锂有机电解质电池有:$Li/LiClO_4$ ∶ $PC+DME/MnO_2$、$Li/LiClO_4$ ∶ 1、3-DOL/CuO、$Li/LiBF_4$ ∶ $PC+DME/CF_x$ 等。无机溶剂也有许多种,如亚硫酰氯($SOCl_2$)、硫酰氯(SO_2Cl_2)等。最常见的电池有 $Li/LiAlCl_4$ ∶ $SOCl_2/C$、$Li/LiAlCl_4$ ∶ SO_2Cl_2/C。

根据所采用的正极活性物质的类型来分,又可以分为可溶正极锂电池、固体正极锂电池。① 可溶正极锂电池,大多采用液体或气体正极活性材料,这些正极活性物质溶于电解液或者作为电解液溶剂,典型的如 Li/SO_2、$Li/SOCl_2$ 电池等。② 固体正极锂电池,是指采用固体物质作为正极活性物质。由于正极活性物质是固体,其功率输出能力显然不及前者,另外这类电池往往不产生内压,所以电池密封要求比可溶正极锂电池低。目前大量生产的扣式或圆柱形 Li/MnO_2、Li/CF_x 电池均属于这一种。固体正极锂电池中如果电解质采用固体电解质,则称固体电解质锂电池。这种电池电解质均为固体,所以它的储存寿命特别长,甚至超过 20 年。但是其功率输出都较小,其电流密度往往只能是微安级的,典型的如在心脏起搏器上得到应用的 Li/I_2 电池。表 5.1 列出了常见的锂电池的分类情况。

表 5.1 锂电池按所采用的正极活性物质类型的分类

电池分类	典型电解液	功率	容量/(A·h)	工作温度范围/℃	储存寿命/a	典型正极	额定电压/V	主要性能
可溶正极(液体和气体)	有机或无机	中到大功率,W	0.5～10 000	−80～70	5～20	SO_2 $SOCl_2$ SO_2Cl_2	3.0 3.6 3.9	高比能量,大功率输出,能低温工作,储存寿命长
固体正极	有机	低到中功率,mW	0.03～1 200	−40～50	5～8	V_2O_5 CrO_x Ag_2CrO_4 MnO_2 CF_x S CuS FeS_2 FeS CuO $Bi_2Pb_2O_3$ Bi_2O_3	3.3 3.3 3.1 3.0 2.6 2.2 1.7 1.6 1.5 1.5 1.5 1.5	能为中等功率要求进行高能量输出,电池不产生内压

续表

电池分类	典型电解液	功率	容量/(A·h)	工作温度范围/℃	储存寿命/a	典型正极	额定电压/V	主要性能
固体正极	固态	功率很低,μW	0.03～2.4	0～100	10～25	PbI_2/PbS $PbI_2(P_2VP)$	1.9 2.8	储存寿命很长,固态不漏液,能长期以微安放电

5.1.3 特性

1. 比能量高

评价电池的优劣有指标,而这许多指标的重要性对不同的用户则不尽相同。但是,比能量的大小,则对所有用户的要求而言却是一致的。也就是说,希望电池的质量比能量、体积比能量、质量比功率和体积比功率越高越好。从图5.1可以看到,一次锂电池从比能量看,比锌银、锌镍、镉镍、铅酸、锌锰,碱性锌锰等优越得多。但是,从比功率上看,虽然它比锌锰电池等好,但它的大倍率放电特性不及镉镍和锌银系列电池。

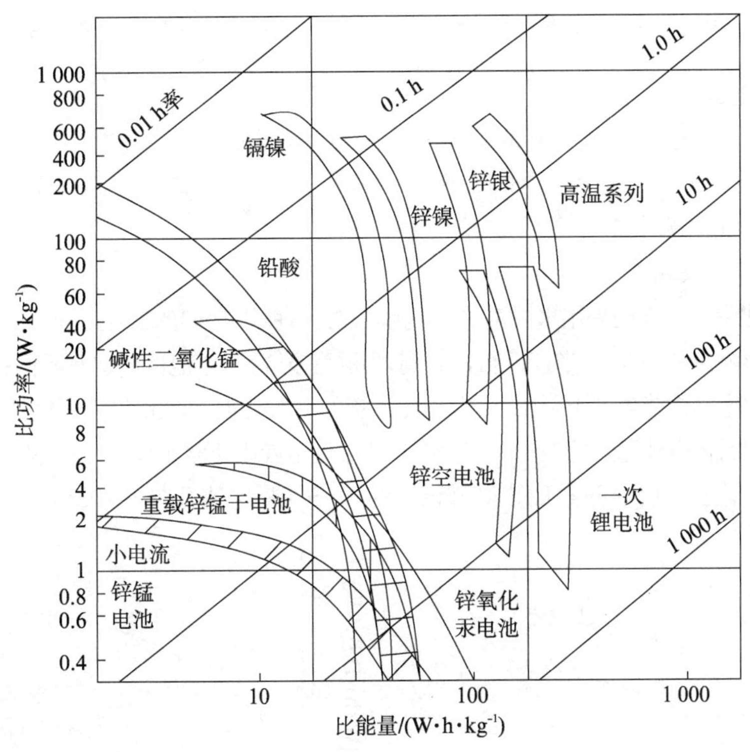

图5.1 各种电池系列的工作特性

h率表示小时率放电,1.0 h表示1小时把电放光

2. 电池的湿荷电储存寿命

一般而言,一次电池的湿荷电储存寿命优于二次电池。大多数一次电池能在较高温度下储存几年,仍保持大部分容量,而锂电池由于湿荷电储存期间在锂的表面形成一层钝化层膜而阻止了金属锂的进一步腐蚀,从而使锂电池有更长的湿荷电储存寿命(图5.2)。

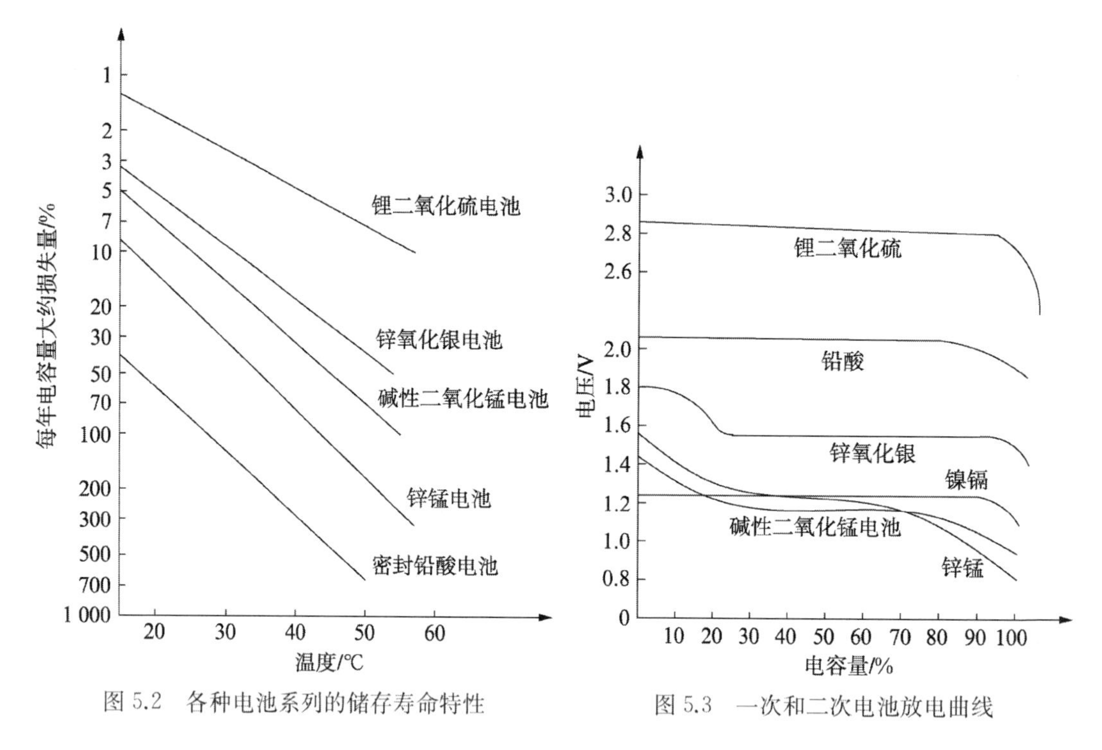

图 5.2 各种电池系列的储存寿命特性

图 5.3 一次和二次电池放电曲线

3. 放电电压平坦

许多电子设备要求电池放电电压平坦。锂电池，例如 Li/SO_2 电池，则有着极平坦的放电电压曲线(图 5.3)。特别是如 $Li/SOCl_2$ 等体系，在允许使用范围内，其电压精度几乎可以与稳压电源相媲美。

4. 宽的温度使用范围

大部分化学电源都是采用水溶液作为电解质溶液，所以它们的低温性能往往受到这些水溶液冰点的影响。从图 5.4 和图 5.5 可以看到，当温度下降时，电池性能均有不同程度下降。当温度过低时锂电池性能虽然下降更快，但相比传统的二次电池，如铅酸、镉镍电池，比能量优势仍然明显。同时锂电池通常能在−40℃～60℃的温度范围内正常工作，个别锂电池(如 Li/CuO 等)可在 150℃高温环境下正常工作，特殊设计的 $Li/SOCl_2$ 电池可在−80℃低温下正常工作。

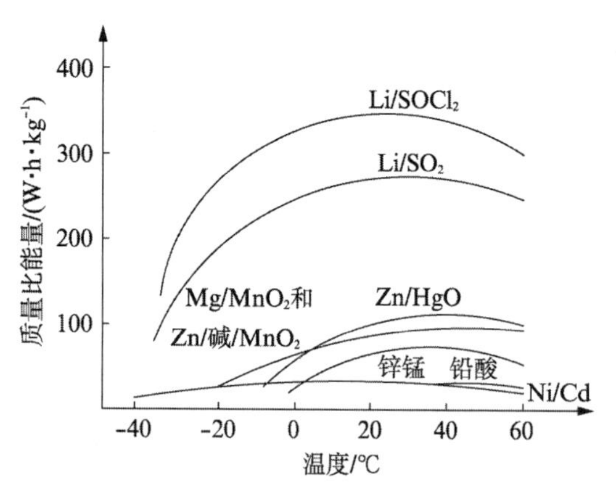

图 5.4 温度对一次和二次电池质量比能量的影响(D 型电池)

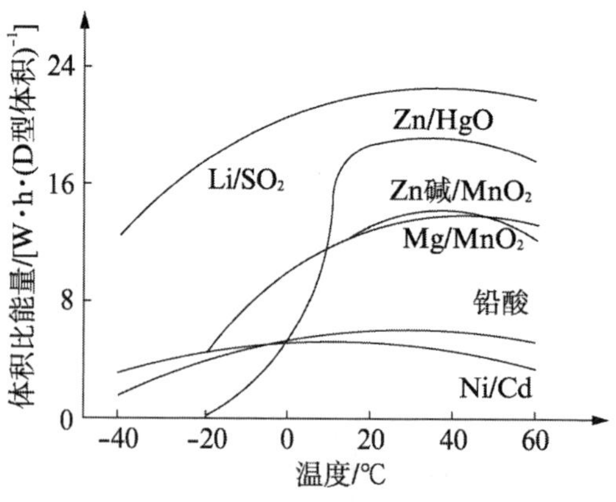

图 5.5 温度对一次和二次电池的体积比能量的影响(D 型电池)

5. 价格

先进的电池体系价格比较高。有些是属于材料本身价格昂贵，如 Zn/Ag_2O、Li/CF_x；有些则是工艺上特别复杂，成本不能大幅度下降，如 Li/S、Li/I_2、$Li/SOCl_2$ 等。锂固体电解质电池成本是最高的，锂可溶正极电池成本也比较高。

6. 锂电池的电压滞后和安全性

从目前情况来看，各种锂电池都存在着电压滞后和安全性两大问题，只是不同的体系表现的程度不同。

1) 电压滞后

电池放电初期，电压低于额定值下限，随着放电时间的延长，电压渐渐回升，这种现象称谓电压滞后现象。电压滞后在电池长时间高温储存后进行放电都可以观察到，特别是大电流低温放电时，这种现象更为突出，而这种现象尤以 $Li/SOCl_2$ 电池最明显。通常，这种滞后程度与储存温度和储存时间成正比。

这种电压滞后的原因通常认为是在锂电极上形成了一层保护膜所致。这层保护膜防止了电池的进一步自放电，使电池有较好的湿储存性能。但另一方面也就是造成了电压的滞后。以 $Li/SOCl_2$ 电池为例，Li 与 $SOCl_2$ 接触，会发生如下反应：

$$4Li + 2SOCl_2 \longrightarrow 4LiCl + SO_2 + S \tag{5.1}$$

在 Li 表面上形成一层较致密的 LiCl 膜，即保护膜。膜的晶粒大小随储存温度和时间的增加而增大。一般电压在 1 min 内都能回复到峰值电压的 95%。电池容量和平稳工作电压不受电压滞后的影响。

2) 电池的安全性

在某些过高负荷或短路等滥用条件下，某些有机电解质锂电池及非水无机电解质锂电池都有可能发生燃烧或爆炸。这是锂电池高能量密度特性带来的一大隐患。通常认为爆炸是由于反应发生的热使电池温度升高，而温度升高又促使电池反应加速进行，温度往往在局部超过锂的熔点 180℃。溶剂又很易挥发，溶剂蒸气及反应产生的气体形成很高的压力。某些无机盐(如 $LiClO_4$)本身也有爆炸性，隔膜也可能分解，这些都使电池具有爆炸的可能性。

5.1.4 应用

锂电池由于具有最高的比能量、放电电压平坦、使用温度范围宽广、湿荷电搁置寿命长等诸多优点，已在军事工业和日常生活中得到了大量的应用。应用范围大致可分为三个类型，即一般消费型应用、工业及医学应用、军事及宇航应用。① 一般消费型应用，大约可分为三大类，即家庭用品类、手提型产品类和汽车用品类。家庭用品类中最常用的产品是用作电话、闹钟、手表、照相机、汽车收音机等的电源。② 工业及医学上的应用可分成四种，即安全用、高温测试用、测量用和其他方面。主要产品可应用于防盗设备、大百货公司和工厂的电路控制、打字机、油井钻探设备、心脏起搏器等(表 5.2)。③ 军事及宇航上的用途也可分为三类，即存储器后备电池、电源供应、储存寿命能源等。这类电池和电池相关联的设备经储存后，一旦再使用，可保证电源供应。目前产品大致在图像、无线电通信、军火和测量等诸领域里应用(表 5.3)。

表5.2 锂电池的一般消费型应用、工业及医术应用

消费品				工业应用和医学应用			
类别	家庭用品	手提型产品	汽车用品	安全	测量	高温测量	其他
CMOS存储器后备能源	电视机参量放大器。洗衣机、家庭设备、暖气调节器、电话机、自动拨号器、磁带录像机		汽车收音机、警报器、各种仪表	大百货商店和工厂电路控制	传感器、测量元件	测热仪、炉窑	车船飞机上计算机和录音机遥控、工序调整、机器人、捣碎(冲印、打印)机、公共电话、打字机
电源供应	闹钟;智能电表、智能水表、智能燃气表	电视机遥控器、自行车转速表、电话、手表、计算机、液晶显示游戏机、照相机、摄像机、闪光灯;钓鱼装置、海事卫星电话	启门系统、引擎、轮胎等的敏感元件	塔格(TAG),厂防盗器、定位及验定敏感元件——浮标、安全闪灯、公路用发射机	方位确定搜索仪、探测器、X射线计(核电站)遥测仪	油井钻探、地质学、太空	电脑钟、心脏起搏器、其他医学器材
储存寿命能源		救生衣		急难定位发射机信标、安全闪灯、救生衣			

表5.3 锂电池在军事及宇航上的应用举例

类别	观测	无线电通信	军火	测量	控制和其他
CMOS存储器后备能源		无线电编(译)码机	飞弹		惯性导航系统、炮兵用计算机、雷达计算机、车船飞机上记录器、训练用飞弹
电源供应	红外夜视仪、观测仪三脚架、遥测仪	数字通信、终端信标、GPS定位仪、无线电发射、转播机、车船飞机内部通话设备、扬声器放大器、高频投弹发射器、通信保密设备	地雷杀伤系统、导弹地面系统电源	核射线测量器、瓦斯表、浮标、敌军入侵侦测器	战术空军控制系统终端设备、干扰台、手提雷达、飞机导航信标目标定位器和弹道计算;短周期卫星电源系统;运载火箭系统
储存寿命能源		急难定位发射机信标	反坦克飞弹触发器、地雷、水雷、弹药、火箭		飞机座舱抛射器、安全闪光信号灯;深空探测器

5.2 锂电池结构组成

与其他化学电池一样,锂电池的主要组成也是负极、正极和电解液三大部分。

5.2.1 锂负极

锂电池之所以具有高的比能量,与负极使用锂密切相关。金属锂具有最高的电化学当量和最负的电极电位。表5.4列出了一些电池常用负极材料的性能。从表中可以看出

锂与其他金属相比，仅仅在体积比能量上不及铝和镁等金属。而锂不单有良好的电化学性质，而且其机械性能都比较好，延展性好等均更适合作为一种负极材料。

表 5.4 负极材料的性能

负极材料	相对原子质量	25℃下的标准电位/V	密度/$(g \cdot cm^{-3})$	熔点/℃	化合价变化	电化学当量		
						$/(A \cdot h \cdot g^{-1})$	$/(g \cdot A \cdot h^{-1})$	$/(A \cdot h \cdot cm^{-3})$
Li	6.94	−3.05	0.534	180	1	3.86	0.259	2.08
Na	23.0	−2.7	0.97	97.8	1	1.16	0.858	1.12
Mg	24.3	−2.4	1.74	650	2	2.20	0.454	3.8
Al	26.9	−1.7	2.7	659	3	2.98	0.335	8.1
Ca	40.1	−2.87	1.54	851	2	1.34	0.748	2.06
Fe	55.8	−0.44	7.85	1 528	2	0.96	1.04	7.5
Mn	65.4	−0.76	7.1	419	2	0.82	1.22	5.8
Cd	112	−0.40	8.65	321	2	0.48	2.10	4.1
Pb	207	−0.13	11.3	327	2	0.26	3.87	2.9

锂是所有金属元素中最轻的一种，从表 5.5 中可以看到，其密度只有水的一半。

表 5.5 锂的物理性能

项目	数值
熔点/℃	180.5
沸点/℃	1 347
密度/$(g \cdot cm^{-3})$	0.534(25℃)
比热/$(J \cdot g^{-1} \cdot ℃^{-1})$	3.565(25℃)
比电阻/$(\Omega \cdot cm)$	9.35×10^{-6}(20℃)
硬度(莫氏硬度)	0.6

锂是银白色的金属。在潮湿空气中很快失去光泽。一般在 80%相对湿度的大气中只需 1～2 s 时间即可被一层 LiOH 所覆盖。如果将锂丢在水中，由于密度比水轻，会漂浮在水的表面，并与水发生剧烈反应，见式(5.2)，生成 LiOH 和 H_2，放出大量热。锂量多时有发生剧烈燃烧和爆炸的危险。

$$2Li + 2H_2O \longrightarrow 2LiOH + H_2 \uparrow \tag{5.2}$$

所以锂电池主要生产过程必须保持十分干燥，通常要 2%以下相对湿度环境才能符合要求。这无疑给电池的制造带来了困难，增加了电池生产的成本。锂软而有延展性，易于挤压成薄带、薄片，给锂电极制造带来了方便。通常锂电池制造过程中对锂的纯度要求很高，一般达 99.9%。其中杂质含量 Na$\leqslant$0.015%，K$\leqslant$0.01%，Ca$\leqslant$0.06%。这些杂质影响着电池的自放电和放电特性。

5.2.2 正极

锂电池的正极物质种类繁多。对这些正极物质提出的最重要的要求是与锂匹配，可以提供一个较高电压的电极对。正极物质有较高的比能量和对电解液有相容性，也就是说，在电解液中基本上不起反应或不溶解。这些正极物质最好应当是导电的，但它们往往导电性不够，不得不在固体正极物质中添加一定量的导电添加剂，如石墨、导电碳黑等，然后将这种混合物涂敷到导电骨架上做成正极。当然，这些正极物质应当成本低，尽可能没有毒性、易燃性等。表 5.6 列出了一些锂电池的正极材料性质。

表 5.6　锂电池的正极材料性质

正极材料	分子量/g	化合价变化	密度/(g·cm^{-3})	电化学当量			电池反应(与锂负极)	单体电池理论值	
				/(A·h·g^{-1})	/(A·h·cm^{-3})	/(g·A·h^{-1})		电压/V	比能量/(W·h·kg^{-1})
SO_2	64	1	1.37	0.419	—	2.39	$2Li+2SO_2 \longrightarrow Li_2S_2O_4$	3.1	1 170
$SOCl_2$	119	2	1.63	0.450	—	2.22	$4Li+2SOCl_2 \longrightarrow 4LiCl+S+SO_2$	3.65	1 470
SO_2Cl_2	135	2	1.66	0.397	—	2.52	$2Li+SO_2Cl_2 \longrightarrow 2LiCl+SO_2$	3.91	1 405
Bi_2O_3	466	6	8.5	0.35	2.97	2.86	$6Li+Bi_2O_3 \longrightarrow 3Li_2O+2Bi$	2.0	640
$Bi_2Pb_2O_5$	912	10	9.0	0.29	2.64	3.41	$10Li+Bi_2Pb_2O_5 \longrightarrow 5Li_2O+2Bi+2Pb$	2.0	544
$CuCl_2$	134.5	2	3.1	0.40	1.22	2.50	$2Li+CuCl_2 \longrightarrow 2LiCl+Cu$	3.1	1 125
CuF_2	101.6	2	2.9	0.53	1.52	1.87	$2Li+CuF_2 \longrightarrow 2LiF+Cu$	3.54	1 650
CuO	79.6	2	6.4	0.67	4.26	1.49	$2Li+CuO \longrightarrow Li_2O+Cu$	2.24	1 280
CuS	95.6	2	4.6	0.56	2.57	1.79	$2Li+CuS \longrightarrow Li_2S+Cu$	2.15	1 050
FeS	87.9	2	4.8	0.61	2.95	1.64	$2Li+FeS \longrightarrow Li_2S+Fe$	1.75	920
FeS_2	119.9	4	4.9	0.89	4.35	1.12	$4Li+FeS_2 \longrightarrow 2Li_2S+Fe$	1.8	1 304
MnO_2	86.9	1	5.0	0.31	1.54	3.22	$Li+Mn^{IV}O_2 \longrightarrow Mn^{III}O_2(Li^+)$	3.5	1 005
MoO_3	143	1	4.5	0.19	0.84	5.26	$2Li+MoO_3 \longrightarrow Li_2O+Mo_2O_3$	2.9	525
Ni_2S_2	240	4	—	0.47	—	2.12	$4Li+Ni_2S_2 \longrightarrow 2Li_2S+2Ni$	1.8	755
AgCl	143.3	1	5.6	0.19	1.04	5.26	$Li+AgCl \longrightarrow LiCl+Ag$	2.85	515
Ag_2CrO_4	331.8	2	5.6	0.16	0.90	6.25	$2Li+Ag_2CrO_4 \longrightarrow Li_2CrO_4+2Ag$	3.35	515
V_2O_5	181.9	1	3.6	0.15	0.53	6.66	$Li+V_2O_5 \longrightarrow LiV_2O_5$	3.4	490

5.2.3　电解质

锂与水会发生剧烈的化学反应，甚至燃烧爆炸。所以，一般而言，一次或二次锂电池的电解液均采用非水电解液。如前所述，非水电解液有有机和无机之分。无机电解液，如 $LiAlCl_4$ 的亚硫酰氯($SOCl_2$)溶液和 $LiAlCl_4$ 的硫酰氯(SO_2Cl_2)溶液，这种电解液中的无机溶剂既是电解液中的溶剂，又充当正极活性物质。而有机电解液则是一次锂电池中最通用的电解液。电池对电解液中溶剂的最重要要求是：① 不与锂和正极发生反应，某些电解液会与锂发生作用，产生一层保护膜，阻止了进一步的腐蚀反应，这种电解液也是可以接受的；② 这种电解液应有高的离子传导；③ 在宽广的温度范围内电解液呈液态，黏度较低；④ 合适的物理化学性能，如低蒸气压力、稳定性好、无毒性、不易燃烧等。

表 5.7 列出了一些主要有机溶剂的性质，最常用的是 AN、γ-BL、DME、PC 和 THF。有机溶剂的导电性均很差，一般加入适量的锂盐以达到足够的离子传导。这些锂盐有 LiCl、$LiClO_4$、LiBr、$LiAlCl_4$、$LiBF_4$、$LiAsF_6$、$LiPF_6$、LiTFSI 等。通常对溶质的要求是，溶质能溶于溶剂中并能离解形成导电电解液。当然，它与溶剂形成的电解液必须是与活性物质惰性的。但是这种非水电解质溶液的导电性能远远不及含水电解质如 KOH、NaOH 的导电性。前者往往不及后者的 1/10。这从一个方面说明，这些锂电池的输出功率受到了很大的影响，也就是一般的锂电池其比功率均不是很理想，而且其电导随着温度的下降而下降。

表 5.7　锂电池有机电解液溶剂的性能

溶　剂	化学式	沸点 (10^5 Pa 下)/℃	熔点 /℃	闪点 /℃	密度(25℃下) /($g \cdot cm^{-3}$)	1 $mol \cdot dm^{-3}$ $LiClO_4$ 时电导率 /($S \cdot cm^{-1}$)
乙腈(AN)	$CH_3C{\equiv}N$	81	−45	5	0.78	3.6×10^{-2}
γ-丁内酯(BL)	$(CH_2)_3OC{=}O$	204	−44	99	1.1	1.1×10^{-2}
二甲亚砜(DMSO)	$(CH_3)_2S{=}O$	189	18.5	95	1.1	1.4×10^{-2}
亚硫酸二甲酯(DMSI)	$(CH_3O)_2S{=}O$	126	−141	—	1.2	—
二甲氧基乙烷(DME)	$CH_3O(CH_2)_2OCH_3$	83	−60	1	0.87	—
二氧戊烷(1,3-DOL)	$(CH_2O)_2CH_2$	75	−26	2	1.07	—
甲酸甲酯(MF)	CH_3OCHO	32	−100	−19	0.98	3.2×10^{-2}
硝基甲烷(NM)	CH_3NO_2	101	−29	35	1.13	1.0×10^{-2}
碳酸丙烯酯(PC)	$CH_3(CH_2OCHO)C{=}O$	242	−49	135	1.2	7.3×10^{-2}
四氢呋喃(THF)	$(CH_2)_4O$	65	−109	−15	0.89	—

5.3　锂/二氧化锰电池

锂/二氧化锰电池是第一个商品化的锂/固体正极体系电池，也是至今应用最广泛的锂电池。该电池体系特点是电池电压高(3 V)，质量比能量和体积比能量可分别达到 280 $W \cdot h \cdot kg^{-1}$ 和 588 $W \cdot h \cdot dm^{-3}$，在宽温度范围内性能良好，储存寿命长，价格低廉。

5.3.1 电池反应

Li/MnO_2 电池以 Li 为负极,电解质为 $LiClO_4$ 溶解于 PC 和 DME 混合有机溶剂中。MnO_2 按来源分有化学 MnO_2 和电解 MnO_2。MnO_2 主要有 α、β 和 γ 等 5 种主晶型和 30 余种次晶型。电池工业中常用电解 MnO_2,晶型一般以 γ 型为主。在 Li/MnO_2 电池正极材料中,$\alpha-MnO_2$ 性能最差,含少量水分的 $\gamma-MnO_2$ 较差,无结晶水的 $\beta-MnO_2$ 较好,$\gamma\beta-MnO_2$(混合)较好。所以,$\gamma-MnO_2$ 在作为正极材料之前,必须对其进行热处理,并且要除去水分,使晶型结构从 $\gamma-MnO_2$ 转变为 $\gamma\beta-MnO_2$ 相(混合,以 β 相含量为65%~80%为最优)。

Li/MnO_2 电池反应,正极反应不属于传统意义上的氧化还原反应,而是一种锂离子的嵌入反应。

负极反应:

$$x\mathrm{Li} \longrightarrow x\mathrm{Li}^+ + x\mathrm{e} \tag{5.3}$$

正极反应:

$$\mathrm{Mn}^{\mathrm{IV}}\mathrm{O}_2 + x\mathrm{Li}^+ + x\mathrm{e} \longrightarrow \mathrm{Li}_x\mathrm{Mn}^{\mathrm{III}}\mathrm{O}_2 \tag{5.4}$$

总反应:

$$x\mathrm{Li} + \mathrm{Mn}^{\mathrm{IV}}\mathrm{O}_2 \longrightarrow \mathrm{Li}_x\mathrm{Mn}^{\mathrm{III}}\mathrm{O}_2 \tag{5.5}$$

反应结果是 Li^+ 进入 MnO_2 晶格中,形成 $Li_xMn^{III}O_2$。

5.3.2 结构

Li/MnO_2 电化学体系可以按照不同的设计和结构来制造,以满足不同用途对小型化、轻量化移动电源的需求。

低倍率电池使用压成式 MnO_2 粉末。常用黏结剂是聚四氟乙烯。高倍率扣式或圆柱形 Li/MnO_2 电池,其正极是在骨架上涂膏做成薄型电极,然后正负极卷绕成电极对放入外壳而成。图 5.6 为圆柱形和扣式 Li/MnO_2 电池的剖视图。图 5.6(a)是一种大型高倍率电池,带有安全阀,在电流输出过大或其他滥用时,安全阀起作用,气体从排气孔外泄,防止了危险的进一步发展。图 5.6(b)是一种典型的扣式 Li/MnO_2 结构。

5.3.3 性能

Li/MnO_2 电池开路电压 3.5 V,额定电压 3.0 V。电池大部分容量耗尽时的终止电压为 2.0 V。20℃时,各种不同结构的 Li/MnO_2 电池的放电曲线如图 5.7 所示。从图 5.7 可知,放电曲线比较平稳,大致平稳在 3 V 左右。Li/MnO_2 电池能在−20~+55℃的宽广温度范围内工作。

各种不同温度下的放电曲线如图 5.8 所示。其性能与温度和放电率的关系如图 5.9 所示。

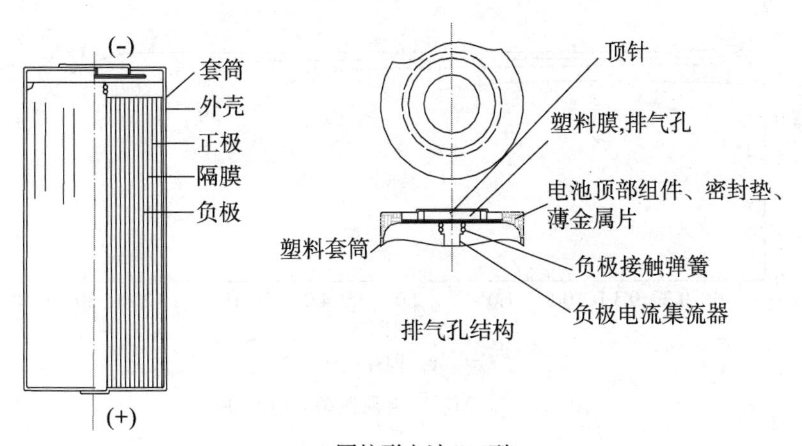

(a) 圆柱形电池(2N型)

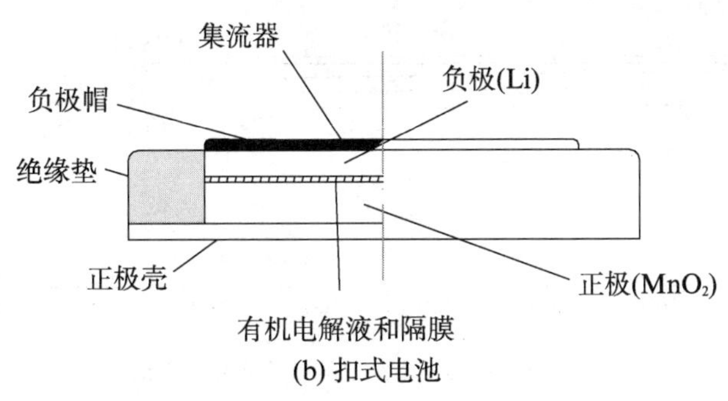

(b) 扣式电池

图 5.6　Li/MnO_2 电池的剖视图

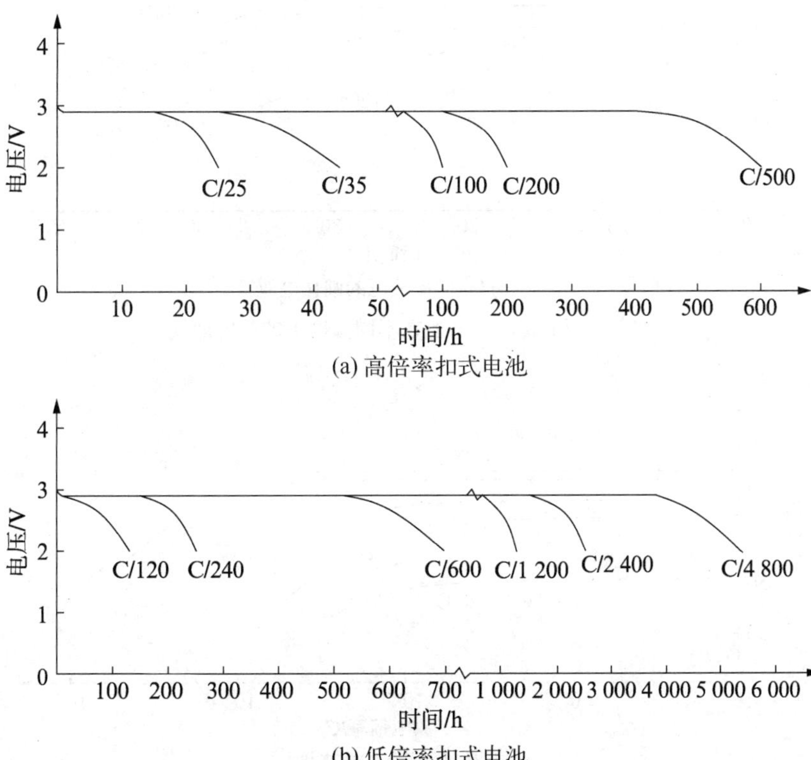

(a) 高倍率扣式电池

(b) 低倍率扣式电池

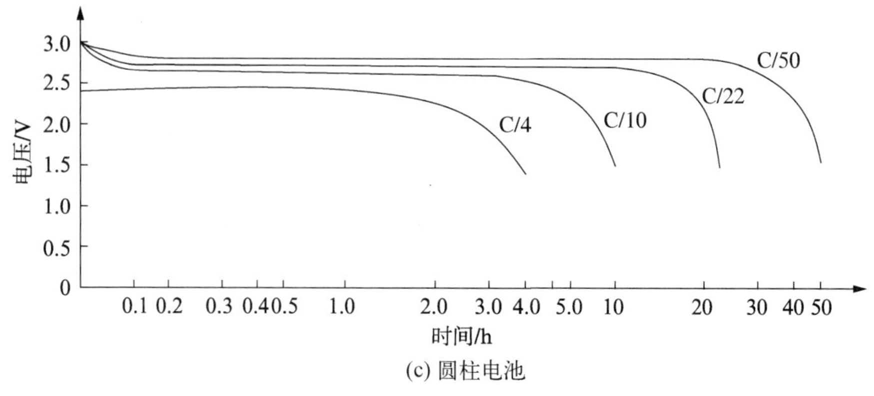

(c) 圆柱电池

图 5.7 Li/MnO_2 电池典型放电曲线

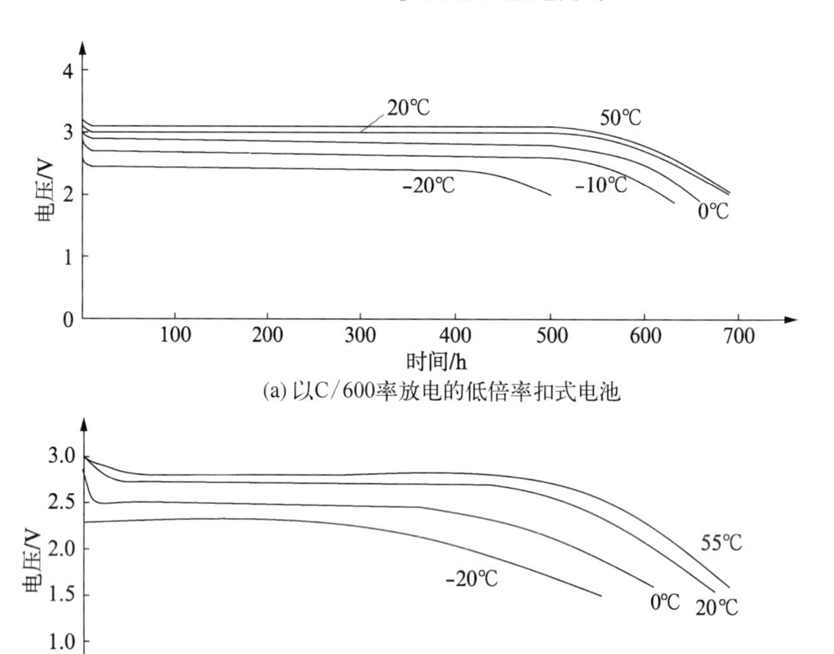

(a) 以C/600率放电的低倍率扣式电池

(b) C/50率放电的圆柱电池

图 5.8 Li/MnO_2 电池在不同温度下的放电曲线

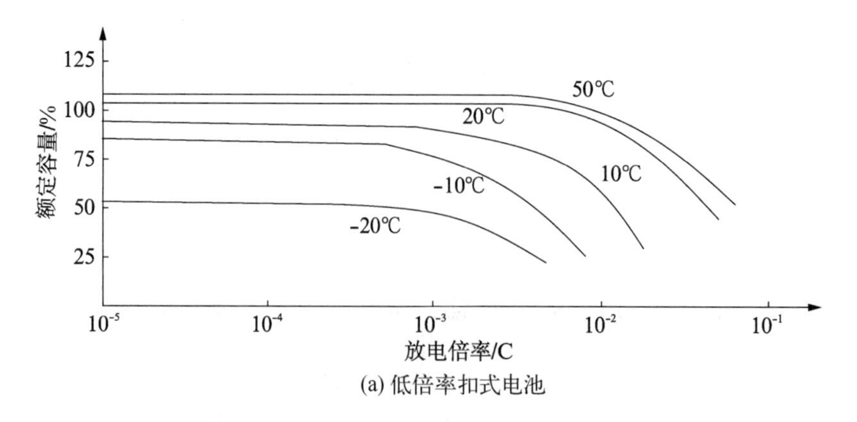

(a) 低倍率扣式电池

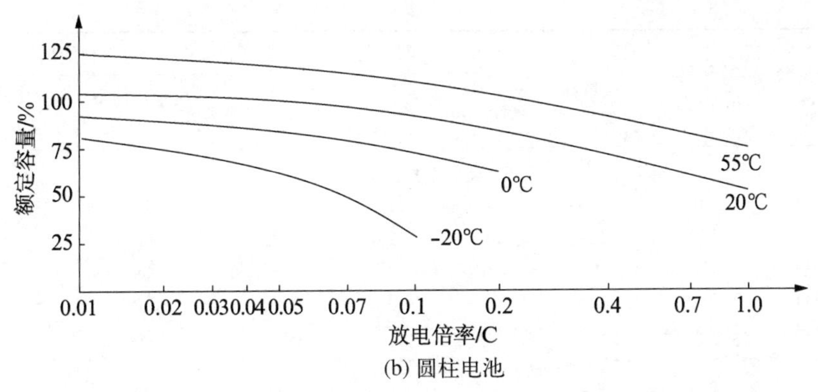

(b) 圆柱电池

图 5.9 Li/MnO$_2$ 电池性能与温度和放电率(至终压 2 V)的函数关系

从图 5.9 可知,较低倍率的 Li/MnO$_2$ 电池性能的确十分优良。即使倍率高一些,电池放出的容量百分比也较高。该电池储存性能也很好。从图 5.10 可以看出,在 20℃下储存 3 年,容量损失仅 5%。影响储存寿命的最大因素是电池封口处溶剂的渗漏总量。Li/MnO$_2$ 单体和组合电池的性能如表 5.8 所示。

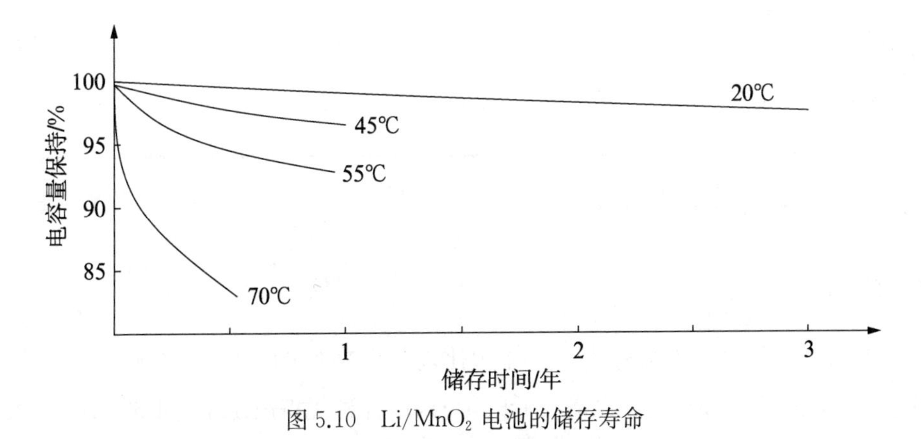

图 5.10 Li/MnO$_2$ 电池的储存寿命

表 5.8 Li/MnO$_2$ 电池单体和组合电池的性能

国际电工委员会(IEC)型号	额定容量/(mA·h)*	质量/g	尺寸			比能量+	
			直径/mm	高/mm	体积/cm^3	质量比能量/(W·h·kg^{-1})	体积比能量/(W·h·dm^{-3})
低倍率扣式电池							
CR-1142	65	1.7	11.5	4.2	0.44	105	410
CR-1220	30	0.8	12.5	2.0	0.25	105	335
CR-1620	50	1.2	16.0	2.0	0.40	116	350
CR-2016	50	2.0	20.0	1.6	0.50	70	280
CR-2020	90	2.3	20.0	2.0	0.63	110	400
CR-2025	120	2.5	20.0	2.5	0.79	135	425
CR-2420	120	3.0	24.5	2.0	0.94	112	360
CR-2030	170	3.0	20.0	3.2	1.00	160	475
CR-2325	160	3.8	23.0	2.5	1.04	120	430
CR-2430	200	4.0	24.5	3.0	1.41	140	400
CR-WM	3 500	42.0	45.0	12.0	19.08	230	515

续表

国际电工委员会(IEC)型号	额定容量/(mA·h)*	质量/g	尺寸			比能量+	
			直径/mm	高/mm	体积/cm^3	质量比能量/($W \cdot h \cdot kg^{-1}$)	体积比能量/($W \cdot h \cdot dm^{-3}$)
高倍率扣式电池							
CR-2016H	50	2.0	20.0	1.6	0.50	70	280
CR-2025H	100	2.4	20.0	2.5	0.79	115	355
CR-2420H	100	3.0	24.5	2.0	0.94	94	298
CR-2032H	130	2.8	20.0	3.2	1.00	130	365
CR-2430H	160	4.0	24.5	3.0	1.41	112	320
圆柱电池							
CR-772	30	1.0	7.9	7.2	0.35	84	240
CR1/3N	160	3.0	11.6	10.8	1.14	150	395
CR1/2AA	500	8.5	14.5	25.0	4.13	165	340
CR-2N	1 000	13.0	12.0	60.0	6.78	215	415
CR-2/3A	1 100	15.0	16.4	32.8	7.25	205	425
组合电池							
2-CR-1/3N(两只串联单体)	160	8.8	ϕ13.0×25.2		3.3	100	275
扁平式电池组(两只并联单体)	1 200	34	94×77×4.5		30.2	210	238
印刷电路板安装的方形电池(3 V)	200	12	27.2×28×5.08		3.8	50	160

* 低倍率电池以 C/200 率放电;高倍率和圆柱电池以 C/30 率放电。
+ 以每只电池 2.8 V 平均电压为基准的比能量。

5.3.4 应用

综上所述,Li/MnO_2 电池有较高的体积比能量和较好的高倍率放电性能,比传统锌锰电池更长的湿储存寿命,比锌银电池低的价格,这种种优点决定了它必然会有较大的应用面。目前已在计算机 CMOS 存储器、电子计算器、照相闪光灯、电动玩具中作电源应用,也可用作程序记忆中的失电保护电源,和电话机、智能化煤气表、水表测量装置、各种自动化办公用具、电子钥匙、记忆卡、各种录像摄影机、医学设备、汽车计时器、电子琴等电源。

5.4 锂/二氧化硫电池

以 SO_2 作为正极活性物质的锂电池,在 1971 年获得专利。Li/SO_2 电池是一次锂电池中较为先进的一种体系,最主要的特点是它可较高功率输出,而且低温性能较好,比能量大约可达 300 $W \cdot h \cdot kg^{-1}$ 和 415 $W \cdot h \cdot dm^{-3}$,主要应用在军事场合。

5.4.1 电池反应

Li/SO_2 电池以 Li 作负极,采用多孔的碳电极作为正极,SO_2 作为正极活性物质。电解液大多采用二氧化硫和有机溶剂(乙腈)与可溶溴化锂组成的非水电解液。SO_2 以液态加到电解质溶液中,电池的反应方程式如下:

$$2Li + 2SO_2 \longrightarrow Li_2S_2O_4(\text{连二亚硫酸锂}) \tag{5.6}$$

5.4.2 结构

Li/SO_2 电池一般设计成如图 5.11 所示的圆柱形构型。极组采用卷绕式结构,它是把金属锂箔、一层微孔聚丙烯隔膜、正极(聚四氟乙烯与碳黑的混合物压在铝网骨架上形成)和第二层隔膜螺旋形卷绕而成的,然后将卷绕极组插入镀镍钢壳内,再将正极极耳和负极极耳分别焊接到玻璃/金属绝缘子的中央棒及电池内壁上,以实现电联接。将壳体与顶盖焊接在一起后,注入含有去极剂 SO_2 的电解质。当内部压力达到过大值,即达到典型值 2.41 MPa 时,安全阀会打开排气。这种高的内部压力是由诸如过热或短路等不适当使用引起的,排气可以防止电池本身的破裂或爆炸。特别需要注意的是要采用一种耐腐蚀玻璃或用保护性涂层涂覆玻璃,以防止在电池壳体与玻璃—金属绝缘子中央棒之间存在电位差时玻璃的锂化发生。

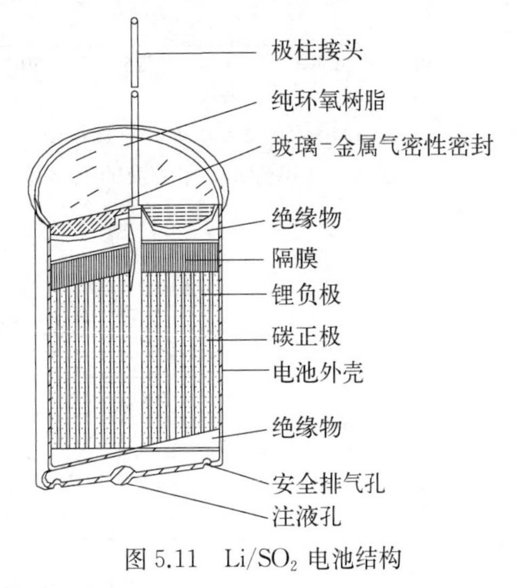

图 5.11 Li/SO_2 电池结构

简单介绍一种 Li/SO_2 电池的制造工艺,将碳糊涂在展延的铝网上作正极,尺寸为 3.8 cm×16.5 cm,碳层厚度为 0.9 mm,孔率为 80%。负极是将厚 0.38 mm 锂片压在铜网上。隔膜为多孔聚丙烯膜。采用卷式结构,电极活性面积为 126 cm^2,电池质量为 41 g,体积为22.6 cm^3,液态 SO_2、溶剂乙腈、碳酸丙烯酯的体积比为 23 ∶ 10 ∶ 3,LiBr 浓度为1.8 $mol \cdot dm^{-3}$。

5.4.3 性能

Li/SO_2 电池 25℃下开路电压为 2.91 V。通常典型的工作电压范围在 2.7～2.9 V。大多数电池容量耗尽时的终止电压为 2 V。

这种电池之所以能以较高功率输出,主要是由于它的电解液有较高的电导率。图 5.12 为电解液在不同温度下的电导率值。由于液态 SO_2 在电池中有一定的蒸气压力,所以这种 Li/SO_2 电池在未放电时存在一定的内部压力。从图 5.13 中可以看到,在 20℃时,其蒸气压力为 3×10^5～4×10^5 Pa。所以,这种电池往往设计成图 5.11 的结构。当温度过高,内部压力达到一定限值时,气体从安全排气孔中排出,从而达到保证安全的目的。

SO_2 溶于电解液中,会与锂会发生自放电反应。由于锂表面生成了 $Li_2S_2O_4$ 保护膜,防止了自放电的进一步发生。然而,正是这层保护膜导致了 Li/SO_2 电池的电压滞后特性。从图 5.14 可以看到,低温放电或大电流放电时,电压滞后更为明显。

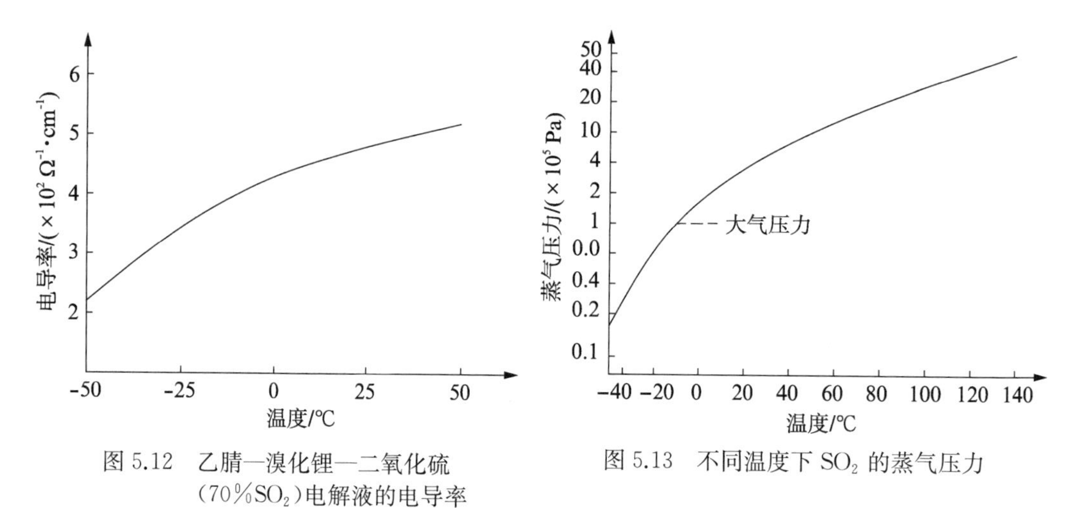

图 5.12　乙腈—溴化锂—二氧化硫 (70%SO_2)电解液的电导率

图 5.13　不同温度下 SO_2 的蒸气压力

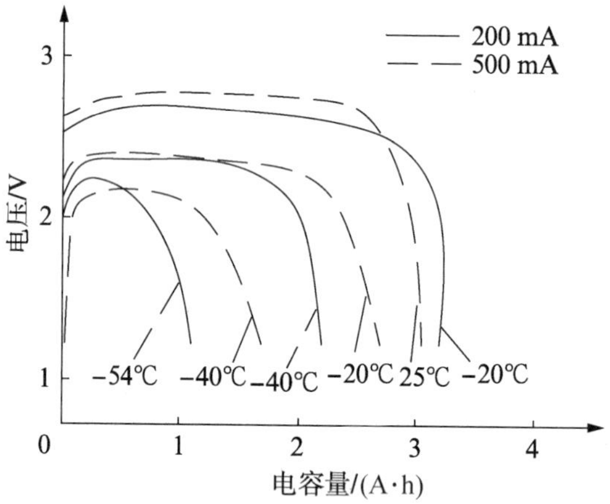

200 mA
500 mA
3
2
1
电压/V
−54℃ −40℃ −40℃ −20℃ 25℃ −20℃
0 1 2 3 4
电容量/(A·h)

图 5.14　Li/SO_2 电池的放电曲线及滞后现象

图 5.15 表示 20℃下不同负载时的放电特性。从图 5.15 中可以看到这种电池放电电压十分平坦,特别是小电流放电时更是如此。Li/SO_2 电池在不同温度时的放电曲线如图

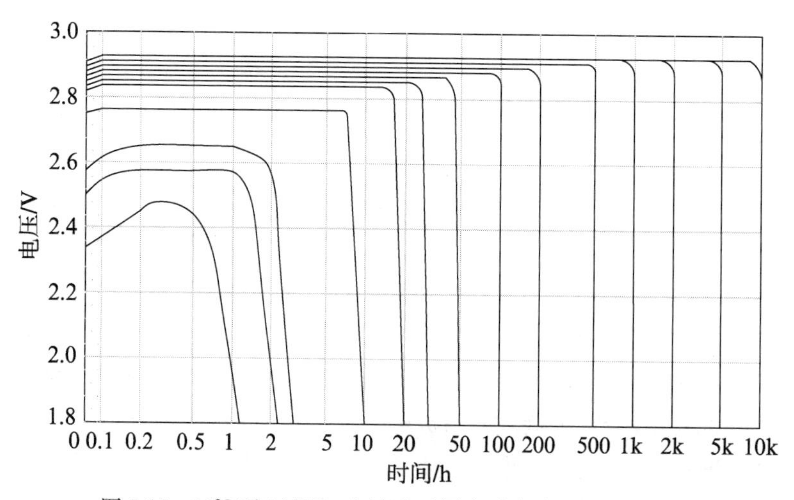

图 5.15　20℃下 Li/SO_2 电池以不同小时率放电的放电性能

5.16 所示。从图 5.16 中可以看出，在−40℃时放电时间可达常温放电时间的 50%。在−20℃下以 C/30 放电，工作电压也还比较平坦。

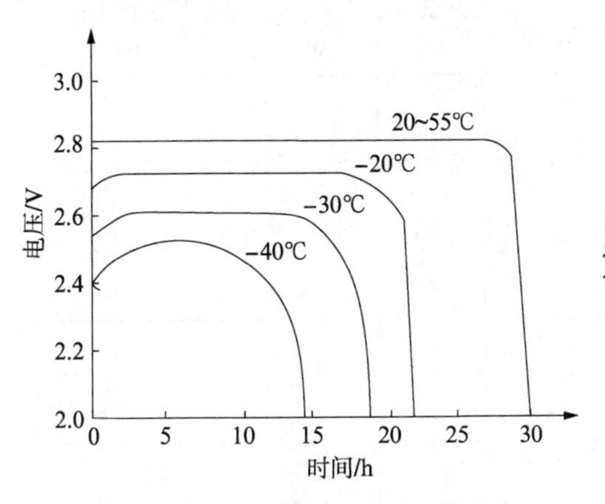

图 5.16 Li/SO_2 电池以 C/30 放电率在不同温度下的放电性能

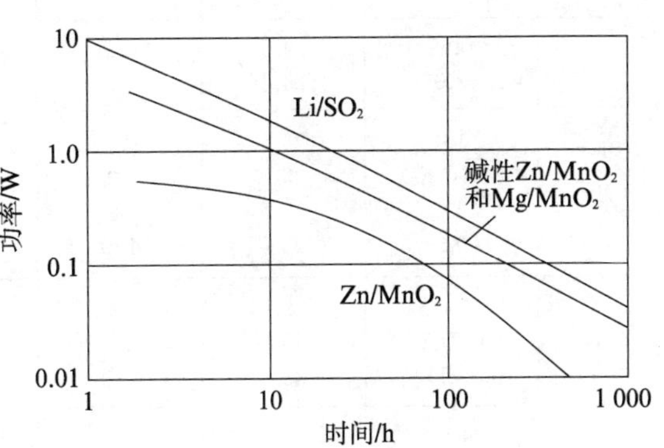

图 5.17 20℃下 Li/SO_2 电池与各种 D 型电池性能相比的高倍率优势

图 5.17 表示了 Li/SO_2D 型电池在不同倍率放电时与其他类型电池的比较。可以看到，它的性能比碱性 Zn/MnO_2、Mg/MnO_2、Zn/MnO_2 电池都优越。在 C/10 放电时，Li/SO_2 的输出功率几乎比碱性 Zn/MnO_2 电池大 4 倍，比普通 Zn/MnO_2 电池大 10 倍。

Li/SO_2 电池的储存寿命较长，在 70℃下储存一年半，容量损失为 35%，在 20℃下储存 5 年，容量损失小于 10%(图 5.18)。Li/SO_2 电池的这些优点，决定了它是锂电池系列中一种优秀的品种。它已被制造成不同的尺寸，形成了自己的系列(表 5.9)。

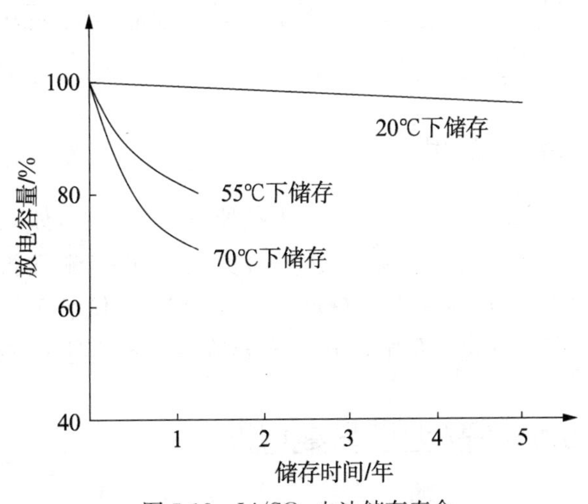

图 5.18 Li/SO_2 电池储存寿命

表 5.9 Li/SO_2 圆柱电池

电池型号	额定容量/(A·h)*	尺寸			质量/g	比能量⁺	
		直径/mm	高度/mm	体积/cm^3		质量比能量/(W·h·kg^{-1})	体积比能量/(W·h·dm^{-3})
AA	0.45	14	24	3.7	6.5	193	341
	1.05(AA 型)	14	50	7.6	14.0	210	386
A	0.45	16.3	24	5.0	9.0	170	308
	0.90	16.3	34.5	7.2	12.0	210	350
	1.20(A 型)	16.3	44.5	9.3	15.0	224	361
	1.75	16.3	57.0	11.8	19.0	258	408

续表

电池型号	额定容量/(A·h)*	尺寸			质量/g	比能量+	
		直径/mm	高度/mm	体积/cm^3		质量比能量/(W·h·kg^{-1})	体积比能量/(W·h·dm^{-3})
	0.65	24.0	18.5	8.3	13.0	140	218
	3.0	24.0	53.0	24.0	37.0	227	350
C	1.0	25.7	17.2	8.9	17.0	162	314
	3.5(C 型)	25.7	50	26	41	238	378
	4.4	25.7	60	31	50	245	392
	9.5	25.7	130	68	115	230	395
D	5.4	29.1	60	40	62	244	378
	8.0(D 型)	33.8	60	54	85	263	417
	16.5(2D 型)	33.8	120	108	165	280	428
	8.5	38.7	50	59	95	249	406
	21.0	38.7	114	134	207	283	440
	9.5	41.6	51	69	105	252	384
	25.0	41.6	118	160	230	302	437
	30.0	41.6	141	191	230	300	440

* 以 C/30 率放电的额定容量。表中列出的某些电池是高倍率结构,以高倍率放电使用良好,但以 C/30 率放电,容量则较低。

+ 以 2.8 V 平均电压为基准的比能量。

5.4.4 应用

Li/SO_2 电池主要用于各种军事装置上,如无线电通信机、便携式监视装置、声呐声标、炮弹等等。在已成功的美国火星探测飞行器计划中,SAFT 公司分别为“勇气(Spirit)”号和“机遇(Opportunity)”号提供了 5 个高能 Li/SO_2 电池组,为“勇气”号和“机遇”号在进入预定轨道、飞行器降落和着陆等关键阶段供电。

5.5 锂/亚硫酰氯电池

20 世纪 60 年代法国 SAFT 公司的 Gabano 博士首先提出了 $Li/SOCl_2$ 体系制成锂电池的可能性。$Li/SOCl_2$ 电池属于无机电解质锂电池范畴,是目前实际应用的化学电源中比能量最高的电池体系之一。它具有比能量高、工作电压高且平稳、工作温度范围宽、湿荷电寿命长、使用维护方便等诸多优点。电池开路电压典型值为 3.65 V,典型的工作电压范围为 3.35~3.55 V。已有较多实验数据表明国产 $Li/SOCl_2$ 电池产品经 10 年室温自然存放后电池电性能依然良好,放电容量与新电池无显著差异。我国卫星用大容量 $Li/SOCl_2$ 电池组比能量已达到了 360 W·h·kg^{-1}、410 W·h·dm^{-3}的水平。国外碳包式 DD 型 40 A·h 电池比能量高达 740 W·h·kg^{-1}、1 450 W·h·dm^{-3}。D 型高倍率电池,放电电流高达 3 A,电压 3.2 V,容量 12 A·h,比能量高达 396 W·h·kg^{-1}。

5.5.1 电池反应

$Li/SOCl_2$ 电池以 Li 作负极,碳作正极,无水四氯铝酸锂($LiAlCl_4$)的 $SOCl_2$ 溶液作

电解液，$SOCl_2$ 还是正极活性物质。其放电机制说法不一，目前较为公认的总反应方程式是

$$4Li + 2SOCl_2 \longrightarrow 4LiCl + S + SO_2 \tag{5.7}$$

放电产物 SO_2 会部分溶解于 $SOCl_2$ 中，S 微溶于 $SOCl_2$ 电解液，大多数析出、沉积在碳正极中。LiCl 是不溶的，沉积在碳正极中。$SOCl_2$ 的密度是 1.638 g·cm^{-3}(25℃)，沸点是 78℃，凝固点为 −105℃。

电池反应产物白色 LiCl 及黄色 S 在正极碳黑内沉积出来，部分堵塞了正极内的微孔道。一方面使正极有些膨胀；另一方面阻碍了电解液的扩散，增大了浓差极化，使电池逐渐失效。

Li/$SOCl_2$ 电池作为非水电解质体系，其电解液电导比水系电解液低得多，这就限制了它的大电流放电能力，使得常规水电解质体系电池惯用的一些标准已不太适用。放电倍率通常用来衡量电池功率输出能力大小，而为了更好地衡量 Li/$SOCl_2$ 电池功率输出能力水平，采用电流密度(表观单位面积电极的输出电流)来比较更加合适、方便。通常把 Li/$SOCl_2$ 电池放电电流密度不大于 2 mA/cm^2 的工作状态称为低速率工作，电流密度在 2～10 mA/cm^2 称为中速率工作，电流密度不小于 10 mA/cm^2 的工作状态称为高速率工作。不同工作状态的电池在设计上将会有所不同。

Li/$SOCl_2$ 电池中锂电极的利用率水平已经能做到很高的水平，一般负极极化很小，活性物质利用率通常高达 90%以上，性能提升的空间不大。碳电极既是正极电化学反应的催化载体和固体反应产物的容器，又是电池正极集流体。当前碳电极还是电池电性能中的限制性要素，性能改进提升的空间还很大。

$LiAlCl_4$ ∶ $SOCl_2$ 电解液的电导率开始随着电解质浓度的增加而增大，常温下浓度到约 1.8 mol/L 后电导率反而会有下降。低温下由于溶液黏度变化等情况不同，峰值电导率浓度会有所不同，通常认为要低一些。电解液浓度较高时，对锂表面的腐蚀作用也较强。

5.5.2 结构

由于 Li/$SOCl_2$ 电池中电解液 $LiAlCl_4$ ∶ $SOCl_2$ 溶液与水的作用十分激烈，甚至十分微量的水分也极其容易与之发生作用，产生 HCl 等气体，造成严重腐蚀，电池最终失效。所以这种电池很少采用扣式或半密封的卷边结构，一般均采用金属/玻璃或金属/陶瓷绝缘的全密封结构。电池外壳材料一般多用不锈钢(Cr18Ni9Ti)，这是因为在全密封无水的 $LiAlCl_4$ ∶ $SOCl_2$ 电解液中不锈钢是稳定的。Ni 外壳也适用，但 Ni 材较贵，所以一般不拟选用。有机高分子材料，如聚乙烯、聚丙烯、尼龙等均不能抵挡电解液的腐蚀；而能承受长期腐蚀环境的聚四氟乙烯、三氟氯乙烯等由于焊接工艺上或经济上的原因，也未见诸报道。所以最常用的是金属/玻璃或金属/陶瓷绝缘加上氩弧焊或激光焊接的全密封结构。对于这类电池，全密封是电池的关键之一。密封失效，不单影响电池的使用寿命，恶化电池的周围环境，由于水气的进入，还增加了电池的不安全性。通常要求电池各密封环节都应经氦质谱检漏合格，漏率应低于 5×10^{-9} Pa·m^3·s^{-1}。

全密封结构的关键有两个方面。一是金属/玻璃绝缘珠(M-g)处。图 5.19 为电池上

盖的示意图。一般选用可伐材料作上盖和注液管,因为它们的热膨胀系数与玻璃最相近,这种材料做成的盖子,在不同温度下与玻璃绝缘珠的膨胀系数基本一致,不会造成异质界面的开裂而破坏密封性。目前由于M-g烧结技术的进步,采用不锈钢材料也可得到满足使用要求的M-g绝缘子。这种玻璃珠不能用一般的玻璃材料,因为它需要承受几年、十几年长期的电解液对它的侵蚀。上盖内玻璃与可伐材料之间的烧结是一项关键工艺,烧结之后温度应尽可能慢地下降,不然会造成过大的内应力,使电池在使用或存放一定时间后玻璃处突然破裂。

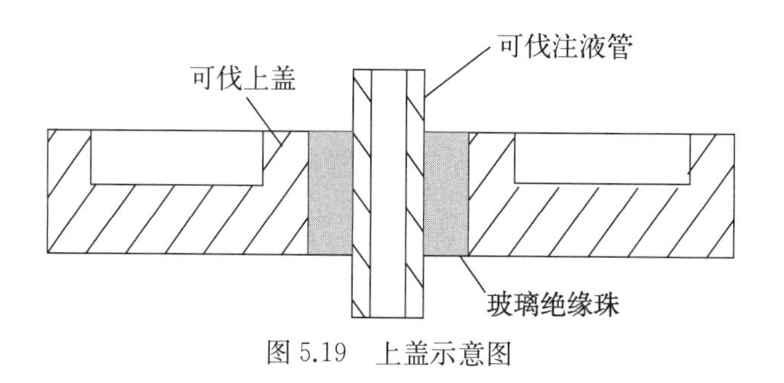

图5.19　上盖示意图

全密封结构关键的另一方面是焊接处(图5.20)。激光焊接与氩弧焊接均可以,不过后者往往局部温度过高的区域较大,时间较长,会影响电池内部的结构,因为内部的金属Li的熔点才180℃。所以,氩弧焊焊接时,必须采用一种特殊的散热手段;而激光焊接时热效应小得多,一些特殊部位的焊接还只能采用激光焊接。激光焊接的成本较高,通常是根据实际需要单独或混合采用各种焊接方式。

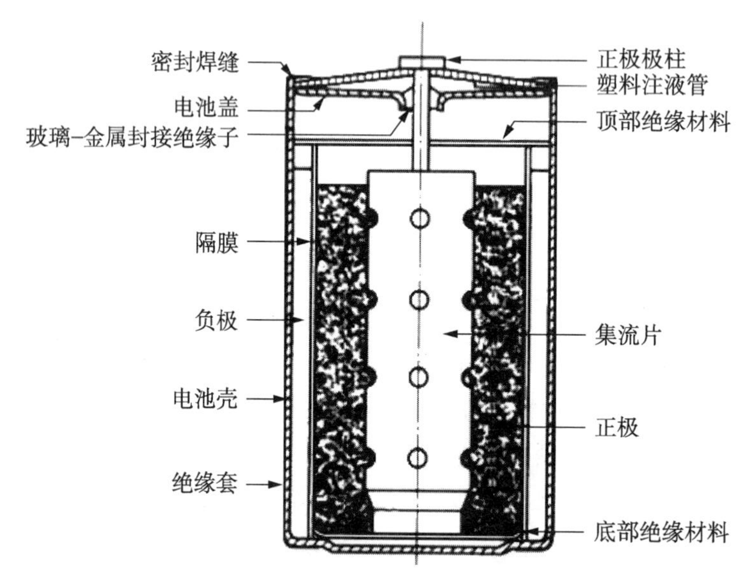

图5.20　碳包式Li/$SOCl_2$电磁截面图

Li/$SOCl_2$电池碳包式电池以符合ANSI标准的尺寸制成圆柱形。这些电池是为低、中放电率放电设计的,不得高于C/100的放电倍率。典型的碳包式圆柱形Li/$SOCl_2$电池结构如图5.20所示。负极由锂箔制成,倾靠在不锈钢或镀镍钢外壳的内壁上;隔膜由非编织玻璃丝布制成;正极由聚四氟乙烯黏结的碳黑组成,呈圆柱状,有极高的孔隙率,并占据了电池的大部分体积。电池为气密性密封,正极柱采用玻璃—金属封接绝缘子。这种电池属于典型的低功率工作电池。由于设计原因,碳包式电池即使短路也无多大危险,容量很小的碳包式电池可不设计安全装置。

使用螺旋卷绕式(以下简称卷绕式)电极结构设计的中等至高放电率 $Li/SOCl_2$ 电池可在市场获得。这些电池主要为了满足军用目的而设计的,如有大电流输出和低温工作等需要的场合。有同样使用要求的工业领域也仍在使用这类电池。图 5.21 给出了该类电池的典型结构。电池壳是由不锈钢拉伸而成,正极极柱使用了玻璃—金属封接绝缘子;电池盖采用激光封接或焊接保证电池的完全密封。安全装置,如泄露孔、熔断丝或者 PTC 器件等都安装在电池内部以保护电池在有内部高压和外短路时电池结构的安全。

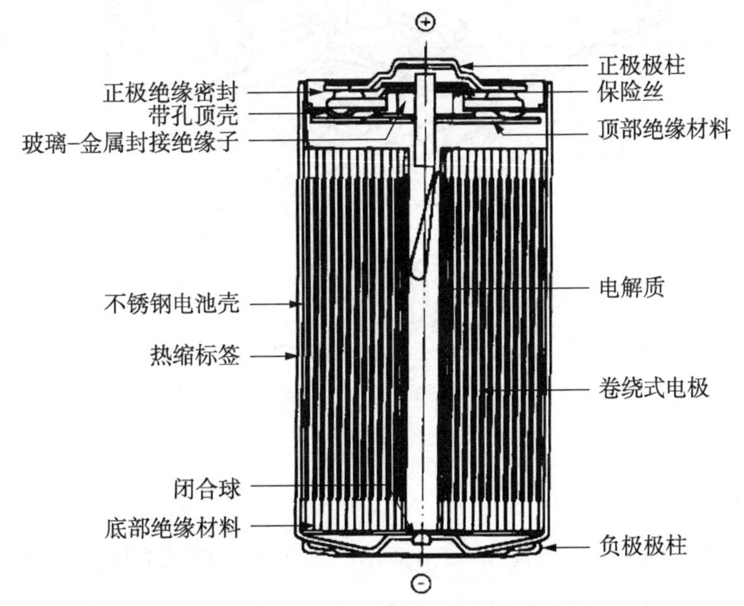

图 5.21 $Li/SOCl_2$ 卷绕式电极电池剖视图

$Li/SOCl_2$ 电池系列也可制成以中等、高放电率放电的扁形或盘形电池。这些电池为气密性密封。如图 5.22 所示,电池由单个或多个盘形锂负极、隔膜和碳正极封装在不锈钢内而组成,外壳上有一个陶瓷封接的金属绝缘子用作负极极柱,并将正、负极隔离。

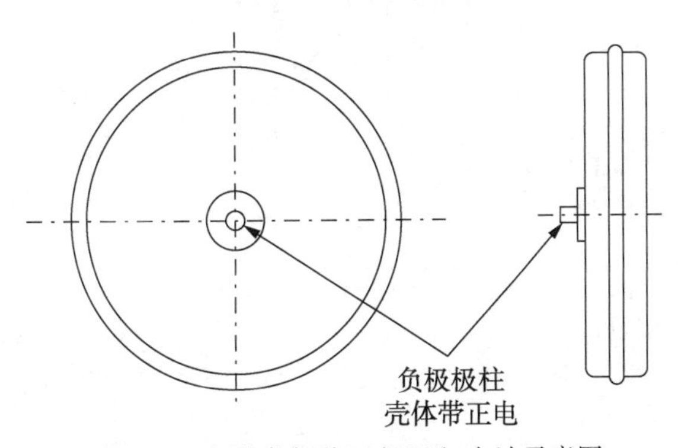

图 5.22 扁形或盘形 $Li/SOCl_2$ 电池示意图

大型 $Li/SOCl_2$ 电池主要用于军事用途,作为一种无须充电的备用电源。这种大型 $Li/SOCl_2$ 电池大多采用方形结构,如图5.23所示。锂负极和聚四氟乙烯黏结的碳电极被制成方形平板,该平板电极用板栅结构支撑,并用非编织玻璃丝布隔膜隔开,最后被装进气密性密封的不锈钢壳中。极柱通过玻璃—金属封接绝缘子引到电池外面或者使用单极柱并把其与带正电的壳体绝缘分开。电池通过注液孔把电解质注入单体电池中。这种方形结构在组合电池中显然有利于体积比能量的提高。

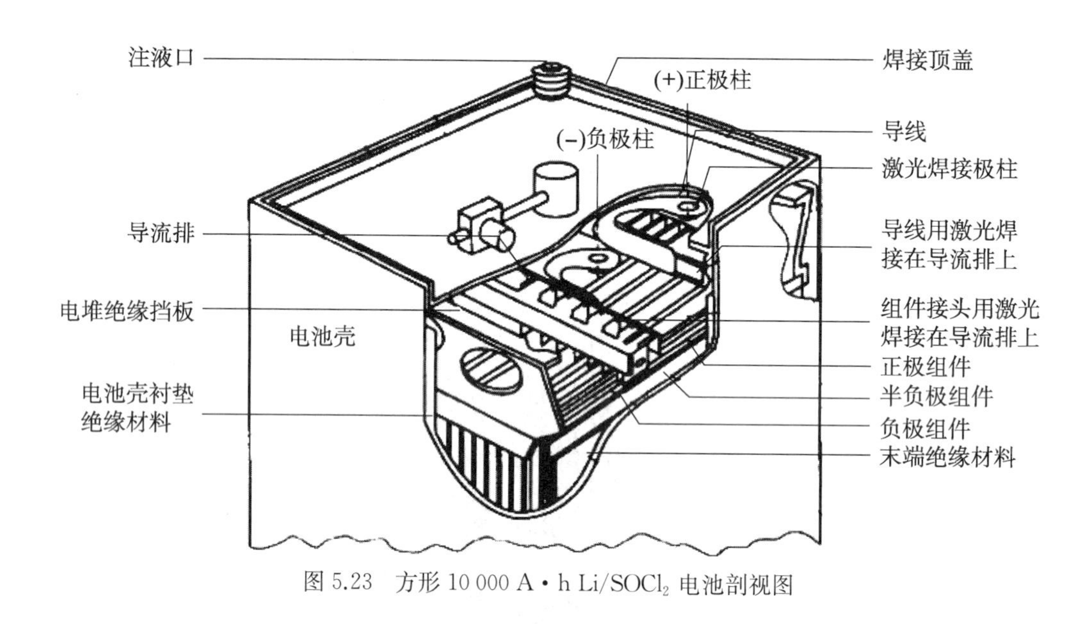

图5.23 方形10 000 A·h $Li/SOCl_2$ 电池剖视图

5.5.3 性能

$Li/SOCl_2$ 电池的开路电压为3.65 V,典型的工作电压的范围为3.3~3.6 V(至终止电压3 V)。图5.24给出了D型 $Li/SOCl_2$ 电池的典型放电曲线。在较宽的温度范围内和低至中等放电倍率下放电,$Li/SOCl_2$ 电池都有平坦的放电曲线和良好的性能。

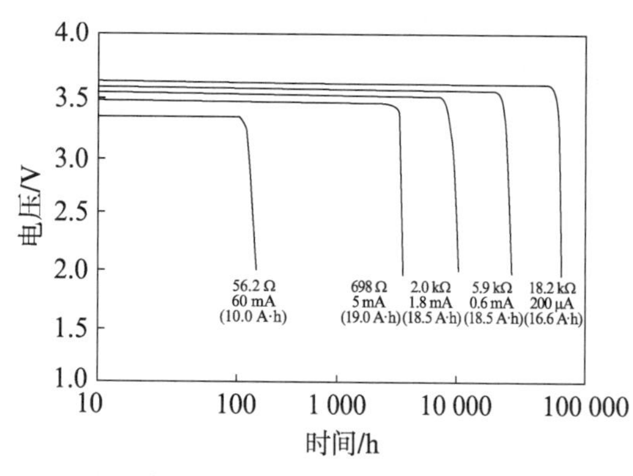

(a) 25℃时,D型碳包式圆柱形高容量 $Li/SOCl_2$ 电池不同倍率的放电特性

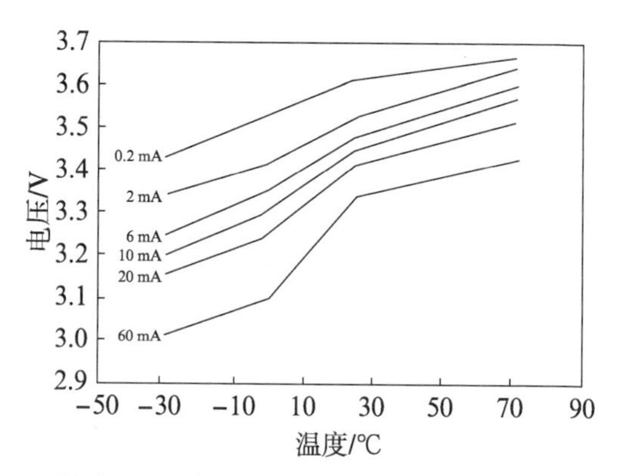

(b) 在不同放电倍率下温度对该电池工作电压的影响

图5.24 D型碳包式圆柱形高容量 $Li/SOCl_2$ 电池的放电特性

一般而言，$Li/SOCl_2$ 电池可在$-40\sim+55$℃有效地工作。全密封的 $Li/SCOl_2$ 电池在极高温下也能得到应用。在145℃下(图5.25)，电池以高放电率放电时，可放出其大部分容量，而以低放电率放电(放电20天)可放出超过70%的容量。但是，如果高温下应用时发生短路等情况还是有一定危险的。

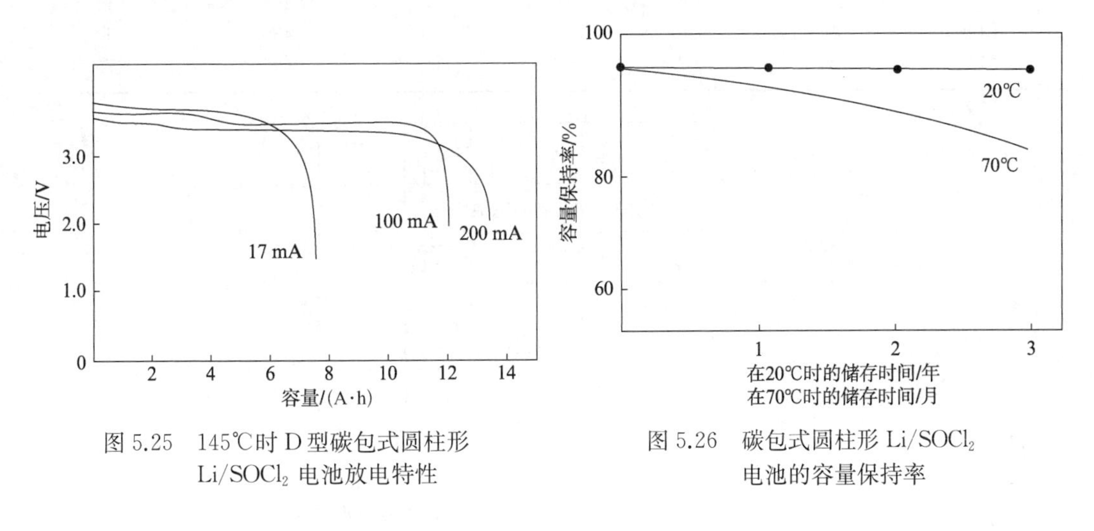

图5.25 145℃时D型碳包式圆柱形 $Li/SOCl_2$ 电池放电特性

图5.26 碳包式圆柱形 $Li/SOCl_2$ 电池的容量保持率

图5.26表示碳包式圆柱形 $Li/SOCl_2$ 电池在20℃下储存3年后的容量损失，每年损失1%～2%。在70℃下储存，每年大约损失30%的容量，但容量损失率随着储存时间的增加而减少。电池最好以立式姿势储存，侧放或颠倒储存会引起较高的容量损失。

圆柱形碳包式 $Li/SOCl_2$ 电池性能数据如表5.10所示。表5.11列出了大型 $Li/SOCl_2$ 电池的性能。从表5.11可以看出，它们的比能量一般都比小型电池高。这种大型电池一般能以较低倍率放电，电池电压平稳，电池在正常放电过程中温度也没有明显的变化(图5.27)。这种大容量的电池在低倍率放电的同时，有能力放出较大的脉冲电流，这种性能保证了它的应用，例如卫星上的应用就要求有脉冲输出的能力。图5.28表示2 000 A·h $Li/SOCl_2$ 电池脉冲电流输出时的电压变化。

表5.10 圆柱碳包式 $Li/SOCl_2$ 电池的性能

电池型号		小AA*	1/2AA	AA	1/3C	C	1/6D*	D
C/1 000放电率的额定容量/(A·h)		1.25	0.75	1.6	1.8	5.1	1.0*	10.2
尺寸	直径/mm	12.1	14.7	14.7	26.0	26.0	32.9	32.9
	高度/mm	41.6	25.5	51.0	19.0	49.8	10.0	61.3
	体积/cm^3	4.8	4.3	8.0	10	26	8.2	51
质量/g		10	10	19	21	52	26	100
连续放电最大电流/mA			15	42	30	90	0.7	125
比能量	质量比能量/$(W\cdot h\cdot kg^{-1})$	425	250	280	290	330	130	340
	体积比能量/$(W\cdot h\cdot dm^{-3})$	885	600	680	620	665	415	675

* 根据文献得到的数据。

表 5.11　大型方形 $Li/SOCl_2$ 电池的性能

容量/(A·h)	尺寸/cm			质量/kg	比能量	
	高	长	宽		质量比能量 /(W·h·kg^{-1})	体积比能量 /(W·h·dm^{-3})
2 000	44.8	31.6	5.3	15	460	910
10 000	44.8	31.6	25.5	71	480	950
16 500	38.7	38.7	38.7	113	495	970

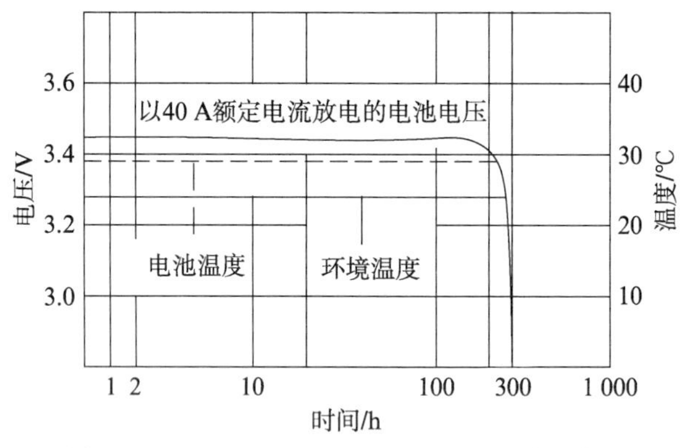

图 5.27　10 000 A·h $Li/SOCl_2$ 电池的放电曲线

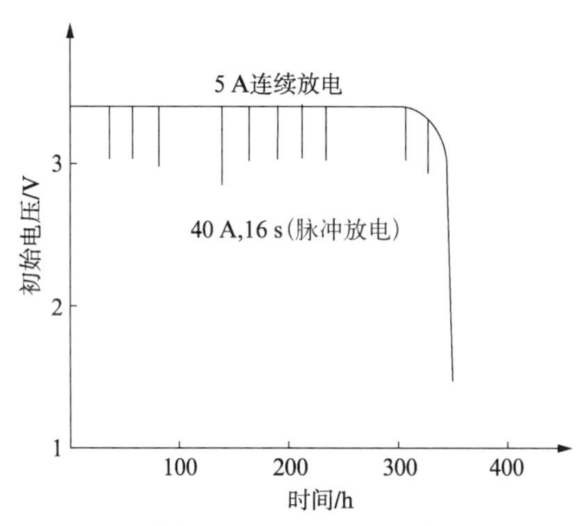

图 5.28　大容量 2 000 A·h $Li/SOCl_2$ 电池的放电

5.5.4　电压滞后和安全问题

$Li/SOCl_2$ 电池的优异性能十分突出,但它有两个方面的问题也比较突出,那就是电压滞后和安全问题。

1. 电压滞后

工作电压未达到额定工作电压下限或 2 V 的现象称为电池的电压滞后现象;电池启动后工作电压达到额定工作电压下限或 2 V 需要的爬升时间称为电压滞后时间。$Li/SOCl_2$ 电池使用金属 Li 作为阳极活性物质。Li 原子序数为 3,位于元素周期表左上角碱金属第一列,它是一种很独特的金属。金属 Li 的性质十分活泼,哪怕是暴露在相对湿度

(RH)≤1%的干燥空气中，在Li的表面也会生成一层1～3 nm的氧化物保护膜。Li与$SOCl_2$接触，会发生如下反应：

$$8Li + 4SOCl_2 \longrightarrow 6LiCl + Li_2S_2O_4 + S_2Cl_2 \tag{5.8}$$

或

$$8Li + 3SOCl_2 \longrightarrow 6LiCl + Li_2SO_3 + 2S \tag{5.9}$$

正因为有这种反应，也就是说在Li电极上形成一层LiCl保护膜(也称钝化膜)，从而防止了锂的进一步腐蚀，即防止了电池的自放电。若暴露在相对湿度(RH)≤2%干燥空气中的Li再接触到$LiAlCl_4/SOCl_2$电解液时，还会形成一层更厚(10 nm以上)的钝化膜，即SEI(固体电解质中间相)膜。SEI钝化膜的存在不仅妨碍了Li的正常阳极反应，还妨碍了电解液向阳极反应界面的渗透、扩散，阻碍了整个电化学反应的传质过程。因此，在$Li/SOCl_2$电池的放电初期，尤其是在低温或高速率放电情况下，SEI膜使得电池在启动工作时会表现出明显的电压低波段，即会发生明显的电压滞后现象。

电压滞后时间因电池内部杂质含量多少、存放时间的长短、存放环境温度的高低、初始工作电流的大小和工作环境温度的高低而异。一般情况下，$Li/SOCl_2$电池杂质含量越高、存放时间越长、存放环境温度越高、初始工作电流越大和工作环境温度越低时，电压滞后现象越严重。也可理解为SEI膜越厚、电流越大、温度越低，电池的工作电压降低和极化越是严重，所引发的电压滞后时间也越长。电解液浓度对电压滞后也有一定影响，通常浓度较高电压滞后会较严重。

这种滞后现象使电池电压一般在几分钟内才能回复到峰值电压的95%。当然，电池电压的平稳性和放电容量不受滞后的影响。虽然电压滞后现象影响了$Li/SOCl_2$电池在某些场合的正常使用，但正是因为在金属Li的表面形成了一层致密的SEI钝化膜，才保护了Li电极，避免了金属Li的进一步氧化、腐蚀，从而使得$Li/SOCl_2$原电池的实用化成为可能，并使电池具有极其优异的储存性能。由此可见，$Li/SOCl_2$电池的电压滞后与其优良的湿荷电储存性能是一个矛盾问题对立统一的两个方面。

表5.12列出了D型电池在不同搁置时间和不同试验条件下的电压滞后性。从表5.12可知，D型$Li/SOCl_2$电池在25℃下存放6个月，在25℃下以3 A放电，电压滞后达到120 s。−30℃时以3 A放电，滞后240 s。

表5.12　不同储存和试验条件下的电压滞后

搁置温度	搁置时间	−30℃不同试验电流时电压滞后/s			25℃不同试验电流时的电压滞后/s		
		0.25 A	1.0 A	3.0 A	0.25 A	1.0 A	3.0 A
72℃	1周	135	215	320	1	625	912
	2周	<1	292	∞	2	1 000	396
	4周	<1	∞	∞	<1	800	634
	3月	1 800	∞	∞	5 000	1 440	1 670
55℃	2周	0	122	249	0	137	271
	4周	102	110	345	0	17	77
	3月	<1	135	185	15	25	300
	6月		540	1 000	1 460	720	660

续表

搁置温度	搁置时间	−30℃不同试验电流时电压滞后/s			25℃不同试验电流时的电压滞后/s		
		0.25 A	1.0 A	3.0 A	0.25 A	1.0 A	3.0 A
45℃	1月	90	115	150	<1	0	
	3月	110	360	520	26	0	110
		350	370	520			
25℃	3月	0	74	160	0.5	0.5	160
	6月	170	210	240	0	0	120

$Li/SOCl_2$ 电池的电压滞后现象可以通过改变电解质盐、在电解液中使用某些添加剂、改进电解质溶液组成或进行阳极保护等措施加以改善或控制。如 SO_2 等添加剂,可以使在 Li 表面沉积的 LiCl 结晶变小,SEI 钝化膜致密而较薄。目前还有用 $Li_2B_{10}Cl_{10}$、$Li_2B_{10}Cl_{12}$ 来代替 $LiAlCl_4$,从而减小电池滞后现象。经过科研人员的不断探索和努力,对于解决一般情况下的电压滞后现象已经取得了明显的进展。然而,需要特别指出的是,目前很多解决 $Li/SOCl_2$ 电池电压滞后的办法都是以牺牲 $Li/SOCl_2$ 电池的一些高性能为代价的。鉴于此,我们认为在需要高比能量,尤其是在军用或空间应用场合下更应注意电池使用方法,通过工作程序和电路设计等方面的配合改变,让电池提前启动放电,预先工作一定时间以便跨过电压低波区,待 $Li/SOCl_2$ 电池达到预定的工作电压值后再让电池正常工作。从工程应用的实际出发,这不失是一个简单实用的好方法。

2. 安全问题

$Li/SOCl_2$ 电池作为一种高能密度的电源体系,安全问题是另一个引起极大重视的问题,而且其重视程度远远超过了电压滞后问题,世界上许多学者都全力研究过这个课题。由于科学技术的不断进步和锂电池工作者们的不懈努力,目前安全问题已不是 $Li/SOCl_2$ 电池获得广泛推广和应用的主要障碍了。$Li/SOCl_2$ 电池的高能密度和安全危害度是一个矛盾问题对立、统一的两个方面,对于安全问题应有正确的认识和态度。通常把 $Li/SOCl_2$ 电池在制造、运输、保管和使用过程中出现的泄漏、燃烧直至爆炸等不安全行为叫作锂电池的安全问题。$Li/SOCl_2$ 电池的安全问题按产生原因可归之为由设计、生产者引起的和使用方引起的两大类。

由设计与生产者引起的安全问题主要表现在:$Li/SOCl_2$ 电池的技术设计不合理;电池的制造工艺、生产过程控制不严格、不可靠;电池的质量监督和检测设施不完善。这些都将使电池带有明显的先天不足或隐患。$Li/SOCl_2$ 电池在不同的工作环境以不同的放电速率使用时应该有不同的技术设计。技术设计不合理最主要的表现就是阳、阴极活性物质配比不当甚至于比例失调,使用这种 $Li/SOCl_2$ 电池很容易出现安全问题,因而有很大隐患。

由使用方引起的安全问题主要表现在:使用者未严格按技术说明书的要求使用和保管电池,造成 $Li/SOCl_2$ 电池的使用不当,甚至使电池遭遇了充电、过放电、强迫过放电、短路、高温、过热(火焰煅烧)、过度强烈的冲击与振动、挤压、刺穿等滥用情况。这时 $Li/SOCl_2$ 电池就有可能发生从电解液泄漏直至电池激烈燃烧、爆炸等一系列不安全行为。

$Li/SOCl_2$ 电池安全问题的发生是一个有明确诱因的概率事件。不同设计、不同诱因、不同品质电池发生爆炸的概率都大不相同。通常认为低速率工作的电池采用锂容量限制设计比较安全；高速率工作的电池采用碳正极容量限制设计比较安全；$SOCl_2$ 容量限制设计是最不安全的。小电流密度充电和过放电时发生安全问题的概率是很低的，电流密度越小，发生概率越低。充电和过放电诱发电池安全问题似乎存在一个临界电流密度值，该值因电池设计水平和制造水平的不同而有较大差别。外部短路诱发安全问题的概率与短路电阻有关，短路电阻越小，发生概率越大。外部短路导致电池爆炸，都需要有一定的短路电流和短路持续时间，通常都在几分钟以上，时间也因电池设计水平、制造水平和散热情况的不同而有所不同。挤压、刺穿等导致电池内部短路和火焰焚烧等情况发生爆炸的概率是最高的。由于 $Li/SOCl_2$ 电池极群（正负极、隔膜）都是轻质材料，电池大部分的质量集中在金属壳体和电解液上，因此 $Li/SOCl_2$ 电池耐受苛刻力学环境条件的能力较强，强烈冲击与振动诱发电池尤其是全容量电池发生安全问题的概率较低。多只电池串联作为电池组使用时，由于单体电池之间容量的不一致导致个别电池会发生强迫过放电现象，持续时间过长和电流密度过大时就会诱发安全问题。通常认为单体电池的容量离差率不超出±9%时，电池组因强迫过放电诱发安全问题的概率已相当小，可以保障电池组的安全使用。放完电的 $Li/SOCl_2$ 电池虽然电能已消耗掉，但电池仍然含有很高的能量，不可随意处理，需要好好保管、及时销毁。

引起爆炸的因素有很多，主要是短路、过放电、充电、高温灼烧，甚至在极个别的场合部分放过电的电池在储存时也会出现爆炸。爆炸可分为物理性爆炸和化学性爆炸两大类。物理性爆炸是由于物态变化剧烈所引起，一般说只可能在有容器的情况下发生，中间没有化学反应。化学性爆炸主要是爆炸时发生化学反应，如在引爆后极短的时间内发生剧烈的化学反应，生成大量气体，以及一系列的连锁反应，最后引发猛烈的爆炸。$Li/SOCl_2$ 电池的爆炸是一种化学性的爆炸。可能是一些爆炸性物质或不稳定的中间产物的存在，有的直接参加反应，有的作为引发剂，导致爆炸性反应的发生。$Li/SOCl_2$ 电池的爆炸原因、特征及危害程度都很不同，表现出较复杂的过程和反应机制，而且还往往与电池的构造、制造工艺、体系荷电状态、放电速率、环境条件等因素有关。$Li/SOCl_2$ 电池爆炸的机制至今还没有统一、肯定的说法。但可以肯定，不同的滥用条件有着不同的反应过程。因此，没有也不可能找到一种能解决所有滥用条件引起爆炸的对抗措施，只能针对不同的情况解决某一方面的问题。另外，在某一种滥用条件下，反应过程也不是一线贯穿能说明的，可能有各种复杂的因素在相互作用，它的反应链除了主链之外还有各种支链，而主次之间又可能会发生相互转变。

$Li/SOCl_2$ 电池在安全上存在着一定的危险性。严格的生产工艺和强有力的 $Li/SOCl_2$ 电池生产、制造全过程的质量检验措施也是保障电池安全性能的重要环节。$Li/SOCl_2$ 电池内部的每一种电池成分、每一个电池零部件都必须经过严格的除水后方能进入电池的生产与组装。$LiAlCl_4/SOCl_2$ 电解液的制备过程既包括固态电解质的干燥除水，也包括液态溶剂的提纯与除水操作。没有训练有素的技术人员、质量可靠的干燥设施和精良的检测设备很难胜任并完成这些操作。

改进设计，在单体电池内采用低压排气阀，电池组内加熔断丝，防止短路产生的危险。目前国内外锂电池设计中许多在结构上加上了安全阀（图 5.29）、易熔片或保险丝。目的在于当短路或使用电流太大时，电池内部温度升高，导致压力增加，在一定压力下安全阀打开、排气，从而降低了电池的内部压力，达到排气减压的安全目的。或者电流太大，烧断保险丝，或者温度过高，将易熔片烧熔，达到终止危险进程的目的。必须指出，这些方法不能从根本上解决安全问题，只有在慢速过热、外部短路等部分情况下有效，不能真正解除由于化学因素引起的热失控等类型的爆炸危险。需要指出的是安全阀一旦开启，电池就会失效，泄露出的强腐蚀性物质还会对周围的仪器设备造成损害。严格意义上的安全设计应尽力避免电池泄漏现象发生。安全阀的开启压力一般被定在1～3 MPa。圆柱形电池的安全阀开启压力通常要大于方型电池。

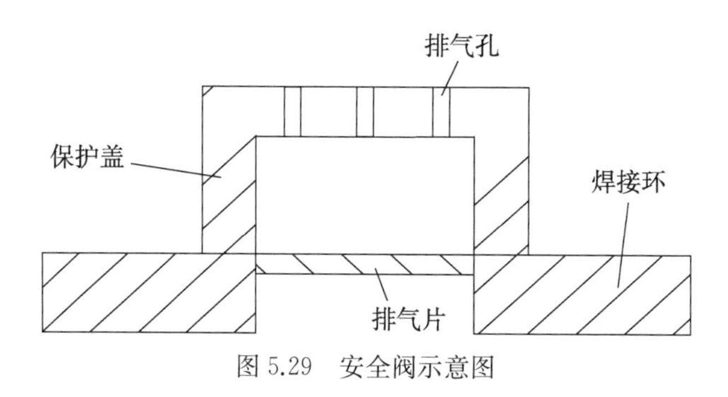

图5.29　安全阀示意图

设计时注意改善排热和冷却性能。为了防止电池的反充，采用如图5.30(a)所示的电子线路。为了防止电池过放电，采用反向导流装置也是有效的[图5.30(b)]。一旦电池出现反极，分流二极管导通，电流被二极管旁路，从而避免了大电流通过电池。

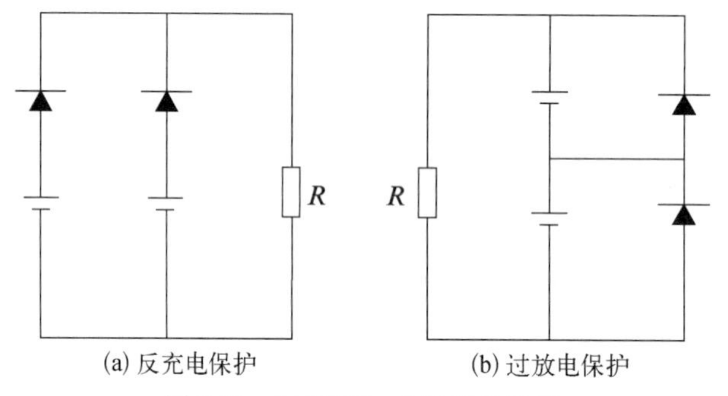

图5.30　Li/$SOCl_2$ 电池保护装置

为了减少短路、过放电引起的危险，加添加剂也许是有好处的，如 S_2Cl_2、PVC、BrCl、$NbCl_5$ 等。相关学者也研究了有机金属络合物催化剂，如金属酞花青络合物。掺有Co、Fe的酞花青络合物电催化剂的多孔碳正极试验表明，$SOCl_2$ 的电化学还原速率得到显著的改进，反应机制得到改变，使电池在室温下能达到很高的放电速率，且能承受较长时间的过放电，减小了在反极情况下出现爆炸的危险。一种含氮轮烯添加剂Ni-TAA、H_2-TAA(6,13-二乙基-1,8-二氢2,3,9,10-二苯并1,4,8,11-四氮杂十四轮烯)在25℃、1 mA·cm^{-2} 下放电时，能对Li/$SOCl_2$ 电池容量分别提高15%和10%，Ni-TAA、H_2-TAA添加剂不改变Li/$SOCl_2$ 电池的放电反应最终产物，但改变了电池的反应途径。据报道，其能改善电池的安全性。

综上所述，在实际应用层面解决Li/$SOCl_2$ 电池的安全问题需要由设计、生产方与电池的使用方共同面对和负责才能做到万无一失。对设计、生产方而言，必须从优化设计、强化工艺、密切检测和注重质量等方面入手，生产出高性能和高可靠性的安全电池。对此在设计上可采用优化活性物质配比、容量冗余设计、电池壳体的全密封、耐压设计、热设计和爆破片式安全阀等设计和技术措施；在电池的生产、制造方面要严格控制碳阴极和电解液的生产工艺过程、强化电池生产过程中的性能测试和质量检验手段，使得 Li/$SOCl_2$ 电池的生产装配全过程都在受控状态。对 Li/$SOCl_2$ 电池的使用方而言，必须严格按照 Li/$SOCl_2$ 电池使用说明书的要求进行电池和电池组的使用、维护、储存和管理，一定要做到"切勿滥用"。

5.5.5 应用

无机电解质锂电池中 Li/$SOCl_2$ 电池研制得最成熟，早先在微功耗设备中曾经大量用于心脏起搏器。由于它的放电性能十分优良，放电电压十分平坦，犹若稳压电源一样，电压只是在放电结束前才突然下降至 0 V，在心脏起搏器中缺少一个预警阶段，所以后来逐渐被 Li/I_2 电池所取代。但是它具有的诸多优点使研究者重点开发了这种电池体系，成功达到商品化的目的，并在各种行业中，特别是军事工业和宇航事业中得到了广泛的应用。

1971 年美国 GTE 公司开始研制，1974 年即出现了产品。AA 型电池试用作心脏起搏器电源，到 1979 年已植入人体 5 万例。后来，C 型、D 型、DD 型电池也相继进入商品化生产。电池容量由几百毫安时一直到 20 000 A・h。1980 年美国 GTE 公司投资 1 300 万美元建厂 5 600 m^2，1982 年 6 月为空军"民兵"导弹计划生产出了第一批 10 000 A・h 的 Li/$SOCl_2$ 电池。1988 年法国 SAFT 公司为大力神Ⅳ-半人马座运载火箭系统研制了标称容量 250 A・h的动力型 Li/$SOCl_2$ 电池组。1988 年美国以 Li/$SOCl_2$ 电池作为 Delta 181 低轨道探测器的主电源，该航天器 1988 年 2 月 8 日发射，同年 4 月 2 日返回，电池输出了超过 60 000 W・h 的能量，返回地面后仍能继续正常工作，电池组比能量达到 264 W・h・kg^{-1}。1998 年美国为火星着陆探测器研制了能耐受 80 000 g 着陆冲击，并可以在- 80℃环境下工作的 Li/$SOCl_2$ 电池组。

20 世纪 80 年代末，国内已有电池厂家具备了大批量生产小型、标准圆柱形 Li/$SOCl_2$ 电池的能力。1996 年国产 30 A・h Li/$SOCl_2$ 电池组在我国第 17 颗返回式卫星上成功进行了首次应用。2003～2005 年国产大容量 Li/$SOCl_2$ 电池组连续在我国五颗返回式卫星上得到了成功应用。

在军事和宇航领域，安全问题已不是 Li/$SOCl_2$ 电池应用的主要障碍。在所有强调高比能量要求，输出功率要求不太高的应用场合，Li/$SOCl_2$ 电池都具有很强的竞争优势。在民用领域，安全性最好的小容量碳包式 Li/$SOCl_2$ 电池仍然是市场的主流产品。在 Li/$SOCl_2$ 电池的成本构成中，原材料成本所占比例较小。随着市场规模的扩大，生产批量的增加，Li/$SOCl_2$ 电池的成本将会有较大下降。

5.6 锂/氟化碳电池

一次电池固体正极系列中理论比能量最大的就是 Li/CF_x 电池(约 2 180 W・h・kg^{-1})，它也是率先作为商品的一种固体正极锂电池。以氟化石墨为正极的锂氟化碳电池由于具有

理论质量比能量较高,且放电平台平稳(2.5～2.7 V),工作温度范围广,自放电率低、存储寿命长(>10 年)等优点而受到了极大的关注。

5.6.1 电池反应

Li/CF_x电池以 Li 作负极,以固体聚一氟化碳为正极,x 值一般为 0.9～1.2。CF_x是灰白色或白色固体,在 400℃空气中不分解,在有机电解质溶液中也很稳定,是一种插入式化合物。氟原子在石墨六角环状椅式排列的行间结合,平行行间距为 0.73 nm。对于表面积大的碳粉,有一部分氟是吸附状态,其余是共价键结合。该电池可采用各种不同的电解液。通常有 $LiAsF_6$/DMSI(亚硫酸二甲酯)、$LiBF_4$/γ-BL+THF、$LiBF_4$/PC+DME。

电池的简化放电反应为

负极反应:

$$x\text{Li} \longrightarrow x\text{Li}^+ + x\text{e} \tag{5.10}$$

正极反应:

$$\text{CF}_x + x\text{e} \longrightarrow x\text{C} + x\text{F}^- \tag{5.11}$$

总反应:

$$x\text{Li} + \text{CF}_x \longrightarrow x\text{LiF} + x\text{C} \tag{5.12}$$

放电产物 LiF 沉积在正极结构中,而碳起到导电剂的作用,改进了放电性能。放电时正极膨胀,这可能是由于放电后聚氟化碳粒子成为无定形并变得更细,同时形成的不溶性 LiF 在正极孔内沉积所致。正极和隔膜吸收电解液时,也会引起膨胀。同时该电池放电过程中发热量大,特别是大电流放电的条件下,这也限制了其应用场合。

5.6.2 结构

Li/CF_x电池有扣式、圆柱形和针形。下面介绍一种 R_{14}圆柱形卷式结构的电池,如图 5.31 所示。负极是将厚 0.13～0.64 mm 的锂片,压在展延的镍网上。正极是将活性物质与 5%左右的碳黑或石墨以及黏结剂制成膏状后涂在栅网上,加压成型,也可将混合物直接压在栅网上成型,然后在真空干燥箱或烘箱中加温干燥后使用。隔膜多半采用非编织的聚丙烯膜。将负极片、隔膜、正极片卷在一起,测量绝缘性,然后插入到外壳圆筒中。注入电解液,加盖,卷边,最后封口。

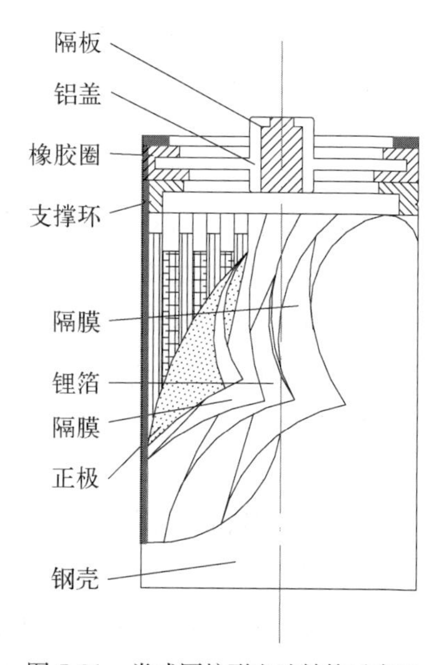

图 5.31 卷式圆柱形电池结构示意图

5.6.3 性能

上述结构的电池外形尺寸为 ϕ26 mm×50 mm,额定容量为 5 A·h。在 20℃下的放电性能如图 5.32 所示。图 5.33 表示 Li/CF_x电池在不同温度下以 8 Ω 负载放电的情形。图中还可以看出，Li/CF_x电池储存寿命，在20℃下储存2年或在45℃下储存3个月，电池容量可保持在原先的95%以上。从图5.33可知，储存后的电池似乎只在工作电压上有轻微的降低。在20℃下放电，电池初期电压较低，有一个滞后现象，这可能是因为CF_x是绝缘体，在放电初期尽管有碳作导电添加剂，但它的导电性能还差一些，而随着放电时间增加，放电产物碳进一步增加了正极的导电性，使电池工作电压回升。在不同温度和负载下圆柱形Li/CF_x电池的平均负载电压如图5.34所示。表5.13列出了各种Li/CF_x电池的IEC标准。

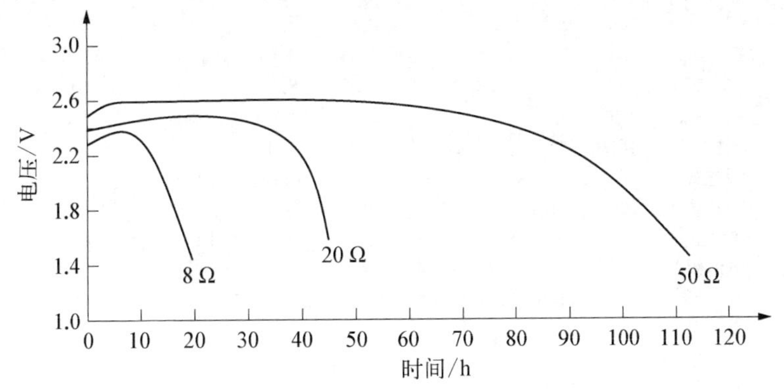

图5.32 Li/CF_x圆柱电池(额定容量为5 A·h)在20℃下的典型放电曲线

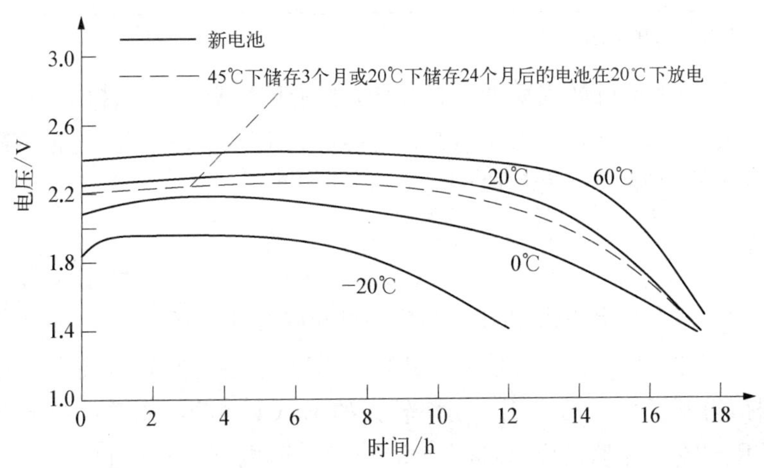

图5.33 Li/CF_x圆柱电池(额定容量为5 A·h)在不同温度下以8 Ω负载放电的放电曲线

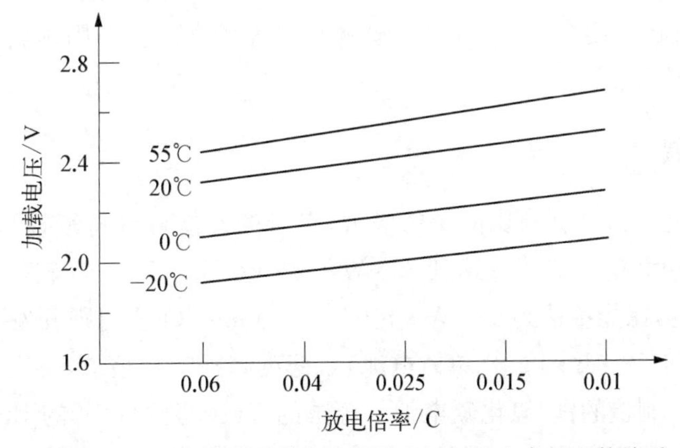

图5.34 Li/CF_x圆柱电池负载坪阶电压与放电率的函数关系

表 5.13 锂/氟化碳 Li/CF_x 电池

国际电工委员会(IEC)型号	电池型号	尺寸/mm				体积/cm^3	质量/g	容量/(mA·h)	比能量*	
		直径	高	长	宽				质量比能量/($W·h·kg^{-1}$)	体积比能量/($W·h·dm^{-3}$)
BR-425	针杆式	4.19	25.9	—	—	0.36	0.6	20	83	140
BR-435	针杆式	4.19	35.8	—	—	0.49	0.9	40	110	205
BR-2016	扣 式	20	1.6	—	—	0.50	1.5	60	100	300
BR-2020	扣 式	20	2.0	—	—	0.63	2.3	90	98	355
BR-2320	扣 式	23	2.0	—	—	0.83	2.5	110	110	330
BR-2325	扣 式	23	2.5	—	—	1.04	3.1	150	120	360
BR-3326	扣 式	33	2.6	—	—	2.22	8.1	350	108	395
BR-2951	扣 式	29	5.1	—	—	3.37	8.3	500	150	370
BR1/2A	圆柱式	16.7	22.5	—	—	4.93	10.1	750	185	380
BR2/3A	圆柱式	16.7	33.3	—	—	7.29	13.5	1 200	220	410
BR-C	圆柱式	26	50	—	—	26.5	47	5 000	265	470
	纸片式电池组	—	94	75	1.4	9.8	12	1 500	310	385
	方 形	—	35.6	37.6	8.6	11.5	35	3 000	215	600
	方 形(高倍率)	—	35.3	66.8	21.8	51.4	144	5 000	87	243
	方 形(低倍率)	—	17.8	30.5	8.1	4.4	9.4	500	135	284

* 以每只电池 2.5 V 电压为基准的比能量。

这种 Li/CF_x 电池也可做成薄纸片式结构,适应于现代电子器件的薄型和小型化要求。以 500 Ω 负载放电,终止电压 2 V,其额定容量为 1 500 mA·h。电池内阻为 2 Ω,在 20℃下储存寿命估计为 3 年(表 5.13)。

5.6.4 应用

目前,大量扣式 Li/CF_x 电池由于其高比能量和放电电压的平坦性,都可在电子手表、袖珍计算器、存储器上作直流电源使用。针状 Li/CF_x 电池与发光二极管匹配,在钓鱼时作为发光浮标,得到了大量的应用。功率较大的 Li/CF_x 电池,如日本松下生产的 BR-P2,由两节 BR-2/3A 串联而成,容量为 1 200 mA·h,电压为 6 V,已大量用于“傻瓜”照相机上,作为自动卷片、测光等的电源。1989 年日本的 Li/CF_x 电池得到大量发展,该年增长率达 512%。其还可用在电台接收机、遥测装置等场合。在军用领域可用于单兵作战系统、无线电电台等领域。

5.6.5 最新进展

锂氟化碳电池因为具有高比能量的潜力,自身的性能得到持续提高。英国 QinetiQ 公司 30 A·h 软包装电池比能量达到 730 $W·h·kg^{-1}$。25 A·h 软包装锂氟化碳电池组以 100 h 率放电,比能量达到 545 $W·h·kg^{-1}$。QinetiQ 公司则开发了 45 A·h 软包电池,比能量为 650 $W·h·kg^{-1}$(单体电池)。据英国国防部报道,英国士兵携带的电池是由 QinetiQ 公司制造的锂/氟化碳电池。德国的 Varta 公司生产的 BP-20 锂/氟化碳电池 52 只组合,制备军事用途广泛的 BA5590 电池组取代原有的锂—二氧化硫电池,电池组比能量超过 460 W·h·kg^{-1}。

美国 Eagle - Picher 公司研发的电池供应于美国陆军、海军及 NASA 等单位。该公司是世界上第一个采用铝壳 D 型电池的公司。生产的 D 型电池容量 17 A·h，铝壳电池比原钢壳电池轻 17 g，比能量比原钢壳电池提升了 100 W·h·kg^{-1}。采用铆接密封替代常用的金属—玻璃密封。该铝壳 D 型电池比能量可达到 700 W·h·kg^{-1}。美国 Spectrum Brands 公司 Rayovac D 型铝壳电池采用了全自动涂膜机、剪切机、滚压机制造正极，厚度与沉积密度严格受控，保证一致性。自动卷绕机改进了卷绕质量，由此也使正极活性物质载量显著提高，D 型 Li/CF_x 电池的放电容量提升到 19 A·h，最高能量密度可达 716 W·h·kg^{-1}（约 0.002 5 C，400 小时率放电），其体积比能量可达 1 001 W·h·dm^{-3}（0.05 A，约 0.002 6 C）。其体积比能量可达 1 000 W·h·dm^{-3}，储存寿命达到 10 年。该公司生产的小容量电池已用于声呐浮标，单体电池 2 A·h，输出功率为 25 W。

5.7 其他锂电池

5.7.1 锂/碘电池

Li/I_2 电池是目前世界上常温固体电解质电池中最成熟的品种之一。电池的负极是 Li，正极是碘的多相电极，即碘经添加有机材料（如含吡啶的聚合物）做成的导电体。最常用的添加剂是聚- 2 -乙烯基吡啶（P_2VP），作用是增强碘的导电性。电池的反应方程式是

$$2Li + P_2VP \cdot nI_2 \longrightarrow P_2VP \cdot (n-1)I_2 + 2LiI \tag{5.13}$$

放电完后，Li 和 I_2 被消耗。反应产物中的 LiI 在两种反应物的中间区域内沉淀，这种沉淀可作为电池隔膜。在放电过程中，LiI 变厚，电池内阻也加大。因此，电池放电电压不可能绝对平坦。这也就是前面讲过的，心脏起搏器电池正需要有这种电压逐渐下降的预警标志。

电池放电电流密度一般为 1～2 μA·cm^{-2}，体积比能量可达 1 000 W·h·dm^{-3}。该电池体系的特点包括自放电率小、可靠性高和放电时不析气。同时电池储存寿命为 10 年或 10 年以上，电池可以相当多次地间断使用，而无严重影响。

图 5.35 表示出了早在 20 世纪 80 年代推出的第一种款式的电池。该电池采用中性

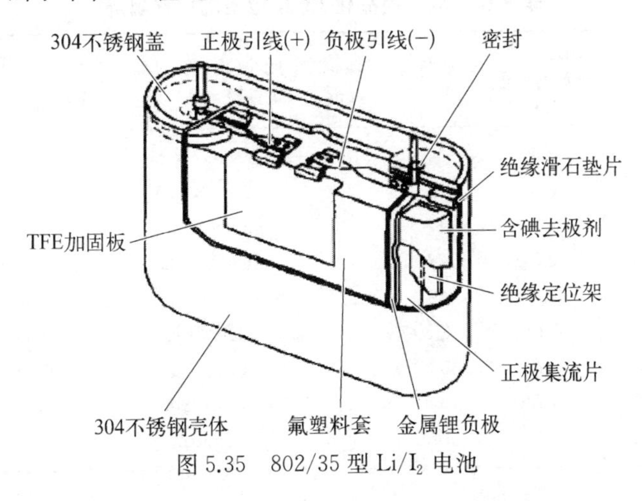

图 5.35 802/35 型 Li/I_2 电池

外壳设计，外壳为不锈钢制成，内壁衬有塑料绝缘体。锂负极形成一个密封袋紧贴于塑料内，袋内用于填充 $I_2(P_2VP)$ 去极剂。该电池结构中消除了外壳与碘去极剂的任何接触。

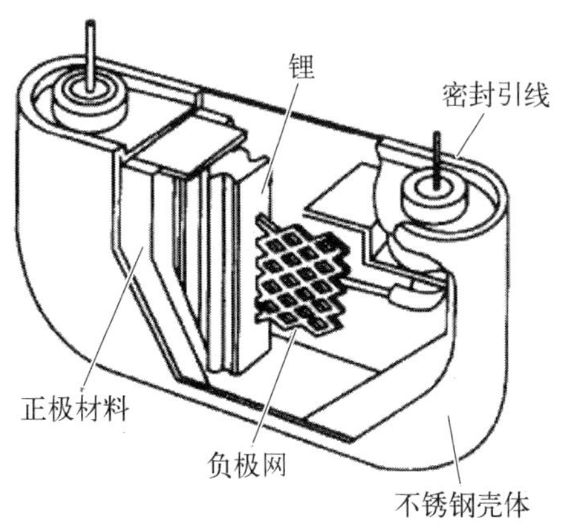

图 5.36　壳体带正电的 Li/I_2 电池剖视图

在第二种结构的电池中，外壳尺寸与第一种类似，该电池的截面图如 5.36 所示。该电池中央为锂负极，用不锈钢壳作为电池的正极集流体，I_2 和 P_2VP 为片状，压入中心负极组合件中，随后整个部件塞入电池 Ni 外壳中。负极集流体通过玻璃金属密封绝缘子引出。

非医疗电池也有制成扣式或圆柱形的，用于非医疗目的。

大多数的 Li/I_2 电池用于心脏起搏器上，所以使用温度是 37℃，但在非医疗用电池中，温度有一定影响。低温时 LiI 和去极剂的电导率下降，所以低温放电性能下降，在较高温度时自放电速率将增大。因此，一般 Li/I_2 电池最佳工作温度范围在室温和 40℃之间。

Li/I_2 电池的开路电压为 2.8 V，电池内阻比较高，主要由放电产物 LiI 的多少决定。在整个放电过程中内阻不断增大，所以电池即使在中等电流放电时，放电曲线也是不平坦的，如图 5.37 所示。电池在整个放电周期内，内阻由 100 Ω 变到 800 Ω，而相应的 lgR 与 Q 呈直线关系。

典型的商品化 Li/I_2 电池性能见表 5.14 所示。

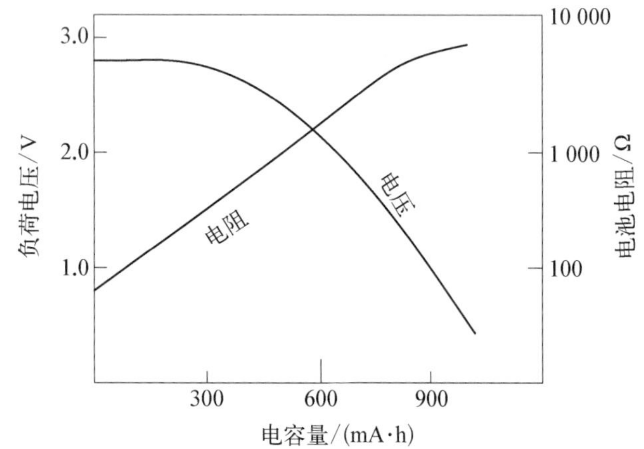

图 5.37　37℃，以 100 μA 电流放电的涂覆负极 Li/I_2 电池的电压、电阻与容量的关系曲线

表 5.14　典型商品化 Li/I_2 电池的厂家规范

制造*厂家	型　号	制造厂家额定的容量/(A·h)	质量/g	体积/cm^3	尺寸(长×宽×高或直径×高)/mm	比　能　量	
						/(W·h·cm^{-3})	/(W·h·g^{-1})
CRC^+	802/35	3.8	54	18.7	45×13.5×35	0.53	0.186
CRC^+	901/23	2.5	26	7.4	45×9.3×23	0.92	0.254
WGL^+	761/15	1.3	17	4.6	45×8.6×15	0.71	0.202
WGL^+	761/23	2.5	27	7.6	45×8.6×23	0.82	0.245
WGL^+	762 M	2.5	29	8.2	45×8.0×28	0.82	0.228
CRC^+_+	S23P-15	0.12	3.8	0.83	23d×1.8	0.39	0.084
CRC	S27P-15	0.17	5.3	1.0	27d×1.8	0.46	0.085
CRC^+_+	S19P-20	0.12	2.8	0.57	19d×2.0	0.57	0.114
CRC	LID	14	140	38.6	33d×57	0.94	0.265

续表

制造*厂家	型号	制造厂家额定的容量/(A·h)	质量/g	体积/cm^3	尺寸(长×宽×高或直径×高)/mm	比能量	
						/(W·h·cm^{-3})	/(W·h·g^{-1})
CRC	2 736	0.43	7.1	2.2	27d×3.8	0.59	0.168
CRC	3 740	0.870	17.8	4.2	37d×4.0	0.56	0.130

* CRC 为 Catalyst Research Corp., Baltimore, Md; WGL 为 Wilson Greatbatch, Ltd., Clarence, N.Y.
\+ 医疗用电池;‡扣式电池。

Li/I_2 电池主要用于医疗器械(如心脏起搏器中),制造规模不大。其特点是高可靠,但价格十分昂贵,单体电池价格大多为 75~125 美元。Li/I_2 电池也可用于非医疗领域,如数字手表的电源、计算机存储器的备用电源等等。

5.7.2 锂/二硫化铁电池

Li/FeS_2 电池属于 1.5 V 系列锂电池,它可直接代替同样尺寸的干电池,Zn/Ag_2O 电池等。目前已有扁形或扣式电池生产。Li/FeS_2 电池阻抗较大,输出功率较小,但其低温性能和储存性能较好,成本也比锌银电池低。其放电反应为

$$4Li + FeS_2 \longrightarrow Fe + 2Li_2S \qquad (5.14)$$

Li/FeS_2 电池结构与扣式 Zn/Ag_2O、Li/MnO_2 电池十分相似(图 5.38)。电解质多数取用 $LiClO_4$ 的碳酸丙烯酯(PC)和二甲氧基乙烷(DME)的溶液。几种 Li/FeS_2 电池性能如表 5.15 所示。典型的不同温度下的放电曲线如图 5.39 所示。曲线中的电池尺寸为 ϕ11.5 mm×4.2 mm,扣式,额定容量为 100 mA·h。电池经高温储存不同时间后,在 35℃下以 15 000 Ω 连续放电,性能如图 5.40 所示。由图 5.40 可知,储存后的容量损失很小。

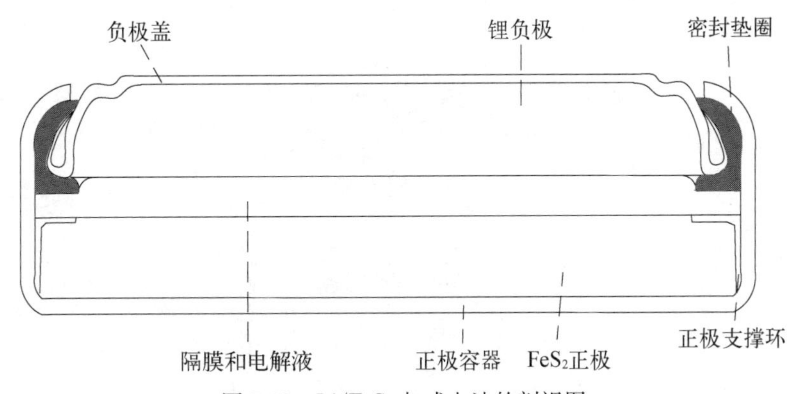

图 5.38 Li/FeS_2 扣式电池的剖视图

表 5.15 锂二硫化铁(Li/FeS_2)电池

电池型号	额定电压/V	尺寸			额定容量/(mA·h)	比能量/(W·h·dm^{-3})
		直径/mm	高度/mm	体积/cm^3		
Y1868	1.5	8.4	2.7	0.15	35*	325
Y1841	1.5	11.5	4.2	0.44	100+	325

续表

电池型号	额定电压/V	尺寸			额定容量/(mA·h)	比能量/(W·h·dm^{-3})
		直径/mm	高度/mm	体积/cm^3		
Y2020	1.5	11.5	5.6	0.58	160$^+$	385
…	1.5	23.0	2.3	0.95	295	435

* 35℃下以30 000 Ω定电阻放电的额定容量。
+ 21℃下以15 000 Ω定电阻放电的额定容量。

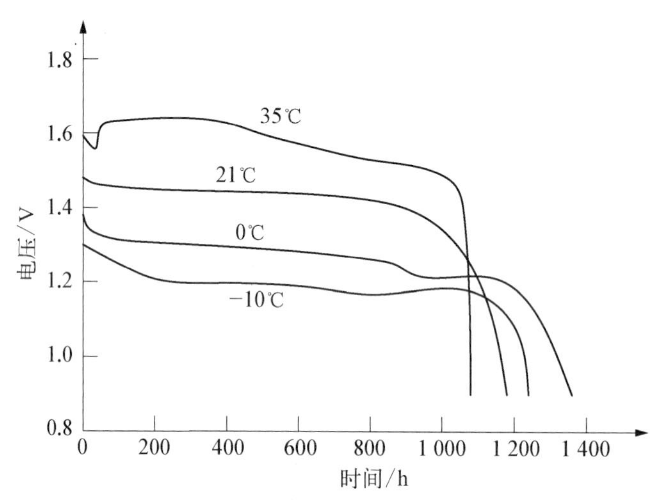

图 5.39 Li/FeS_2 扣式电池以 1.5×10^4 Ω连续放电的典型放电曲线

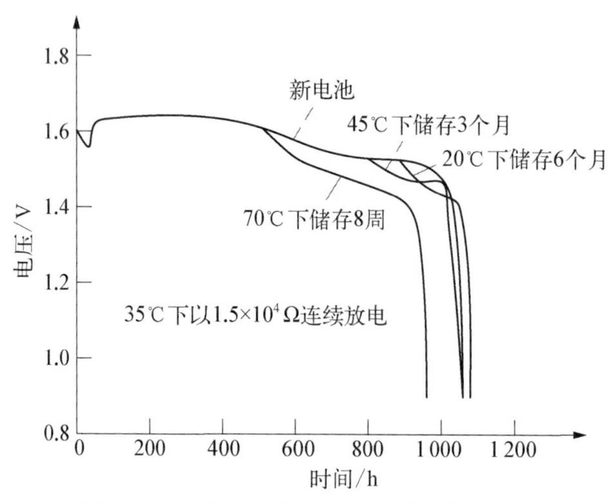

图 5.40 储存对 Li/FeS_2 扣式电池性能的影响

扣式 Li/FeS_2 电池在手表、计算器、照相机等场合,作为长寿命、低功耗的电源使用。由前述可知,尽管其储存寿命较长,低温性能较好,成本较低,但高倍率输出性能远远不及碱性水溶液电池。

5.8 使用和安全防护

5.8.1 影响到安全和操作的因素

锂电池的安全，取决于电池的下列因素。

(1) 电化学体系——特定的电化学体系和电池组件影响电池工作的安全。

(2) 电池和电池组的尺寸和容量——通常小尺寸电池所含材料较少，总的能量比较小，因此它比同结构和化学配方相同的较大尺寸的电池安全。

(3) 所用锂的量——所用锂越少，意味着电池能量越小，电池也就安全。美国政府在锂电池运输中规定的单体电池含锂量就是出于这种安全考虑。

(4) 电池设计——能高速率输出电能的锂电池显然比只能低速率输出电能的锂电池安全性差。目前，即使是 $Li/SOCl_2$ 电池，采用极低速率输出的碳包式结构的小型电池，往往也认为是安全的。

(5) 安全装置——如防止电池内部产生过高压力的电池排气机构，防止温度过高的热切断装置、电气保险丝，防止充电的电二极管保护装置。这些安全特性都不同程度地提高了电池的安全性。

(6) 电池和电池组容器——满足电池和电池组使用的机械与环境要求，即使电池在工作和操作中要遇到高冲击、强振动、极端温度或其他严苛条件，也必须保证其完整一体性。为此电池容器应该选择即使在火中也不会燃烧和燃烧产物无毒性的材料，容器设计应该最有利于放电时产生热的分散以及可以释放电池一旦排气的压力。

5.8.2 需要考虑的安全事项

(1) 高放电率放电或短路。小容量电池或者指定以低放电率放电的电池可以自行加以控制，只要不以高放电率放电，轻微的温度升高不会带来安全问题。较大的电池或高放电率电池，如果短路或以过高放电率工作，会产生高的内部温度。一般要求这些电池必须具有安全排气机构，以避免更严重的危害。这样的电池或电池组应采用保险丝保护(用以限制放电电流)，同时还应采用热熔断器或热开关以限制最大温升值，正温度系数(PTC)器件可应用于电池和电池组中提供这种保护。总之，这种情况防范容易，危险度不高。

(2) 强迫过放电或电池反极。电压反极可发生在多只单体电池串联的电池组中，由于单体电池性能的不一致，当正常工作的电池可以迫使电压为零以下的坏电池放电时，电压就会出现反极，甚至于电池组放电电压趋向零。这种强制放电可能导致电池排气或电池破裂的严重后果。这种情况防范不易，危险度较高。可以采用的预防措施包括使用电压切断电路，以防止电池组达到过低的电压。采用低电压电池组(只有几个电池串联，不太可能发生这种电压反极现象)并限制放电电流，因为高放电率强制放电的影响格外显著。此外，负极的集流体既用于保持锂电极的完整性，也可以提供一个内部短路机构，以限制电池反极时的电压。

(3) 充电。对一次电池充电可能会生成危险的产物和产生气体，使电池温度升高、内压增加而发生安全问题。这种情况防范容易，危险度不高。并联连接或可能接入充电电源的电池(例如在以电池组为备用电源的CMOS记忆保存电路中)应有二极管保护以防止充电。

(4) 过热。过热情况下电池反应剧烈,使电池温度过高、内压过大而发生安全问题。这可在电池组中通过限制放电电流,采用安全装置(如熔断和热开关装置)和设计散热措施来实现。

(5) 焚烧。在无适当保护条件下,不应焚烧这些电池,否则在高温下很容易造成爆炸。爆炸的威力十分巨大。如200 A·h $Li/SOCl_2$ 电池焚烧引起的爆炸可使400 m^2 的防爆房为之剧烈震动,现场浓烟密布。

目前,对锂电池的运输、装船等都有了专门的方法,对电池组的使用、储存、保管也都作了适当的推荐,对一些废锂电池的处置也有了规定。应当指出,解决锂电池的安全问题实际上是一个包括设计、生产到使用全过程的系统工程,除了上面谈到的以外,对用户的宣传、教育、培训都是这一系统工程中的不可偏废的重要组成部分。

思 考 题

(1) 请简述锂电池的定义、组成及分类。

(2) 锂电池的特性有哪些?

(3) 锂电池都有哪些用途?

(4) Li/MnO_2 电池的性能特点是什么?

(5) Li/SO_2 电池的性能特点是什么?

(6) $Li/SOCl_2$ 电池的性能特点是什么?

(7) 简述 $Li/SOCl_2$ 电池的电压滞后现象及产生原因。

(8) 造成 $Li/SOCl_2$ 电池发生爆炸等安全问题的原因是什么?

(9) 避免 $Li/SOCl_2$ 电池发生安全事故的方法是什么?

(10) 锂氟化碳电池的优点及主要问题是什么?

(11) 如何安全使用锂电池?

参 考 文 献

戴维,林登,等.2007.电池手册(原著第三版)[M].汪继强,等,译.北京:化学工业出版社:215-298.

郭学益等.2007.二氧化锰晶型转变研究[J].矿冶工程,27(1):50-53.

雷刚.2003.锂/亚硫酰氯电池安全设计技术研究[J].航天电源,(12):46-65.

李国欣.2007.新型化学电源技术概论[M].上海:上海科学技术出版社:260-310.

刘春娜.2012.锂氟化碳电池技术进展[J].电源技术,36(5):624-625.

上海空间电源研究所.2015.化学电源技术[M].北京:科学出版社:268-311.

托马斯·B.雷迪.2013.电池手册(原著第四版)[M].汪继强,等,译.北京:化学工业出版社:235-308.

夏熙.2004.二氧化锰及相关锰氧化物的晶体结构、制备及放电性能(1)[J].电池,34(6):411-414.

徐国宪,章庆权.1984.新型化学电源[M].北京:国防工业出版社:62-100.

第 6 章　锂离子蓄电池

6.1　锂离子蓄电池概述

锂离子蓄电池是指以 Li^+ 嵌入化合物作为正、负极活性物质的二次电池。正极活性物质一般采用锂金属化合物，如 $LiCoO_2$、$LiNiO_2$、$LiMn_2O_4$ 和 $LiFePO_4$ 等；负极活性物质一般采用碳材料。电解液为溶有锂盐，如 $LiPF_6$、$LiClO_4$、$LiAsF_6$、$LiBF_4$ 和 $LiN(CF_3SO_2)_2$ 等的有机溶液。

锂离子蓄电池在充、放电过程中，Li^+ 在正、负两极间嵌入和脱嵌，因此锂离子蓄电池也被称为“摇椅电池”(rocking chair battery)。该蓄电池的电化学表达式为

$$(-)C_6 \mid LiPF_6 + EC + DEC \mid LiMeO_2(+) \tag{6.1}$$

式中，Me 为 Co、Ni、Mn 等。

6.1.1　发展简史

锂离子蓄电池的研究开始于 20 世纪 80 年代。在这以前，研究人员的注意力主要集中在以金属锂和锂合金作为负极的锂二次电池体系。但是采用金属锂和锂合金体系的二次电池在充电的过程中由于锂的不均匀沉积而导致产生锂枝晶。当锂枝晶发展到一定程度时，一方面锂枝晶会发生折断现象从而造成锂的不可逆容量损失；另一方面锂枝晶有可能刺穿隔膜，造成短路故障。当发生短路时，蓄电池会产生大量的热，使电池着火甚至发生爆炸，从而带来严重的安全隐患。

1980 年 Goodenough 等提出以 $LiCoO_2$ 作为锂二次电池的正极材料，1985 年发现碳材料可以作为锂二次电池的负极材料，1990 年日本 Nagoura 等研制了以石油焦为负极、$LiCoO_2$ 为正极的锂离子二次电池，同年 Moli 和 Sony 两大电池公司宣称将推出以碳为负极的锂离子蓄电池产品，1991 年锂离子蓄电池实现了商品化。采用具有石墨层状结构的碳材料取代金属锂负极，正极采用锂与过渡金属的复合氧化物如 $LiCoO_2$ 的锂离子蓄电池，在充电过程中 Li^+ 与石墨化碳材料形成插入化合物 LiC_6，LiC_6 与金属锂的电位相差小于 0.5 V，电压损失不大。在充电过程中 Li^+ 嵌入到石墨的层状结构中，放电时从层状结构中脱嵌，可逆性良好，因此该电化学体系循环性能优良。由于采用碳材料作为负极，避免了使用活泼的金属锂，从而避免锂枝晶的产生，一方面改善了电池的循环寿命，另一方面从根本上解决了安全问题。

自锂离子蓄电池商品化以来，锂离子蓄电池在越来越多的领域得到应用，世界范围内掀起了锂离子蓄电池研制和生产的热潮。目前，锂离子蓄电池在笔记本电脑、移动电话、摄像机、照相机等数码产品中应用广泛，并且在航空、航天、战术武器、军用通信设备、交通

工具、航海、医疗仪器等领域逐步代替传统蓄电池。

自1957年苏联发射第一颗人造卫星以来,卫星设计对储能电源的质量、体积和电性能要求越来越高,目的在于提高卫星的有效载荷、降低发射成本和增强其可靠性。卫星储能电源大致经历了锌银蓄电池、镉镍蓄电池、高压氢镍蓄电池这样一个发展历程。但就过去和当前的使用情况来看,上述蓄电池尚不能完全满足卫星设计需要。例如,锌银蓄电池寿命短、低温性能差;镉镍电蓄池质量比能量较低,有记忆效应;高压氢镍蓄电池空间体积比能量差,这些问题都严重地影响了航天飞行器的整体性能。

与传统的锌银蓄电池、镉镍蓄电池、氢镍蓄电池相比,锂离子蓄电池的比能量高、工作电压高、应用温度范围宽、自放电率低、循环寿命长、安全性好。因此,在航天领域中,锂离子蓄电池成为替代目前所用镉镍、氢镍蓄电池的第三代卫星用储能电源。如果用锂离子蓄电池取代目前卫星、宇宙飞船、空间站等航天器所用的储能电源,可将储能电源在电源分系统中所占质量的比例大大降低,从而降低发射成本,增加有效载荷。

目前许多研究机构已经开展了锂离子蓄电池在空间应用研究和评估工作,美国国家航空航天局(NASA)、欧洲航天局(ESA)及日本宇航探索局(JAXA)已经做了多年的工作。美国的Yardney、Eagle Picher和Quallion、日本GS和Furukawa、法国SAFT等公司也纷纷投巨资进行卫星用锂离子蓄电池的研制和开发,并且取得重大进展。表6.1中列出了NASA对航天用锂离子蓄电池的一些性能要求。

表6.1 NASA对航天用锂离子蓄电池性能要求

技术参数	深空探测登陆器/漫游器	地球同步轨道卫星	太阳同步轨道卫星	航空器	无人机
放电倍率/C	0.2~1	0.5	0.5~1	1	0.2~1
循环寿命/次	>500	>2 000	>30 000	>1 000	>1 000
放电深度/%	>60	>75	>30	>50	>50
使用温度/℃	−40~40	−5~30	−5~30	−40~65	−40~65
寿命/年	3	>10	>5	>5	>5
质量比能量/(W·h·kg^{-1})	>100	>100	>100	>100	100
体积比能量/(W·h·dm^{-3})	120~160	120~160	120~160	120~160	120~160

2000年11月,英国首先在STRV-1d小型卫星上采用锂离子蓄电池组作为储能电源。经过近二十年的研究工作,预计到2020年,国际上将有约500颗航天飞行器采用锂离子蓄电池作为空间飞行器储能电源。

6.1.2 特性

锂离子蓄电池具有以下优点。

(1) 比能量高。国内深空探测用的大容量矩形金属壳体比能量已接近200 W·h·kg^{-1}。

(2) 平均放电电压高。锂离子蓄电池的平均放电电压一般大于3.6 V,是镉镍蓄电池和氢镍蓄电池平均放电电压的3倍。

(3) 自放电率低。锂离子蓄电池在正常存放情况下的月自放电率小于10%。

(4) 无记忆效应。

(5) 充放电安时效率高。化成后的锂离子蓄电池充放电安时效率一般在99%以上。

(6) 循环寿命长。锂离子蓄电池在100%DOD充放电寿命可达1 000周以上。

(7) 工作温度范围宽。锂离子蓄电池的工作温度范围一般可以达到-20~45℃。

(8) 对环境友好。锂离子蓄电池被称为“绿色电池”。

(9) 与其他二次电池的性能相比较,锂离子蓄电池在比能量、循环性能及电荷保持能力等方面存在明显的优势,表6.2列出了锂离子蓄电池与其他二次电池的性能比较结果。

表6.2 锂离子蓄电池与其他二次电池的性能比较

电池类别	工作电压/V	质量比能量/(W·h·kg^{-1})	体积比能量/(W·h·dm^{-3})	循环寿命(100%DOD)/周	自放电(室温,月)/%
铅酸蓄电池	2.00	35	80	300	5
镉镍蓄电池	1.20	40	120	500	20
低压氢镍蓄电池	1.25	50~80	100~200	500	30
高压氢镍蓄电池	1.25	60	70	1 000	50(每星期)
锂离子蓄电池	3.60	110~200	300	500~1 000	7

下面以额定容量为30 A·h方形锂离子蓄电池为例来说明锂离子蓄电池的各种性能。

1. 充电特性

锂离子蓄电池采用的是恒流—恒压充电方式,即充电器先对锂离子蓄电池进行恒流充电,当蓄电池电压达到设定值(如4.1 V)时转入恒压充电,恒压充电时充电电流渐渐自动下降,最终当该电流达到某一预定的很小电流(如0.05 C)时可以停止充电。锂离子蓄电池严格限制过充电,深度过充会导致电池内部有机电解液分解产生气体,蓄电池发热,蓄电池壳体压力增加,严重时会发生壳体变形,甚至壳体爆裂。通常采用电子线路来防止锂离子蓄电池过充电故障的发生。图6.1为30 A·h方形锂离子蓄电池的典型充电曲线。

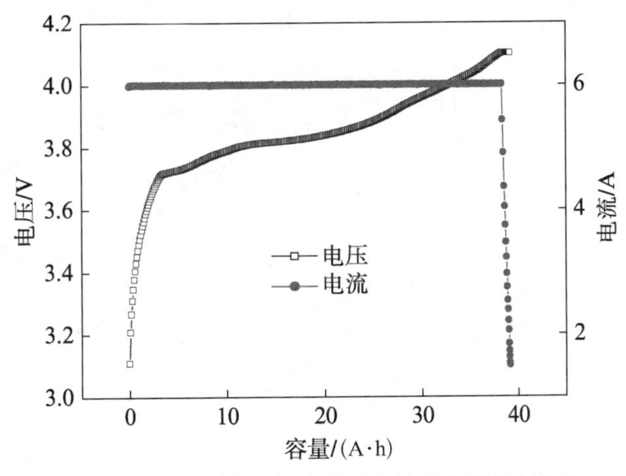

图6.1 30 A·h方形锂离子蓄电池的典型充电曲线

2. 放电特性

在正常的放电倍率下(0.1~1.0 C),锂离子蓄电池的平均放电电压一般为3.4~3.8 V,放电终止电压一般为3.0 V。锂离子蓄电池也严格限制过放电,锂离子蓄电池在深

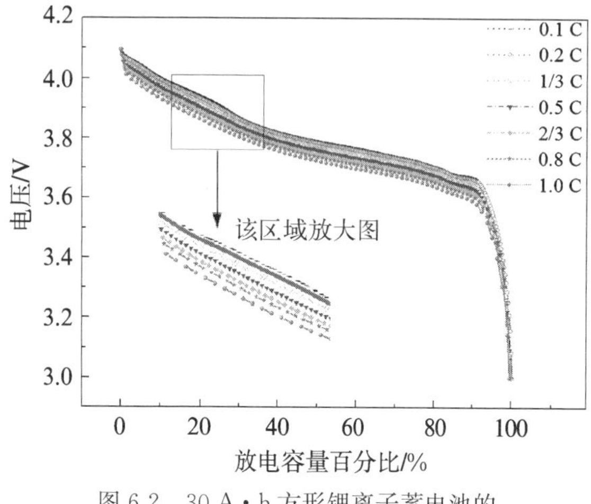

图 6.2　30 A·h 方形锂离子蓄电池的倍率放电性能曲线

度过放电时，不但会改变电池正极材料的晶格结构，还会使负极铜集流体氧化，导电性能下降，性能衰减，严重的会造成锂离子蓄电池失效。通常采用电子线路来防止锂离子蓄电池过放电故障的发生。

图 6.2 是 30 A·h 方形锂离子蓄电池的倍率放电性能曲线。0.1 C 放电时，放电容量为 38.4 A·h；0.5 C 放电时相对于 0.1 C 放电时的容量减少了 0.1%；1.0 C 放电时相对于 0.1 C 放电时的容量减少了 0.4%。

3. 高、低温特性

由于锂离子蓄电池采用的是多元有机电解液体系，锂离子蓄电池低温性能差，锂离子蓄电池一般在不低于－20℃的环境下使用。有效地提高锂离子蓄电池的低温性能，扩大锂离子蓄电池的使用温度范围，可以大大地增加锂离子蓄电池的应用范围。另外对于一些特殊应用场合(如严寒地区)下的储能电源，也都要求锂离子蓄电池具有优良的低温性能。蓄电池的温度特性除了和蓄电池的结构设计和制备工艺等有关之外，另一关键因素就是蓄电池的电解液。一般商业化锂离子蓄电池电解液体系中 EC(乙烯碳酸酯)的含量为 30%～50%，但是 EC 凝固点(36.4℃)较高，因此在低温环境下电解液的介电常数增大，黏度增加，离子迁移数下降，导致电导率降低，严重时甚至会发生电解液凝固现象，从而影响蓄电池在低温环境下的工作性能。已有研究表明，改善电解液低温特性最有效的方法之一是加入低熔点的低温共溶剂。如国外报道的 SAFT(额定容量 9 A·h)锂离子蓄电池，电解液配方为 1.0 mol/L $LiPF_6$－EC＋DEC＋DMC＋EMC(体积比 1∶1∶1∶3)，在－70℃(常温充电，放电倍率 C/150，截止电压 2.0 V)下能放出 70%的容量，C/50 倍率下则能放出常温容量的 35%。可以看出，寻找低熔点、低黏度、高介电常数，且具有较高的化学和电化学稳定性的共溶剂是改善电解液低温特性的关键。图 6.3 所示为 30 A·h 方形锂离子蓄电池在低温条件下的放电曲线(0.2 C 倍率放电)。0℃时的放电容量相对于 20℃时的放电容量损失了 0.4%，－20℃时的放电容量相对于 20℃时的放电容量损失了 4.1%，－40℃时的放电容量相对于 20℃时的放电容量损失了 42.0%。

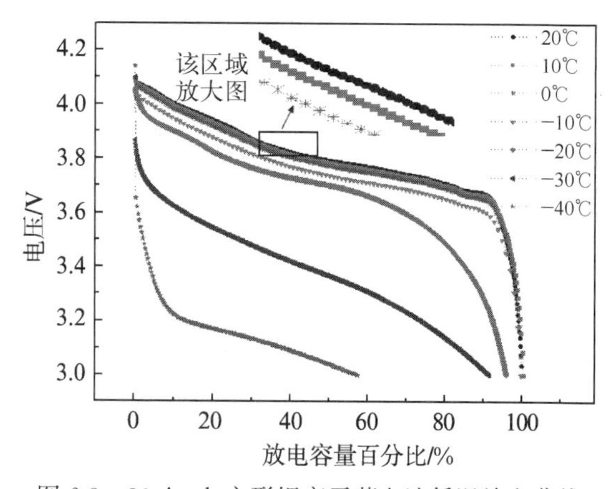

图 6.3　30 A·h 方形锂离子蓄电池低温放电曲线

相对于镉镍蓄电池、氢镍蓄电池等二次电池，锂离子蓄电池的高温性能较好。一般可以在≤50℃的环境下正常使用，但是在较高的温度下长期使用锂离子蓄电池，会对锂离子

蓄电池中SEI膜有较大的破坏作用，使锂离子蓄电池的容量降低，寿命减少。图6.4所示为30 A·h方形锂离子蓄电池在高温条件下的放电曲线。50℃时的放电容量相对于20℃时的放电容量损失了0.6%。

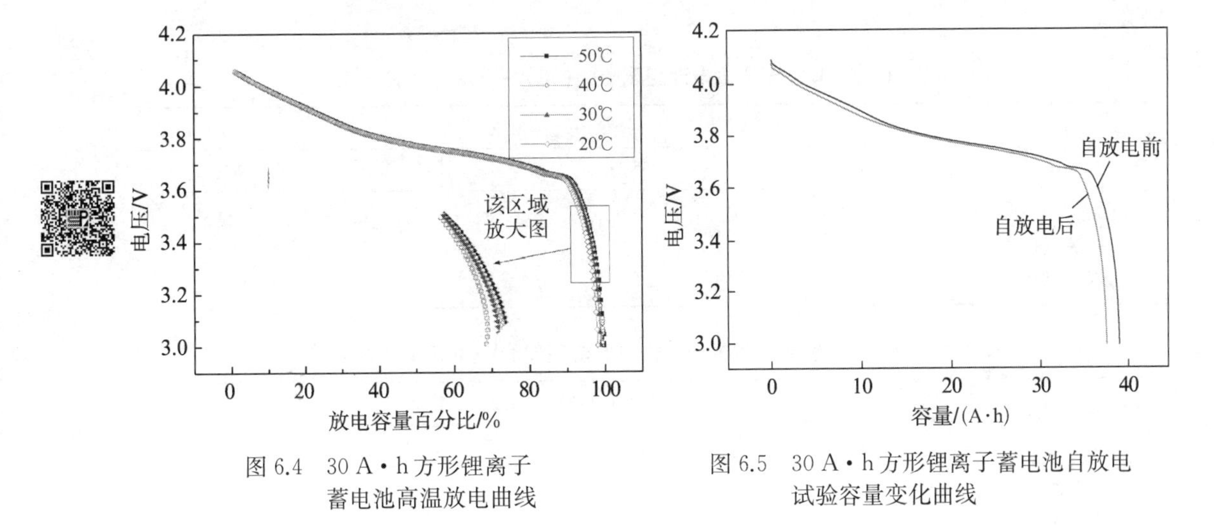

图6.4　30 A·h方形锂离子蓄电池高温放电曲线

图6.5　30 A·h方形锂离子蓄电池自放电试验容量变化曲线

4. 自放电特性

无论是二次蓄电池还是一次电池，在使用和储存过程中都会发生不同程度的自放电现象。自放电现象一般会造成电池的容量损失，严重时会使二次电池产生不可逆容量损失。引起自放电的原因是多方面的，如电极活性物质的溶解或者脱落、电极的腐蚀、电极上的副反应等。图6.5为放置28天后的30 A·h方形锂离子蓄电池与放置28天前的锂离子蓄电池的放电曲线，30 A·h方形锂离子蓄电池的自放电率为3.67%/28天。

5. 储存特性

锂离子蓄电池的储存特性是指锂离子蓄电池在开路状态时，在一定的环境条件下（如温度、湿度、压力等）储存时，锂离子蓄电池的容量、内阻、循环性能等的变化情况。

(1) 储存温度：锂离子蓄电池的长期储存合理温度一般为−5～5℃，在该储存温度下储存锂离子蓄电池，锂离子蓄电池的年容量损失一般≤2%。

(2) 储存湿度：锂离子蓄电池储存环境一般要求相对湿度小于60%，其目的是增加锂离子蓄电池的绝缘电阻，降低锂离子蓄电池的自放电。

(3) 储存状态与工艺维护：锂离子蓄电池在储存时一般处于半荷电状态。对于长期储存的锂离子蓄电池，为了保持锂离子蓄电池的性能一般对锂离子蓄电池进行工艺维护。锂离子蓄电池一般每六个月工艺维护一次。一般的工艺维护步骤如下：在20±2℃的环境温度下，蓄电池组以0.2 C倍率电流放电至3.0 V，再以0.2 C倍率循环1～3周，然后将锂离子蓄电池0.2 C倍率电流充电至3.8 V。

6. 磁特性

剩磁矩参数是锂离子蓄电池组在卫星应用的重要参数。锂离子蓄电池组的剩磁矩主要包括静态剩磁矩和动态剩磁矩，静态剩磁矩主要是由锂离子蓄电池组本身的组成成分决定的，动态剩磁矩主要是锂离子蓄电池组在充电和放电过程中产生的，除了与锂离子蓄电池组本身的组成成分有关外,还与锂离子蓄电池组的结构设计、电路设计等有关。表6.3、表6.4为两款传统的锂离子蓄电池组剩磁矩的试验数据。如采用特定的电流回路消磁设计,对导流条及导线经过特定设计及布局,可有效降低充放电过程中的剩磁矩。

表6.3　60 A·h锂离子蓄电池组剩磁矩(30 A·h单体2并6串)

状　态	磁矩值(单位: mA·m²)			
	Mx_x	M_y	M_z	$M_{总}$
静　态	12	−39	−2	41
15 A充电	−131	35	−295	325
30 A放电	262	5	594	649

表6.4　120 A·h锂离子蓄电池结构块剩磁矩(30 A·h单体4并4串)

状　态	磁矩值(单位: mA·m²)			
	M_x	M_y	M_z	$M_{总}$
静态	4	10	2	11
24 A充电	168	−79	320	370
120 A放电	−1 560	−3 220	−1 670	3 949

7. 热特性

锂离子蓄电池在充放电过程中,一直伴随着温度的变化。一般情况下,锂离子蓄电池在充电初期一般为吸热过程,在充电末期转为放热过程;在放电时一般为放热过程。下面以30 A·h方形锂离子蓄电池为例,来说明锂离子蓄电池的热特性。

1) 比热容测试

锂离子蓄电池的比热容是由锂离子蓄电池的组成成分决定的,30 A·h方形锂离子蓄电池的比热容测试在真空罐中进行,试验原理为:在一个孤立系统,系统内部所产生或吸收的热量,在没有系统与外界进行热交换,即在绝热的情况下,热量将全部用于系统自身的温度上升或下降。

用公式表示为

$$q \cdot \Delta T + q_{漏} \cdot \Delta T = C \cdot M \cdot \Delta T \tag{6.2}$$

$$q = I^2 \cdot R \tag{6.3}$$

式中,q为系统发热或吸热的功率,在比热容测试时为电加热器功率,由式(6.3)表示(W);$q_{漏}$为系统漏热功率(W);M为质量(kg);ΔT为温升或温降值(℃);C为比热容($W \cdot h \cdot kg^{-1} \cdot ℃^{-1}$);$\Delta T$为放热或吸热的时间(h);$I$为加热器电流(A);$R$为加热器电阻(Ω)。

试验数据代入式(6.2)和式(6.3)中,得到30 A·h方形锂离子蓄电池单体在使用温度范围内的平均比热容C为936 J·(kg·℃)$^{-1}$。

2) 发热量测试

30 A·h方形锂离子蓄电池发热量的测试原理与比热容测试原理基本相同。

30 A·h方形锂离子蓄电池在充电时的发热量和吸热量都比较小，与系统漏热量为同一数量级，基本可以忽略不计。30 A·h方形锂离子蓄电池在放电电时的发热量数据见图6.6。

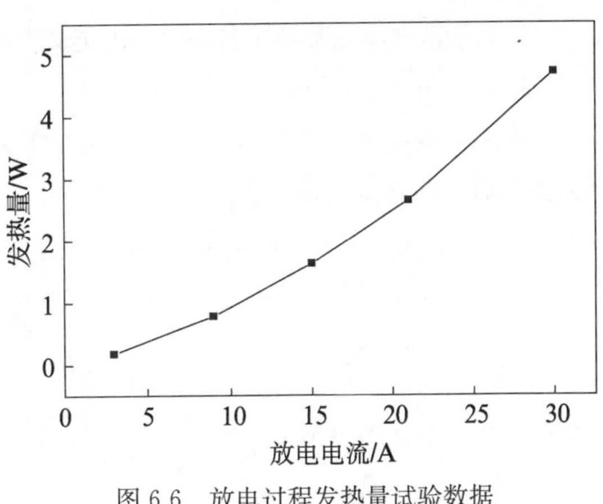

图6.6　放电过程发热量试验数据

6.1.3　分类及命名

锂离子蓄电池按电解液的状态一般分为液态锂离子蓄电池、聚合物锂离子蓄电池和全固态锂离子蓄电池。液态锂离子蓄电池即为通常所说的锂离子蓄电池。

锂离子蓄电池从外形上一般分为圆柱形和方形两种。聚合物锂离子蓄电池可以根据需要制成任意形状。

常见的锂离子蓄电池主要由正极、负极、隔膜、电解液、外壳以及各种绝缘、安全装置组成，其典型结构如图6.7所示。

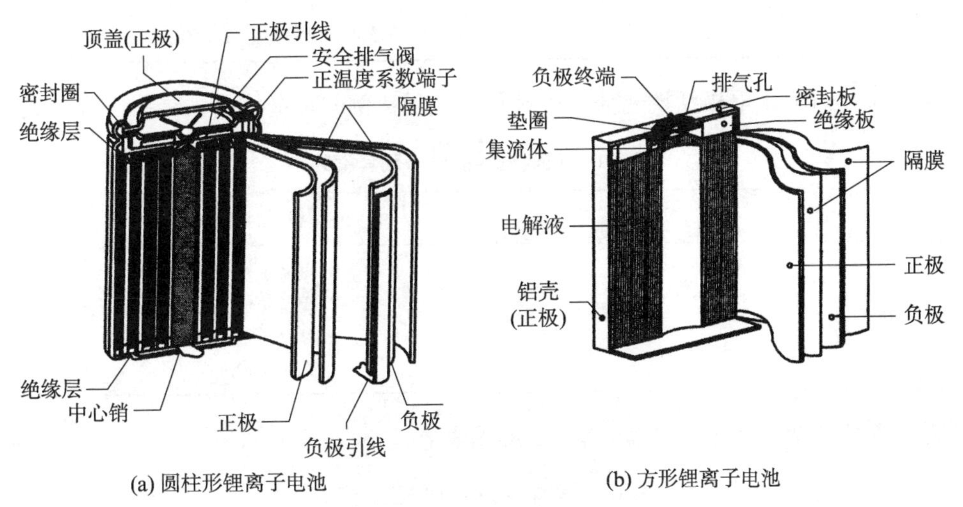

(a) 圆柱形锂离子电池

(b) 方形锂离子电池

(c) 聚合物锂离子电池

图6.7　常见的锂离子蓄电池结构

锂离子蓄电池的型号命名一般是由英文字母和阿拉伯数字组成。具体命名方法如下。

1. 锂离子蓄电池单体型号命名方法

锂离子蓄电池单体型号命名一般由化学元素符号、形状代字和阿拉伯数字组成,其基本形式如下四部分组成:

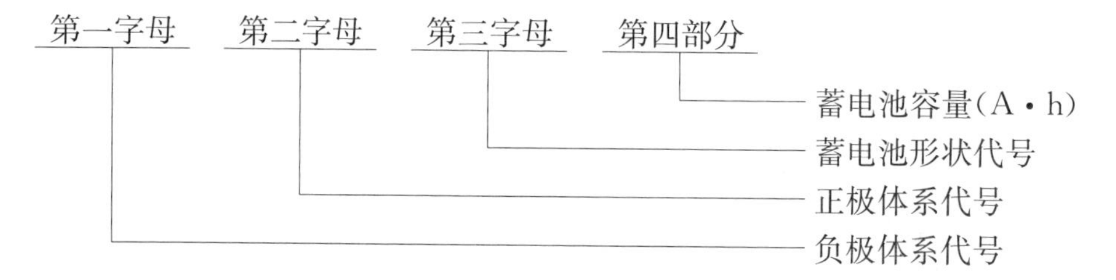

第一个字母表示电池采用的负极体系。字母代字及其意义见表6.5。

表6.5 负极体系代号及其意义

代字	负极体系
I	采用具有嵌入特性负极的锂离子蓄电池体系
L	金属锂负极体系或锂合金负极体系

第二个字母表示电极活性物质中占有最大质量比例的正极体系。具体内容见表6.6。

表6.6 正极材料的代号及其意义

代字	正极材料
C	钴基正极
N	镍基正极
M	锰基正极
F	铁基正极

第三个字母表示蓄电池形状,具体内容见表6.7。

表6.7 蓄电池形状代号及其意义

代字	形状
P	方形蓄电池
R	圆形蓄电池

第四部分为阿拉伯数字,表示单体蓄电池额定电容量数值的整数部分,额定电容量以A·h为单位,代号中不反映出"A·h",具体命名方法见示例。

示例:ICP30表示以钴基材料为正极、采用具有嵌入特性负极的方形锂离子蓄电池单体,该蓄电池的额定容量为30 A·h。

锂离子蓄电池单体如出现同系列、同容量、而壳体材料、结构、形状等不同的蓄电池单体,则应在以上各电池单体命名后加入设计改进序号,设计改进序号"-(1)、-(2)……",依次类推(锂离子蓄电池单体型号首次命名不填写改进序号)。

示例：ICP30 -(2)表示 ICP30 锂离子蓄电池单体第二次改进型号的命名。

2. 锂离子蓄电池组命名

表示蓄电池串联组合时，只需要在单体蓄电池前加入组合的数量，具体命名方法见示例。

示例：7INP30 表示由 7 个以镍基材料为正极采用具有嵌入特性负极的 30 A·h 方形锂离子蓄电池单体串联而成的锂离子蓄电池组。

当蓄电池并联组合时，在单体蓄电池前加入并联的蓄电池单体个数，并在数字下加“__”，具体命名方法见示例。

示例：4INP30 表示由 4 个 INP30 的锂离子蓄电池单体并联而成的蓄电池组。

当蓄电池并、串联组合时(即先并联，再串联)，在单体蓄电池前加入并联单体蓄电池个数和串联并联模块个数，在两个数量之间加“-”连接，并在表示并联单体蓄电池数量下面加“__”，具体命名方法见示例。

示例：4 - 7INP30 表示由 28 个 INP30 的锂离子蓄电池单体先 4 个单体并联，再把 7 个并联模块串联组成的蓄电池组。

锂离子蓄电池组如出现同系列、同容量、串并只数相同而结构、形状不同的蓄电池组，则应在以上各蓄电池组命名后加入设计改进序号，设计改进序号为汉语拼音的大写字母如：A、B……依次类推(锂离子蓄电池组型号首次命名时不填写改进序号)。

示例：4 - 7INP30B 表示 4 - 7INP30 蓄电池组的第二次改进型号的命名。

6.1.4　用途

锂离子蓄电池作为一种 20 世纪 90 年代初期发展的先进蓄电池技术，代表了 20 世纪 90 年代蓄电池技术发展的最高水平，具有高比能量、高电压、无记忆效应和对环境友好等一系列优点，已在民用领域(手机、笔记本电脑、小型摄像机、电动玩具、电动自行车等)得到广泛使用，蓄电池的安全性和实用性均良好。因此，在对储能电源电性能、可靠性、安全性要求较高的场合，锂离子蓄电池组将成为首选对象。

(1) 全密封锂离子蓄电池：一般指漏气率$\leqslant 1.0\times 10^{-10}$ Pa·m^3·S^{-1}的锂离子蓄电池，由于它能在真空下长期工作，可以用于各种太阳同步轨道卫星、地球同步轨道卫星、宇宙飞船和空间站等空间飞行器的电化学储能电源。

(2) 半密封锂离子蓄电池：一般指漏气率$\leqslant 1.0\times 10^{-8}$ Pa·m^3·S^{-1}，并且不带安全阀的锂离子蓄电池，由于它能在低压下正常工作，可以用于平流层飞艇的储能电源，鱼雷、导弹及运载火箭等的动力电源。

(3) 常规锂离子蓄电池：一般指带有安全阀的锂离子蓄电池，由于它能在常规环境条件下正常工作，可以广泛用于军用通信器材、全球定位系统、空军飞行员的救生系统、陆军轻枪械、电子和无线电设备等的动力电源。

6.2　工作原理

锂离子蓄电池充放电过程中发生的反应是嵌入反应。嵌入反应是指客体粒子(离子、

原子或分子)嵌入主体晶格,而主体晶格基本不变,生成非化学计量化合物的反应过程。其反应式可表示为

$$xG+\langle H\rangle \longrightarrow G_x\langle H\rangle \tag{6.4}$$

式中,G代表客体粒子,又称嵌质;⟨H⟩表示主体物质,又称嵌基;x 为嵌入度,又称嵌入浓度;$G_x\langle H\rangle$为嵌入化合物。嵌入反应突出的特点是一般具有可逆性,且生成的嵌入化合物在化学、电子、光学、磁性等方面与原嵌基材料有较大不同。

以层状石墨为负极、$LiCoO_2$ 为正极的锂离子蓄电池体系为例来说明锂离子蓄电池的成流反应。该体系的电化学表达式为

$$(-)C_6 \mid LiPF_6-EC+DEC \mid LiCoO_2(+) \tag{6.5}$$

锂离子蓄电池的充放电反应为

$$LiCoO_2+C_6 \underset{\text{放电}}{\overset{\text{充电}}{\rightleftharpoons}} Li_{1-x}CoO_2+C_6Li_x \tag{6.6}$$

正极反应:

$$LiCoO_2 \underset{\text{放电}}{\overset{\text{充电}}{\rightleftharpoons}} Li_{1-x}CoO_2+xLi^++xe \tag{6.7}$$

负极反应:

$$xLi^++C_6+xe \underset{\text{放电}}{\overset{\text{充电}}{\rightleftharpoons}} C_6Li_x \tag{6.8}$$

锂离子蓄电池实际上是 Li^+ 的浓差电池。充电时,Li^+ 从正极材料中脱嵌,通过电解液迁移到负极,并嵌入到石墨的层状结构中,此时负极处于富锂状态,正极处于贫锂状态;放电时过程相反。锂离子蓄电池的充、放电反应如图6.8所示。

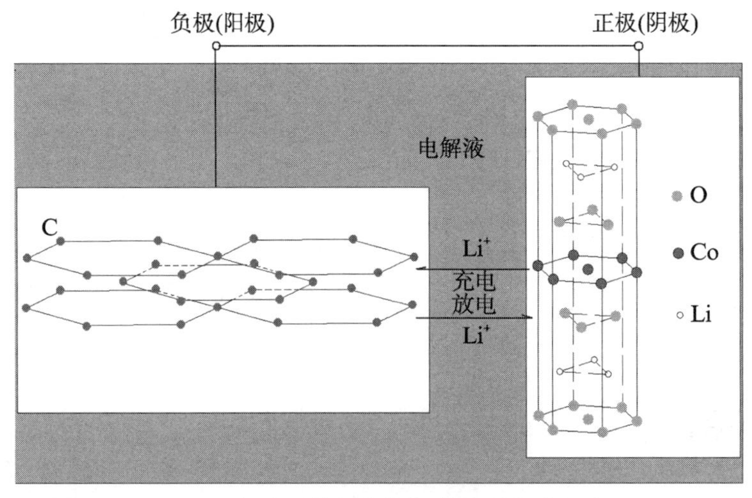

图6.8 锂离子蓄电池的充、放电反应示意图

6.3　蓄电池单体结构组成

锂离子蓄电池单体与其他化学蓄电池一样，主要由五个基本部分组成：正极、负极、电解液、隔膜和壳体。

6.3.1　正极

锂离子蓄电池的正极主要由正极活性材料、导电剂、黏结剂和集流体组成。其中用作正极活性材料的是一种可以和锂生成嵌入化合物的过渡金属氧化物。现在锂离子蓄电池所采用的正极活性材料主要是 $LiCoO_2$、$LiNiO_2$、$LiCo_{1-x}Ni_xO_2$、$LiMn_2O_4$、$Li_{1-x}Mn_2O_4$、$LiM_yMn_{2-y}O_4$、$Li(Ni_{1-x-y}Co_xMn_y)O_2$、$Li(Ni_{0.85}Co_{0.1}AL_{0.05})O_2$ 等。表 6.8 列出了几种锂离子蓄电池正极活性材料的性能参数的比较情况。

表 6.8　各种正极活性材料的电压和能量

正极材料	电压 /V(vs Li^+/Li)	理论容量 /(A·h·kg^{-1})	实际容量 /(A·h·kg^{-1})	理论比能量 /(W·h·kg^{-1})	实际比能量 /(W·h·kg^{-1})
$LiCoO_2$	3.8	273	140	1 037	532
$LiNiO_2$	3.7	274	170	1 013	629
$LiMn_2O_4$	4.0	148	110	440	259
$Li_{1-x}Mn_2O_4$	2.8	210	170	588	480
$LiFePO_4$	3.4	170	140	578	476
$Li(Ni_{1-x-y}Co_xMn_y)O_2$	3.6	273～285	155～220	982.8～1 026	558～792
$Li(Ni_{0.8}Co_{0.15}AL_{0.05})O_2$	3.6	230	190	828	684

锂离子蓄电池正极活性材料应满足以下要求：

(1) 根据法拉第定律 $\Delta G=-nEF$，嵌入反应具有大的吉布斯自由能，可以使正极同负极之间保持一个较大的电位差、提供高的电池电压；

(2) 在一定范围内，锂离子嵌入反应的 ΔG 改变量小，即锂离子嵌入量大且电极电位对嵌入量的依赖性小，以便确保锂离子蓄电池工作电压平稳；

(3) 正极活性材料须具有大孔径隧道结构，锂离子在“隧道”中有较大的扩散系数和迁移系数，保证大的扩散速率，并具有良好的电子导电性，以便提高锂离子蓄电池的最大工作电流；

(4) 脱嵌锂离子过程中，正极活性材料具有较小的体积变化，以保证良好的可逆性，同时提高循环性能；

(5) 在电解液中溶解度很小，同电解质具有良好的热稳定性，以保证工作的安全；

(6) 空气中储存性能好，有利于实际应用。

6.3.2　负极

锂离子蓄电池的负极主要由负极活性材料、导电剂、黏结剂和集流体组成。其中用作负极活性材料的也是一种可以和锂生成嵌入化合物的材料，主要包括碳基材料(包括高规则化碳和低规则化碳)、锡基负极材料、锂过渡金属氮化物、表面改性的锂金属、Si/

Graphite/C 复合材料和 $Li_4Ti_5O_{12}$ 材料等。现在锂离子蓄电池所采用的负极材料主要是碳基负极材料，按照石墨化程度的不同，即规则化程度的不同可将锂离子蓄电池碳基负极材料进行分类。分类情况列于表 6.9。

表 6.9　锂离子蓄电池负极用碳材料分类

<table>
<tr><td rowspan="12">锂离子蓄电池负极用碳基材料</td><td rowspan="4">高规则化碳</td><td colspan="3">天然石墨</td></tr>
<tr><td rowspan="3">人造石墨</td><td colspan="2">中间相碳微球(CMS)</td></tr>
<tr><td colspan="2">气相生长石墨纤维</td></tr>
<tr><td colspan="2">石墨化针状焦</td></tr>
<tr><td rowspan="7">低规则化碳</td><td>易石墨化碳(软碳)</td><td colspan="2">焦碳</td></tr>
<tr><td rowspan="3">难石墨化碳(硬碳)</td><td rowspan="3">树脂碳</td><td>PAS</td></tr>
<tr><td>PFA-C</td></tr>
<tr><td>PPP</td></tr>
<tr><td rowspan="3">复合碳</td><td rowspan="2">碳—碳复合</td><td>软碳—石墨复合</td></tr>
<tr><td>硬碳—石墨复合</td></tr>
<tr><td colspan="2">碳—非碳复合</td></tr>
<tr><td colspan="4">碳纳米材料</td></tr>
</table>

锂离子蓄电池负极活性材料应满足以下要求：

(1) 锂在负极的活度要接近纯金属锂的活度，这关系到蓄电池是否具有较高的开路电压；

(2) 电化学当量要低，这样才能有尽可能大的比容量；

(3) 锂在负极中的扩散系数要足够大，可以大倍率放电；

(4) 锂离子在负极中嵌入和脱嵌过程中，电位变化要小(即极化要小)；

(5) 碳材料在热力学稳定的同时与电解液的匹配性要好；

(6) 成本低，易制备，无公害。

6.3.3　电解液

电解液是在蓄电池正负极之间起传导作用的离子导体，它本身的性能及其形成的界面状况很大程度上影响蓄电池的性能。优良的锂离子蓄电池有机电解液应满足以下几点要求：

(1) 良好的化学稳定性，与蓄电池内的正负极活性物质和集流体(一般用 Al 和 Cu 箔)不发生化学反应；

(2) 宽的电化学稳定窗口；

(3) 高的锂离子电导率；

(4) 良好的成膜(SEI)特性，在负极材料表面形成稳定钝化膜；

(5) 合适的温度范围；

(6) 安全低毒，无环境污染。

同时具有以上特点的由单一组分溶剂和电解质盐组成的电解液很难找到。实际用的电解液都是由二元以上溶剂和电解质混合而成，溶剂之间的特点能优势互补。常用的电解液体系有 PC＋DME＋$LiClO_4$、EC＋PC＋$LiClO_4$、EC＋DEC＋$LiClO_4$（或 $LiPF_6$）、EC＋DMC＋$LiClO_4$（或 $LiPF_6$）等，有时为提高蓄电池的性能，也采用三元及三元以上电解液，例如在 EC＋DEC＋$LiPF_6$ 电解液体系中加入 DMC 或 EMC 可以提高蓄电池的低温性能。一般情况下它们都能与正极相匹配，因为它们都能抗 4.5 V 左右或以上的氧化；而对负极更关心的是电解液能不能在比较高的电位下还原形成致密、稳定的钝化膜，这就要求电解液组分尽可能具有较高的标准还原电极电位和大的交换电流密度。

6.3.4　隔膜

蓄电池隔膜的作用是使蓄电池的正、负极分隔开，防止两极接触而短路，此外还要作为电解液离子传输的通道。一般要求其电子绝缘性好，电解质离子透过性好，对电解液的化学和电化学性能稳定，对电解液浸润性好，具有一定机械强度，厚度尽可能小。根据隔膜材料不同，可以分成天然或合成高分子隔膜和无机隔膜，而根据隔膜材料特点和加工方法不同，又可以分成有机材料隔膜、编织隔膜、毡状膜、隔膜纸和陶瓷隔膜。对于锂离子蓄电池体系，需要耐有机溶剂的隔膜材料，一般选用高强度薄膜化的聚烯烃多孔膜，如聚乙烯（PE）、聚丙烯（PP）、PP/PE/PP 复合膜等。

锂离子蓄电池用隔膜材料的制备方法主要分为湿法工艺（热致相分离法）和干法工艺（熔融拉伸法）。干法工艺相对简单且生产过程中无污染，但是隔膜的孔径、孔隙率较难控制，横向强度较差，复合膜的厚度不易做薄，目前世界上采用此方法生产的企业有日本宇部和美国 Celgard 公司等，表 6.10 是美国 Celgard 公司采用干法制备的锂离子蓄电池用隔膜的主要指标。

表 6.10　美国 Celgard 隔膜的性能

性　能	Celgard 2400	Celgard 2300
构　造	PP 单层	PP/PE/PP 三层
厚度/μ	25	25
孔率/%	38	38
透气度/s	35	25
纵向拉伸强度/MPa	140	180
横向拉伸强度/MPa	14	20
穿刺强度/N	380	480
拉伸模量(纵向)/MPa	1 500	2 000
撕裂起始(纵向)/N	46	63
耐折叠性/次	＞105	＞105

湿法工艺可以较好地控制孔径、孔隙率，可制备较薄的隔膜，隔膜的性能优异，更适用于大容量、高倍率放电的锂离子蓄电池；缺点是其工艺比较复杂，生产费用相对较高。目前世界上采用此法生产隔膜的有日本旭化成（Asahi Kasei）公司、东燃（Tonen）公司及美国 Entek 公司等。

值得一提的是，Celgard 公司在普通 PP/PE/PP 干法膜的单面涂覆 Al_2O_3 陶瓷粒子，相比聚烯烃隔膜而言，该款陶瓷隔膜具有以下优点。

（1）高安全性：该款陶瓷隔膜具有耐高温性能，在 180℃ 几乎不会发生热收缩，而普通聚烯烃隔膜在90℃左右便会发生热收缩。在温度高于90℃时,即使有机物底膜发生熔化,无机涂层仍然能够保持隔膜的完整性,可避免隔膜收缩造成大面积正/负极短路现象的出现,有利于提高蓄电池的安全性。

(2)循环寿命长:陶瓷隔膜中的氧化铝涂层为两性氧化物,可中和电解液中游离的HF,提升电池的使用寿命。电解液中游离的HF可以破坏电极表面的SEI膜、消耗电解液、腐蚀正极氧化物电极材料,导致蓄电池胀气、极化增大和性能衰减。同时氧化铝可阻止隔膜氧化,有利于降低循环过程中的机械微短路,有效提升循环寿命。

6.3.5 壳体

蓄电池壳体又称为蓄电池容器,它的作用是盛装由正负极和隔膜组成的电极堆,并灌有电解液。蓄电池壳体一般由电池盖和电池壳组成。目前,空间用锂离子蓄电池单体的壳体主要有方形结构和圆柱形结构两种。

目前国外空间用锂离子蓄电池的主要研究机构有Saft(法国)、Eagle-Picher(美国)、Yardney(美国)、GS(日本)、ABSL(美国)、Quallion(美国)、土星(俄罗斯)等公司。表6.11给出了这些研究机构的单体型谱、外形及在轨寿命等,从表6.11中可以看出,除了Saft公司既有圆形蓄电池也有方形蓄电池、ABSL公司采用18650圆形蓄电池以外,其他国外机构均采用方形蓄电池结构。

表6.11 国外锂离子蓄电池外形结构

公司	产品型号	单体
Saft	VES系列	
	MPS系列	
ABSL	18650HC	

续表

公　司	产品型号	单　体
GS Yuasa	GYT	
Quallion	QL系列	
Yardney Lithion	MSP INCP	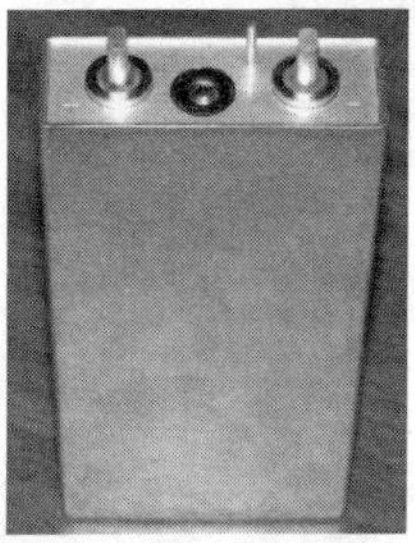
Furukawa	13.2 A·h、25 A·h (以单体容量表示)	
俄罗斯土星公司	ЛИГП系列	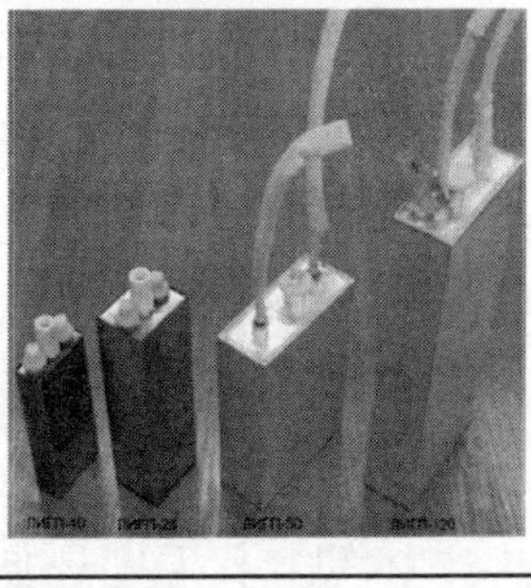

无论是方形结构和圆柱形结构的锂离子蓄电池,在空间应用时壳体设计的关键是实现全密封和能够承受发射力学环境、太空高真空环境的压力。空间用锂离子蓄电池单体的壳体必须要实现全密封(漏气率小于 1.0×10^{-10} Pa·m^3·S^{-1})。由于卫星用储能电源在空间工作时的环境近似高真空状态,如果单体蓄电池没有实现全密封,则会发生电解液微漏以及气体逸出,最终导致电解液"干涸",蓄电池失效。

6.4 蓄电池制造

6.4.1 蓄电池单体制造

$LiCoO_2$/CMS 体系锂离子蓄电池单体生产工艺流程示意图如图 6.9 所示。单体制造工序繁多,而且部分工序并非顺接关系,而是须同时进行的并列关系。为使条理清晰,根据单体制造工艺的特征节点,将单体制造工艺分为五大工序,分别为极片制造、电堆装配、单体封装、注电解液及化成。

1. 极片制造

采用钴酸锂为正极活性物质正极片、采用 CMS 为负极活性物质的负极片制造工艺流程如图 6.10 所示。

1) 黏结剂制备

锂离子蓄电池的黏结剂一般采用聚偏二氟乙烯(PVDF)溶液,溶剂一般采用 N-甲基-2-吡咯烷酮(NMP)。具体制备方法是:PVDF 与 NMP 按一定的质量比置于混合设备中真空搅拌,使 PVDF 溶解于 NMP 中,制成黏结剂溶液,俗称黏结剂胶液,制备过程也称为制胶。

2) 浆料制备

将电极活性物质、导电剂及黏结剂(PVDF 的 NMP 溶液,部分负极采用水性黏结剂)按照一定的比例混合均匀,置于浆料混合设备内搅拌成具有一定黏度的浆料,即浆料制备。

混合之前,活性物质、导电剂要在真空烘箱内烘干,以除去其中的水分。黏结剂溶液过筛后,从制胶罐转移到制浆罐后,需要补加一部分 NMP 溶剂,以达到合适的固液比,有利于制浆及后续工序的进行。制浆过程中,需要测定浆料的黏度等主要指标。如浆料的黏度过高,可以通过添加 NMP 来稀释浆料,降低黏度。

3) 涂布

涂布是将浆料通过涂布设备均匀的涂敷在集流体箔带的表面,涂层在慢速通过烘干通道时,在热气流下干燥以除去有机溶剂,形成极片卷。锂离子蓄电池的主体结构中,采用超薄金属箔片作为正负电极导体,即集流体。其功能主要是将蓄电池活性物质产生的电流汇集起来形成较大电流对外输出。其中,正极采用铝箔;负极采用铜箔。

活性物质在涂布机头涂敷在集流体箔带上后,经过烘箱段烘干,到达涂布机尾收卷。涂布机烘箱一般采用多段设计,目的是将涂敷在集流体箔带上的活性物质烘干,防止有龟裂、脱落及未完全干燥的情况发生。

实际生产中,烘箱段温度是非常重要的,需要严格控制。这是由于若温度太高会因烘

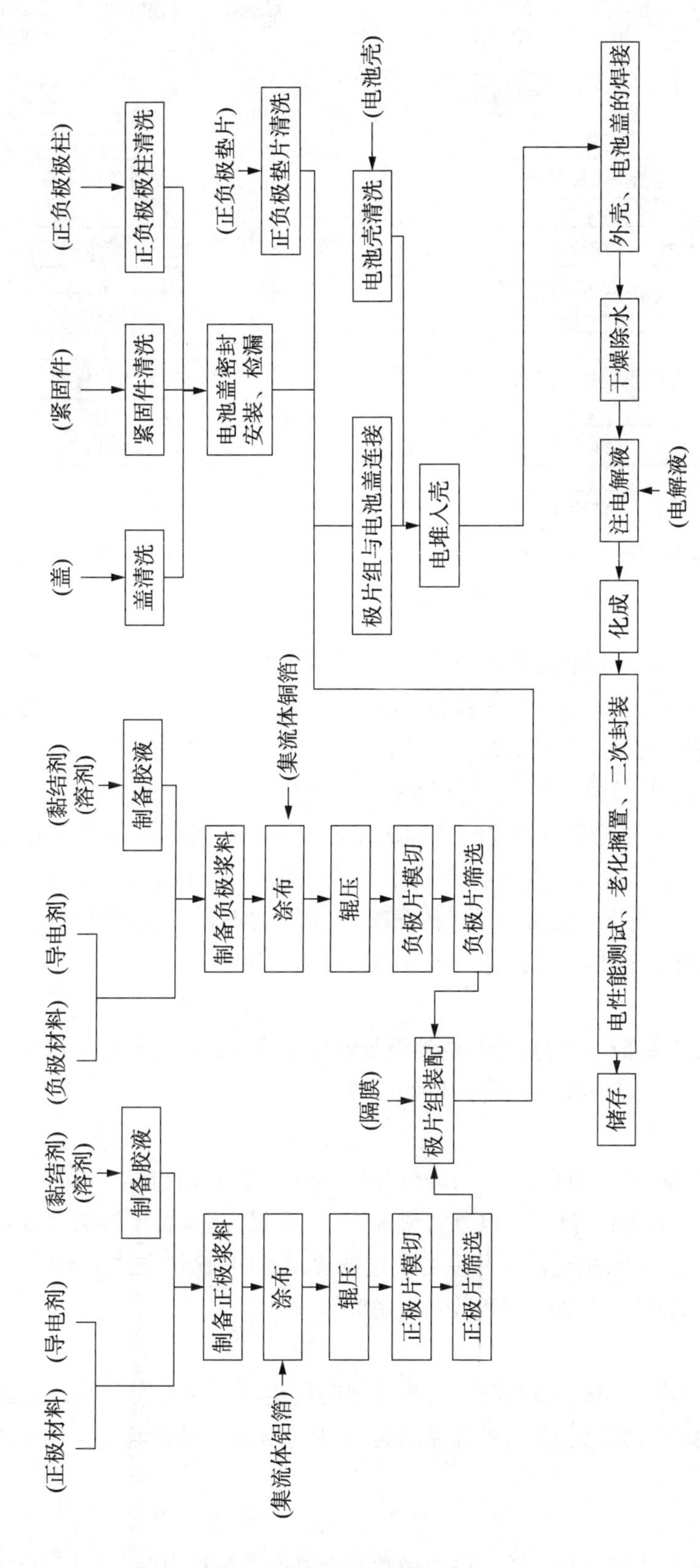

图 6.9　全密封锂离子蓄电池生产工艺流程示意图

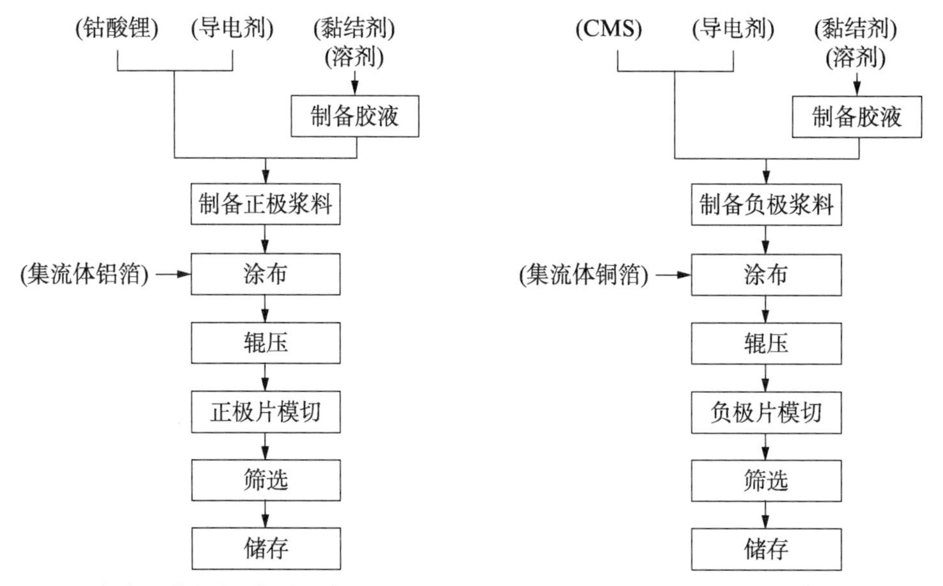

(a) 锂离子蓄电池正极片生产工艺流程图　　(b) 锂离子蓄电池负极片生产工艺流程图

图 6.10　锂离子蓄电池极片制造工艺流程图

烤过度造成活性物质龟裂、脱落而批量报废;若温度太低则不能完全烘干,使得溶剂积聚在活性物质内部,最终导致极片面密度与实际不符而影响蓄电池容量,严重的还会因为溶剂过多,收卷时活性物质无序黏附在集流体箔带表面,造成母极片卷整卷报废。烘箱段温度与活性物质种类、涂敷面密度、涂布速度等均有关系。

面密度是决定蓄电池单体容量的关键指标之一,必须对活性物质面密度进行实时监控以确保涂布质量。面密度应符合涂布技术参数要求,若不在参数要求范围内则重新调节涂布头参数,直至其符合要求。一般情况下,极片厚度与涂布面密度呈正比关系,为了保证涂布面密度更加精准,可通过测量极片厚度以监测涂布面密度。

4) 辊压

通过辊压机将涂布后的锂离子蓄电池极片卷轧制成具有一定厚度的母极片。辊压过程中,需对极片卷辊压后的厚度进行严格的检验。

5) 模切

模切前,需对辊压完成的母极片卷进行分切。根据母极片卷宽度及正负极片的尺寸,用分切机对母极片卷进行分切,一般分切成 2～4 个小极片卷,再用模切设备对小极卷进行模切。根据极片种类、生产效率和模切质量的要求不同,模切方式也不同,目前的模切方式主要包括刀模冲切、五金模切和激光模切等。

6) 筛选

对模切完成的极片进行外观筛选,极片外观需满足如下的要求:极片表面平整均匀,无划痕、辊压印痕等,边缘无毛刺,极耳无断裂,极耳上无残留活性物质。对外观合格的极片称重分档。

7) 储存

对分档完成,尚未转入下一道工序的极片置于真空干燥箱中保存,以防止环境中的水分进入极片内部。

2. 电堆装配

电堆装配即是将正、负极片用隔膜折叠起来，组成极片组，多个极片组并联，装配成电堆。

正极片匹配：将合格正极片分成若干组，每组片数根据单体设计而定，要求每组总重量一致，偏差控制在工艺要求以内。

负极片分组：将合格负极片分成若干组，每组片数根据工艺设计而定。

叠片：利用装配夹具或设备使极片和隔膜按照"隔膜—正极片—隔膜—负极片"的顺序反复Z字型堆叠对齐，形成极片组。极片组最外侧采用隔膜包裹。

绝缘电阻测量：每个极片组制作完成后，采用微短路测试设备测量正负极之间的绝缘电阻。绝缘电阻合格的极片组方可进入下一道工序，尚未转入下一道工序的极片置于真空干燥箱中保存。

3. 单体封装

1）蓄电池盖的组装

将极柱、密封件、紧固件、盖片等部件清洗后按顺序组装成电池盖，并进行绝缘电阻测量和漏率测量。

2）电堆与电池盖的连接

电堆与蓄电池盖采用超声波焊接的连接方式，焊接接头需要经过拉力、剥离等项目的检验，同时需要目检极耳无断裂、无裂纹。

3）电堆入壳

电堆入壳前，在电堆外围加装衬套(或贴聚酰亚胺绝缘压敏胶带)。入壳前测量极柱之间、极柱与盖体之间的绝缘电阻，绝缘电阻合格的方可入壳。将装好电池盖和加装衬套(或贴好聚酰亚胺绝缘压敏胶带)的电堆装入电池壳内，要注意检查正、负极是否与刻号标志一致，装配过程中要时刻防止壳口将衬套(或聚酰亚胺压敏胶带)刺破。入壳后用万用表或微短路测试仪测量正负极柱之间以及正负极柱与壳体之间的绝缘电阻，绝缘电阻合格的进入下一道工序。

4）蓄电池壳、盖的焊接

采用焊接方法完成电池壳、盖的连接。焊接完成后要求焊缝表面无气孔、裂纹，圆润、光滑、平整，不得有焊瘤。用万用表或微短路测试仪测量两个极柱之间以及正负极柱与壳体之间的电阻，绝缘电阻合格的进入下一道工序。

4. 注电解液

全密封锂离子蓄电池注电解液工艺流程见图6.11。

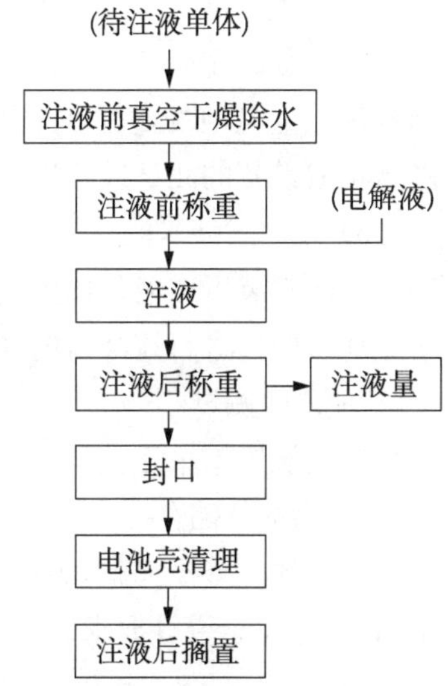

图6.11　全密封锂离子蓄电池注电解液工艺流程示意图

1）注液前的准备

将待注液的蓄电池在真空干燥箱中加热干燥除水。

2）蓄电池注液

注液过程要求在低露点环境下完成，同时对电解液的含水量进行检测，合格后方可用于加注。用电子天平称量蓄电池注液前后的重量，计算蓄电池的注液量。

3）蓄电池封口

注液完成后马上将锂离子蓄电池封口，封好之后，将蓄电池壳擦拭干净，以除去注液过程中黏附在蓄电池壳的电解液，然后自然晾干。

4）注液后搁置

将注液后的蓄电池装入夹具中，室温下放置一定时间，确保电解液在蓄电池内部充分浸润。

5. 化成

锂离子蓄电池化成制造工艺流程见图6.12。

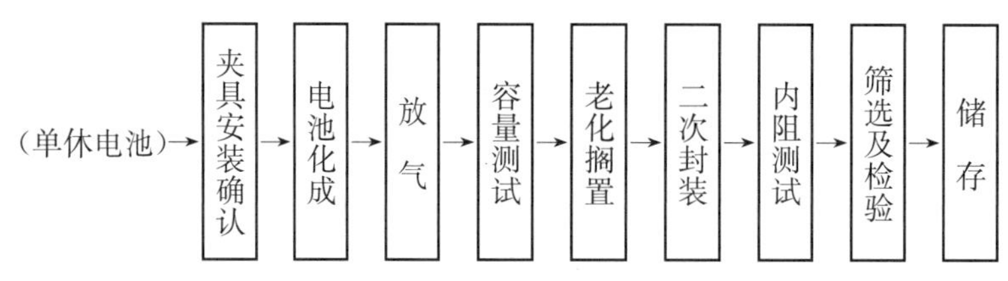

图6.12　锂离子蓄电池化成制造工艺流程示意图

1）化成

化成是SEI膜的形成过程。在规定的温度下，采用小电流对注液后的蓄电池预充电并进行充放电循环，确保SEI膜稳定、均匀地形成。

2）放气

化成结束后，将蓄电池转移到低露点环境中，打开电池盖密封装置，放出蓄电池在化成过程中产生的气体，放气结束后，马上将锂离子蓄电池封口。

3）容量测试

容量测试程序是恒流充电(0.2 C)至4.1 V或4.2 V，转恒压充电至电流小于设定值，然后恒流放电(0.2 C)至3 V或2.75 V，按此程序循环三周。

4）老化

容量测试完成后，将蓄电池充满电，老化搁置时间不低于28天。搁置期间，利用内阻测试仪测量电池的内阻和电压。搁置结束后，将蓄电池置于测试架上，将蓄电池的正、负极与化成设备的测试线相连，0.2 C恒流放电至3 V，测试老化搁置后的容量。

5）二次封装

二次封装可在老化搁置过程中或老化搁置完成后至筛选前进行。将蓄电池转移到低露点环境中。进行注液口的焊接封口。

6）内阻测试

老化搁置结束后，在3.9 V的状态下用内阻测试仪测量蓄电池的内阻。

7）筛选及储存

蓄电池应外观完整，表面整洁，零部件齐全，无机械缺损，无多余物；蓄电池尺寸、重量、容量应符合设计要求。

6.4.2　蓄电池组制造

锂离子蓄电池组生产工艺流程示意图如图6.13所示。蓄电池组的结构件包括左右壁板、散热片等，由于蓄电池组结构不同，结构件的种类与数量也不尽相同，本小节以比较成熟的拉杆式结构为例介绍蓄电池组的生产制造工艺。根据蓄电池组制造工艺的特征节点，将蓄电池组制造工艺分为三大工序，分别为装组前的准备、蓄电池组总装、蓄电池组电装。

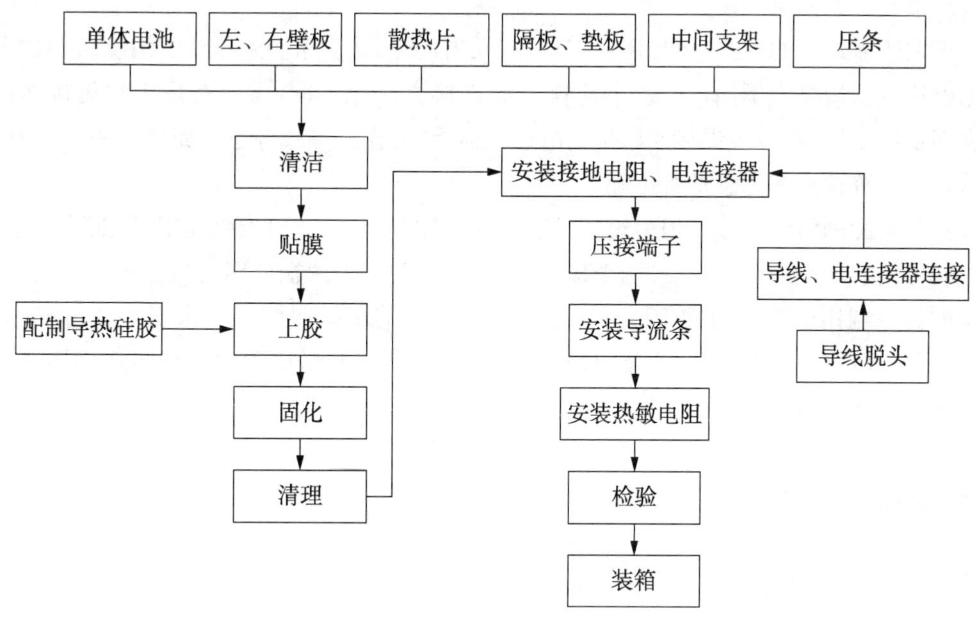

图 6.13　锂离子蓄电池组生产工艺流程示意图

1. 装组前的准备

装组前的准备主要内容包括单体、结构件的清洁及聚酰亚胺绝缘压敏胶带的黏结。

1）清洁

用酒精无纺布擦洗单体电池表面，擦洗左右壁板、散热片、中间支架、压条等结构件，零部件表面应光亮无油迹、无划痕。

2）贴聚酰亚胺绝缘压敏胶带

将聚酰亚胺绝缘压敏胶带裁切成合适的尺寸，贴于散热片、左右壁板、中间支夹、压条、蓄电池单体表面，削去多余部分，要求包角处无金属外露。

2. 蓄电池组总装

在左壁板内表面涂导热硅胶，竖直贴放在电池组装配专用夹具上。取一块散热片，在其与左壁板相接触的外侧均匀涂上导热硅胶，紧靠左壁板放置。将 2 个绝缘条嵌进压条侧边的凹槽，卡紧，并在压条内表面均匀涂上导热硅胶。再取一块散热片在与单体相接触的外侧面均匀涂上导热硅胶，穿过压条的安装槽，将压条压在第一块散热片上面。根据单体蓄电池的排列顺序，取单体蓄电池，在其与散热片内侧面和散热隔板相接触的两面均匀涂上导热硅胶，紧贴散热片放置。重复上述过程，组装剩余的单体蓄电池。

根据图纸的要求，调整蓄电池组的外形尺寸、安装尺寸。检查各单体壳体间及壳体与结构件之间的绝缘，要求绝缘电阻不小于 100 MΩ。将定位块放置好并固定，用专用夹具上的定位压脚将蓄电池固定在夹具上,将蓄电池单体压紧压实,保证安装孔尺寸符合图纸要求。导热硅胶固化时间必须大于24 h。固化大于24 h后,从装配夹具上取下蓄电池组,清除表面多余的导热硅胶,用指定的螺钉、平垫圈和弹簧垫圈将蓄电池组固定在底板上。

3. 蓄电池组电装

剪取所需尺寸的导线,导线切割应整齐、无损伤,用热剥钳剥除导线的绝缘层和护套。根据电连接器规格的不同,导线、电连接器的连接方法也不同,主要有焊接和压接两种。根据图纸接线表,将导线焊接或压接到电连接器上,并做好导线标志。完成后用数字万用表欧姆档检查接点和标志是否正确。

按照装配图将电连接器用力矩螺丝刀安装于插座架上,螺钉点胶固定;按照装配图将接地螺栓安装于相应位置,通过两个接头焊片,使接地电阻两端分别与接地螺栓和装配图规定的另一端相连,螺钉点胶固定;将导流条和压接端子按照图纸要求安装到蓄电池组上;根据图纸进行热敏电阻的安装;根据图纸接线表焊接热敏电阻的引线与连接导线,焊接完成后先将聚酰亚胺压敏胶带贴在蓄电池组相应位置,然后粘贴热敏电阻;对拉杆上的螺母和电池正、负极极柱上的螺母点胶固定;按照蓄电池组技术条件和测试细则进行检验,检验合格后装箱。

6.5 设计和计算

6.5.1 设计要素

储能电源的设计要素如表6.12所示,列出了任何型号方案设计初期应考虑的问题。

表6.12 储能电源的设计要素

物理方面	电气方面	计划方面
体积、质量、结构、工作条件、静态和动态环境	电压、负载电流、工作循环、工作循环次数、工作时间和存贮时间,以及对放电深度的限制	成本、储存寿命与工作循环寿命、飞行任务要求、可靠性、可维修性以及可生产性

在进行锂离子蓄电池设计时,必须根据具体的使用要求,区别情况分别对待。具体使用要求是指功率和寿命要求,搁置时间的长短,工作温度的高低,耐振动、冲击、离心等的要求。在不同的情况下,蓄电池的工作电压和正、负极活性物质的利用率都不一样,要求使用的活性物质的数量也不一样。

对于小电流负载放电的蓄电池,为了保证正、负极片处于较佳状态,极片可以厚一点,比能量做得高一些;对于大电流负载使用的蓄电池,极片应该做得相对薄一些,这样可使放电电流密度减小,提高活性物质的利用率和电池的工作电压。同时,在不同的情况下,使用的隔膜也不尽相同,隔膜的厚度和孔率也有所不同。电解液成分及添加剂的选择,也应根据具体使用情况而有所不同。

在蓄电池设计工作中,有时遇到的情况比较特殊,或要求的指标比较高,在作初步设计方案后还要根据试验结果作适当的修正,才能满足实际的要求。所以,在设计时,一方面要深思熟虑、统筹兼顾；另一方面也要注意在理论与实践中存在的差异，具体情况具体对待。

6.5.2　锂离子蓄电池设计和计算实例

一般情况下蓄电池电性能设计的步骤按下列 10 个环节进行：① 将蓄电池组的要求转化为单体蓄电池技术指标；② 以单体蓄电池技术要求选择最佳工作状态；③ 计算极片总面积、极片尺寸和数量；④ 计算电池容量；⑤ 计算正、负极活性物质用量；⑥ 计算正、负极极片平均厚度；⑦ 隔膜和电解液的选择；⑧ 单体装配松紧度的设计；⑨ 计算单体蓄电池尺寸；⑩ 单体电性能设计参数的修正。

某锂离子蓄电池设计举例如下：某型号低轨道小卫星轨道运行周期 90 min，最大地影期 30 min，在地影期长期功耗为 100 W，峰值功耗 140 W，峰值功耗时间≤10 min，母线电压 27±2 V，寿命≥3 年。

1. 将蓄电池组的要求转化为单体电池技术指标

对于低轨道卫星锂离子蓄电池组的放电深度(DOD%)一般取 20%～30%DOD(现取 25%DOD)，因此锂离子蓄电池组的容量可由下式求得。

$$\begin{aligned}\text{蓄电池组容量} &= \text{地影期最大功率}/(\text{母线最低工作电压}\times\text{放电深度}\times\text{转换效率})\\ &= [100\ \text{W}\times 30\ \text{min} + (140\ \text{W} - 100\ \text{W})\times 10\ \text{min}]/\\ &\quad (25\ \text{V}\times 25\%\times 90\%\times 60\ \text{min})\\ &= 10.07\ \text{A}\cdot\text{h}\\ &\approx 10\ \text{A}\cdot\text{h}\end{aligned}$$

锂离子蓄电池组单体电池串联数可由下式求得。

$$\begin{aligned}\text{锂离子蓄电池组单体电池串联数} &= \text{母线最高工作电压}/\text{单体电池最高充电电压}\\ &= (27\ \text{V} + 2\ \text{V})/4.1\ \text{V}\\ &= 7.07\ \text{串}\\ &\approx 7\ \text{串}\end{aligned}$$

锂离子蓄电池组单体电池串联数取 7 串。

2. 以单体电池技术要求选择最佳工作状态

锂离子蓄电池组在地影期最大连续工作时间约 30 min，在地影期长期功耗的平均放电倍率约 0.4 C，正好符合锂离子蓄电池常规的工作条件。

3. 计算极片总面积，极片尺寸和数量

取放电电流密度为 1.0 mA · cm^{-2}，正极片的总面积为

$$[100\ \text{W}\times 30\ \text{min} + (140\ \text{W} - 100\ \text{W})\times 10\ \text{min}]\times 1\,000/\\(3.7\ \text{V}\times 7\times 1.0\ \text{mA}\cdot\text{cm}^{-2}\times 30\ \text{min})\approx 4\,376\ \text{cm}^2$$

正极片尺寸为 6 cm×9 cm，需要正极片的数量为

$$4\,376\ \text{cm}^2/(6\ \text{cm}\times 9\ \text{cm}\times 2\ \text{面})\approx 40\ \text{片}$$

一般负极比正极多一片,因此负极为41片。

4. 计算蓄电池容量

锂离子蓄电池组单体电池额定容量取10 A·h。为确保蓄电池组的质量,设计容量一般大于额定容量10%～20%,取20%的设计余量,则单体电池的设计容量应为12 A·h。

5. 计算正、负极活性物质用量

锂离子蓄电池正极材料采用$LiCoO_2$,根据法拉第定律$LiCoO_2$的理论容量为274 mA·h·g^{-1},经过CR2025型扣式模拟电池测量,实际容量为140 mA·h·g^{-1},正极活性物质的利用率为51.09%,正极活性物质的用量约为86 g。

锂离子蓄电池负极材料采用中间相碳微球(MCMB)材料,根据法拉第定律MCMB的理论容量为372 mA·h·g^{-1},经过CR2025型扣式模拟电池测量,实际容量约为310 mA·h·g^{-1},负极活性物质的利用率为83.33%。由于锂离子蓄电池采用正极限容设计,负极容量应比正极多10%,因此负极活性物质的用量约为43 g。

6. 正、负极极片平均厚度的计算

正极集流体采用0.02 mm厚的铝箔,负极集流体采用0.02 mm厚的铜箔。一般情况下正极片厚度为140～200 μm,负极片厚度为130～200 μm。由于锂离子蓄电池的功率要求不高,因此正极片厚度取170 μm,负极片厚度取150 μm。

7. 隔膜和电解液的选择

由于锂离子蓄电池的使用条件并不苛刻,采用Celgard 2300聚丙烯聚乙烯复合微孔隔膜作为正、负极之间的隔膜,隔膜厚度25 μm。聚丙烯膜在温度高达165℃时仍然具有良好的机械稳定性,而聚乙烯微孔隔膜在130℃时就会熔化。采用聚丙烯和聚乙烯的复合隔膜,则可以同时具有两者的优点,提高了蓄电池的电性能和安全性,如在蓄电池短路引起蓄电池内部温度过高时,聚乙烯膜将比聚丙烯膜较早熔化,堵住微孔,从而切断电流。电解液采用多元有机电解液。

8. 单体装配松紧度的设计

正极片总厚度:0.17 mm×40片=6.80 mm。

负极片总厚度:0.15 mm×41片=6.15 mm。

隔膜总厚度:0.025 mm×82片=2.05 mm。

衬套厚度:0.80 mm。

总厚度:15.80 mm。

考虑到单体蓄电池在注液后,极片和隔膜会发生膨胀,因此单体装配松紧度取92%,则蓄电池内腔的厚度为

$$\text{内腔的厚度} = \text{总厚度} / \text{装配松紧度} \approx 17.17\ \text{mm}$$

9. 单体蓄电池尺寸的计算

单体蓄电池厚度:单体蓄电池的壳体采用0.4 mm厚的不锈钢板材料用引伸工艺制成,因此蓄电池厚度为:内腔的厚度+壳体厚度×2=17.97 mm≈18.00 mm。

单体蓄电池长度:由于极片长度为60 mm,因此单体蓄电池长度取65 mm。

单体蓄电池高度:极片高度为90 mm,单体蓄电池内部空腔(极耳与汇流排的连接

处)高度单体取30 mm,极柱高度取15 mm,因此蓄电池总高度为135 mm(包含极柱)。

10. 单体电性能设计参数的修正

按上述设计制造蓄单体电池,检测蓄电池的各项设计参数与蓄电池组的要求是否一致,并根据测试结果对设计参数进行修正。设计后的10 A·h方形锂离子蓄电池外形如图6.14所示。

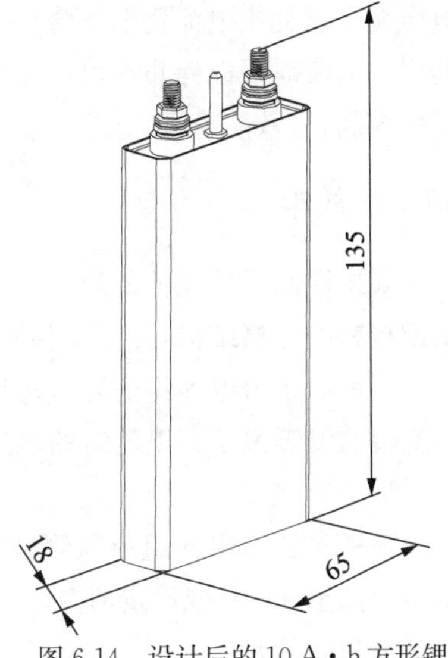

图6.14 设计后的10 A·h方形锂离子蓄电池外形图(单位:mm)

6.6 使用和维护

正确合理的使用和维护锂离子蓄电池,可以有效延长锂离子蓄电池的使用寿命,防止安全性事故的发生。卫星用锂离子蓄电池组使用和维护的基本准则如下。

(1) 蓄电池长期储存一般以50%~70%荷电状态储存在−10℃~10℃的环境中。在短期内不参加整星测试时,蓄电池应保持在50%~70%的荷电状态,储存温度不超出−5~30℃。

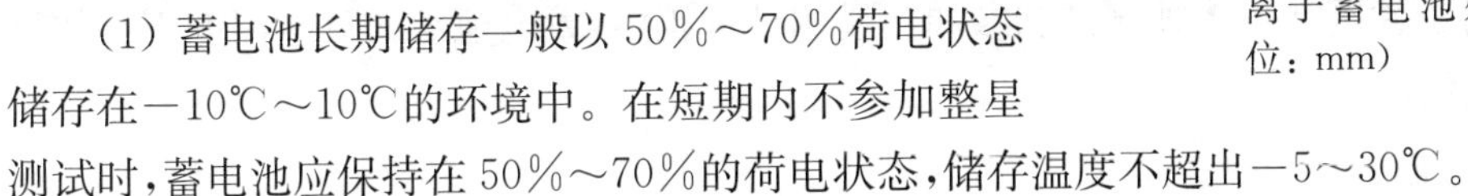

(2) 为保证产品的安装面的平面度,一般只有在装星前才可同安装底板脱离,在整星测试阶段,锂离子蓄电池组外表面需有保护罩。

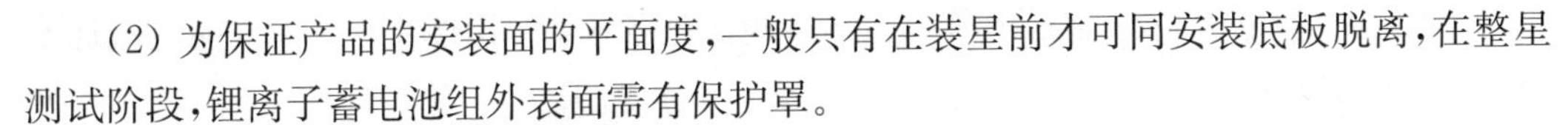

(3) 在整星测试过程中,蓄电池充放电电流、充放电终压、产品的温度等均应满足使用说明书的要求,如放电电压不应低于3 V、产品温度不应超过35℃、充电温度过低时不应进行充电。

(4) 间歇性使用每三个月或长期储存每半年进行一次工艺维护,工艺维护应包括电压一致性、容量等性能检查测试,具体方法和要求可参考使用说明书。

6.6.1 使用前的检查

(1) 打开蓄电池组产品包装箱,核对箱内产品、文件等是否与装箱清单相符。

(2) 将蓄电池组及其安装板一起从包装箱中取出,目测蓄电池组外观。蓄电池组应外观完整、表面清洁、零部件齐全,并且安装位置正确,无多余物、无损伤。

(3) 蓄电池组的机械接口(包括外形尺寸、安装尺寸、质量)、电接口(导通及绝缘)、热接口(热敏电阻、加热带阻值)应符合产品的接口数据单。

6.6.2 充电

锂离子蓄电池严格防止过充电。如果锂离子蓄电池的充电电压高于4.8 V就会发生过充电现象。过充电会导致电池内部有机电解液分解产生气体,蓄电池发热,严重时发生爆炸。造成过充电的主要原因为充电控制电路失效。正确的充电是保证蓄电池组性能和寿命的重要条件之一。

锂离子蓄电池组的充电方式主要采用恒流—恒压充电方式。在充电过程中,充电控制电路先对锂离子蓄电池进行恒流充电,当蓄电池组电压达到设定值时,转入恒压充电,恒压充电过程中电流逐渐下降(包括按照设定值逐级下降),最终当该电流达到某一预定的很小电流时可以停止充电。充电过程中应采取充电保护,通过充电控制电路电压或安时计控制,有效防止锂离子蓄电池单体和蓄电池组过充电。

6.6.3 放电

如果锂离子蓄电池的放电电压低于2 V就会发生过放电现象。过放电会改变蓄电池正极材料的晶格结构,并使负极铜集流体氧化,氧化产生的铜离子在正极还原使正极失效。在锂离子蓄电池组的测试过程中必须严格控制放电电流和放电深度,应通过地面设备实时监测锂离子蓄电池组的电压和充放电容量。

1. 放电电压

在锂离子蓄电池组单独测试和参加整星测试过程中,蓄电池组的单体蓄电池放电电压不得低于3.0 V或设定值。

2. 放电深度

在锂离子蓄电池组单独测试和参加整星测试过程中,蓄电池组的放电深度不宜超过50%或设定值。

3. 放电电流

在锂离子蓄电池组单独测试和参加整星测试过程中,蓄电池组的最大放电电流通常不超过1 C或设定值。

6.6.4 在发射场的使用与维护

(1) 当锂离子蓄电池组运送到发射场后,若不立即使用则应按要求储存。蓄电池组在装星前应进行工艺维护,使它的性能恢复正常。

(2) 在技术阵地的测试过程中,应严格监测蓄电池组的状态,防止蓄电池组的性能下降。

(3) 卫星转场前,蓄电池组一般通过专用星表插头进行工艺维护。

(4) 在卫星临射前,蓄电池组需要进行补充充电,确保蓄电池在发生过程中转内电。

(5) 在发射阵地应根据具体情况决定是否对蓄电池组进行工艺维护。若锂离子蓄电池组通过地面或星上设备进行充放电和工艺维护时,应对蓄电池组的电压、温度等参数进行实时监控。

6.7 发展趋势

6.7.1 高比能量锂离子蓄电池

随着锂离子蓄电池技术的快速发展,锂离子蓄电池单体制备工艺日臻完善,针对常用的锂离子蓄电池体系,通过优化制备工艺的方法已很难再大幅提高锂离子蓄电池单体的能量密度。因此研究人员通常采用两种措施来提高蓄电池的比能量:采用高比容量的电极材料体系以提高蓄电池的储锂能力;采用高电压的正极材料以提高电池的工作电压。

1. 富锂多元正极材料体系

目前使用的钴酸锂材料实际克容量约140 $mA\cdot h\cdot g^{-1}$,而镍钴铝酸锂材料的实际克容量为185～195 mA·h·g^{-1}。近年来，一种由 Li_2MnO_3 和层状 $LiMO_2$ 形成的固溶体富锂锰基正极材料 $xLi_2MnO_3\cdot(1-x)LiMO_2$（Mn的平均化合价为+4，M为一种或多种金属离子，M的平均化合价为+3，包括Mn、Ni、Co等）由于具有较高的比容量（大于250 mA·h·g^{-1}，充放电截止电压2.0～4.6 V，放电曲线见图6.15）而引起广泛的关注，典型的结构式为 $0.5Li_2MnO_3\cdot0.5LiMn_{1/3}Ni_{1/3}Co_{1/3}O_2$。目前以BASF、Envia和Toda为代表的公司已经购买了合成富锂锰基材料的相关专利，并已初步实现少量样品材料生产，所制备的经表面修饰高比容量富锂锰基正极材料，比容量超过270 mA·h·g^{-1}，首次充放电效率已提高到90%以上，不足之处在于长期循环性能还不够稳定，倍率放电特性和低温放电特性也相对较差。

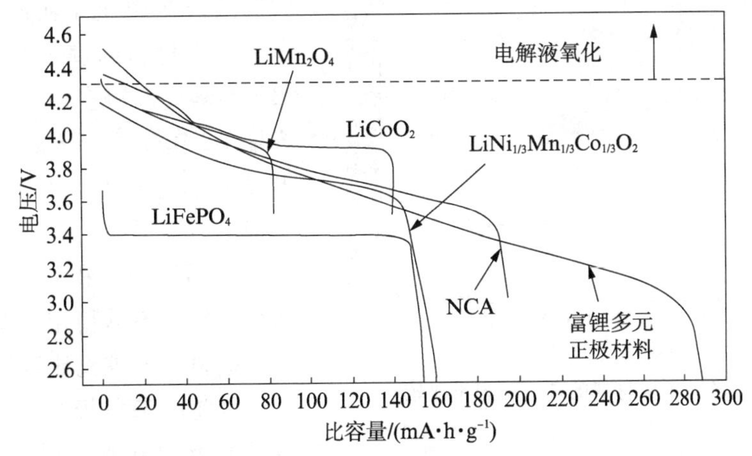

图6.15 富锂多元正及材料和其他正极材料的放电曲线比较

在现有的锂离子电池中，每摩尔传统正极材料对应可脱嵌的锂离子数均小于1，大多为单电子反应，最多涉及一个锂离子的迁移，导致电池能量密度偏低。从储锂能力的角度来看，增加电池反应电子数，是提高锂离子电池能量密度的有效途径。因此探索多电子反应的高容量材料特别是正极材料和实现方式，是高比能量锂离子蓄电池研究的新领域。

2. 5 V高电压正极材料

在不降低储锂能力的前提下提高锂离子蓄电池的工作电压无疑也是提高电池比能量的有效措施，其中的关键就是开发高电压的正极材料，此类材料的代表是 $LiNi_{0.5}Mn_{1.5}O_4$，具有反尖晶石结构的钒系氧化物如 $LiM_xV_{2-x}O_4$，具有橄榄石结构的复合磷酸盐 $LiMPO_4$ 等。其中以 $LiNi_{0.5}Mn_{1.5}O_4$ 研究最多，最具有代表性。

5 V正极材料 $LiNi_{0.5}Mn_{1.5}O_4$ 具有尖晶石结构，其理论比容量为147 mA·h·g^{-1}，实际可达130 mA·h·g^{-1}，见图6.16。由于 $LiNi_{0.5}Mn_{1.5}O_4$ 的充放电电压平台接近5 V，而目前的普通锂离子蓄电池电解液

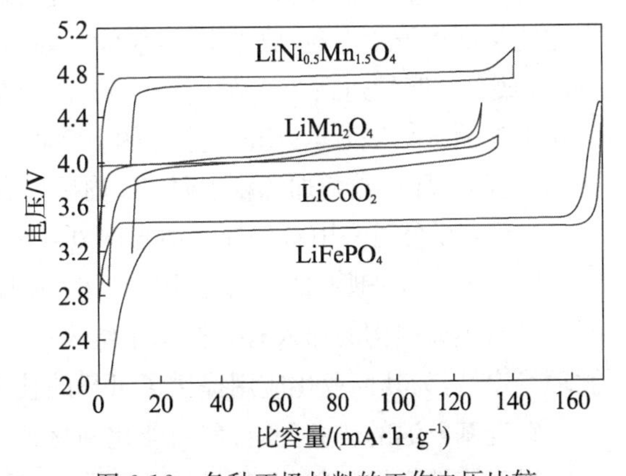

图6.16 各种正极材料的工作电压比较

在高电位下容易发生分解反应,严重影响电池的电化学性能,因此高电压的 $LiNi_{0.5}Mn_{1.5}O_4$ 材料必须要与高分解电压的电解液体系配合来使用。因此,$LiNi_{0.5}Mn_{1.5}O_4$ 材料尽管工作电压高,但是相对较低的比容量抵消了一部分比能量优势,而且耐高压电解液技术还未成熟,导致此类材料还未大规模实用化。

3. 高容量负极材料

现今广泛应用的锂离子蓄电池负极材料为石墨类碳材料,石墨类材料的循环性能良好,但有理论储锂容量的限制(372 mA·h·g^{-1})。目前研究开发的高比容量负极材料以合金类复合负极材料最有应用潜力。经过多年研究,合金类复合负极材料的各方面性能已有较大的突破,国外相关电池公司宣称已处在产业化初期的阶段。合金类负极材料的理论储锂容量比石墨类材料要高得多,如硅的理论储锂容量 4 200 mA·h·g^{-1}。硅可与 Li 形成 $Li_{22}Si_5$ 合金,是目前已知材料中理论容量最大的,但是其在充放电过程中严重的体积效应导致材料长期循环性能不够稳定。图 6.17 是各种负极材料的理论比容量比较情况。

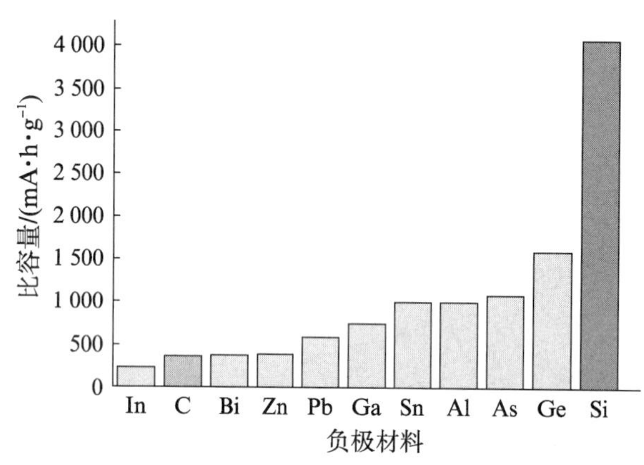

图 6.17 各种负极材料的理论比容量比较

目前硅基负极材料的开发方面以日本相关电池公司较为领先。日本三井金属公司宣称已开发出用于新一代锂离子蓄电池的新型负极“SILX”。采用以硅(Si)为主体的结构,克容量约为现有碳类负极的 2 倍。日立麦克赛尔公司表明了近几年开始量产可实现更高容量且负极采用硅合金类材料的锂离子充电电池的意向。而日本松下公司计划于 2013 年小批量产负极材料采用硅基材料的锂离子蓄电池,宣称已小量生产的 18650 锂离子蓄电池样品的比能量达到 250 W·h·kg^{-1},相比普通蓄电池的比能量要高约 30%,但未见寿命性能报道。

根据最新调研情况,美国 Envia systems 公司采用富锂锰基正极材料(比容量 250 mA·h·g^{-1}以上)和日本信越硅基负极材料宣称开发出 45 A·h 叠片式软包装新型高比能量锂离子蓄电池,放电深度为 80%时,1/20 C 放电比能量达到 430 W·h·kg^{-1};1/3 C 放电比能量达到 392 W·h·kg^{-1}。但是,后续美国海军 CRANE 实验室对 Envia 公司电池测试结果显示,Envia 宣称的 400 W·h·kg^{-1} 比能量指标,仅在前 3 次循环可以达到,且随循环次数增加急剧下降,25 周后仅有 290 W·h·kg^{-1}。

韩国三星公司采用石墨烯—纳米硅复合材料制备了 18650 电池,初始体积比能量达到 972 W·h·L^{-1},是现有体系比能量的 1.8 倍,循环 200 次后,比能量保持在 700 W·h·L^{-1},表明二维石墨烯结构的加入有效抑制了纳米硅负极的体积膨胀效应,提升了电极的结构和循环稳定性,为其商业化应用提供了可行的技术途径。

在硅基电池的研究上,目前商业化的材料为 SiO_x 材料,该材料可以在硅与锂形成合金时提供惰性保护,抑制硅基材料的膨胀,并通过特殊的黏结剂及预嵌锂技术,可以将聚合物电池的比能量从 513 W·h·L^{-1}提高到 710 W·h·L^{-1}。

6.7.2　高比功率锂离子蓄电池

可适用于高比功率锂离子蓄电池的电极材料体系有很多种，正极材料如镍钴铝酸锂、镍钴锰酸锂、锰酸锂、磷酸铁锂等，负极材料如功率型石墨、硬碳和钛酸锂等。由于电池材料本身的一些性能存在差异，如比容量、工作电压、功率特性、循环特性和价格成本等，导致各种体系的高比功率锂离子蓄电池的应用领域也有所不同，因此可以根据实际背景需求来选择合适的高比功率锂离子蓄电池体系。以下简单介绍两种高比功率锂离子蓄电池体系的情况。

根据现有资料调研，仅从功率密度比较，SAFT 公司的 VL5U 圆柱形锂离子蓄电池产品水平最高，其采用镍钴铝酸锂作为正极体系，石墨作为负极体系，可适用于需要超高功率输出的场合。典型指标如下：容量 5 A·h，质量 0.35 kg，平均工作电压 3.65 V，持续放电倍率 400 C，0.2 s脉冲放电倍率 800 C，放电工作温度－60～60℃，－40℃下持续 100 C 放电至 2.0 V 的容量保持率近 80%。不同放电电流下的功率密度和能量密度如表 6.13 和图 6.18 所示。

表 6.13　SAFT 公司 VL5U 高功率锂离子蓄电池参数

项　　目		指　　标
额定容量		5 A·h
标称电压		3.65 V
工作电压		2.0～4.1 V
内　阻		0.65 mΩ
比能量		52 W·h·kg^{-1}
重　量		0.35 kg
最大电流	持续	2 000 A(400 C)
	2 s 脉冲	3 000 A(600 C)
	0.2 s 脉冲	4 000 A(800 C)
比功率	持续	15 000 W/kg
	2 s 脉冲	21 400 W/kg
	0.2 s 脉冲	28 500 W/kg
放电工作温度		－60～＋60℃
储存温度		－60～＋65℃

钛酸锂材料的本征导电性较差，但经过纳米化和表面碳包覆等手段处理后，完全可适用于高功率锂离子蓄电池。钛酸锂材料具有优异的循环性能和热稳定性等特点，其嵌锂电位约 1.5 V，优势在于大电流充电时不易在负极表面析出金属锂，因而蓄电池可以承受较高的倍率充电；不足之处在于蓄电池的平均工作电压较低，严重影响蓄电池的比能量，图 6.19 是锰酸锂/钛酸锂体系功率型锂离子蓄电池不同倍率的放电情况。

锰酸锂/钛酸锂体系蓄电池的工作电压为 2.5 V 左右，从提高蓄电池工作电压考虑，采用 5 V 高压镍锰酸锂正极材料代替锰酸锂正极材料是钛酸锂体系锂离子蓄电池技术后续发展的重要方向，当然这还有赖于 5 V 高压电解液的成熟应用。目前钛酸锂体系高功

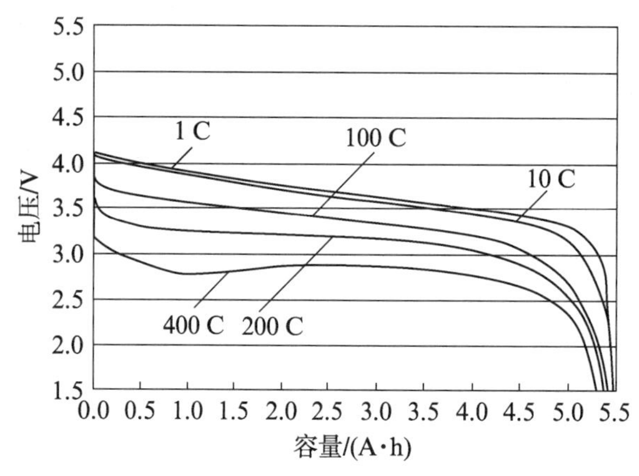

图 6.18　SAFT 公司 VL5U 高功率锂离子蓄电池不同倍率的放电曲线比较

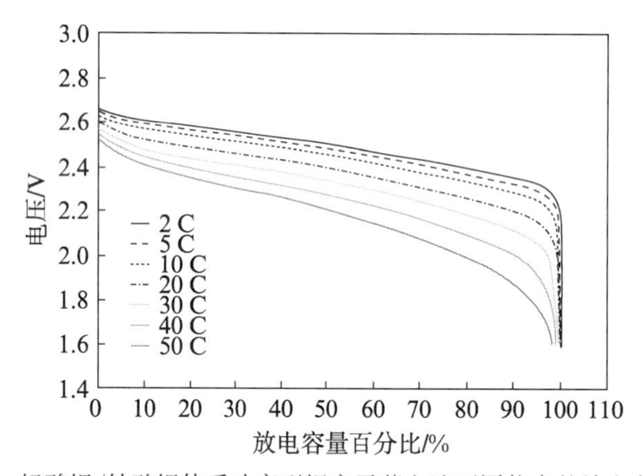

图 6.19　锰酸锂/钛酸锂体系功率型锂离子蓄电池不同倍率的放电曲线比较

率锂离子蓄电池研制水平较高的机构是美国 Enerdel 公司和日本 Toshiba 公司，主要应用背景为新能源电动车和电力储能系统。

6.8　国外空间用锂离子蓄电池公司简介

国际上从 1995 年起开始航天飞行器用锂离子蓄电池的研制，2000 年 11 月英国首先在 STRV－1d 卫星上采用锂离子蓄电池作为储能电源，经过近十年的研究工作，目前，国际上已有数百颗空间飞行器采用锂离子蓄电池。国际上主要的空间用锂离子蓄电池研制公司有美国的 Yardney、Eagle－Picher、日本的 GS 及法国的 SAFT 公司。

6.8.1　美国 Yardney 公司

Yardney 公司的空间用锂离子蓄电池均为矩形电池(图 6.20)，由于矩形电池空间利用率高，可以根据飞行器的功率需求、布局等条件来进行蓄电池单体及蓄电池组的设计，灵活性较大，因此其大部分集中于深空探测器等外形比较特别的空间飞行器上。其矩形锂离子蓄电池的容量有 12 A·h、20 A·h、25 A·h、30 A·h、40 A·h、60 A·h 等。

正极 混合金属氧化物	额定电压 3.6 V
负极 石墨	额定质量 0.908 kg
电解液 EC:DMC:DEC:EMC	循环寿命 >800飞行循环
额定容量 25 Ah @ C/5	体积比能量 250 W·h·d^3
脉冲电流 1250 A　(0.1 s)	重量比能量 105 W·h·kg^{-1}
持续电流 250 A　(20℃)	库伦效率 效率：99^+%
尺寸 95 mm×28 mm×140 mm	衰减效率 0.02%/飞行循环
工作温度范围 −40℃~+60℃	

图 6.20　Yardney 蓄电池单体(25 A·h)参数和外形图

6.8.2　美国 Eagle - Picher 公司

Eagle - Picher 研制的锂离子蓄电池为矩形(图 6.21)，主要为额定容量 52 A·h(代号为：SLC - 16050)和 70 A·h(代号为：SLC - 21060 - 001)两种单体，其中 52 A·h 的单体为 LCO/MCMB 体系，而 70 A·h 的单体为 NCA/MFG 体系。70 A·h 单体由于采用了新的材料体系，在保持外形尺寸不变化的前提下，提高了容量，但由于其继续采用不锈钢的壳体，因此单体比能量指标并不突出。单体参数比较见表 6.14。

表 6.14　Eagle - Picher 公司的单体参数介绍

参　数	SLC - 16050	SLC - 21060 - 001	备　注
初始容量	62.5 A·h	73 A·h	
额定容量	52 A·h	70 A·h	
体　系	LCO/MCMB	NCA/MFG	
重　量	1967	1 974 g	
比能量	122 W·h·kg^{-1}	139 W·h·kg^{-1}	
尺　寸	173 mm×81.5 mm×56.9 mm	73 mm×81.5 mm×56.9 mm	
存储温度	−5～5℃	−5～5℃	
工作温度	10～30℃	10～30℃	

(a) 25 A·h

(b) 70 A·h

图 6.21　Eagle - Picher 公司的单体外形图

6.8.3 日本 GS 公司

1997年,GS公司开始空间用锂离子蓄电池的研发,主要以LCO体系为主,而近些年也开始了NCA体系的研究。1999年,它们确定了化学体系(第二代),对应的单体容量为50 A·h、100 A·h和175 A·h蓄电池单体。目前,其下一代锂离子蓄电池仍然继续保持LCO体系,通过对材料的改性来更大的发挥LCO体系锂离子蓄电池的潜能。其传统蓄电池单体(第二代)和下一代单体的参数比较见表6.15。

表6.15 传统蓄电池单体(第二代)和下一代蓄电池的基本参数对比

参数		下一代蓄电池,标准用			传统蓄电池(第二代)		
		110 A·h	145 A·h	190 A·h	50 A·h	100 A·h	175 A·h
尺寸/mm	高	208	263	263	123	208	263
	宽	130	130	165	130	130	165
	厚	50	50	50	50	50	50
质量*/kg		2.77	3.55	4.62	1.52	2.79	4.65
容量/(A·h)	实际	122	161	205	55	110	183
	额定	110	145	190	50	100	175
比能量/(W·h·kg^{-1})	实际	163	168	164	136	146	146
	额定	147	151	152	123	133	139

6.8.4 法国 SAFT 公司

SAFT公司在20世纪90年代早期就开始投资锂离子蓄电池技术,SAFT的空间用锂离子蓄电池是由其电动汽车的单体改进而来,主要是针对发射力学环境进行了更改。SAFT空间用锂离子蓄电池生产主要在法国的Bordeaux和美国的Cockeysville这两个地点进行,两个工厂分别针对欧洲和美国市场。SAFT锂离子蓄电池单体的电化学体系以NCA为主。

SAFT锂离子蓄电池单体产品主要包括应用最多的VES系列、MPS系列,以及针对高功率应用的VL系列。SAFT产品系列如图6.22所示,其单体的基本性能参数见表6.16。

图6.22 SAFT产品系列图

表 6.16　SAFT 单体的基本性能参数

产品系列	VES100	VES140	VES180	MPS	VL8P	VL48E	VL10E
额定容量/(A·h)	28	39	50	5.8	7.5	48	10
C/1.5 时的平均电压	3.6	3.6	3.6	3.6	3.6	3.6	3.6
充电截止电压/V	4.1	4.1	4.1	4.1	4.1	4.1	4.1
能量/(W·h)	100	140	180	20	100	—	—
比能量/(W·h·kg^{-1})	118	126	165	133	118	170	36
高度/mm	185	250	250	65	104	150	139
直径/mm	54	54	53	18(宽)×65(长)	47	250	129
重量/kg	0.81	1.13	1.11	0.15	0.38	54	33.8
用　途	LEO	GEO,MEO	GEO,MEO	LEO	登陆器	1.13	0.25

综上所述,目前空间用锂离子蓄电池的容量覆盖 10～100 A·h,大容量以50～100 A·h为主,且 GS Yuasa、Yardney、Quallion 等研制的 50 A·h 以上的电池一般选择矩形结构,单体比能量最高在 160 W·h·kg^{-1}以上。

思 考 题

(1) 简述 $LiCoO_2$/C(天然石墨)体系锂离子电池的工作原理(含反应方程式)。

(2) 简述锂离子蓄电池、镉镍蓄电池和高压氢镍蓄电池的性能差异。

(3) 简述锂离子蓄电池的机械、电学、热力学特性。

(4) 某卫星型号用锂离子蓄电池组采用 $LiCoO_2$/C 体系方形 30 A·h 锂离子蓄电池单体 4 并 9 串组成,蓄电池组如何命名?

(5) 简述锂离子蓄电池单体的组成。

(6) 简述锂离子电池嵌入式负极材料应具有的性能。

(7) 简述锂离子电池正极活性材料应具有的性能。

(8) 简述锂离子电池(叠片式)的生产流程。

(9) 简述拉杆式、压条式结构锂离子电池组制备流程。

(10) 某型号电动自行车工作电压 36±3 V,功率 200 W,连续工作时间大于 2 h,使用寿命 2 年,工作温度范围−5～40℃。请做出锂离子蓄电池单体的设计方案。

(11) 简述锂离子蓄电池组在发射场的使用与维护方法及注意事项。

(12) 作为卫星、飞船、空间站等航天飞行器用储能电源,你认为锂离子蓄电池技术应该如何发展?

(13) 国际上主要的宇航用锂离子蓄电池厂家有哪些?

参 考 文 献

李国欣.1989.弹箭上一次电源[M].北京：宇航出版社：87-88.

李国欣.2007.新型化学电源技术概论[M].上海：上海科学出版社：320.

吴浩青,李永舫.1998.电化学动力学[M].北京：高等教育出版社：195-196.

吴宇平,戴晓兵,吴锋,等.2007.聚合物锂离子电池[M].北京：化学工业出版社：2-3.

Nagoura T, Tozawa K. 1990. Lithium ion battery[J]. Progress Batteries Solar Cells, 9: 209-217.

Shaju KM, Bruce P G. 2008. Nano-$LiNi_{0.5}Mn_{1.5}O_4$ spinel: a high power electrode for Li-ion batteries [J]. Dalton Transactions, 40: 5471-5475.

Thackeray M M, Kang S H, Johnson C S, et al. 2017. Li_2MnO_3-stabilized $LiMO_2$ (M=Mn, Ni, Co) electrodes for lithium-ion batteries[J]. Journal of Materials Chemistry, 17: 3112-3125.

Wu H, Cui Y. 2012. Designing nanostructured Si anodes for high energy lithium ion batteries[J]. Nano Today, 7: 414-429.

第 7 章　全固态锂电池

7.1　概述

随着未来化学电源的性能和应用领域的不断发展，需要的储能电池容量也越来越高，对比能量和安全性提出了更为苛刻的要求。锂离子电池是目前主流储能电源，但极限比能量很难超过 350 W·h·kg^{-1}。由于锂离子电池是基于液态电解质的储能体系，随着电池比能量密度的增大，电解质挥发、泄露、分解、失活等现象严重，容易发生安全问题，近年来波音将锂离子电池应用于航空领域，三星发布的 NOTE7、特斯拉出售的 Model S 等对锂离子电池比能量进行了提升，导致锂离子电池的安全问题展现为一系列影响深远的起火爆炸事件，安全性成为锂离子电池的一个致命弱点。很明显，锂离子电池的性能已经无法满足发展中的空间电源的需求，迫切需要开发一种更高比能、高安全、更长寿命的新型储能电池。

在替代锂离子电池的下一代锂电池技术和产品中，全固态锂电池备受关注。全固态锂电池是集流体、正负极、电解质全部采用固态材料的锂二次电池。同现有锂离子电池相比，全固态锂电池结构简单致密，比能量有望大于 400 W·h·kg^{-1}；固态电解质不可燃，无相变挥发，因此全固态锂电池完全不必担心泄露问题，保证了高安全性；同时由于固态电解质的离子电导率随温度呈线性变化，所以即使在−80℃也可保持一定的离子电导率，高温时电导率更佳，使用温度范围宽于−80～150℃；固态电解质具有更高的机械和热稳定性能，不会发生相变，保证了循环寿命的同时，使其更容易集成形成一体化器件。因此，将电解液替换成固态电解质、开发全固态锂电池，是从根本上解决蓄电池安全问题、提高使用性能的有效途径。

基于无机固态电解质材料的全固态锂电池根据形态不同，可以分为两大类：薄膜型[图 7.1(a)]和块体型[图 7.1(b)]。薄膜型全固态锂电池是由正极活性物质、电解质、负极活性物质致密叠加而成，通常采用磁控溅射、化学气相沉积等以原子或分子尺度沉积成膜

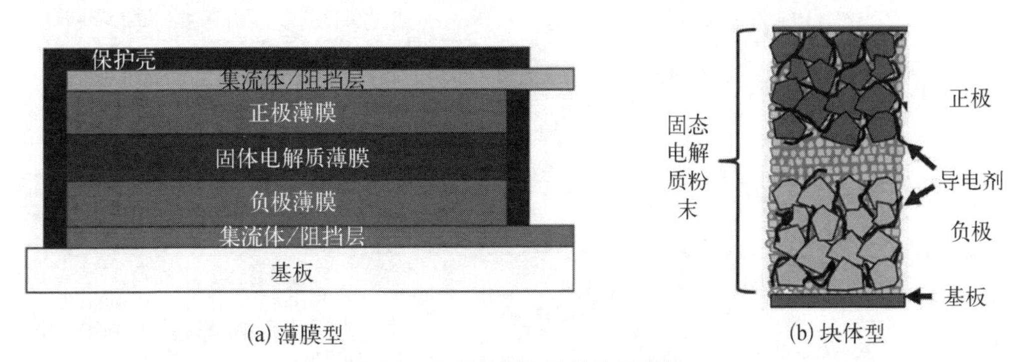

图 7.1　全固态锂电池结构示意图

方法制备而成;块体型使用微米、纳米粉体颗粒的正极、负极、固态电解质材料,通常利用粉体工艺,通过冷压或热压等压制成型工艺、或涂膜叠加工艺得到。

全固态锂电池中的固态电解质层在传导锂离子的同时起到了阻止电子传输的隔膜作用,使得电池结构得到了简化。全固态锂电池的工作机理和基于液态电解液的锂离子电池类似:充电时,锂离子从正极材料晶格中脱出,经固态电解质传输至负极,电子则由外电路传至负极;放电时,锂离子从负极材料中脱出,经固态电解质传输至正极,电子经过外电路,从而驱动器件工作。从电化学反应过程的角度来说,固态电解质的离子传导特性是固态电池的基础。因此,寻找离子电导率高、操作性能和电化学稳定性好的固态电解质材料是实现全固态锂电池的商业化的关键。

7.2 固态电解质

固体电解质又称为快离子导体(fast ion conductors)或超离子导体(super ion conductors),是全固态锂电池的核心组成部分之一,是实现全固态锂电池高安全性、高能量密度和长循环寿命的关键材料。离子导电性是固态电解质的一个重要性能。在电化学储能系统实际应用当中,固态电解质在一定的温度范围内需要具有高的离子电导率($10^{-4}\sim10^{-1}$ S·cm^{-1})、低的电导活化能(<0.5 eV)和高的离子迁移数($t_{Li^+}\approx1$)。因此,固体电解质既是快离子导体又是电子绝缘体。此外,固态电解质材料还应该满足如宽的电化学窗口、好的化学兼容性、优异的热稳定性和机械性能、简单的制备过程、低成本和环境友好等条件。现有固态电解质主要分为无机固态电解质、薄膜固态电解质和聚合物固态电解质;无机固态电解质体系较多,包括氧化物、硫化物、硼酸盐/磷酸盐、卤化物、氢化物等;薄膜固态电解质主要是磁控溅射制备的LiPON;聚合物固态电解质主要以PEO(聚氧化乙烯)、PAN(聚丙烯腈)为主。无机固态电解质材料体系、离子电导率以及使用时的优劣势分析见表7.1。

表7.1 现有固态电解质特性总结

类型	材料	室温离子电导/(S·cm^{-1})	优势	劣势
氧化物	钙钛矿,$Li_{3.3}La_{0.56}TiO_3$; NASICON,$LiTi_2(PO_4)_3$; 石榴石,$Li_7La_3Zr2O_{12}$	$10^{-5}\sim10^{-3}$	高温定性; 机械性能好; 电化学窗口宽	柔性差; 界面阻力大; 生产成本较高
硫化物	$Li_2S-P_2S_5$;$Li_2S-P_2S_5-MS_x$	10^{-3}	离子电导率高; 较好的机械强度和柔性; 低界面电阻	稳定性一般; 对水分敏感; 与电极相容性差
薄膜	LiPON	10^{-6}	对金属锂电极稳定; 对含锂正极稳定; 可批量制备	批量制备成本高
聚合物	PEO;PAN	10^{-5}	对金属锂稳定; 批量制备工艺较为成熟; 剪切模量低	氧化电位低; 热稳定性有限

续表

类　型	材　　料	室温离子电导/($S\cdot cm^{-1}$)	优　　势	劣　　势
硼酸盐或磷酸盐	$Li_2B_4O_7$；$Li_2O-B_2O_3-P_2O_5$	10^{-7}～10^{-6}	批量制备简单；耐久性好	离子电导率较低
卤化物	LiI；尖晶石型 Li_2ZnI_4；反钙钛矿型 Li_3OCl	10^{-8}～10^{-5}	对金属锂稳定；有较好的机械强度和柔性	对水分敏感；氧化电位低；离子电导率低
氢化物	$LiBH_4$；$LiBH_4-LiX$(X=Cl、Br、I)；$LiNH_2$；Li_3AlH_6	10^{-7}～10^{-4}	低界面电阻；对金属锂稳定；有较好的机械强度和柔性	对水分敏感；与电极相容性差

无机固态电解质根据阴离子的不同可分为氧化物固态电解质和硫化物固态电解质，具有室温电导率高、机械强度高、高温性能好等优势，但有对锂和正极接触性差，与电极界面的稳定性差，不易成膜的缺点。其中，硫化物固态电解质的杨司模量相对较小，容易成膜，常被制作为块体电池，所以硫化物固态电解质的详细内容在第7.4节块体固态锂电池中介绍。

聚合物固态电解质具有质地柔软、黏弹性好、易成膜制备等优点。但是由于聚合物电解质存在工作温度范围窄、室温电导率低、电化学窗口较窄、机械强度差等问题。

近年来，将无机固态电解质、聚合物(如：PVDF，聚偏氟乙烯)或聚合物固态电解质、锂盐和填充材料复合而成的复合固态电解质，展现出优良的综合性能，成为最具产业潜力的固态电解质。

7.2.1　氧化物固态电解质

氧化物固态电解质化学稳定性高，可以在大气环境下稳定存在，可满足全固态锂电池规模化生产的需要。氧化物固态电解质主要包括钙钛矿型、NASICON型和石榴石型等。

1. 钙钛矿型

典型的钙钛矿型固态电解质为 $Li_{3+x}La_{2/3-x}TiO_3$(LLTO)。图7.2是LLTO的晶体结构示意图，LLTO可看成由高温立方相(空间群为 $Pm\bar{3}m$)和低温四方相(空间群为P4/mmm)构成的一种固溶体。该材料具有优异的锂离子导电性，室温下可达 $10^{-3}S\cdot cm^{-1}$，且制备工艺简单，成分可变范围大。但是由于较高的晶界阻抗，LLTO电解质在实际电池中，电导率降低为～$2\times10^{-5}S\cdot cm^{-1}$。此外，LLTO与金属锂负极间相容性较差，$Ti^{4+}$ 容易被金属锂还原成

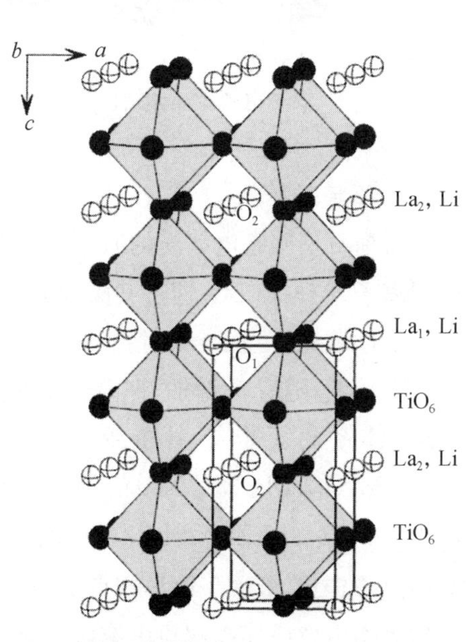

图7.2　钙钛矿型 $Li_{3x}La_{2/3-x}TiO_3$ 固态电解质晶体结构

Ti^{3+},从而限制了LLTO在锂金属电池中的直接应用。

2. NASICON型

NASICON,即钠超离子导体(sodium super ionic conductors),顾名思义,具有高的离子电导率。1976年,Googenough等首次报道了NASICON结构的固态电解质$Na_{1+x}Zr_2Si_xP_{3-x}O_{12}$。这类材料具有$AM_2(PO_4)_3$的通式,其中A表示Li、Na或K等碱金属元素,M为Ge、Zr和Ti等。近年来,发现了一系列NASCON结构的锂快离子导体。其中,$LiTi_2(PO_4)_3$电解质体系具有较高的离子电导率,且通过Al、Cr、Ga取代部分Ti改性,得到$Li_{1+x}M_xTi_{2-x}(PO_4)_3$,又可进一步提高材料的电导率。其中,利用小半径的$Al^{3+}$部分取代大半径$Ti^{4+}$,可减小材料晶胞结构尺寸,进而增强材料锂离子传导性能。如$Li_{1+x}Al_xTi_{2-x}(PO_4)_3$(LATP)电导率可达$1.3\times10^{-3}$ S·cm^{-1}。LATP晶体结构属$R3c$空间群,由TiO_6八面体和PO_4四面体共同构成,如图7.3所示。每个TiO_6八面体与六个PO_4四面体相连,每个PO_4四面体与四个TiO_6八面体相连,而多面体通过顶角氧原子相连,形成三维骨架结构。在使用锂金属电极时,LATP也同样面临着Ti^{4+}被还原的问题。在实际应用过程中,一般在LATP或LLTO与金属锂之间添加缓冲层,避免电解质与金属锂的直接接触。此外,利用与金属锂间高稳定性的Ge替换Ti,得到的$Li_{1+x}Al_xGe_{2-x}(PO_4)_3$(LAGP)电解质,具有高的化学稳定性、离子电导率和电化学窗口,作为NASICON型电解质受到广泛关注。

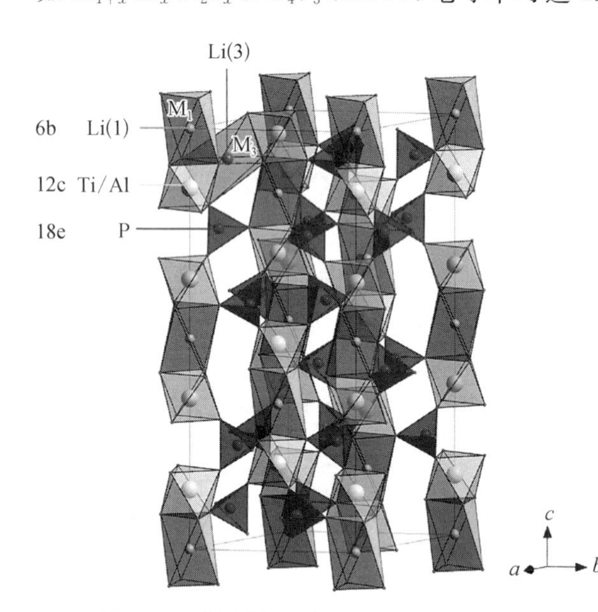

图7.3 NASICON型$Li_{1+x}Al_xTi_{2-x}(PO_4)_3$固态电解质晶体结构

3. 石榴石型

石榴石型固态电解质的通式可写作$Li_{3+x}A_3B_2O_{12}$,其中A和B分别为八配位和六配位阳离子,AO_8和BO_6通过共面的方式构成三维骨架,骨架间隙则由氧八面体空位和氧四面体空位填充。当$x=0$时,锂离子被束缚在四面体空位,难以自由移动,相应电解质材料电导率较低;随着x增加,锂离子逐渐占据束缚能力较弱的八面体空位,四面体空位出现空缺,体系离子电导率逐渐上升。Weppner等在2003年首次发现了化学组分为$Li_5La_3M_2O_{12}$(M=Ta,Nb)的纯Li^+导体。当前,研究较多的石榴石型固态电解质是$Li_7La_3Zr_2O_{12}$(LLZO)。LLZO一般具有立方相和四方相两种晶体结构,而立方相LLZO为高温稳定相,其离子电导率可达10^{-4}S·cm^{-1},高出四方相结构两个数量级。目前石榴石型固态电解质还需解决电解质和金属锂之间的界面阻抗偏大以及和高压正极材料的兼容稳定性问题。

7.2.2　聚合物固态电解质

聚合物固态电解质通常是由高分子聚合物和金属盐络合而成，具有比无机固态电解质更好的力学柔性和安全性，且高分子聚合物易成膜。因此，聚合物固态电解质被认为是全固态锂电池中最具潜力的电解质之一。

聚合物固态电解质的研究始于聚氧乙烯(PEO)基电解质。1979年，Armand等基于聚氧乙烯(PEO)电解质，提出将聚合物和锂盐复合作为锂离子的固态电解质，成功制备了固态聚合物锂离子电池。

目前常用来定量分析固态电解质离子电导率的公式是Vogel－Tammann－Fulcher(VTF)公式：

$$\sigma = AT^{-\frac{1}{2}}\exp\left(-\frac{B}{T-T_0}\right)$$

式中，σ是离子电导率，B是活化能，T_0是参照温度，A为外推温度T得到的经验参数。

不难发现，聚合物固态电解质的离子电导率受温度和活化能影响，随着温度的升高离子电导率提高，一般需要在玻璃转变温度以上，处于无定形状态下使用。在较窄的温度范围内，活化能和材料的成分以及结构具有一定的联系，如具有离子通道的材料比无通道材料活化能更低，离子电导率更高。

聚合物固态电解质不仅是传输层，还是正负极的隔离层，它还需要能够抵挡锂枝晶的生长才有可能制备出可以充放电的固态锂电池。固态电解质的剪切模量(G)达到足够大时就能够完全抑制锂枝晶的生长。通过实验，当$G>1.8G_{Li}(T)$(锂金属的剪切模量，T表示室温)时，Li的不均匀沉积完全被抑制，理论上能够解决锂枝晶带来的安全问题。例如，层状固态电解质(PEO/ANF)，在用比锂金属强度更高的铜作为电极时，固态电解质能够显著抑制锂枝晶，不仅证明聚合物固态电解质的实用性，还证明了机械强度较高的固态电解质代替液态电解质是抑制锂枝晶的有效方法。

PEO基电解质中，锂离子不断与PEO分子链上的醚氧基发生络合-解络合反应，从而通过PEO的链段运动实现锂离子的迁移，如图7.4所示。因此，PEO基电解质的离子电导率取决于自由锂离子的数量和PEO链段的运动能力。然而，室温下PEO易结晶，PEO链段运动程度低；另一方面，锂盐在无定形PEO中的溶解度低，即自由锂离子数少，

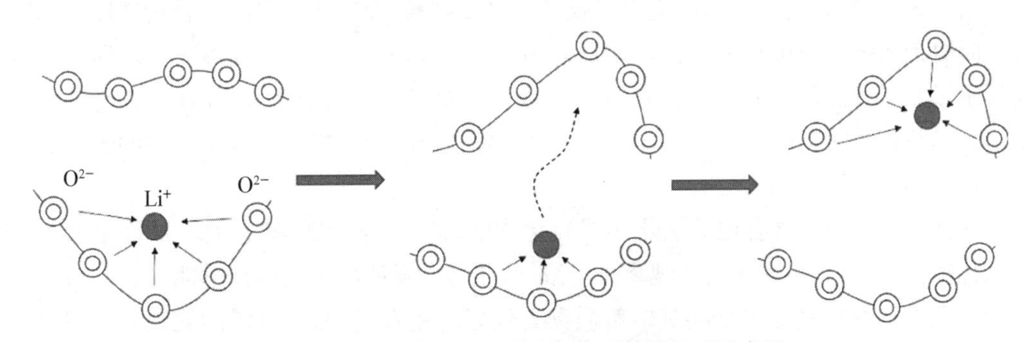

图7.4　聚氧乙烯基电解质中锂离子传导机理示意图

导致PEO基电解质室温离子电导率仅约～10^{-7} S·cm^{-1}。一般可采取与其他聚合物共混、共聚、交联、无机粒子修饰等方法对PEO进行改性，以降低PEO的结晶度，加速其链段运动，从而提高PEO基电解质离子电导率。

除PEO基电解质之外，还有一些聚合物被用于制备聚合物固态电解质，包括：

(1) PVDF，聚偏二氟乙烯，较高的介电常数使锂盐充分电离，具有较高的离子电导率，与电极黏结性也较好，但氟化聚合物与锂金属的界面稳定较差，会生成LiF；

(2) PAN，聚丙烯腈，离子低温传导率较好，与电极的兼容性和黏结性较差，易与金属锂反应，对锂稳定性差；

(3) PMMA，聚甲基丙烯酸甲酯，离子低温传导率较好，与电极界面阻抗低，但其热稳定性较差，机械强度较低，难以独立形成支撑膜；

(4) 共聚物单离子导体，代表是PVFM(聚乙烯醇缩甲醛)，可以构筑耐高压、高离子电导率的电解质，但制膜时聚合物中残余应力容易使膜褶皱，力学性能差；

(5) 聚碳酸酯，具有强极性—O—C(O)—O—基团，可降低锂盐中阴阳离子间相互作用，促进锂盐的溶解，从而提高电解质离子电导率。常见的聚碳酸酯基电解质主要包括聚碳酸乙烯酯(PEC)、聚碳酸亚乙烯酯(PVC)、聚碳酸丙烯酯(PPC)和聚三亚甲基碳酸酯(PTMC)等；

(6) 聚硅氧烷，其中的Si—O—Si键旋转势能较小(0.8 kJ/mol)，分子链段运动能力较强；同时聚硅氧烷基电解质电化学窗口和热稳定性高，且环境友好。但是其本身解离锂盐能力较差，无法与锂离子形成配位，故而传导锂离子能力较差。聚硅氧烷基电解质的优势在于硅氧烷分子链优良的柔性和结构的可设计性，可通过分子内改性提高聚硅氧烷基电解质的离子电导率。

相对于可燃的有机溶剂，聚合物电解质的安全性大大提高，但是聚合物仍然属于可以燃烧的物质，而且化学性质不是很稳定，会与周围的化学物质、热、光发生相互作用而逐渐分解。从安全性和使用寿命看，聚合物电解质不是最理想的选择。

7.2.3 复合固态电解质

复合固态电解质一般在聚合物基电解质中引入其他填料，以提高复合电解质的离子电导率、力学性能以及与电极间的兼容性。根据填料的不同，可分为无机惰性填料复合固态电解质，无机活性填料复合固态电解质和多孔有机填料复合固态电解质。

惰性无机纳米颗粒的引入，可以有效抑制聚合物的结晶，从而提高聚合物链段运动能力。同时纳米颗粒还可作为聚合物和锂盐阴离子的交联位点，形成锂离子传输通道。研究显示，纳米颗粒填料的质量分数控制在5%～15%为宜，可显著提高电解质离子电导率。当填料过量时，锂离子传输路径受阻，电解质离子电导率反而降低。常用的无机纳米填料包括Al_2O_3和SiO_2等。

活性填料指的是含有锂的氧化物或硫化物电解质。与惰性填料相比，活性填料不仅可以直接提供锂离子，增加自由锂离子的浓度，还可增强锂离子表面传输能力。

多孔有机填料则与聚合物基电解质具有较好的相容性，而大分子的孔道则为锂离子传输提供天然的通道。例如纳米金属-有机框架材料具有天然的多孔结构，制备的复合固态电解质在电池中具有良好的电化学性。这为固态电解质的设计制备提供了全新的思路。

7.2.4　固态电解质制备方法

1. 固态电解质粉体制备

固态电解质粉体制备方法主要有固相法和液相法。

1）固相法

固相法包括高温固相合成法、微波诱导合成法、场辅助烧结法、放电等离子烧结、高能球磨法、熔融法。

（1）高温固相合成法。在所有的固体电解质合成方法中，高温固相法是最为传统的一种合成方法，该合成工艺操作简单，且易合成出具有良好耐高温性能的陶瓷固体电解质材料，这种电解质的合成方法是目前商业生产中制备陶瓷固体电解质材料运用最为成熟的一种材料合成技术。首先通过研磨或球磨混合原料，再进行焙烧、粉碎得到粉体，最后将粉体压片并在高温下烧结得到相应产物。为得到高导电率的固态电解质，通常也会进行元素掺杂。但是，该制备工艺需要较高的温度，制备过程中能耗较大，且制得的材料易出现杂质相，材料致密度不高，从而导致材料的离子电导率的损失。为避免导电原材料在制备过程中的挥发，一般高温煅烧过程在密闭的容器中进行，以降低烧结过程中的原材料的损失。

传统固相反应法为了使固体粉末充分接触、反应完全，往往需要长时间的研磨以及较高的烧结温度。烧结温度越高不但能耗高，且易造成锂流失以及坩埚对样品的污染，因此开发了一系列辅助固相合成的方法。

（2）微波诱导合成法。在微波炉内进行，它利用微波辐射时电导损耗的加热原理诱导使快离子导体材料得以合成。微波诱导合成法制造材料时间短，一般只需 20～120 min 即可合成材料，而传统的高温固相法在合成导电材料时，则往往在较高热处理条件下烧结 1～2 天，且合成过程中能耗较高（一般是在 800～1 200℃）。两种方法相比较，发现微波诱导法合成材料的速率比高温固相法高出近百倍。而且微波诱导法的反应过程容易操控，容易制得高纯度，颗粒尺寸均一，高电化学活性的纳米材料。

（3）场辅助烧结法。传统的固相反应法中存在反复长时间的高温热处理以及不断的研磨过程，以保证氧化物前驱体能完全的反应。长时间的烧结处理会使得制备过程成本高昂、效率低下。此外，长时间的高温烧结会导致锂的流失和 Al 杂质的引入，尤其是使用氧化铝坩埚时。场辅助烧结技术包括一个单轴向压缩过程和直接通过直流电的基床来烧结材料，如果材料不导电则使用石墨床为导电基床。基床产生的热可提高加热速度、降低保压时间，使烧结时间大大减少，从而避免 Li 的流失，同时也避免加压过程样本被压实。

（4）放电等离子烧结法（Spark Plasma Sintering，简称 SPS）。近年来发展起来的一种新型的快速烧结技术。利用微电极放电作用于压力下的粒子间，允许快速的升温烧结，获得致密度较高的材料，几乎接近于理论密度。近年来，SPS 烧结技术已经应用于制备致密度较高的 $LiTi_2(PO_4)_3$ 陶瓷电解质，不需要任何的添加剂，就可使离子电导率提高两个数量级。

(5) 高能球磨法。是常规的固态电解质尺度控制手段,也是硫化物固态电解质制备的重要方法。通过球磨机转轴的高速转动,磨球获得巨大动能,原料在磨球的撞击下挤压变形,黏在内壁上,黏结成块的粉体又会发生断裂,原料被反复的挤压、成块、断裂。高能球磨对晶体原料的球磨过程中首先是将晶体细化至纳米晶,其次是将细化的晶体最终球磨至均匀的亚稳相玻璃态材料,在挤压变形的过程中粒子之间会发生扩散,而晶粒尺寸的细化缩短了粒子之间的扩散距离,使得化学反应加速反应,随着扩散的进行,原料晶体的性质逐渐消失,最终形成均匀的亚稳相结构的硫化物固态电解质。

(6) 熔融法。将起始原料按一定的化学计量比混合均匀得到初料,初料经过高温处理使材料熔融,熔融材料骤冷后得到玻璃态硫化物固态电解质,通过结晶玻璃态硫化物固态电解质可以进一步得到玻璃陶瓷态硫化物固态电解质。

2) 液相法

液相法包括溶胶-凝胶法、溶液沉淀法、喷雾热解法。

(1) 溶胶-凝胶法。溶胶-凝胶法是常用的纳米材料低温合成方法,可大大降低固相合成法需要的烧结温度。其基本过程是:先制备前驱体溶胶,然后长时间搅拌、蒸干得到凝干胶,干胶研磨粉碎后压片,最后进行烧结得到固体电解质隔膜。

溶胶-凝胶法一般是将各种盐类混成溶液,升温形成溶胶后再进行凝胶,经一系列热处理后得到目标产品。在制备过程中 pH 值、反应温度、反应浓度及溶剂种类等因素对产物的形貌、电化学性能的作用很大。该方法合成温度低,能耗少,产物纯度高,基本无杂相,并且颗粒粒径小,致密度高,可有效减小或避免晶界阻抗,适合制备纳米活性材料,然而制备产品时原材料会涉及有机盐或者有机溶剂,不仅价格高,且对环境有害。

(2) 溶液沉淀法。在操作过程中对沉淀条件和烧结温度有着极高的要求,因为这关系到材料的晶型结构和物化性能。按照一定的化学计量比将原料与水溶液充分混合、搅拌,待反应完全,对反应过程中所产生的沉淀反复进行洗涤、干燥,经高温热处理后,即可得到目标产物。

液相反应也常用来在较低温度下(700℃)制备纳米 LLZO 粉末,然而得到的立方相 LLZO 片通常都表现出较低的总离子导率,这可能是因为通过溶液相制备的低温烧结 LLZO 薄片含有杂质和多孔结构。

(3) 喷雾热解法。传统的固相反应法中为得到微晶粉末,金属氧化物混合后需要不断研磨或者球磨以及热处理。液相反应技术通常需要采用有机溶剂,在产物中大量残留,因此不可避免需要进行退火,甚至球磨等后处理。而喷雾热解法中,采用水溶性硝酸盐代替有机溶剂化合物,先将前驱体试剂制备成喷雾(类气溶胶),然后进行热解,热解与退火过程同时进行,生成无有机物残留的纳米晶体粉末,从而避免了长时间的退火与球磨过程。此外,在相应的基体上也可以使用该法直接制备厚度可控的致密隔膜。

2. 固态电解质膜制备

1) 物理沉积法

物理沉积法主要用于薄膜型全固态锂电池的固态电解质膜制备。包括蒸发(evaporation)和溅射(sputtering),其中蒸发根据工作模式的不同可分为分子辅助沉积(ion plating, IP)、激光消融(laser ablation)、分子束外延(molecular beam epitaxy, MBE)、电子束蒸发

(ElectronBeam Desposition,EB)和热蒸发(Thermal)。

此外还有流延法、冷压和热压法制备无机固态电解质片。

2) 化学法

主要用于聚合物和复合型固态电解质膜制备,包括溶液浇注法、热压成膜法。

(1) 溶液浇注法。制备高性能全固态复合聚合物电解质材料的一种重要方法,目前被普遍采用,它是将聚合物基体、锂盐等原料与添加剂按照一定计量比例溶于甲醇、乙腈等有机溶剂,经过磁力搅拌和超声分散使锂盐、添加剂与聚合物均匀溶解在溶剂中,把得到的均匀透明液体浇注在模具上,并置于干燥常压吹扫装置中将溶剂挥发(或在常温下自然挥发),最后在真空干燥箱中真空干燥,除去残留的少量溶剂,即制得电解质薄膜。这种制备方法工艺简单,制得的电解质薄膜性能良好,能够方便地控制薄膜的厚度,适合大规模工业化生产。

(2) 热压成膜法。一种无溶剂制备工艺,将有机聚合物、锂盐与无机纳米粒子的共混,混合均匀后在较高的温度下将电解质软化后再碾压成一定厚度的膜。这种方法制得的电解质,薄膜厚度不易控制,无机纳米颗粒易于团聚,不利于离子传输,通常室温离子电导率偏低,电解质内部有机相与无机相无化学键结合,但可以通过范德瓦耳斯力或离子键作用力而互相连接,在共混前要对纳米粒子进行表面改性处理。该方法的优点是不需使用有机溶剂,避免了残留溶剂对电解质性质的不良影响,也降低了电解质的生产成本。

3. 固态电解质制备方法展望

无机固体电解质具有离子传导能力强、与金属锂负极接触化学稳定、电化学稳定等诸多优点,其粉体制备可采用传统固相反应、溶胶凝胶和喷雾热解法。隔膜制备有传统固相烧结、场辅助烧结和有机金属化学气相沉积法等。溶胶凝胶、喷雾热解等液相法制备样品粉体尺寸小、均一性好,样品烧结温度低,但常规烧结样品密度偏低,成品后离子导电率明显要低于固相方法制备的样品;以场辅助为代表的热等静压烧结方法,制备的样品其致密度、离子导电率明显高于传统的压片烧结,是陶瓷电解质制备的首选,但对设备要求高,规模放大较为困难。当前研究表明,离子传导阻抗主要来自隔膜内部固体电解质颗粒之间的晶界阻抗和隔膜与电池电极层之间的界面接触阻抗两部分。前者主要通过制备过程中的掺杂和热处理等手段进行处理,后者则与固体电解质表面处理、成膜方法等电池组装技术密切相关。(这段内容需要再整理)无机固态电解质的发展需要强化对电解质加工工艺的重视,尤其要对其在机械性能方面的优势进行充分的应用,使复合电解质膜的制备可以更好地适应氧化物复合电解质的应用需要。氧化物电解质的应用还需要加强对煅烧工艺的重视,要加强对热压技术应用情况的重视,尤其要对复合电解质膜的三维空间特性进行优化处理,保证复合电解质膜的制备可以在其骨架得到正确构建的情况下进行优化设计。

在复合电解质膜在制备的过程中,需要保证其电导率在 $1.8\times10^{-4}\,S\cdot cm^{-1}$ 以上,电化学稳定性在 4.5 V 以上。同时,要加强对电池极化特征的关注,尤其要对复合电解质三维离子的传输过程予以明确,以便无机快离子导体可以在有机无机复合电解质的复合路线有所调整的情况下实现优化适应,并使离子传输网络的构建更好地满足固态电解质的应用要求。

7.3 薄膜型全固态锂电池

薄膜型全固态电池(all-solid-states thin film lithium battery,以下简称 TFB),是全固态电池的一种,其结构如图7.5所示,由正极集流体、正极薄膜、无机固态电解质薄膜、负极薄膜、负极集流体、密封层致密叠加而成,不含液态或高分子电解质。大多数无机固态电解质薄膜(3)的厚度在2～3 μm或更小;正极薄膜(2)厚度根据电池的设计容量而发生改变,但是受正极薄膜中的离子传输速度的制约,现有 TFB基本不超过50 μm。负极大多以金属锂或合金为主,厚度也在微米级。所以,如果不考虑封装厚度,即使加上集流体以及界面修饰层,TFB的厚度不会超过百微米。

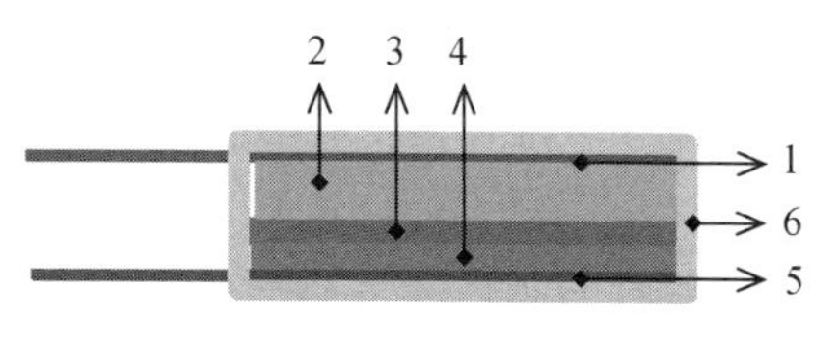

图7.5 全固态薄膜电池结构示意图

1-正极集流体;2-正极薄膜;3-无机固态电解质薄膜;4-负极薄膜;5-负极集流体;6-密封层。

TFB电池和锂离子电池的特点比较在表7.2中。同锂离子电池相比,除了在使用嵌/脱离子的过渡金属化合物为正极材料相同外,其他都有所区别。TFB的正极、负极、电解质形态都是致密薄膜,同锂离子电池的多孔形态不同;在电池反应上,相对于锂离子电池使用液态电解质,TFB使用固态电解质,离子传输介质和阻抗来源不同;就制备方法而言,有别于锂离子电池分散、搅浆、涂覆等化学手法为主的制备过程,全固态电池主要使用物理方法制备,如磁控溅射、原子层沉积、物理蒸镀等。这些制膜技术通过把材料蒸发为原子或分子簇团叠加成膜,有效地解决了固/固界面上的微观缺陷,实现固/固界面的致密接合。不使用液态电解液的TFB具有高安全性、理论上具有比能量高、功率和高低温性能好等特点。但是,微米厚度的正极、负极限制了电池可存储的能量只能达到毫瓦大小,在用途上受到了很大的限制。

表7.2 全固态薄膜电池特点

电池种类	电极、电解质形态			电池反应	制备方法	电池性能
	正 极	负 极	电解质			
全固态薄膜电池	致密薄膜,锂离子嵌/脱类过渡金属化合物	锂金属、合金、氧化物等薄膜	无机固态离子导体致密薄膜	固相离子传输、电极/电解质固/固界面离子传输	磁控溅射、原子层沉积、热蒸发等物理手法	适用于微电池。有高安全性、高体积比能量密度等特点
锂离子电池	多孔薄膜,锂离子嵌/脱类过渡金属化合物	多孔薄膜,碳负极、合金、氧化物等	液态电解液	液相离子传输、电极/电解质固/液界面问题	混合、分散、涂覆等化学手法	高质量比能量、适用于大型电池;安全性差

TFB的研发可以追溯到1983年,在约10年后随着LiPON全固态电解质薄膜的成功研发,基础和应用研究变得更加活跃,制备工艺也日趋成熟。TFB在材料、性能、制备方法以及离子传输过程等科学技术关键问题上特点鲜明,使得这类电池充满了神秘和魅力。

7.3.1　固态电解质薄膜

固态电解质薄膜是 TFB 高安全性、优异电化学性能等优势的来源，也是其技术发展的瓶颈，需要同时满足离子电导率高、电子电导率低、电化学窗口宽、低电极腐蚀性等特点。固态电解质薄膜性能受制备方法的影响很大，而稳定的离子传导结构需要多种元素支撑构建而成，由于不同元素沉积速率不同，特别是轻元素锂的存在，固态电解质薄膜的组成和结构控制成为关键问题之一。因此，简单组成的电解质材料相对容易制备而复杂多组分的合成难度较大，如表 7.3 所示，固态电解质薄膜随制备难度的不同可以分为三个发展阶段。早期的固态电解质受限于制备手段，大多是二元化合物及其复合物，发展了如 Li_3N、Li_2S、$Li_2S-SiS_2-P_2S_5$、Li_2S-GeS_2 等固态电解质体系，虽然有高于 10^{-5} S·cm^{-1} 的离子电导率，但它们在潮湿空气中极易反应而很难使用。随之发展了较为稳定的含氧无机盐，如非晶态硼酸盐（$Li_2O-B_2O_3-SiO_2$）、硅酸盐（$Li_2O-V_2O_5-SiO_2$）等体系，形成了第一代固态电解质薄膜。虽然这些体系无论是靶材还是薄膜都相对容易合成，但这些体系的靶材碱性大，易吸水，不易操作，离子电导率较低，制约了 TFB 的发展。随着反应沉积技术的发展，综合性能优良的第二代固态电解质薄膜 LiPON 被开发出来，TFB 得到了长足的进步，多种电池体系和电池结构被开发。近年来，激光脉冲沉积（PLD）等对薄膜组分控制能力较强的薄膜制备技术愈加成熟，而人们对固态电解质薄膜性能也有了更多的期待，一方面，通过 N 掺杂的反应溅射等，开发出了一些离子电导率接近 LiPON 的非晶态氧化物、硫化物薄膜；另一方面，多种结晶性高、块体性能优良的多组分固态电解质体系的制膜方法得以研发，从表 7.4 可以看出，这些薄膜体系从特性上可以分为两种：① 高体相离子电导率的钙钛矿结构 $Li_{0.33}La_{0.56}TiO_3$（$Li_{3x}La_{2/3-x}TiO_3$，$x=0.11$）和反钙钛矿结构 Li_3OX（X＝Cl，Br）；② 对环境稳定性较高的石榴石结构 $Li_7La_3Zr_2O_{12}$（LLZO）和 NASICON 结构的 $Li_{1+x}Al_xTi_{2-x}(PO_4)_3$（LATP）等，这些第三代固态电解质薄膜体系的研究引发了新一轮 TFB 研究的热潮。

表 7.3　典型固态电解质薄膜发展历程及特点对照表

类　别	出现年代	固态电解质薄膜典型物质	主要优缺点
第一代固态电解质薄膜	1981～1990 年	Li_3N、硫化物、无定型硼酸盐（$Li_2O-B_2O_3-SiO_2$）、硅酸盐（$Li_2O-V_2O_5-SiO_2$）	靶材容易制备、环境稳定性差、电化学窗口窄
第二代固态电解质薄膜	1991～2010 年	LiPON	综合性能优良、离子电导率低
第三代固态电解质薄膜	2011～2020 年	钙钛矿结构[$Li_{3x}La_{2/3-x}TiO_3$（LLTO）]	离子电导率高、脆性大
		反钙钛矿结构（Li_3OCl）	块体高离子电导率、对锂稳定、潮湿环境下稳定性差、难以纯相合成
		NASICON 结构[$Li_{1+x}M_xTi_{2-x}(PO_4)_3$（LATP）]	环境稳定性高、脆性大、对金属锂不稳定
		石榴石结构 $Li_7La_3Zr_2O_{12}$（LLZO）	对金属锂稳定、退火温度高

7.3.2 正极薄膜

随着制备方法的革新以及全固态锂电池正极材料体系的革新,正极薄膜已经发展了三代,表7.4列举了三代典型正极薄膜的组成、制备方法与特点。在早期固态薄膜锂电池中使用的正极薄膜以不含锂的二元化合物如 TiS_2、FeS_2、V_2O_5 等为主,制备条件相对简单但循环性能较差,归类为第一代正极薄膜;随着插层化合物材料如 $LiCoO_2$、NCA 以及尖晶石 $LiMn_2O_4$、橄榄石 $LiFePO_4$、在电压、循环性能等性能方面的优势突显,在锂电池中的应用迅速普及,是当前主流正极薄膜。新一代电极材料如高比容量的富锂锰基[$Li(Li_{0.2}Mn_{0.54}Ni_{0.13}Co_{0.13})O_2$]、高电压正极材料(如 $LiNi_{0.5}Mn_{1.5}O_4$、$LiCoMnO_4$),正在成为正极薄膜的研究对象。除了传统的射频磁控溅射法(RFMSD)外,脉冲激光沉积(PLD)、化学气相沉积(CVD)、原子层沉积(ALD)等技术也被广泛使用于制备薄膜正极。

表7.4 TFB典型正极薄膜分类

类　别	典型正极薄膜组成	主要制备方法	特　点
第一代正极薄膜	二元化合物、如 TiS_2、FeS_2、V_2O_5	RFMSD、CVD	容易制备、电化学性能良好
第二代正极薄膜	插层化合物,如 $LiCoO_2$ 尖晶石型,如 $LiMn_2O_4$ 橄榄石型,如 $LiFePO_4$、$LiMnPO_4$	RFMSD、PLD、湿化学途径	循环性能好、制备相对容易
下一代正极薄膜	高电压,如 $LiNi_{0.5}Mn_{1.5}O_4$、$LiCoMnO_4$ 高比容量,如富锂锰基*、NCM*、NCA*	RFMSD、PLD	比能量密度高

* NCM: $LiNi_{1-x-y}Mn_xCo_yO_2$,NCA: $LiNi_{0.8}Co_{0.15}Al_{0.05}O_2$,富锂锰基: $Li(Li_{0.2}Mn_{0.54}Ni_{0.13}Co_{0.13})O_2$

$LiCoO_2$ 薄膜的电化学性能首先取决于其晶相。$LiCoO_2$ 有三种晶相,高温相(HT-$LiCoO_2$)、低温相(LT-$LiCoO_2$)和岩盐相。岩盐相通常存在于在低温下沉积制备的薄膜中。采用磁控溅射或脉冲激光沉积的 $LiCoO_2$ 薄膜为无定形结构,容量低、循环性能差,需要经过700℃以上的退火,即形成高温相,才能得到容量高、循环性能优异 HT-$LiCoO_2$ 薄膜。高于600℃下进行物理沉积,或通过后期退火可以得到 HT-$LiCoO_2$。然而,由于 $LiCoO_2$ 薄膜与基体在热膨胀系数上的差异,高温热处理会造成薄膜开裂(孔)等问题,造成整个薄膜电池的微短路。加热衬底到300℃进行溅射沉积后在650℃温度下快速退火的两步制备工艺可避免膜层开裂。溅射工艺的改进可拓宽衬底材料的选择范围,使得 $LiCoO_2$ 薄膜可以直接沉积在低熔点、柔韧性好的聚合物或非晶衬底上,实现柔性 TFB 的制备。

7.3.3 负极薄膜

与大量薄膜型正极的研究工作相比,可应用的薄膜负极相对有限,表7.5列举了三类典型负极薄膜的组成、制备方法与特点。目前,多数报道中 TFB 都采用薄膜金属锂作为负极,因为它在已知负极材料中具有最低的电位和10倍于石墨的理论比容量(~3 869 $mA\cdot h\cdot g^{-1}$)。由于锂较低的熔点(180℃)以及容易与空气中的氧和水蒸气发生反应,从而对锂薄膜的制备设备及环境有苛刻要求。鉴于此，寻求更为稳定、且制备容易的负极薄膜是 TFB 的重要一环。

表 7.5　TFB 的典型负极薄膜

类　型	典型负极薄膜	主要制备方法	特　点
金属锂	Li	真空热蒸镀、电沉积	比容量高、电位低、容易成膜
合金类	锂合金、如 LiAl 硅基、如 $Si_{37}C_{63}$、SiCu、Li_2SiS_3	真空热蒸镀 RF 磁控溅射、PLD	比容量高、可抑制体积膨胀、容易成膜
氧化物	$Li_4Ti_5O_{12}$、TiO_2、SnO_2、Co_3O_4	RF 磁控溅射、PLD、ALD、溶胶-凝胶法	体积应变小、易制备、电位高

7.3.4　电池结构设计及其制备

Bates 等研制出了一种经典的薄膜电池叠层结构(结构见图 7.6)。在衬底上先沉积正负极集流体，而后依次沉积阴极、固体电解质和阳极薄膜，最后在薄膜电池外表面上涂一层保护层，以此来防止阳极上金属锂和空气发生化学反应。集流体在一个平面上，和普通锂离子电池类似，和多数器件兼容，且容易集成在器件上；适用于大多数正负极体系；掩膜相对复杂，对功能层沉积尺寸精度要求较高。

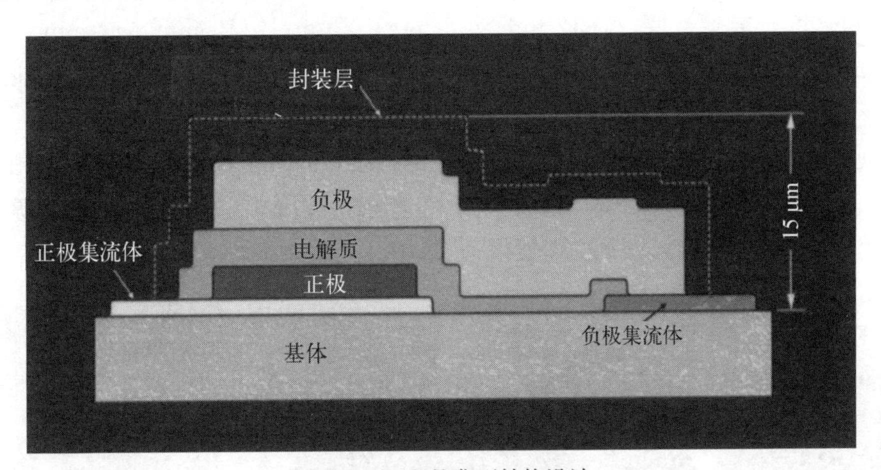

图 7.6　TFB 的典型结构设计

上海空间电源研究所以磁控溅射和真空热蒸镀技术为主，建设了薄膜型全固态锂电池研制线，采用的薄膜型全固态锂电池制备流程如图 7.7 所示：① 在玻璃衬底上制备一层金属钛(Ti)薄膜，然后在其表面原位制备一层铂(Pt)薄膜，获得正极集流体；② 制备正极薄膜 $LiCoO_2$(LCO)，然后退火处理，获得结晶的正极薄膜；③ 制备固态电解质 LiPON；④ 制备负极集流体，是双层金属薄膜，组分为铜(Cu)和 Pt；⑤ 制备金属锂薄膜作为负极，之后进行封装，形成薄膜型全固态锂电池。其中，前 4 步制备过程采用磁控溅射法，第 5 步采用真空热蒸镀法。

由图 7.7 可知，每一步制备的样品表面都光滑、无衍射光斑，说明样品表面均匀性良好。样品的制备是在不同掩模板的辅助下进行的，每一批次可以制备 30 个，每一步的尺

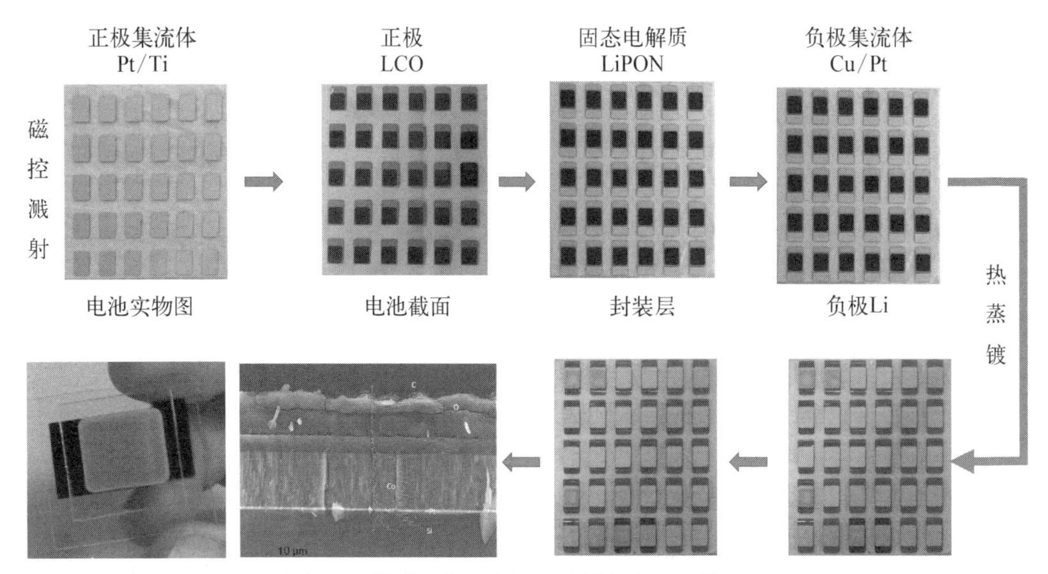

图 7.7　薄膜型全固态锂电池制备流程及样品图

寸都进行了精确设计,避免发生短路现象。

LCO 作为经典的锂电池电极材料,其化学扩散系数(D)通常仅有 $10^{-9}\sim10^{-11}\ \text{cm}^2\cdot\text{s}^{-1}$,在薄膜型全固态锂电池中,由于没有辅料,正极薄膜厚度较大时,离子传输非常困难。制备了三种尺寸(长×宽×厚,A: 12 mm×12 mm×2 μm;B: 12 mm×12 mm×30 μm;C: 140 mm×140 mm×2 μm)的薄膜型全固态锂电池,用以探讨电极尺寸与电池性能的关系。

依据工艺流程,制备薄膜型全固态锂电池的主要设备如图 7.8 所示,包括多靶磁控溅射设备,采用直流电源溅射制备金属膜集流体;多靶共溅沉积系统,采用复合电源溅射沉积正极和固态电解质;金属锂真空蒸镀设备,采用真空蒸镀法制备金属锂。

多靶磁控溅射设备

多靶共溅沉积系统

金属锂真空蒸镀设备

图 7.8　薄膜型全固态锂电池研制线主要设备外观图

1. 薄膜固态电解质性能表征

固态电解质膜是全固态锂电池技术的核心,其性能的优劣决定了电池的性能。磁控溅射法制备得到的 LiPON 薄膜性能指标如图 7.9 所示。通过在 Pt 表面制备 LiPON,之后再在其表面制备 Pt 电极，对同一批次的样品进行编号后，选择对角线上的 3 个样品进行交流阻抗测试。阻抗谱图显示其具有高度的一致性，离子电导率分别为 1.28×10^{-6} S・cm^{-1}、1.15×10^{-6} S・cm^{-1}、1.09×10^{-6} S・cm^{-1}。虽然 LiPON 的离子电导率不高，但是用磁控溅射精准制备，且厚度仅 2 μm，使该薄膜在全固态锂电池中可以发挥很好的传导作用。

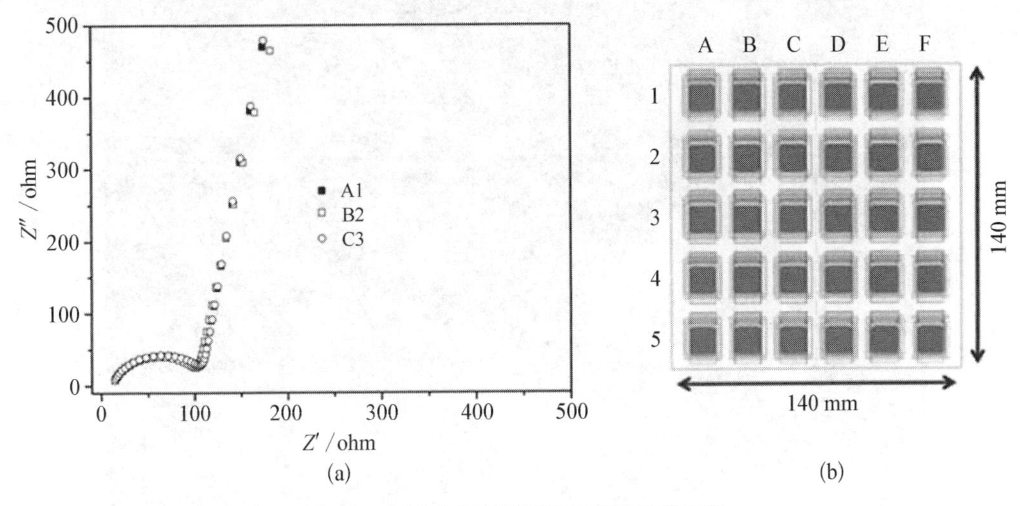

图 7.9　固态电解质薄膜 LiPON 性能表征

(a) 同一批次样品取样三个进行交流阻抗测试，测试频率范围：100 mHz～100 MHz；(b) 同一批次样品命名规则图，图中每个样品上端为负极、下端为正极。

LiPON 成膜速度决定了 LiPON 的质量。通过台阶仪检测分析，在沉积功率为 2.0 kW 时，LiPON 薄膜的平均沉积速率达到 28 nm・min^{-1}，沉积功率提高到 2.5 kW 时，平均沉积速率为 28.3 nm・min^{-1}，考虑到靶材利用率和薄膜应力等综合因素，沉积功率选用 2.0 kW 开展研究。

2. 集流体、正极及固相界面结构表征

要获得较高比容量的电池，需要电池中正极具有较高的体积或质量比，而集流体的占比就要相对较小。一般来说，集流体的厚度在数百纳米时就已经具有极好的电子传导能力，而电极需要具有数个微米才能发挥出一定的容量，这就造成了结构上失配，考虑到集流体和正极分别为金属和陶瓷材料，其应力失配就更为显著。使用物理法制备的正极薄膜是无定形状态的，需要进行退火处理实现晶化，而这个过程会进一步加剧界面应力失配，导致脱膜。

采用直流磁控溅射法制备正极集流体，主要是为了保证样品的沉积速率、结合力和纯度。选用 Pt 为集流体，是考虑到后续正极材料退火时，集流体不会因为被氧化而产生新的界面或结构变化而发生脱膜。

Pt 的溅射是较为困难的，容易在防护板上结膜，产生剥落的颗粒影响成膜质量，严重的会导致靶材与电极发生短路。Ti 是黏附力较好的材料，先沉积一层 Ti 膜，再进行 Pt 的沉积，可以获得高质量的集流体薄膜。

为验证 Pt 集流体薄膜的质量，制备 Ti 层较薄、Pt 层较厚的样品进行结构评测。图 7.10 为 Pt/Ti 集流体的结构和元素分析，采用直流磁控溅射法制备的集流体表面光滑，由

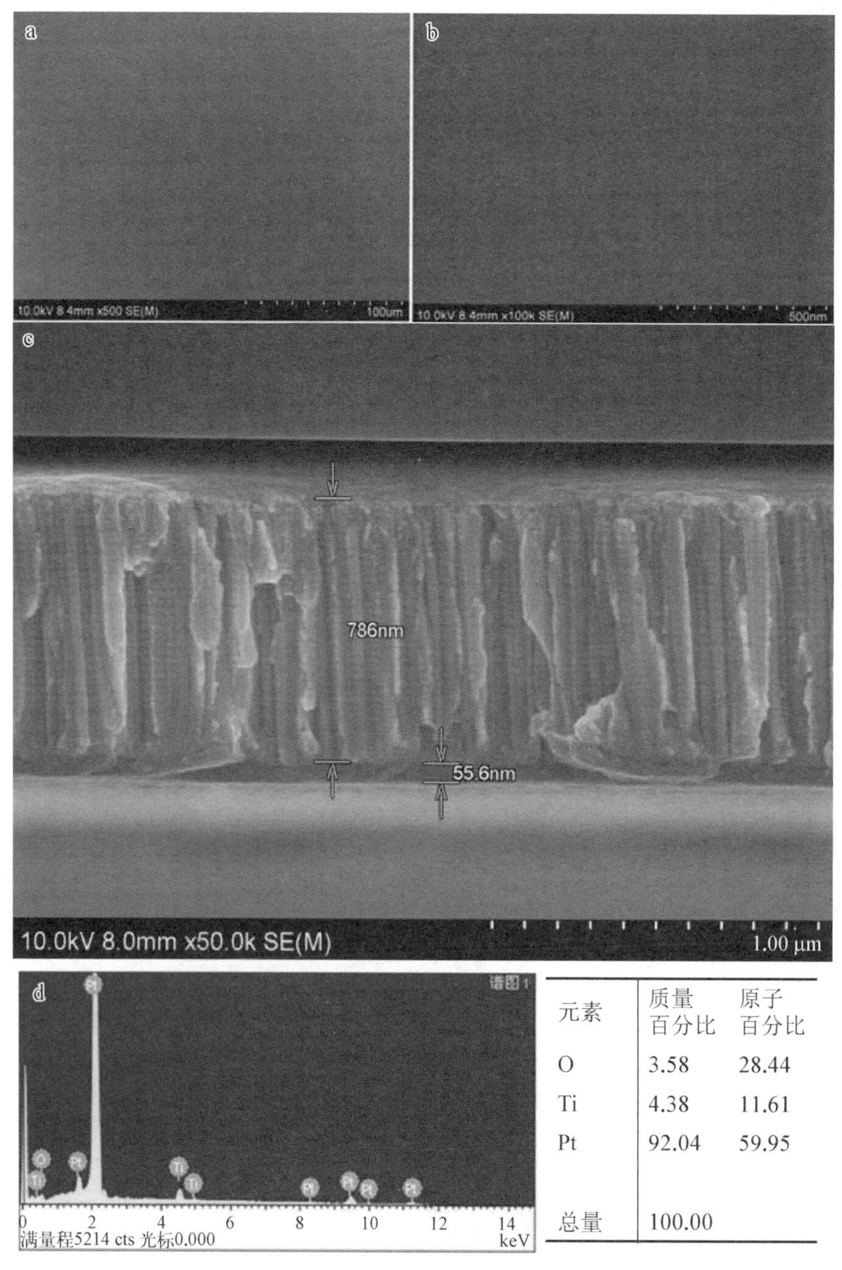

元素	质量百分比	原子百分比
O	3.58	28.44
Ti	4.38	11.61
Pt	92.04	59.95
总量	100.00	

图 7.10　Pt/Ti 集流体的表面、断面 SEM 图和 EDS 图

(a) 表面 SEM 图;(b) (a)的放大图;(c) 断面 SEM 图;(d) EDS 图。

数个纳米的颗粒组成;从断面扫描电子显微镜法(SEM)图可以看出,厚度达到 786 nm 的 Pt 薄膜为致密的柱状晶体,与厚度仅为 55.6 nm 的 Ti 薄膜结合良好、无断裂;由能量散射光谱图(EDS)可知,集流体薄膜存在一定的氧化,因质量比较少,传导能力依然良好。

采用射频磁控溅射法在正极集流体 Pt/Ti 膜上制备 $LiCoO_2$ 薄膜作为正极。由于磁控溅射制备的介质薄膜是无定形的,通过验证筛选,将制备好的薄膜放入 500℃的不锈钢炉子中退火 10 h,气氛为空气。

图 7.11 为正极薄膜退火前后的表面与断面 SEM 图，退火前，薄膜较为致密，由纳米尺度的粒子组成，厚度为 1.51 μm，集流体的厚度为 218 nm；退火后，薄膜出现明显的裂痕，组成的粒子出现长大现象，膜厚度降低为 1.43 μm，值得关注的是集流体的厚度增加到 308 nm，可能是在退火中存在一定的氧化现象。对比退火前后的断面图可以发现，膜结构整体上是致密的，晶柱结构在退火前是模糊的，而在退火后能够明显看出晶柱的界限，说明退火后正极薄膜具有良好的结晶性。

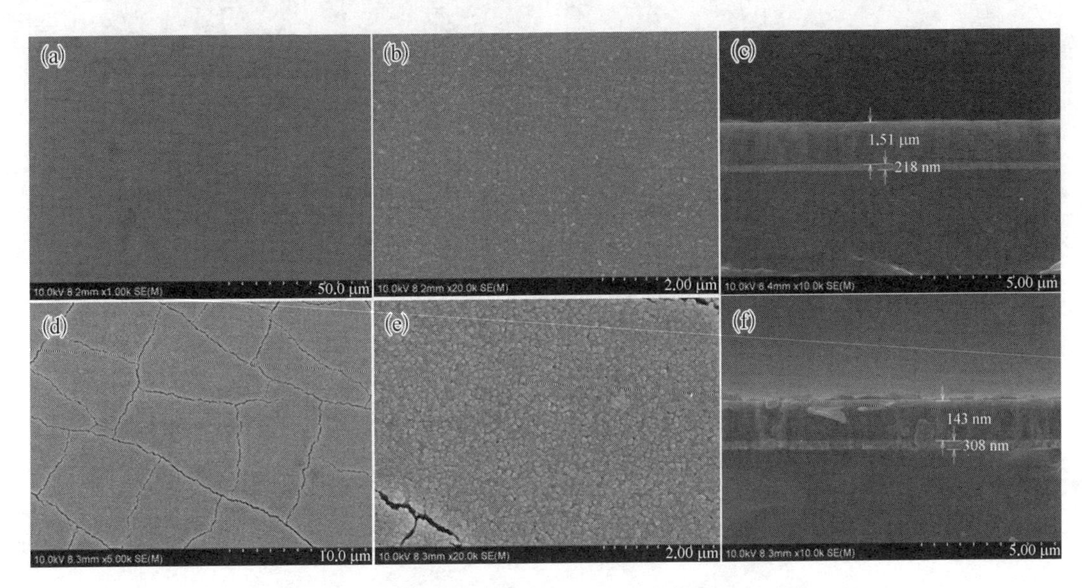

图 7.11　正极薄膜退火前后的表面与断面 SEM 图

(a)～(c) 退火前；(d)～(f) 退火后。

图 7.12 为正极薄膜退火前后的 SEM 图以及 Raman 曲线，退火前，薄膜呈明显的无定形，颗粒之间界限不明显；退火后，薄膜的组成粒子显著长大，颗粒尺寸较为均匀，颗粒大小在 40～70 nm 左右，具有较高的均匀性，说明正极薄膜具有良好的循环稳定性。Raman 图谱显示，退火前膜结构中存在一个属于氧化钴的峰，退火后消失，说明退火实现了正极薄膜的晶化。

3. 电化学性能表征

图 7.13、图 7.14 给出了 A、B、C 三种电池的充放电性能。A 电池的正、负极及固态电解质薄膜均为 2 μm 厚、面积为 $1.2\times1.2\ cm^2$；B 电池的面积为 $14\times14\ cm^2$，其余同 A 电池相同；C 电池的正极薄膜为 30 μm 厚、其余同 A 电池相同。

对薄膜型全固态锂电池 A 的循环和倍率性能进行测试，本文的电化学测试均在室温下进行，图 7.13(a)为其充放电电流为 1 C 时，第 1 次、2 次、10 次、100 次、300 次和 500 次的充放电曲线，经过 500 次循环，薄膜电池的充放电曲线、电压平台没有非常明显的升高与降低，极化较小，说明电极和固态电解质的结构、反应特性与界面特性保持良好。图 7.13(b)为薄膜型全固态锂电池 A 循环 500 次的放电容量与库仑效率图，薄膜电池首次充电容量为 0.208 5 mA·h，首次放电容量为 0.208 8 mA·h，首次库仑效率为 100.2%，经 500 次循环后，充电容量为 0.212 1 mA·h，放电容量为 0.200 5 mA·h，库仑

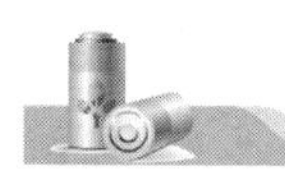

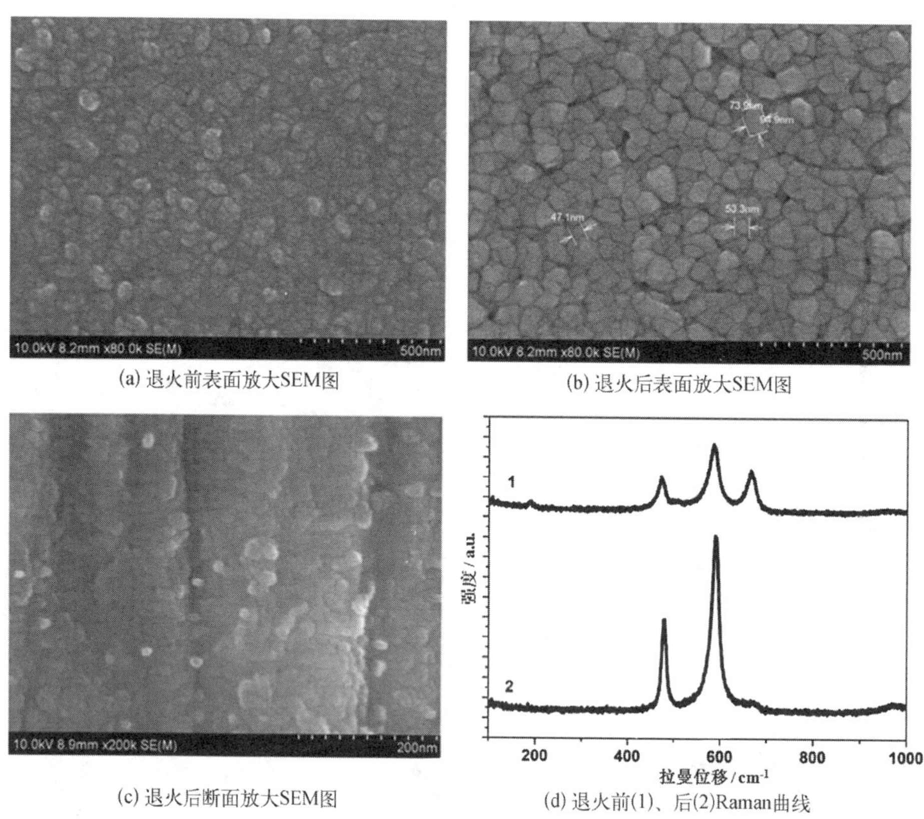

(a) 退火前表面放大SEM图 (b) 退火后表面放大SEM图

(c) 退火后断面放大SEM图 (d) 退火前(1)、后(2)Raman曲线

图 7.12 正极薄膜退火前后表面、断面的放大 SEM 图以及 Raman 曲线

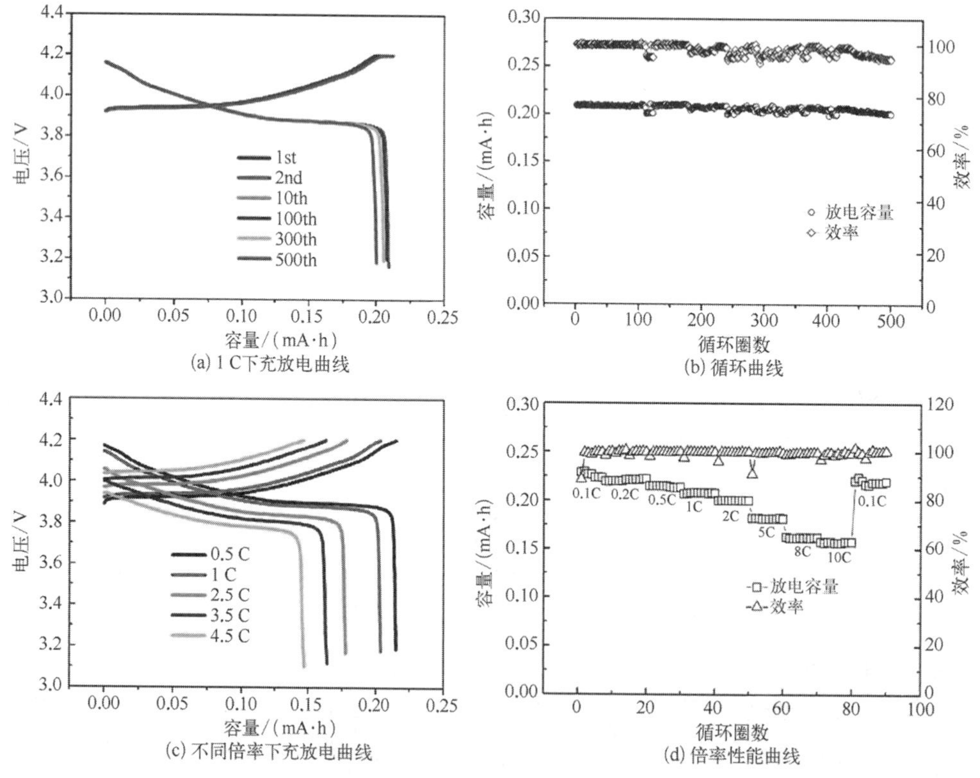

(a) 1 C下充放电曲线 (b) 循环曲线

(c) 不同倍率下充放电曲线 (d) 倍率性能曲线

图 7.13 薄膜型全固态锂电池 A 电化学性能曲线图

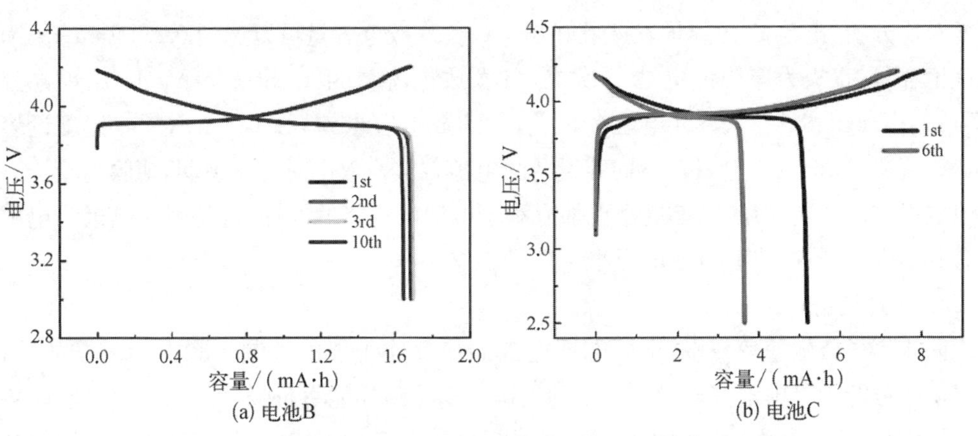

图 7.14 薄膜型全固态锂电池 B 和 C 在 0.1 C 下的充放电曲线

效率为 94.5%,容量保持率为 96.02%,具有优越的循环性能。值得注意的是,在 100 次循环后,库仑效率出现了波动而非“跳水”,应是还存在一定程度的电极活性变化,而非只是因为微短路。

对薄膜型全固态锂电池 A 的倍率循环性能进行了测试,充放电电流分别选取了 0.1 mA (0.5 C)、0.2 mA (1 C)、0.5 mA (2.5 C)、0.7 mA (3.5 C)和 0.9 mA (4.5 C)。图 7.13(c)为薄膜电池不同倍率下的充放电曲线图,当倍率增大时,薄膜电池的充放电曲线、电压有明显的升高与降低,电池电极有效面积为 1.44 cm^2,通过归一化处理,当电流密度为 0.139 mA · cm^{-2} (1 C)时,电阻压降为 0.053 V;当电流密度为 0.625 mA · cm^{-2} (4.5 C)时,电阻压降为 0.237 V,说明随着倍率的提高,电压平台的降低主要是固态电解质电阻引起的电阻压降。图 7.13(d)为薄膜电池倍率性能曲线图,0.1 C 下,最大放电容量 0.231 1 mA · h,平均放电容量为 0.215 3 mA · h;1 C 下,平均放电容量为 0.203 9 mA · h,相对于 0.1 C 平均放电容量的 94.7%;5 C 下,平均放电容量为 0.182 7 mA · h,相对于 0.1 C 平均放电容量的 84.9%;当放电倍率达到 10 C 时,平均放电容量为 0.150 4 mA · h,相对于 0.1 C 平均放电容量的 69.9%;当放电倍率回到 0.1 C 时,平均放电容量为 0.203 2 mA · h,相对于 0.1 C 平均放电容量,容量衰减了 5.6%,说明该电池具有好的倍率性能。

为了进一步理解 LCO 正极薄膜放电特性,对正极厚度更大的薄膜型全固态锂电池 B 和电极尺寸更大的薄膜型全固态锂电池 C 进行恒流充放电测试,充放电时间为 10 h。图 7.14(a)显示,电池 B 首次放电容量为 1.686 0 mA · h,考虑到电池 B 正极厚度是电池 A 的 15 倍,容量仅是其 8.4 倍,说明正极容量发挥率较低,可能是因为正极化学扩散系数较小,仅有表面的活性物质得到利用;经过 10 次循环后,放电容量为 1.647 6 mA · h,容量保持率为 97.72%,放电平台没有非常明显的变化,极化较小,说明电极结构保持良好。

如图 7.14(b)所示,大尺寸的薄膜型全固态锂电池首次库仑效率较低,首次充电容量为 8.035 9 mA · h,放电容量为 5.201 4 mA · h,首次库仑效率仅有 64.7%,而第 2 次充电容量为 7.402 0 mA · h,放电容量为 3.662 1 mA · h,库仑效率仅有 49.5%;在第 3~6 次循环中,充电和放电曲线与第 2 次基本重合,库仑效率稳定为 50.2%,说明大尺寸薄膜型全固态锂电池充电容量可以发挥出来,说明正极结构保持稳定,但放电容量发挥差,库仑效率低,可能是由于负极中活性锂占比较少。

对比分析,电池A的容量发挥最好,0.1 C首次放电容量可以达到0.231 1 mA·h,达到理论容量;正极为厚膜的电池B次之,首次放电容量为1.686 0 mA·h,比理论容量1.7 mA·h低0.82%;大尺寸电池C最差,首次放电容量为5.201 4 mA·h,比理论容量7 mA·h低25.69%。这三种不同容量薄膜电池首次充放电对比图说明,薄膜型全固态锂电池电极与固态电解质薄、厚度小更加有利于电池电性能的发挥,这是因为电极与电解质薄有利于锂离子的传递,电池电阻小。

4. 失效机制初探

固相离子传输速率较慢,全固态锂电池储能反应主要的控制步骤在锂离子的传输。锂离子传输能力是电池容量发挥效率的关键。离子传导能力越强,反应极化越低,能耗越小,电池存储容量越大。不同于传统储能体系中电化学储能机制,薄膜型全固态锂电池储能反应中,锂离子主要在微尺度的二维平面结构中传输,传输通道由固相晶格搭建,迥异于依赖碳黑和网络结构通过固液界面反应传输锂离子的传统电极。

从上述表征数据可以看出,薄膜型全固态锂电池表现出良好的储能性能,但正极变厚或变大时性能衰减严重,此外,电池A在100次循环后库仑效率的变化说明其结构还是存在失效行为的。由于全固态锂电池不存在液体,物理法制备使其具有极高的一致性,且电池内部结构相对简单致密,适合于进行反应过程的基础性研究。将电池断开后,电池中各结构和组分还能较好地保持稳定,为了研究薄膜型全固态锂电池性能失效机制,对循环前后的电池A进行拆解分析。由于金属锂负极结构不太稳定,正极被稳定的固态电解质覆盖,主要对比分析正极断面、电池负极表面和正极/固态电解质界面。

从图7.15可以看出,薄膜型全固态锂电池循环前,正极由小片状的颗粒构成,片状结构可能是因为$LiCoO_2$晶体结构是片层结构,微小颗粒则是因为磁控溅射沉积时,从靶材脱落的粒子在沉积到衬底上时具有较高能量,表面张力较大,无法在表面形成大颗粒。循环后,片层尺寸明显增大,说明正极材料在循环过程中存在一定程度的晶体结构重组,此外,循环后正极柱状晶结构致密度下降,这可能是正极容量衰减的一个原因。而负极在循环后,电极结构基本崩溃[图7.15(c)],形成不贯通的粉末状。由图7.15(d)可知,可以明显检测出来P元素,说明大量的LiPON暴露出来,负极结构已经彻底失去连通性,因此,负极结构的崩溃可能是薄膜型全固态锂电池性能失效的主要原因。

图7.15(e)~(f)显示,磁控溅射技术可以得到元素组成比例控制优良的多层薄膜。通过对比循环前后电极界面处元素的分布图,观察到Co元素并没有随锂离子迁移而发生大的迁移,反而是氧元素迁移到了界面处,形成了明显的界面层。可以推测,氧化物的迁移是电池在循环过程中发生的最大改变,也是界面稳定性下降的主要原因。因此,发展高性能薄膜型全固态锂电池的关键是在制备正极的过程中,进一步稳定结构组成,提高晶化程度,或者改善正极材料、固态电解质本征的载流子传输性能,提高反应动力学参数。

通过对薄膜型全固态锂电池性能和结构的分析,固相界面表征,特别是电化学动力学表征仍待深入研究。薄膜型全固态锂电池为储能电池体系提供了新的制备工艺和质量控制理念,致密简单的结构也为高能量密度储能电源体系研究、固相界面等基础问题的探讨提供了一种思路和策略。

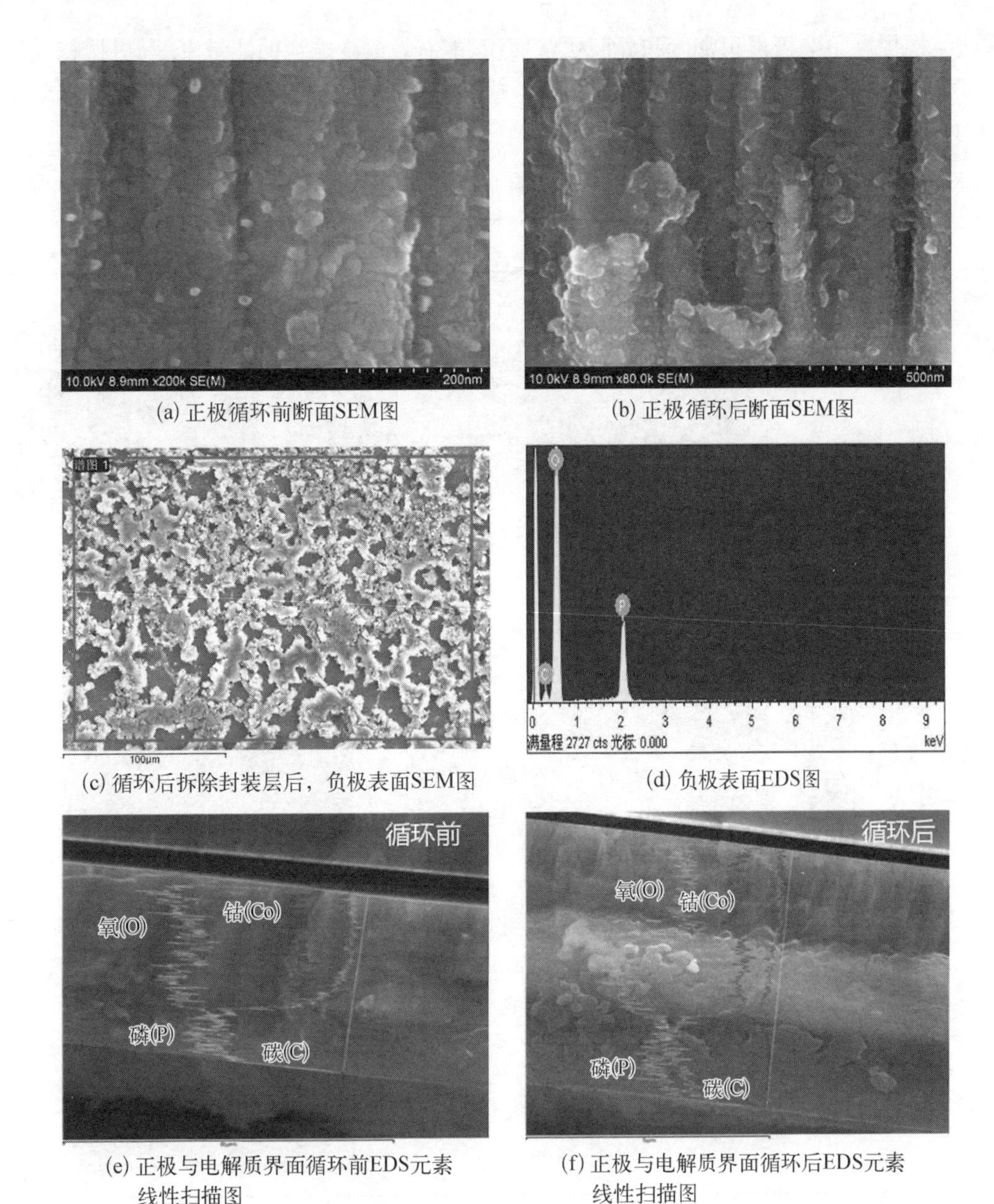

(a) 正极循环前断面SEM图

(b) 正极循环后断面SEM图

(c) 循环后拆除封装层后，负极表面SEM图

(d) 负极表面EDS图

(e) 正极与电解质界面循环前EDS元素线性扫描图

(f) 正极与电解质界面循环后EDS元素线性扫描图

图 7.15　薄膜型全固态锂电池 A 循环前后的 SEM 图、EDS 图以及 EDS 元素线性扫描图

7.3.5　特殊用途电池结构设计

随着纳米技术的飞速发展，微电子系统的功能化、集成度越来越高，不仅点爆着一个又一个民用消费热点，同时推动着空间、军事等国家安全领域技术的发展。电源的体积大、寿命短、可靠性差等问题已成为制约高性能及微小型装备快速发展的共性瓶颈技术之一。采用纳米材料、微纳加工等高新技术手段发展起来的薄膜型全固态锂电池，可以充分发挥尺度定律的优势，成为微储能技术重点发展方向。为了满足未来特殊领域对异形电池的需求，TFB 被制备成特殊的结构形态。表 7.6 总结了近十年来最受关注的 3 种微纳电池结构及结构在 TFB 中的应用实例，包括 3D 微孔状结构、阵列状结构、纤维状结构。

这些结构提高了电极堆积密度和界面接触面积,能有效改变电池的能量密度、机械特性等特征,随着电池与器件一体化研究的深入,这些电池结构必将更深入而广泛地应用于TFB中,显著提高其性能与实用价值。

表 7.6 特殊结构的TFB及其实例

结构类型	结构示意图	实　　例
3D微孔状结构	正极集流体 ⊕ ⊖ 负极集流体 正极($LiCoO_2$) 固态电解质 负极(Si) 衬底(Si) 阻挡层	SURFACE n⁺ poly Si 30 nm ONO n⁺ Si 5 μm 1 μm
阵列状结构	正极($LiFePO_4$) 负极集流体 纳米阵列负极(Si) 固态电解质 正极集流体 衬底	10 μm
纤维状结构	Li Li^+ 充电 放电	300 μm

3D微孔状结构:考虑到未来TFB可能直接利用光伏电池基板进行一体化制备,在表面点阵刻蚀硅片的柱状孔内层层沉积电池功能层,Notten课题组提出了可以和太阳能电池联用的3D微柱状TFB结构,利用点阵状柱状孔,大幅度提高电池比表面积,而这些可控制备的微孔为电池之间的绝缘隔绝提供了最佳支撑。

阵列状结构:考虑到未来TFB可能直接在芯片上制备,与集成电路一体化,Lethien等通过深反应离子蚀刻,直接在硅片上原位制备纳米硅阵列作为负极,之后分别沉积LiPON和$LiFePO_4$,形成阵列状电池。

纤维状结构:传统电池因隔膜等原因缺乏柔韧性,而TFB因组件薄且致密,而具有较好的柔韧性,Ruzmetov等通过在纳米硅线外表“层层沉积”电池功能层,制备了纤维状TFB,使电池有望随身穿戴而不再成为独立的负担。由于电池直径仅数百纳米,可以直接观察全电池在充放电过程中微结构及表面形貌的变化，并发现 LiPON 膜厚度小于 110nm 时，电池自放电严重且电池结构在循环中因界面副反应而崩溃。

图 7.16 展示了韩国 Koo 等制备的一体式薄膜型全固态锂电池。将制备于云母衬底上的 TFB 与衬底剥离后，包裹在 PDMS 中，使电池可以长期保存在空气中且可在弯曲状态下放电，之后在上面沉积一层含金电极的 PET 膜，再将 OLED 膜制备在 PET 膜表面，进一步用 PDMS 封装后，形成一种储能与显示屏幕一体化的柔性器件。

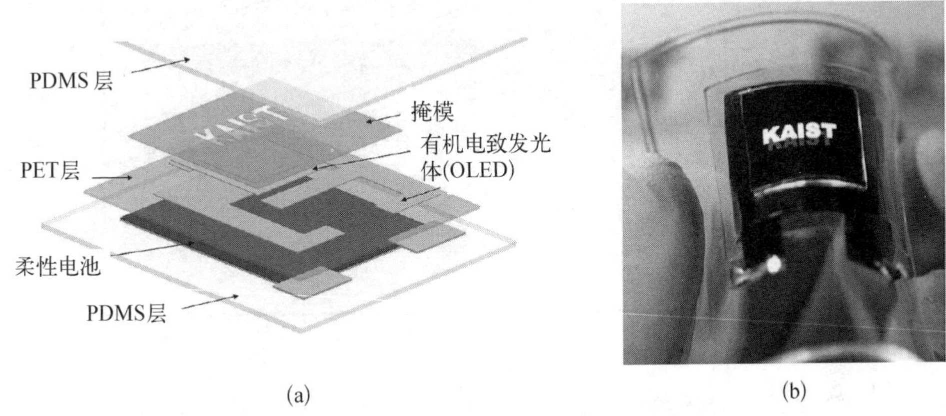

图 7.16　储能与显示屏幕一体化的柔性器件结构原理图(a)和照片(b)

7.4　硫化物系块体型全固态锂电池

相对于全固态薄膜电池以微小为特点，块体型全固态锂电池可以形成大容量电芯，作为产品更适用于 3C 电子产品和工业规模应用。目前，由于在宽温域范围具备高离子电导率等特殊优势，采用硫化物作为电解质的块体型全固态锂电池得到了深入研究。本节从硫系固态电解质材料及其薄膜、块体型全固态电池制备以及电化学性能表征、电极材料体系、电极/电解质界面问题的五个方面进行总结归纳。

7.4.1　硫化物固态电解质材料及其制备方法

硫化物基固态电解质的高离子电导率和易于致密化特性使它们对固态电池极具吸引力(图 7.17)。尽管如此，对于发展固态硫化物基固态电解质存在一些问题和挑战，也成为影响其实际应用的关键。硫化物固态电解质组成、结晶形态繁多，也开发了众多的制备方法。

1. 硫化物固态电解质材料的类别及特性

与氧化物固态电解质中的 O^{2-} 相比，硫化物固态电解质中的 S^{2-} 的离子半径大且极化作用强。因此，使用 S 取代氧化物固态电解质中的 O，一方面能够改善晶体结构，扩大锂离子传输通道；另一方面，非桥接 S 削弱晶格骨架对锂离子的束缚作用，提高可移动锂离子的浓度。因此，与氧化物固体电解质相比，硫化物固态电解质具有更高的室温离子电导率。但是硫化物在大气环境下不稳定，容易与空气中的水分发生反应而变质。由于原

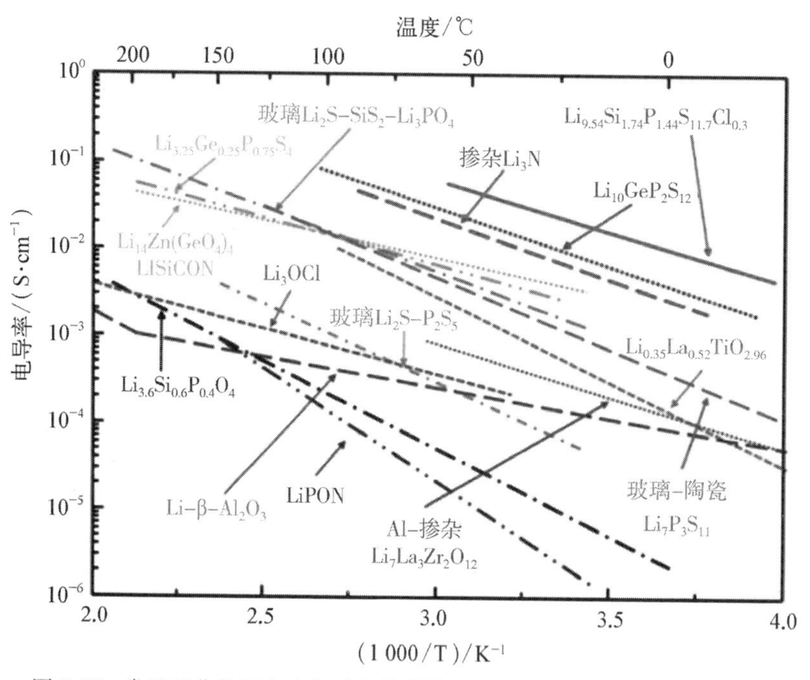

图 7.17　常见硫化物固态电解质与其他体系固态电解质的离子电导率对比

料昂贵,硫化物固态电解质成本也较高。硫化物固态电解质按照组成可分为二元系、三元系、四元系(见表 7.7),而按照结晶学特征则可以分为:结晶态硫化物固态电解质、玻璃态硫化物固态电解质、玻璃陶瓷硫化物固态电解质。

表 7.7　近年开发的硫化物固态电解质种类

类　别	组　　成	年代/年	结　构	电导率(25℃)/(S·cm^{-1})	E_a/eV
二元系	Li_3PS_4	21 世纪早期	单斜(玻璃-陶瓷)	$\sim10^{-4}$	0.23
	$Li_7P_3S_{11}$	2005	三斜(玻璃-陶瓷)	3.2×10^{-3} 1.7×10^{-2}	0.176
	$Li_{9.6}P_3S_{12}$	2016	四方	1.2×10^{-3}	0.26
	Li_4SnS_4	2012	斜方	7×10^{-5}	0.41
	Li_2SnS_3	2015	单斜	1.5×10^{-5}	0.59
	$Li_{0.6}(Li_{0.2}Sn_{0.8}S_2)$	2016	单斜	9.3×10^{-3}(NMR) 1.5×10^{-2}(EIS)	0.17(NMR)
	Li_3AsS_4	2014	斜方	1.31×10^{-5}	—
三元系	$Li_{3.25}Ge_{0.25}P_{0.75}S_4$	2001	单斜	2.2×10^{-3}	0.21
	Li_6PS_5X (X=Cl, Br)	2008	立方	$\sim10^{-3}$	0.33~0.41
	$Li_{10}GeP_2S_{12}$	2011	四方	1.2×10^{-2}	0.25
	Li_7GePS_8	2013	四方	7×10^{-3}	0.22
	$Li_{10}SnP_2S_{12}$	2013	四方	4×10^{-3}(27℃)	0.27(晶粒)
	$Li_{11}Si_2PS_{12}$	2014	四方	—	0.60(晶界)
	$Li_{11}AlP_2S_{12}$	2016	斜方	8.02×10^{-4}	0.2(NMR)
	$Li_{3.833}Sn_{0.833}As_{0.166}S_4$	2014	斜方	1.39×10^{-3}	0.21
	$Li_{3.334}Ge_{0.334}As_{0.666}S_4$	2014	斜方	1.12×10^{-3}	0.17

续表

类　别	组　　成	年代/年	结　构	电导率(25℃)/(S·cm^{-1})	E_a(eV)
三元系	$0.4LiI \cdot 0.6Li_4SnS_4$	2016	玻璃	4.1×10^{-4}(30℃)	0.43
	$Li_7P_2S_8I$	2015	斜方	6.3×10^{-4}	—
	Li_4PS_4I	2017	四方	max. 1.2×10^{-4}	0.37～0.43
	$80(0.7Li_2S \cdot 0.3P_2S_5) \cdot 20LiI$	2012	玻璃	5.6×10^{-4}	—
	$Li_{3.45}Si_{0.45}P_{0.55}S_4$	2014	四方	6.7×10^{-3}	0.27
	$Li_7P_{2.9}S_{10.85}Mo_{0.01}$	2017	三斜	4.8×10^{-3}	0.235
	$(Li_2S)9(P_2S_5)3(Ni_3S_2)1$	2017	斜方	2.0×10^{-3}	0.297
四元系	$Li_{9.54}Si_{1.74}P_{1.44}S_{11.7}Cl_{0.3}$	2016	四方	2.5×10^{-2}	0.24
	$Li_7P_{2.9}Mn_{0.1}S_{10.7}I_{0.3}$	2017	三斜	5.6×10^{-3}	0.216
	$Li_{10.35}(Sn_{0.27}Si_{1.08})P_{1.65}S_{12}$	2017	四方	1.1×10^{-2}	0.20

1）结晶态硫化物固态电解质

2001年，东京工业大学的Kanno教授在$Li_2S-P_2S_5-GeS_2$固溶体中首次发现thio-LISICON结晶态固体电解质。依据组分不同，化学组成为$Li_{4-x}Ge_{1-x}P_xS_4$的固溶体可以分为三个区域。在$0.6<x<0.8$范围内，$Li_{4-x}Ge_{1-x}P_xS_4$固体电解质具有较高的室温离子电导率。当$x=0.75$时，室温离子电导率达到最高值2.2×10^{-3} S·cm^{-1}。2011年，进一步组合成出具有三维锂离子传输通道的三元硫化物固态电解质$Li_{10}GeP_2S_{12}$，其室温离子电导率高达1.2×10^{-2} S·cm^{-1}，与有机电解液的电导率相当，电化学窗口超过5 V。2016年，又开发出全新的三元硫化物固体电解质$Li_{9.54}Si_{1.74}P_{1.44}S_{11.7}Cl_{0.3}$，其室温离子电导率是$Li_{10}GeP_2S_{12}$(LGPS)的两倍，达到$2.5\times10^{-2}$ S·cm^{-1}(图7.18)。

2）玻璃态硫化物固态电解质

与结晶态材料相比，玻璃态材料具有长程无序、短程有序和各向同性的特点，可以进一步扩大锂离子传输通道，提高玻璃态硫化物固体电解质的室温离子电导率。玻璃态硫化物通常是由网络形成体(SiS_2、P_2S_5、B_2S_3等)和网络改性体(Li_2S)组成，主要包括Li_2S-SiS_2、$Li_2S-P_2S_5$和$Li_2S-B_2S_3$等体系。一方面，在二元硫化物固体电解质中加入少量的含锂氧化物Li_xMO_y可以引入桥接O，削弱桥接S对锂离子的束缚。另一方面，利用“混合阴离子效应”向玻璃态电解质中添加锂卤化物(LiI、LiBr)可以提高电解质的室温离子电导率。这类材料具有电导率高、电化学窗口宽、组成范围宽和热稳定性好等优点，在制备高安全性和高能量密度固态电池领域具有应用潜力。

3）玻璃陶瓷硫化物固态电解质

2003年，日本大阪府立大学Tatsumisago教授发现，将机械球磨制得的$Li_2S-P_2S_5$玻璃态电解质经高温热处理使其部分重结晶可以获得玻璃陶瓷固体电解质。玻璃陶瓷电解质$80\%Li_2S-20\%P_2S_5$的电导率是相应玻璃态电解质的5倍左右，达到了7.2×10^{-4} S·cm^{-1}。$70\%Li_2S-30\%P_2S_5$玻璃陶瓷电解质的室温电导率也比基体材料高得多，这是因为在退火过程中高电导率的$Li_7P_3S_{11}$结晶相从玻璃态晶体中析出。因此，在热处理过程中，高电导率的结晶相从玻璃态基体中析出，有利于提高玻璃陶瓷电解质的室温离子电导率。同时，玻璃粉末发生软化，能够减少晶界数量，降低晶界电阻。

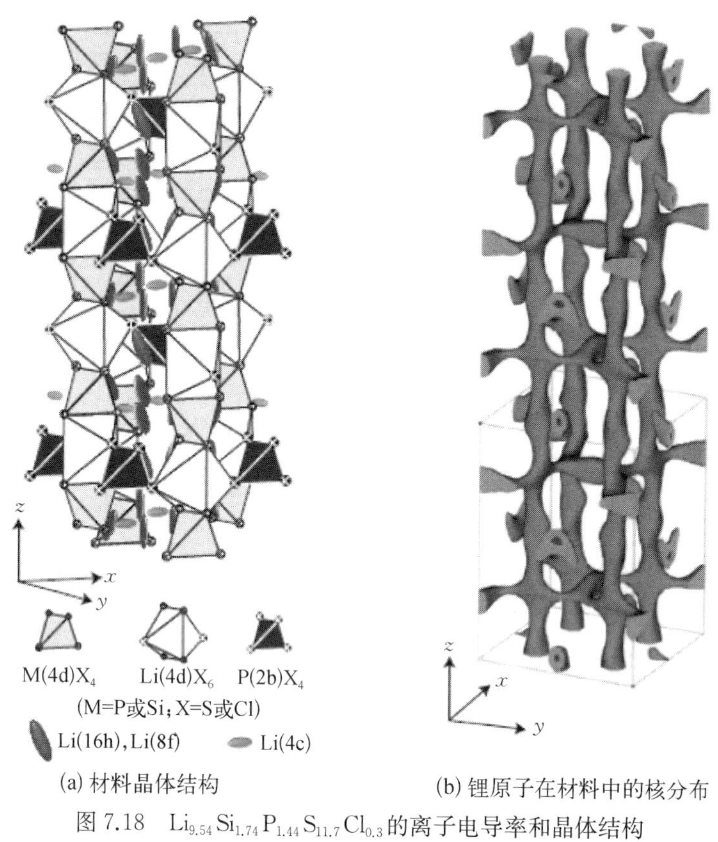

(a) 材料晶体结构　　(b) 锂原子在材料中的核分布

图 7.18　$Li_{9.54}Si_{1.74}P_{1.44}S_{11.7}Cl_{0.3}$的离子电导率和晶体结构

2. 硫化物固态电解质的合成方法

常见的硫化物固体电解质的制备方法主要包括:① 机械球磨法,将原料物理混合,机械球磨一段时间后获得非晶态的硫化物固体电解质前驱体,将前驱体热处理一段时间后析晶得到硫化物玻璃陶瓷电解质;② 湿化学法,将原料按照化学计量比分别加入有机溶剂中,在一定的温度下机械搅拌一段时间后,获得含有溶剂分子的前驱体,将前驱体粉末热处理一段时间,获得硫化物固体电解质;③ 溶液法,将硫化物固体电解质完全溶解在有机溶剂中形成均匀的溶液,然后将溶剂去除获得前驱体粉末,最后在一定温度下热处理一段时间获得硫化物固态电解质。

3. 硫化物固态电解质薄膜

具备高离子电导率以及良好的电化学和化学稳定性的晶态硫化物吸引了广泛的关注。对于薄膜型的硫化物固态电解质而言,所涉及的出版文献数量比较有限,但这些已报道的薄膜电解质展现了优异的锂离子传导能力,而且在薄膜固态电池的应用中显示出优异的性能。具有 $x Li_2S-(1-x) MS_2$ 通式的硫化物固态电解质(M 代表 P 或 Ge,或者是两者的混合)薄膜已经被不同的研究团队通过脉冲激光沉积(PLD)和射频磁控溅射(RF sputtering)制备得到(表 7.8),室温下的离子电导率最高 1.7×10^{-3} S·cm^{-1}。为了保护这些薄膜不暴露于空气中,PLD 和磁控溅射系统必须直接与手套箱连接。这些薄膜的晶体结构通过拉曼光谱对桥接和非桥接硫(S)进行了表征。X 射线衍射分析表明所有的薄膜电解质都是非晶态的。在合适的温度下对物理沉积获得的薄膜进行热处理并未获得结晶态的材料。总体而言,这些薄膜的性质,如电导率,与它们块体结晶或玻璃相的材料相当。这与基于氧化物和磷酸盐材料的薄膜电解质不同,后两者的电导率通常比它们的块体态材料低一个数量级。

表 7.8　合成硫化物薄膜的不同沉积方法比较

合成技术	组　成	$\sigma/(S\cdot cm^{-1})$	E_a/eV	厚度/μm
PLD	$a-78Li_2S-22GeS_2$	1.8×10^{-4}	0.44	—
PLD	$a-80Li_2S-20P_2S_5$	$0.8\sim2.8\times10^{-4}$	0.39	3
PLD	$Li_{3.25}Ge_{0.25}P_{0.75}S_4$	1.7×10^{-4}	—	—
PLD	$a-xLi_2S-(100-x)P_2S_5$ $(70<x<82)$	$4\sim8\times10^{-5}$	—	10
RF sputtering	$a-xLi_2S-GeS_2$ $(x=1, 2, 3)$	$0.1\sim1.7\times10^{-3}$	0.35～0.42	0.4～1.3
RF sputtering	$a-Li_2S-GeS_2-Ga_2S_3$	1.4×10^{-4}	0.44～0.47	—

采用硫化物电解质薄膜为隔膜、$LiCoO_2$为正极及 Li 为负极的全固态锂电池展现出优异的循环性能。如正极 10nm 的 $LiNbO_3$以及负极 20 nm 的 Si 界面层被利用使内部电池面积比电阻(ASR)从 3 000 降低至 70 Ω/cm^2,并可确保对 Li 金属的稳定性;尽管容量发挥只有 9 μm 厚 $LiCoO_2$薄膜理论容量的 60%。该电池显示经 500 次循环后容量衰减可忽略不计。值得提及的是,由于硫化物电解质具有相对于氧化物陶瓷或玻璃的低模量,其易受到锂枝晶的侵害而造成电池短路或与锂金属发生钝化反应。也有报道利用 PLD 法将电解质直接沉积在正极表面用以块体型固态电池的制备,这对于实际应用更具价值。此外,将 $LiCoO_2$颗粒包覆 $33Li_4GeS_4-67Li_3PS_4$薄膜后在固态电池中也显示优异的循环性能,表明在特定条件下 $LiNbO_3$过渡层也并非必需。

需要指出的是,硫化物固态电解质暴露在大气中时会释放硫化氢气体,存在安全隐患。当硫化物固态电解质全固态电遭遇到穿刺、剪切或者撞击时,一旦外封装被破坏,就有可能产生硫化氢,对生命造成危险、对环境造成污染。因此,对硫化物固态电解质材料及其电池的安全性改良意义重大。

7.4.2　块体型全固态锂电池及其电化学性能

硫化物固体电解质地柔软,仅通过冷压就能够获得致密、高电导率的电解质薄片,有利于制备全固态电池。固态电解质薄片必须有足够的机械强度才能防止固态锂电池的充放电过程中发生穿孔,引起短路或电池破坏。因此致密的固态电解质薄片对于构建固态锂电池是必须的组成。氧化物和磷酸盐基的固态电解质一般在通过延长烧结时间或热压引入的高温条件下烧结达到致密化目的。高温烧结常常需要超过 1 200℃的苛刻条件,得到的薄片易破碎,给氧化物固态电解质在固态电池的应用带来困难。相比之下,硫化物固态电解质具有相对低的杨氏模量,可加工性能优异。典型硫化物固态电解质的杨氏模量一般为 20 GPa,这是一个居于典型的氧化物和有机聚合物之间的中间值。Sakuda 等研究硫化物固态电解质($Li_2S-P_2S_5$)杨氏模量与致密化加工之间的关联结果显示:相对密度随施加的压力增大而上升,当压强超过 350 MPa 时其相对密度将超过 90%。该实验表明,对于获得相对密度高的硫化物固态电解质薄片而言热处理并非必要。室温下的致密化能力是 thio-LISICONs 的明显优势。因此截至目前,硫化物固态电解质经常被用于全固态电池中的研究开发之中。

块体型全固态电池主要通过压制法、喷涂法及湿涂法制备(图 7.19),其中前两者主要面向实验室“片丸式”原理电池的制备,后者则面向实用化“软包式”电池制备。块体型全固态锂电池常被设计为“三明治”结构,如图 7.20 所示,由正极、固态电解质和负极组成,并通过集流体引出导线。为了提高硫化物系全固态锂电池的能量密度,钴酸锂($LiCoO_2$)高容量三元正极材料 $LiNi_{0.8}Co_{0.15}Al_{0.05}O_2$(NCA)、NCM 等和 5 V 高电压型正极材料 $LiNi_{0.5}Mn_{1.5}O_4$(LNMO)、$LiCoMnO_4$ 被广泛应用,负极则选取金属锂或锂铟合金等。本节所涉及主要介绍粉体压制法制备块体型全固态锂电池。

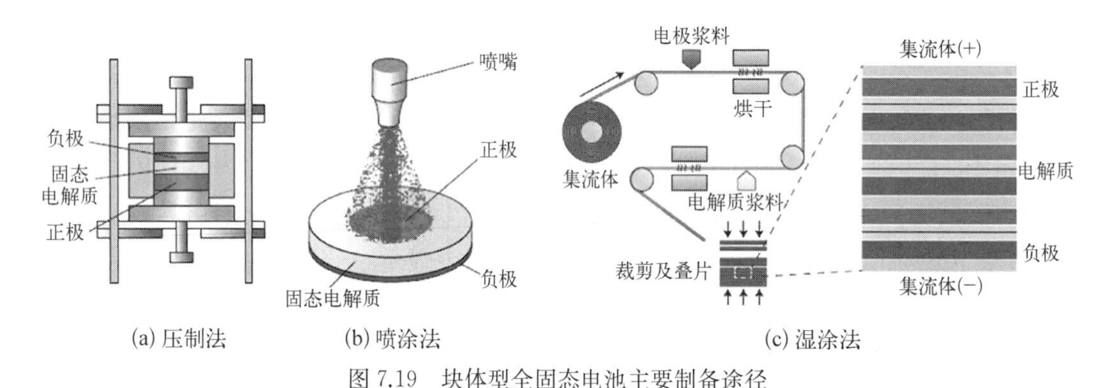

图 7.19 块体型全固态电池主要制备途径

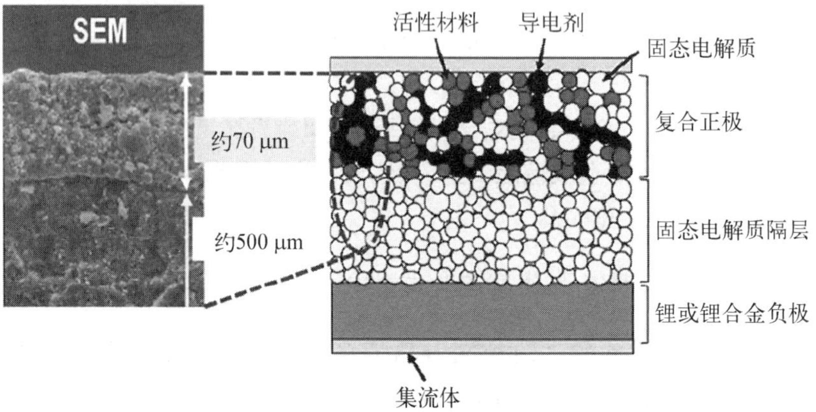

SEM
约70 μm
约500 μm
活性材料
导电剂
固态电解质
复合正极
固态电解质隔层
锂或锂合金负极
集流体

图 7.20 硫系块体型全固态锂电池基本结构示意图

1. 复合固态电极的设计

在集流体和电极活性材料之间实现良好的电接触对复合电极而言是最重要的,这点不仅适用于传统的液态锂离子电池,也同样适用于全固态电池。例如,$LiCoO_2$ 在全固态电池中的性能受导电剂的影响非常大。由于复合电极中的电解质形态、电解质与活性材料接触等因素对影响离子传输过程,全固态电池的容量发挥高度依赖于复合电极的组成和结构。

Li_xMO_2(如 $LiCoO_2$)复合电极的大多数研究论文采用含质量分数为 35%～65%的电解质组成,这个用量被认为可确保离子传输路径的通畅。显然,高含量的电解质用量势必会降低全固态电池的能量密度。要克服这个问题,理想的复合电极中的活性材料应尽可能地被均匀分布的电解质和导电剂所包围。如图 7.21(a)所示,通过脉冲激光沉积法(PLD)可以将固态电解质超薄层沉积在电极材料上,固态电解质包覆的 $LiCoO_2$ 正极能够正常工作。如图 7.21(b)所示,采用 PLD 法将质量分数为 10%的 $Li_2S \cdot P_2S_5$ 电解质包覆在电极上,能在 $LiCoO_2$/石墨全电池中实现 133 $mA \cdot h \cdot g^{-1}$ 的放电容量。但是,PLD 技术费用昂贵,并非实际应用的可行解决方案,因此需要创新方法。基于此,提出了使用 N-甲基甲酰胺完全溶解 $Li_2S \cdot P_2S_5$ 电解质,后湿法包覆电极的方法。但是,由于这种方法得到的固态电解质的离子只有 $2.6 \times 10^{-6} S \cdot cm^{-1}$,电池性能的提升并不显著。通过进一步尝试使用无水肼溶解 $Li_{3.25}Ge_{0.25}P_{0.75}S_4$,能够获得更高的离子电导率($1.82 \times 10^{-4} S \cdot cm^{-1}$)。然而无水肼有毒有害,阻碍了此方法的进一步发展,环境友好的绿色工艺也是需要考虑和开拓的方向。

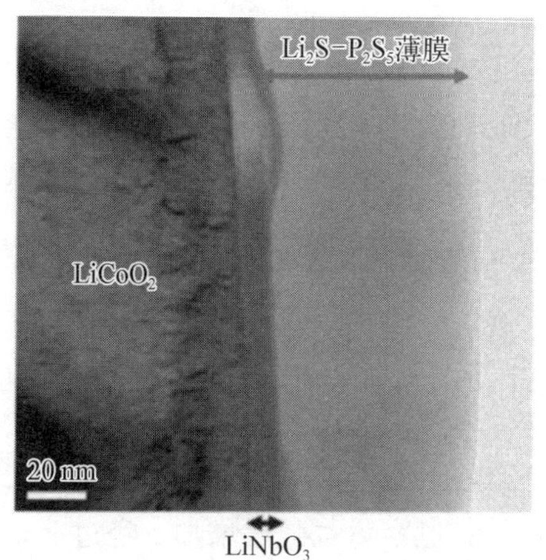

(a) 通过PLD法合成的$Li_2S \cdot P_2S_5$电解质包覆$LiCoO_2$的TEM截面图

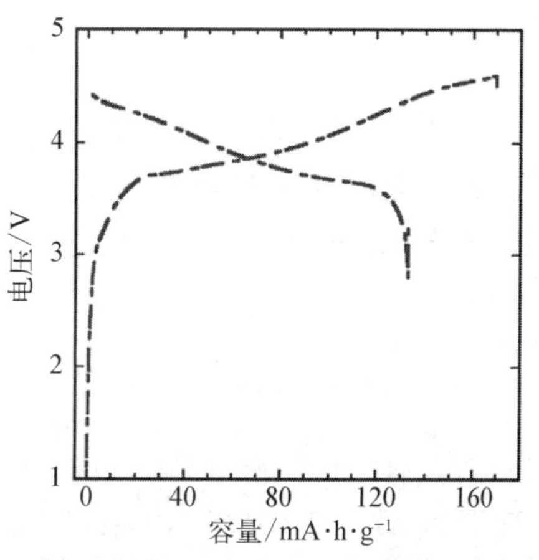

(b) 对应$LiCoO_2$/$Li_2S \cdot P_2S_5$/石墨体系全固态电池的充放电曲线

图 7.21　电极材料基于物理法包覆固态电解质的全固态电池

尽管能够直接通过冷压方式而实现活性材料与硫系固态电解质的二维接触,但采用高于电解质玻璃点转变温度的热压方法获得无孔致密复合电极的方法也值得关注(图 7.22)。研究表明,热压得到的复合电极能够提高活性材料利用率。但是,另一方面,采用 $LiCoO_2$ 为正极的研究表明,热压也存在造成大量的界面副反应的风险,在 $LiCoO_2$ 表面包覆 $LiNbO_3$ 过渡层则能够部分抑制热压过程中的界面副反应发生。如图 7.22(c)所示,经过 210℃热压的 $Li_4Ti_5O_{12}$/$80Li_2S \cdot 20P_2S_5$/$LiNbO_3$ 包覆 $LiCoO_2$ 全固态电池,性能优于冷压制备的电池。

研究表明对应用于全固态电池中的硫或 Li_2S 系正极,机械化学法是实现纳米复合结构的重要方法。全固态电池中的其他电极材料也是如此。例如,纳米尺度 NiS 正极材料能够采用机械化学法通过以下连续反应合成:

$$Ni_3S_2 + Li_3N \longrightarrow Ni + Li_2S + N_2 \uparrow$$

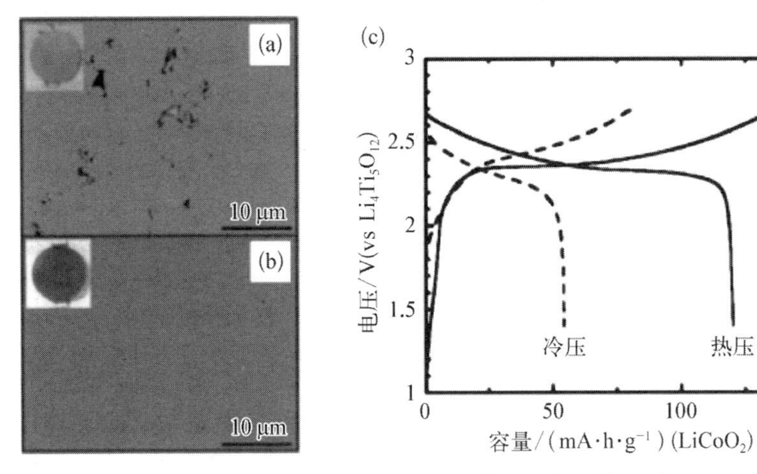

图7.22　冷压与热压制备全固态电池的性能差异

(a) 冷压制备的电解质片($80Li_2S \cdot 20P_2S_5$)电镜及光学照片;(b) 热压制备的电解质片($80Li_2S \cdot 20P_2S_5$)电镜及光学照片;(c) 冷压与热压制备的全固态电池的首圈充放电曲线对比。

$$Ni + Li_2S + S + P_2S_5 \longrightarrow NiS_2 + Li_2S \cdot P_2S_5$$

所制备的 NiS_2 纳米复合正极材料相比于简单混合的材料其容量得到了提升。采用类似的方法也可以合成黄铁矿 FeS_2 纳米复合正极材料,对 Fe_2P、S 和 Li_2S 连续机械化学法和热处理如下:

$$2Fe_2P + 13S \longrightarrow 4FeS_2 + P_2S_5 (350℃)$$

$$22.5(4FeS_2 + P_2S_5) + 77.5Li_2S \longrightarrow 90FeS_2 + 77.5Li_2S \cdot 22.5P_2S_5$$

Jung 等人研究了 TiS_2 和 Li_3PS_4 间机械化学反应的效应,并观察到异常增加的 Li^+ 储量。如图7.23(a)~图7.23(f),随着球磨时间的增加,过容量也随之增加。经过9 min的球磨,纳米复合电极展现出837 mA·h·g^{-1}容量,电压区间1.0~3.0 V[如图7.23(f)]。纳米复合电极的容量显著增加,可能源自在球磨过程中由 TiS_2 和电解质部分反应形成了非晶相 Li-Ti-P-S[如图7.23(g)和7.23(h)]。

2. 片丸式固态电池

在全固态锂电池开发的早期或实验室研发阶段,制作的电池一般为直径约10 mm的"片丸式"电池,其作用主要是用以评价材料(正极、负极、电解质)或电化学体系的综合性能。其工艺主要是将正极混合材料(正极活性材料、固态电解质、导电剂)、固体电解质层分别在原料干粉状态下混合,然后依次投入圆筒容器内。将粉末在容器内分层堆积,然后与金属锂或锂铟合金贴合,上下用不锈钢柱压紧并利用压机施加100~300 MPa的压力以实现内部不同固相界面的紧密接触,确保离子传导(表7.9)。从图7.20中的电镜照片可辨别出复合正极和电解质层之间的界面轮廓,通过单向冷压可以使杨氏模量较低的硫化物电解质和电极之间接触紧密。一般而言,工作电极的厚度是几十微米,电解质的厚度是几百微米。

目前,"片丸式"硫系全固态电池的能量密度远低于商业化的液态锂电池,这主要是因

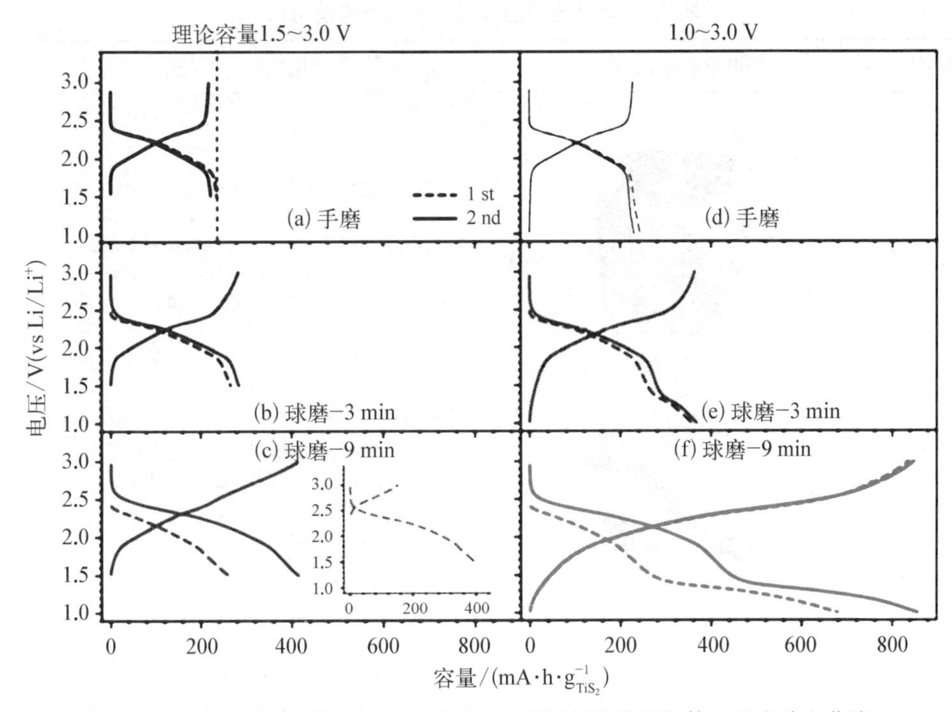

(a)～(f) 手磨和球磨得到的 TiS_2 基纳米结构材料的首圈与第二圈充放电曲线

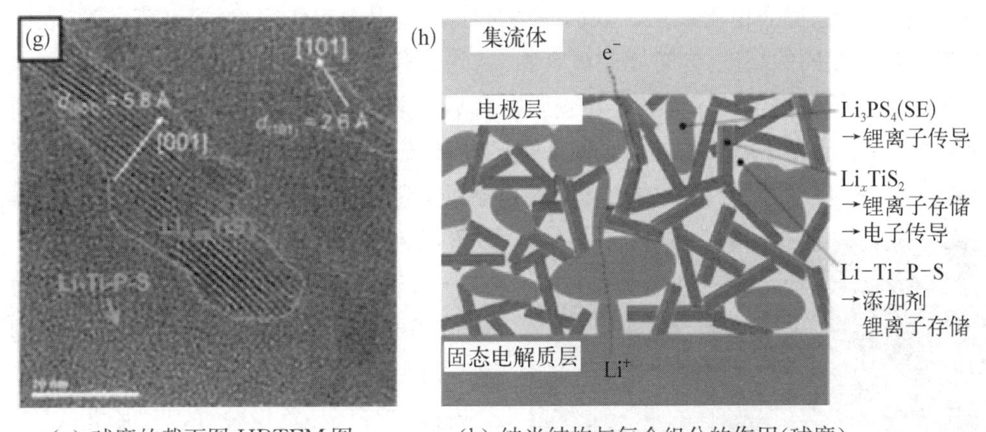

(g) 球磨的截面图 HRTEM 图　　(h) 纳米结构与每个组分的作用(球磨)

图 7.23　复合正极采用不同研磨方式获得的全固态锂电池性能对比

为全固态电池中使用固态电解质占比过大。一方面,为了提高复合正极的离子电导率,通常会在正极中加入质量分数为 30%～70%的固态电解质,相当于降低了 30%～70%正极的能量密度。另一方面,由于硫化物固态电解质在冷压后较脆,因此通常制备成较厚的固态电解质而防止短路、破碎等问题,其厚度大约在 0.5～1.0 mm。相关工作基本集中在研究和探索电解质、电极以及界面方面。

3. 软包式全固态电池

全固态锂电池内部阻抗偏高是普遍存在的问题,造成全固态锂电池高阻抗的问题有以下 4 个方面:(1) 正极内的正极活性材料与固态电解质界面会产生电阻层;(2) 固态电

表 7.9 硫系全固态锂电池类型及构造特点

结构类型	电池结构示意图	电 池 特 征
片丸式	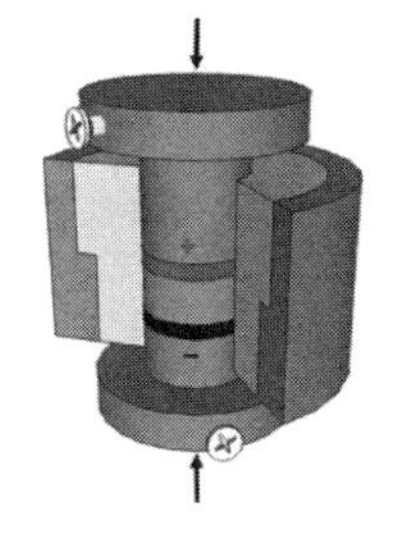	优点:① 装配相对简单,可快速评价材料的性能; ② 工作温度范围较宽、安全性较好 缺点:① 电解质占比大,活性材料利用率低; ② 电解质层较厚,造成电池内阻大; ③ 需要外加压力,模具重量大,能量密度低
软包式		优点:① 容量大、比能量高,面向实际应用; ② 工作温度范围较宽、安全性较好 缺点:① 对设备及技术工艺要求很高; ② 制备环境条件严苛; ③ 产品化成本高

解质层较厚;(3) 正负极内的活性材料凝集;(4) 构成正负极或者电解质的固体颗粒之间会形成空隙。对于采用锂金属负极的全固态软包电池而言,基本方法是将干燥的粉末在溶剂中分散制备成浆料,将浆料涂布在基材上然后进行干燥的工艺。通过干燥除去溶剂,分别形成正极层、固态电解质层。表面张力在干燥过程中起作用,当溶剂蒸发时,表面张力自然地达到相同的高度,同时膜层被紧固,因此具有易于形成高密度均匀层的优点。

传统锂离子电池中,正、负极片与隔膜贴合后封装,最后注入电解液。而对于全固态电池,固态电解质无法后期添加。全固态电池与传统锂离子电池的电芯制备最大的区别是需要在预制电极的混合材料中加入固态电解质,然后制浆涂覆在箔材上。通过这样的改善,能够将固态电解质隔层的厚度从 300~500 μm 变薄至 20~50 μm,离子传输能力提高了 10 倍以上,其关键点在于选择合适的溶剂。最后依次将正极、固态电解质隔膜以及金属锂(或合金)负极叠好,与"片丸式"电池相类似,对电芯进行加压实现内部界面的结合及致密化。这些步骤构成了"软包式"全固态锂电池的制备基础。若保持正极和电解质层不变,将锂金属负极替换为碳负极则获得全固态锂离子电池,如图 7.24 所示。其中,Al 为铝集流体;Cu 为铜集流体;PE 为正极(positive electrode);SE 为固态电解质(solid electrolyte);NE 为负极(negative electrode)。

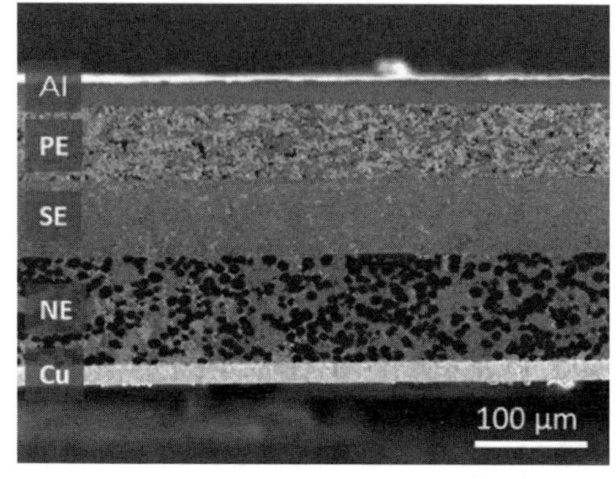

图 7.24 块体型全固态锂电池电芯截面及构造图

总之,对于商业化应用而言,湿涂法才是实现全固态锂电池规模化、连续化生产的主要方向,该方法的关键在于湿法涂制备复合正极以及固态电解质薄膜;此外,锂带负极的界面处理也是影响循环寿命的关键一环。叠片型软包全固态锂电池的制造流程如图 7.25 所示:

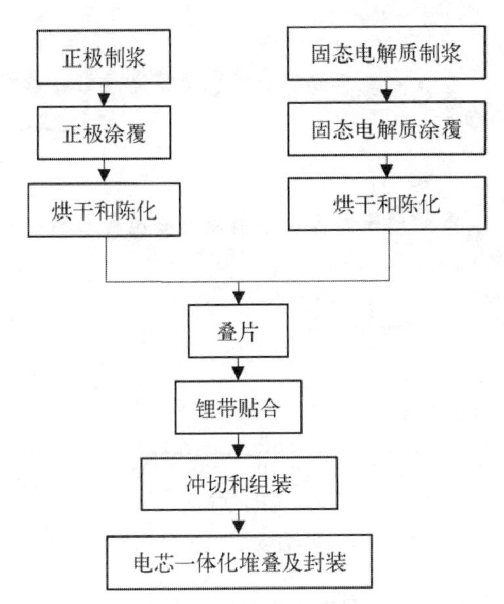

图7.25 软包全固态锂电池的基本制备流程

7.4.3 块体型全固态锂电池电极材料体系

1. 过渡金属氧化物正极体系

由于层状或尖晶石状的 Li_xMO_2(M=Co, Ni, Mn)在传统锂离子电池中的嵌脱反应高度可逆且具备体积变化小和工作电压高,也被认为是固态电池应用中切实可行的正极材料。至今,许多 Li_xMO_2 材料,包括 $LiCoO_2$、$Li(Ni,Mn,Co)O_2$、$LiMn_2O_4$ 已经在硫化物系固态电解质的全固态电池中得到了测试。然而,相比理论容量,Li_xMO_2 材料实际容量发挥低下,充电过程中存在大量的不可逆反应,同时出现高的过电位现象。究其原因,不佳的性能表现源于硫化物固态电解质低的本征氧化起始电位(约为 3 V vs Li/Li^+),可由图7.26中起始于2.3～2.4 V(vs LiIn)异常的充电平台所证实。Tatsumisago 等利用电镜

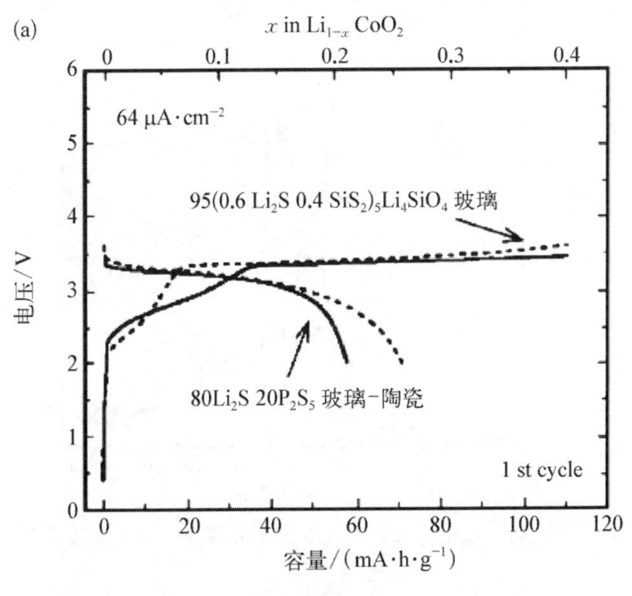

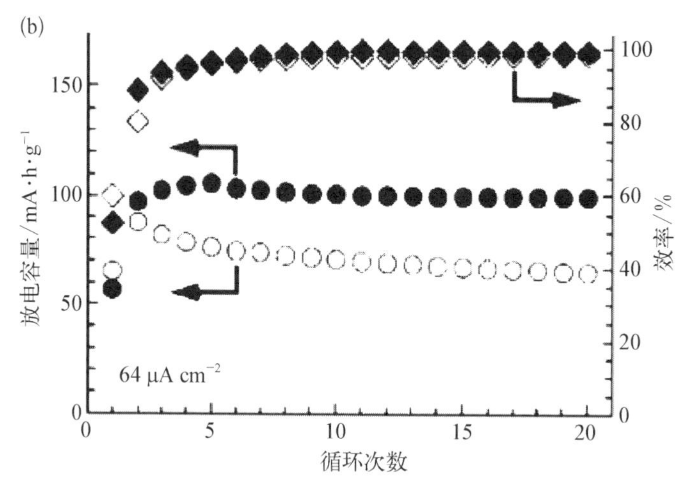

图 7.26 $LiCoO_2/Li_2S \cdot P_2S_5/In$ 全固态电池初次充放电曲线及循环性能

成像研究了 $LiCoO_2$ 和 $Li_2S \cdot P_2S_5$ 固态电解质在充电之后的界面状态。结果显示源于 $LiCoO_2$ 和 $Li_2S \cdot P_2S_5$ 中的元素发生了相互扩散,如图 7.27 所示。在正极/固态电解质界

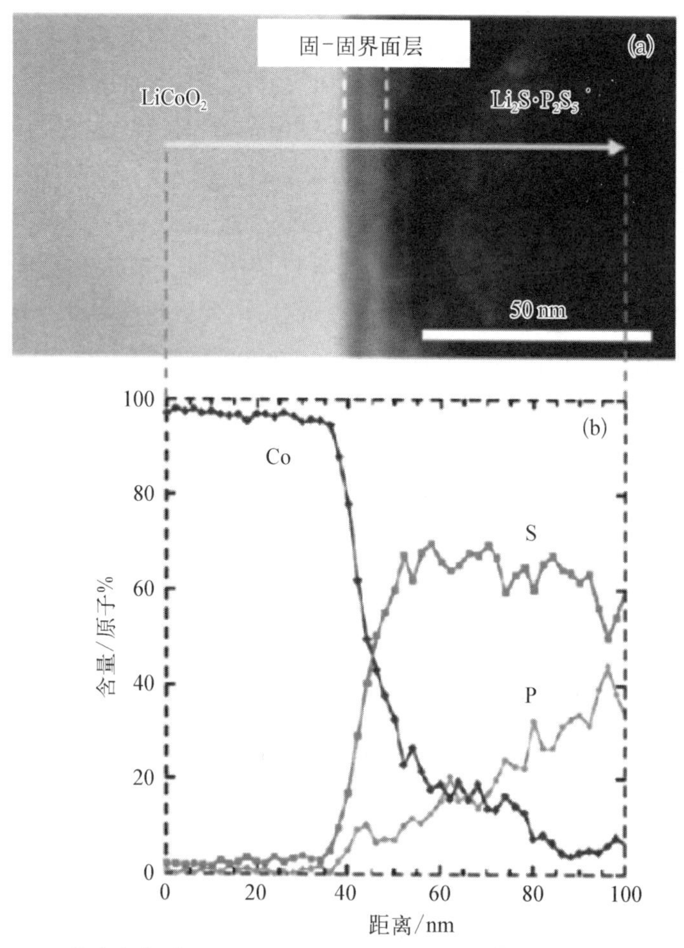

图 7.27 首次充电后 $LiCoO_2/Li_2S \cdot P_2S_5$ 界面成像及截面元素线性分布图

面出现了由 Co 和 S 元素构成的界面扩散层被认为是造成低性能衰减的主要原因。学界采用了“空间电荷层理论”来解释 $LiCoO_2$ 和硫化物固态电解质的界面行为。即在毗邻 Li_xMO_2 界面处的硫化物固态电解质中的锂耗尽而产生巨大的界面电阻，而锂的耗尽则由电化学电位差异所引发的活性材料和硫化物材料之间的锂扩散造成。

通过在氧化物正极活性材料表面包覆不同的金属氧化物，诸如 $LiNbO_3$、$Li_4Ti_5O_{12}$、Li_2SiO_3、Al_2O_3、$BaTiO_3$，可使全固态电池的界面阻抗降低，从而提升它们的电化学性能（图 7.28）。潜在机理可能是包覆层抑制了硫化物与氧化物层之间的界面副反应，或者说氧化物涂层对高电位 Li_xMO_2 正极起到了防护效果。需要强调的是，具备电子绝缘且离子导通的典型氧化物材料促使了性能表现的提升。由金属硫化物（如 NiS 和 CoS）构成的电子导通涂层对 $LiCoO_2$ 性能发挥起到增强作用。离子导通可通过使用含锂的涂层材料来获得。尽管如此，良好的离子导电性也在无锂的氧化钽中发现，原因在于在其晶体结构

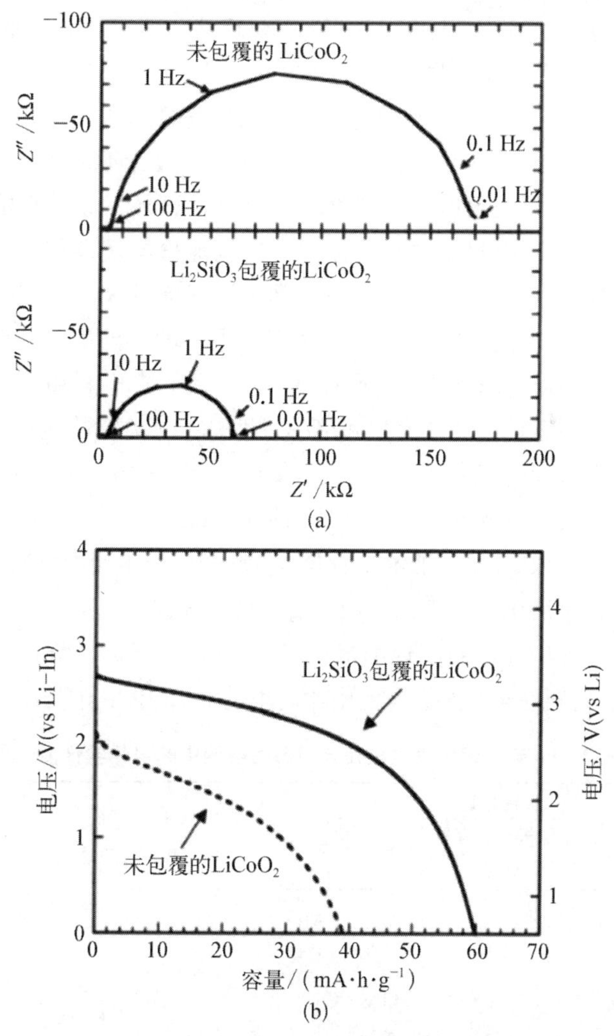

图 7.28　正极活性材料包覆层对全固态锂电池容量发挥的影响

采用未经包覆的 $LiCoO_2$ 与 Li_2SiO_3 包覆的 $LiCoO_2$ 所构成的全固态锂电池在－30℃下的 Nyquist 曲线对比(a)和放电曲线对比(b)。

中存足够大的通道以确保 Li^+ 的传输。大多数传统涂层的应用是通过湿化学法来实现。近年也有报道通过原子层沉积(Atomic Layer Deposition, ALD)途径来实现在不同电极材料表面形成纳米涂层,以提升采用液态电解质锂离子电池的性能及安全性。由于ALD是基于依次序和自限性的表面反应,因此可获得具有低于1 nm厚度的超薄涂层,其精度达到一个原子层的厚度。Al_2O_3 也通过ALD法应用到基于 $LiCoO_2$ 正极的全固态电池,电池的循环性能也得到了明显提升。

2. 单质硫及硫化物体系

由于单质硫及其化合物具备高的理论容量[1 672 mA·h·g^{-1}(S)或1 167 mA·h·g^{-1}(Li_2S)]而作为高比能锂二次电池的正极材料而广泛研究。尽管低的工作电压(约为2.1 V vs Li/Li^+)不利于能量密度的提升,但却可避免硫化物固态电解质的分解。此外,在传统锂硫电池中所存在的多硫中间产物溶解而导致电池库伦效率严重低下的问题,并不存在于全固态锂电池中。因此,单质硫和硫化锂被认为是获得高能量密度全固态锂电池的理想正极材料。然而,对于最终成功实现硫基全固态锂电池而言,硫材料的电绝缘性和充放电过程中巨大的体积膨胀(约为179%)依然是有待于克服的主要障碍。

将硫或硫化锂(Li_2S)与碳材料相复合以形成纳米复合结构式提升全固态锂电池性能表现得最为有效的策略。合理的硫或硫化锂的颗粒尺寸设计不仅能减轻充放电过程中由体积膨胀引入的应力,也最大限度扩大了材料的电活性区域。碳材料能为绝缘性硫或硫化锂提供电子导通路径,同时对于材料的体积变换也能扮演缓冲相的作用。应用于全固态锂电池的纳米结构S-C或 Li_2S-C材料通常采用球磨(BM)和气相混合(或熔融扩散混合)来制备。表7.10归纳了部分应用于全固态锂电池的不同硫基和硫化锂基的复合正极材料。值得一提的是通过球磨S-C或 Li_2S-C以及固态电解质而获得的紧密的离子传输接触对于增强全固态锂电池的容量和倍率特性是十分关键的途径。例如,球磨硫、活性碳以及无定形的 $Li_{1.5}PS_{3.3}$ 可获得~1 600 mA·h·g^{-1}的容量,该值接近于硫的理论容量。P/S的配比被认为是决定硫材料活性的关键因素。作为碳材料的一种替代方案,铜也被提出用以制备含硫或 Li_2S 的纳米复合物。Lee等报道了聚丙烯腈(PAN)-S在60℃工作的全固态锂电池中展示了835 mA·h·g^{-1}的放电容量。通过湿化学法将硫用三乙基硼氢化锂在四氢呋喃中还原而实现纳米尺度 Li_2S 包裹于离子导电的锂的超离子导体β-Li_3PS_4 中,该复合材料在全固态锂电池中比简单的 Li_2S 单晶电极表现了更优异的性能。

表7.10 硫和硫化锂电极在全固态锂电池中的电化学性能表现

组成	制备方法	活性材料、电极可逆容量/(mA·h·g^{-1})	电极组成	电流密度/(mA·cm^{-2})	电解质	电极载量
S-Cu	球磨	867/245	S-Cu∶AB∶SE=20∶3∶30	0.064	$80Li_2S·20P_2S_5$	12.7
Li_2S-Cu	球磨	653/186	Li_2S-Cu∶AB∶SE=38∶5∶57	0.064	$80Li_2S·20P_2S_5$	12.7
S-C	球磨	1 550/388 1 100/275	S∶AB∶SE=25∶25∶50	0.064 1.3	$80Li_2S·20P_2S_5$	12.7

续表

组　成	制备方法	活性材料、电极可逆容量 /(mA·h·g^{-1})	电极组成	电流密度 /(mA·cm^{-2})	电解质	电极载量
Li_2S-C-SE	球磨	800/200 580/145	Li_2S∶AB∶SE =25∶25∶50	0.064 1.3	$80Li_2S \cdot 20P_2S_5$	12.7
S-C-SE	球磨	1 200/525	S∶AB∶SE =50∶20∶30	0.064	$80Li_2S \cdot 20P_2S_5$	12.7
S-C-SE	球磨	1 568/784 1 096/548	S∶KB∶SE =50∶10∶40	0.064	$Li_{1.5}PS_{3.3}$/LGPS	9.5
S-AC-SE	球磨	1 600/800	S∶AC∶SE =50∶10∶40	1.3	$Li_{1.5}PS_{3.3}$/LGPS	9.5
S-C	气相混合	900/225 380/95	S∶AB∶SE =25∶25∶50	0.013 0.13	$Li_{3.75}Ge_{0.25}P_{0.75}S_4$	6.4
S-MesoC	气相混合	1 900/264	S-MesoC∶SE =50∶50	0.13	$Li_{3.75}Ge_{0.25}P_{0.75}S_4$	6.4
S-PAN*	热处理	835/315	S-PAN∶AB∶SE =20∶3∶30	0.038	$Li_2S \cdot P_2S_5$	7.5
$Li_2S@Li_3PS_4$**	湿化学	848/260	$Li_2S@Li_3PS_4$∶C∶PVC=65∶25∶10	0.02	β-Li_3PS_4	0.16~0.40

(a) AC：活性碳；(b) MesoC：介孔碳；(c) 根据 Li_2S∶P_2S_5=10∶1 摩尔比计算；(d) S 或 Li_2S∶Cu=3∶1(质量百分比)；(e) S∶PAN=45∶55(质量百分比)；(f) AB：乙炔黑；(g) KB：科琴黑。

* S-PAN 表示 S 与 PAN 相混合或复合。

** $Li_2S@Li_3PS_4$ 表示 Li_3PS_4 包覆 Li_2S。

基于无机固体电解质的全固态 Li-S 电池能够完全解决液态锂硫电池中多硫化物的穿梭效应。但是，循环过程中的体积变化依然无法解决，增加了固固界面应力/应变和界面阻抗，降低反应动力学。因此，如何提高单质硫的电子/离子电导率和结构稳定性是实现高性能块体型全固态锂硫电池的关键所在。

3. 锂金属及其合金负极体系

锂金属具有低的电极电势(−3.04 V vs NHE)和高的理论比容量(3 862 mA·h·g^{-1})，是理想的高容量负极材料。传统的锂金属电池直接采用锂金属作为负极材料，在电池充放电循环过程中锂金属表面会与电解液发生反应生成一层固态电解质界面膜(SEI)。同时，不均匀的锂沉积会造成锂枝晶生长，导致出现死锂而降低负极锂含量，增加界面阻抗。锂枝晶还有可能刺穿隔膜导致电池内部发生短路，甚至会造成热失控而有燃烧和爆炸的危险。全固态锂电池使用不可燃性的无机固态电解质取代传统锂离子电池的电解液和隔膜，同时采用金属锂作为负极有望使全固态电池兼顾高安全性能和高能量密度。

由于锂金属的还原性强，极易与固态电解质中的高价金属阳离子发生化学反应，容易在界面处生成高界面阻抗的中间层。此外，尽管固态电解质具有较高的机械强度，但是在锂枝晶还是可以沿着固态电解质晶界和孔隙生长。为了提高锂金属与固态电解质之间的界面稳定性，通常采用电解质表面修饰、锂金属表面修饰和引入界面缓冲层等三类解决方法。

有两个问题必须阐明。首先，全固态锂电池也会由于非正常的锂生长遭受内部短路。在采用 $Li_2S \cdot P_2S_5$ 作为固态电解质片的实验研究中，观察到锂枝晶倾向于在电解质片的空隙和沿其内部晶界生长(图7.29)。对电池充电曲线上经常可以观测到内部短路的迹象。例如在 $LiTiS_2$ 充电(脱锂)的过程中,金属锂沉积在了锂负极的表面,导致了锂在冷压处理的固态电解质层沿孔隙和晶界生长。其次,固态电解质的组分也会影响其接触金属锂的化学稳定性,如 $Li_{10}GeP_2S_{12}$(LGPS)的晶体结构在低电压范围会发生严重改变,如产生 Li_2S 相。弱的化学稳定性也表现于As掺杂 Li_4SnS_4 固态电解质,其中Sn在结构中扮演了还原中心。当采用 $3LiBH_4 \cdot LiI$ 作为 $Li_{3.833}Sn_{0.833}As_{0.166}S_4$ 的保护性涂层时可提升对金属锂的循环稳定性。此外,通过真空蒸镀制备的超薄金属铟可使 $Li/Li_4Ti_5O_{12}$ 全固态电池在高电流密度下获得良好的循环性能,归因于在固态电解质/Li界面处形成的紧密接触。使用金属锂作为实用型全固态电池的负极将依然是一个挑战,这需要在锂负极组成、表面修饰以及固态电解质(膜)片的微结构方面获得重大的进展。

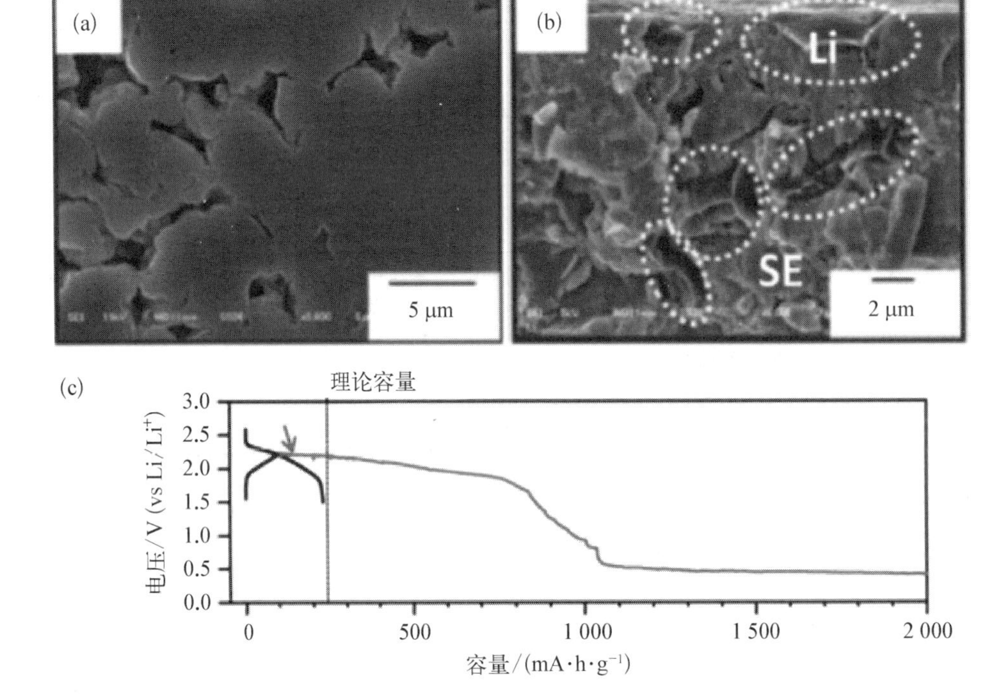

图7.29 全固态锂电池锂枝晶的电解质隔层中的生长及电池的性能表现

(a) 循环前 $80Li_2S \cdot 20P_2S_5$ 固态电解质的表面形貌;(b) 循环后 $80Li_2S \cdot 20P_2S_5$ 固态电解质的表面形貌;(c) $TiS_2/75Li_2S \cdot 25P_2S_5/Li$ 固态电池的首次充放电曲线。

4. 新型电极材料

除了上述提到基于锂金属、Li_xMO_2、硫或 Li_2S 的电极材料,其他典型的液态锂离子电池的电极材料[石墨,尖晶石结构的 $Li_4Ti_5O_{12}$(LTO),硅基材料,类似于 Fe_2O_3 的金属氧化物材料,类似于 Sn_4P_3、NiP_2 的金属磷化物,橄榄石结构的 $LiFePO_4$]都已经在全固态电池体系中进行了研究评价。由于较低的工作电位,石墨的性能高度依赖于电解质的电化学稳定性。采用两种不同的电解质构造的双层结构电解质,有益于提高全固态电池的电化学性能。锂合金,如Li-In和Li-Al合金,是全固态电池中锂金属负极的良好替代品。在全固态电池中,经常使用Li-In合金作为对电极/参比电极,此类电池的电化学行为与采用锂金属的传统半电池相类似。其中，Li－In 合金提供了锂源，其在 $Li_xIn(0<x<1)$合金状态下电位为 0.62 V (vs Li/Li^+)，并具有快电荷传输的动力学性质。Li－Al 合金 (0.38 V vs Li/Li^+)也同样被应用于全固态电池体系。

值得注意的是，对于不适宜于传统锂离子电池或性能表现不佳的电极材料，全固态电池为其提供了一个新的研究和应用领域。在 20 世纪 70 年代早期，层状过渡金属硫化物中的锂离子脱嵌被广泛研究。但是，在出现了更轻、工作电压更高的 Li_xMO_2后，硫化物不再受关注。然而，因为过渡金属硫化物具有工作电压适中(2～3 V vs Li/Li^+)，同时与硫化物电解质兼容性良好等特点，其有望被重新应用于全固态电池中。尤其是，TiS_2和Li_xTiS_2被报道在全固态电池中具有良好的循环稳定性，且可逆容量接近理论值($TiS_2+Li^++e^-\leftrightarrow LiTiS_2$，239 mA・h・$g^{-1}$)。复合物$(Cu_x)Mo_6S_{8-y}$也在全固态电池中表现出优异的循环寿命。$TiS_2$和$(Cu_x)Mo_6S_{8-y}$优异的循环寿命与其可逆脱嵌、高锂离子扩散等金属性质有关。Lee 等人研究了全固态电池中黄铁矿 FeS_2的电化学性能。在传统锂离子电池中，FeS_2在 30℃时的初始容量为～500 mA・h・g^{-1}，且容量衰减快速(图 7.30)。在 60℃下，其性能更差。FeS_2不佳的电化学性能与其中间体多硫化物溶解进入电解液有关。与之形成鲜明对比的是，FeS_2在硫系电解质全固态电池中表现出良好的循环稳定性。Jung 等人报道了 $LiTi_2(PS_4)_3$在全固态电池中性能远优于液态锂离子电池中表现，而液态锂离子电池中 $LiTi_2(PS_4)_3$的不佳表现与其溶解有关。通过机械化学法制备无定型的多硫化钛对应用于全固态电池很有希望。上述材料不仅展示了大容量优势并克服了容量发挥的限制，同时与单质硫基电极相比受体积变化影响较小，因此，很有希望用作全固态电池的替代正极材料。

7.4.4　硫化物系全固态锂电池的界面问题

全固态锂电池中使用固态电解质传输锂离子，如何在电极/电解质之间形成良好接触、低阻抗、稳定的界面是最为关键的问题。全固态锂电池中，电极/固态电解质的固-固界面难以形成全面、良好的接触，具有更高的接触电阻。电极材料和固态电解质间由点接触维持，也导致电极/电解质界面容易产生裂缝和气孔等缺陷，从而限制锂离子在界面处的传输。此外，界面副反应以及锂离子传输过程中界面处的体积膨胀也对固-固界面的稳定性提出了更高的要求。因此，全固态锂电池中界面问题决定了其电化学性能的发挥。

全固态电池的界面问题包括：① 固-固界面阻抗较大。一方面与固-固接触面积较小有关；另一方面，在全固态电池制备或者充放电过程中，电解质与电极界面化学势与电化学势差异驱动的界面元素互扩散形成的界面相可能不利于离子的传输。此外，固-固界面还存在空间电荷层，也有可能抑制离子垂直界面的扩散和传导。② 固体电解质与电极的稳定性问题，包括化学稳定性和电化学稳定性，如某些电解质与电极之间存在界面反应或一些电解质可能在接触正极或者负极的界面发生氧化或还原反应。③ 界面应力问题。在充放电过程中，多数正负极材料在嵌脱锂过程中会出现体积变化，而电解质不发生变化，这使得在充放电过程中固态电极/固态电解质界面应力增大，可能导致界面结构破坏，物理接触变差，内阻升高，活性物质利用率下降。

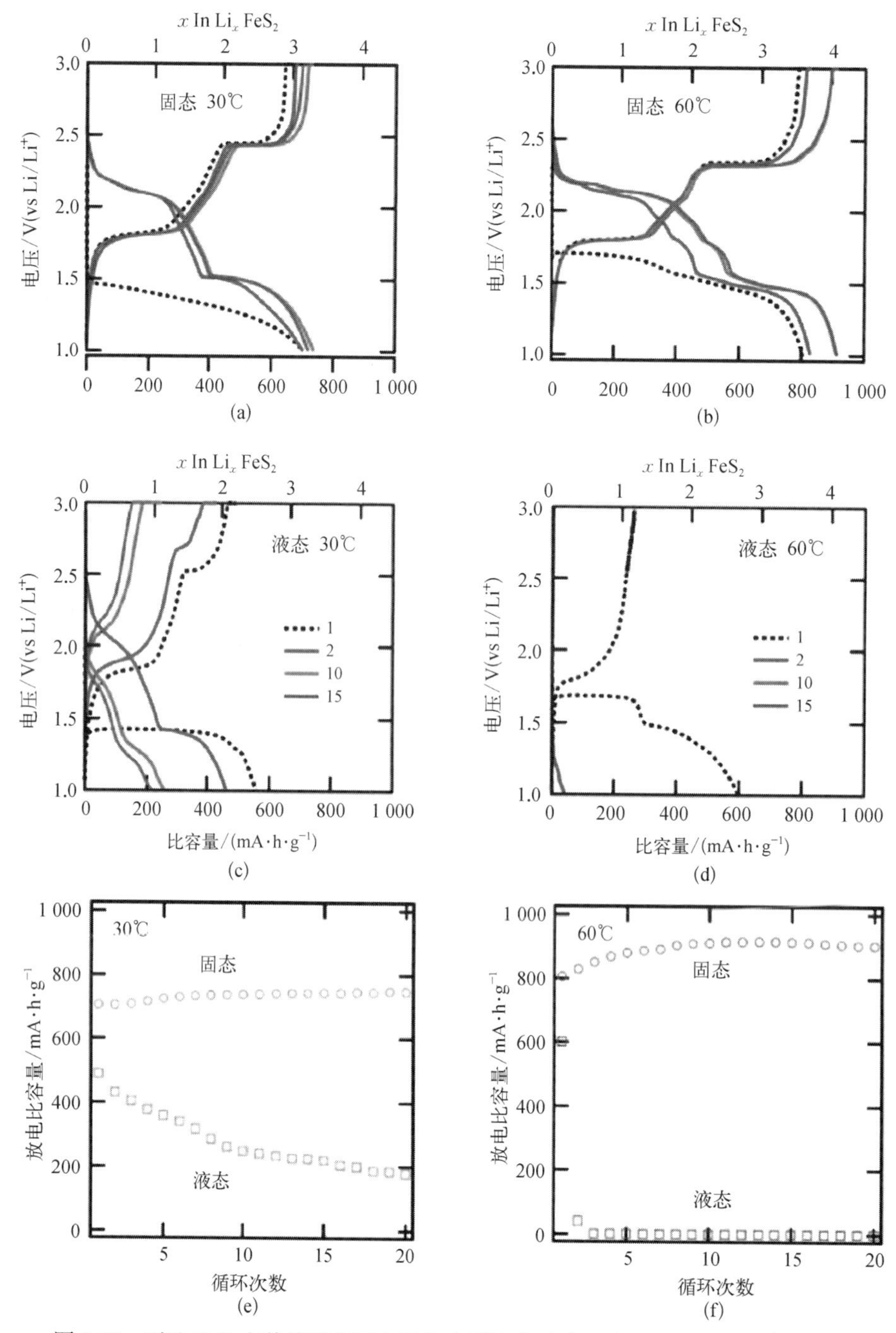

图 7.30　对比 FeS_2 在传统锂离子电池和全固态电池中 30℃和 60℃的电化学性能

1. 正极与固态电解质界面

与液态电解质体系的电池类似,在固态电池中,电极是一种非均相体系,通常由活性材料,导电添加剂,黏结剂和固体电解质组成,因此在固态电解质和正极组分之间可能会产生几种不同的界面。大多数研究集中在固态电解质与正极活性材料之间的界面稳定性,此外还有一些工作专注于固体电解质/导电添加剂界面研究。在正极侧界面中,目前涉及的主要问题有固态电解质/正极材料的电化学窗口不匹配所带来的电解质氧化分解、

“空间电荷层”所带来的高界面阻抗、界面元素互扩散、以及电极材料体积效应带来的接触失效和电解质机械强度等问题，下面将逐一展开讨论。

1）固态电解质与正极的电化学匹配性

理论计算表明由于本征电化学稳定窗口偏窄，目前开发的大多数硫化物固态电解质在与工作电压>4 V的氧化物正极材料匹配时是热力学不稳定的，与通过线性伏安扫描(LSV)测试得到的通常0～6 V稳定窗口的实验结果相悖。原因可能是由于固态电解质和惰性阻塞电极之间接触区域有限，电解质在相较现实状态失真的(线性)LSV测试条件下其分解反应被掩盖，电化学稳定窗口将会被高估。在实际充放电测试中，固态电解质与电极、导电添加剂之间的接触面积要更大，电极中电解质的还原/氧化动力学过程会因而加速，界面的不稳定性也会凸显。例如，研究通过XPS发现NCM811/β-Li_3PS_4界面在一个充放循环后界面上会生成硫化物(—S—S—多硫化物或单质S)和磷氧化物(P-O_x)，同时有1%质量分数的β-Li_3PS_4发生了分解。但是在后续的循环中没有更多的界面相产生，这说明首次循环的副产物是明显增大的界面阻抗和电池极化的重要原因。相似的氧化分解在$LiMn_2O_4$/Li_6PS_5Cl界面也被观察到，生成如P_2S_x，LiCl的界面产物。理论计算表明由于过渡金属氧化物M3d轨道价带最大能量与其锂化学势比硫化物电解质S3p轨道的更低，e^-与Li^+倾向从电解质转移到正极材料，从而造成硫化物电解质氧化。除了在正极材料接触界面，硫化物电解质在集流体界面处也被发现有严重的氧化问题，并且其形成的氧化层厚度由截止电压和集流体与固体电解质之间界面处的相关电位差所决定。

因此，在全固态锂电池中正极/电解质界面引入高氧化电位的修饰层以提升固态电解质的热力学稳定，或开发新的抗高压固态电解质，以及通过构建叠层电解质等手段改善电极/电解质电化学窗口不匹配对实现电池长循环，以及匹配高电压正极材料实现固态电池能量密度的明显提升有着重要意义。

尽管原因并未完全明确，硫化物固态电解质的电化学窗口相对有限。对$Li_{10\pm1}MP_2X_{12}$(M=Ge, Si, Sn, Al或P，X=O, S或Se)体系理论计算提供了可应用于固态电解质不同材料的电化学稳定性的深刻理解。LGPS的能带宽度约为3.6 eV，表明了相对低的电化学窗口。LGPS中的Ge元素相信会在低电位下被还原，Li_2S和P_2S_5会作为其分解的结果而形成。最近，Jung等证实了$Li_{10}GeP_2S_{12}$(LGPS)的结构甚至会在0.6 V(vs Li/Li^+)附近发生改变，很可能形成了Li_2S的相，这解释了TiS_2/LGPS/LiIn全固态电池性能表现的明显衰减。基于$Li_2S\cdot P_2S_5$的固态电解质在低电位下会比LGPS基固态电解质更稳定。在正极电压范围，引发氧化分解的起始电压约为3.0 V(vs Li/Li^+)。

虽然受限的电化学稳定性能降低全固态电池的性能表现，但电化学窗口本身并不能直接限制全固态电池的工作电压范围。石墨已经成功应用到锂离子电池，尽管液态电解质的分解发生在<1 V (vs Li/Li^+)。除了电解质的本征电化学稳定性外，有益的钝化也比较重要，因为它能抑制持续的降解过程。活性材料与固态电解质之间的界面工程在全固态电池中十分关键。

2）固态电解质与正极界面的空间电荷层

空间电荷层(Space Charge Layer)是指存在于两相界面之间存在的电荷载流子浓度

发生变化的区域,在两相界面上电化学势的匹配和平衡会要求边界电荷载流子重新分布。在未经表面包覆的氧化物正极/硫化物电解质全固态锂电池中,充电开始阶段经常可以观察到电压曲线出现斜坡,以及电池容量较低的问题。研究将这种异常现象归因于高界面电阻,并通过空间电荷层模型解释了界面电阻的来源。

氧化物正极材料通常是电子和离子的混合导体,而硫化物固态电解质为单一离子导体。两者相互接触时,锂离子在二者之间较大的化学势差导致锂离子由硫化物固态电解质一侧向氧化物正极材料一侧移动,从而使得电极和电解质同时形成空间电荷层,如图7.31所示。然而氧化物正极材料的电子电导性质导致电子能够消除正极材料侧的锂离子浓度梯度,从而使得正极材料侧的空间电荷层消失。而硫化物电解质侧的锂离子继续向正极材料侧移动,以达到化学势平衡,空间电荷层继续生成,最终导致电解质出现贫锂层,形成巨大的界面电阻,大大降低界面处锂离子迁移动力学。与硫化物固态电解质相比,氧化物固态电解质与氧化物正极之间空间电荷层效应不明显。

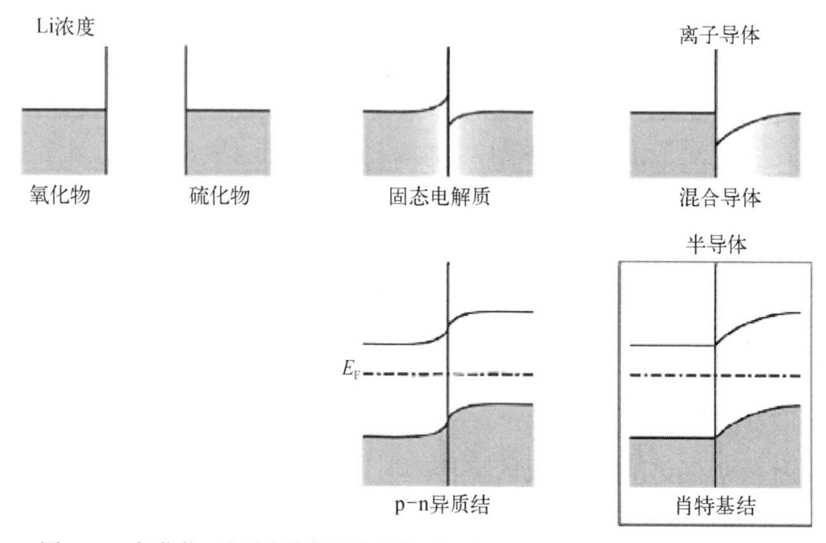

图7.31　氧化物正极/硫化物固态电解质界面空间电荷层的形成和电势变化

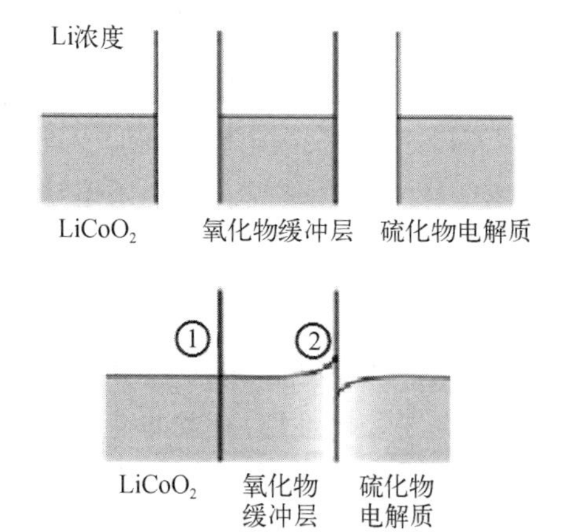

图7.32　氧化物正极/硫化物固态电解质之间引入氧化物缓冲层后电势变化

通过在氧化物正极材料与固态电解质之间引入一层离子导电而电子绝缘的氧化物缓冲层层,可在界面处形成氧化物正极/离子导体氧化物层和固态电解质/电子绝缘体氧化物层两个新的界面(图7.32)。氧化物正极/离子导体氧化物层界面上锂离子具有相似的化学势,而固态电解质/电子绝缘体氧化物层均为电子绝缘体,从而新生的两个界面上不会生成空间电荷层。这类氧化物缓冲层材料包括$Li_4Ti_5O_{12}$、$LiNbO_3$和Li_2SiO_3等。类似地,正极材料的表面修饰在不用程度上也能改善电极/固态电解质界面稳定性,进而提高氧化物正极材料在全固态锂电池中的电化学性能。目前已报道的修饰材料包括氧化物(Al_2O_3、SiO_2和TiO_2)、硫化物(CoS和NiS)以及锂的含氧酸盐(Li_2SiO_3、Li_2ZrO_3和$Li_4SiO_4-Li_3PO_4$)等。

3) 固态电解质与正极界面的元素互扩散

另一个严重的界面问题是正极材料和电解质之间的元素相互扩散所造成的界面阻抗。在全固态电池制备过程中,由于分子的热运动,界面上的元素会相互扩散,而高温或高压的环境会增大元素自发扩散的程度,并在随后的循环过程中逐渐生成低电导界面相,造成高界面电阻。元素的互扩散会间接导致界面上电解质晶体结构的变化,产生低离子电导相,最终导致界面离子传导失效。目前在电极/固态电解质界面上的元素互扩散及产生的界面相的研究主要集中在元素分布、中间相结构识别和它们对界面阻抗的影响方面。然而,有关电池循环的动态过程,以及在加热、加压、电化学、电压的复合效应下对界面间元素扩散行为的影响仍有待进一步研究。

4) 固态电解质与正极界面的体积效应

在电极活性材料脱锂或嵌锂的过程中,其晶胞参数将不可避免地发生缩小或扩大,造成材料颗粒体积形变。尤其在固态电池中,固态电解质与电极颗粒为刚性接触,对电极材料的体积变化更为敏感,循环过程中容易造成电极颗粒之间以及电极颗粒与固态电解质接触变差,或应力累积造成电解质机械性能失效,进而导致电池电化学性能的衰减。Zhang等原位监测了NCM811/$\beta-Li_3PS_4$/Li全固态锂电池循环过程中的界面接触情况和内部压力,电镜分析表明经50次循环后NCM811与$\beta-Li_3PS_4$界面产生了明显的缝隙。此外,压力监测数据也显示,随着电池充电/放电的进行,其内部应力发生增大/减小,并且变化程度随充放电深度改变,表明电极材料在循环过程中的体积变化对固态电池性能有重要的影响。

2. 负极与固态电解质界面

金属锂具有低的电极电势(−3.04 V,vs.NHE)和高的比容量(3 862 $mA\cdot h\cdot g^{-1}$),是理想的负极材料。但是直接以金属锂作为电池负极材料时,循环过程中锂与电解液反应生成固态电解质界面膜;同时,由电流密度分布不均匀而形成锂枝晶,降低体系库伦效率,增加界面阻抗,甚至刺穿隔膜,引发安全事故。在全固态锂电池中,固态电解质具有高的力学性能,能够有效抑制锂枝晶的生长,提高电池安全性。但是由于金属锂的强还原性,固态电解质中某些高价态金属离子易被还原,生成高界面电阻相,导致电解质化学稳定性差。研究指出,金属锂/固态电解质之间的界面分为3种不同的类型:

(1) 热力学稳定界面,即固态电解质与金属锂不发生反应,形成明显的二维界面。

(2) 混合导体界面,即固态电解质与金属锂反应生成的界面同时具有电子和离子导电性,界面可能会继续向电解质一侧生长,进而改变材料整体的性质,也会导致严重的自放电。

(3) 固态电解质界面,即电子绝缘而离子导电界面层(图7.33)。

目前,如何有效抑制金属锂与固态电解质直接接触发生化学反应,提高锂负极/固态电解质界面稳定性,是提高全固态电池电化学性能的关键。相应的解决策略主要有固态电解质表面修饰、金属锂表面修饰和增加聚合物隔膜等途径,但是,一方面金属锂的活性太大难以操作,同时受限于原位表征装置和方法,全固态锂电池中的锂负极稳定性的研究相对较少。

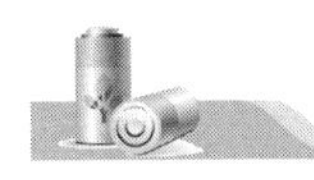

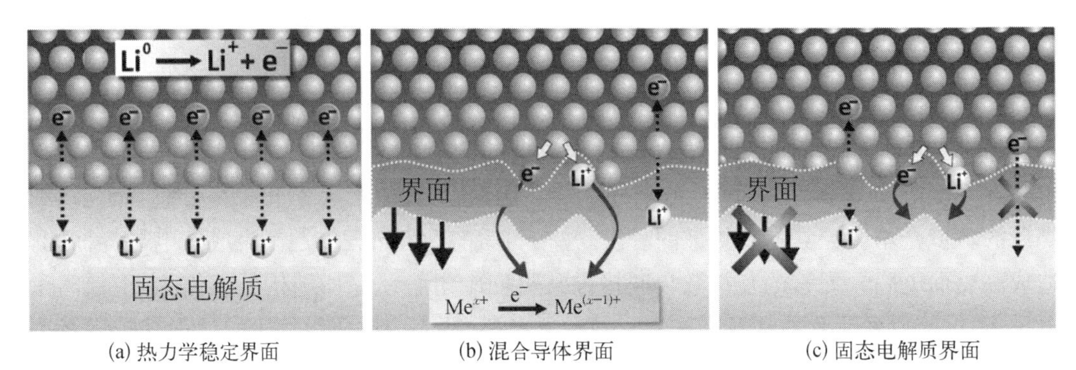

(a) 热力学稳定界面　(b) 混合导体界面　(c) 固态电解质界面

图 7.33　金属锂负极/固态电解质界面类型

7.4.5　硫化物系块体型全固态锂电池发展趋势

硫化物电解质的高延展性和室温高离子电导率($\sim 10^{-2}$ S · cm^{-1})的特性,为实现高安全、高能量密度型全固态电池奠定了基础。但是,基于硫化物电解质的全固态锂电池依然处于研发阶段,固态电解质制备、电极/固态电解质的固固界面构筑等一系列基础问题都没有得到很好的解决,需要进一步的创新研究(图 7.34)。硫化物系块体全固态电池面临的问题和挑战总结如下。

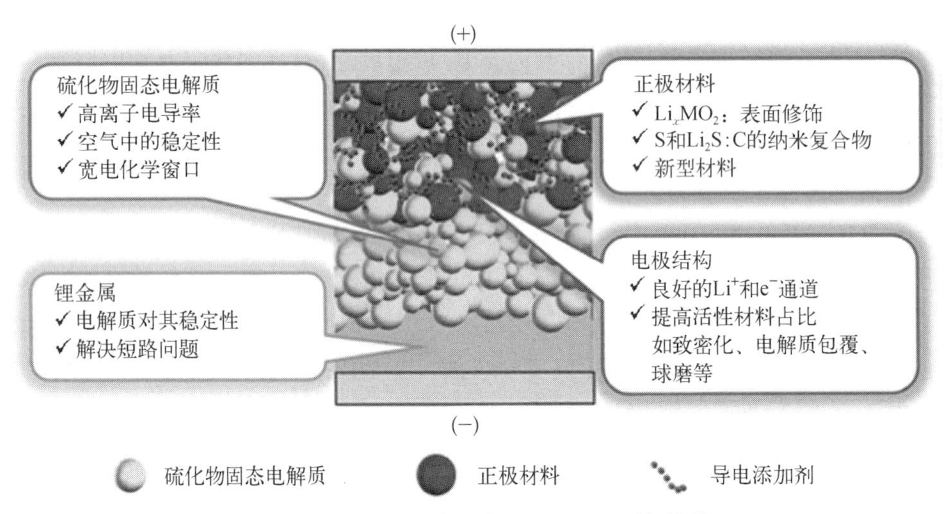

图 7.34　发展硫系全固态锂电池的问题与挑战

(1) 从化学组成和晶体结构方面设计先进的硫化物固态电解质。特别关注高离子电导率、宽电化学窗口以及耐水分引发的化学分解方面。

(2) 深入揭示理解电极材料与电解质界面处的离子传导、界面反应过程及现象,以及由于不同电极、电解质材料间不兼容所引发问题的化学和电化学问题,寻找解决方案。如 Li_xMO_2 正极的电化学性能可以通过电子绝缘、离子导电金属氧化物涂层或电子导通金属硫化物涂层等表面修饰方法得到提高。

(3) 使用锂金属及其合金作负极,获得高比能量密度。如何提高金属锂负极加工性能、以及表面电化学稳定性,延长循环寿命是急需解决的问题。

(4) 研究硫系高比容量电极材料，如Li_2S、FeS_2、$LiTi_2(PS_4)_3$等，为硫系全固态电池提供更多材料选择。

(5) 构筑和优化复合电极的结构，赋予电极良好的离子和电子传导特性，充分发挥活性材料的电化学性能，需要在电极制备复合方法上有所突破和创新。

迄今，在硫化物系全固态锂电池领域所作的大部分努力限于材料化学的研究，少有报道涉及规模化生产。大容量的柔性全固态锂(离子)电池和高比能全固态锂电池是热门研究领域，随着基础研究的深入，全固态锂电池产业规模工程技术和生产成本方面的问题有望得到逐步解决。

7.5　全固态锂电池发展趋势

全固态锂电池是大幅度提高电池能量密度和使用安全性的有效路径，最有可能成为下一代储能电池。无机固态电解质具有高的室温离子电导率，宽的电化学窗口，高的热稳定性和力学性能。聚合物固态电解质具有优良的柔性和成膜性能，但室温离子电导率较低，电化学窗口较窄。设计制备兼顾优良力学性能、高离子电导率和宽电化学窗口的固态电解质(薄膜)材料是发展性能优异全固态锂电池的关键。虽然有不少种类的无机、聚合物固态电解质被开发，但是能够用于实际产业应用的材料寥寥无几。高性能固态电解质的研发依然是今后的一个重要课题。

从全固态电池而言，基于无机、聚合物固态电解质的电池体系的研究报道很多，但固态电池的功率密度和循环寿命仍离实际应用有一定距离。固体电解质/电极之间以及电极内部活性物质/固态电解质之间的固-固相界面之间的离子传输阻抗是影响全固态电池性能发挥的主要因素。离子传输阻抗主要来源于固态电极材料和固态电解质材料之间的固固界面的接触不良、结构不连续以及化学和电化学不稳定性。针对全固态锂电池固-固界面阻抗大、稳定性差等问题，如何设计构建兼容稳定的电极结构以及电机/固态电解质界面，消除或减弱空间电荷效应、抑制高阻抗界面层的生成，降低界面电阻，是全固态锂电池研究需要重点解决的难点问题。

薄膜型全固态锂电池的循环寿命、倍率与温度等性能都十分优良，从这个角度而言，全固态薄膜电池很好地解决了电极/固态电解质界面问题，实现了界面的低阻抗。全固态薄膜电池通过控制正负极、固态电解质薄膜的厚度为微米尺寸，实现锂离子的微米短距离传输，同时利用物理蒸发连续形成的固态电解质/电极界面具有良好的接触，降低了固-固界面阻抗。显然全固态电池的优异性能来源于严格的尺寸控制和特殊的界面形成方法，虽然不能普及应用，但也间接地证实了全固态电池的可行性。

全固态薄膜电池已经可以形成作为商业化产品。各类微系统装备又对微小电源迫切需求。但是现有全固态薄膜电池的面容量低，现有结构和材料在集成时易破损，导致应用场景受限。另外，主流的$LiCoO_2$薄膜材料发挥的最佳比容量约140 $mA \cdot h \cdot g^{-1}$、比能量约540 $W \cdot h \cdot kg^{-1}$，而且制备工艺复杂，控制困难，易吸水脱膜，限制了全固态薄膜型锂电池的面容量的提升。近年来转化反应电极材料如氟化物、硫化物等，以其较高的比容量

(>500 mA·h·g^{-1})和比能量(>700 W·h·kg^{-1}),逐步应用于薄膜型全固态锂电池中,期待能够提高固态薄膜电池的容量;另外,薄膜全固态电池可行成柔性三维结构,改良全固态薄膜电池脆性的缺点,从而推动薄膜型全固态锂电池的实用。

对于大容量块体型全固态锂电池而言,由于使用了粉体状的正负极活性物质,粉体表面的不规则以及比表面积大的问题,致使固态界面固态电极质/电极以及固态电极质/电极活性物质的界面的加工和处理变得困难,目前还没有有效的工艺技术,所以大容量块体型全固态锂电池的研发遇到了瓶颈。一些研究报道了添加液体电解液等折中的方法,这一类电池被称为固液混合电池。

全固态电池的又一个优点是可以采用如图7.35所示的"双极"(bipolar)技术,在固态电芯内部直接进行串并式设计,提高单体电压的同时意味着大量不参与反应的冗余材料被去掉,降低体积和重量,相对于同样能量密度的液态电解质电芯,系统的能量密度会更高,全固态电解质电芯到系统的能量密度的下降比例应该会更低。

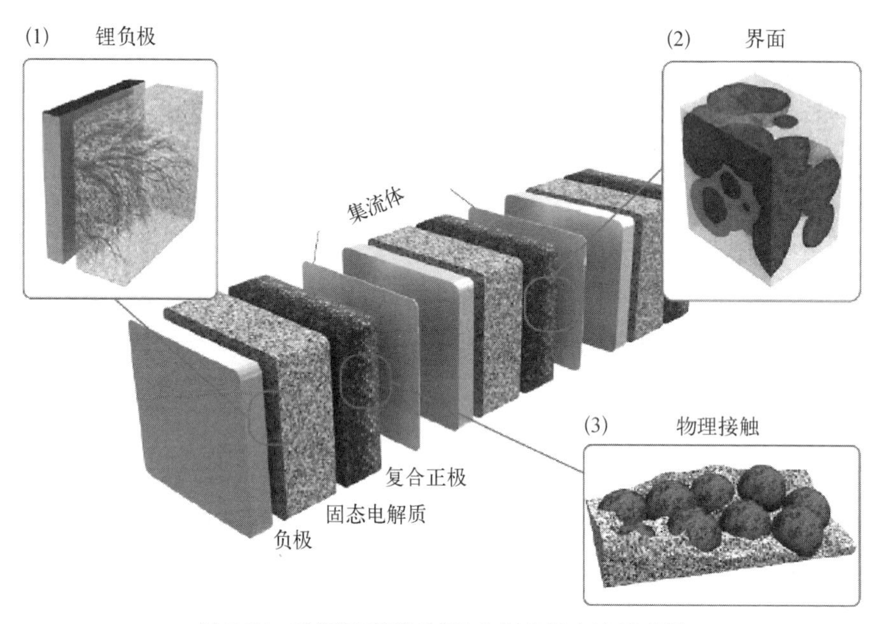

图7.35 采用"双极堆叠"的全固态锂电池示意图

思 考 题

(1) 全固态锂电池分为几类?

(2) 固态电解质分为几类?各有什么优劣?

(3) 固态电解质粉体的制备方法有哪些?

(4) 固态电解质膜的制备方法有哪些?

(5) 薄膜型全固态锂电池都有哪几种设计结构?

(6) 全固态锂电池稳定性差的原因主要是什么?

(7) 全固态锂电池技术的挑战有哪些?

参 考 文 献

许晓雄，邱志军，官亦标，等.2013.全固态锂电池技术的研究现状与展望[J].储能科学与技术，2(4)：331－341.

Chen S J，Xie D J，Liu G Z，et al. 2018. Sulfide solid electrolytes for all-solid-state lithium batteries：Structure，conductivity，stability and application[J]. Energy Storage Materials，14：58－74.

Cussen E J. 2006. The structure of lithium garnets：Cation disorder and clustering in a new family of fast Li^+ conductors[J]. Chemical Communications，37(4)：412－413.

Epp V，Ma Q，Hammer E M，et al. 2015. Very fast bulk Li ion diffusivity in crystalline $Li_{1.5}Al_{0.5}Ti_{1.5}(PO_4)_3$ as seen using NMR relaxometry[J]. Physical Chemistry Chemical Physics，17(48)：32115－32121，(2015).

Famprikis T P，Canepa J A，Dawson M S. et al. 2019. Fundamentals of inorganic solid-state electrolytes for batteries [J]. Nature Materials，18：1278－1291.

Goodenough J B，Hong H Y P，Kafalas J A. 1976. Fast Na^+-ion transport in skeleton structures[J]. Mater. Res. Bull，11：203－220.

Homma K，Yonemura M，Kobayashi T，et al. 2011. Crystal structure and phase transitions of the lithium ionic conductor Li_3PS_4[J]. Solid State Ionics，182：53－58.

Jung Y S，Oh D Y，Nam Y J，et al. 2015. Issues and Challenges for Bulk-Type All-Solid-State Rechargeable Lithium Batteries using Sulfide Solid Electrolytes[J]. Israel Journal of Chemistry，55(5)：472－485.

Kamaya N，Homma K.，Yamakawa Y，et al. 2011. A lithium superionic conductor[J]. Nat. Mater，10：682－686.

Stramare S，Thangadurai V，Weppner W. 2003. Lithium lanthanum titanates：A review[J]. Chem. Mater，15：3974－3990.

Tan D H S，Banerjee A，Chen Z，et al. 2020. From nanoscale interface characterization to sustainable energy storage using all-solid-state batteries[J]. Nature Nanotechnology，15(3)：170－180.

Wenzel S，Leichtweiss T，Krüger D，et al. 2015. Interphase formation on lithium solid electrolytes — An in situ approach to study interfacial reactions by photoelectron spectroscopy. [J] Solid State Ionics，278：98－105.

第8章　燃料电池

8.1　燃料电池概述

自1839年Grove制作了第一个燃料电池，对燃料电池的研究已经接近200年。当初由煤、碳和汽油所定义的燃料范畴，已扩大到氢、醇和肼等，氧化剂范畴也由空气扩展至纯氧和过氧化氢等。1894年，Ostwald指出，如果化学反应通过热能做功，则反应的能量转换效率受卡诺循环限制，整个工作过程的能量利用率不可能大于50%。与此相反，燃料电池不以热机形式工作，电池反应的能量转换等温进行，因此其转换效率不受卡诺循环限制，燃料中的大部分化学能都可以直接转变为电能，效率可达50%～80%。此外，燃料电池工作时不会给环境带来污染，是一种清洁的发电装置。燃料电池还具有积木化的特点，可以根据输出功率或电压的要求，选择单电池的数量和组合方式。

进入21世纪后，全世界各地已经有许多医院、学校、商场等公共场所安装了燃料电池电站并示范运转，而主要的汽车制造商也已经开发出各种燃料电池轿车，并在进行路试中。在北美和欧洲的许多城市，燃料电池大巴也正在投入示范运行。此外，以燃料电池作为便携式电子产品电力的发展也正在积极地开展中，燃料电池将成为未来一种具有广阔应用前景的清洁发电装置。

8.2　燃料电池原理、特点、组成和分类

8.2.1　燃料电池原理

燃料电池是一种能量转换装置。它按电化学原理，即原电池(如日常所用的锌锰干电池)的工作原理，等温地把储存在燃料和氧化剂中的化学能直接转化为电能。

对于一个氧化还原反应，如：

$$[O]+[R] \longrightarrow P$$

式中，[O]代表氧化剂；[R]代表还原剂；P代表反应产物。原则上可以把上述反应分为两个半反应，一个为氧化剂[O]的还原反应，一个为还原剂[R]的氧化反应，若e^-代表电子，有

$$[R] \longrightarrow [R]^+ + e^-$$

$$[R]^+ + [O] + e^- \longrightarrow P$$

$$[R]+[O] \longrightarrow P$$

以最简单的氢氧反应为例，即

$$H_2 \longrightarrow 2H^+ + 2e^-$$

$$1/2O_2 + 2H^+ + 2e^- \longrightarrow H_2O$$

$$H_2 + 1/2O_2 \longrightarrow H_2O$$

如图8.1所示，质子在将两个半反应分开的电解质以及催化层内迁移，电子通过外电路定向流动、做功并构成总的电的回路。氧化剂发生还原反应的电极称为阴极，其反应过程称为阴极过程，对外电路依原电池定义为正极。还原剂或燃料发生氧化反应的电极称为阳极，其反应过程称阳极过程，对外电路为负极。

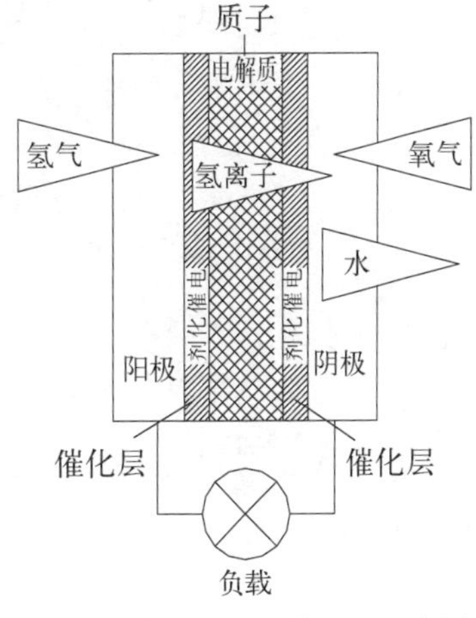

图8.1 燃料电池工作原理示意图

燃料电池与原电池不同，它的燃料和氧化剂不是储存在电池内，而是储存在电池外部的贮罐中。当它工作时(输出电流并做功时)，需要不间断地向电池内输入燃料和氧化剂并同时排出反应产物。因此，从工作方式上看，它类似于汽、柴油发电机。

由于燃料电池工作时要连续不断地向电池内送入燃料和氧化剂，所以燃料电池使用的燃料和氧化剂均为流体，即气体和液体。最常用的燃料为纯氢、各种富含氢的气体(如重整气)和某些液体(如甲醇水溶液)。常用的氧化剂为纯氧、净化空气等气体和某些液体(如过氧化氢和硝酸的水溶液等)。

8.2.2 燃料电池特点

(1) 高效。燃料电池按电化学原理等温地将化学能直接转化为电能。在理论上它的热力学转化效率可达85%～90%。但实际上，工作时由于各种极化的限制，其能量转化效率在40%～60%。若回收其产生的热，能量转化效率可高达80%以上。

(2) 环境友好。当燃料电池以富氢气体为燃料时，由于富氢气体中二氧化碳含量转低，其二氧化碳的排放量比热机过程减少40%以上，这对缓解地球的温室效应十分重要。由于燃料电池的燃料气在反应前必须脱除硫，而且燃料电池发电不经过热机的燃烧过程，所以它几乎不排放氮化物和硫化物，减轻了对大气的污染。当燃料电池以纯氢为燃料时，它的产物仅为水，从根本上消除了氮化物、硫化物及二氧化碳等的排放。

(3) 安静。燃料电池运动部件很少，工作时安静，噪声很低。实验表明，距离40 kW磷酸燃料电池电站4.6 m的噪声水平是60 dB。而4.5 MW和11 MW的大功率磷酸燃料电池电站的噪声水平已经达到不高于55 dB的水平。

(4) 可靠性高。碱性燃料电池和磷酸燃料电池的运行均证明燃料电池的运行高度可靠，可作为各种应急电源和不间断电源长期使用。

8.2.3 燃料电池组成

实用的燃料电池产品实际上是一个复杂系统，如图8.2所示。系统主要包括以下四个主要部分。

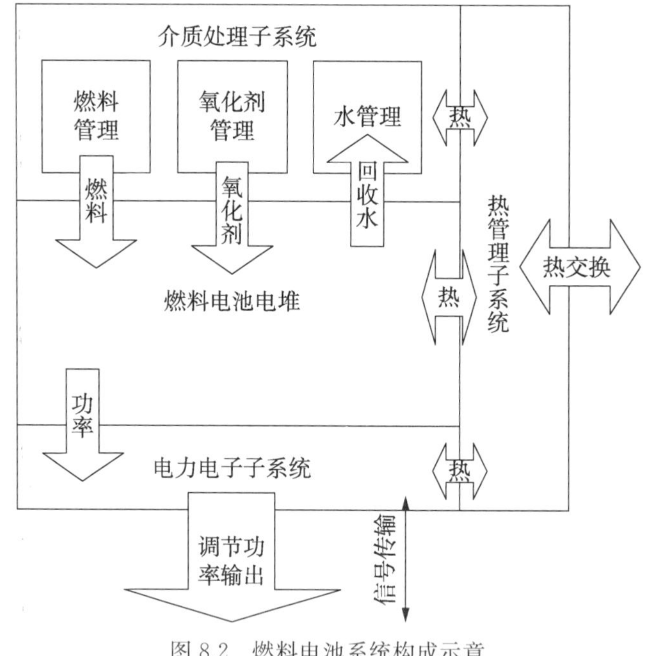

图 8.2　燃料电池系统构成示意

(1) 燃料电池电堆(或称燃料电池子系统)：它是燃料电池系统的核心，由若干单电池串联堆叠而成。其中，单电池的核心是膜电极、双极板。

(2) 热管理子系统：对燃料电池电堆及系统其他部分生成热量及水进行综合管理，多余热量向环境散除。

(3) 燃料处理及氧化剂供应子系统：对氧化剂和燃料进行处理及管理，使满足燃料电池电堆使用要求。

(4) 电力电子子系统：实现电力调节、电力转化、监控以及电力管理与信号传输。

8.2.4　燃料电池分类

燃料电池可以按照多种方式分类。其分类方式由研究的侧重方向而定。

(1) 按电池结构划分：静止或流动电解质。

(2) 按电解质类型划分：PEMFC、PAFC、AFC、AEFC 和 SOFC 电解质。

(3) 按工作温度划分：低温(25～100℃)、中温(100～500℃)、高温(500～1 000℃)和超高温(>1 000℃)。

(4) 按输出功率划分：超小功率(<1 kW)、小功率(1～10 kW)、中功率(10～150 kW)和大功率(>150 kW)。

(5) 按燃料物理状态划分：气态、液态和固态燃料。

(6) 按燃料供应方式划分：一次燃料电池和再生燃料电池。

(7) 按电池的串、并划分：单体电池和组合电池。

显然，以上划分的电池类型是相互覆盖的。实际使用的燃料电池，其特征往往是这些类型的综合体现。本文依据电解质种类将燃料电池分为：碱性燃料电池(AFC)、质子交换膜燃料电池(PEMFC)、磷酸燃料电池(PAFC)、熔融碳酸盐燃料电池(MCFC)和固体氧化物燃料电池(SOFC)。

1. 碱性燃料电池

在碱性燃料电池中,浓KOH溶液既当作电解液,又作为冷却剂。它起到从阴极向阳极传递OH^-的作用。电池的工作温度一般为80～200℃,并且对CO_2中毒很敏感。

2. 质子交换膜燃料电池

质子交换膜燃料电池又称为聚合物燃料电池(PEM),一般在50～100℃下工作。电解质是一种固体有机膜,在增湿情况下,膜可传导质子。一般需要用铂作催化剂,实际制作电极时,通常把铂分散在碳黑中,然后涂在固体膜表面上。但是铂在此温度下对CO中毒极其敏感。CO_2存在对PEMFC性能影响不大。PEMFC的分支——直接甲醇燃料电池(DMFC)也受到愈来愈多的重视。

3. 磷酸燃料电池

磷酸燃料电池工作温度一般为200℃左右。通常磷酸电解质储存在多孔材料中,承担从阳极向阴极传递质子的任务。PAFC常用铂作催化剂,由于工作温度较高,其CO耐受能力较强。CO_2存在对PAFC性能影响不大。

4. 熔融碳酸盐燃料电池

熔融碳酸盐燃料电池使用碳酸盐作为电解质,它起到阴极到阳极传递碳酸根离子的作用完成物质和电荷的传递。在工作时,需要向阴极不断补充CO_2以维持碳酸根离子连续传递过程,CO_2最后从阳极释放出来。电池工作温度在650℃左右,可使用非贵金属如镍作催化剂。

5. 固体氧化物燃料电池

固体氧化物燃料电池中使用的电解质一般是掺入氧化钇或氧化钙的固体氧化锆,氧化钇或氧化锆能够稳定氧化锆晶体结构。固体氧化锆在1 000℃高温下可传递氧离子。由于电解质和电极都是陶瓷材料,MCFC和SOFC属于高温燃料电池。高温燃料电池的优点是对冷却系统要求不高,电池效率较高。

综上所述,可将燃料电池的基本情况列于表8.1。

表8.1 燃料电池的基本数据

类　型	工作温度/℃	燃料	氧化剂	单电池发电效率(理论)/%	单电池发电效率(实际)/%	可能的应用领域
碱性燃料电池	50～200	纯H_2	纯O_2	83	40	航天、特殊地面应用
质子交换膜燃料电池	室温～100	H_2 重整气	O_2 空气	83	40	空间、电动车、潜艇、移动电源
直接甲醇燃料电池	室温～100	甲醇	空气	97	40	微型设备电源
磷酸燃料电池	100～200	重整气 H_2	O_2 空气	80	55	区域性供电 固定电站
熔融碳酸盐燃料电池	650～700	甲烷 天然气 煤气 H_2	O_2/CO_2 空气$/CO_2$	78	55～65	区域性供电

续表

类　型	工作温度/℃	燃料	氧化剂	单电池发电效率(理论)/%	单电池发电效率(实际)/%	可能的应用领域
高温固体氧化物燃料电池	900～1 000	甲烷 煤气 天然气 H_2	O_2 空气	73	60～65	空间、潜艇、区域性供电、联合发电
低温固体氧化物燃料电池	400～700	甲醇 H_2	O_2 空气	73	—	空间、潜艇、区域性供电、联合发电

8.3　质子交换膜燃料电池(PEMFC)

8.3.1　质子交换膜燃料电池概述

PEMFC以全氟磺酸型固体聚合物为电解质,铂/碳或铂—钌/碳为电催化剂,氢或净化重整气为燃料,空气或纯氧为氧化剂,带有气体流动通道的石墨或表面改性的金属板为双极板。图8.3为PEMFC的工作原理示意图。

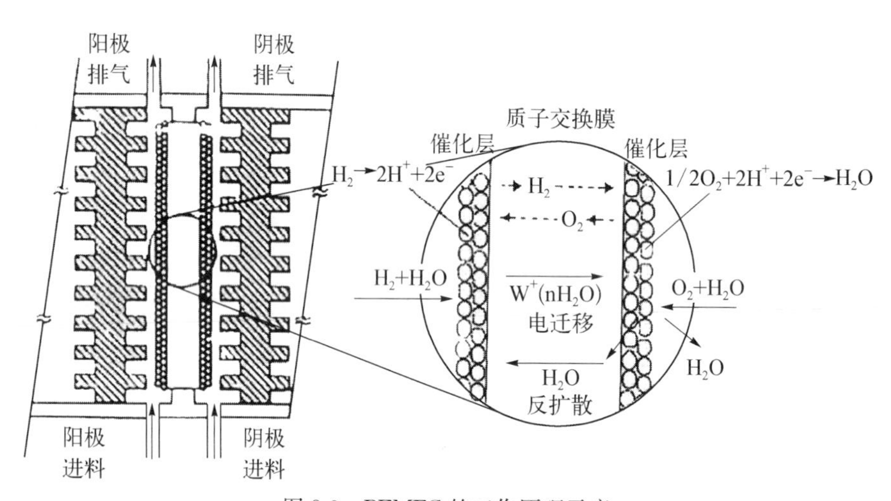

图8.3　PEMFC的工作原理示意

PEMFC单电池主要由膜电极和双极板构成,其中膜电极由阴极、阳极和电解质构成。工作时,通入阳极极板的空气或重整气经由阳极扩散层到达阴极催化层三相界面发生HOR反应生成H^+与e。其分别经由电解质及外电路到达阴极催化层三相界面发生ORH反应生成水。

PEMFC中的电极反应类同于其他酸性电解质燃料电池。阳极催化层中的氢气在催化剂作用下发生电化学氧化反应:

$$H_2 \longrightarrow 2H^+ + 2e^-$$

该电极反应产生的电子经外电路到达阴极,氢离子则经质子交换膜到达阴极。氧气与氢离子及电子在阴极发生反应生成水:

$$1/2O_2 + 2H^+ + 2e^- \longrightarrow H_2O$$

生成的水不稀释电解质，而是通过电极随反应尾气排出。

由图8.3知，构成PEMFC的关键材料与部件为：膜电极、双极板。

PEMFC除具有能量转化效率高、环境友好等特性外，还具有启动快、无电解液流失、水易排出、寿命长、比功率与比能量高等突出特点。在便携式如军用特种电源、固定式及动力式电源具有广阔的应用前景。因此，它不仅可用于建设分散电站，也特别适宜于用作可移动动力源，是电动车和不依靠空气推进潜艇的理想候选电源之一，是军民通用的一种新型可移动动力源，也是利用氯碱厂副产物氢气发电的最佳候选电源。在未来的以氢作为主要能量载体的氢能时代，它是最佳的家庭动力源。

8.3.2 质子交换膜燃料电池组成

1. 电极

PEMFC电极均为气体扩散电极，它至少由二层构成。如图8.4所示，一层为起支撑及物质传输作用的扩散层，另一层为电化学反应进行的场所—催化层。

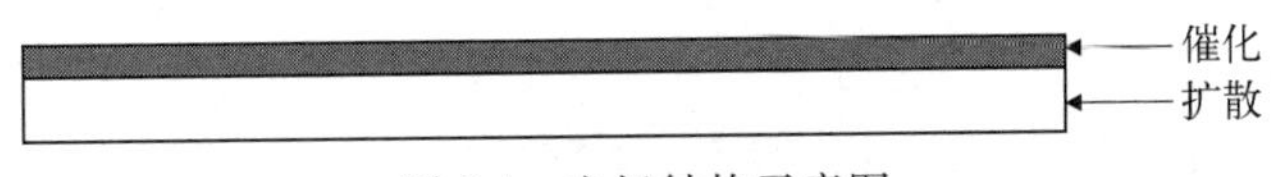

图8.4 电极结构示意图

扩散层一般有以下一些作用：① 首先起着支撑催化层的作用，为此要求扩散层适于担载催化层，扩散层与催化层的接触电阻要小，催化层主要成分为Pt/C电催化剂，故扩散层一般选用碳材制备，在电池组装时，扩散层与双极板流场接触，依据流场结构的不同，对扩散层的强度要求存在一定差异，如采用蛇形流场对扩散层强度要求高于采用多孔体和网状流场；② 反应气需经扩散层才能到达催化层参与电化学反应，同时反化气需经过扩散层到达流场中，因此扩散层应具备高孔隙率和适宜的孔分布，利于传质；③ 阳极扩散层收集燃料电化氧化产生的电流，阴极扩散层为氧的电化还原反应输送电子，即扩散层应是电的良导体，因为PEMFC工作电流密度高达1 A/cm^2，扩散层的电阻应在$m\Omega \cdot cm^2$的数量级；④ PEMFC效率一般在50%左右，极化主要在阴极，因此阳极扩散层应是热的良导体；⑤ 扩散层材料与结构应能在PEMFC工作条件下保持稳定，即在氧化或还原气氛下，在一定的电极电位下，不产生腐蚀与降解。扩散层的上述功能采用石墨化的碳纸或碳布是可以达到的，但是PEMFC扩散层要同时满足反应气与产物水的传递，并具有高的极限电流，则是扩散层制备过程中最难的技术问题。

催化层是指将一定比例的Pt/C电催化剂与PTFE乳液在水和醇的混合溶剂中超声振荡，调为墨水状，若黏度不合适可加少量甘油类物质进行调整。然后采用丝网印刷、涂布和喷涂等方法，在扩散层上制备5～50 μm厚的催化层。采用Pt/C电催化剂的Pt质量分数为10%～60%，通常采用20% Pt/C电催化剂，氧电极Pt担量控制在0.3～0.5 mg/cm^2，氢电极在0.1～0.3 mg/cm^2。PTFE在催化层中的重量百分比一般控制在10%～50%。

在制备催化层时加入的PTFE，经340～370℃热处理后，PTFE熔融并纤维化，在催化层内形成一个憎水网络，由于PTFE的憎水作用，电化反应生成的水不能进入这一网络，正是这一憎水网络为反应气传质提供了通道。而在催化层内，由Pt/C催化剂构成的亲水网络为水的传递和电子传导提供了通道。因此这两种网络应有一个适当的体积比。而在制备催化层时，控制的是PTFE与Pt/C催化剂的重量百分比，由于不同Pt/C电催化剂Pt占的质量分数不同，其堆比重会改变。由E-TEK公司销售Pt/C电催化剂堆比重与铂含量关系可知，随Pt/C电催化剂中Pt含量的增加，堆比重增加，即同样重量的电催化剂，体积减小，因此在制备催化层时，随采用的Pt/C电催化剂中Pt含量的增加，选用PTFE质量分数应减小。当采用20% Pt的电催化剂制备催化层，PTFE的重量百分比一般控制在20%～30%。若采用Pt为40%～60%电催化剂，PTFE百分比要减小，如10%～15%才能达到憎水与亲水两种网络适宜的体积比，因此在电极相同Pt担量时，制备出的催化层应比采用20%Pt的电催化剂制备的催化层薄。

由于PEMFC采用固体电解质，它的磺酸根固定在构成质子交换膜的树脂上，不会浸入电极内，因此为确保反应在电极催化层内进行，必须在电极催化层内建立离子通道。为此需用质子交换树脂溶液，如Nafion溶液，浸渍或喷涂催化层，在催化层的由Pt/C电催化剂构成的亲水网络内建立一个由树脂构建的H^+传导网络。这一过程称为电极催化层的立体化。将5%Nafion低醇溶液涂在玻璃板上，蒸发掉溶剂。图4.28为它的TEM图，由图可知Nafion树脂主要由直径4～10 nm圆球构成，还可看到直径2～3 nm的Nafion粒子。若将5%Nafion稀释到0.25%，在TEM图上已看不到4～10 nm的圆球，仅能看到2～3 nm的Nafion的粒子。另外由于Nafion含有亲水基团，与Pt/C电催化剂颗粒有良好的浸润性，所以它很容易进入由Pt/C电催化剂构成的亲水网络，吸附于Pt/C电催化剂的碳上构成H^+传导的网络。Nafion的担量，依据电极催化层的厚度不同，一般控制在0.6～1.2 mg/cm^2。

由此的催化层内存在三种组分：Pt/C电催化剂、PTFE和Nafion。其构建了三种网络，分别承担着反应气体的传递、水和电子的传递与H^+离子的传递。三者的质量比是关键，而且与选用的制备工艺也密切相关。

2. 质子交换膜

质子交换膜是PEMFC关键部件之一，它直接影响电池性能与寿命。其必须满足下述条件：

(1) 具有高的H^+传导能力，一般而言电导率要达到0.1 S/cm的数量级；

(2) 具有良好的化学与电化学稳定性；

(3) 具有较低的反应气体如氢、氧气渗透系数，一般而言，膜的气体渗透系数$<10^{-8} cm^3 \cdot cm \cdot cm^{-2} \cdot s^{-1} \cdot cmHg^{-1}$；

(4) 具有一定黏弹性，以利在制备膜电极三合一时电催化剂层与膜的结合，减少接触电阻。

(5) 具有一定的机械强度，以适于膜电极三合一的制备和电池组的组装。

20世纪60年代，美国通用公司为双子星座航天飞行研制的PEMFC，采用聚苯乙烯磺酸膜，在电池工作过程中，膜发生降解，电池寿命仅几百小时。1962年美国Dupont公司研制成功全氟磺酸型质子交换膜，1964年开始用于氯碱工业，1966年开始用于燃料电池，从而为研制长寿命、高功率密度 PEMFC 创造了坚实物质基础。至今各国试制 PEMFC 电池组用的质子交换膜仍以 Dupont 公司生产、销售的全氟磺酸型质子交换膜为主，其商业型号为 Nafion。但由于 Nafion 膜售价高达 500～800 美元/m^2，为降低 PEMFC 成本，各国科学家正在研究部分氟化或非氟质子交换膜。

至今 Dupont 公司的 Nafion 膜是应用最为广泛商品化的质子交换膜。它的制备过程为四氟乙烯与 SO_3 反应，再与 Na_2CO_3 缩合(condensation)，制备全氟磺酰氟烯醚单体，该单体与四氟乙烯共聚(copolymerisation)，获得不溶性的全氟磺酰氟树脂。该树脂热塑成膜，再水解并用 H^+ 交换 Na^+，最终获得 Nafion 系列质子交换膜。

Nafion 膜的化学结构如图 8.5 所示，其中 $x=6\sim10$，$y=z=1$。

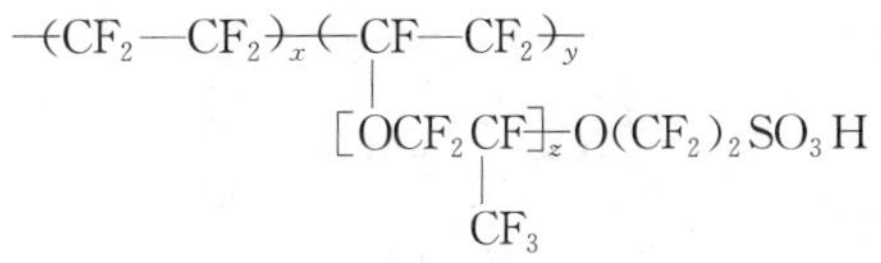

$$-\!(CF_2-CF_2)_x\!-\!(\underset{\underset{\underset{CF_3}{|}}{[OCF_2\,CF]_z\,O(CF_2)_2SO_3H}}{|}{CF}-CF_2)_y-$$

图 8.5　Nafion 膜的化学结构

Nafion 的 EW 值即表示含 1 mol 磺酸基团对应的树脂质量，一般为 1 100 g/mol。调整 x、y、z 可改变树脂的 EW 质量。一般而言，EW 值越小，树脂的电导越大，但膜的机械强度越低。

日本旭化成与旭硝子公司也生产与 Nafion 类似的这种长侧链的全氟质子交换膜，代号为 Flemin® 和 Aciplex®。用来制膜的树脂的交换当量为 900～1 100。

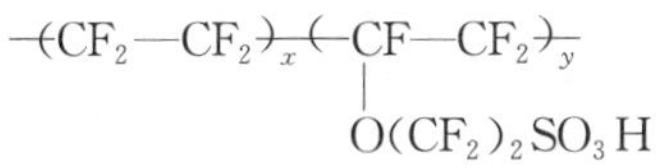

$$-\!(CF_2-CF_2)_x\!-\!(\underset{\underset{O(CF_2)_2SO_3H}{|}}{CF}-CF_2)_y-$$

图 8.6　Dow 膜的化学结构

Dow Chemical 公司采用四氟乙烯与乙烯醚单体聚合，制备了如图 8.6 所示的 Dow 膜。其中 $x=3-10$，$y=1$。由图可知，与 Nafion 膜化学结构相比，Dow 膜化学结构的突出特点是 $z=0$，即侧链缩短。这种树脂的 EW 值为 800～850 g/mol，质子电导率为 0.20～0.12 S/cm。Dow 膜用于 PEMFC 时，电池性能明显优于用 Nafion 膜的电池，但由于 Dow 膜的树脂单体合成比 Nafion 膜的单体复杂，膜成本远高于 Nafion 膜。

至今关于全氟膜的微观结构普遍接受的是反胶囊离子簇(cluster-network)模型，如图 8.7 所示。

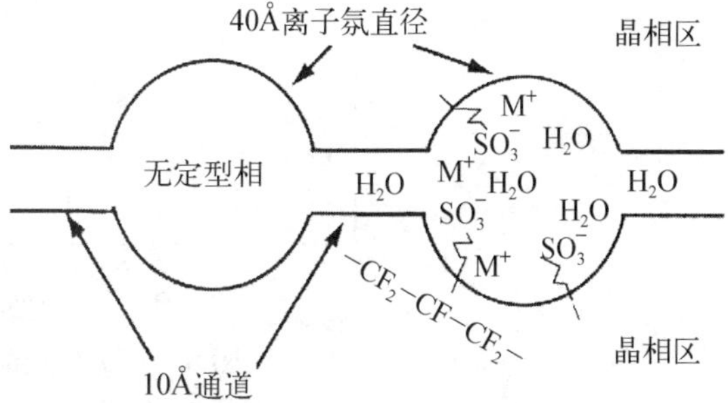

图 8.7　全氟膜的微观结构反胶囊离子簇模型

疏水的氟碳主链形成晶相疏水区，磺酸根与吸收的水形成水核反胶囊离子簇，部分氟碳链与醚支链构成中间相。直径大小为 4.0 nm 的离子簇分布于碳氟主链构成的疏水相中，离子簇间距约为 5 nm，各离子簇之间由直径约为 1 nm 的细管相连接。在这种模型中吸收的水形成近球形区域，在球形表面磺酸根构成固定电荷点，水合氢离子是反离子。膜内的酸浓度是固定的，不为电池生成水所稀释，其酸度通常以树脂的当量质量即 EW 值表示，也可用交换容量即 IEC(每克干树脂中所含磺酸基团的毫摩尔数)表示。EW 和 IEC 互为倒数。随着膜的 EW 值的增加，膜中离子簇的直径，磺酸根固定点的数目及每个磺酸根固定点的水分子数目均减小；而随着膜的 EW 增加，膜的结晶度及聚合物分子的刚性增强。膜内离子簇的间距与膜的 EW 值和含水量密切相关。膜的 EW 值增加，离子簇间距增加。

全氟磺酸膜传导质子必须有水存在。其质子电导率与膜的水含量λ一般呈线性关系,如图8.8所示。对于Nafion膜而言,水含量与反应物的相对湿度及工作温度有关,实验证实当相对湿度小于35%时,膜电导显著下降,而在相对湿度小于15%时,Nafion膜几乎成为绝缘体。

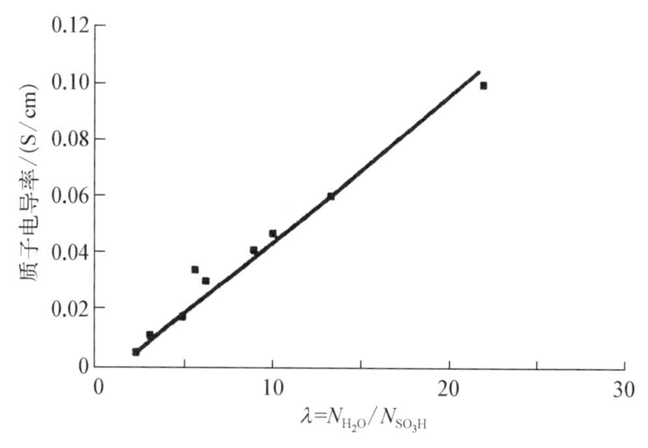

图8.8　Nafion117电导率与含水量的关系

早期研究发现,膜含水量还与膜的种类、温度有关,具体如图8.9所示。

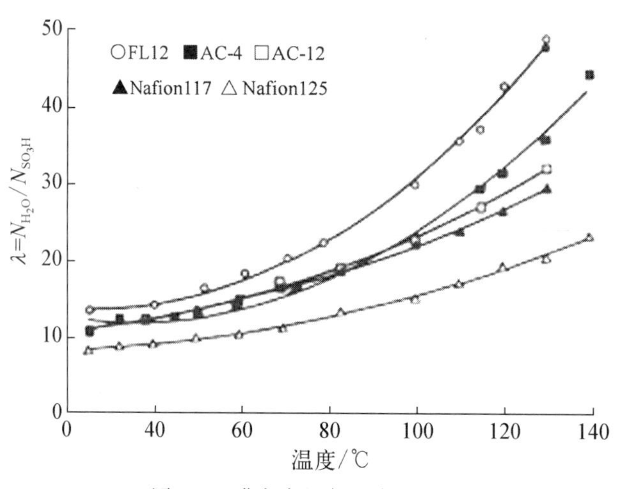

图8.9　膜含水量与温度的关系

在高水含量情况下,相应的高频阻抗谱显示一条简单的连续曲线(它与实轴的截距给出膜电阻),相当于一个纯电阻。此时水核离子簇相是足够均一的,允许质子在两个相邻离子簇间自由通过,而且质子在同一离子簇内两个固定磺酸根位之间的迁移能垒与在两个相邻离子簇之间的迁移能垒相近。当膜的水含量低时,其高频阻抗谱呈现一个半圆,质子在一个离子簇内两个磺酸根位之间迁移时所克服的能垒,远小于在相邻两离子簇之间迁移所需克服的能垒,导致质子在离子簇间通道的两头积累,从而产生电容阻抗,整个膜电阻由离子簇内的纯电阻与离子通道的电容阻抗构成。

各种全氟磺酸膜性能概况见表8.2。

表 8.2　各种全氟磺酸膜的性能

性　能	范　围
EW	800～1 500 g/mol
电导率/(S/cm)	0.20～0.05；如：400 EW=0.10，EW850=0.15
电导/(S/cm^2)	2～20；如：1 100 EW(175 μm 和 50 μm 的膜)分别为 5 和 17
尺寸稳定性	X、Y 方向 10%～30%，50%相对湿度(液态水)(如 25℃，1 000 EW，膨胀 16%)
已被证明的寿命	Nafion®、Flemion®和 Aciplex®>5 000 h，Dow®>10 000 h
厚度/μm	50～250

几种不同 Nafion 膜组装的 PEMFC 电池性能见图 8.10。由图可知，膜的厚度不仅影响 PEMFC 电池性能，而且也决定电池的极限工作电流密度，膜越薄，电池工作的极限电流密度越高。

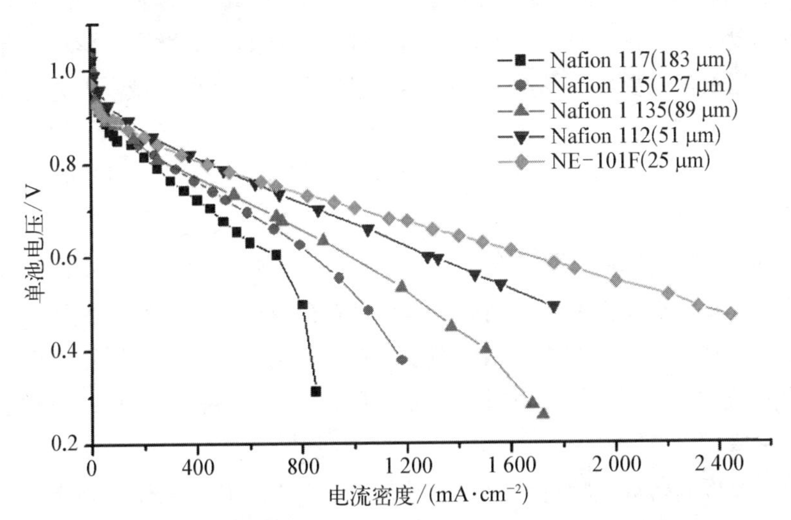

图 8.10　不同厚度 Nafion 膜组装 PEMFC 的工作性能比较

$T_{cell}=80℃$；$P_{H_2}=0.3$ MPa；$P_{O_2}=0.5$ MPa；增湿 $T_{H_2}=T_{O_2}=90℃$；$V_{H_2 out}=15$ mL·min^{-1}；$V_{O_2 out}=30$ mL·min^{-1}。

3. 双极板

PEMFC 中，双极板须满足下述功能要求：

(1) 具有良好的导电性；

(2) 均匀地分配燃料与氧化剂；

(3) 因为双极板两侧的流场分别是氧化剂与燃料通道，所以双极板必须是无孔的；由几种材料构成的复合双极板，至少其中之一是无孔的，实现氧化剂与燃料的分隔；

(4) 具有良好的耐腐蚀性；

(5) 具有良好的导热性；

(6) 易于批量加工。

至今，制备 PEMFC 双极板广泛采用的材料是石墨和金属板，而对金属板，为改善其在电池工作条件下的抗腐蚀性能，必须进行表面改性。

一般石墨板采用石墨粉、粉碎的焦碳与可石墨化的树脂或沥青混合，在石墨化炉中严

格按一定的升温程序,升温至2 500～2 700℃,制备无孔或低孔隙率(不大于1%),仅含纳米级孔的石墨块,再经切割和研磨,制备厚度为2～5 mm的石墨板,机加工公用孔道和用电脑刻绘机在其表面刻绘需要的流场。这种石墨双极板的制备工艺,不但复杂、耗时、费用高,而且难以实现批量生产。为降低双极板成本和适于批量生产,在美国能源部资助下,Los Alamos国家实验室等均在发展采用模铸法制备带流场的双极板。此法是将石墨粉与热塑性树脂(如乙烯基醚Vinylester)均匀混合,有时还需加入催化剂、阻滞剂、脱模剂和增强剂(如碳纤维),在一定温度下冲压成型,压力高达几十到上百bar。加拿大Ballard公司在专利WO00/41260中提出用膨胀石墨采用冲压(stamping)或滚压浮雕(roller embossing)方法制备带流场的石墨双极板。膨胀石墨已广泛用作各种密封材料,它的透气率很小,尤其是压实后,透气率更小,并具有良好的导电与导热能力。石墨在PEMFC运行条件下是稳定的。因此膨胀石墨特别适于批量生产廉价的石墨双极板。

石墨及其复合材料由于具有优异的耐腐蚀性和良好的导电性而广泛应用于燃料电池双极板材料。但石墨需要加工流场,对于大规模生产而言,存在机械强度差且制造成本昂贵的问题。近几年来,研究者们进行了广泛的工作来开发可以替代的双极板材料,尤其是用于替代车用PEMFC的石墨双极板。金属双极板因为具有良好的机械稳定性、导电性和导热性,同时易于极板流道成型,可适用于制造更薄的双极板。与石墨及石墨符合双极板相比,金属材料具有较高的强度、优异的导电性和导热性、低加工成本和透气性,因此被认为是适于PEMFC双极板大规模制造的理想材料。目前的金属双极板开发应用集中在不锈钢(SS)和钛两种金属材料上,不锈钢(SS)和钛不仅在PEMFC运行环境中具有高耐腐蚀性,良好的导电性,而且具有材料成本廉价和制造工艺多样化,可实现双极板大批量、低成本生产制造。

采用薄金属板制备双极板遇到第一个难题是它在PEMFC工作条件下(氧化、还原气氛,一定的电位与弱酸性电解质)的稳定性即抗腐蚀性问题。Siemens公司以0.1 mol/L高氯酸为电解质的电位扫描实验已证实,当扫描电位大于700 mV时,304L与316L不锈钢已开始腐蚀。第二个难题是与电极扩散层(如碳纸)的接触电阻大。图8.11为不同材

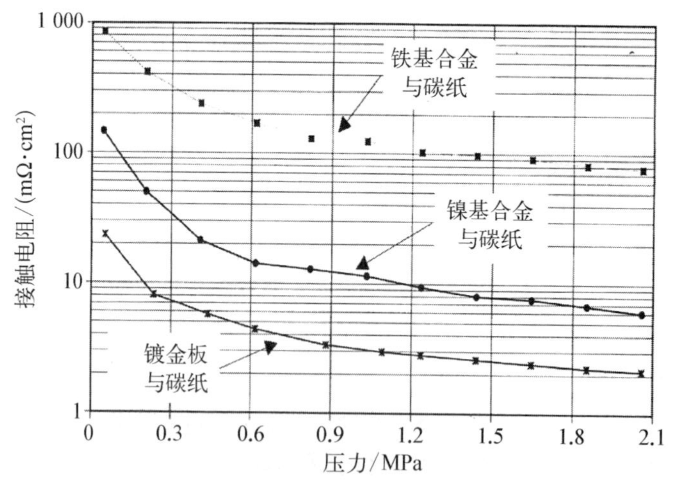

图8.11　不同材料的接触电阻与压力的关系

料的接触电阻与压力的关系测量结果。由图8.11可知，即使经过表面抛光处理，Ni基与Fe基合金与碳纸接触电阻也远高于镀金板与碳纸的接触电阻。

针对金属板在PEMFC工作条件下腐蚀和界面接触电阻问题，可以用改变合金组成与制备工艺的方法。如Siemens在0.1 mol/L高氯酸电位扫描中已发现一种铁基合金，当电位达1 000 mV时，仍处于钝化状态。但是这种抗腐蚀均是靠表层的氧化膜保护的，这层氧化膜很可能导致与碳材接触电阻增大。因此研究金属双极板的公司与研究所均把重点放在金属板的表面改性上，即在薄金属板（如不锈钢板）表面制备一层导电、防腐，与碳材接触电阻小的表面涂层。

金属双极板表面涂层技术主要有贵金属表面涂层（金、铂）和不含贵金属的涂层（石墨型纳米碳）两种技术路线。贵金属表面涂层具有优异的耐腐蚀性能、高导电性能和高稳定性，但其存在材料成本昂贵，难以大规模应用等问题。目前的研究重点是减少贵金属涂层厚度并降低基板上贵金属的表面覆盖率。对于非贵金属涂层，材料成本低，因此最终成本主要受加工成本的影响。需要特别指出的是，在车用PEMFC中，这两类涂层的必须满足在启停瞬态条件下恶劣环境的耐腐蚀性要求。

双极板的流场设计对质子交换膜燃料电池正常运行具有至关重要的作用。流场的基本功能是引导反应剂在燃料电池气室内的流动，确保电极各处均能获得充足的反应剂供应。氧化剂（如氧）和燃料（如氢）中总含有一定量的杂质，即使采用超纯气，气体中也会有少量杂质，它们在电化学反应过程中并不消耗，如氮、二氧化碳等，通常靠排放少量电池尾气将其排出电池，排放可采用连续和脉冲两种方式。为提高电池反应气体的利用率，通常排放尾气越少越好，流场设计的好坏，直接影响电池尾气的排放量。也就是说，尾气排放量由反应气纯度和流场两个因素决定。在低温运行并以液态水排放电池反应产物的质子交换膜燃料电池，其液态水主要靠氧化剂吹扫带出电池。此时流场的设计就更为重要。好的流场有利于水的排出，即可在低的尾气排放量下，排出电池生成水。因此在PEMFC发展过程中，各国研究人员一直在改进流场设计。

流场是加工在双极板的两侧或置于双极板的两侧，流场的另一面与电极相接触。所谓流场均是由各种图案的沟槽与脊构成，脊与电极接触，起集流作用。沟槽引导反应气体的流动。沟槽所占比例大小，会影响接触电阻。因此对流场设计而言，沟槽部分所占的比例，通称开孔率也是一个很重要的技术指标。它的大小与流场形状、电极与双极板材料及接触电阻大小、电极的电阻率及孔隙率等均有关系。

4. 单电池

单电池是构成电池组的基本单元，电池组的结构设计，要以单电池的实验结果为基础。各种关键材料（如电催化剂）、电极、质子交换膜性能与寿命等最终必须经过单池实验的考核。为改进电电池关键材料的性能和电池结构提供指导，还需利用单电池进行各种动力学参数的测定，因此单池的研究在燃料电池开发过程中起着承上启下的关键作用。

对于采用液体电解质的燃料电池（如石棉膜型碱性电池、磷酸型电池），其多孔电极与饱浸电解液的隔膜在电池组装力的作用下，不但能形成良好的电接触，而且电解液靠毛细力能浸入多孔气体扩散电极。在憎水黏结剂（如聚四氟乙烯）的作用下，于电极内可形成稳定的三相界面。而对质子交换膜燃料电池来说，由于膜为高分子聚合物，仅靠电池组的组装力,不但电极与质子交换膜之间的接触不好,而且质子导体也无法进入多孔气体电极的内部。

因此,为实现电极的立体化,必须向多孔气体扩散电极内部加入质子导体(如全氟磺酸树脂)。同时,为改善电极与膜的接触,通常采用热压的方法。即在全氟磺酸树脂玻璃化温度下施加一定压力,将已加入全氟磺酸树脂的氢电极(阳极)、隔膜(全氟磺酸型质子交换膜)和已加入全氟磺酸树脂的氧电极(阴极)压合在一起,形成电极—膜—电极三合一组件,或称MEA。

电极—膜—电极三合一组件的具体制备工艺如下。

(1) 对膜进行预处理以清除质子交换膜上的有机与无机杂质。首先将质子交换膜在80℃ 3%~5%的过氧化氢水溶剂中进行处理,以除掉有机杂质。取出后用去离子水洗净,再于80℃稀硫酸溶液中进行处理,去除无机金属离子。取出后用去离子水洗净,置于去离子水中备用。

(2) 将制备好的多孔气体扩散型氢、氧电极,浸渍或喷涂全氟磺酸树脂溶液,通常控制全氟磺酸树脂的担载量为0.6~1.2 mg/cm^2,于60~80℃下烘干。

(3) 在质子交换膜两侧分别安放氢、氧多孔气体扩散电极,置于两片不锈钢平板中间,送入热压装置中。

(4) 在温度130~135℃、压力6~9 MPa下热压60~90 s,取出,冷却降温。

上述MEA制备工艺适于采用厚层憎水电极。制备过程关键之一是向电极催化层浸入Nafion溶液实现电极立体化的过程,即步骤(2)。对此步操作,除要控制Nafion树脂的担载量,分布均匀外,还应防止Nafion树脂浸入到扩散层。一旦大量的Nafion树脂浸入到扩散层,将降低扩散层的憎水性,增加反应气体经扩散层传递到催化层的传质阻力,即降低极限电流,增加浓差极化。为使Nafion树脂均匀浸入催化层,可将Nafion溶液先浸入多孔材料如布、各种多孔膜中,再用压力转移方法,控制转移压力,定量地将多孔膜中的Nafion溶液转移至催化层中。这种方法易于控制但工艺比刷涂或喷涂复杂一些。

为改善电极与膜的结合程度,也可事先将质子交换膜与全氟磺酸树脂转换为Na^+型。这样,可将热压温度提高到150~160℃。若将全氟磺酸树脂事先转换为热塑性的季铵盐型(如采用四丁基氢氧化胺与树脂交换等),则热压温度可提高到195℃。但热压后的三合一组件需置于稀硫酸中,将树脂与质子交换膜再重新转换为氢型。

8.3.3 质子交换膜燃料电池设计与制造

1. 设计

燃料电池系统设计包括电池堆设计和BOP设计。电堆设计所需输入关键参数通常是电堆发电功率、效率和工作电压等。设计变化量包括电堆中单电池体数目N、电池活性面积A、体积V和质量m等。电池工作的压力P、温度T等操作条件通常由系统工作要求而定。BOP的设计主要包括反应气的供应、电池工作压力和温度等条件的控制、电池水热管理以及电堆输出功率调节等。

1) 燃料电池系统设计

根据采用的燃料电池体系和具体应用,进行燃料电池系统设计,满足使用要求。以纯氢气为燃料的质子交换膜燃料电池备用电源为例，进行燃料电池系统设计介绍。表8.3为常用市售1 kW质子交换膜燃料电池备用电源技术性能参数。根据负载设备用电要求，进行系统及分系统、电池堆设计。

表8.3 1 kW质子交换膜燃料电池备用电源技术性能参数

项目	特性参数	备注
持续输出功率	1 kW连续1 h输出	可1 kW持续1 h输出 注：取决于配置氢气及储罐容积
峰值功率	2 kW，20 s	可2 kW持续20 s输出
输出相	单相，≤1 kVA	
输出电压	120 V，正弦AC，偏差不高于±6%	
输出电压频率	60 Hz(美国)或50 Hz(欧洲)	
响应时间(典型/最大)	4/6 ms	
负载功率因数(PF) 范围和振幅因数(CF)	PF：0.6～1.0；CF：3	
燃料电池电流纹波	120 Hz纹波系数：<15%(10%～100%负载) 60 Hz纹波系数：<10%(10%～100%负载)	
输出THD	<5%	
保护	过流、过压、短路、过温、欠压；输出短路无损害；可参考IEEE标准929	
噪声	<50 dBA	1.5 m距离测试噪声水平
环境	10～40℃、户内安装	
效率	≥90%	
安全性	系统可由非技术性人员安全使用	
寿命周期	在20～30℃通常环境、正常使用、正确日常维护条件下，系统寿命大于10年	

(1) 热管理子系统设计。如果氢气的所有反应焓全部转变为电能，那么电池输出电压为1.48 V(液态水，HHV)或1.25 V(气态水，LHV)。但是，燃料电池工作时，实际的输出电压要比这个电压值低，这是因为燃料的一部分能量转化成了热能。对于具有n个单体电池的燃料电池组来说，在电流为I时产生的热能为

$$Q=nI(1.25-V_c)=P_e\left(\frac{1.25}{V_c}-1\right) \tag{8.1}$$

电池对的工作温度必须控制在一定的范围内，这样电池组产生的废热必须及时排出电池，对于大功率的电池组产生的废热较多，靠电池本身的辐射散热远远不够，通常需要用冷却介质将电池组内的热带出，由外部的散热器将热量散失掉。电池组的热管理系统

组成由图8.12所示。电池组进出口冷却管路上均设有温度传感器,由出口冷却剂的温度和进出口温度差来控制泵的流量,从而使电池组的温度控制在一定范围内。冷却剂的流量与所选用的冷却剂的类型有关,假设冷却剂的比热容为 C_p,冷却剂进出口的温差为 ΔT,则冷却剂的流量由下式决定:

$$Q_L = \frac{Q}{C_p \cdot \Delta T} \tag{8.2}$$

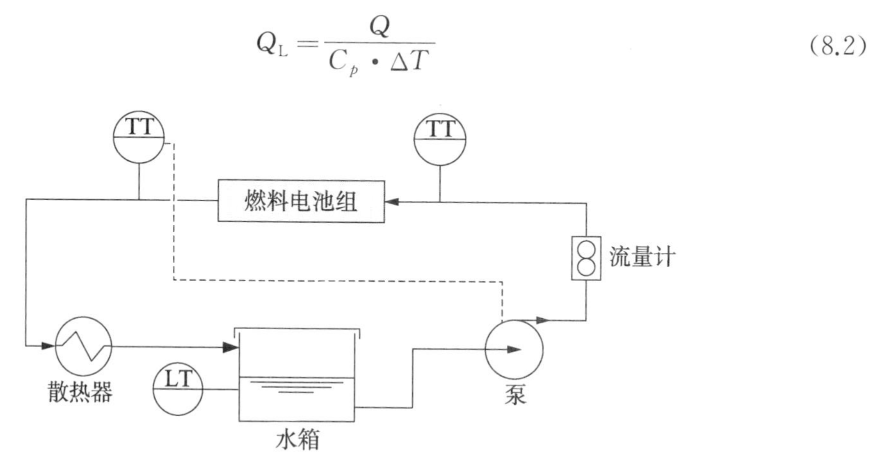

图8.12　燃料电池组热管理系统

(2) 燃料处理及氧化剂供应。在世界能源行业中,氢可作为多种用途的能量媒介,由于这种潜在重要性,引起人们对储氢问题高度关注。目前,氢是质量能量密度最高的燃料,这也是它作为航天用途的原因。但氢密度最小,使得其体积能量密度(每立方米能量)较低,要把大体积氢装入小体积容器,需要加压。另外,氢难以液化,它不像LPG或丁烷简单加压就可以液化,氢必须冷却到22 K以下才能液化。空间电源中常用的储氢方式为高压气瓶储氢和低温液态储氢。高压储氢较低,一般在6%~8%(储存的氢气质量与储瓶的质量百分比),但这种方式简单、存储时间长且对氢气的纯度要求不高,因此,对于用氢量不高的空间任务常采用这种方式。氢气液化以后,其密度比气态高很多,因而其储存效率将显著提高。低温液态储氢效率一般可达到14%~16%,需要输出能量较高的空间任务一般采用低温液态方式储存。

从燃料电池的电化学原理知道,氢气和氧气的消耗量同燃料电池的输出电流呈正比:

$$N_{H_2} = \frac{I}{2F} \text{ 或 } N_{O_2} = \frac{I}{4F} (\text{mol} \cdot \text{s}^{-1}) \tag{8.3}$$

对于有 n 个单体电池的燃料电池组,氢气用量为

$$Q_{H_2} = \frac{2.02 \times 10^{-3} \lambda n I}{2F} = 1.05 \times 10^{-8} \lambda n I (\text{kg} \cdot \text{s}^{-1}) \tag{8.4}$$

氧气用量为

$$Q_{O_2} = \frac{32 \times 10^{-3} \lambda n I}{4F} = 8.29 \times 10^{-8} \lambda n I = 8.29 \times 10^{-8} \frac{\lambda P_e}{V_c} (\text{kg} \cdot \text{s}^{-1}) \tag{8.5}$$

式中，I 为电流(A)；F 为法拉第常数(96 485 C·mol^{-1})；λ 为计量比，定义为电堆进口反应物的流量与其内部消耗流量的比值；P_e 为电池堆输出功率(W)；V_c 为单体电池平均电压(V)。在地面使用，通常燃料电池使用的氧气是以空气的形式供给的，所以必须将式(8.5)转换成空气用量形式。空气中氮气的摩尔含量为0.21，空气的摩尔质量为28.97×10^{-3} kg·mol^{-1}，所以式(8.5)可改写成

$$Q_{Air}=3.57\times 10^{-7}\frac{\lambda P_e}{V_c}(kg\cdot s^{-1}) \tag{8.6}$$

根据电池组工作的时间 t，便可知道氢气和氧气消耗的质量分别为

$$m_{H_2}=Q_{H_2}\cdot t \tag{8.7}$$

$$m_{O_2}=Q_{O_2}\cdot t \tag{8.8}$$

燃料电池用氢氧贮罐的质量是罐的体积和压力的函数，轻质气体贮罐的性能系数的计算方法为

$$F=\frac{p\times V}{m_{\tan k}} \tag{8.9}$$

一般地，罐的安全系数选取1.5，反应气体的富余系数1.05，因此可以计算贮罐的质量为

$$m_{H_2,\tan k}=\frac{1.5\times 1.05pV}{F}=\frac{1.575n_{H_2}RT}{F} \tag{8.10}$$

$$m_{O_2,\tan k}=\frac{1.5\times 1.05pV}{F}=\frac{1.575n_{O_2}RT}{F} \tag{8.11}$$

式中，p 为存储气体压力(Pa)；R 为气体常数(8.314 N·m·mol^{-1}·K^{-1})；T 为存储温度(K)；n_{H_2}、n_{O_2} 为存储气体的物质量。

进入燃料电池的反应气实际上不可能完全参加反应，未参加反应的剩余气体将排出电池组，工程中常将尾气循环至反应气入口处以提高燃料的利用率。将尾气循环至入口的设备有风机、喷射泵和真空泵。几种尾气循环方法如图8.13所示。

(3) 电力电子子系统设计

基于制造工艺和可靠性的考虑，燃料电池的输出电压通常比较低，而且燃料电池的外特性(电压随电流的变化)曲线斜率较大，当输出电流变化时，输出电压波动较大。因此，燃料电池难以直接与用电负载相连。解决这一问题的方法是在燃料电池的输出端串接一个DC/DC或DC/AC变换器，对燃料电池输出电压进行升/降压及稳定调节，同时，DC/DC或DC/AC变换器可以对燃料电池最大输出电流和功率进行控制，起到保护燃料电池组的目的。变换器的控制结构如图8.14。

2) 燃料电池堆设计

为满足额定电流、电压的负载设备用电要求，燃料电池电堆设计主要参数包括：单体数、效率是单体电池的性能，即单体电池的性能曲线或极化曲线。燃料电池的设计必须尽

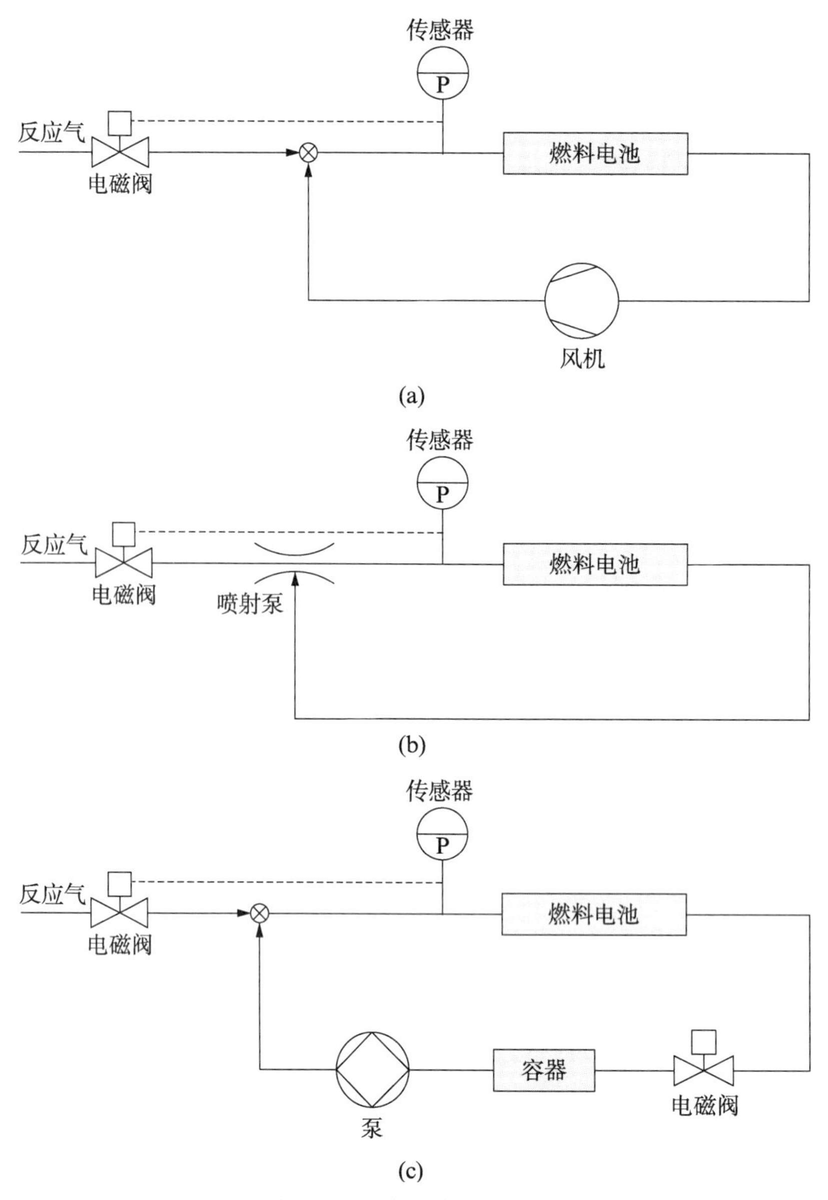

图 8.13　几种不同的循环系统

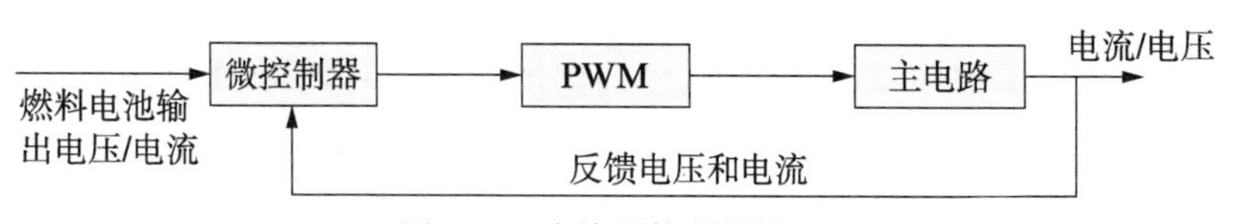

图 8.14　变换器控制结构图

可能确保电池的操作条件和每个单体的性能与单电池的性能接近。

影响燃料电池性能的因素主要有：反应物流量电池进口反应气的压力；电池进口反应气体的温度(对质子交换膜燃料电池还有气体湿度)；电池的工作温度和内部温度分布。

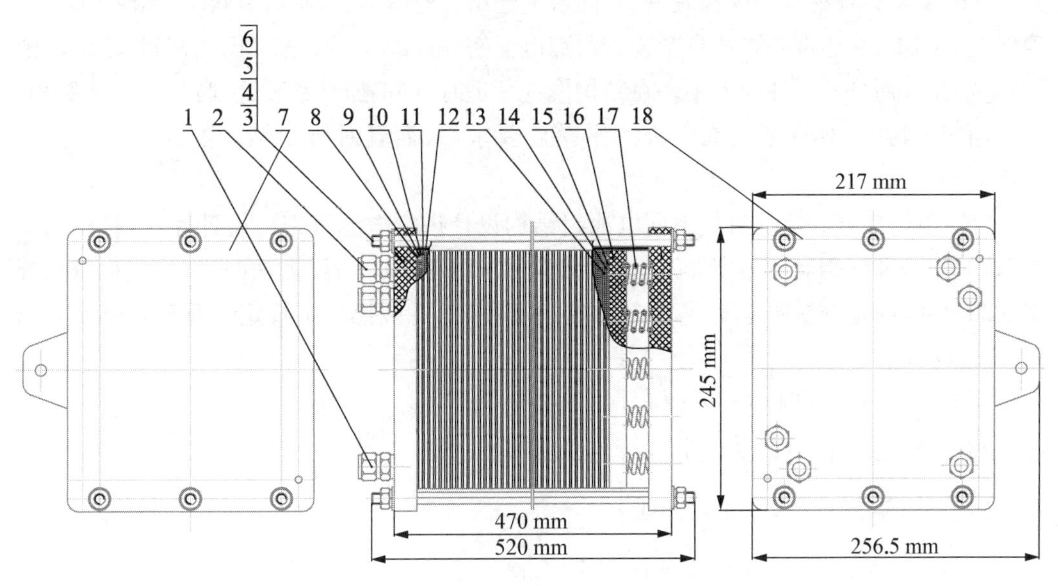

图 8.15 质子交换膜燃料电池

1-接头；2-接头；3-螺杆；4-螺母；5-弹簧垫圈；6-平垫圈；7-前端板；8-前导电板；9-前特殊板；10-第一块水氧板；11-单氢板；12-限位条；13-水氧板；14-后特殊板；15-后导电板；16-后缓冲板；17-弹簧；18-后端板。

优良的电池设计必须确保以下条件：反应物在每个电池中均匀分布；温度均匀分布；内阻低；适应热膨胀；密封好；较小的压力降；能够有效地从每个单体电池中排除反应生成的水。

(1) 电堆大小确定。一旦选定单电池的极化曲线及其上的额定工作点，电堆则可以设计输出任何所需功率。电堆输出功率 P 为

$$P = i \cdot V_{\text{cell}} \cdot n_{\text{cell}} \cdot A_{\text{cell}} \tag{8.12}$$

式中，i 为电流密度（$A \cdot cm^{-2}$）；V_{cell} 为单电池电压（V）；n_{cell} 为电堆中串联电池数目；A_{cell} 为电池活性面积（cm^2）。

电池活性面积和串联数目为设计变量。对于设计任何功率输出的电堆，其单体数目和电池活性面积均可计算得出。为满足计算出的总活性电池面积，必须合适地匹配单体电池面积和单体电池数目。活性面积小，单体多将使电堆难以对齐和装配。然而，活性面积大，单体少也将导致低电压、大电流的情况出现，连接电缆会有明显的电压损失。通常，电堆中单体电池的数目由系统的工作电压所确定，典型的活性面积为 100～500 cm^2。电堆中单体数目的最大值由紧固压力、结构紧凑度及气体在长的通孔中的压力降决定。

(2) 电堆密封。为确保电池的安全和高效，燃料电池应具有严格的密封性能，防止任何形式的反应气体泄漏。但反应气体在电池堆中的渗透几乎是不可避免的，尤其是在质子交换膜燃料电池中，气体渗透速率与质子交换膜的厚度成反比，同时干态和湿态膜的气体渗透率有所不同。每个电堆的额定气体渗透率都应有严格的规定。

从采用的密封结构上看，分为面密封和线密封两类。采用面密封时，所需的电池组装

力大。若采用弹性材料如硅橡胶密封,随着电池组长时间运行,密封材料会老化变形。为确保电池的密封,通常需要加自紧装置跟踪电池密封件的变形。若采用线密封,不但电池的组装力小,而且密封件变形小。在结构设计合理时,可不加自紧装置,简化了电池结构。但采用线密封时,对双极板或电极的平整度要求高,而且对密封结构的加工精度要求也高。

针对氢—空气和氢—氧气不同电池组结构设计进行电池组密封设计和材料选择,参考 GB150 - 1998《钢制压力容器》。密封结构可采用图 8.16 所示方法,根据有关标准选择密封圈尺寸,确定密封圈宽度 N 和基本密封宽度 b_0,并按照以下规定计算密封圈有效密封宽度 b:

当 $b_0 \leqslant 6.4$ mm 时,$b = b_0$;

当 $b_0 > 6.4$ 时,$b = 2.53\sqrt{b_0}$;

$b_0 = (w + N)/4 = (3.5 + 2.0)/4$。

密封材料可选用硅橡胶、氟橡胶、丁腈橡胶、三元乙丙胶等。

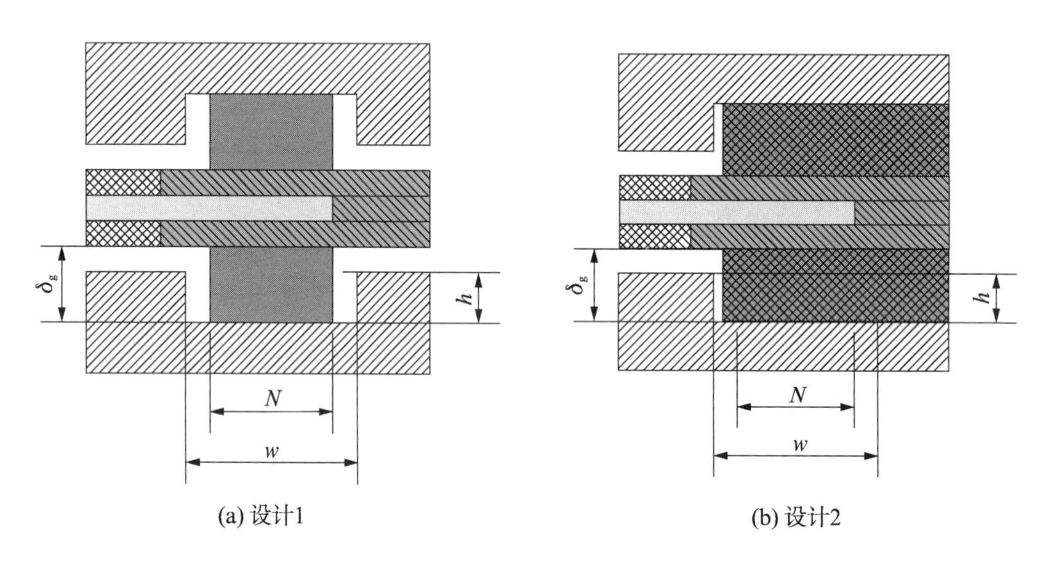

图 8.16　密封结构设计

(3) 流体分布。电堆设计的关键之一就是必须确保每个单体电池都具有同样的流体分布。通过仿真设计通孔截面积和形状,优化流体在电堆内部分布。电堆内部典型的流体分布形式有 U 形和 Z 形,如图 8.17 所示。

图 8.17　典型的流体分配形式

(4) 双极板设计。双极板是燃料电池电堆内的一个非活性、多功能部件，主要起到集流、导电、传热、分散反应和冷却介质、阻隔介质互窜、支撑电极等作用，主要材质有石墨、金属、复合碳板等。双极板具体材料的选用需要根据实际应用要求考虑，通常石墨板易碎、透气率高、加工困难很少使用；薄型金属板机械性能、致密、导热导电性能好、质量比功率和体积比功率高一般用于移动用途；模压复合碳板成本低、易于大批量生产一般用于固定式电源。双极板基本要求是：电导率≥100 $S \cdot cm^{-1}$；热导率≥20 $W \cdot cm^{-1} \cdot K^{-1}$；透气率<$10^{-5}$ $Pa \cdot dm^3 \cdot s^{-1} \cdot cm^{-2}$；能够在酸性、强氧化($O_2$)、强还原($H_2$)、潮湿环境中长时间稳定工作；密度小，质量轻；廉价的材料，流场易加工。

双极板流场是引导反应介质和冷却介质流动方向，确保反应介质和冷却剂均匀分配到电极活性反应区和散热各区域。流场结构决定了反应介质和产物水在电池内部的流动状态。流场形状多种多样，如直流道、十字交叉型、蛇形单流道、蛇形多流道、综合型、交指状、网状和多孔介质型。最常用的一种是蛇形流道和直通平行交叉流场。平行流场不易排水，不利于电池大功率条件传质，性能更加稳定性。蛇形流场压阻较大，易于排水，单流体分配更加均匀。单流道用于小活性面积的电池，多流道用于大面积电池。流道典型宽度为 1 mm，深度 0.5 mm，主要取决于扩散层的厚度。气体流速与流道长度、深度和流道与台阶的宽度比值有关。气体在流道中的流动为层流，雷诺系数约为 100。数字模拟试验表明，处于流道正上方的催化层电流密度最高，而在交指状多流道中，处于两条流道之间的台阶正上方的催化层电流密度最高。数字模拟和试验验证是设计流场的最好工具。在实际应用中，流场板可根据具体的用途、使用材质、加工方法、燃料和氧化剂种类以及冷却方式等设计成不同样式和尺寸，如图 8.18 所示。

(5) 膜—电极组件设计。通常将燃料电池隔膜、正负电极以及扩散层材料制成一体化组件，即膜电极组件(MEA)，便于集成。因此，MEA 是燃料电池的发电核心部件。以质子交换膜燃料电池为例，它一般由质子交换膜、催化剂层和气体扩散层组成。根据不同的制备方法，MEA 有不同的结构，如图 8.19 所示。如图所示，将催化剂直接涂布于质子交换膜上(catalyst coated membrane, CCM)得到电极—膜—电极的三层结构，即三层膜电极(3 - layer MEA)，而在三层结构 MEA 两侧分别用气体扩散层夹合热压后就形成了五层结构的膜电极(5 - layer MEA)，此外，也可将催化剂直接涂布于气体扩散层上(catalyst coated substrate, CCS)，然后将膜置于两电极中压合也可得到五层膜电极。当五层 MEA 四周再加上密封层时则形成七层膜电极(7 - layer MEA)。

(6) 减少内阻损失。燃料电池设计要考虑各种内阻损失，好的设计要尽可能地减小这些内阻。燃料电池主要有三种类型的内阻损失，即电解质电阻、导电材料的电阻(双极板和扩散层)、各组件之间的接触电阻。电解质的电阻与所用材料、状态等有关。对于质子交换膜电解质，典型值为 0.06～0.15 $\Omega \cdot cm^2$。导电材料电阻与导电材料自身导电性能有关。如用石墨，其体积电阻率为 1.4 $m\Omega \cdot cm$，意味着 3 mm 厚的石墨板电阻仅为 0.000 42 $\Omega \cdot cm^2$。即使是石墨/复合材料板的体积电阻率达到 4～16 $m\Omega \cdot cm$，3 mm 厚板的电阻也只有 0.001～0.005 $\Omega \cdot cm^2$，相对于电解质电阻而言，仍可忽略不计。然而，实

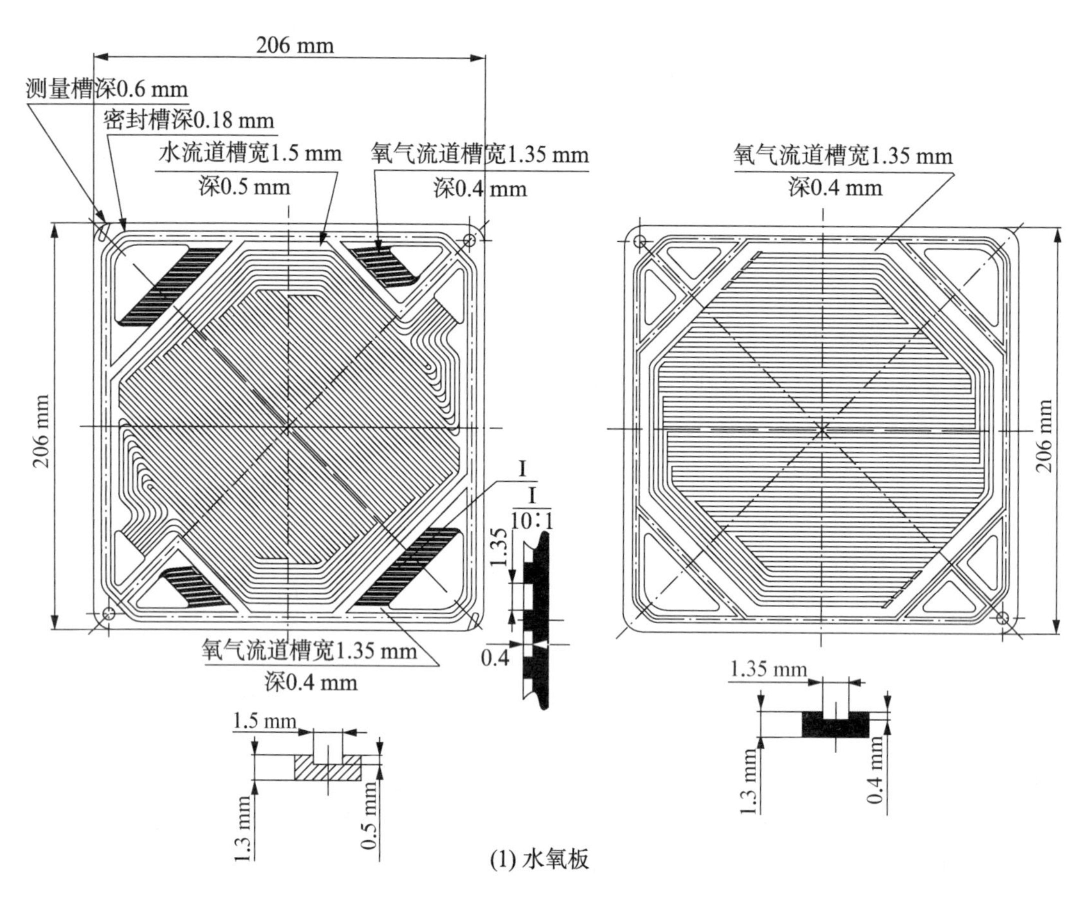

(1) 水氧板

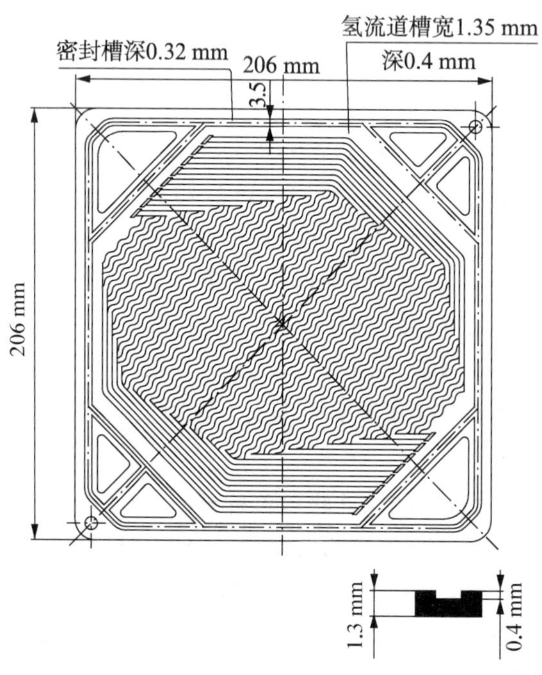

(2) 单氢板

图 8.18　质子交换膜燃料电池双极板设计实例

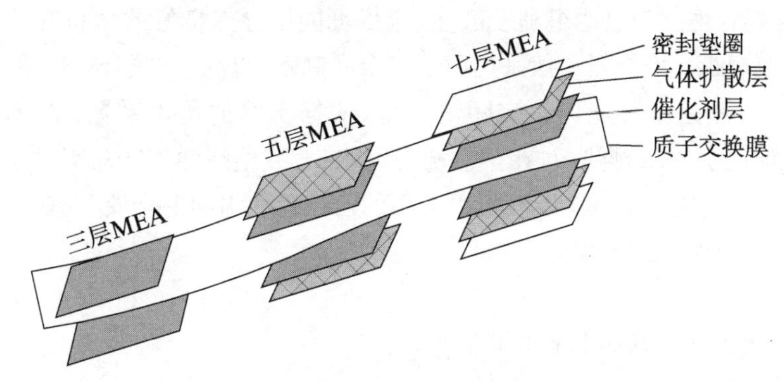

图 8.19 MEA结构示意图

际情况下，电池的电阻相当大，这主要由于导电层之间的接触电阻引起。接触电阻不仅与材料的性质有关，也与材料的表面性质、接触几何面积和压紧力有关。

(7) 电池组的水、热管理。氢氧燃料电池发生电化学反应，产物是水。电池效率一般为40%～60%，因此仍有40%～60%的化学能以热的形式产生。为维持电池组稳定、连续运行，必须将产生的水或热及时地排出电池组，这就是电池组水、热管理的目的。

对于中高温燃料电池，电池工作温度在100℃以上，生成的气态水随排放尾气排出电池，排水问题相对简单。但对低温电池，因工作温度低于100℃，生成水以液态形式存在，如果这些水不及时排出，将影响电解质或者电极的性能。电池组产生的废热也必须及时排出，否则由于电化学反应速度随温度升高而加快，局部过热会引起该处电流密度升高，产生更多废热，形成局部热点，严重时会烧坏电池的电极或电解质隔膜，导致电池失效。

(a) 电堆水管理。燃料电池水管理主要有三种方法，即电解液循环、动态排水和静态排水。

电解液循环法仅适用于采用双孔电极（如Bacon燃料电池）或双隔膜（如石棉）组装的带电解液腔的电池组。在这类电池组里，利用电解液循环实现电池组的排水和排热。在电池外部利用蒸发或渗透装置对循环电解液浓度进行控制，使循环电解液浓度保持在一定范围内。在地面或水下应用的大功率碱性燃料电池常采用这种结构，如德国在U1潜艇上成功试验了采用这种结构的100 kW碱性燃料电池组。

动态排水法就是用反应气体将生成水吹扫出电池的方法。在碱性电池中，水在阳极生成，故可采用风机循环含水蒸气的氢气，并通过外置冷凝器将电池生成水排出，用这种方法同时还可以完成电池组的排热。美国Apollo任务中的Bacon型碱性燃料电池和航天飞机用的碱性石棉膜燃料电池均采用这种排水方式。

静态排水靠采用多孔导水阻气材料将电池生成水通过毛细作用排出。这种方法特别适合航天飞行的电池，可利用太空的真空条件将水静态导出。与动态法相比，静态法减少了系统的动部件，不但提高了电池组的可靠性，而且减少了电池组的内耗。其不足之处是电池组的结构复杂，液态水蒸发只能排出电池组1/3左右的废热，还需要额外的排热措施。

(b) 电堆热管理。为电池组利于散热,应尽可能用导热良好的材料制备电池组的零部件,尤其是双极板。双极板一般采用石墨或金属制备,以利于导电导热。但仅靠双极板来散掉电池组的热是不可能的。实际情况是,依据实测的传热系数,通常在电池组内每1～3节电池间加一块排热板,在排热板内通水、气或绝缘油等冷却剂对电池组进行冷却。在Apollo上使用的是汽车发动机里常用的乙二醇和水的混合液,在航天飞机上用于冷却的液体是一种绝缘的氟碳化合物。

2. 制造

本部分将重点介绍燃料电池电堆制造方法。

1) 双极板制造

双极板作为电池堆重要组成部件之一,其质量对电池堆的性能和寿命有直接影响。目前,PEMFC双极板大多为石墨板、复合板和金属板,其中,质量占整个电池堆重量的60%～80%,制造成本占总成本的30%～45%。石墨双极板主要采用机铣加工的方法,该加工方法费时,加工成本较高,且成本降低空间有限。目前最有商业化前景的是金属双极板,其加工采取冲压加工的方式,加工便捷,且可以实现连续化,快速加工生产,加工成本仅为石墨板的5%～10%。

双极板制造流程参照图8.20。

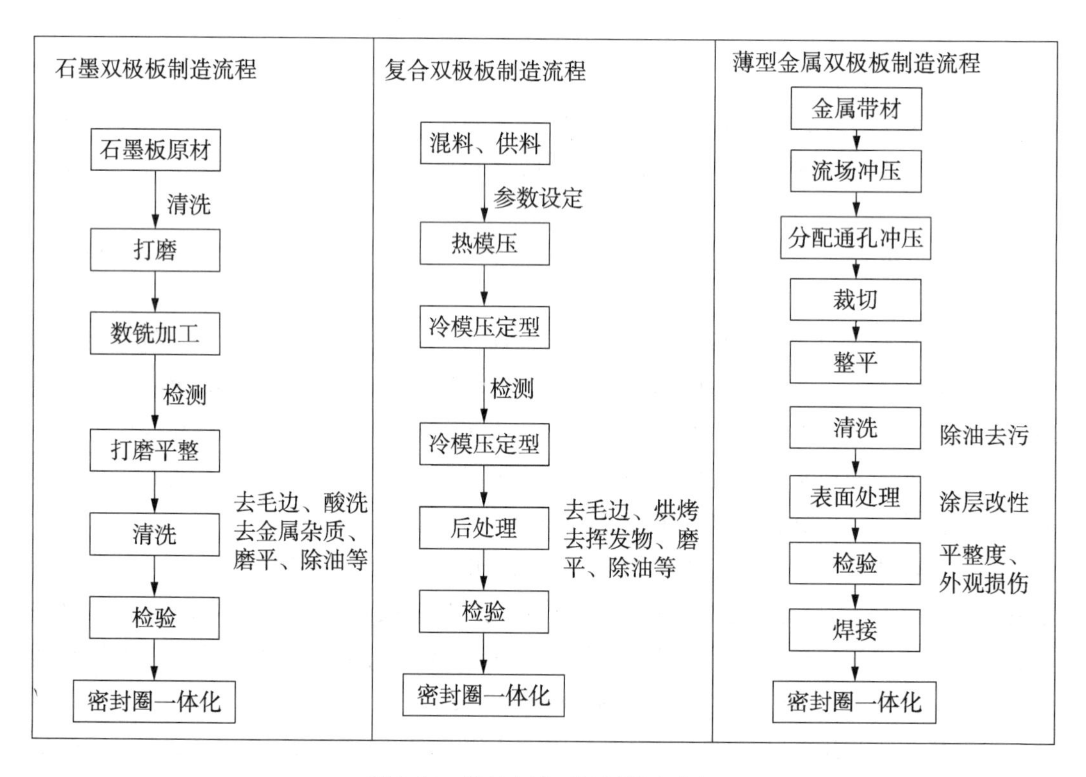

图8.20 燃料电池双极板制造流程

2) 膜电极组件制造

膜电极组件制造流程参照图8.21。

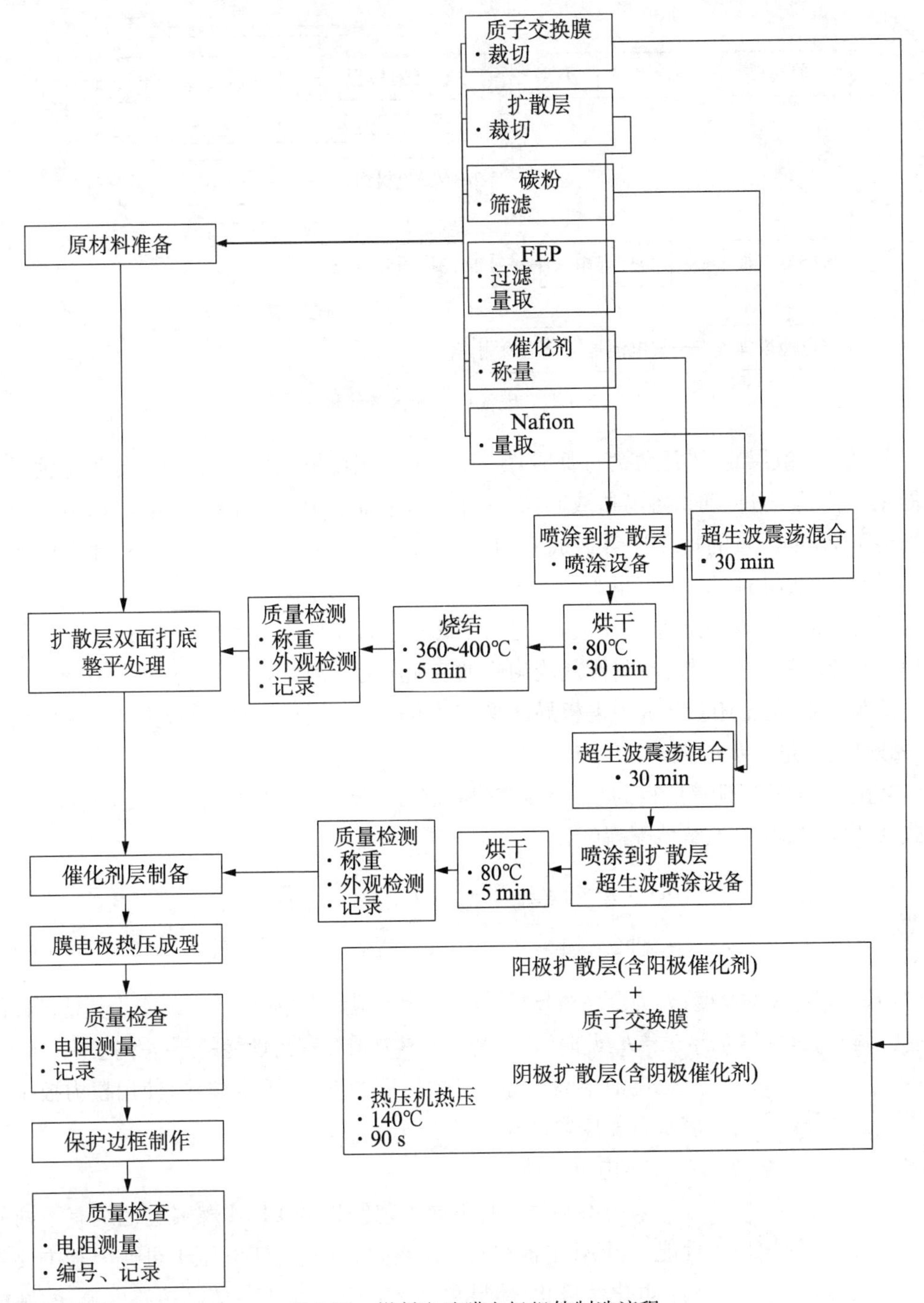

图 8.21 燃料电池膜电极组件制造流程

3）电堆装配集成

进行电池组装配之前，完成以下工作：密封圈和密封圈—双极板一体化组件；膜电极阻抗检测；辅助部件质量检查。

电池组装配工艺流程参见图 8.22。

电池组内最为脆弱和对应力最为敏感的是扩散层（GDL）和膜电极（MEA，包括质子

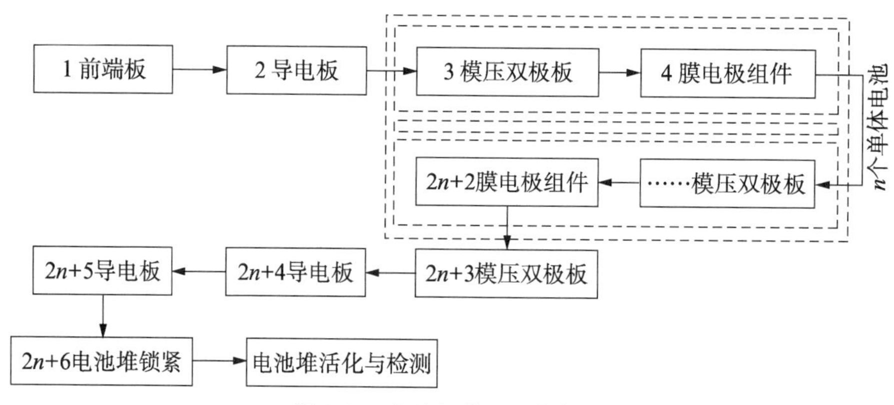

图8.22 电池组装配工艺流程

膜、催化层、扩散层)。当压紧力过低时,GDL与金属流场板接触电阻较大,导致电池放电性能差;当压紧力过高时,容易造成GDL三维立体孔道被压实,导致传质困难,电池组放电性能下降,更严重的过压还会造成GDL及MEA被压穿,即电池内短路,导致电池失效。通常,扩散层的压缩形变量为20%~25%时为一比较合理值。

通常电池组的装配由手工完成,但是由于薄形金属流场比石墨板更柔软,手工操作难以保证在流场板与膜电极、密封圈间均匀施加装配压力。因此,不当的装配压力会严重影响电池组性能,甚至还会造成膜电极局部受压过度而被金属板压穿,导致失效。装配精度及一致性尚待进一步提高。

装配时,可根据计算所得的装配压缩率和式(8.13)中单部件的电池厚度,由式(8.13)和式(8.14)计算出电池组装配高度h:

$$h_1 = n \times [d_{M_1}(1 - f_M) + 2d_b] + K \tag{8.13}$$

$$h_2 = n \times [2d_s(1 - f_s) + b_{M_2} - 2d_c + 2d_b] + K \tag{8.14}$$

式中,d_{M1}为M_1A的厚度;d_b为金属流场板厚度;n为电池组中单电池节数;K为其他部件的厚度。调节f_s,使得$h_1 = h_2 = h$,此时,f_s为密封圈具有最好密封性能的压缩率范围。

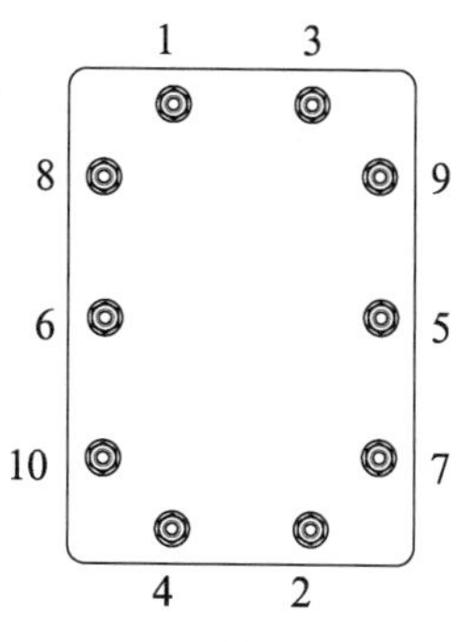

图8.23 电池组螺杆锁紧工艺

电池组装配螺杆锁紧按照图8.23所示顺序,使用扭力扳手分多次重复旋紧螺栓。

4) 电堆性能

采用不同材料和不同工艺制作的PEM燃料电池组有不同的性能。PEM电池组实际运行过程中,电池电压不可逆因素主要包括:电化学极化、燃料和氧化剂的穿透和内部微短路电流、欧姆极化和浓差极化。图8.24为采用美国杜邦公司生产的不同厚度Nafion膜制备的膜电极组件,在相同的运行条件下的性能。由图8.24可知,Nafion膜厚度不仅影响电池动态内阻,而且影响极限电流,最厚的Nafion117膜已经出现极限电流,而更薄的Nafion 112、Nafion 101还无极限电流出现的迹象。

从1995年到2000年,中国质子交换膜燃料电池膜电极组件制备技术和电池技术也

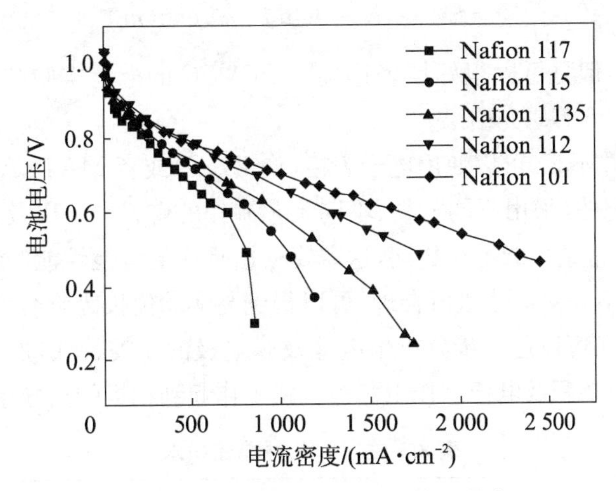

图 8.24 Nafion膜对电池性能的影响

电池操作温度，80℃；P_{H2}，0.3 MPa；P_{O2}，0.5 MPa；增湿，T_{H2}、T_{O2}，90℃；$V_{H2,out}$，15 $cm^3 \cdot min^{-1}$；$V_{O2,out}$，30 $dm^3 \cdot min^{-1}$。

有了很大的进展，具体性能见表 8.4 所示。

表 8.4 中国质子交换膜燃料电池膜电极组件制备技术

年 份	铂载量/($mg \cdot cm^{-2}$)	膜型号	电流密度/($mA \cdot cm^{-2}$)	单体电池电压/V
1995	4～8	Nafion 117	400	0.7
1996	1～4	Nafion 117	400	0.7
1997	0.5～1.0	Nafion 117	400	0.7
		Nafion 115	500	0.7
1998	0.1～0.4	Nafion 115	500	0.7
1999	0.02～0.40	Nafion 1135	600	0.7
		Nafion 112	1 000	0.7
2000	0.20	Nafion 101	1 300	0.7

通过前人的大量实验和分析，在电流密度为 i 时的 PEMFC 性能经验模型可以表示为

$$V = E_{oc} - \eta_{ohm} - \eta_{act} - \eta_{con} \tag{8.15}$$

$$V = E_{oc} - iR - A\ln\left(\frac{i+i_n}{i_0}\right) - m\exp(ni) \tag{8.16}$$

式中，E_{oc}为电池开路电压(V)；η_{ohm}、η_{act}、η_{con} 分别为欧姆极化过电位、电化学极化过电位、浓差极化过电位；i_n为内部短路电流和氢、氧穿透等量电流密度($mA \cdot cm^{-2}$)；A 为 Tafel 曲线斜率；i_0为电极交换电流密度(在阴极极化远远大于阳极极化时可为阴极交换电流密度或者为阴、阳极交换电流密度的函数)；m 和 n 为与传质有关的常量；R 为单位面积电阻($\Omega \cdot cm^2$)。

如果忽略 i_n，式(8.16)可以近似简化为：

$$V = E_{oc} - iR - A\ln i - m\exp(ni) \tag{8.17}$$

这个公式虽然简单,但是可以很好地表达实际 PEMFC 的电池实验结果。表 8.4 中的参数值引用 Laurencelle 等研究结果。

模拟式(8.17)并不难,可以使用电子表格(如 Excel)或者 MATLAB 程序或图表计算器等。但是,必须记住,采用不同材料、不同工艺制作的燃料电池以及使用不同纯度氢气和氧气,表 8.5 中的常量可能不尽相同,这需要根据具体的电池性能测试结果进行反复推敲和尝试。如果表 8.5 中参数取值合理,可以得到与实验值极为吻合的电池极化曲线,根据参数所代表的含义可以进一步分析出电池及膜电极的相关特性,加深对问题分析和理解,还有可能对电池装配及电极制作工艺等实践工作起到积极的指导意义。

表 8.5 式(8.17)中常量样本

参 数	PEMFC Ballard Mark V(70℃)
E_{oc}/V	1.031
$R/(\Omega\cdot cm^{-2})$	2.45×10^{-4}
A/V	0.03
m/V	2.11×10^{-5}
$n/(cm^2\cdot mA^{-1})$	8×10^{-3}

8.3.4 质子交换膜燃料电池应用

燃料电池的应用领域非常广泛,可适用于陆、海、空、天的军、民多个领域,例如汽车、飞行器、船舶、航天器等各类移动或固定式电源。尤其是 21 世纪的今天,全人类都面临着能源、环保、交通等问题的困扰,对燃料电池的开发研究和商业化是解决世界能源危机和环境污染问题的一条重要手段。因此,世界各国都投入巨大的人力物力到这项工作中来。我们国家也应进一步加大资金投入,大力推进燃料电池在特殊领域的应用,增强我国的国防军事实力,同时,加快燃料电池民用商业化的步伐,提供高能效、环境友好的燃料电池发电技术,为建立低碳、减排、可再生能源做贡献,为人类可持续发展、改善人类生存环境做贡献。

8.4 直接醇类燃料电池

8.4.1 直接醇类燃料电池概述

近年来,直接醇类 DAFC 受到人们普遍重视,尤其作为机车动力源的研究方面。其中,甲醇是应用前景最好的有机燃料,具有在电解质溶液中溶解性高、成本低、操作容易、运输和储存方便、热值较高等优点,其他醇如乙醇、乙二醇、丙醇等也可用作直接醇类燃料电池的燃料。

作为液态燃料,甲醇容易处理和运输,而且原料丰富,价格低廉,作为分子量最小的醇,也具有较高的反应活性,既可以直接用作阳极燃料,也可以用来重整制氢。采用液态燃料另一大优点是未来燃料电池的燃料供应系统可与目前广泛分布的燃油供应网络相匹配，而无须对其进行改造。DAFCs 具有系统结构简单、比能量密度高、启动迅速、燃料补充方便、操作简单等特点，并且可在较低温度下工作，因此，这种电池特别适合用作各种可移动式电源，如手机、笔记本电脑的电源和小型电动车动力源等，也可以用作小型固定电站。

目前国际上关于直接醇类燃料电池的研究受到了广泛的关注，由于燃料不用复杂的加工，而是直接通过化学反应将释放出的能量转化为电能输出，并且具有比能量密度高、运行温度低、液体燃料易封装携带等优点。但是由于受到阳极动力学反应缓慢，催化剂中贵金属价格高、易毒化等问题的限制，DAFCs 目前距离大规模商业化生产还存在一定距离。

8.4.2 直接醇类燃料电池特点

甲醇、乙醇是目前直接醇类燃料电池应用最为广泛的燃料。乙醇无毒且来源广泛，但相对于甲醇而言，乙醇只能由范围很小的一些原料制备而成，不能由天然气等物质直接得到，所以相对价格较高。在直接醇类燃料电池中，甲醇的优势明显大于乙醇，乙醇作为燃料在氧化过程中只能是每分子醇给出两个电子，相比于甲醇给出的六个分子是相当少的，所以乙醇的实际能量密度仅为甲醇的三分之一。因此在直接醇类电池的应用中，甲醇作为燃料体现出了更大的优势。

1. 直接甲醇燃料电池(DMFC)

直接甲醇燃料电池(DMFC)是利用甲醇在电极上发生反应将化学能，直接转化为电能，省去了复杂的甲醇重整制氢的过程，具有重量轻、结构紧凑、储存携带方便、燃料来源丰富等优点。但是 DMFCs 现在在实用化的过程中还存在两个问题，一个是甲醇的电氧化速率慢。由于甲醇的阳极氧化是一种自中毒过程，氧化过电位高，使得实际电压比计算值低很多，而且损失量远高于其他类型的燃料电池。

甲醇在低温时第一步发生吸附脱氢的反应：

$$CH_3OH \longrightarrow Pt-CH_2-OH+Hads$$

当温度高于 60℃时，反应中间物 CO 会吸附在 Pt 表面，这会阻止甲醇进一步氧化的，因此需要在较高的过电位下进行氧化，虽然可以通过提高电池的操作温度来提高甲醇的氧化速度，但是最高温度又受到质子交换膜的使用温度限制。另一个是 DMFCs 在使用过程中，甲醇易渗透过质子膜到达阴极，使得阴极电催化剂对氧的还原活性降低，同时降低了燃料电池的利用率。而另有一些中间物如甲醇脱质子形成的各种 CO 类的物种(如化学吸附态的 CO、HCO、COH 等)具有较强的吸附能力，难以脱附，在催化剂表面逐渐积累，占据催化剂活性位，降低了催化剂的利用率，甚至使催化剂严重中毒引起失效，阻碍了甲醇的进一步吸附和脱质子反应，切断了反应的连续性。因此，开发高活性的阳极电催化剂和开发新的质子交换膜是实现 DMFCs 大规模使用必须要解决的问题。

此外针对 DMFC 开发，还需要开展：① 优化阳极 CO_2 的排放；② 优化 DMFC 电池堆系统中的水热管理和物料分配；③ 研制价格低廉、导电导热性能良好的双极板材料，优化流场分布等等。

2. 直接乙醇燃料电池(DEFCs)

直接乙醇燃料电池(DEFCs)是近几年新开发的一类新型燃料电池，相比于DMFCs来说DEFCs有更高的理论比能量密度，且无毒性、安全、低廉，易于储存、运输和使用，同时具有可再生、环保的特点。

直接乙醇燃料电池由醇类阳极、氧阴极和质子交换膜三部分组成。电极本身由扩散层和催化层组成。扩散层起支撑催化层、收集电流及传导反应物的作用，它一般由导电的多孔材料制成，现在使用的多为表面涂有碳粉的碳纸或碳布。催化层则是电化学反应发生的场所，是电极的核心部分。常用的阳极和阴极催化剂分别为PtRu/C和Pt/C贵金属催化剂。作为燃料的乙醇水溶液通过阳极隔板被注入阳极，电极反应为

$$C_2H_5OH + 3H_2O \longrightarrow 2CO_2 + 12H^+ + 12e$$

氧气(空气)通过阴极隔板进入，发生的电极反应为

$$1/2O_2 + 2H^+ + 2e \longrightarrow H_2O$$

电池的总反应为

$$C_2H_5OH + 3O_2 \longrightarrow 2CO_2 + 3H_2O$$

由上述反应可以看出，乙醇完全氧化是一个电子转移过程，且需断裂C—C，反应复杂，中间产物多，氧化过程中产生的某些中间产物会吸附在电极的表面，降低了电极的活性，进而会使电极失去活性。

乙醇比较常用的电化学氧化催化剂有PtRu和PtSn。虽然PtRu是现阶段最适合甲醇的阳极催化剂，但是对于乙醇来说PtSn表现出了更好的催化性能。WO_3和WC都是可以用来增强Pt对醇电化学氧化常用的添加剂。乙醇电化学氧化其他比较好的Pt合金催化剂有PtW和PtPd。

目前DEFCs实现大规模的应用存在三个主要问题：① 阳极催化剂的活性太低，乙醇电氧化速率慢，电池性能低；② 质子交换膜的质子电导率低；③ 有效催化剂主要以Pt为主，成本太高。所以，为了符合实际应用的需要，优化DEFCs电池的结构以及开发新型电极催化材料就成了研究热点。

8.4.3 直接醇类燃料电池应用

直接醇类燃料电池燃料不用重整，可通过化学反应直接将放出的能量转化为电能，具有安全、低廉的优点，且燃料来源丰富，储存携带方便，具有可再生、环保等特性，被人们列为理想的高效清洁能源。

目前，美国戴姆勒-克莱斯勒公司推出的甲醇燃料电池NECAR5汽车已经完成了3 000英里行车试验，堪称是燃料电池技术的里程碑。同时明尼苏达大学也开发了具有商业化潜力的反应器，该反应器可从乙醇制取燃料电池用氢。如果证实，那么就可以用乙醇来制造氢气作为燃料燃烧，而不是直接用乙醇做燃料，则燃料电池的整个反应过程效率将会提高3倍左右。乙醇重整燃料电池技术有望应用于偏远地区发电。由我国自主研制的燃料电池城市客车已经小范围的应用于实际生活中，相信在不久的将来，燃料电池会得到

更好的发展，会为全球能源发展做出更大的贡献。

8.5　其他类型燃料电池

燃料电池的种类较多，可依据所用电解质性质、电池工作温度、燃料种类及运行机制等进行分类。表8.6为按照不同分类标准所对应的燃料电池种类。

表8.6　不同类型燃料电池

分类方法	分　　类
按运行机制分	酸性燃料电池、碱性燃料电池
按电解质种类分	碱性燃料电池(AFC)、质子交换膜燃料电池(PEMFC)、磷酸燃料电池(PAFC)、熔融碳酸盐燃料电池(MCFC)、固体氧化物燃料电池(SOFC)
按燃料类型分	氢燃料电池、甲烷燃料电池、甲醇燃料电池、乙醇燃料电池
按工作温度分	低温型：温度低于200℃；中温型：温度为200～750℃；高温型：温度高于750℃

8.5.1　固体氧化物燃料电池

固体氧化物燃料电池(solid oxide fuel cell，SOFC)是一种在中高温下将储存在燃料和氧化剂中的化学能直接高效、环境友好地转化成电能的发电装置，被普遍认为是在未来会与质子交换膜燃料电池(PEMFC)一样得到广泛普及应用的一种燃料电池。SOFC工作温度比溶化的碳酸盐燃料电池的温度还要高，使用诸如用氧化钇稳定的氧化锆等固态陶瓷电解质，而不用使用液体电解质。表8.7为SOFC特点分析。

表8.7　SOFC特点分析

优　势	电流密度和功率密度高	—
	成本低	可直接使用氢气、烃类(甲烷)、甲醇等作燃料，而不必使用贵金属作催化剂
	避免了腐蚀性	避免了中、低温燃料电池的酸碱电解质或熔盐电解质的腐蚀及封接问题
	高效	能提供高质余热，实现热电联产，燃料利用率高，能量利用率高达80%左右，是一种清洁高效的能源系统
	具有全固态结构	广泛采用陶瓷材料作电解质、阴极和阳极，具有全固态结构
	结构简单	陶瓷电解质要求中、高温运行(600～1 000℃)，加快了电池的反应进行，还可以实现多种碳氢燃料气体的内部还原，简化了设备
劣　势	寿命短	—
	启动时间长	—

8.5.2　碱性燃料电池

碱性燃料电池(alkaline fuel cell，AFC)是该技术发展最快的一种电池，主要为空间任务(包括航天飞机)提供动力和饮用水,工作温度大约80℃。AFC启动快,但其电力密度却比质子交换膜燃料电池的密度低10倍以上,在汽车中使用显得相当笨拙。表8.8为AFC特点分析。

表8.8 AFC特点分析

优 势	效率高	因为氧在碱性介质中的还原反应比其他酸性介质高
	成本低	因为是碱性介质,可以用非铂催化剂
	工作温度低	因工作温度低,碱性介质,所以可以采用镍板做双极板
劣 势	容易生成沉淀	电解质为碱性,易与 CO_2 生成 K_2CO_3、Na_2CO_3 沉淀,严重影响电池性能,所以必须除去 CO_2,在常规环境中应用带来很大的困难
	寿命短	—
	结构复杂	—

8.5.3 熔融碳酸燃料电池

熔融碳酸燃料电池(MCFC)工作温度可达650℃。这种电池的效率很高,但材料需求的要求也高,可以用溶化的锂钾碳酸盐或锂钠碳酸盐作为电解质。表8.9为熔融碳酸燃料电池特点分析。

表8.9 熔融碳酸燃料电池(MCFC)特点分析

优 势	成本低	工作温度高,电极反应活化能小,无论氢的氧化或是氧的还原,都不需贵金属作催化剂,降低了成本
	可以使用含量高的燃料气	如煤制气
	热效率高	电池排放的余热温度高达673 K之多,可用于底循环或回收利用,使总的热效率达到80%
	无须水冷却	可以不需用水冷却,而用空气冷却代替,尤其适用于缺水的边远地区
劣 势	腐蚀性强	高温以及电解质的强腐蚀性对电池各种材料的长期耐腐蚀性能有十分严格的要求,电池的寿命也因此受到一定的限制
	单电池边缘的高温湿密封难度大	单电池边缘的高温湿密封难度大,尤其在阳极区,容易遭受到严重的腐蚀
	结构复杂	电池系统中需要有循环,将阳极析出的重新输送到阴极,增加了系统结构的复杂性

8.5.4 磷酸燃料电池

磷酸燃料电池(phosphoric acid fuel cell,PAFC)第一代燃料电池,是以浓磷酸为电解质,以贵金属催化的气体扩散电极为正、负电极的中温型燃料电池,可以在150~220℃工作,具有电解质稳定、磷酸可浓缩、水蒸气压低和阳极催化剂不易被CO毒化等优点,是一种接近商品化的民用燃料电池。表8.10为PAFC特点分析。

表8.10 PAFC特点分析

优 势	排气清洁	—
	低噪声低振动	—
劣 势	电化学还原速度低	在酸性电池中,氧的电化学还原速度比碱性电池中低得多。为了减少阴极极化、提高氧电化学还原速度,不仅须采用贵金属(如白金)作电催化剂,而且反应温度需提高
	腐蚀性强	酸的腐蚀性比碱强得多,除贵金属与乙炔碳黑外,现已开发的各种金属与合金材料(如钢)在酸性介质中均发生严重的腐蚀
	转化效率低	只有37%~42%

思 考 题

(1) 简述燃料电池的工作原理、组成及应用。

(2) 燃料电池的分类及其优缺点。

(3) 简述PEMFC电堆的设计原则、生产工艺及其装配。

第9章　电化学电容器

9.1　概述

9.1.1　发展简史

1957年，美国通用电气公司的Becker在他的专利中首次提出可以通过制造电化学电容器来储存电能。美国SOHIO公司在20世纪60年代后期率先研制成功了双电层电化学电容器，接着日本的NEC公司和Matsushita公司也参与开发并获得成功。1978年Matsushita公司推出了商用产品——著名的松下金电容器。1975年至1981年间，加拿大Conway为首的渥太华大学研究小组与美国Continental Group Inc.合作，进行了混合氧化物电化学电容器的研发。20世纪80年代起，电化学电容器商品逐步被应用到记忆储备电源，走向了应用市场。

1990年起，电动车研制项目推动了电化学电容器技术的发展。人们意识到，电化学电容器体系固有的超大容量和高功率充放电能力可以补充电池的不足。将电化学电容器和高能密度电池混合应用，作为电动汽车动力系统，能够提供比单一电池作为动力系统更为优良的性能。美国能源部于1991年专门制定了旨在推动电动汽车用电化学电容器研究的规划项目，极大地推动了电化学电容器技术在美国，甚至在世界范围的广泛研发。大学、研究机构和公司从各自特长及关心领域，从基础科学、新型材料及改进、产品设计和工艺、产品性能和测试及市场应用等各领域开展了深入的研究。大容量、高功率电化学电容器确立了作为电池补充的新一代储能装置的地位。

Conway于1999年编著出版了专著《电化学电容器——科学原理及技术应用》一书，这是世界上第一本关于电化学电容器的专著。Conway从科学原理、技术和应用等各方面对电化学电容器做了全面、科学的综合论述，推动了电化学电容器科学和技术在世界范围的传播。

目前，美国、日本、韩国、法国、德国、俄罗斯、中国等国家均研制生产电化学电容器。图9.1为国外典型的电化学电容器产品实物。

9.1.2　特点

电化学电容器(electrochemical capacitor)又称超级电容器(ultracapacitor或supercapacitor)，是具有传统电容器的充放电特性，但容量却大几个数量级的所有电化学储能器件的总称。

电化学电容器的主要特性如下。

1. 超大电容值和高能量密度

该项性能是相对于传统电容器的。传统电容器技术经历了空气介质电容器、云母电容器、陶瓷电容器、纸介质电容器和电解质电容器的发展阶段。先进的电解质电容器额定

图 9.1　国外典型电化学电容器产品实物

电容值能够达到法拉级，但已商品化的电化学电容器的电容量已达到了 10 000 法拉或更高，能量密度比传统电容器大 10～100 倍。

2. 高功率密度

这项特性是电化学电容器最为重要的杰出优点之一。电化学电容器能够在数秒内快速释放出所储存的能量，同时又能在几分钟内非常快速、高效充电储存能量，即具有高功率充电和放电的能力。与电池的功率密度相比，电化学电容器的功率密度高 10～20 倍。

3. 充放电效率高

电化学电容器充放电效率可以达到 0.9～0.95，而电池的效率通常在 0.7～0.85。充放电效率高意味着能量利用率高，同时由电能转化成热能的损失减小，导致了电化学电容器有更长的循环工作寿命。

4. 循环工作寿命长

电化学电容器具有全容量充电和放电的能力，而且循环寿命可以达到 100 000 次以上，而电池在深充放电循环工作条件下，寿命一般只有 500～2 000 周次。

表 9.1 给出了电化学电容器、电池和传统电容器在上述 4 个重要性能方面的比较。

表 9.1　电化学电容器、电池和传统电容器性能比较

性　能	电　池	电化学电容器	传统电容器
放电时间	0.3～3 h	1～30 s	10^{-6}～10^{-3} s
能量密度/(W·h·kg^{-1})	20～100	1～10	<0.1
功率密度/(W·kg^{-1})	50～200	1 000～2 000	>10 000
充放电效率	0.7～0.85	0.9～0.95	≈1.0
循环寿命/周	500～2 000	>100 000	∞

我们也可以采用Ragone图更清晰地反映三种储能装置在功率密度和能量密度性能方面的比较,显示出它们各自的应用范围。Ragone图的两个对数坐标单位分别表示能量密度和功率密度。根据一个储能体系能量密度和功率密度对应关系可以在Ragone图上作出一个区域,根据不同体系在Ragone图上的位置能够比较不同体系的性能。Ragone是D. V. Ragone的姓氏,1968年5月在美国底特律市召开的汽车工程师会议上,他最早在他的论文中应用了Ragone图,后来就被经常使用。

图9.2为电化学电容器、电池和传统电容器的Ragone图。

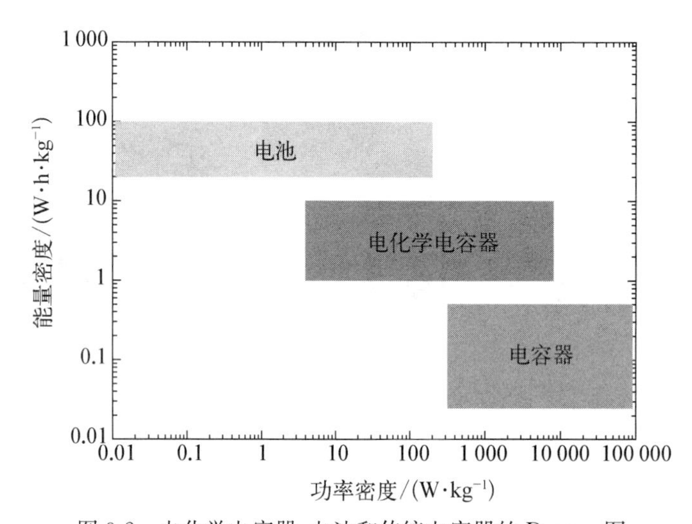

图9.2　电化学电容器、电池和传统电容器的Ragone图

从表9.1和图9.2可以看出,电池虽然有较高的能量密度,但功率密度局限在50～200 W·kg^{-1},超出此范围的功率密度要求电池不能胜任。而电化学电容器虽然能量密度不如电池,但功率密度可以适用在1 000～2 000 W·kg^{-1},甚至更高的范围。传统电容器虽然有最高的功率密度,但是能量密度太低,限制了应用。

电化学电容器在Ragone图中的位置清楚地表明,作为一种新型储能装置,电化学电容器将会在电池和传统电容器之间的区域得到广泛的应用。

5. 工作温度范围宽广

这项性能是电化学电容器又一个显著的优点。电化学电容器能够在－40～60℃的温度范围内工作,而不造成明显的性能差异,在恶劣环境条件下应用电化学电容器具有明显的优势。

6. 可靠性高,维护要求低

正常使用的电化学电容器工作寿命长达90 000 h以上,可靠性非常高,不像电池需按技术要求经常维护及定期更换。

7. 绿色环保电源

电化学电容器,特别是目前占产品主导地位的碳电极双电层电容器不含镉、铅、汞等有害物质,是一种能够得到政府环保政策支持发展的新型绿色电源。

9.1.3　分类

通常,电化学电容器按电极类型进行分类,再可根据电解液的类型不同作进一步地细分，如表 9.2 所示。

表 9.2　电化学电容器的分类

类　型	电　极	电 解 液	研发机构(举例)
1	碳电极	水系电解液	Sandia 国家实验室
2		有机电解液	Maxwell
3	金属氧化物电极	水系电解液	Pinnacle 研究所
4	导电聚合物电极	水系电解液	Los Alamos 国家实验室
5	不对称混合型 NiOOH(正极)，碳(负极)	水系电解液	ESMA
6	不对称混合型 $LiCoO_2$(正极)，碳(负极)	有机电解液	NESSCAP

碳电极双电层电容器是最早研制的类型，是电化学电容器技术最重要的组成部分，目前技术比较成熟，正在积极开拓应用领域，特别是在电动汽车混合动力系统中的应用。

金属氧化物电化学电容器研制起始于 1975 年。该体系由于具有比碳电极体系高的能量密度而受到重视。但是由于价格原因，应用局限于某些特殊领域，如军用领域。

导电聚合物电化学电容器是新发展的一个体系，这类导电聚合物具有很高的电导率，能像金属氧化物(如 RuO_2)那样发生氧化还原反应产生大的比电容，能量密度比碳电极双电层电容器高 2～3 倍。这类材料价格比 RuO_2 便宜得多，能够降低电容器的制造成本。但是该体系的循环寿命尚不高，需要进一步改进提高。该体系有相当的发展空间，可以通过设计选择相应聚合物的结构，进一步提高聚合物的性能。

不对称混合型电化学电容器是电化学电容器技术发展的一个新体系，其主要优点是提高了能量密度，从而使其在某些应用领域(如 UPS)能够替代铅酸电池。但需要指出的是，这类体系也牺牲了电化学电容器固有的长循环寿命能力和高功率脉冲特性。表 9.3 给出了不对称混合型电化学电容器与铅酸电池性能的比较。

表 9.3　不对称混合型电化学电容器与铅酸电池性能的比较

性　能	不对称混合型电化学电容器	铅 酸 电 池
深放电循环寿命/周	10 000～100 000	1 000～2 000
充放电效率/%	>90	70～90
充电时间	几秒～几分钟	数小时
温度范围/℃	−50～50 基本不影响寿命和性能	室温 以保持其寿命和性能
最大能量密度/($kJ \cdot kg^{-1}$)	20～40	150～200
最大功率密度/($kW \cdot kg^{-1}$)	2～10	0.1～0.5

9.1.4　性能参数

1. 电容量(capacitance)

电容量是电化学电容器最基本的参数之一，其值的大小对应了储能能力的大小，单位

是法拉。大容量、高功率电化学电容器主要用于储存和释放电能。因此,电化学电容器电容量C(法拉)可定义为

$$C=\frac{\Delta Q}{\Delta V} \tag{9.1}$$

式中,ΔV为电化学电容器工作电压变化范围(V);ΔQ为变化ΔV时,电容器电量的变化(库仑)。

电容量是个可测值,实际测量时常采用恒电流放电法。式(9.1)可转换成

$$C=\frac{I\cdot t}{\Delta V} \tag{9.2}$$

恒电流放电法的测试程序通常为:用恒电流将电化学电容器充电到规定的最高电压V_{max};稳压保持1 min;用恒电流I将电化学电容器放电到规定的最低电压V_{min},测出放电时间t。将I、t、$\Delta V=V_{max}-V_{min}$等代入式(9.2),即可计算得到电容量C的值。

2. 额定电压(rated voltage)

该参数规定了电化学电容器允许持续保持的最高工作电压值。该值与温度有关,也和电化学电容器的设计、寿命和可靠性等考虑因素有关。不同类型的电化学电容器具有不同的额定电压值,同一类型但不同厂商的电化学电容器也会有不同的额定电压值,通常由生产厂商给定。

3. 浪涌电压(surge voltage)

浪涌电压指允许电化学电容器短时承受的最大电压值。该值高于额定电压值,通常是额定电压值的1.1倍。

4. 额定电流(rated current)

生产厂商允许电化学电容器连续放电时所能承受的最大放电电流。

5. 最大脉冲电流(max. pulse current)

生产厂商设定的放电时间持续几秒的最大放电电流。

6. 最大储能(max. stored energy)

在额定电压值时电化学电容器所能存贮的能量称为最大储能。单位为焦耳(J)或瓦时(W·h),该值可由公式$E=\frac{1}{2}CV^2$计算,式中,E为最大储能,C为电容量,V为额定电压。

7. 比能量(specific energy)

该参数表达了单位质量(或单位体积)电化学电容器的最大储能。

质量比能量为单位质量电化学电容器的最大储能,其值可用最大储能除以电化学电容器的质量,单位是$W\cdot h\cdot kg^{-1}$。

体积比能量为单位体积电化学电容器的最大储能,其值可用最大储能除以电化学电容器的体积,单位是$W\cdot h\cdot dm^{-3}$。

作为储能装置,能量密度是电化学电容器的一个重要性能参数。使用环境往往对储能装置的质量和体积有一定的要求和限制。目前电化学电容器能量密度相对于电池还比

较低，因此随着技术的发展，能量密度的提高会受到人们的关注。

8. 比功率(specific power)

该参数表达了单位质量(或单位体积)电化学电容器的最大输出功率。

质量比功率为单位质量电化学电容器的最大输出功率，其值可用最大输出功率除以电化学电容器的质量，单位是 $W \cdot kg^{-1}$。

体积比功率为单位体积电化学电容器的最大输出功率，其值可用最大输出功率除以电化学电容器的体积，单位是 $W \cdot dm^{-3}$。

最大输出功率 P_{max} 为

$$P_{max} = \frac{V^2}{4R} \tag{9.3}$$

式中，V 为电化学电容器的额定电压；R 为电化学电容器的等效串联电阻。

电化学电容器在最大输出功率 P_{max} 条件下输出电能时，50%的电能为负载利用，其余 50%的电能转化成热能而消耗。

9. 内阻(internal resistance)

在储能领域，常用内阻这一名称表达电化学电容器在充放电过程中呈现的内部电阻特性。在电容器领域，更常用的称呼为等效串联电阻(equivalent series resistance，ESR)。电化学电容器的内阻是各有关组分对电阻贡献的总和，这些组分包括电极、隔膜、集流体、极柱和电解液等。内阻的大小直接制约了电化学电容器高功率充电和放电性能，也影响其能量利用的效率。

电化学电容器的内阻可以由以下两种方法进行测试。

1) 交流法

(1) 测试原理。电化学电容器的等效电路如图 9.3 所示。

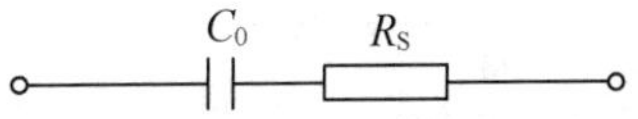

C_0　R_S

图 9.3　电化学电容器的等效电路图

C_0-等效的理想电容；R_S-内阻。

电化学电容器被施加交流电时，根据交流阻抗原理，理想电容 C_0 产生的阻抗为

$$Z_C = \frac{1}{2\pi f C}$$

式中，f 为施加交流电的频率；C 为理想电容 C_0 的电容量。

当交流电的频率较高时，可以认为理想电容器 C_0 为短路状态，同时在内阻 R_S 上产生一个压降 V_C，当交流电的等效电流 I 为一定值时，电化学电容器的内阻值 R_S 为

$$R_S = \frac{V_C}{I} \tag{9.4}$$

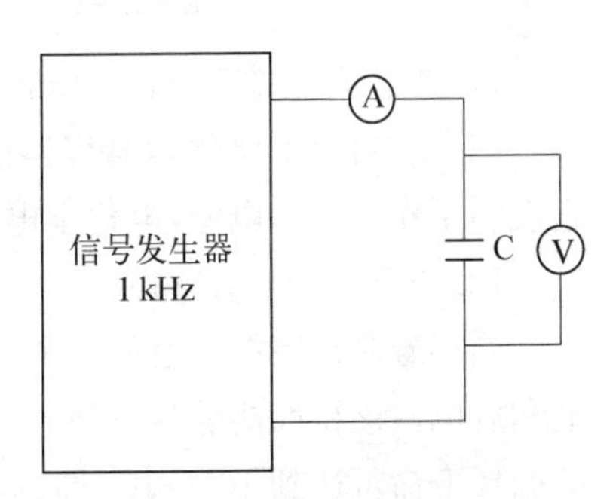

图 9.4　内阻测试线路图

C -被测电化学电容器；V -交流电压表；A-交流电流表。

(2) 测试线路。内阻测试线路如图 9.4。

交流法测得的内阻称为交流内阻，单位常用 mΩ 表示。

2）直流放电法

在电化学电容器进行恒流充放电循环测试时，当充电到额定电压 V_{max} 后转到放电的瞬间，电化学电容器的电压 V 值可以用下式表达：

$$V = V_{max} - I \cdot R_S$$

式中，V 为放电开始瞬间的电压；I 为放电电流；R_S 为内阻。

根据上式变换后的公式：

$$R_S = \frac{V_{max} - V}{I} \tag{9.5}$$

可以测得 R_S。

直流法测试内阻成功的关键在于测试设备的响应时间和精度，能在毫秒级或更短的时间内完成充电到放电的转化及电压变化的检测。

直流法测得的内阻称为直流内阻，单位常用 mΩ 表示。

对于同一电化学电容器，通常直流内阻值稍大于交流内阻值。

10. 漏电流(leakage current)

电化学电容器充电到额定电压后，如果开路存放，其电压值会逐渐减小，表明有电量从电极上泄漏，这是一个对应于自放电性能的参数。采用电子技术给电化学电容器注入电流，能够控制电容器电压的跌落，当注入电流和泄漏电流值相等时，就能使电容器恒定在额定电压值，这时的电流值被定义为漏电流。单位常用 mA 表示。

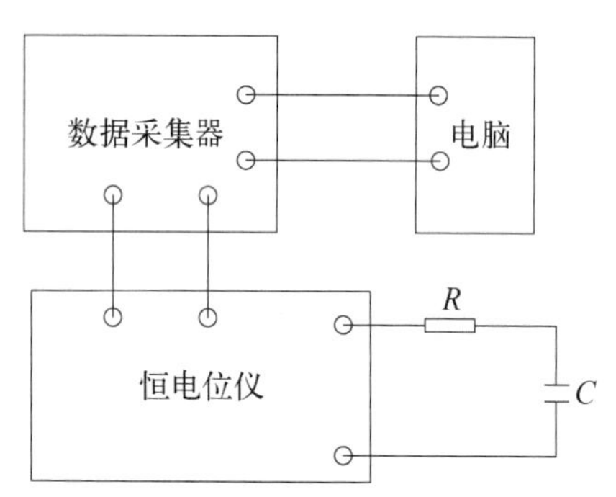

图 9.5　漏电流测试线路图
R-取样电阻；C-被测电化学电容器。

漏电流测试线路如图 9.5 所示。

测试前，将电容器短路一个规定的时间，短路好后将其按图 9.5 接入电路。用恒电位仪将电容器充电至额定电压 V_{max}，保持该电压值数小时，直到电路中的电流(恒电位仪和电脑同时显示)已接近一个稳定值。该值即为所测的漏电流值。

11. 工作温度范围(operating temperature range)

该参数给出了电化学电容器能正常工作的温度范围，这个范围通常为 −40～60℃。它表明了作为储能电源，电化学电容器有明显优于电池的温度特性。

12. 循环寿命(cycle life)

循环寿命是储能装置的一个重要性能参数。循环寿命长意味着能够长时间的反复充电和放电。该特性能够带来使用的可靠、维护的方便和良好的经济效益。电化学电容器的循环寿命可达到 10^5～10^6 周，远远优于电池。

13. 自放电(self-discharge)

电容器充电后开路搁置期间，电压会随时间而逐渐降低，电容器的电量逐渐失去，储能也随之减少，这种特性称为自放电。

由自放电而造成的储能损失 $E_{损失}$ 为

$$E_{损失}=\frac{1}{2}C(V_{额定}^2-V^2) \tag{9.6}$$

式中，$V_{额定}$ 为初始的额定电压；V 为在某时刻的测试电压；$E_{损失}$ 为该时刻已损失的储能。

能量损失率 η 为

$$\eta=1-\left(\frac{V}{V_{额定}}\right)^2 \tag{9.7}$$

自放电测试可按以下顺序进行：将电容器恒流充电至额定电压，恒压 30 min；将电容器开路搁置，立即测量开路电压，并连续进行 72 h（或根据规定）的测量。测量设备应具有高输入阻抗以减小对电容器放电的影响。在测试阶段的前 3 h，应每隔 1 min 测一次。其余时间阶段，可以每 10 min 测一次或更长一些时间。

电化学电容器的自放电速率通常大于电池的自放电速率。荷电的电化学电容器的电位差具有静电性质，不具备来自热力学和动力学的相对稳定的机制，因此很容易被一些偶然的过程所干扰，例如杂质或表面氧化还原基团。

上述 13 个性能参数已包括了电化学电容器的主要性能参数。现将两家生产厂商已商品化的电化学电容器技术性能参数列于表 9.4 和表 9.5，供读者参考。

表 9.4　Maxwell 公司生产的 BCAP2000P270 电化学电容器的性能参数表

电容量(25℃)/F	2 000
额定电压(V_R)/V	2.7
功率密度/($W \cdot kg^{-1}$)	14 000
最大连续充放电电流(温升 15℃)/A	110
最大连续充放电电流(温升 40℃)/A	170
最大脉冲电流/A	1 500
储存能量/(W·h)	2.03
能量密度/($W \cdot h \cdot kg^{-1}$)	5.6
浪涌电压/V	2.85
漏电流(72 h,25℃)/mA	4.2
直流内阻(25℃)/mΩ	0.35
重量/g	360
尺寸/mm	ϕ60.7×102
工作温度/℃	−40～65
循环寿命(25℃)/周	1 000 000

表 9.5　奥威公司生产的 UCR27V3000B 电化学电容器的性能参数表

电容量(25℃)/F	3 000
容量偏差/%	±10
额定电压/V	2.7
浪涌电压/V	2.9

续表

放电终止电压/V	0
最大充放电电流/A	2 200
直流内阻(25℃)/mΩ	0.25
漏电流(72 h,25℃)/mA	5.0
储存能量/(W·h)	3.0
质量能量密度/(W·h·kg^{-1})	5.5
体积能量密度/(W·h·L^{-1})	7.6
质量功率密度/(W·kg^{-1})	13 000
体积功率密度(W·L^{-1})	16 000
循环寿命(25℃)/周	1 000 000(1.35 V～2.7 V)
重量/g	550
高温耐久测试(1 500 h,65℃)	容量保持率>80% 内阻增大率<100%
尺寸/mm	ϕ60.5×146
工作温度范围/℃	−40～65
储存温度范围/℃	−40～70

9.2 原理

9.2.1 储能机理

1. 双电层储能机理

1853年,Helmholtz发现,一个金属电极和电解液接触形成的界面存在一个双电层,界面的金属一侧会积聚一定量的电荷,同时界面的溶液一侧也会积聚同等数量,但符号相反的电荷,形成电极/溶液界面双电层结构。图9.6为Helmholtz双电层结构模型示意图。

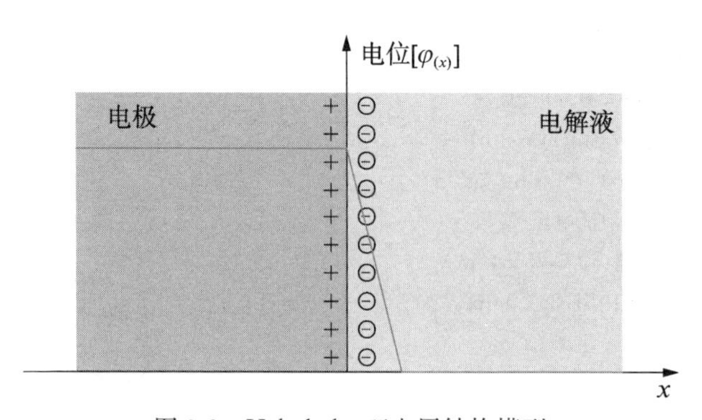

图9.6 Helmholtz双电层结构模型

电极/溶液界面双电层结构类似金属平板电容器,电极表面是电容器的一个极板,溶液离子层为另一个极板,双电层的厚度也就是两极板的间距。根据双电层理论,这个间距非常小,仅为分子级大小,为0.3～0.6 nm。

根据金属平板电容器理论,电容值为

$$C=\frac{\varepsilon\varepsilon_0 A}{d}=C_{比}\times A \tag{9.8}$$

式中，A 为极板面积；d 为极板间的距离；ε 为介质的相对介电常数；ε_0 为真空介电常数；$C_{比}$ 为比电容，$C_{比}=\frac{\varepsilon\varepsilon_0}{d}$。

根据静电学和电化学基础理论，ε_0 的值为 $8.85\times10^{-12}\,F\cdot m^{-1}$，$\varepsilon$ 的值在 10 的数量级范围，由于间距 d 值非常小，在 0.5 nm 左右，从而导致 $C_{比}$ 普遍地能够达到 16～50 $\mu F\cdot cm^{-2}$ 范围。这是电化学电容器能够具有超大电容值的本质和关键。再次强调，正是由于双电层结构在分子尺度的微观特性决定了双电层电容器的超大比电容。这是电极/界面双电层的自身特性，不像传统电容器，需要通过设计和制造工艺尽量减少两电极板之间的距离来提高电容值。

根据式(9.8)，双电层电容 $C=C_{比}\times A$。如果电极材料具有大的面积，就能产生大的电容值。随着材料工艺技术的发展，电化学电容器用商品化碳材料的比表面积已能达到 1 000～2 000 $m^2\cdot g^{-1}$。如果 $C_{比}$ 值取 30 $\mu F\cdot cm^{-2}$，碳材料比表面积取 1 000 $m^2\cdot g^{-1}$，那么碳电极的双电层电容值 $C_{碳}$ 可计算为

$$C_{碳}=30\times1\,000\times10^4\ \mu F\cdot g^{-1}=300\ F\cdot g^{-1}$$

根据双电层电容器储存(或释放)能量 E 的计算公式：

$$E=\frac{1}{2}CV^2 \tag{9.9}$$

式中，C 取 300 $F\cdot g^{-1}$；V 为碳电极在充电时的电位变化，取值 1 V。则碳电极双电层电容器储存(或释放)的能量为

$$E_{碳}=150\ J\cdot g^{-1}=41.7\ W\cdot h\cdot kg^{-1}$$

需要注意的是，该数值仅是理论计算值，实际测量只能实现该值的 20%左右。

2. 赝电容储能机理

赝电容是 pseudocapacitance 的中文译名。“赝”的含义是与所谓的“真”相比较而言的。真电容就是人们熟悉的传统的静电容或与之类似的双电层电容。

赝电容起源于一个具体的、特殊的电化学反应。在电化学电容器领域，对应于一个电极材料为金属氧化物的电极反应。当电极充电(或放电)时发生了电化学反应，一定量的电量(ΔQ)进入电极，同时电极电位随之变化(ΔV)，而且 ΔQ 与 ΔV 存在对应的函数关系，这种关系可用 $C_\phi=\frac{\Delta Q}{\Delta V}$ 的电容关系式表示。这种机制产生的电容称为电化学反应电容，通常称为赝电容。这类赝电容可根据实际反应体系用公式表示，其值也是客观存在的，可以由实验测得。

具有这类特性的材料目前尚不多，已被研究的有金属氧化物 RuO_2、NiO、MnO_2、Co_3O_4，氮化物 Mo_xN，导电聚合物聚吡咯、聚苯胺和聚噻吩等。其中最具代表性的是 RuO_2，学者对其进行了广泛的科学和技术的研究。按目前的技术水平，RuO_2 电极材料的比电容 C_{RuO_2} 可达 720 $F\cdot g^{-1}$，电极充电电压可达 1.2 V，储存能量值按式(9.9)计算得

$$E_{RuO_2}=518\ J\cdot g^{-1}=144\ W\cdot h\cdot kg^{-1}$$

RuO_2 电极材料产生的电化学反应电容(赝电容)值比碳电极双电层电容值大,也具有更大的储能密度。

9.2.2 工作原理

前文讨论的都是单一电极的电容特性,我们可以称这样的单一电极为电化学电容器电极。电化学电容器电极的特性可以类似研究电池电极性能,采用三电极实验装置进行研究。

单个电化学电容器电极不具有实用功能。一个实用的电化学电容器必须含有两个电容器电极,在接入充电或放电电路后,一个电极流入电流,另一个电极流出电流,完成能量的储存或释放的功能。

图 9.7 为由两个电极组成的电化学电容器示意图。

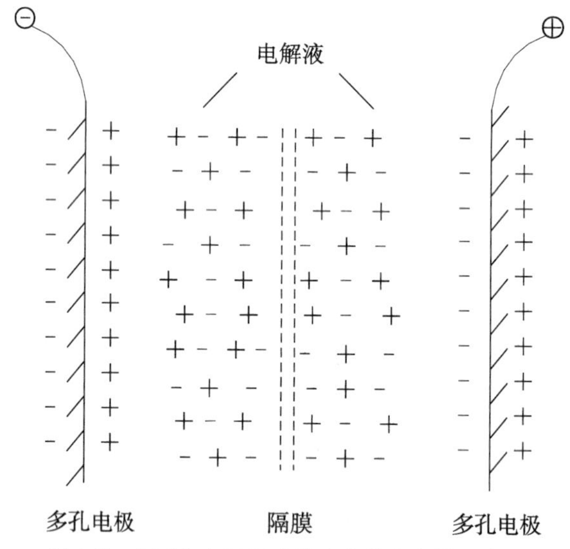

图 9.7 由两个电极组成的电化学电容器示意图

相应的等效电路如图 9.8 所示。

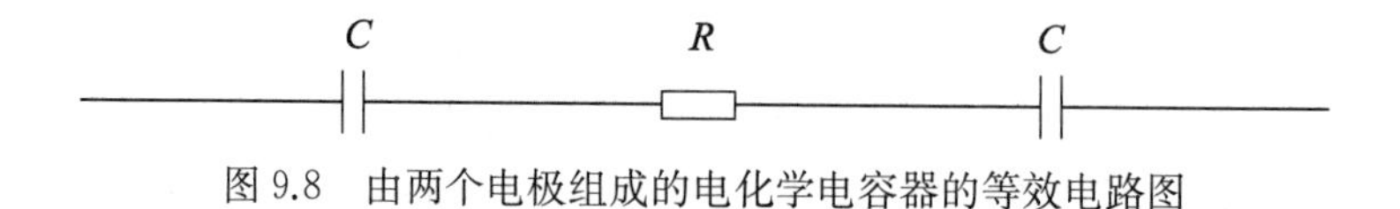

图 9.8 由两个电极组成的电化学电容器的等效电路图

由图 9.7 和图 9.8 可以看到,一个实用的双电层电化学电容器由两个电极组成,每个电极都有自己的电极/溶液界面双电层。当充电时,负极表面集聚越来越多的电子负电荷,界面溶液侧集聚越来越多的正离子电荷相对应,双电层的电荷密度不断增加,负极的电极电位也依据电容值跟着变化;而正极表面随着电子的流出,带有越来越多的正电荷,界面溶液侧则集聚越来越多的负离子电荷相对应,双电层的电荷密度也不断增加,正极的电极电位也依据电容值跟着变化,直至充电结束,完成了储能。图 9.9 显示了充好电后电化学电容器电极电位分布状态与充电前的比较。放电时情况相反,负极电子流出,正极电子进入,双电层溶液侧的荷电离子相应减少,双电层电荷密度减少,电极电位也随之变化,直至放电结束,电极电位的分布又恢复到充电前的状态。

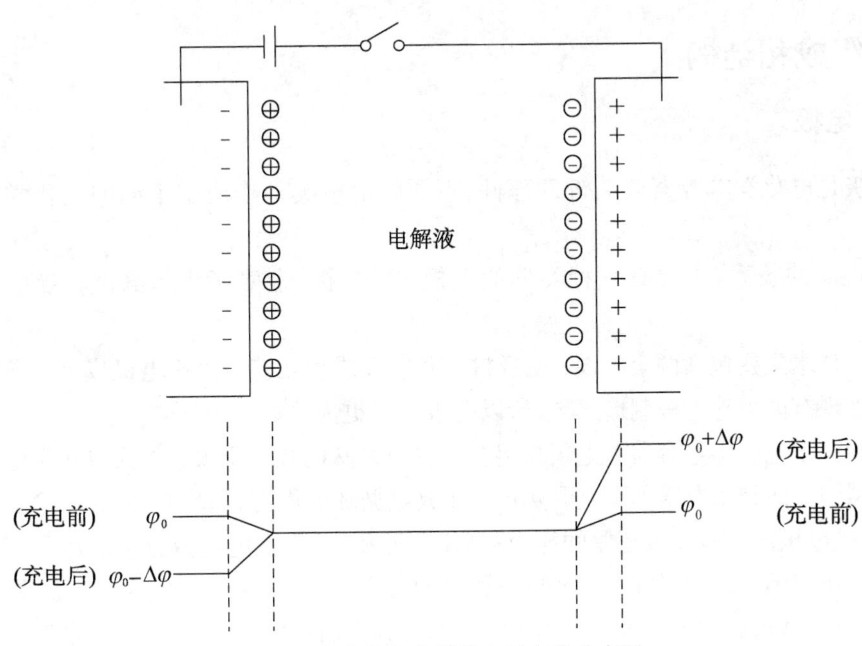

图 9.9　电化学电容器的电极电位分布图

可以用下列方程式模拟地表示出双电层电容器的充电和放电过程。

负极　　$C + HA + e \underset{放电}{\overset{充电}{\rightleftharpoons}} C^- \parallel H^+ + A^-$

正极　　$C + HA \underset{放电}{\overset{充电}{\rightleftharpoons}} A^- \parallel C^+ + H^+ + e$

总反应　　$C + C + HA \underset{放电}{\overset{充电}{\rightleftharpoons}} C^- \parallel H^+ + A^- \parallel C^+$

从上述充放电过程可以看到，双电层电容器充放电时没有发生法拉第反应，没有电荷穿越电极界面，只发生了电荷的静电移动，因而是一个非常快速的，近乎可逆的过程。这种机制决定了双电层电容器具有高功率能量储存和释放的优良特性。

RuO_2 电化学电容器进行充电和放电时，正极和负极都发生了电化学反应，可用下列各方程式表示：

负极　　$HRuO_2 + H^+ + e \underset{放电}{\overset{充电}{\rightleftharpoons}} H_2RuO_2$

正极　　$HRuO_2 \underset{放电}{\overset{充电}{\rightleftharpoons}} RuO_2 + H^+ + e$

总反应　　$HRuO_2 + HRuO_2 \underset{放电}{\overset{充电}{\rightleftharpoons}} RuO_2 + H_2RuO_2$

但需提醒的是，这类特殊的电化学电极反应，进入（或流出）电极的电量（ΔQ）与电极电位的变化量（ΔV）存在对应的函数关系，这种关系可用 $C_\phi = \dfrac{\Delta Q}{\Delta V}$ 的电容关系式表示。

9.3 组成和结构

9.3.1 电极

电极是电化学电容器最关键的部件,不同的电极类型构成了不同的电化学电容器体系。

按目前的技术,主要有三种类型的电极:碳电极、金属氧化物电极和导电聚合物电极。

电极技术主要包括两个方面:电极材料和电极成型工艺。由于电极成型工艺可以继承和发展现有的电池电极制造工艺,所以电极材料更为关键。

不同类型电化学电容器对电极材料会有各自特殊的技术要求。作为电化学电容器用电极材料的一般技术要求如下:重复充电和放电循环的能力,循环寿命大于10^5次;长期稳定性;抗电极表面氧化或还原的能力;高比表面积;具有在电解液分解电压限度内的最大工作电压范围;具有最佳的孔径分布;优良的可润湿性,从而具有合适的电极/溶液界面接触角;电极材料和导电基板具有尽可能小的欧姆内阻;电极材料被加工成电极形状后能够保持电极的机械整体性,并具有尽可能小的开路自放电。

1. 碳电极

1) 碳电极材料

在电化学电容器技术发展历史上,首次使用高比表面积碳材料制造实用双电层电容器的是美国SOHIO公司。当时的多孔碳材料比表面积达到400 $m^2\cdot g^{-1}$,比电容值达到80 $F\cdot g^{-1}$。Kim Kinoshita编写的有关碳的专著是一本重要的资料参考书,该书提供了有关碳的电化学和物理化学特性的信息。

用于制造双电层电容器的碳材料必须具备下列技术性能:① 真实的高比表面积;② 良好的多孔材料粒子内和粒子间导电性;③ 有利于电解液进入内孔表面区域。此外,对粉状或纤维状碳的表面状态控制和尽量不含杂质(如Fe离子、过氧化物、O_2和醌等)也是非常重要的。

电化学电容器使用的高比表面积碳材料,如活性碳、碳纤维、碳布和碳气凝胶,都是在N_2、O_2或水蒸气环境中经过高温处理过的。预处理能够修饰表面功能,能够打开或改变孔结构,同时排除杂质。电化学电容器用碳材料的比表面积目前已达到1 000～2 000 $m^2\cdot g^{-1}$。

日本、美国和中国都已有电化学电容器用碳电极材料供应商,能直接向电容器制造厂家提供所需要的高品质碳材料。例如,日本kuraray公司生产的RP-20活性炭材料,比表面积1 800 $m^2\cdot g^{-1}$,比电容(TEMA/PC电解液)达到32 $F\cdot g^{-1}$。

2) 碳电极制造

电化学电容器电极的制造工艺类似于电池电极的制造工艺。

参考文献[19]介绍的碳电极制造工艺如下:称取适量的活性碳粉末和导电石墨,加入少量的去离子水将其润湿,随后加入质量分数为60%的聚四氟乙烯(PTFE)乳液后放入乳化机中进行剪切搅拌。在搅拌的过程中加入少量的异丙醇(或无水乙醇),剪切搅拌的时间为 1～2 h，得到黏稠状的浆料。将浆料放入 60℃左右的干燥箱中进行干燥，待半干态状取出后在对辊机上压成厚度为 0.3 mm 左右的薄膜。在薄膜上裁切得到不同形状和面积的电极片。将烘干后的电极片在油压机上压到泡沫镍集流体上，压力控制在 12～15 MPa。采用无纺布作为隔膜材料，将电极片和隔膜分别放入 6 mol・dm^{-3} 的 KOH 水溶液中浸泡，浸泡时间为 12 h。然后真空脱气 20 min 以确保电极和电解液中溶解的氧气被排除掉。将电极片和隔膜组装成电化学电容器。

参考文献[21]的电极制造工艺采用了铝箔集流体，适用于有机电解液体系。具体工艺过程如下：采用活性碳为电极材料，乙炔黑为导电剂，60%PTFE 乳液作为黏结剂，活性碳、乙炔黑和 PTFE 的质量比为 72.5∶20∶7.5。将三者和去离子水通过电磁搅拌充分混均匀后得到电极浆料。浆料单面涂布在 20 μm 厚的铝箔上经 120℃真空干燥后得到电极片，从电极片中打孔得到电极圆片用于电化学电容器的组装。采用多孔聚丙烯纸为隔膜，1 mol・L^{-1} Et_4NBF_4/PC 为电解液，在充满氩气的手套箱中组装成电化学电容器。

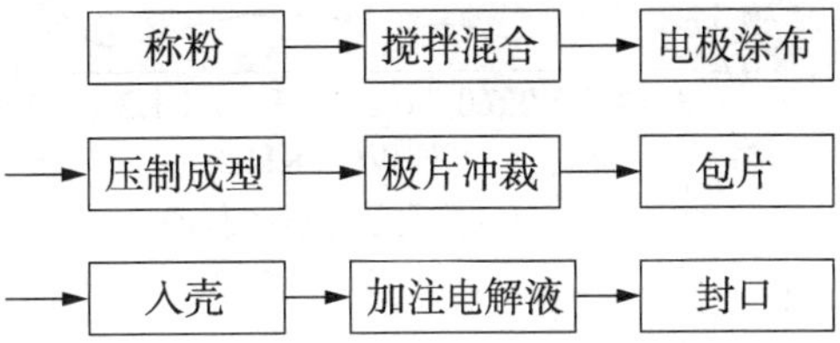

图 9.10 表达了碳电极制造工艺和电化学电容器装配工艺的基本流程。

称粉 → 搅拌混合 → 电极涂布

→ 压制成型 → 极片冲裁 → 包片

→ 入壳 → 加注电解液 → 封口

图 9.10　碳电极制造工艺和电化学电容器装配工艺的基本流程

2. RuO_2 电极

1971 年，意大利电化学家 Trasatti 首次提出将 RuO_2 用作电化学电容器电极材料。Trasatti 用热化学分解法将 $RuCl_3$ 转变成 RuO_2，并通过循环伏安实验，显示了 RuO_2 优良的电容特性。

时隔不久，1975 年加拿大 Conway 发表文章指出，通过电化学方法生成的 RuO_2 薄层也具有明显的赝电容特性(pseudocapacitance)。然后，Conway 领导的渥太华大学研究小组在世界上首次承担了为商用电化学电容器研发项目配套的 RuO_2 电极的研发工作。这项为时 6 年的研究项目是与美国 Continental Group Inc.公司合作进行的。Conway 小组研发完成了 RuO_2 电极和性能更稳定的混合氧化物(RuO_2+TiO_2)电极。该合作项目研制出 RuO_2 电化学电容器产品(如 12 V 的装置)，并且进行了性能测试。Conway 提出，这类金属氧化物材料的电容特性起因于一类特殊的电化学氧化还原反应，具有更大的比电容和能量密度，是一种非常有前途的电化学电容器的电极材料。他在世界上首次提出了“赝电容”(pseudocapacitance)这一专门名词，并得到了国际上同行的认可。在 1995 年到 1997 年间，上海空间电源研究所刘同昶受到 Conway 邀请赴加拿大渥太华大学参加电化学电容器项目的研究工作，对金属氧化物电极材料特别是 RuO_2 的电极特性进行了研究。RuO_2 电极材料的制备采用了两种近乎规范的方法。

(1) 热化学分解法。将 Ti 箔浸入热草酸溶液 2～3 min，在蒸馏水中进行超声波清洗，取出干燥后备用。预先在 20%HCl 溶液中配制成 0.1 mol・dm^{-3} $RuCl_3$ 水溶液。将此溶液涂刷到干净的 Ti 箔上，将带有溶液的 Ti 箔在空气中干燥。干燥后再重复进行涂刷和干燥的操作(需 6～12 次)，直到足够量的 $RuCl_3$ 附着在 Ti 箔上。最后将已具有足够量 $RuCl_3$ 薄层的 Ti 箔在 350～500℃的空气中进行热处理 5 min，完成了实验用 RuO_2 电极的制备。

(2) 电化学法。将金属钌(或电沉积在钛或金上的钌)放入硫酸溶液中。按循环伏安法条件在0.05～1.40 V(RHE)电压范围内反复进行阳极和阴极循环数小时，直到有相当厚度的含水氧化钌薄层(高达数微米厚)在电极上形成。

图9.11和图9.12给出了两种不同方法制造的RuO_2电极材料的电容特性。

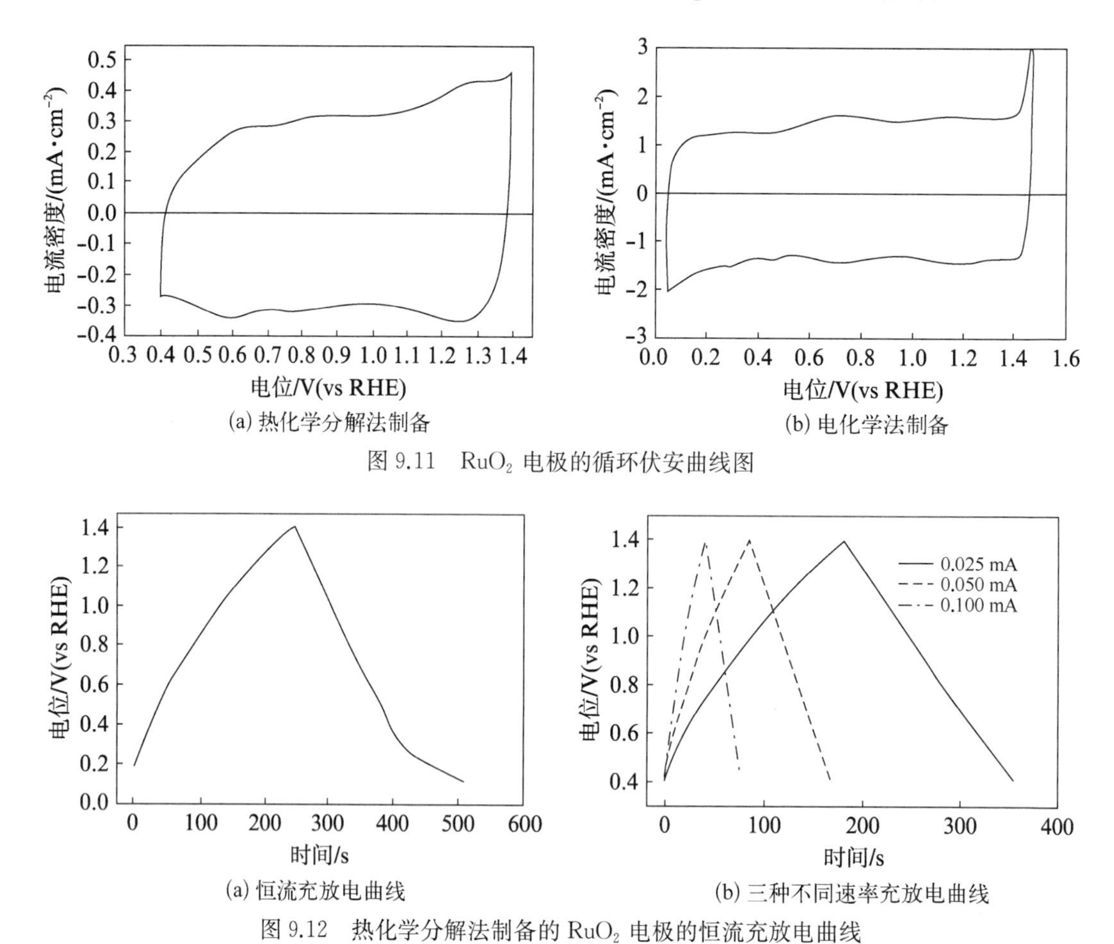

(a) 热化学分解法制备　　(b) 电化学法制备

图9.11　RuO_2电极的循环伏安曲线图

(a) 恒流充放电曲线　　(b) 三种不同速率充放电曲线

图9.12　热化学分解法制备的RuO_2电极的恒流充放电曲线

Zheng于1995年提出了RuO_2材料制备的第三种方法。该方法通过溶胶—凝胶工艺制备得到无定型RuO_2，该材料比上述两种方法得到的RuO_2具有更大的比电容和能量密度。具体制备工艺如下：将一定量的$RuCl_3 \cdot xH_2O$(42%质量百分比的Ru)溶解到蒸馏水中配制到所需的浓度。同时，配制好所需的NaOH溶液(例如0.3 mol · dm^{-3})。然后将NaOH溶液慢慢加到$RuCl_3$溶液中，用磁力搅拌器搅拌，控制pH在7左右，产生黑色沉淀。反应完成后，采用一个8 μm孔径的过滤器过滤，洗涤。最后加热到一定的温度烘干得到$RuO_2 \cdot xH_2O$粉末。将质量百分比5%的聚四氟乙烯黏结剂与$RuO_2 \cdot xH_2O$粉末混合，滚压成薄片，厚度为100～200 μm。

3. NiO电极

将100 mL 0.6 mol · L^{-1}的$Ni(NO_3)_2$溶液和100 mL 1.2 mol · L^{-1}的KOH溶液同时以每秒0.5滴的速度滴加到300 mL加有5 mL分散剂的水中，60℃恒温水浴，控制pH为10左右，搅拌5～6 h。将所得的沉淀静置24 h后抽滤，在100℃下干燥24 h，研磨，得

到纳米 $Ni(OH)_2$。将纳米 $Ni(OH)_2$ 于 300℃下恒温 3 h，充分研磨，即得纳米 NiO。

将 NiO 与石墨、乙炔黑、聚四氟乙烯按质量比为 7.0∶1.5∶1.0∶0.5 的比例混合，加入适量酒精，水浴加热下破乳，直到混合物质呈团状。将该混合物质均匀地涂在泡沫镍上，采用粉末压片机于 1.2×10^7 Pa 的压力下压制成电极。

用活性炭制成的电极作为辅助电极，饱和甘汞电极(SCE)作为参比电极，采用三电极体系在 9.0 $mol\cdot L^{-1}$的 KOH 溶液中对 NiO 电极进行循环伏安测试，扫描速度 10 $mV\cdot s^{-1}$，扫描电位－272～197 mV，结果见图 9.13。

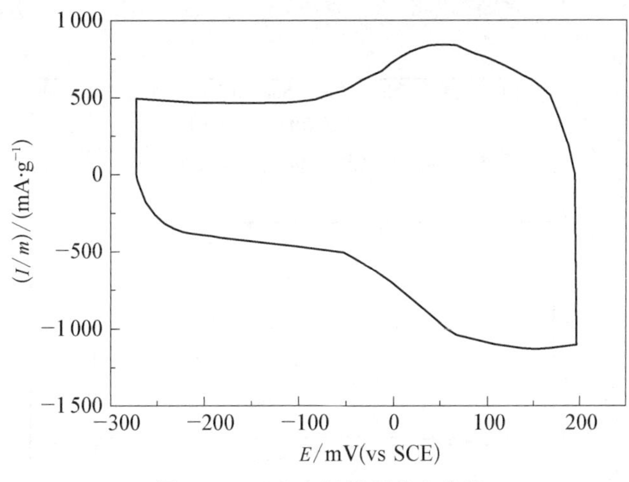

图 9.13　NiO 电极循环伏安曲线

4. MnO_2 电极

称取摩尔比为 1∶1.2 的 $Mn(NO_3)_2$ 和柠檬酸，将柠檬酸溶于水后与 $Mn(NO_3)_2$ 混合，缓慢滴加氨水，调节 pH 为 9～10，60℃恒温水浴，中速搅拌，直到溶液的颜色由浅粉色变成棕色溶胶。将溶胶置于 120℃干燥箱干燥得到干凝胶。将干凝胶于马福炉中 280℃煅烧 1 h 得到棕色的 MnO_2 粉末。

将 MnO_2 与石墨、乙炔黑、PTFE 按质量比为 7.0∶1.5∶1.0∶0.5 的比例混合，加入适量酒精，水浴加热下破乳，直到混合物质呈团状。将该混合物质均匀地涂在泡沫镍上，采用粉末压片机于 1.2×10^7 Pa 的压力下压制成电极。

用活性炭制成的电极作为辅助电极，饱和甘汞电极(SCE)作为参比电极，采用三电极体系在 1.0 $mol\cdot L^{-1}$的 $(NH_4)_2SO_4$ 溶液中对 MnO_2 电极进行循环伏安测试，扫描速度 10 $mV\cdot s^{-1}$，扫描电位 150～850 mV，结果见图 9.14。

5. Co_3O_4 电极

实验采用三电极装置，研究电极为 Co 金属丝，直径 0.25 mm，辅助电极是 Pt 网，参比电极采用标准氢电极，电解液是 0.5 $mol\cdot dm^{-3}$ NaOH 水溶液。循环伏安扫描速度 20 $mV\cdot s^{-1}$，扫描电位 0～1.50 V(相对于标准氢电极)。随着扫描循环次数的增加，Co 金属表面生成的 Co_3O_4 薄层也逐渐增厚，实验进行了 2 800 周循环，生成 Co_3O_4 薄层厚度约为 1 μm。图 9.15 为第 2 800 周的循环伏安曲线。

从图 9.15 中可见，在 0～1.50 V，Co_3O_4 材料表现出明显的镜面对称的电容特性。

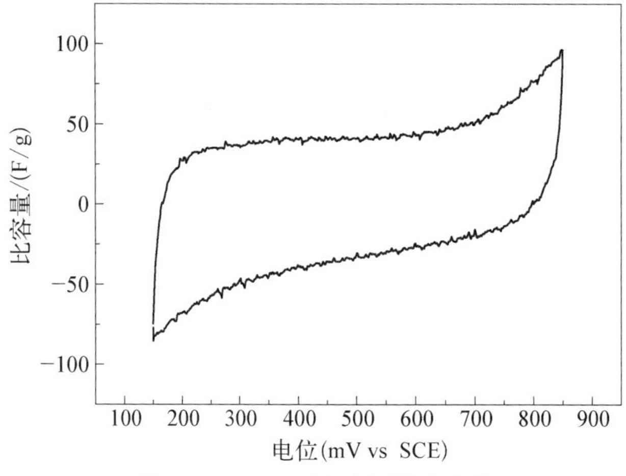

图 9.14 MnO_2 电极循环伏安曲线

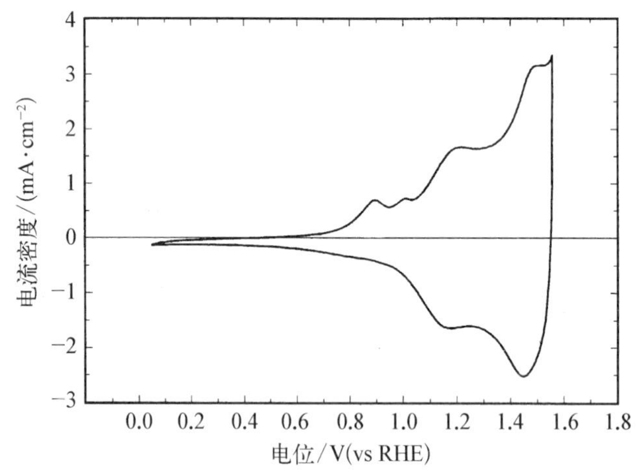

图 9.15 电化学法制成的 Co_3O_4 薄层的循环伏安曲线

(0.5 mol · dm^{-3} NaOH 溶液,25℃)

6. Mo_xN 电极

Mo_xN 是近来得到广泛研究,探讨有否可能取代 RuO_2 的新型材料之一。Mo_xN 材料价格远比 RuO_2 便宜,也具有明显的电容特性,缺点是工作电压范围窄,约 0.5 V。图 9.16为 Mo_xN 材料的循环伏安图。实验的扫描速度 20 mV · s^{-1},扫描电位 0.02~0.5 V(相对于标准氢电极)。

7. 导电聚合物电极

导电聚合物材料在充放电过程中会发生可逆的 p 型(或 n 型)掺杂(或去掺杂)的氧化还原反应,同时还有一部分双电层电容,因此其具有更高的比电容。常见的导电聚合物材料包括聚吡咯(PPy)、聚苯胺(PNAI)和聚噻吩(PTh)等。这些芳香族导电聚合物的特点是高度 π 轨道共轭,具有良好的电子导电性,能在 0.9 V 的电压范围内高可逆地进行电化学充电和放电。

Conway 在 1990 年最早将电活性导电聚合物用作电化学电容器电极材料。Gottesfeld 在 1991 年也开展了这方面的研究。Dubal 采用电沉积法在不锈钢上电镀聚吡

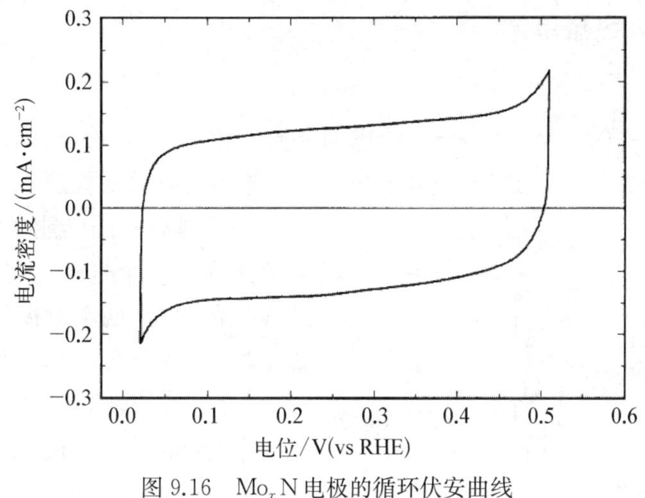

图 9.16 Mo_xN 电极的循环伏安曲线

(0.5 mol·dm^{-3} H_2SO_4 溶液,25℃)

咯,在 H_2SO_4 水溶液中,扫速为 5 mV·s^{-1}时,其比电容达 476 F·g^{-1}。

由于导电聚合物材料在充放电过程中分子链容易发生膨胀或收缩而被破坏,从而导致其循环性能较差。通过与碳材料(例如碳纳米管、碳气凝胶、石墨烯)或金属氧化物(MnO_2、NiO、Co_3O_4 等)材料进行复合,可提高导电聚合物的循环稳定性。Li 通过化学氧化聚合法制备出不同比例的聚吡咯(PPy)/硝酸活化碳气凝胶(HCA)复合材料,当 PPy 与 HCA 比例为 1∶1 时,复合材料显示出最优的电化学性能,其比电容达 336 F·g^{-1},2 000 次循环后仍保持初始电容的 91%。

9.3.2 隔膜

电化学电容器一般采用纸隔膜。例如,日本 NKK 公司的 TF4030 纸隔膜的厚度为 30 μm。

9.3.3 电解液

电化学电容器电解液一般包括以下两类。

(1) 水系电解液。水系电解液的溶质主要有:H_2SO_4、KOH、$(NH_4)_2SO_4$、Na_2SO_4、$MgSO_4$ 等。

(2) 有机电解液。双电层电容器用有机电解液一般是采用季铵盐为溶质的有机溶剂类电解液。例如,1 mol·L^{-1}的四乙基四氟硼酸铵($TEABF_4$)的乙腈(AN)或碳酸丙烯酯(PC)溶液。

赝电容电容器中,只有混合不对称体系采用有机电解液。该电解液一般是采用与锂离子电池类似的电解液。例如,1 mol·L^{-1}的六氟磷酸锂($LiPF_6$)的碳酸乙烯酯(EC)和碳酸甲乙酯(EMC)混合溶液。

9.3.4 壳体

电化学电容器的壳体一般采用不锈钢或铝合金。

9.3.5 电化学电容器单体

1. 部件

和单体电池一样,一个电化学电容器单体主要由电极、电解液、隔膜、壳体和结构件等部件组成。图9.17为一个圆柱形电化学电容器单体的剖面示意图。

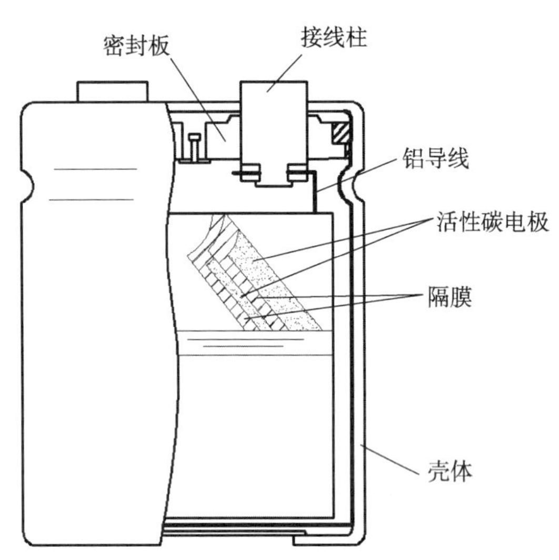

图9.17 圆柱形电化学电容器单体的剖面示意图

一个具有实用储能功能的电化学电容器必须含有两个电极。在电化学电容器技术发展的早期,两个电极是相同的,如两个碳电极,或两个 RuO_2 电极。随着技术的发展,两个电极可以不相同,如一个为碳电极,另一个为 NiOOH 电极,组成不对称型电化学电容器(asymmetric type)。为了区别,前一类型称为对称型(symmetric type)。

2. 单元电容件

两个电极(带集流体)和一个隔膜可以组成电化学电容器的最基本单元,如果带有电解液就可以具有充电和放电功能。这样的电化学电容器最基本单元称为单元电容件,如图9.18所示。

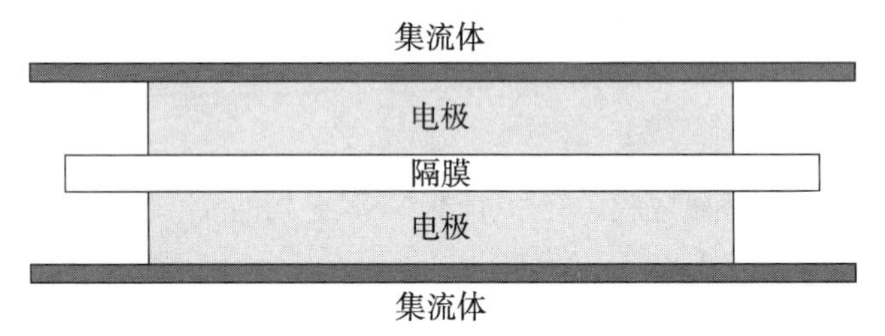

图9.18 单元电容件组成示意图

如果将一个单元电容件和电解液一起封装在一个扣式金属外壳中,就组成了一个具有实用储能功能的扣式电化学电容器,如图9.19所示。

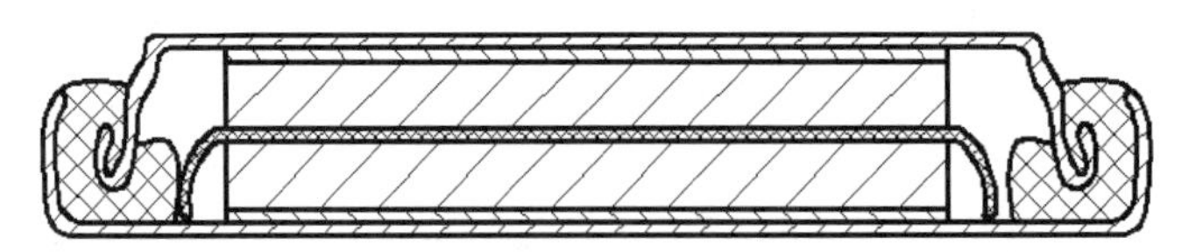

图9.19 扣式电化学电容器的剖面示意图

该扣式电化学电容器的额定电压 $V_{单元}$ 取决于电极材料和电解液的类型。如果是碳电极,采用水系电解液,额定电压为0.8～1.0 V;采用有机电解液,额定电压为2.3～2.7 V。

水系电解液通常为KOH水溶液或 H_2SO_4 水溶液。有机电解液通常为四铵离子烷基盐在乙腈溶剂或碳酸丙烯酯(PC)溶剂中的溶液。

3. 单体电容器

通常情况下，电容量 $C_{单元}$ 是有限的，实用的单体电容器一般通过并联的方法将各个单元电容件组合而成。

如有 n 个单元电容件并联，电容量就增加 n 倍，即：

$$C_{并}=n\cdot C_{单元}$$

并联后单体的电压不变，即：

$$V_{并}=V_{单元}$$

图 9.20 为并联方式组成的电化学电容器单体结构示意图。

图 9.21 为 Matsushita 公司的电化学电容器单体产品外观图，单体的电容量达到 2 700 F，电压维持在 2.3 V 不变。

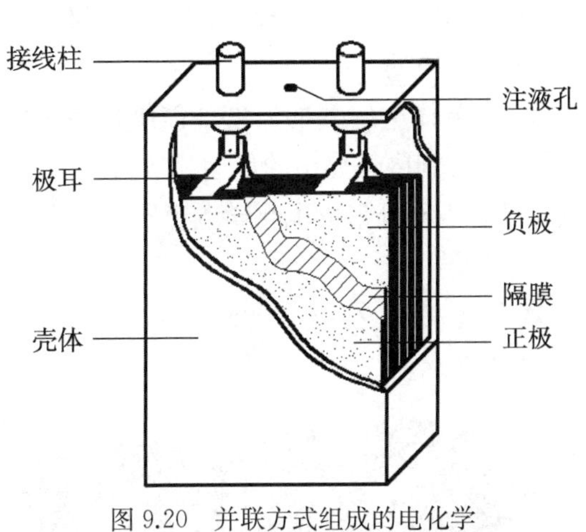

图 9.20　并联方式组成的电化学电容器单体结构示意图

图 9.21　Matsushita 公司的电化学电容器单体产品外观图

9.3.6　电化学电容器组

电化学电容器单体是大容量和低电压的。作为电池补充，用作高功率动力型电源时，往往需要提供更高的工作电压。通常按技术条件要求将多个电化学电容器单体串联起来组合成一个电化学电容器组，以满足使用要求。

假设电容器组采用 n 个同一型号单体电容器串联组成，则有

$$V_{组}=n\cdot V_{单体} \tag{9.10}$$

$$C_{组}=\frac{C_{单体}}{n} \tag{9.11}$$

式(9.10)清楚地表达了电容器组总电压增加了 n 倍。但式(9.11)往往令人不理解，电容器组的电容怎么反而减少到了单体的 n 分之一？电容量是储存电能能力的反映，电容量

减少是否电容器组的储能也减少了呢？答案是否定的。假设单体电容器的储能为 $E_{单体}$，则电容器组的储能 $E_{组}$ 可计算如下：

$$E_{组}=\frac{1}{2}C_{组}V_{组}^2=\frac{1}{2}\left(\frac{C_{单体}}{n}\right)(nV_{单体})^2=\frac{1}{2}nC_{单体}V_{单体}^2$$
$$=n\frac{1}{2}C_{单体}V_{单体}^2=nE_{单体}$$

计算结果表明，电容器组储存的能量为单体电容器储存能量的 n 倍，电容器中每个单体的储能都被保持，能量既没有损失也没有增加，符合能量守恒定律。

电化学电容器组的设计技术和我们熟悉的电池组设计技术是相似的，需要考虑的基本方面如下。

(1) 电性能设计。根据储存能量和功率的要求，选定单体电容器的电容量和数量。并根据需要，对单体电容器采用串联或并联等组合方式。

(2) 机械结构设计。在允许的外形尺寸范围内，选定最佳机械结构形式，将单体电容器排列和固定起来。该机械结构既需保证电容器组能够承受力学环境的考验，又具有最佳质量性能。同时，电容器组的装配和拆散操作要求简便。

(3) 热设计。电化学电容器组在工作期间，各单体电容器的温度如能维持在一定范围内，会有利于性能最佳化。电容器组设计时要考虑到内部热量的传递和散失。

图9.22和图9.23为Maxwell公司生产的具有不同外形的电化学电容器组实物图。

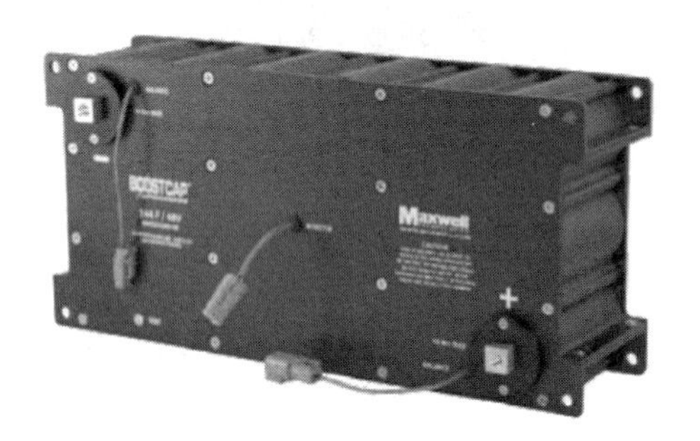

图9.22　Maxwell公司的电化学电容器组Ⅰ实物图

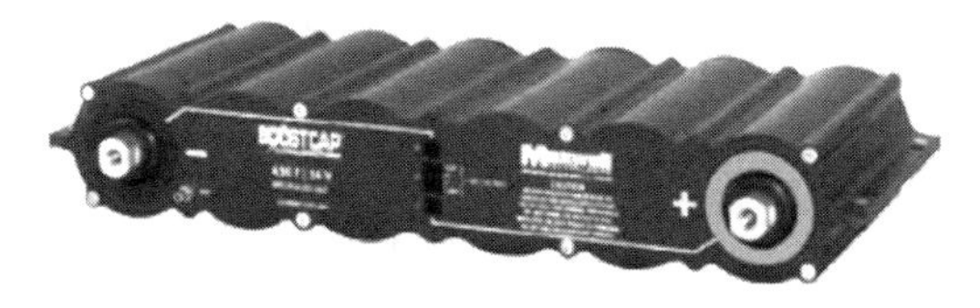

图9.23　Maxwell公司的电化学电容器组Ⅱ实物图

图9.22和9.23的两个电化学电容器组采用了同一型号的单体电容器，但具有不同的外形结构。组合设计可以根据实际需要采用多样化的组合形式，在满足使用要求下实现电化学电容器组功率密度和能量密度的最佳化。

实际工程应用中，保证电化学电容器组性能的关键技术之一是参与组合的各单体电容器性能参数的一致性，特别是电容量值和内阻。在实际使用时，允许各单体电容器性能参数存在一定差异。根据目前商品化产品的技术参数，电容量的偏差范围通常在±20%，内阻偏差范围在±25%。

假定电容器组内各单体电容器容量存在偏差(但在技术规范容许的范围)，其最大电容量和最小电容量的比例会达到1.5。当电容器组充电时，最小电容量的单体电容器首先达到额定电压，此时最大电容量的单体电容器刚达到额定电压值的1/1.5，即67%。如果此时终止充电，最大电容量的单体电容器储能量比最小电容量的单体电容器的储能量还少，只为它的 67%。下面通过计算进一步阐明这一结论。

假设 $C_{大}$ 为最大电容量单体电容器的电容值，$C_{小}$ 为最小电容量单体电容器的电容值，$E_{小}$ 为最小电容量单体电容器的额定储能量，V 为最小电容量单体电容器的额定电压，则最大电容量单体电容器的储能 $E_{大}$ 计算如下：

$$E_{大} = \frac{1}{2}C_{大}\left(\frac{1}{1.5}V\right)^2 = \frac{1}{2} \times 1.5C_{小} \times \left(\frac{1}{1.5}\right)^2 \times V^2$$
$$= \frac{1}{1.5} \times \frac{1}{2}C_{小}V^2 = 0.67E_{小}$$

如果在这一时刻终止电容器组的充电，从储存能量角度考虑，显然是不合理的。但如果继续对电容器组充电，最小电容量单体电容器的电压将会继续上升。一旦超过电解液分解电压，将会损伤电容器的性能，甚至导致更危险的后果。

单体电容器的内阻差别也会产生上述的影响。需要提出的是，这类性能的差别，会随着使用时间的增加而进一步拉大。

我们需要通过加强生产工艺管理来缩小各单体电容器性能参数的差异，同时加强质量控制，通过筛选保证装入组合的各单体电容器性能的一致。但是这些措施将会增加生产成本。

为此，在电化学电容器组的设计中，通常采用专门的电路控制技术来减小上述问题的影响。这类电子技术称为单体均衡和电压控制（cell balancing and voltage monitoring）。采用这类技术，在电化学电容器组充电时，能够限制每个单体电容器的电压达到或接近额定电压值，不仅保证了电容器组的充电安全性，还能保证电容器组的储能性能达到应有水平，即“充足”电能。

图 9.24 显示了带有单体均衡和电压控制电路的电化学电容器组。

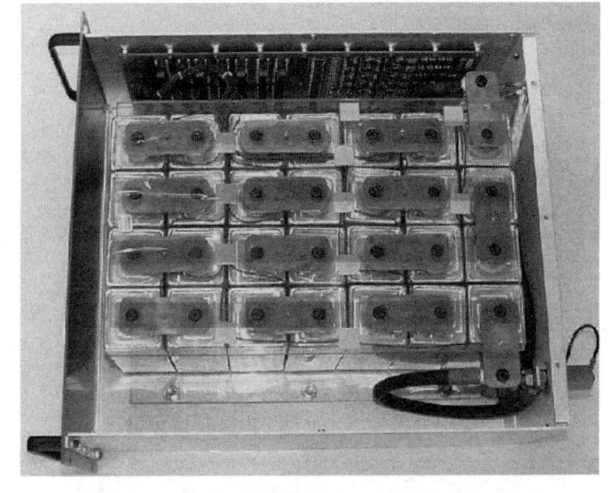

图 9.24　带有单体均衡和电压控制电路的电化学电容器组

9.4　应用

电化学电容器是新型的储能器件，随着技术的不断发展，生产商根据新的技术研究成果，不断开发新的产品和开拓新的应用领域。

1. 在计算机和电子设备中用作电源或备用电源

表 9.6 为电化学电容器作为电源或备用电源的应用一览表。国内外已有众多生产商批量生产供应市场需要。

表9.6 电化学电容器作为电源或备用电源的应用一览表

电子装置	使用目的	推荐规格
智能燃气表	保持存储器数据和电磁阀开闭的备用电源	0.47～1.0 F
复费率电度表	时钟及存储器数据保持的备用电源	0.022～1.0 F
多功能电话机	掉电期间缩位和重拨、重播存储器信息的备用电源	0.22～1.0 F
数字应答机	掉电期间语音存储器的备用电源	0.47～2.2 F
卡式电话	电话摘机时放出大电流，维持良好使用状态	0.1～1.0 F
移动电话传呼机	更换电池期间保持存储器信息	0.02～0.22 F
家庭影院	预调谐器的备用电源，停机或掉电时保持音量，(声频系统)VCD位置状态	0.47～1.0 F
摄录一体机	瞬间掉电或暂时关闭电源时，保持颜色平衡存储器的内容	0.022～0.47 F
智能洗衣机，冰箱	保护设定数据不丢失	0.047～1.0 F
电饭锅，微波炉	停电时，计时器的备用电源	0.022～0.22 F
照相机	更换电池存储器的备用电源，闪光灯工作时稳定电路电压	0.022～1.0 F
电子记事本	更换电池期间保持存储器信息	0.022～1.0 F
打字机	瞬间掉电和更换电池时存储器的备用电源	0.47～1.0 F
电动玩具	作为启动电源或补充电源	1.0～4.7 F
汽车音响	更换蓄电池时，数字调谐器的备用电源。汽车启动时，稳定电路电压	0.47～1.0 F
出租车计程器	在更换电池或修理计程器时，计程器数和累加累用存储信息的支持电源	0.1～0.47 F
打卡机	掉电后数据存储保护并且能够维持操作(取出正在使用中的信用卡)	0.47～2.2 F
光盘刻读机	在瞬间掉电或暂关电源时保护存储内容不丢失	0.1～1.0 F
充电式数字万用表	替代电池使用后作为电源	0.47～2.2 F
有线电视	DTS、IC的备用电源，可保证掉电期间其存储的电视频道，计时器记录及时钟内容不丢失	0.047～0.1 F
电梯	存储记忆设定的数据	0.47～4.7 F
系统板	更换电源电压波动期间，作为装用CMOS微处理器、SRAM、DRAM的PC板的备用电源	0.047～1.0 F
可编程控制器	更换电池时存储器的备用电源(电池备用电源支持系统) 掉电期间作为存储器备用电源(电容备用电源支持系统)	0.047～2.2 F
太阳能驱动装置	无光照系统的工作电源	1.0～4.7 F
卫星电视接收机	频道存储器的备用电源	0.047～0.47 F

2. 在UPS中的应用

UPS起作用往往是在断电或电网电压瞬时塌坡的最初几秒到几分钟内，由储能电源在这段时间内提供电能。如使用蓄电池，为了达到大电流放电能力，需要选用大容量的蓄电池，这时蓄电池中的大部分能量并没有被利用。加上蓄电池自身的缺点(需定期维护、寿命短)，UPS在运行时需要时刻检测蓄电池的状态。从短时间释放能量角度考虑，电化学电容器具有明显的优势，其输出电流几乎没有延迟地上升到高达数百安培甚至上千安培，而且可以快速地充电，电化学电容器在很短的时间内就可以实现能量存贮。尽管电化学电容器的能量密度明显低于蓄电池，仅能维持很短的时间，但是当储能释放时间在1 min左右时有无可比拟的优势，同时，电化学电容器具有500 000次的循环寿命和十年不需要维护，使UPS真正实现免维护。

电化学电容器只需低浮充电电流，通常只有几毫安，电化学电容器非常适用于在线UPS系统。在现今的UPS系统中，电化学电容器已经得到应用。

3. 用作点火电源和大功率脉冲电源

电化学电容器的最大特点是可以高倍率短时间放电，作为储能电源，可以比蓄电池提供高得多的短时高功率电能。它可以在1 s内释放出75%的能量，极其适合用于毫秒级的大功率脉冲，性能优越。以前由电池承担这种功能，对于高功率要求，电池虽然经过特殊的设计，但仍然需要过大的质量和体积来保证，同时需要牺牲电池的工作寿命。

电化学电容器的使用，进一步提高了点火电源和大功率脉冲电路的性能，同时也使功率要求极高的电磁脉冲和激光武器的电源有可能成为现实。例如，脉冲功率2 000 kW的激光武器，若采用目前的电池技术，电源质量是总体设计部难以接受的，选用电化学电容器是目前最理想的解决方案之一。又如，输出10 MW电磁脉冲峰值功率的电磁脉冲激励源，若采用电化学电容器组，其体积可控制在1 m^3 以内，而采用蓄电池组，它的体积将会十分巨大和笨重。

电化学电容器的短时高功率输出电能的特点，加上优越的温度性能，在−40℃低温下仍能工作，用作大功率动力设备的动力系统，可以改善汽车、内燃机车、坦克等的启动性能。在民用、航天和武器领域都有着广阔的应用前景。

4. 在无轨电车、电容公交车上用作动力电源

早在1996年，俄罗斯就研制成功用电化学电容器作主电源的电容公交车。公交车在圣彼得堡两个固定站间行驶，充电一次可以行驶12 km，时速25 km。

2002年，上海电车公司、上海奥威科技开发有限公司和上海瑞华集团等单位共同开发了新型无轨电车，目标是实现无轨电车在市区繁华地段的脱线行驶，减少市中心区架空网线的视觉污染，同时提高无轨电车的机动性。该车将电化学电容器作为脱线运行的动力电源。沿途车站设立充电装置，必要时在乘客上下车期间对无轨电车进行充电。该项目研制的无轨电车已进行了区域环行试车，试验取得了成功。结果表明电化学电容器具有寿命长、充电速度快(只需几分钟)、动力性能好等优点。

据报道，日本已生产出了一种只需充电1～2 min就可以行驶6 km的电动汽车。正常情况下，该电动汽车实用12 V的铅酸电池，充电8 h，可以行驶40 km。如果途中蓄电池电力不足，可以使用车上装备的双电层电化学电容器，充电1～2 min，可行驶6 km，解决应急的需要。

5. 与太阳电池配套使用

一些航道设置的浮筒、交通公路沿线的夜间指示灯及作用类似的灯光电源普遍采用由太阳电池和蓄电池组成的电源系统，而且都为无人值守。白天太阳电池将太阳能转换成电能储存在电池中，晚间电池放电，使灯发光。由于蓄电池(如铅酸电池)通常使用3年需要定期更换，加上这类应用的维修区域大且分散，环境条件恶劣，造成相当的成本浪费和麻烦。若采用电化学电容器取代蓄电池，由于它的高可靠性和长寿命，大大减少了维护成本和难度，同时减少废旧电池造成的环境污染。这一应用领域的发展前景也是非常好的。

6. 和高能量密度电池联合组成混合电源

将电化学电容器和高能量密度电池联合组成混合电源使用，是对电化学电容器性能

深入了解基础上发展起来的一种新技术。电化学电容器和高能量密度电池组成的混合电源,既具有高比能量,又具有高比功率,是使电源系统走向小型化、轻型化的新技术,受到了人们的广泛关注,并对它的各种可能应用领域进行了深入的探讨。

混合电源在使用时,峰值脉冲电能由电化学电容器承担,平稳的持续电能由电池承担,这种安排能够简化电池的设计、减轻电池的质量和延长使用寿命,从而有效地减轻电源系统的质量和减小体积。以 Ni - Cd 电池为例,从功率型电池改为能量型电池,设计和制造成本可以降低 43%,同时电池的质量能量密度增加 32%,体积能量密度增加 22%。

混合电源的工作原理如图 9.25 所示。

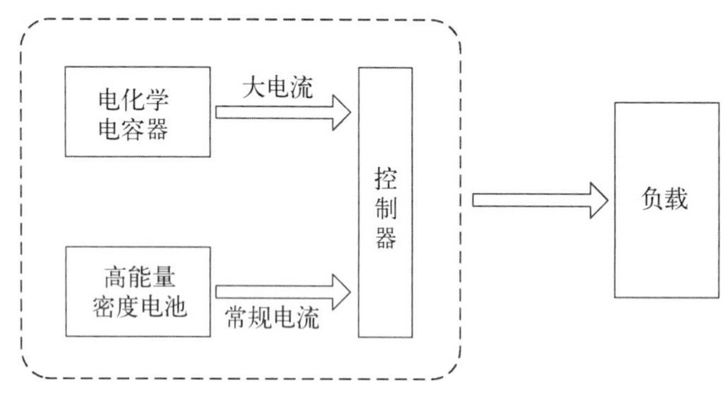

图 9.25　混合电源的工作原理

混合电源技术应用的典型例子是电动汽车用动力系统。电动汽车是一项有利于民生和保护环境的重大科技项目。早期阶段研制的纯电动汽车使用单一电池,汽车的启动、加速、行驶和刹车都由电池承担。但研制经历表明,技术成熟的铅酸电池、镉镍电池、氢镍电池和锂离子电池的功率及寿命都不能很好地满足电动汽车的要求。

1990 年后,人们逐渐认识到电化学电容器和电池混合使用将很好地弥补单一电池的不足。为此,美国能源部在 1991 年制定了电动汽车用电化学电容器的发展规划,提出了性能目标,来推动电化学电容器技术的研究。经努力,目前美国电化学电容器单体的技术指标已经达到并超过了中期目标,有更多的公司已经生产出适合进一步与电动汽车配合使用的电化学电容器组的样机。

日本本田公司在 1999 年发布了第一辆纯燃料电池原型车"FCX - V1",其峰值功率只有 49 kW。经过"FCX - V2""FCX - V3""FCX - V4"几代的发展,由纯燃料电池车发展到采用电化学电容器和燃料电池的混合型电动汽车,性能得到很大改善。2002 年发布的"FCX"混合动力型燃料电池车,其峰值功率达到 146 kW。同时由于该车采用了刹车能源回收机制,刹车时将能量重新快速存贮到电化学电容器中,从而进一步提高了能量利用率。图 9.26 为本田公司生产的带有电化学电容器的"FCX"混合动力型燃料电池车。

通过多年的持续不断的研究,电动汽车用混合电源技术正在走向完善和成熟,也使人们看到了电动汽车真正到来的曙光。混合电源技术在电动汽车上的成功应用和研究经验,也促使人们考虑和探讨它在其他领域的应用,如电子玩具电源、高端照相机电子程控快门电源、运载火箭和功率型军用武器电源等。

图 9.26　本田公司生产的带有电化学电容器的“FCX”混合动力型燃料电池车

7. 在航天领域的应用

电化学电容器在航天领域的应用正在开拓，包括上述提到的有关应用。这里主要介绍电化学电容器在航天电驱动和脉冲推进系统的应用，这两种应用都要求快速大电流脉冲，这种性能是高能量密度的电池所达不到的。

电推进的基本思想是在 20 世纪初形成的，现在已经经过实验室技术阶段，被应用到商业卫星上，用于卫星方位的保持、轨道的升降等。用电推进系统代替传统的化学推进系统，可以提高卫星有效载荷的比重、降低发射成本和延长卫星在轨寿命。上海空间电源研究所研制的电化学电容器在卫星上成功实现在轨应用，为电推进系统供电。图 9.27 为上海空间电源研究所研制的卫星用电化学电容器组。

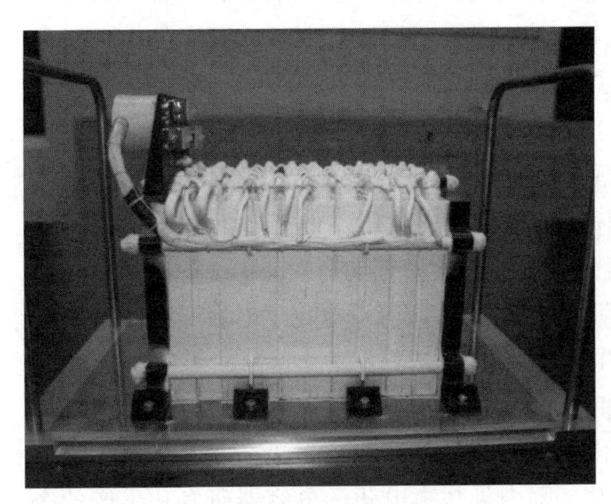

图 9.27　上海空间电源研究所研制的卫星用电化学电容器组

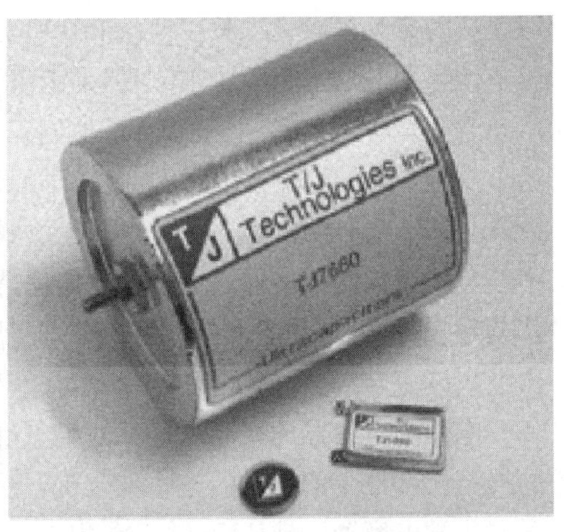

图 9.28　用于海尔法Ⅱ反坦克导弹的 40 V/15 F 电化学电容器组

1999 年 3 月，洛克希德·马丁公司公布，40 V/15 F 电化学电容器组可以作为海尔法Ⅱ反坦克导弹的电源系统用于为整个电子系统提供能量。飞行测试证明，电化学电容器在海尔法导弹的最大射程范围内都可以有效工作。图 9.28 为用于海尔法Ⅱ反坦克导弹的 40 V/15 F 电化学电容器组。

2008年,英国BAE公司正式向美国海军水面作战中心交付了32 MJ实验电磁炮用于测试,其采用的电化学电容器配置相对于之前的8 MJ和9 MJ的电磁炮已经得到了扩充。美国海军希望最终能在2020年将64 MJ的电磁炮投入现役,它能把弹丸以马赫数8的速度投放到220英里之外。

9.5 发展前景

电化学电容器以其体系内在特有的储能机制,具备了电池所不具有的快速、大功率放电能力和高于传统电容器的能量密度。电化学电容器的优良特性引起了人们广泛的关注和重视,并得到了深入的研究和开发,作为一种新型储能电源迅速进入应用市场。20世纪90年代电化学电容器作为商品开始进入市场,以日本为主要生产国的小电容量产品已经开始在计算机和电子电器设备的备用电源市场中占有一定份额。虽然销售额不大,但被开拓的应用领域都与电化学电容器的本身独特特性相关,一旦电化学电容器商品进入,是极具竞争力和难以被取代的。1990年以后对电动车用大容量高功率电化学电容器的研究开发,极大地促进和推动了以储能为主要用途的电化学电容器技术的发展。一旦电动汽车开发成功,作为动力系统用的电化学电容器必将形成具有一定规模和产值的电化学电容器制造工业。

作为一种新型储能装置,它的相关技术、生产工艺和市场开发都还处于年轻的成长阶段,但正在得到越来越多的专家、研发人员和公司产业界人士的关注和参与。1999年,Conway编著出版了《电化学超级电容器——科学原理和技术应用》,向全世界传播了电化学电容器的科学知识和技术,为电化学电容器的发展作出了巨大的贡献。正如为该书写序言的意大利电化学教授Trasatti所写的:"现在的情况是,从事基础研究的人员很了解电化学双电层的每一个细节,但是忽略了把科学知识应用到电化学电容器中;而工程人员熟悉电化学电容器,但是忽略了他们工作的科学原理。这本著作适时出版,正好弥补了这个空隙,书中根据应用目的阐述科学原理,又安排好篇幅范围,结合基础原理介绍应用。Conway教授涉及电化学的几乎所有领域,特别是界面电化学。他是电化学电容器领域中第一位意识到很多材料具有双电层储能潜力的资深学者。"现在Conway的这本专著已在全球发行,该书的中文版也已在中国出版。我们相信,随着对电化学电容器技术了解的人越来越多,电化学电容器的发展必将产生一个质的飞跃。

电化学电容器的研究还在不断继续和深入,技术还在不断发展。随着电极材料性能的提高及部件生产工艺的进一步改进,电化学电容器性能还将获得进一步的提高。锂离子电化学电容器已被认识,并正在积极研发。国内外从事电化学电容器研发和生产的企业数目也在明显增加,正在研制适合批量生产的制造工艺,提高生产合格率,缩小产品性能差异,同时也在积极降低生产成本和产品价格。

电化学电容器的应用领域和范围也在不断开拓,用户对新类型体系的产品都有一个了解和熟悉的过程。随着时间的推移,具有优良性能的电化学电容器必将成为越来越受欢迎的产品。我们有足够的理由相信,待电化学电容器技术趋于成熟,在军民用领域都占有一定市场时,作为绿色、环保和新型能源的电化学电容器一定会形成一个具有相当产值规模的朝阳产业。

思 考 题

(1) 简述电化学电容器、电池和传统电容器的性能对比。

(2) 简述双电层储能机理和赝电容储能机理。

(3) 简述电化学电容器的基本原理(含反应方程式)。

(4) 简述电化学电容器单体的组成。

(5) 简述双电层电容器的制造工艺流程。

(6) 常见的电化学电容器电极材料有哪些?

(7) 常见的电化学电容器电解液包括哪些?

(8) 若电化学电容器单体的容量为2 000 F,电化学电容器组由10只单体串联组成,则电化学电容器组的容量为多少F?

(9) 某负载工作电压范围为16.2～32.4 V,工作功率为1 000 W,工作时间0.1 s,工作次数100 000次。若采用双电层电容器为其供电,请设计双电层电容器组的方案。

(10) 你认为电化学电容器的发展方向是什么?

参 考 文 献

陈永真.2005.电容器及其应用[M].北京：科学出版社：244.

陈永真,宁武,孟丽囡,等.2004.超级电容改善汽车启动性能[J].今日电子,(5)：10-11.

刘志祥,张密林,闪星,等.2001.千法级超级电容器的制备[J].电源技术,25(5)：354-356.

孟丽囡,陈永真,宁武.2005.超级电容器串联应用中的均压问题及解决方案[J].辽宁工业大学学报,25(1)：1-2.

王国庆,胡宁彪.2004.无轨电车脱线运行新型动力源-超级电容器[J].全国电动车电池系统技术研讨会,上海.

王晓峰,王大志,梁吉,等.2002.碳基电化学双层电容器的研制[J].电源技术,26(s1)：225-227.

张密林,杨晨.2004.纳米氧化镍的制备及其电容特性研究[J].无机化学学报,20(3)：283-287.

张密林,杨晨,陈野,等.2004.纳米MnO_2超级电容器电解液性能研究[J].电源技术,28(10)：626-629.

张苗苗,刘旭燕,钱炜.2018.聚吡咯电极材料在超级电容器中的研究进展[J].材料导报,32(2)：378-383.

张熙贵,解晶莹,王涛,等.2004.活性炭双电层电容器的研究[J].电源技术,028(001)：34-37.

赵家昌,赖春艳,戴扬,等.2004.扣式超级电容器组的研制[C].第十二届中国固态离子学学术会议,苏州.

Barker Philip P. 2002. Ultracapacitors for Use in Power Quality and Distributed Resource Applications [C]. Power Engineering Society Summer Meeting, Chicago, USA.

Becker Howard I. 1957. Low Voltage Electrolytic Capacitor[P]. US2800616A.

Boos Donald L. 1970. Electrolytic Capacitor having Carbon Paste Electrodes[P]. US3536963A.

Burke A F. 1994. 4th International Seminaron on Double-Layer Capacitor and Similar Energy Storage Devices[M]. Florida: Boca Raton.

Burke A F, Murphy T C. 1995. Material characteristics and the performance of electrochemical capacitors for electric/hybrid vehicle applications[J]. MRS Proceedings, 393: 375-395.

Chu X, Kinoshita K. 1995. Carbon for Supercapacitors [C]. the Symposium on Electrochemical Capacitors, Pennington, NJ.

Conway B E. 1999. Electrochemical Supercapacitors, Scientific Fundamentals and Technological Applications[M]. New York: Kluwer Academic/Plenum Publishers.

Conway B E, Pell W G, Liu T C. 1997. Diagnostic analyses for mechanisms of self-discharge of electrochemical capacitors and batteries[J]. Journal of Power Sources, 65(1-2): 53-59.

Dowgiallo E J, Hardin J E. 1995. Perspective on ultracapacitors for electric vehicles[J]. Aerospace & Electronic Systems Magazine IEEE, 10(8): 26-31.

Dubal D P, Patil S V, Kim W B, et al. 2011. Supercapacitors based on electrochemically deposited polypyrrole nanobricks[J]. Materials Letters, 65(17-18): 2628-2631.

Hadži-Jordanov S, Kozlowska H A, Conway B E. 1975. Surface oxidation and H deposition at ruthenium electrodes: Resolution of component processes in potential-sweep experiments [J]. Journal of Electroanalytical Chemistry and Interfacial Electrochemistry, 60(3): 359-362.

Helmholtz H V. 1853. Ueber einige gesetze der vertheilung elektrischer strome in korperlichen leitern, mit anwendung auf die thierischelektrischen versuche[J]. Annalen Der Physik, 89: 353-377.

Jung D Y. 2002. Shield Ultracapacitor Strings From Overvoltage Yet Maintain Efficiency[J]. Electronic Design, May: 1-3.

Kinoshita Kim. 1988. Carbon: Electrochemical and Physicochemical Properties [M]. New York: Wiley: 560.

Liu T C, Conway B E. 1997. 191st Electrochemical Society Meeting[M]. Montreal, Quebec, Canada.

Liu T C, Pell W G, Conway B E. 1997b. Self-discharge and potential recovery phenomena at thermally and electrochemically prepared RuO_2 supercapacitor electrodes [J]. Electrochimica Acta, 42(23): 3541-3552.

Liu T C, Pell W G, Conway B E. 1999. Stages in the development of thick cobalt oxide films exhibiting reversible redox behavior and pseudocapacitance[J]. Electrochimica Acta, 44(17): 2829-2842.

Liu T C, Pell W G, Conway B E, et al. 1998. Behavior of Molybdenum Nitrides as Materials for Electrochemical Capacitors: Comparison with Ruthenium Oxide[J]. Journal of the Electrochemical Society, 145(6): 1882-1888.

Li Y J, Ni X Y, Shen J, et al. 2016. Preparation and Performance of Polypyrrole/Nitric Acid Activated Carbon Aerogel Nanocomposite Materials for Supercapacitors[J]. Acta Physico Chimica Sinica, 32(2): 493.

Merryman S A. 1996. Chemical double-layer capacitor power sources for electrical actuation applications [C]. the 31st Intersociety Energy Conversion Engineering Conference, Washington, DC, USA.

Nishino Atsushi. 1993. Development and Current Status of Electric Double Layer Capacitors [C]. Honolulu: Symposium on New Sealed Rechargeable Batteries and Supercapacitors.

Office of transportation technologies. 1994. Ultracapacitor program plan [R]. Energy efficiency and renewable energy. U. S. department of energy.

Ragone D V. 1968. Review of Battery Systems for Electrically Powered Vehicles[EB/OL]. Warrendale, PA: Society of Automotive Engineers.

Sekido S, Yoshino Y, Muranaka T, et al. 1980. An electric double-Layer capacitor using an organic electrolyte[J]. Denki Kagaku, 48(40): 40-48.

Tanahashi Ichiro, Yoshida Akihiko, Nishino Atsushi. 1990. Electrochemical Characterization of Activated Carbon-Fiber Cloth Polarizable Electrodes for Electric Double-Layer Capacitors[J]. Journal of the Electrochemical Society，137(10)：3052.

Trasatti S，Buzzanca G. 1971. Ruthenium dioxide：a new interesting electrode material. Solid state structure and electrochemical behaviour[J]. Journal of Electroanalytical Chemistry and Interfacial Electrochemistry，29(2)：A1－A5.

Trasatti Sergio. 1980. Electrodes of conductive metallic oxides[M]. Amsterdam：Elsevier Scientific Pub. Co.：366.

Zheng J P，Cygan P J，Jow T R. 1995. Hydrous Ruthenium Oxide as an Electrode Material for Electrochemical Capacitors[J]. Journal of the Electrochemical Society，142(8)：2699－2703.

Zheng J P，Huang J，Jow T R. 1997. The Limitations of Energy Density for Electrochemical Capacitors [J]. Journal of the Electrochemical Society，144(6)：2026－2031.

Zheng J P，Jow T R. 1995. A new charge storage mechanism for electrochemical capacitors[J]. Journal of the Electrochemical Society，142(1)：L6－L8.

第10章 热 电 池

10.1 热电池概述

在第二次世界大战期间，德国Erb博士发明了热电池技术，并将其应用于V2火箭上。此热电池采用Ca|LiCl－KCl|$CaCrO_4$电化学体系，并利用发动机的尾气余热保持电解质熔融。战后，美国国家标准局武器发展部得到此技术后成功的研制出热电池产品。

20世纪50年代中期，美国海军武器实验室（NOL）和Eurelca－Williams公司研制出了Mg/V_2O_5片型热电池，从而使热电池的制造工艺从制作复杂的杯型工艺发展为操作较为简单的片型工艺，使热电池的性能上了一个新台阶。

1961年美国Sandia国家实验室将片型工艺成功应用于钙系热电池，并于1966年生产出了第一批完整的片型钙系热电池，从而使片型钙系热电池开始成为美国核武器上使用的主要电源。20世纪60年代和70年代初期，钙系热电池蓬勃发展，热电池的比能量、比功率得到了大幅度的提高，工作寿命也延长到1 h。由于钙系热电池存在着明显的电噪声、易热失控和电极严重极化等问题，阻碍了钙系热电池的进一步发展，影响了其在武器上的使用。

在20世纪70年代开始从事锂系热电池研究。1970年英国海军部海上技术研究中心开展了负极为金属锂、正极为单质硫的热电池研究，但是金属锂和单质硫在热电池工作温度下不稳定，易发生电池热失控，后改用了锂合金（主要为锂铝合金和锂硅合金）和二硫化铁作为热电池的电极材料。

20世纪70年代中期，美国Sandia国家实验室成功研制了小型、片型长寿命锂合金/二硫化铁热电池。该热电池的各项性能大大超过其他电化学体系的热电池，具有电压平稳、无电噪声、比功率大、比能量大的特点。这是热电池发展史上又一个重大技术突破。

20世纪70年代后期至80年代初期是锂合金/二硫化铁热电池的大发展时期，出现了各种性能优良的热电池产品。这些产品在各种不同类型的武器上得到应用，为提高武器性能立下了赫赫功劳。其中锂硅合金/二硫化铁体系已成为目前武器中应用最广泛地热电池电化学体系。

20世纪90年代，新型热电池负极材料锂硼合金也开始应用于热电池研制中，使热电池的比能量和比功率得到大幅度提升。与此同时，作为热电池正极材料的二硫化铁逐渐被热稳定性更高、极化更小的二硫化钴所取代，从而使高功率热电池和长寿命热电池的性能得到进一步提高。该电化学体系将有望成为锂硅合金/二硫化铁体系的理想替代体系。

10.2　工作原理

10.2.1　原理

热电池是用电池本身的加热系统把不导电的固态电解质加热熔融成离子型导体而进入工作状态的一种热激活储备电池。电解质由低共熔盐组成，在常温下为不导电的固体，电池处于高阻状态不能输出电能；使用时通过电激活或机械激活引燃电池内部加热材料把电解质熔融并形成离子导体，电池内阻迅速下降到毫欧级，正负极材料发生电化学反应，对外输出电能。

10.2.2　特点

由于热电池独特的结构，其具有以下优点。

(1) 储存寿命长。热电池在激活前其电解质为固体，正负极之间回路电阻达到兆欧级，电池的自放电率非常小，几乎不发生容量损失，热电池的储存寿命在10年以上，最长可达50年。

(2) 激活时间短，无方向性。热电池的激活过程非常快，一般在0.2～1.5 s内完成，因此，热电池具有快速响应的特点。热电池在激活过程中只有热量的传递，无物质传递，无方向性，在任何角度均可激活。

(3) 电流密度大、输出功率高。热电池采用熔融盐作为电解质，导电率比水溶液电解质高几个数量级，电池内阻非常小。正负极材料的工作温度为400～500℃，活性高，极化内阻小。这都有利于电池大电流密度放电，一般热电池的电流密度300 $mA \cdot cm^{-2}$，脉冲放电时最大电流密度可达5 $A \cdot cm^{-2}$。热电池的最大比功率可达到10 $kW \cdot kg^{-1}$。

(4) 环境适应能力强。热电池内部包含加热材料和保温材料，电池性能对外界环境温度影响较小。热电池可在－45～＋60℃环境下激活并正常工作，激活后可以在更加严酷的环境温度下工作。热电池内部为紧装配结构，内部无液态物质，能够承受严酷的环境力学条件。

(5) 在储存期间无须维护与保养。热电池为一次性使用产品，无须维护。热电池未激活使用前，内部材料均为固态，因此热电池本身具有自放电小、耐环境温度宽、力学性能好、可以长期储存的优点。

热电池在使用过程中也存在一定的问题：① 工作时间较短，一般热电池的工作时间在30 min以内；② 激活后必须立即使用；③ 工作过程中表面温度会逐渐上升，最高可达200～300℃。

10.2.3　分类

热电池自从被发明以来，取得了很大的发展，先后研究出多个电化学体系，每个电化学体系根据不同的需要发展成多种类型的热电池。1996年我国就热电池的分类和命名专门制定了国家军用标准。国家军用标准规定：热电池的分类按所使用的负极材料为依据分为镁系热电池、钙系热电池和锂系热电池，分类代号分别是M、G和L。表10.1列出了各类热电池的常见电化学体系。

表 10.1 常见热电池电化学体系

体 系	负极|电解质|正极	工作电压/V	适应特性
钙 系	Ca|LiCl－KCl|WO_3	2.4～2.6	电气干扰小、力学条件低
	Ca|LiCl－KCl|$PbSO_4$	1.9～2.2	力学条件高、工作时间短
	Ca|LiCl－KCl|$CaCrO_4$	2.2～2.6	力学条件低、工作时间较长
镁 系	Mg|LiCl－KCl|V_2O_5	2.2～2.7	力学条件高、放电时间短
锂 系	LiAl|LiCl－KCl|FeS_2	1.8～2.1	力学范围固定,输出中、低功率
	LiSi|LiCl－KCl|FeS_2	1.7～2.1	力学条件高、中等功率输出
	LiB|LiCl－KCl|FeS_2	2.0～2.2	力学条件宽、中等功率输出
	LiSi|LiCl－KCl|$NiCl_2$	2.0～2.4	力学条件宽、高电压、工艺简单
	LiSi|LiF－LiCl－LiBr|$NiCl_2$	2.0～2.4	力学条件宽、高功率、高电压输出

10.2.4 命名法

单元热电池的命名由型号和“热电池”字样组成。型号由五部分组成。

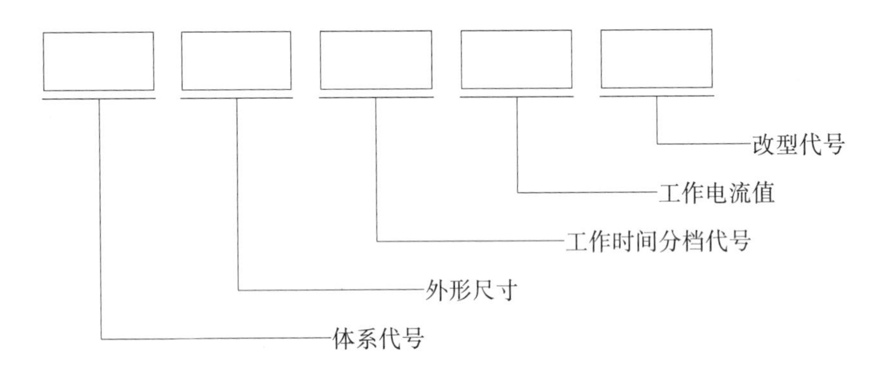

(1) 体系代号:按10.2.3分类规定。

(2) 外形尺寸(直径/高度):直径不包括安装附件和保护外壳,高度不包括接线柱高度。

(3) 工作时间取与工作电流相对应的数值,工作时间分档代号见表10.2。

表 10.2 工作时间分档代号

代 号	时间范围/s	代 号	时间范围/s
Ⅰ	≤10	Ⅳ	181～600
Ⅱ	11～60	Ⅴ	>600
Ⅲ	61～180		

(4) 热电池有若干个电流值或一定范围电流值时,工作电流取最大值;工作电流为脉冲电流时,电流值加方括号。

(5) 热电池改型顺序代号用拉丁字母A、B、C……(I、O除外)表示。

组合热电池组的命名由型号和“组合热电池组”字样组成。型号由六部分组成。

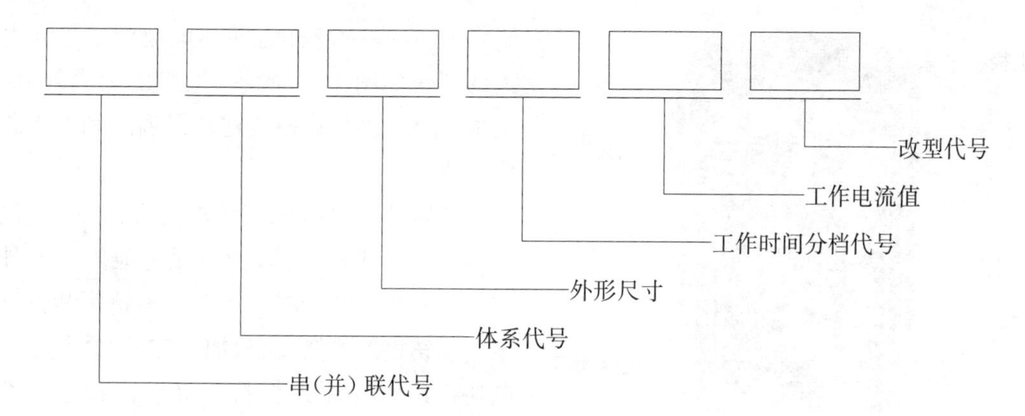

(1) 串(并)联代号：若干个单元热电池串(并)联于一个壳体时，其并联热电池代号的并联热电池个数用阿拉伯数字表示；串联热电池代号用"C"表示，其串联个数用阿拉伯数字表示。

(2) 体系代号、外形尺寸、工作时间分档代号、工作电流值、改型代号同单元热电池代号。

下面举例说明。

例1　镁系单元热电池，直径为40 mm，高度30 mm，工作时间为2 s，工作电流为2A，该热电池应命名为M40/30I2热电池。

例2　锂系单元热电池，直径为48 mm，高度50 mm，工作时间为90 s，工作电流为1A，第一次改型，该热电池应命名为L48/50III1A热电池。

例3　锂系单元热电池，直径为40 mm，高度90 mm，工作时间为12 s，脉冲工作电流为5 A，第二次改型，该热电池应命名为L40/90II[5]B热电池。

例4　并联4个锂系热电池，直径为68 mm，高度144 mm，工作时间为120 s，工作电流为10 A，该热电池应命名为4L68/144III10组合热电池组。

例5　串联2个锂系热电池，直径为56 mm，高度80 mm，工作时间为80 s，工作电流为13 A，第二次改型，该热电池应命名为C2L56/80III13B组合热电池组。

10.2.5　用途

鉴于热电池具有上述优良性能，其在武器上得到了广泛应用。所涉及的武器品种包括各种战术导弹、战略导弹、巡航导弹、核武器、精确制导炸弹和水中兵器等。在武器应用中，可以用于电爆管、雷管等火工品引爆、发动机点火、控制系统和遥测系统供电、水下鱼雷推进、飞机座椅弹射。热电池除在军事领域得到广泛应用外，在民用领域也初显端倪，如作为火警电源、地下深井高温探矿电源等。

10.3　电池结构和激活

10.3.1　热电池的组成

热电池的基本单元为单元电池。根据用电需求可能需要多个单元电池进行串、并联

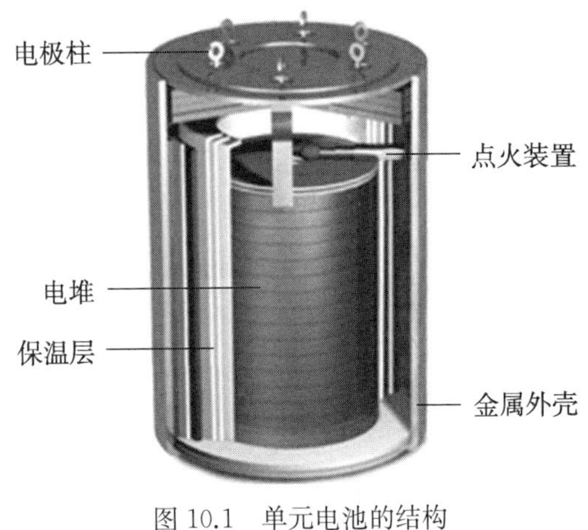

图10.1　单元电池的结构

组合,组合在一起称之为热电池组。单元电池的结构如图10.1所示,主要由金属外壳、电堆、电极柱(又称接线柱)、保温层和点火装置组成。

金属外壳由电池壳和电池盖组成,电池壳盖焊接后成密封体,使单元电池内部与外界环境隔离。外壳材料一般为不锈钢和钛合金。不锈钢的价格便宜、加工方便,大部分热电池将其作为外壳材料。由于钛合金密度小、导热系数低、强度好等优点,在特殊需求的热电池中得到应用。

电堆是热电池的核心部分,决定其电性能。电堆包括单体电池、热缓冲层、紧固件、绝缘材料、集流片和引流条。单体电池主要由正极层、电解质层、负极层和加热层组成。热缓冲层的作用主要是减少激活过程中加热材料燃烧时温度冲击和放电过程中热量的损失。紧固件的作用将单体电池和热缓冲层紧固,提高热电池的力学强度。绝缘材料的作用位于单体电池与紧固件和引流条之间,避免电堆内部短路。集流片位于单体电池两面,收集电流。引流条的作用是将电流从电堆中导出至电极柱。

电极柱作为激活输入和电能输出的端子,内与电堆的正、负极和点火装置相连。电极柱与金属外壳采用玻璃绝缘子烧结,实现单元电池的密封,并与金属外壳绝缘。

保温层用于维持电堆在一定的温度范围内,延长热电池的工作时间。根据热电池的工作时间,选择不同导热系数的云母、石棉纸、Min-k材料、二氧化硅气凝胶等用为保温材料。

点火装置是热电池的激活部分,由点火头(或火帽)和引燃材料组成。点火头(或火帽)在输入激活信号后产生火焰,引燃材料将火焰传递至每一片单体电池。

10.3.2　热电池的结构

根据单体电池的结构,一般将热电池的结构分为杯型和片型两种结构。早期热电池的单体电池采用杯型结构,后改为片型结构。

1. 杯型结构

杯型结构主要应用于钙系和镁系热电池。图10.2为典型杯型单体电池的结构,一个杯型单体电池由两个单体电池并联组成。负极材料为镁箔或钙箔,压焊在镍基片上,从杯型壳体中引出时与之绝缘。正极材料如铬酸钙等通过造纸法载带在玻璃纤维布上,干燥

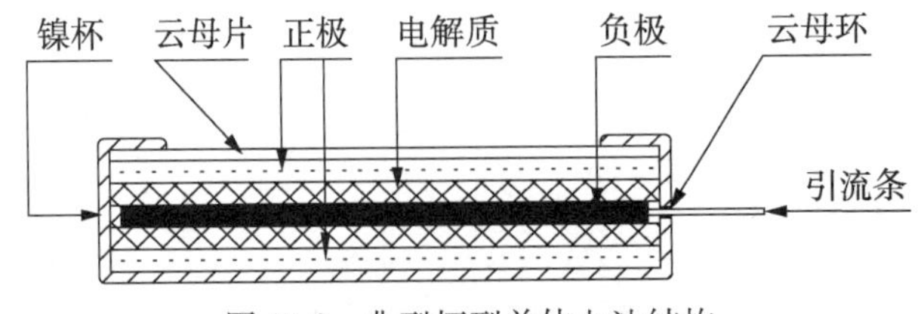

图10.2　典型杯型单体电池结构

后冲压成型。正极直接与杯型壳体连接,因此壳体为正极。正、负极之间的电解质是由玻璃纤维带或石棉带浸取电解质后冲制而成。

杯型结构的优点是:壳杯做成碗状,活性物质和电解质不易外溢;电极可以做得很薄。然而杯型结构存在着较多的缺点,主要为:零件多,制备和装配过程复杂;工作时间短;工作重现性差;在很大的自旋和加速度条件下,容易造成电池短路。

2. 片型结构

片型结构单体电池的优点表现为:能大幅度延长热电池的工作时间,杯型结构热电池的工作时间为5 min左右,采用片型结构后可使热电池的工作时间延长至60 min;激活后内部压力很小,可减少电池外壳的质量,有利于提高比能量和比功率;单体电池可简化到1~3个元件,无须各种复杂的连接片等,结构简单、装配简便;采用铁粉/高氯酸钾加热材料,点火能量高,发气量少,热电池的安全性高;使用部件少,结构紧凑,能耐苛刻的环境条件,电池的可靠性高。

片型结构单体电池可以分为以下三种形式。

1) DEB片结构

DEB片结构由美国Sandia实验室在20世纪60年代中期研制成功。所谓DEB片是去极剂(D,即正极材料)、电解质(E)和黏结剂(B)的复合片,DEB分别是去极剂、电解质和黏结剂的英文字首。其单体电池结构比较简单,由一个DEB片和一个负极片组成。该单体电池结构如图10.3所示。为了满足电堆结构需要,通常单体电池中心开圆孔。

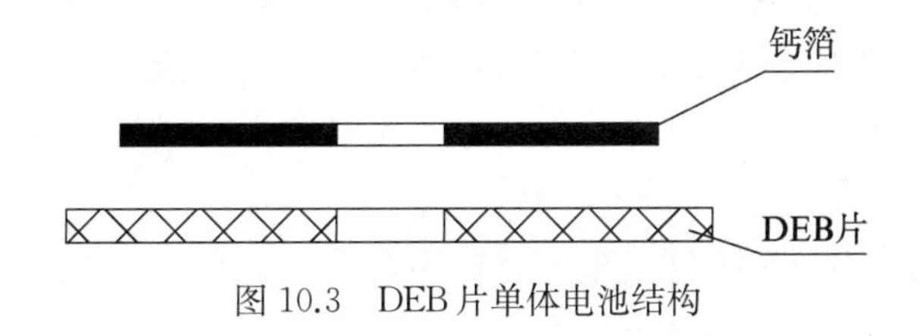

图10.3 DEB片单体电池结构

2) 三层片结构

20世纪70年代后期,美国Sandia实验室成功研制出锂系热电池。将传统的DEB片分成DE片和EB片,即采用电解质与氧化镁混合在一起制成隔离粉,单独压制成片。正极另外独立压制成极片。因此,一个单体电池由正极片,隔离片、石棉圈和负极片组成。其结构如图10.4所示。

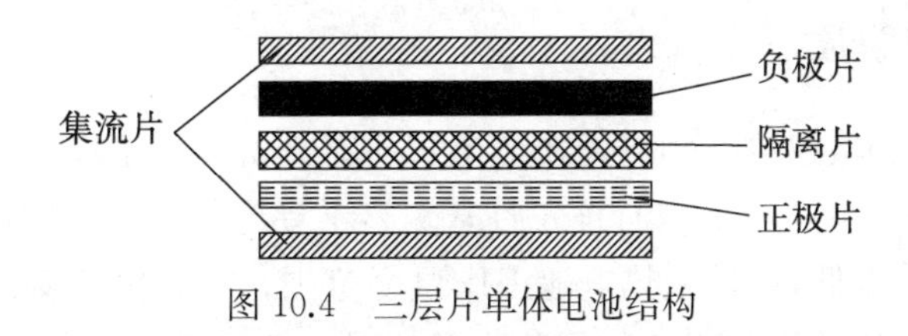

图10.4 三层片单体电池结构

三层片也可采用一次压制成型工艺方法制备,其制备方法是:首先在模框中倒入正极粉,摊平,再加入隔离粉,摊平,放入石棉圈,最后在圈中加入负极粉,摊平,盖上模,把它压制成一个集成片,即单体电池。

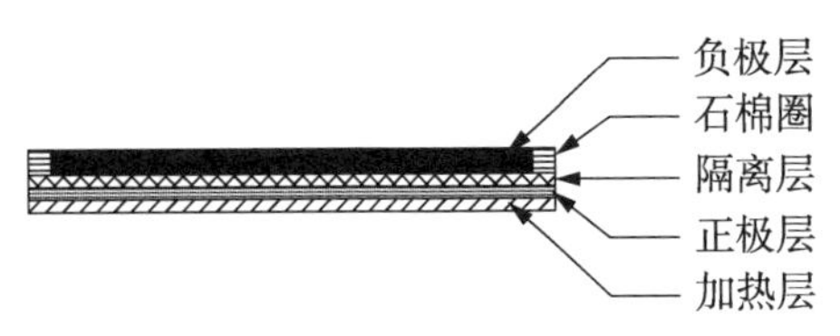

图 10.5 "四合一"单体电池结构

3)"四合一"结构

"四合一"结构是将加热片与三层片一次压制成型的结构,其制备方法是:首先在模框中倒入加热粉,摊平;然后加入正极粉,摊平;再加入隔离粉,摊平;放入石棉圈;最后在圈中加入负极粉,摊平,盖上模,把它压制成一个集成片,即单体电池。其结构如图10.5所示。

10.3.3 热电池的激活

激活就是外界信号使热电池内部加热物质燃烧产生热量使电池进入可工作状态的过程,主要包括火工品发火点燃引燃材料、引燃材料传火给加热片、加热片燃烧产生热量、热量传递电解质、电解质熔融建立双电子层五个过程。衡量激活快慢用激活时间来表示,激活时间就是从输入激活信号开始到电池的工作电压达到规定下限值所需的时间。

热电池的激活方式主要有两种:即机械激活和电激活。

1. 机械激活

机械激活就是利用机械产生一个力,使撞针具有一定冲击力,撞击火帽使其发火,引燃电池内部加热材料,从而完成激活电池的使命。

火帽是机械激活热电池的发火元件。衡量火帽性能的指标主要是标称发火能量和不发火能量(可用一定质量落锤或落球的落下高度来表示,单位为g·cm)。火帽在不小于标称发火能量的作用下应发生爆轰或燃烧;在不大于不发火能量作用下不应发生爆轰或燃烧。

2. 电激活

电激活就是在封闭电路中,通过电流使电阻丝产生热量,点燃烟火药,引燃电池内部加热材料,从而完成激活电池的任务。

这个发火元件叫做电点火头(器)。衡量做电点火头(器)性能的指标主要是发火电流和安全电流(单位为A)。电点火头(器)在不小于发火电流的作用下应可靠发火;在不大于安全电流作用下不应发火。

10.4 热电池电解质及其流动抑制剂

10.4.1 热电池电解质

根据热电池结构和使用状态,其使用的电解质需具备以下条件:① 蒸气压低,在热电池储存和使用过程中,电解质不具有挥发性;② 离子导电能力强,可降低内阻,提高大电流放电能力;③ 共熔点低,可扩大热电池工作温度范围;④ 电化学窗口大,不与电极材料发生化学反应;⑤ 对流动抑制剂的溶解能力差或基本不溶解,不会影响流动抑制剂对电解质的吸附能力,避免引起电解质渗漏而造成单体电池短路;⑥ 对电极材料的溶解度低,以减少自放电反应,避免容量的损失;⑦ 对放电产物的溶解度低,以减少可能的自放电反应。

热电池电解质主要选用碱金属卤化物共熔盐体系。由于单盐的熔点较高，如氟化锂848℃、氯化锂610℃、溴化锂547℃，无法直接作为热电池的电解质。为此采用两种或两种以上的单盐组成低共熔体，以降低熔点温度。表10.3列出了部分碱金属卤化物体系电解质的组成和熔点。其中LiCl－KCl、LiF－LiCl－LiBr、LiCl－LiBr－KBr三种电解质在热电池中得到了广泛地应用。

表10.3　碱金属卤化物体系电解质组成和熔点

电解质	组成(质量分数)/%	组成(摩尔分数)/%	熔点/℃
LiCl－KCl	45∶55	58.9∶41.1	352
LiBr－KBr	52.26∶47.74	60∶40	320
LiI－KI	58.2∶41.8	63.3∶36.7	285
LiF－LiI	3.7∶96.3	16.5∶83.5	411
LiBr－LiF	91.4∶8.6	76∶24	448
LiCl－LiI	14.4∶85.6	34.6∶65.4	368
LiF－LiCl	21.2∶78.8	30.5∶69.5	501
LiBr－CsCl	50∶50	66∶34	260
LiBr－CsBr	58∶42	77.2∶22.8	262
LiBr－RbBr	42∶58	57.9∶42.1	271
LiF－LiCl－LiBr	9.6∶22∶68.4	22∶31∶47	443
LiF－LiBr－KBr	0.81∶56∶43.18	3∶63∶34	312
LiCl－LiBr－KBr	12.05∶36.54∶51.41	25∶37∶38	310
LiF－NaF－KF	29.5∶10.9∶59.6	46.5∶11.5∶42	455
LiCl－KCl－LiF	53.2∶42.1∶4.7	62.7∶28.8∶9.1	397
LiCl－KCl－LiBr	42.1∶42.8∶15.1	57∶33∶10	416
LiCl－KCl－NaCl	42.63∶48.63∶8.74	61.2∶29.7∶9.1	429
LiCl－KCl－LiI	44.2∶45.0∶10.7	57∶33∶10	394
LiCl－KCl－KI	37.6∶51.5∶10.9	54∶42∶4	367
LiBr－LiCl－LiI	19∶243.∶56.7	16.07∶10.04∶73.88	368
LiF－LiCl－LiI	3.2∶13∶83.8	11.7∶29.1∶59.2	341
LiCl－LiI－KI	2.6∶57.3∶40.1	8.5∶59∶32	265
LiF－LiCl－LiBr－LiI	4.9∶11.2∶34.9∶49	15.4∶24.7∶32.9∶30	360
CsBr－LiBr－KBr	42.75∶39.08∶18.17	25∶56∶19	238
RbCl－LiCl－KCl	58.91∶29.21∶11.88	36.6∶51.5∶11.9	265

1. LiCl－KCl电解质

LiCl－KCl低共熔盐是最早作为热电池的电解质，在常温下为白色固体，它属于简单共晶体，其相图如图10.6所示。根据相图，LiCl－KCl低共熔盐的组成为LiCl∶KCl＝45∶55时熔点最低，为352℃。该组分被用作钙系热电池和早期锂系热电池的电解质。

LiCl－KCl电解质是以一水合氯化锂($LiCl \cdot H_2O$)和氯化钾为原料通过熔融相变法制备而得，其工艺流程如图10.7所示。由于LiCl－KCl电解质的吸水能力强，其制备需在露点小于－28℃(即在温度20℃时相对湿度小于2%)的干燥环境下进行。电解质制备的操作步骤如下：

(1) 将$LiCl \cdot H_2O$置于高温炉内，脱除结晶水，冷却后粉碎成粉末；

(2) 将KCl置于干燥箱内进行干燥；

(3) 按LiCl和KCl的质量比为45∶55的比例将这两种物质进行充分混合；

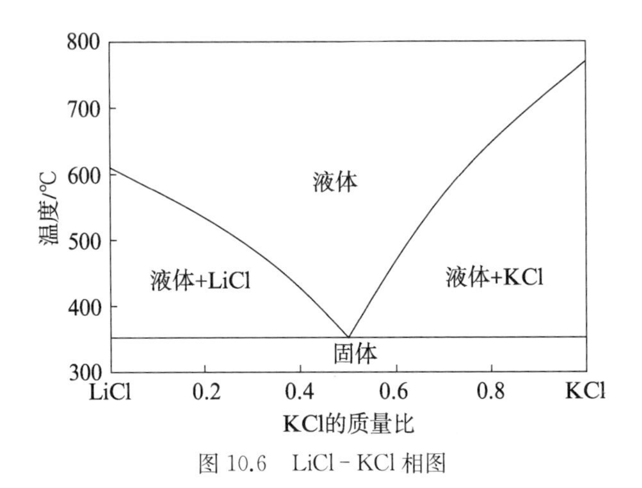

图 10.6　LiCl－KCl 相图

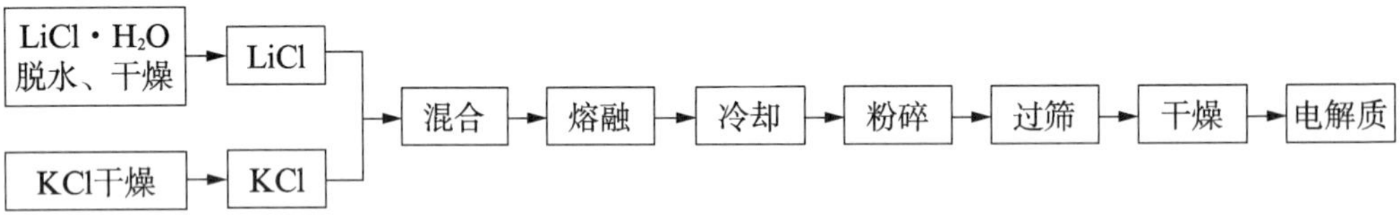

$LiCl \cdot H_2O$ 脱水、干燥 → LiCl；KCl干燥 → KCl → 混合 → 熔融 → 冷却 → 粉碎 → 过筛 → 干燥 → 电解质

图 10.7　LiCl－KCl 电解质制备工艺流程

(4) 将混合均匀后的 LiCl 和 KCl 混合物在高温炉中熔融，待完全熔融后，进行冷却凝固；

(5) 将凝固物进行粉碎，并进行过筛；

(6) 再次进行干燥；

(7) 装瓶，密封后待用。

LiCl－KCl 电解质的优点如下。

(1) 导电性良好：电导率在 475℃为 1.69 $\Omega^{-1} \cdot cm^{-1}$，比水溶液电解质大 10 倍左右，比单独氯化锂和氯化钾也要大 1～3 倍；

(2) 熔点低：在质量比为 45∶55 时 LiCl－KCl 的熔点为 352℃，远低于氯化锂的熔点 610℃和氯化钾的熔点 770℃；

(3) 分解电压高：分解电压约为 3.4 V；

(4) 密度低：常温下晶体的密度为 2.01 $g \cdot cm^{-3}$，500℃时液体的密度为 1.6 $g \cdot cm^{-3}$；

(5) 价格便宜，资源丰富。

缺点有：由于氯化锂吸附水分的平衡蒸气压低，约为 46.7Pa(即露点－28℃)，它易从空气中吸取水分。因此，在制造、储存和使用过程中需要露点小于－28℃的干燥空气的保护，无疑给生产增加了难度。

2. LiF－LiCl－LiBr 电解质

随着武器系统对热电池输出功率要求越来越高，LiCl－KCl 电解质中因离子迁移能力不够而发生很大的浓度梯度，造成 Li^+/K^+ 比例变化，电解质提前凝固，热电池内阻增大，无法满足热电池大功率输出的要求。为此，开发了导电率更高且正离子全为 Li^+ 的 LiF－LiCl－LiBr 电解质(又称三元全锂电解质)。

图 10.8 为 440℃时 LiF - LiCl - LiBr 相图。在 LiF、LiCl 和 LiBr 的质量比达到9.6∶22∶68.4时电解质的熔点达到最低，为 443℃。LiF - LiCl - LiBr 电解质具有优良的离子导电能力，在 475℃时电导率为 3.21 $\Omega^{-1}\cdot cm^{-1}$，是 LiCl - KCl 电解质的近两倍；同时正离子为唯一的 Li^+，所有负离子也很稳定，即使在大功率放电时也不会造成电解质组成的变化而引起熔点的升高，特别适合于在大功率热电池上使用。由于溴原子量较大，使得 LiF - LiCl - LiBr 电解质密度比 LiCl - KCl 电解质略大，在常温下固体的密度为 2.91 $g\cdot cm^{-3}$，500℃时液体的密度为 2.17 $g\cdot cm^{-3}$。由于 LiBr 的吸水能力比 LiCl 更强，LiF - LiCl - LiBr 电解质的制造、储存和使用过程需要在更低露点的环境下进行。

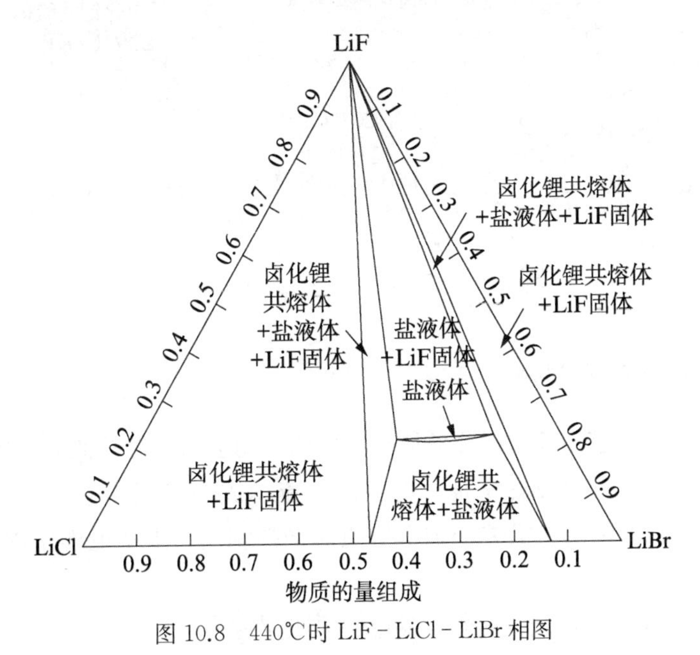

图 10.8 440℃时 LiF - LiCl - LiBr 相图

除了原料（LiF、$LiCl\cdot H_2O$ 和 $LiBr\cdot H_2O$）和各单盐的配比不同外，LiF - LiCl - LiBr 电解质的制备过程与 LiCl - KCl 电解质相同。

3. LiCl - LiBr - KBr 电解质

由于 LiF - LiCl - LiBr 电解质的熔点达到了 443℃，不利于热电池内部温度的维持，影响了热电池的长时间放电。同时采用 LiF - LiCl - LiBr 电解质的热电池存在着严重的自放电，影响容量的维持。因此在长寿命热电池中需要开发低熔点、低自放电率的电解质。

图 10.9 为 330℃时 LiCl - LiBr - KBr 相图。LiCl - LiBr - KBr 电解质是 LiCl、LiBr 和 KBr 三种单盐分别按质量比 12.05∶36.54∶51.41 混合熔融的低共熔盐。此电解质的熔点为 310℃，比 LiF - LiCl - LiBr 电解质低了 133℃。LiCl - LiBr - KBr 电解质具有较高的 Li^+ 含量，达 62%，高于 LiCl - KCl 电解质的 59%。在 475℃时电导率为 1.69 $\Omega^{-1}\cdot cm^{-1}$，显示出了良好的导电性能。

以 $LiCl\cdot H_2O$、$LiBr\cdot H_2O$ 和 KBr 为原料，按 LiCl - KCl 电解质类似的方法进行 LiCl - LiBr - KBr 电解质的制备。

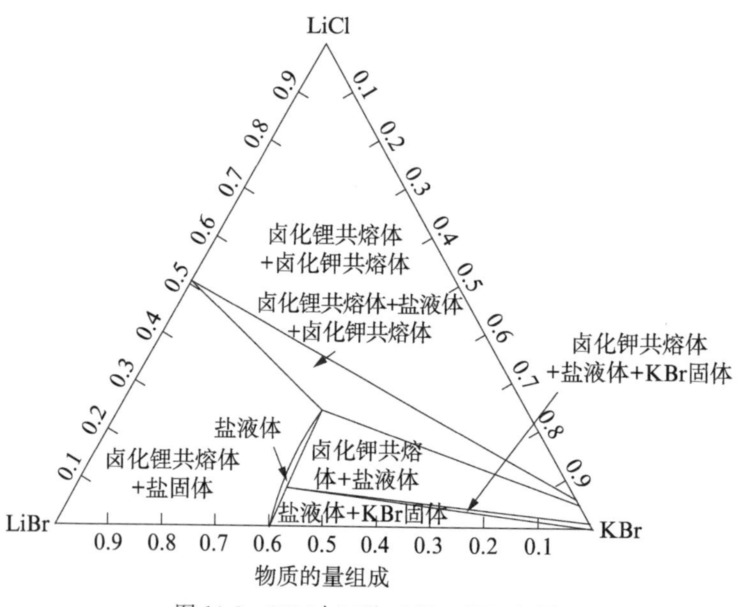

图10.9　330 时 LiCl - LiBr - KBr 相图

10.4.2　电解质流动抑制剂

热电池激活后,电解质就熔融成液体。液体的流动会给电池的性能造成很大的影响,严重时使电池短路,因此抑制热电池中电解质的流动成为研制热电池的关键技术之一。为了抑制电解质的流动,通常需要添加电解质流动抑制剂。选择电解质流动抑制剂的基本原则如下。

(1) 比表面积大:这使其具有较强的电解质吸附能力。

(2) 化学性能稳定:耐高温、耐电解质的腐蚀,并不与正、负极材料发生化学反应。

(3) 绝缘性好:避免单体电池内部构成回路。

(4) 资源丰富、价格便宜。

电解质流动抑制剂的选择与热电池体系和结构密切相关。在杯型结构的钙系热电池中主要选用无碱玻璃纤维布作为电解质流动抑制剂;在DEB片结构的钙系热电池中选用黏结剂作为电解质流动抑制剂;氧化镁则是锂系热电池主要电解质流动抑制剂。

1. 杯型结构的钙系热电池

杯型热电池用电解质片是将电解质吸附在无碱玻璃纤维布上制成的,无碱玻璃纤维布起着抑制电解质流动的作用,其工艺流程如图10.10所示。

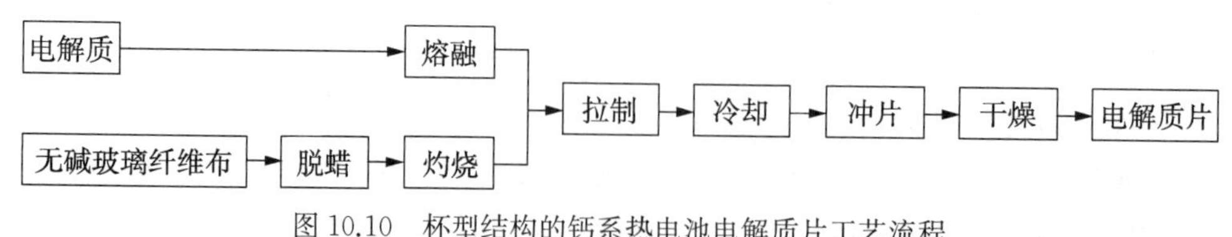

图10.10　杯型结构的钙系热电池电解质片工艺流程

杯型热电池用电解质片的操作步骤如下：

(1) 将无碱玻璃纤维布浸泡在有机溶剂中进行脱蜡处理，约1 h后取出晾干；

(2) 将脱蜡处理后的无碱玻璃纤维布在高温炉中灼烧，除去杂质；

(3) 将电解质加热熔融成液体，再将无碱玻璃纤维布以一定的速度通过熔融的电解质，电解质被均匀地吸附在无碱玻璃纤维布上；

(4) 冷却后，冲制成所需大小的电解质片；

(5) 将电解质片置于干燥箱内进行干燥；

(6) 装瓶，密封后待用。

一般无碱玻璃纤维布的比表面积较小，它阻止电解质流动的能力还不够，因此，当热电池在受到大的加速度或自转时电解质仍有泄漏的可能。

2. DEB片结构的钙系热电池

在DEB片中黏结剂起着抑制电解质流动的作用。在研究初期，选用天然高岭土作为DEB片中的黏结剂，电性能较杯型结构热电池有较大幅度提高，特别是工作时间得到较大的延长。由于高岭土对电解质的抑制能力有限，在DEB片中占总质量的20%，影响比能量的提高。为此研究者开发出了四种新型的黏结剂，分别为Santocel A、Santocel Z、Cab-O-sil M-5和Cab-O-sil EH-5。四种黏结剂的主要成分都是二氧化硅，具有较高比表面，使其在DEB片中的比例可以下降到8%，也就是可以提高电解质的含量，从而改善电池的电性能，放电时间大大增加。因此，无论是对电解质的抑制能力还是单体电池的电性能方面均表现出比高岭土更好的性能。

DEB片结构的钙系热电池EB粉制备的工艺流程如图10.11所示，具体操作步骤如下：

(1) 将黏结剂在高温炉中灼烧，除去杂质；

(2) 将灼烧后的黏结剂和电解质按一定比例进行充分混合；

(3) 将混合后的EB粉置于高温炉中熔融；

(4) 冷却后，粉碎过筛；

(5) 进行干燥处理；

(6) 装瓶，密封后待用。

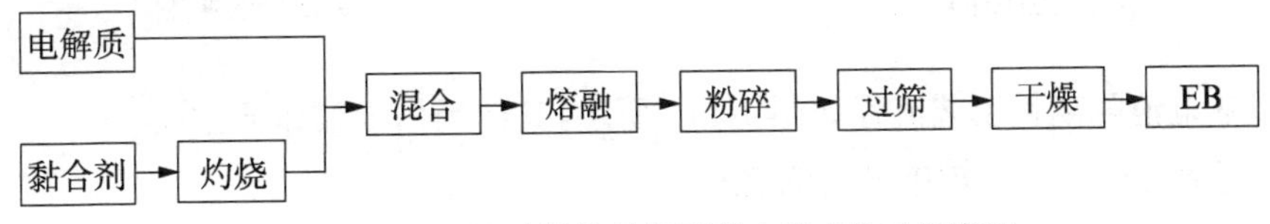

图10.11 DEB片结构的钙系热电池EB工艺流程

3. 锂系热电池

由于二氧化硅在高温下与锂合金会发生化学反应，故其不能作为锂系热电池的电解质流动抑制剂。在不与锂合金发生反应的材料中，氧化镁被广泛应用于锂系热电池的电解质流动抑制剂。比表面和表面形貌决定了氧化镁对电解质吸附能力，为此一般选用高比表面积(80～100 m^2/g)、疏松、纤维状的氧化镁作为流动抑制剂。

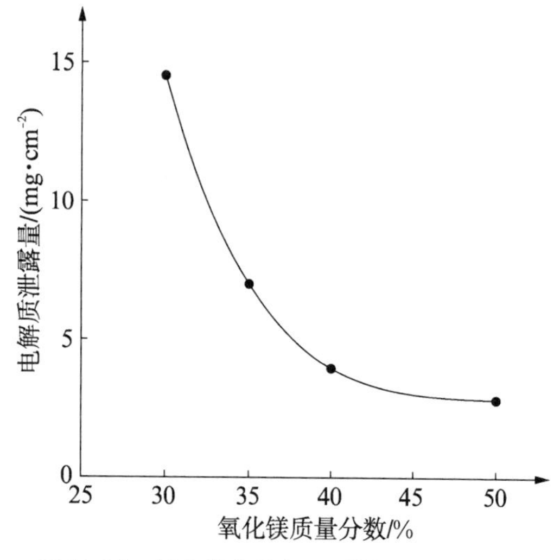

图 10.12　氧化镁含量与400℃恒温 30 min 后电解质泄露量的关系

氧化镁吸附电解质后得到的粉末称之为隔离粉。隔离粉中氧化镁的含量由氧化镁的吸附性能和电解质的种类决定,质量百分含量一般为35%~60%。氧化镁含量的增加可以更好地抑制电解质流动,但是会影响电解质的性能。氧化镁含量与电解质泄露量、电阻率、厚度变化量的关系分别见图10.12、图10.13和图10.14。从图10.12和图10.14可知,氧化镁含量的增加,电解质泄露量和隔离片厚度变化量明显减少,到含量达到35%以上后趋于稳定。然而从图10.13可以看出,电阻率随着氧化镁含量的提高呈现出快速增加。因此,在热电池使用中,隔离粉中氧化镁的含量需要严格控制。

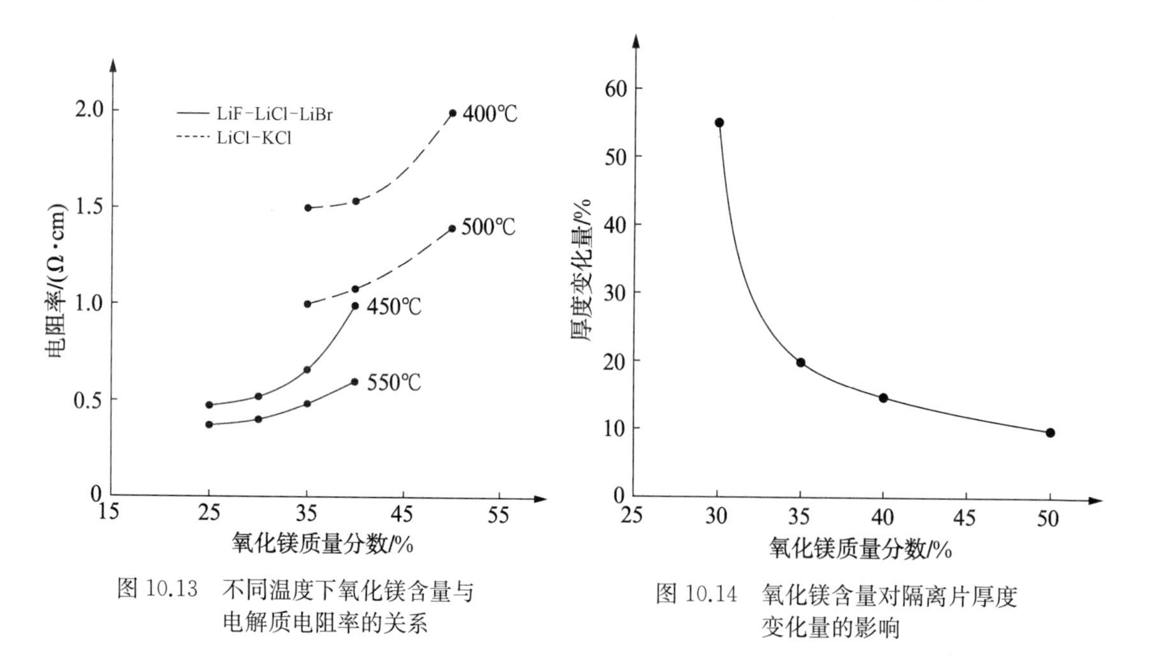

图 10.13　不同温度下氧化镁含量与电解质电阻率的关系

图 10.14　氧化镁含量对隔离片厚度变化量的影响

锂系热电池隔离粉工艺流程如图10.15所示,具体操作步骤如下:

(1) 将氧化镁在高温炉中进行灼烧;

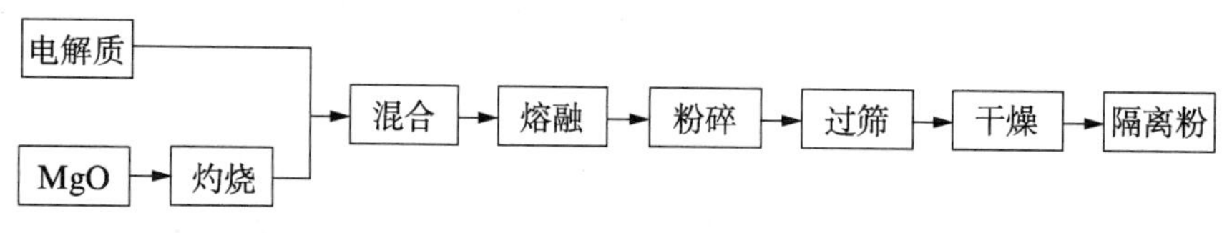

图 10.15　锂系热电池隔离粉工艺流程

(2) 将氧化镁和电解质按一定比例均匀混合;

(3) 将混合好的粉末置于高温炉中熔融;
(4) 冷却后进行粉碎、过筛处理;
(5) 进行干燥处理;
(6) 装瓶,密封后待用。

10.5 热电池的加温和保温

热电池是热激活电池,通过加热材料燃烧使电池内部温度上升到一定的温度范围内,并通过保温材料使这一温度保持下来,这种使热电池内部温度保持在电池能够正常工作范围内的时间称之为热寿命。要延长热寿命必须进行合理的热设计,热设计主要涉及加热材料、保温材料和热缓冲材料。

10.5.1 加热材料

加热材料燃烧产生的热量决定了热电池激活时内部工作温度,因此,其性能的好坏影响了电池的电性能。从热电池发明以来,主要有两种加热材料被广泛地应用于热电池中,分别是 $Zr-BaCrO_4$ 加热纸和 $Fe-KClO_4$ 加热粉。

1. $Zr-BaCrO_4$ 加热纸

$Zr-BaCrO_4$ 加热纸在杯型结构的钙系热电池作为主加热材料,在片型结构热电池中作为 $Fe-KClO_4$ 加热粉的引燃材料。$Zr-BaCrO_4$ 加热纸通常是将锆粉、铬酸钡和无机纤维在水中进行充分混合成纸浆,再按造纸工艺制成加热纸,其制造工艺流程如图 10.16 所示,具体操作过程如下:

(1) 将锆粉从水中取出,置于干燥箱中真空干燥;
(2) 取一定量的无机纤维放入水中,用搅拌器搅拌使其成均匀的浆状物;
(3) 将烘干的锆粉、铬酸钡和打成浆状的无机纤维按一定比例进行混合;
(4) 将充分混合均匀的浆料慢慢倒入造纸器中,待成纸后用蒸馏水洗涤;
(5) 取出加热纸,在干燥箱中真空干燥;
(6) 干燥后保存在干燥器中待用。

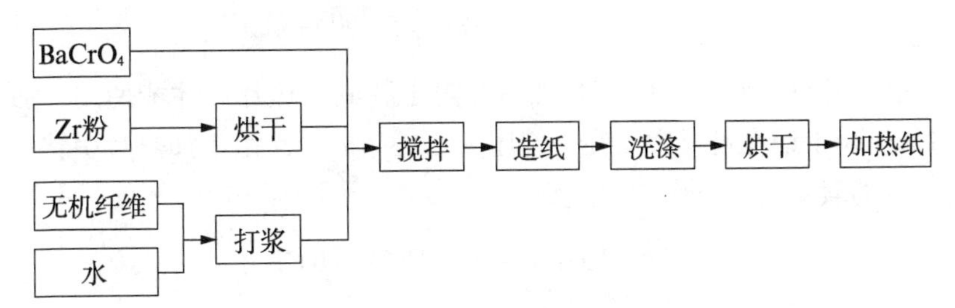

图 10.16 $Zr-BaCrO_4$ 加热纸的制造工艺流程

加热纸燃烧时发生氧化—还原反应,其化学反应方程式为

$$3Zr + 4BaCrO_4 = 4BaO + 2Cr_2O_3 + 3ZrO_2 \tag{10.1}$$

当 $Zr : BaCrO_4$: 无机纤维的质量比为 21 : 74 : 5 时发热量为 1 882.8 $J \cdot g^{-1}$。配方

中各种原材料的性能对加热纸的性能影响较大。锆粉中活性锆的含量需大于85%,否则会影响加热纸的发热量和燃速。铬酸钡最好采用即时合成,刚合成的铬酸钡颗粒小而且均匀,不易团聚,在引燃纸中分布均匀。无机纤维一般采用石棉纤维或玻璃纤维,石棉纤维燃烧后形变小,但产气量大;玻璃纤维燃速快,产气量小,但是燃烧后形变大。

$Zr/BaCrO_4$ 加热纸的优点有:

(1) 工艺成熟和性能稳定;

(2) 燃速较高,达 $200\ mm \cdot s^{-1}$;

(3) 点火灵敏度(是衡量点火难易的指标)高。

$Zr/BaCrO_4$ 加热纸存在问题有:

(1) 对静电敏感,容易燃烧,不安全;

(2) 调节热量不方便,一旦需要调整时需重新制造;

(3) 燃烧后不导电,单体电池之间须有连接片;

(4) 燃烧后形变大,影响电堆的松紧度,从而影响电池内阻。

2. $Fe-KClO_4$ 加热粉

片型结构热电池的加热材料主要为 $Fe-KClO_4$ 加热粉,它是由活性铁粉和高氯酸钾为原料制备而成,其制备工艺流程如图10.17所示,具体操作步骤如下:

(1) 将高氯酸钾置于干燥箱中干燥;

(2) 将烘干的高氯酸钾用气流粉碎机进行粉碎;

(3) 将粉碎后的高氯酸钾和活性铁粉按一定比例进行混合;

(4) 混合均匀后置于球磨机中进行球磨;

(5) 进行干燥处理;

(6) 装瓶,密封后待用。

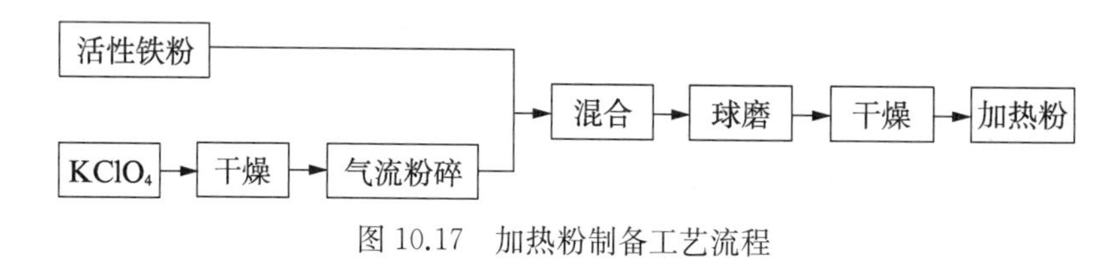

图10.17 加热粉制备工艺流程

在热电池使用过程中,$Fe-KClO_4$ 加热粉需压制成加热片后才能使用。加热片的制备过程中将加热粉平铺在模具中后在一定压力下压制成型。由于加热片中铁是远远过量的,燃烧时发生的氧化还原反应方程式为:

$$4Fe + KClO_4 = 4FeO + KCl \tag{10.2}$$

加热片性能的好坏主要通过燃烧热量、燃烧速度、片子强度、气体释放量和点火灵敏度五项指标进行评价。燃烧热量是指单位质量的加热片燃烧时产生的热量,决定了热电池中加热材料的用量。燃烧热量越高,所需的加热材料越少。燃烧速度是指单位时间内加热片燃烧距离,其影响热电池的激活时间。加热片燃烧速度越快,热电池激活时间也越快。片子强度常用折断力来衡量。将加热片的一端固定,另一端的垂直方向施加力，当加热片刚好折断时在单位受力截面上所受的力称为折断力。折断力越高，加热片在装配和工作时损坏的可能性越低。气体释放量是指单位质量加热片燃烧时气体释放量，其主要来源于副反应高氯酸钾受热分解。加热片气体释放量越大，热电池内部压力也越大，这对热电池壳体设计强度和焊缝焊接强度提出了较高的要求。点火灵敏度是衡量加热片点火难易程度的指标，是给加热片一定能量的发火概率。加热片的点火灵敏度需要控制在合适的范围内，难以点火会影响热电池激活的可靠性，容易点火会影响热电池的安全性。加热片的五项指标受活性铁粉的来源、高氯酸钾的颗粒度、配比、成型压力等因素的影响。

在热电池发展早期，国外的活性铁粉是美国的 C.K. Williams 公司研制的，型号为 I-68。由于原料的缺乏，后由 Easton 实验室研制，型号为 NX-1000，该铁粉已作为美国热电池专用铁粉。为配合热电池发展需要，国内采用氢气还原氧化铁成功研制出了活性铁粉。表 10.4 列出了国外 NX-1000 型活性铁粉和国内活性铁粉的性能对比。国内活性铁粉的性能指标已达到(或超过)美国 NX-1000 型活性铁粉，在国内热电池中得到广泛应用。

表 10.4 国内外活性铁粉的性质

铁粉规格	国外 NX-1000	国 内
铁总含量	≥97%	≥97%
金属铁含量	≥89%	≥89%
氧(与铁结合)含量	≤2.3%	—
格林强度(ASTMB312-56T)	20.7～41.4 MPa	—
颗粒大小(费氏粒度)	1.5～3.5 μm	<1 μm
-325 筛孔	≥70%	～100%
+100 筛孔	≤1.0%	—
燃烧热量	926.7 J/g(m_{Fe} : m_{KClO_4} =88 : 12)	1 082 J/g(m_{Fe} : m_{KClO_4} =86 : 14)
点火能量	0.26 J(m_{Fe} : m_{KClO_4} =88 : 12)	<0.235 J(m_{Fe} : m_{KClO_4} =84 : 14)
燃烧速度	7.8 cm · s^{-1}(m_{Fe} : m_{KClO_4} =88 : 12)	>10 cm · s^{-1}(m_{Fe} : m_{KClO_4} =86 : 14)
气体释放量	1.7 mL · g^{-1}	—
折断力	4.44 N · cm^{-2}	7.22 N · cm^{-2}

高氯酸钾的颗粒越小，与活性铁粉接触面积越大，加热片的活性越高，因此高氯酸钾的颗粒度对加热片点火灵敏度的影响较大。表 10.5 列出了高氯酸钾的颗粒度与加热片发火概率 50%时点火能量的关系可以在其中得到证实。

表 10.5 高氯酸钾颗粒度对加热片点火灵敏度的影响

颗粒度/μm	2.5	5.0	7.5	10	15	20
50%点火能量/J	0.280	0.274	0.351	0.415	0.810	2.028

表 10.6 列出了不同配方对加热片燃烧热量、气体释放量、片子密度、50%点火能量和燃烧速度的影响。

表 10.6 不同配比对加热片性能的影响

$Fe/KClO_4$比例	燃烧热量 /$(J \cdot g^{-1})$	气体释放量 /$(cm^3 \cdot g^{-1})$	片子密度 /$(g \cdot cm^{-3})$	50%点火能量 /J	燃烧速度 /$(cm \cdot s^{-1})$
90/10	758.6	2.7	3.50	1.32	4.03
88/12	927.6	1.7	3.42	0.26	7.87
86/14	1 083.7	2.1	3.37	0.34	10.0
84/16	1 243.9	1.9	3.32	0.25	—
82/18	1 401.2	1.9	3.25	0.22	—
80/20	1 541.8	1.2	3.22	0.32	—

表 10.7 列出了成型压力对加热片性能的影响。

表 10.7 成型压力对加热片性能的影响

在 31.75 mm 直径片子上的压力/t	片子密度 /$(g \cdot cm^{-3})$	断裂强度/kg	50%点火能量/J	线燃速 /$(mm \cdot s^{-1})$
5	3.08	0.18	0.26	71.6
10	3.55	0.45	0.38	75.2
15	3.89	0.78	0.55	74.2
20	4.20	1.06	0.92	73.4
25	4.39	1.15	1.76	72.4

$Fe-KClO_4$ 加热粉具有以下优点：

(1) 工艺简便、制造容易；

(2) 机械强度高、燃烧后不变形，使得热电池内阻稳定、电压平稳；

(3) 点火灵敏度和燃烧速度适中，安全性高；

(4) 燃烧后仍具有导电性，可直接连接，减少零件，简化装配工艺；

(5) 燃烧时气体释放量少，降低电池内压，有利于降低电池结构质量；

(6) 热量调整方便，从而加快热电池研制周期；

(7) 化学稳定，有利于长期储存。

10.5.2 保温材料

热电池激活后内部温度达到了 450～550℃，与周围环境存在着上百℃的温差，热量向周围环境传递。保温材料的作用是降低热量传递速度，从而实现激活后热电池内部温度在一定时间内维持在工作温度范围内。保温材料性能的好坏是通过导热系数的高低进行评价的，导热系数越低保温性能越好。热量传递的基本方式主要有三种，即热传导、热对流和热辐射。空气的导热率通常都是很小的，然而空气通常并不能很好地绝热，如存在对流传热、热辐射，只有当气体被限制发生对流以及阻碍红外辐射时才具有比较小的导热率。气体被束缚在多孔材料中，当孔壁间距小于气体分子的平均自由程时气体的热对流就得到限制。据理论计算，最佳的绝热材料自身体积占总体积的 5%，并提供直径为 60 nm 的孔。

为满足热电池使用要求，保温材料需具有导热系数合适、耐高温性能好、结构强度高的特点。表 10.8 列出了热电池常用保温材料的热导系数。对中短寿命热电池而言，热寿命较短，一般选用热导系数相对较大的云母、石棉或硅酸铝纤维。对于工作时间大于5 min的热电池，一般选用以二氧化硅气凝胶为主要成分的Min-K材料、Microtherm材料和超级绝热毯。二氧化硅气凝胶是一种轻质纳米多孔材料，其比表面积可高达1 000 $m^2 \cdot g^{-1}$，孔洞的典型尺寸为1～100 nm，被认为是固体材料中热导系数很低的材料。然而其为粉末状，结构强度差。20世纪50年代Johns-Manrille在二氧化硅气凝胶添加树脂黏结剂、石棉纤维以增强结构强度而研制出了Min-K材料。之后，人们又在Min-K材料的基础上研制出了一种Microtherm保温材料。它的组成与Min-K相同，但不再使用树脂和石棉纤维，降低了生产成本，同时添加了一种遮光剂用以反射、折射和吸收因温度上升而产生的特征辐射。国内在二氧化硅气凝胶添加一些结构增强剂制备出了柔性的超级绝热毯。

表10.8 常用保温材料的导热系数

材料名称	导热系数/($W \cdot m^{-1} \cdot K^{-1}$)
天然云母	1.9(300℃)
人造云母	2.0(300℃)
硅酸铝纤维	0.486(1 000℃)
超细玻璃纤维	0.136(常温)
高硅氧纤维	0.335(500℃)
石棉纸	1.069
Min-K材料	0.044 2(常温)
Microtherm材料	0.037 7～0.041 9(0～250℃)
超级绝热毯	0.04(常温)

对于工作时间超过1小时的热电池，Min-K材料、Microtherm材料和超级绝热毯的应用也无法满足热寿命的要求，为此人们开发出了真空双壳体。真空双壳体是将电池壳制成双层，两层之间抽真空，其结构示意图见图10.18。真空双层壳体的保温原理与热水瓶的相同，抽成真空以后缺少了真空层的物质也就阻止了热传导和热对流方式，仅辐射的方式进行热量的传递。为了减少热量的辐射散热，人们在真空层中放入如铝箔等反光剂。图10.19给出了Microtherm保温材料、真空双层壳体、添加反光剂的真空双层壳体三种

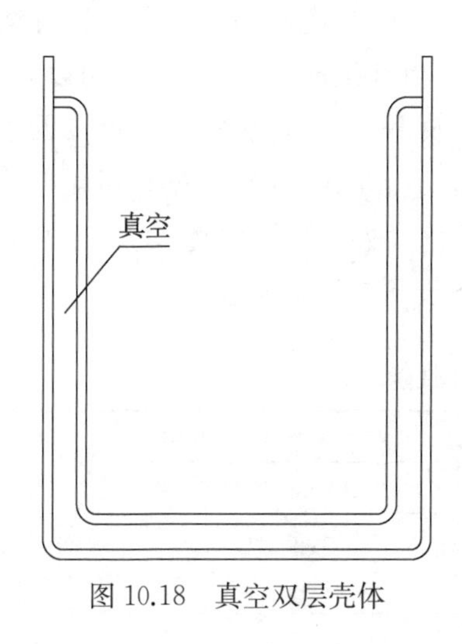

图10.18 真空双层壳体

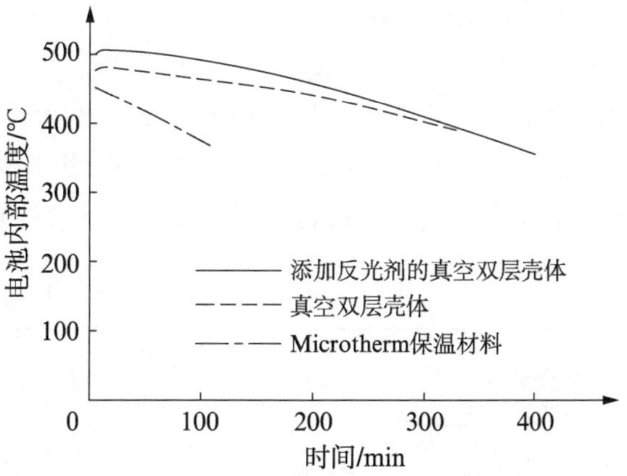

图10.19 不同保温条件下电池内部温度变化

保温条件下电池内部温度变化曲线。从图中可以看出,添加反光剂的真空双层壳体的保温性能明显优于真空双层壳体,更优于 Microtherm 保温材料。采用 Microtherm 保温材料的电池内部降温速率为 40℃·h^{-1}左右,而真空双层壳体和添加反光剂的真空双层壳体内部降温速率可分别下降至 20℃·h^{-1}和 17℃·h^{-1}。因此,采用添加反光剂的真空双层壳体技术后可将热电池的热寿命提高至小时级。此技术已在 Sandia 公司研制的声呐浮标用热电池中得到应用,其工作时间可达 2~6 h。

10.5.3 热缓冲材料

热电池的热缓冲材料是一种固液相变材料,当电池内部温度高于相变材料的熔点时,由固态转变为液态同时吸收大量的热量;当低于熔点时,由液态转变为固态同时放出大量的热量。热缓冲材料应用于长寿命热电池时,在电池激活时能够把多余的热量储存起来,减缓了热冲击,减少了容量的损失;在放电后期,能够把储存的热量释放出来,减慢内部温度下降速度以达到延长热寿命的目的。热缓冲材料和保温材料的同时应用可使长寿命热电池性能更佳发挥。对于某一种热缓冲材料而言,它的熔点是恒定的,通过合理的设计可使激活前处于不同温度状态下的热电池在激活后内部温度都能控制在同一个温度下(即热缓冲材料的熔点),有利于对温度敏感的电化学体系的性能发挥。

根据热电池使用状态,热缓冲材料需具有以下特点:

(1) 熔点必须接近热电池的理想工作温度,一般热电池的理想工作温度在 500℃左右;

(2) 熔化焓大,可避免热缓冲材料的引入而严重影响电池的体积和质量;

(3) 分子量小;

(4) 便于制备、易于成型且具有一定的机械强度;

(5) 化学性能稳定,对热电池内部材料不产生腐蚀性,对热电池内部材料具有抗腐蚀性。

为满足上述特点,热电池的热缓冲材料一般选用熔盐。表 10.9 给出了常见单一熔盐的热性能。由表 10.9 可知,虽然某些单一熔盐的熔化焓较大,但是其熔点普遍偏高,离热电池的理想工作温度有一定的差距。为了降低熔点,和熔融盐电解质一样采用二种熔盐混合形成低共熔盐。表 10.10 列出了二元低共熔盐的熔点和组成。从表 10.10 可以看出,二元低共熔盐的熔点均明显下降,其中 $LiCl-Li_2SO_4$ 及 $KCl-Na_2SO_4$ 的熔点接近于热电池的理想工作温度。由于 $NaCl-Li_2SO_4$ 的熔化焓高达 469.9 J·g^{-1},熔点更接近热电池的理想工作温度,NaCl 的价格更便宜、更不易吸水,故一般热电池均选用 $NaCl-Li_2SO_4$ 作为热电池的热缓冲材料。低共低熔盐的制备步骤与电解质基本相同。

表 10.9 常见单一熔盐的热性能

化合物	分子量	熔点/℃	熔化焓	
			kJ·mol^{-1}	J·g^{-1}
LiCl	42.39	610	19.9	469.9
NaCl	58.44	808	28.0	479.1

续表

化合物	分子量	熔点/℃	熔化焓	
			$kJ \cdot mol^{-1}$	$J \cdot g^{-1}$
KCl	74.56	772	26.5	355.6
$MgCl_2$	95.22	714	43.1	452.7
$CaCl_2$	110.99	782	28.4	259.8
Li_2SO_4	109.95	859	8.26	75.3
Na_2SO_4	142.05	884	23.7	166.9
K_2SO_4	174.27	1 074	37.9	217.6
$MgSO_4$	120.39	1 127	14.6	121.8
$CaSO_4$	136.15	1 400	28.0	205.9
Li_2CO_3	73.89	735*	44.8	480.3
Na_2CO_3	105.99	854*	28.0	260.2
K_2CO_3	138.21	896*	27.6	199.9
$CaCO_3$	100.91	1 340*	28.9	286.2
LiBr	86.85	547	17.7	203.3
NaBr	102.90	747	26.1	253.6
KBr	119.01	734	25.5	214.6
$MgBr_2$	184.13	711	37.0	201.3
$CaBr_2$	199.90	730	29.0	145.6
K_2CrO_4	194.20	980	24.4	151.0
$MgCrO_4$	140.30	—	36.8	189.5

* 低于熔点分解。

表 10.10 二元低共熔盐的熔点和组成

低共熔体	熔点/℃	组成(质量分数)/%	低共熔体	熔点/℃	组成(质量分数)/%
$MgCl_2$ - NaCl	450	52 : 48	LiCl - Li_2CO_3	507	47 : 53
KCl - Li_2SO_4	456	39 : 61	LiBr - NaBr	507	80.5 : 19.5
KCl - $MgCl_2$	470	42.5 : 57.5	LiBr - LiCl	521	75 : 25
LiBr - Li_2SO_4	474	68 : 32	KCl - Na_2SO_4	522	43 : 57
LiBr - Li_2CO_3	476	44.7 : 55.3	Li_2SO_4 - Li_2CO_3	530	69.5 : 30.5
LiCl - Li_2SO_4	481	41 : 59	$CaSO_4$ - LiCl	533	35 : 65
$CaCl_2$ - LiCl	485	60 : 40	K_2SO_4 - Li_2SO_4	535	28 : 72
K_2CO_3 - Li_2CO_3	488	53 : 47	$CaCrO_4$ - LiCl	538	36 : 64
$CaCl_2$ - NaCl	498	70 : 30	K_2CrO_4 - Li_2CrO_4	544	64 : 36
Li_2SO_4 - NaCl	499	72.8 : 27.2	LiCl - NaCl	549	68.5 : 31.5
Li_2CO_3 - Na_2CO_3	500	43 : 57	KBr - Na_2SO_4	550	39.4 : 60.6

热缓冲材料通常放置在电堆的中间和两端。热电池放电过程中,电堆中间温度最高,电堆两端温度下降最快。使用热缓冲材料后,可以避免电堆中间热量的聚积和电堆两端热量的快速下降。图 10.20 给出了使用热缓冲材料前后热电池内部温度的变化情况。从图 10.20 可以看出,使用热缓冲材料后电池内部温度峰值明显下降,出现温度峰值的时间向后推迟,随后的下降速度明显减慢,热寿命得到延长。

与熔融盐电解质一样,热缓冲材料熔融后也会发生流动影响电性能,为此需在热缓冲材料中加入流动抑制剂。相对于电解质流动抑制剂,热缓冲材料流动抑制剂只需具有比

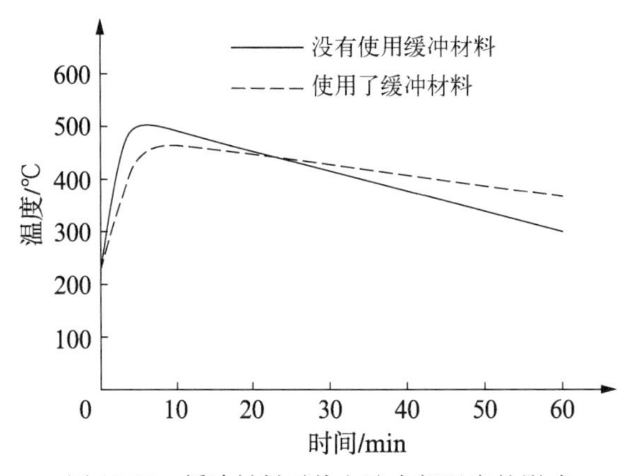

图 10.20　缓冲材料对热电池内部温度的影响

表面积大、化学性能稳定、资源丰富、价格便宜等特点。基于上述要求,通常选用二氧化硅作为热缓冲材料流动抑制剂。在热缓冲材料中添加二氧化硅的过程和前面所述的 EB 制备相同。

10.6　热电池的负极材料

在热电池发明初期的前 30 年,热电池负极材料主要是金属钙和金属镁,其中钙占主导地位。研究者在 20 世纪 70 年代开发了锂系热电池,使热电池的技术水平得到了前所未有的提高。金属锂不能直接作为热电池负极,这是由于其熔点较低(熔点为 180.6℃),在热电池的工作温度(450℃～550℃)下呈液态,易从多孔的集流器中逸出,造成电池短路。为此,改用熔点高的锂合金或在金属锂中添加流动抑制剂作为热电池的负极。

10.6.1　金属钙

钙系热电池的负极为金属钙。金属钙呈银白色,密度为 1.55 $g \cdot cm^{-3}$,熔点为 845℃,沸点为 1 430℃,在 464℃以下为面心立方体结构,温度上升到 464～480℃时转化为体心立方体结构。由于金属钙化学性能活泼,一般将其压制成钙箔后保存在煤油中。

以 LiCl - KCl 为电解质,金属钙作为热电池的负极在放电时发生以下反应:

$$Ca + 2Li^{+} = Ca^{2+} + 2Li \tag{10.3}$$

$$Ca + 2Li = CaLi_2 \tag{10.4}$$

$$CaLi_2 = Ca^{2+} + 2Li^{+} + 4e \tag{10.5}$$

总反应为

$$Ca = Ca^{2+} + 2e \tag{10.6}$$

从上述反应过程中可以看出，金属钙不是负极的活性物质，它首先与 LiCl－KCl 电解质反应生成 $CaLi_2$ 合金，$CaLi_2$ 合金再发生电极反应，因此，$CaLi_2$ 合金是钙系热电池的负极材料的活性物质。通过 X 射线粉末衍射分析，$CaLi_2$ 合金属于六角密堆积型晶体，晶格参数为 $a_0=b_0=0.631\,3\pm0.001\,0$ nm 和 $c_0=1.028+0.001$ nm，四个 $CaLi_2$ 分子组成一个晶胞。以 Ag/AgCl(0.1 mol)为参比电极，测量了 $CaLi_2$ 合金在 LiCl－KCl 电解质中电极电位，结果见表 10.11。通过负极的整个反应过程可以看出，总反应为钙失去两个电子生成钙离子，通过计算金属钙的理论容量为 1.338 A·h·g^{-1}。

表 10.11 $CaLi_2$ 合金的电极电位与温度的关系

温度/℃	电极电位/V
400	−2.40
500	−2.35
600	−2.30

然而 $CaLi_2$ 合金的生成对热电池放电是不利的。这是由于 $CaLi_2$ 合金的熔点为 230℃，在热电池工作温度下熔化成可流动性的液体，容易产生电噪声，严重的会造成电池短路。

$CaLi_2$ 合金生成的同时，也产生了氯化钙，在一定的条件下与电解质中的氯化钾结合生成固态的 $KCaCl_3$ 复盐，化学反应方程式为

$$Ca^{2+}+K^{+}+3Cl^{-}=\!=\!=KCaCl_3 \tag{10.7}$$

$KCaCl_3$ 复盐的熔点为 752℃，其在负极表面沉积导致电池内阻增加。

10.6.2 锂铝合金

LiAl 合金采用熔融冶炼法制备，其工艺流程如图 10.21 所示，将金属锂和金属铝按一定比例在惰性气体保护下加热熔融，合金化后冷却、粉碎得到 LiAl 合金粉。LiAl 合金也可以用电化学法制备。

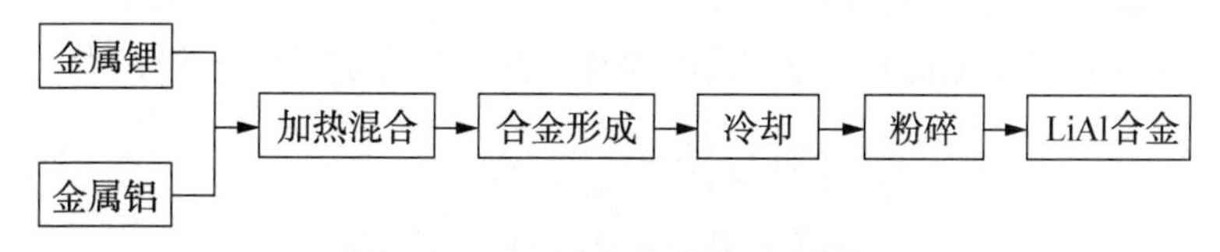

图 10.21 LiAl 合金制备工艺流程

图 10.22 为 LiAl 合金二元相图。从纯铝到锂摩尔分数 7%～8%时，LiAl 合金以 α 相稳定存在；随着锂含量继续增加，β 相开始形成，(α+β)相一直扩展到锂摩尔分数为 47%；在锂摩尔分数为 48%～56%时，LiAl 合金以 β 相的形式存在。

LiAl 合金的电位与其物相密切相关，组成与电压的关系如图 10.23 所示。在(α+β)相存在的区间，LiAl 合金的电极电位保持不变，相对于纯锂电极偏正 297 mV 左右，并随着温度的升高电位呈线性下降。为此，一般选用锂摩尔含量为 47%的 LiAl 合金作为热电池的负极材料，此材料的熔点接近 700℃。LiAl 合金的密度为 1.74 g·cm^{-3}。

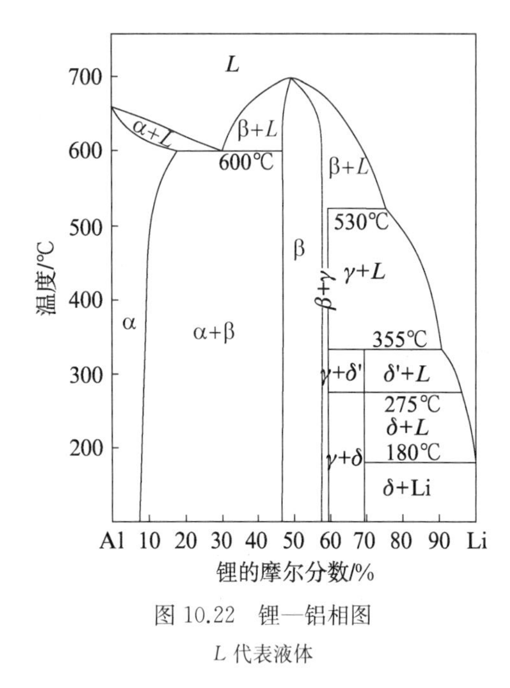

图 10.22 锂—铝相图

L 代表液体

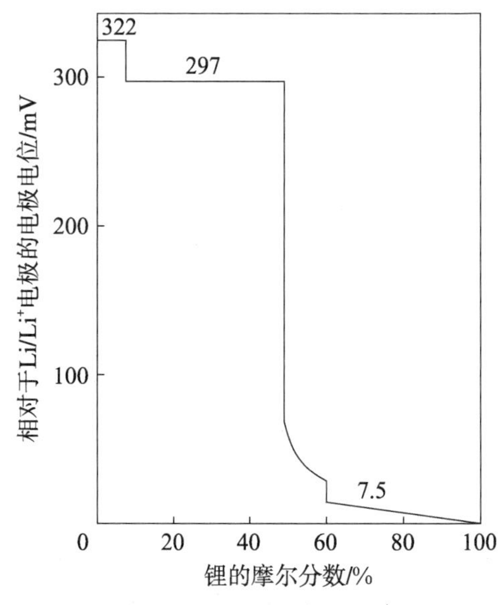

图 10.23 427℃时 LiAl 合金的电极电位

在实际热电池放电时,仅利用 LiAl 合金的β相向α相转变放电平台,电极反应方程式为

$$Li_{0.47}Al_{0.53} = Li_{0.059}Al_{0.53} + 0.411Li^{+} + 0.411e \tag{10.8}$$

通过计算,其放电理论容量为 2 259 $A \cdot s \cdot g^{-1}$。

10.6.3 锂硅合金

由于 LiAl 合金的大电流放电能力较差,在 20 世纪 80 年代 Sandia 国家实验室开发出了取代 LiAl 合金的 LiSi 合金负极。LiSi 合金是目前锂系热电池最常用的负极材料,通常采用电炉熔炼制备,其工艺流程如图 10.24 所示,具体是将金属锂和硅粉按一定比例称量,混合均匀后放入反应釜中,在惰性气体保护下加热到预定温度并保温至反应结束,冷却后粉碎。温度、时间和配比直接影响最终产物的性能,合成反应方程式为

$$22Li + 5Si = Li_{22}Si_5 \tag{10.9}$$

$$Li_{22}Si_5 + 4Li + 3Si = 2Li_{13}Si_4 \tag{10.10}$$

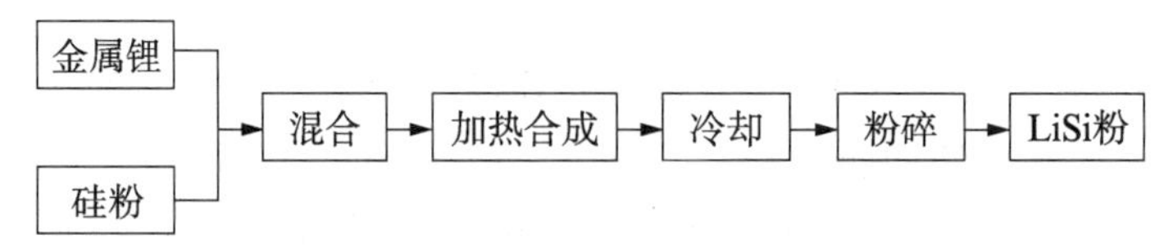

图 10.24 LiSi 合金制备工艺流程

从图 10.25 的锂—硅相图可知,锂和硅可以组成 $Li_{22}Si_5$、$Li_{13}Si_4$、Li_7Si_3 和 $Li_{12}Si_7$ 四种物相。在 415℃时,不同的物相对应的电极电位如图 10.26 所示。每一个电位平台对应一个物相,其中第 3 个平台对应于 $Li_{13}Si_4$ 相,相对于纯锂电极偏正 157 mV 左右。

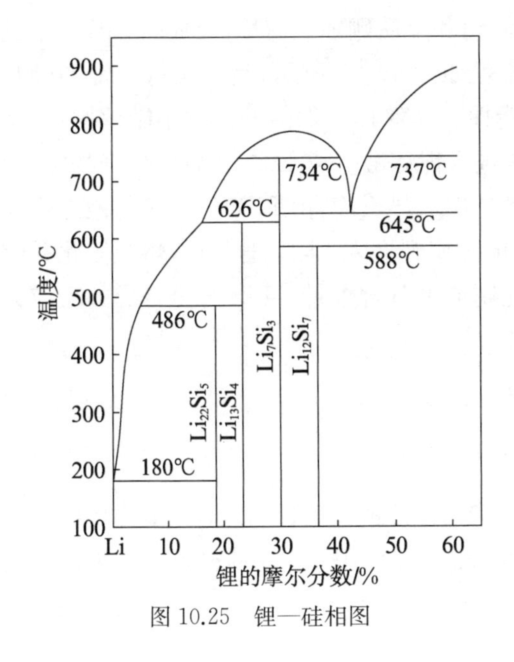

图 10.25 锂—硅相图

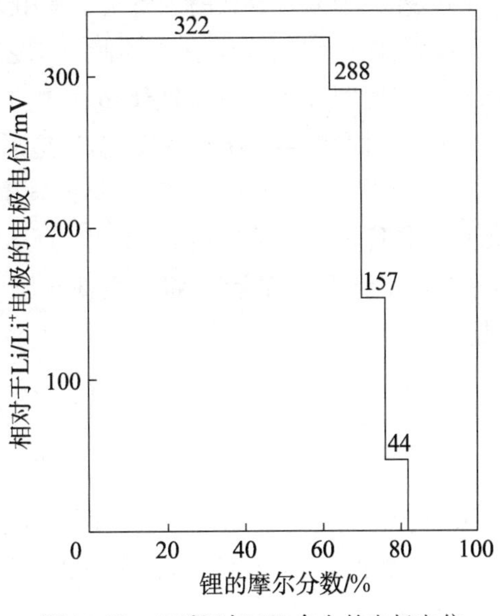

图 10.26 415℃时 LiSi 合金的电极电位

由于 $Li_{22}Si_5$ 相稳定性差,不易在干燥间操作,因此很少用作为热电池负极材料的主相。用于热电池负极材料的 LiSi 合金中,一般锂的质量含量为 44%,密度为 1.38 g·cm^{-2},主要物相为 $Li_{13}Si_4$ 相。

作为热电池负极材料,LiSi 电极反应方程式依次为

$$3Li_{13}Si_4 = 4Li_7Si_3 + 11Li^+ + 11e \tag{10.11}$$

$$7Li_7Si_3 = 3Li_{12}Si_7 + 13Li^+ + 13e \tag{10.12}$$

$$Li_{12}Si_7 = 7Si + 12Li^+ + 12e \tag{10.13}$$

通过计算,第一步反应的放电理论容量为 1 747 A·s·g^{-1},对于电压精度要求高的热电池而言只能利用这一步反应。对于电压精度要求不高的热电池还可以利用到第二步反应,此时放电理论容量增加到 2 926 A·s·g^{-1}。

10.6.4 锂硼合金

自从 1978 年 Wang 首先研制出了 LiB 合金以来,人们对其的性能进行广泛地研究,但是一直没有在热电池中得到应用。直至 1995 年,俄罗斯在国际电源会议上报道了 LiB 合金的应用研究,才使 LiB 合金的研究进入了一个新的阶段。

与 LiSi 合金相比,LiB 合金具有以下优势:

(1) LiB 合金中锂含量高,最高质量含量可达 80%;

(2) LiB 合金的容量高,在提供相同容量的前提下用量可减少;

(3) LiB 合金为带状,可随意加工成各种形状;

(4) LiB 合金的使用温度范围宽,在 1 200℃下均可使用;

(5) LiB 合金的电位负,非常接近于纯锂。

国内外关于LiB合金的制备基本采用金属锂和单质硼加热熔炼,合成的LiB合金锭经机械热处理后轧制成带状。其制备工艺流程如图10.27所示,具体是将锂锭和硼粉(粒)按一定比例(富锂)投入铁质坩埚中,在惰性气体保护下加热升温并不断地搅拌,在250~400℃时发生第一次放热反应,反应后硼进入锂熔液生成LiB_3金属间化合物,熔液的黏度逐渐增加,在400~550℃时熔液发生第二次放热反应,由LiB_3进一步与液态锂反应形成一种稳定骨架结构的Li_7B_6相,而过剩的金属锂嵌入Li_7B_6骨架中,熔液固化并收缩,冷却后得到LiB合金锭,将合金锭挤压、轧制成LiB合金带。LiB合金合成的反应方程式为

$$Li + 3B = LiB_3 \tag{10.14}$$

$$2LiB_3 + 5Li = Li_7B_6 \tag{10.15}$$

在LiB合金制备过程中最重要的是两步放热反应时温度的精确控制。若未能将反应热充分释放,易改变Li_7B_6相的形态,金属锂未能充分嵌入骨架中,合成的材料不能用作热电池负极材料。随着制备技术水平的提高,LiB合金的生产量从早期每炉400 g提高到目前的每炉900~2 000 g,而且每批产品性能稳定。

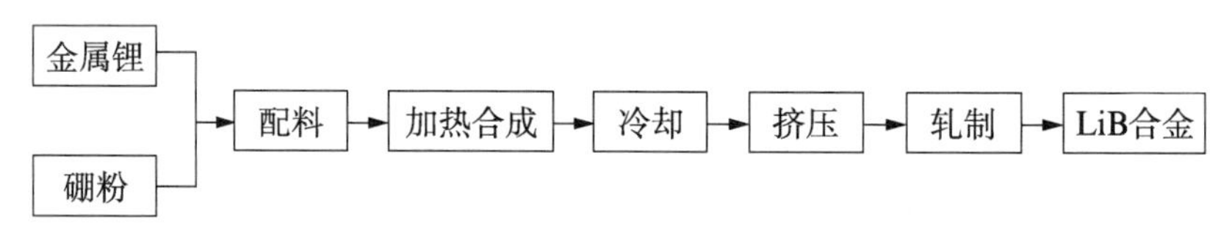

图10.27　LiB合金制备工艺流程

LiB合金具有银白色金属光泽,塑性和延展性好,易轧制成薄带,冷轧开坯总加工率可达60%而不发生大的裂边及裂纹。LiB合金不是单一物相,而是由Li_7B_6物相和金属锂相组成的一种复合材料。Li_7B_6物相具有多孔结构,起支撑骨架作用;金属锂相作为活性材料,嵌于Li_7B_6骨架中,保证在高于熔点时不自由流动。Li_7B_6耐1 200℃以上高温,因此LiB合金的热稳定性优于其他锂系负极材料。LiB合金的电阻率为$12.5\times10^{-8}\sim 23\times10^{-8}\ \Omega\cdot m$,并随着温度的升高而逐渐增大,然而在硼质量含量低于40%时电阻率与组成无关,这表现出了良好的金属性。LiB合金的密度为$0.6\sim1.07\ g\cdot cm^{-3}$,均低于压紧状态下LiSi合金的密度。LiB合金的热导率约为$75\ W\cdot m^{-1}\cdot K^{-1}$,与金属铁的基本接近,具有良好的导热性。LiB合金的热容较大,为$3.45\sim3.7\ J\cdot g^{-1}\cdot K^{-1}$,通过DSC研究表明在180℃附近还存在一个对应金属锂熔化的吸热过程。

LiB合金放电时先后出现两个电压平台,分别对应金属锂相和Li_7B_6相放电,金属锂相的电极反应方程式为

$$Li = Li^+ + e \tag{10.16}$$

LiB合金中金属锂相与纯锂具有相同的活性,两者的电位差只有20 mV。金属锂相的放电电压平稳,电极极化小,即使在大电流密度放电时也是如此,在$8\ A\cdot cm^{-2}$大电流密度放电时其极化只有0.5 V左右,因此金属锂相的利用率可接近100%。根据LiB合金中锂含量的多少,理论容量可达到$3\ 000\sim8\ 000\ A\cdot s\cdot g^{-1}$。$Li_7B_6$相也能参与放电,其电压平

台比金属锂相的低 0.3 V 左右，一般利用率为 30%左右。

10.6.5 LAN 负极

使用纯 Li 作为热电池负极材料能够获得最高的电池电动势，然而热电池的工作温度通常远远高于金属锂的熔点 180.5℃。如果使用纯 Li 负极，为了防止熔融的金属锂到处流动造成电池短路，必须使用具有高比表面金属泡沫或金属毡的毛细吸附作用来吸附熔融 Li。据此概念，催化剂研究公司(Catalyst Research Corporation，CRC)于 20 世纪 80 年代初开发了 LAN 负极。在该负极中，主要是靠超细 Fe 粉的表面张力把质量分数为 15%～30%的 Li 吸附住。该负极的制备方法是把超细 Fe 粉加入熔融的 Li 液中搅拌形成均匀的混合物，该混合物冷却后形成铸锭，再经轧制形成 LAN 负极带材，其可以冲剪成所需要的形状。在该热电池的单体电池结构中，负极引入了杯式结构，LAN 负极置于一个金属杯中，在开口端用绝缘环把 LAN 负极固定定位，该金属杯还起集流片的作用(图 10.28)。

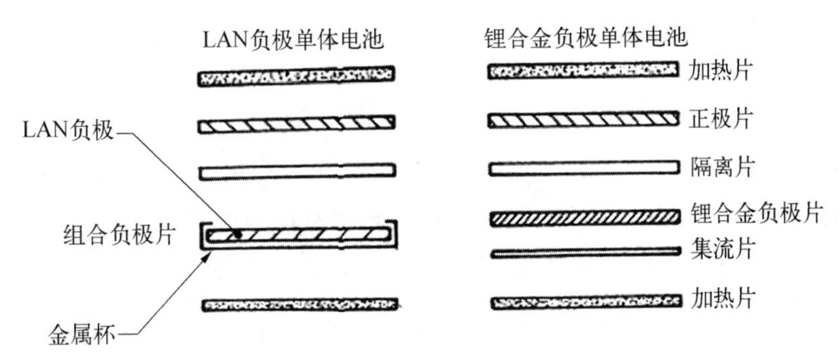

图 10.28 LAN 负极和 Li 合金负极单体电池结构对比图

表 10.12 比较了热电池几种负极材料的性能，LAN 具有如下优点：对 Li 电动势为 0 V；材料为金属带状，易于加工成型；热稳定性好；良好的大电流输出能力；较高的比容量和比能量。

表 10.12 热电池几种负极材料性能比较

负极材料	Li	LAN	LiAl	LiSi
金属 Li 质量百分数/%	100	～20	≈47	≈44
对 Li 电动势/V	0	0	0.3	0.15
质量比容量/(A·s/g)	3.86	2 592	2 259	1 747
小负载(≤0.1 A/cm^2)利用率/%	—	≈95	≈85	≈86
大负载(≥3.0 A/cm^2)利用率/%	—	≈82	≈45	≈52
使用温度/℃	≤180	≥1 200	≈700	≈730

10.6.6 锂锡合金

除了以上材料外，国外研究者还对 Li - Sn 合金的性能进行了研究。Li - Sn 合金的相图如图 10.29 所示。Li - Sn 合金包括 $Li_{22}Sn_5$、Li_7Sn_2、$Li_{13}Sn_5$、Li_5Sn_2、Li_7Sn_3 和 LiSn 六个物相，不同物相的 Li - Sn 合金的放电次序如下：

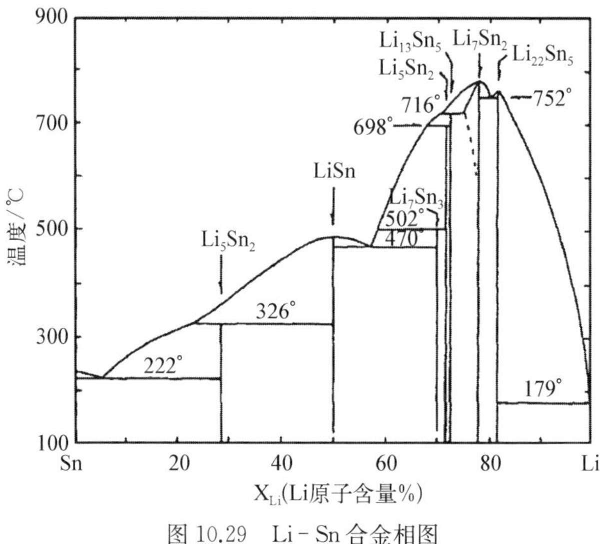

图 10.29 Li - Sn 合金相图

$$Li_{22}Sn_5(Li_{4.4}Sn) \rightarrow Li_7Sn_2(Li_{3.5}Sn) \rightarrow Li_{13}Sn_5(Li_{2.6}Sn) \rightarrow Li_5Sn_2(Li_{2.5}Sn) \rightarrow$$

$$Li_7Sn_3(Li_{2.33}Sn) \rightarrow LiSn \qquad (10.17)$$

Li - Sn 合金体系的对锂电动势如图 10.30 所示,仅 $Li_7Sn_3(Li_{2.33}Sn) \longrightarrow LiSn$ 的电化学反应具有较大的比容量。然而在 415℃时,该转化过程的对锂电动势为 450 mV,远大于 Li - Si 合金 $Li_{13}Si_4 \longrightarrow Li_7Si_3$ 的转化(157 mV)。Li_7Sn_3 的放电反应方程式如下:

$$Li_7Sn_3 \longrightarrow 3LiSn + 4e^- + 4Li^+ \qquad (10.18)$$

该反应的理论比容量为 954 A・s/g,约为 Li - Si(44% Li)合金(1 757 A・s/g)的一半。由于 Li - Sn 合金材料较高的对锂电动势,较低的质量比容量和熔点(502℃),限制了其在热电池中的应用。

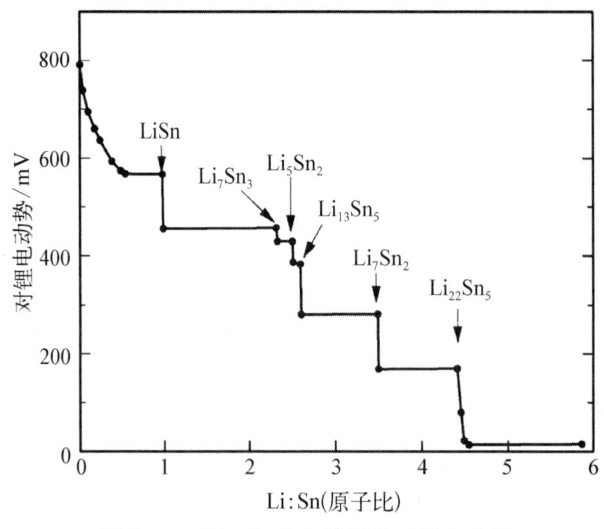

图 10.30 Li - Sn 合金体系的对锂电动势

10.6.7 三元合金

为了改善 Li-Si 合金的性能，在 Li-Si 合金中加入其他元素，形成三元合金，包括 Li-Si-Al、Li-Si-Fe 和 Li-Si-Mg 三元合金研究发现，其中 Li-Si-Mg 的电性能相较 Li-Si 二元合金有较大的提升。

Li-Si-Mg 合金 400℃时的相图如图 10.31 所示，其中 A、B、C、D 对应于 Li-Si 二元相图 α、β、γ 和 δ 相的转变，α、β、γ 和 δ 分别对应于 $Li_{12}Si_7$、Li_7Si_3、$Li_{13}Si_4$ 和 $Li_{22}Si_5$，I 为 Mg_2Si-Mg-$Li_{13}Si_4$ 三相联结三角形。为研究 Mg_2Si-Mg-$Li_{13}Si_4$ 的对锂电动势和锂含量，研究者对 Mg_2Si 进行恒流锂离子滴定实验(温度 440℃，电流密度 10 mA/cm^2)，结果如图 10.32 所示，图中存在着四个滴定平台，前三个平台对应于 Li-Si 合金的形成，即反应式(10.11)～式(10.13)。第四个平台对应于 Li-Si-Mg 三元合金的形成，从图中可以看出该合金的对锂电动势仅为 60 mV，介于 LiB 合金和 LiSi 合金，通过电流和时间的计算，可知四个平台的容量约为 3 150 A·s/g，比 LiSi 合金容量超出 80%。然而由于传统的金属粉末加工工艺不适用于 Li-Si-Mg 三元合金的制备限制了该合金的使用。

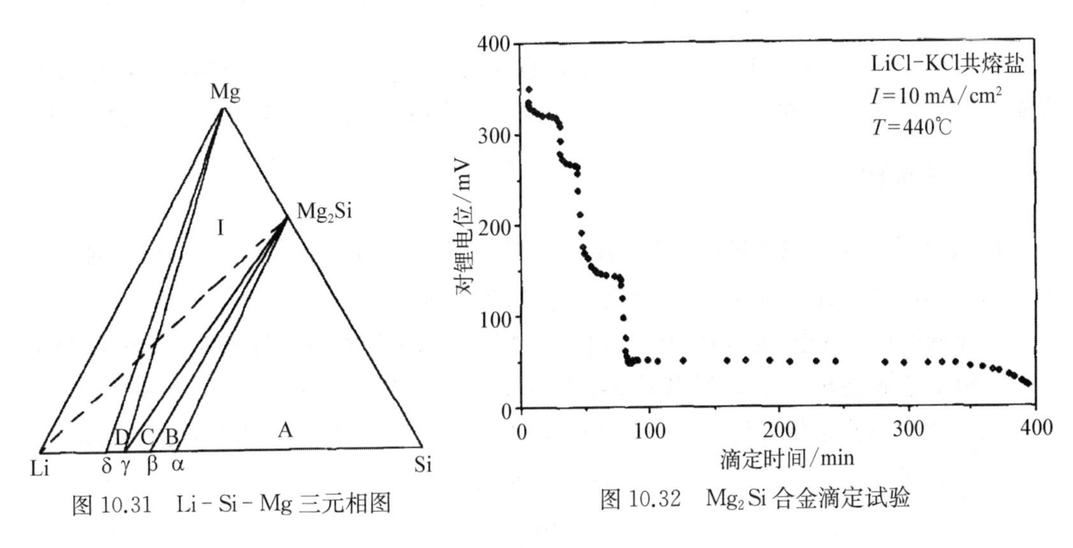

图 10.31 Li-Si-Mg 三元相图

图 10.32 Mg_2Si 合金滴定试验

10.7 热电池的正极材料

优良的正极材料应具有电极电位高、热稳定性高、不与电解质反应、放电平台平稳、电子导电能力强、对水和氧气不敏感、价格低、环境友好等特点。铬酸钙、硫酸铅、五氧化二钒、氧化钨、二氧化锰等材料都被用于钙系热电池的正极材料的研究，其中主要成功应用的有铬酸钙和硫酸铅。锂系热电池的正极材料，通常采用电压较正的金属硫化物、氧化物以及氯化物等。目前广泛应用的主要有二硫化铁和二硫化钴。

10.7.1 铬酸钙

铬酸钙($CaCrO_4$)，黄色，四方晶系，不导电，在 800℃以上发生分解。它微溶于水，不溶于无水乙醇,溶于稀酸。铬酸钙的结晶水形式主要有 $CaCrO_4 \cdot 1/2H_2O$、$CaCrO_4 \cdot H_2O$ 和 $CaCrO_4 \cdot 2H_2O$ 三种,在110～240℃时,均可脱除结晶水生成无水铬酸钙。铬酸钙是一种致癌物质,对操作人员身体有一定的危害。铬酸钙的制备方法较多,其中以铬酸和氧化钙为原料制备铬酸钙的方法最简单。

在 LiCl－KCl 电解质中铬酸钙有一定的溶解度,350℃时溶解度为10%,600℃时上升至34%。铬酸钙的溶解使 LiCl－KCl 电解质的熔点下降到近342℃,然而电导率下降到 $0.596\ S \cdot cm^{-1}$,几乎是纯 LiCl－KCl 电解质的一半。

以 LiCl－KCl 为电解质,铬酸钙作为热电池的正极在放电时发生以下反应:

$$CrO_4^{2-} + e \longrightarrow CrO_4^{3-} \tag{10.19}$$

$$3CrO_4^{3-} + Cl^- + 5Ca^{2+} \longrightarrow Ca_5(CrO_4)_3Cl \tag{10.20}$$

$$Ca_5(CrO_4)_3Cl + 3Li^+ + 6e \longrightarrow 3LiCrO_2 + 5Ca^{2+} + Cl^- + 6O^{2-} \tag{10.21}$$

总反应为

$$CrO_4^{2-} + Li^+ + 3e \longrightarrow LiCrO_2 + 2O^{2-} \tag{10.22}$$

根据此反应方程式计算得到铬酸钙的理论容量为 $0.515\ A \cdot h \cdot g^{-1}$。对铬酸钙的电极电位研究较少,一般认为在425℃时 $Ca|LiCl-KCl|CaCrO_4$ 电化学体系的电动势为2.65 V。

10.7.2 硫酸铅

硫酸铅($PbSO_4$),白色单斜或斜方晶体,密度为 $6.2\ g \cdot cm^{-3}$,熔点为1 170℃,难溶于水和酸,微溶于热水和浓硫酸,溶于铵盐。它是有毒物质。

由于硫酸铅不导电,需将其溶解于电解质中以增强正极材料的导电性。硫酸铅溶于 LiCl－KCl 电解质形成三元低共熔体,当组成为 $m(PbSO_4):m(KCl):m(LiCl)=28:32:40$ 时熔点最低,为312℃。在该组成下 $PbSO_4$－LiCl－KCl 相图如图10.33。

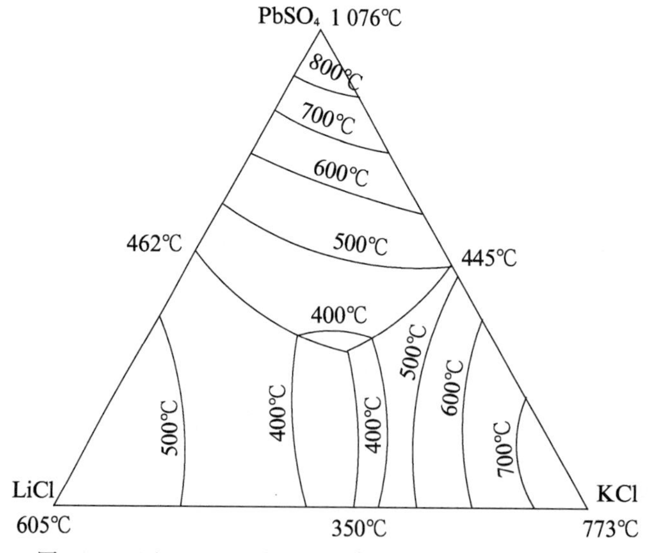

图10.33 $PbSO_4$－LiCl－KCl(质量比为28:32:40)相图

作为热电池正极材料，硫酸铅的电极反应方程式为

$$PbSO_4 + 2e \longequal Pb + SO_4^{2-} \tag{10.23}$$

根据反应式，计算其理论容量为0.177 A·h·g^{-1}，只有铬酸钙的1/3。硫酸铅发生电极反应后生成了金属铅，使正极的导电能力得到增强。

10.7.3 二硫化铁

从20世纪70年代以来，二硫化铁一直被广泛应用于热电池的研制中，其技术非常成熟。锂系热电池所用的二硫化铁主要来源于天然黄铁矿。黄铁矿是地壳中分布最广的硫化物，晶体结构属于等轴晶系的NaCl型。黄铁矿的晶体形态常呈立方体和五角十二面体，较少呈八面体。二硫化铁在使用之前，需要进行提纯以除去杂质。二硫化铁的提纯工艺流程如图10.34所示，具体操作如下：

(1) 将二硫化铁粉碎后过筛；

(2) 用清水洗涤3～4次；

(3) 加入硫酸和氢氟酸，加热煮沸数小时；

(4) 用清水洗涤，并采用振荡法将密度较小的杂质除去；

(5) 抽干后，进行干燥处理；

(6) 装瓶，备用。

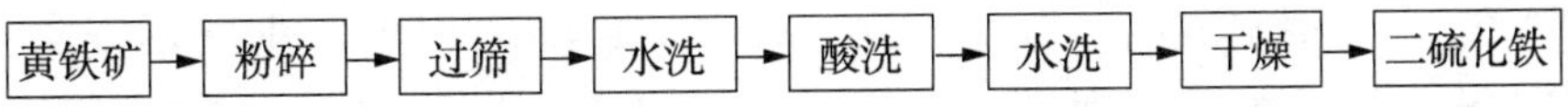

黄铁矿 → 粉碎 → 过筛 → 水洗 → 酸洗 → 水洗 → 干燥 → 二硫化铁

图10.34 二硫化铁提纯工艺流程

纯的二硫化铁为黄色，分子量为119.97，密度为5.00 g·cm^{-3}。二硫化铁分子中，铁以+2价形式存在，硫以—S—S—的形式存在。二硫化铁为半导体，在室温下的电阻率为0.036 Ω·cm，随着温度的上升其电阻率逐渐下降。二硫化铁的熔点为1 171℃，然而在达到熔点之前就发生分解，分解温度为550℃，反应方程式为

$$FeS_2 \longequal FeS + S \tag{10.24}$$

在热电池使用过程中应避免二硫化铁的分解，一旦发生分解就会产生硫蒸气，硫蒸气会迅速扩散到负极层发生化学反应产生大量的热，引起温度升高，加快二硫化铁的分解，最终使热电池发生严重的热失控，不但使热电池完全失效而且引起严重的安全性事故。二硫化铁的热容(C_p，单位为J·K^{-1}·mol^{-1})与温度(T，单位为K)的关系式为

$$C_p = 68.95 + 14.1 \times 10^{-3} T - 9.87 \times 10^5 / T^2 \tag{10.25}$$

二硫化铁表面很容易与空气中的氧气反应生成硫酸亚铁，在相对湿度20%以上时反应明显加快，其反应的活化能为27.2 J·mol^{-1}。生成的硫酸盐在高温下分解会产生氧化铁，这些硫酸盐、氧化物以及原料中的单质硫杂质在热电池激活时均会产生一个电压尖峰，不利于电压的控制。为此，一方面提纯后的二硫化铁应尽量避免与普通空气接触，另

一方面应在热电池使用之前进行锂化削峰处理。

在锂系热电池中，二硫化铁依次发生以下电极反应：

$$2FeS_2 + 3Li^+ + 3e = Li_3Fe_2S_4 \tag{10.26}$$

$$(1-x)Li_3Fe_2S_4 \Longleftrightarrow (1-2x)Li_{2-x}Fe_{1-x}S_2 + Fe_{1-x}S \tag{10.27a}$$

$$Li_3Fe_2S_4 + Li^+ + e = Li_2FeS_2 + FeS + Li_2S \tag{10.27b}$$

$$Li_{2-x}Fe_{1-x}S_2 \longrightarrow Li_2FeS_2 \tag{10.28}$$

$$Li_2FeS_2 + 2e = Li_2S + Fe + S^{2-} \tag{10.29}$$

其中 $Li_3Fe_2S_4$ 称为 Z 相；Li_2FeS_2 称为 X 相。相对于 LiAl 合金，在 400℃时二硫化铁的电位为 1.750 V，$Li_3Fe_2S_4$ 的电位为 1.645 V，Li_2FeS_2 的电位为 1.261 V。相对于第三步放电反应，第一步和第二步的放电电压比较接近，然而由于 $Li_3Fe_2S_4$ 的电阻率提高了近千倍，在热电池使用中往往只能利用第一步反应。通过计算第一步反应的理论容量为 1 206 A·s·g^{-1}。

在高温下，二硫化铁与电解质接触后会发生部分溶解，在 500℃时溶解度为 1 ppm*，溶解度随着温度的升高而增大。二硫化铁溶解于电解质后产生了 S_2^{2-}、Fe^{2+}、S 等组分，如图 10.35 所示，这些组分遇到同样溶解于电解质的锂合金直接发生化学反应，从而导致容量的损失。此过程为热电池自放电的主要途径。自放电与温度密切相关，以 LiCl－KCl 为电解质，在 395℃时自放电率为 1.0 mA·cm^{-2}，在 436℃时则上升到 1.9 mA·cm^{-2}。自放电还与电解质种类有关，通过比较 LiCl－KCl、LiCl－LiBr－KBr、LiF－LiBr－KBr 和 LiF－LiCl－LiBr 电解质，在 LiF－LiCl－LiBr 电解质中正极材料的自放电率是最高的，高于其他电解质近一倍。图 10.36 给出了在 500℃时开路搁置时 $LiSi/FeS_2$ 体系单体电池的容量变化。

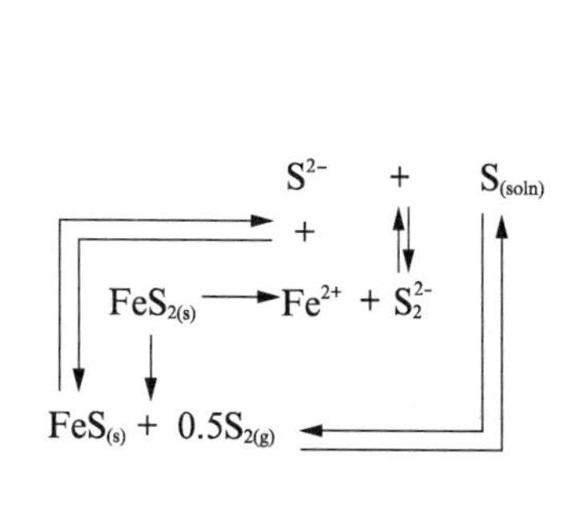

图 10.35 溶解于电解质中的二硫化铁转化

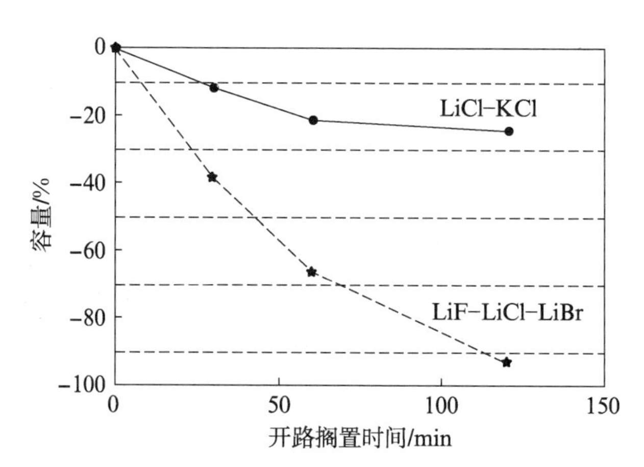

图 10.36 在 500℃时开路搁置时 $LiSi/FeS_2$ 体系单体电池的容量变化

* 1 ppm=10^{-6}。

10.7.4 二硫化钴

二硫化钴的电化学性能早在20世纪70年代进行了研究，但其应用到二十年后才开始。到目前为止二硫化钴未完全取代二硫化铁作为热电池的正极材料，其中一个因素是二硫化钴是人工合成的，价格高，而二硫化铁为天然矿物价格低。

二硫化铁在自然界中以黄铁矿的形式广泛存在，而二硫化钴在自然界中不常独立存在，往往与许多矿物伴生且含量低，无开采价值。目前，纯的二硫化钴采用无机合成法。常用的有溶液沉淀法、熔盐电解法和高温硫化法。溶液沉淀法一般以硫化钠溶液作为原料加入硫粉在高温下回流下先制备多硫化物，然后将多硫化钠与氯化钴溶液混合后发生置换反应，生成二硫化钴沉淀，经提纯后得到纯净物。熔盐电解法是用LiCl-KCl低共熔物为电解质，硫化钴为阳极，石墨为阴极，在352～500℃时进行电解，阳极上生成二硫化钴，分离后得到纯净物。高温硫化法以原料不同主要有两种：(1)以钴粉和硫黄粉为原料，混合并真空密封在石英管中，在700℃下加热经两次高温合成二硫化钴；(2)将真空干燥的硫酸钴于氮气流中加热到350℃，再在硫化氢和氢气混合气流中加热6 h，急冷，可得到二硫化钴。

在上述合成方法中，以钴粉和硫黄粉为原料采用高温硫化法制备二硫化钴适合于大规模生产，是目前合成二硫化钴的主要方法。根据钴和硫的二元相图(图10.37)，钴和硫可以生成多种物质，如Co_9S_8、Co_3S_4、CoS_2等，在这些物质中，二硫化钴的硫含量最高，达到了52%。采用高温硫化法制备二硫化钴时，为了避免其他硫化钴生成投料时加入过量的硫黄粉，使合成的产品只含有硫黄粉杂质。通过高温气体吹扫，可以将残留的硫黄粉除去以获得高纯二硫化钴。

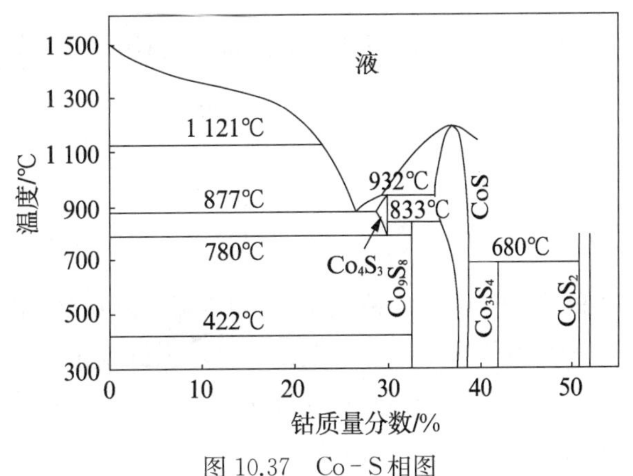

图10.37 Co-S相图

二硫化钴为黑色粉末，立方结构晶体，密度为4.27 g·cm^{-3}，相比二硫化铁略小。与二硫化铁一样，二硫化钴分子中，钴以+2价形式存在，硫以—S—S—的形式存在。二硫化钴具有良好的导电性能，其电阻率为0.002 Ω·cm，属于金属导体，随着温度的上升其电阻率逐渐增加，这与二硫化铁完全不同。二硫化钴和二硫化铁的热力学性能列于表10.13中。在热电池正常使用过程中，电极材料所需承受的最宽温度范围为-55～800℃，在这个范围内二硫化钴的热容明显高于二硫化铁，也就是在热电池激活并达到工作温度时二硫化钴需要吸收更多的热量。根据图10.37 Co-S相图，二硫化钴在熔融成液态之前已发生了分解，反应方程式为

$$3CoS_2 \xlongequal{} Co_3S_4 + 2S \tag{10.30}$$

通过图10.38的热重曲线，分析其分解温度为650℃，相对于二硫化铁提高了近100℃。二硫化钴的使用为热电池拓宽工作温度范围，为追求优越性能而进行高热量设计提供可能。

表 10.13　二硫化钴和二硫化铁的热力学性能

物　质	T/K	ΔH_f^0/ kJ·mol^{-1}	S_f^0/ J·K^{-1}·mol^{-1}	$C_p(T)$/ J·mol^{-1}
CoS_2	298	−152.1	69.0	$60.67+25.31\times10^{-3}T$
FeS_2	298	−178.2	52.93	$68.95+14.1\times10^{-3}T-9.87\times10^{5}/T^{2}$

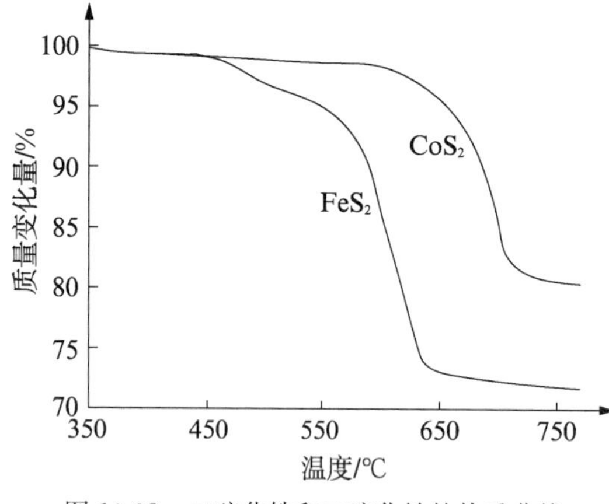

图 10.38　二硫化铁和二硫化钴的热重曲线

二硫化钴暴露在空气中也会吸附空气中的氧,并发生氧化反应生成硫酸钴或氧化钴,这些物质在放电初期会形成电压峰压,影响电压的平稳度,与氧的作用能力与二硫化钴的颗粒大小密切相关。相比于二硫化铁,二硫化钴对氧的敏感性要低得多,这有利于控制放电电压的平稳度。

二硫化钴的放电反应与二硫化铁不同,没有产生嵌锂化合物,具体放电反应如下:

$$3CoS_2 + 4e = Co_3S_4 + 2S^{2-} \tag{10.31}$$

$$3Co_3S_4 + 8e = Co_9S_8 + 4S^{2-} \tag{10.32}$$

$$Co_9S_8 + 16e = 9Co + 8S^{2-} \tag{10.33}$$

中间产物四硫化三钴(Co_3S_4)和八硫化九钴(Co_9S_8)的电阻率比二硫化钴的高,在放电过程中分别依次出现三个电压平台。根据理论计算,二硫化钴第一个电压平台的放电理论容量为 1 045 A·s·g^{-1},略低于二硫化铁。然而,由于部分二硫化铁溶解于电解质中产生自放电以及极化内阻偏大,使得二硫化钴的实际放电容量往往会高于二硫化铁。放电过程中,在二硫化钴还没有消耗尽之前,大约在放电容量达到 840 A·s·g^{-1}(即二硫化钴的利用率达到 80%),中间产物 Co_3S_4 开始进行放电。通过计算,前两步总的理论放电容量为 1 741 A·s·g^{-1}。由于 Co_3S_4 比二硫化钴具有较高的电阻率,因此在放电曲线上出现明显的电压下降,这对于电压精度要求高的热电池只能利用第一步放电平台,而电压精度较宽时可以利用第一步和第二步放电平台,但是第三步放电平台是肯定不能被利用的。

二硫化钴的电极电位比二硫化铁低 0.1 V,在 500℃时 LiSi/CoS_2 体系热电池的开路电压为 1.84 V,而 LiSi/FeS_2 体系会达到 1.94 V。然而在大电流密度放电时,由于电池内阻压降更小使得二硫化钴的工作电压高于二硫化铁。图 10.39 显示了二硫化钴和二硫化铁的单体电池在工作温度为 500℃和电流密度为 125 mA·cm^{-2}下放电结果,其中负极为锂硅合金,电解质为 LiCl-KCl。在 Li/MS_2 比小于 1 时二硫化钴的电压明显低于二硫化铁 0.1 V,之后二硫化铁电压迅速下降使其低于二硫化钴。以 1 V 为放电终点,二硫化钴的容量明显高于二硫化铁。从单体电池的内阻变化曲线可知,二硫化钴的内阻均小于二硫化铁,并且在曲线中只出现一个内阻增加的尖峰,此尖峰对应于二硫化钴电压的突变过程。

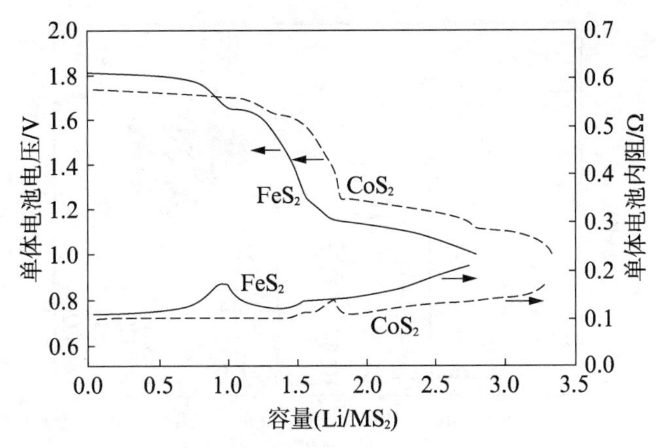

图 10.39　在温度 500℃和电流密度 125 mA/cm² 时 LiSi|LiCl－KCl|MS₂ 体系单体电池放电对比

与二硫化铁一样，二硫化钴也会溶解于电解质。图 10.40 比较了二硫化铁和二硫化钴在 550℃时开路搁置时容量衰减变化，其中负极为锂硅合金，电解质为 LiF－LiCl－LiBr。二硫化铁在开路搁置 60 min 后大部分容量已经衰减，而二硫化钴的衰减只有二硫化铁的一半，因此二硫化钴更适合于作为长寿命热电池的正极材料。

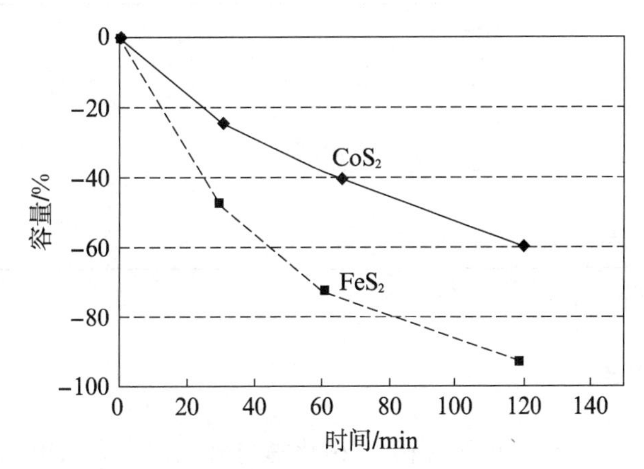

图 10.40　在 550℃时开路搁置时 LiSi|LiCl－LiBr－LiF|MS₂ 体系单体电池的容量变化

10.7.5　二硫化铁/二硫化钴复合材料

为了利用 CoS_2 低的电子电导率和高的热稳定性以及 FeS_2 较高的电极电位和较大的理论容量，将 CoS_2 和 FeS_2 进行复合改性，制备了 $Fe_xCo_{1-x}S_2$ 固溶体正极材料。针对性的改善 CoS_2 的电极电位和理论电容量偏低的缺陷，可以在 CoS_2 正极材料中引入高比容量、高放电平台的物质，如 $NiCl_2$、钒氧化合物、FeS_2 等。图 10.41 为 $Fe_xCo_{1-x}S_2$ 的 XRD 图谱，对照 CoS_2(JCPDS：98－062－4856)和 FeS_2(JCPDS：98－005－2372)的标准谱图可知，$Fe_xCo_{1-x}S_2$ 固溶体型复合正极材料的 XRD 特征峰与之基本相同，说明在复合正极材料的制备过程中没有化学反应发生，形成了稳定良好，晶格较为完整的固溶体材料。

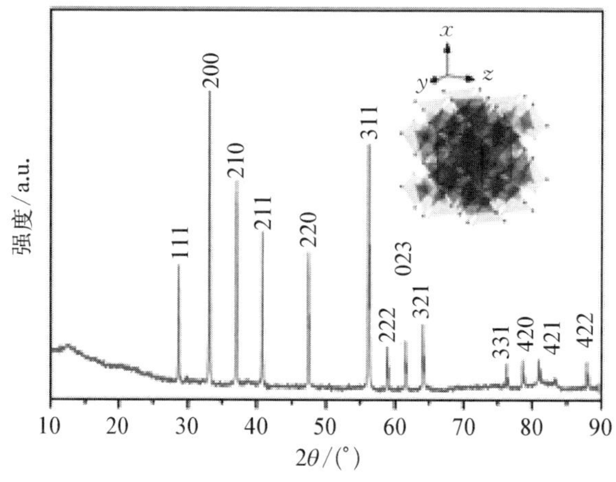

图10.41 $Fe_xCo_{1-x}S_2$ 固溶体的XRD图谱

表10.14比较了Fe、Co离子不同含量配比条件下的电化学性能，结果表明，Fe、Co比例为6∶4时，$Fe_xCo_{1-x}S_2$ 正极材料的单体电压最高，电极材料实际利用率最大，此时电性能达到最佳状态。

表10.14 $Fe_xCo_{1-x}S_2$ 体系的电池放电数据统计

Co∶Fe	单体峰压/V	放电时间/s*	利用率**
6∶4	2.044	933	81%
7∶3	2.031	851	74%
8∶2	2.028	911	79%
9∶1	2.019	864	75%
10∶0	1.993	821	71%

* 截止电压1.6 V；** 理论放电时间为1 150 s。

10.7.6 金属氧化物

美国Sandia国家实验室(SNL)研究了硫化物与氧化物作为热电池的正极材料，发现硫化物，包括二硫化物，它们的电化学性能往往不及 FeS_2，并且合成较为复杂，不适于用作热电池材料。因此，SNL重点研究了易于合成的氧化物，包括Ti、V、Nb、Cr、Mo、W、Mn、Fe、Co、Ni和Cu的氧化物，采用LiCl-KCl电解质体系，研究发现 V_2O_5 和CuO的性能较好。V_2O_5 是这些氧化物中开路电压最高的，但其放电曲线呈现明显的分布放电现象，同时 V_2O_5 的热稳定性较差，在675℃会发生分解；CuO的放电曲线出现两个放电平台，且两个放电平台电位相近，整体曲线较为平缓。

除了上述材料外，MnO_2 是另一种研究较多的正极材料，然而由于 MnO_2 热稳定性较差，且会与卤盐发生反应，因此不适用于热电池常规的卤化物电解质体系。研究者将低温硝酸盐电解质体系($LiNO_3$-KNO_3)应用于 MnO_2，发现该体系具有高的工作电压和大的放电容量(图10.42)。然而由于硝酸盐的安全性较差，加之该体系的大电流输出能力较差，限制了该体系的应用范围。

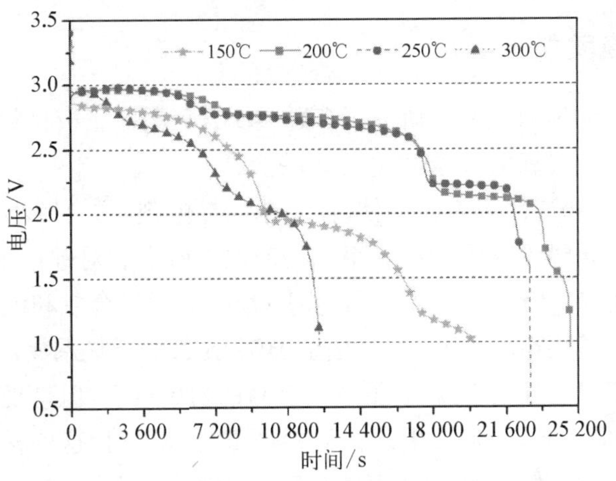

图 10.42 MnO_2 在 10 mA/cm^2 的电流密度和不同温度下的电性能曲线

10.7.7 金属卤化物

除了硫化物和氧化物正极材料外，研究者还研究了可能作为热电池正极的氯化物，材料。其中，$NiCl_2$ 是在热电池中研究最多的氯化物，被认为是可替代 FeS_2 的较为理想的正极材料之一，以 $NiCl_2$ 为正极的锂系热电池发生电极反应如下：

$$NiCl_2 + 2e^- = Ni + 2Cl^- \tag{10.34}$$

图 10.43 为 LiB/LiF - LiCl - LiBr/$NiCl_2$ 热电池单体电池在不同工况下的电性能曲线。相比于 FeS_2，$NiCl_2$ 具有更高的热稳定性，其熔点高达 1 009℃，升华点温度为 970℃；$NiCl_2$ 具有更高的电极电位，其对锂电位高达 2.6 V；$NiCl_2$ 具有更好的大电流放电能力，在 1 A·cm^{-2}的电流密度下，其最大工作电压仍能达到 2 V 左右。然而，$NiCl_2$ 存在着一些缺陷，一是 $NiCl_2$ 的导热系数和电子电导率较低，导致以 $NiCl_2$ 为正极的热电池的激活时间较长，需要在正极材料中掺入一定量的金属粉末(如羰基镍粉)来改善这一问题；二是 $NiCl_2$ 在卤化物电解质中的溶解度大，当电池激活时，$NiCl_2$ 会与电解质发生相互熔浸，流出电堆，导致电池短路，存在安全隐患。由于上述原因，$NiCl_2$ 正极材料尚处于研究阶段。

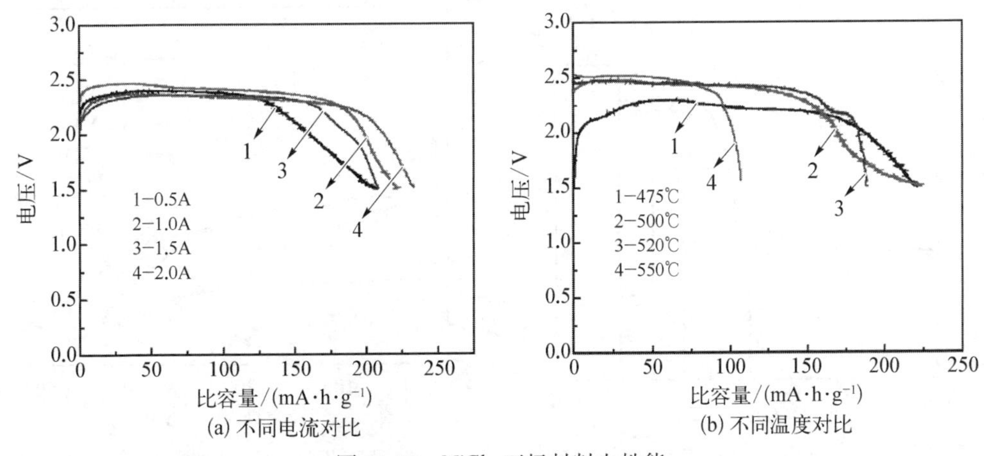

图 10.43 $NiCl_2$ 正极材料电性能

10.7.8 金属含氧酸盐

除了金属氧化物外,研究者还研究了多种金属含氧酸盐正极材料在热电池上应用的可能性,包括锂嵌入金属氧化物、铬酸盐和钒酸盐等。

单纯的金属氧化物通常为不良导体,需要添加导电剂,这会减小正极材料的有效容量,而锂嵌入金属氧化物可以改善电导率低的问题。研究者对锂嵌入金属氧化物,包括 $LiMn_2O_4$、$Li_xCr_3O_8$、Li_xCoO_2、Li_xCuO、Li_xMoO_2 等的无机合成和电化学性能进行了大量的研究,发现这些氧化物比 FeS_2 具有更高的热稳定性和导热系数,更高的电压、理论容量和能量密度,但不足之处在于,它们虽然具有高的初始电压,但呈现明显的分步放电现象,以热电池的电压标准——截止电压为初始峰压的75%时,这些材料的大部分容量未能得到利用;此外,这些材料高的电压可能会氧化电解质中的卤素离子。

铬酸盐材料主要包括 $CaCrO_4$ 和 Ag_2CrO_4 材料。$CaCrO_4$ 是早期钙系热电池使用的正极材料,由于其存在复杂的化学反应和电化学反应,性能重复性差,锂系热电池已淘汰该正极材料的使用。Ag_2CrO_4 单体电池测试发现该材料具有高的工作电压和放电容量,然而组装单元电池后发现单元电池出现热失控现象,检测出正极生成了单质溴,因此 Ag_2CrO_4 材料不适用于常规卤素电解质的热电池体系。

钒系氧化物由于高的电位,引起研究者的关注,通过材料复合改性,解决 V_2O_5 热稳定性差和电导率低的问题,合成研究了钒酸锂 $\gamma-LiV_2O_5$、锂化的钒氧化物(LVO)、钒氧碳(VOC)和钒酸铜(CVO)。这些材料均具有高于 FeS_2 的工作电压,但或多或少存在问题,使得这些材料尚处于研究阶段。$\gamma-LiV_2O_5$ 在590℃会发生固相转变,热稳定性较差。LVO大电流放电能力强,但其热稳定性不如 $\gamma-LiV_2O_5$。VOC开路电压比 FeS_2 高0.4 V,但是VOC存在着严重的自放电现象。CVO是各类 $CuO-V_2O_5$ 固溶体的总称,其相图和电性能曲线分别如图10.44和图10.45所示,CVO具有高的开路电压(≥3.0 V),然而过高的电位可能氧化电解质中的卤素离子。

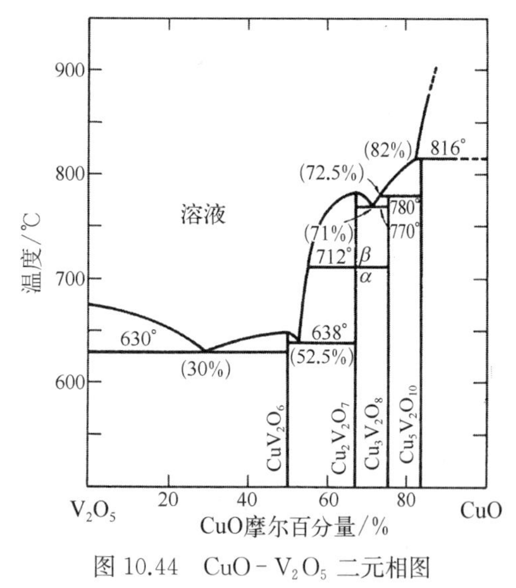

图10.44 $CuO-V_2O_5$ 二元相图

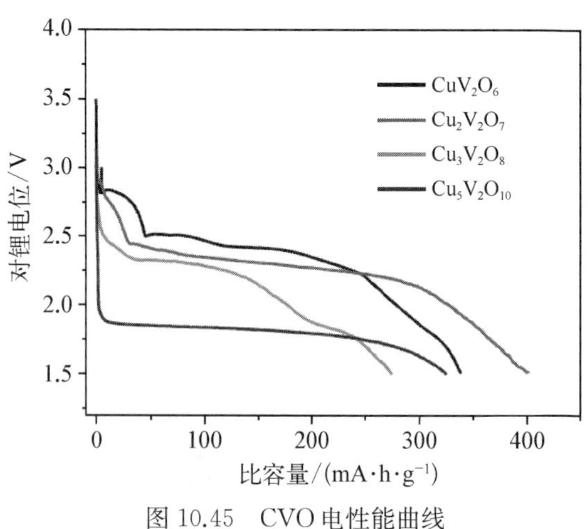

图10.45 CVO电性能曲线

10.8 单元电池制备

热电池的基本单元为单元电池，根据单体电池的结构不同单元电池的制备也有所不同。

10.8.1 杯型结构

在电池组装前，石棉制品需经高温灼烧除去可挥发物质，所有零部件需经过干燥处理。电池组装在露点小于－28℃干燥气体保护下的手套箱或干燥室内进行。单元电池的制备工艺流程如图 10.46 所示。

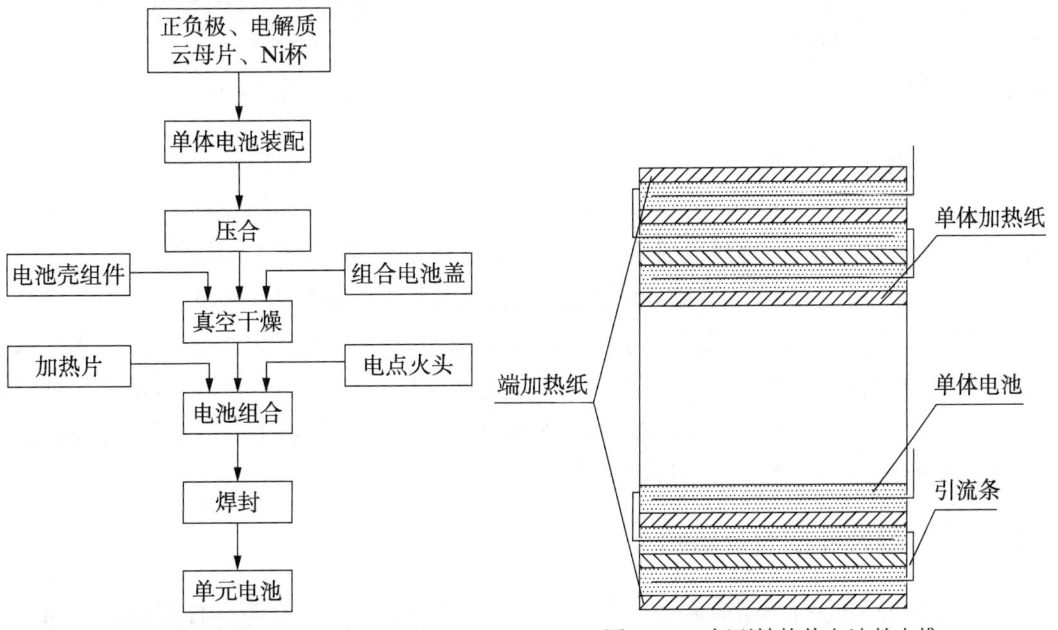

图 10.46 杯型结构单元电池制备工艺流程

图 10.47 杯型结构热电池的电堆

为了达到一定的工作电压，必须将一定数量的单体电池串联组合，并在每个单体电池之间放置加热纸，这样就组成了电堆。为了防止电堆两端因散热过快而造成电堆温度不均，通常在电堆两端要多放端加热纸，杯型结构热电池的电堆如图 10.47 所示。单体电池之间通过加热纸隔离变得绝缘，单体电池之间的串联是通过负极引流条与上一个单体电池的镍杯引流条连接来实现。

将电堆周围附上引燃条并裹上保温材料后，装入不锈钢壳体中，电点火头和输出回路引流条分别与电池盖的接线柱连接。电池壳、盖之间密封采用激光焊接机、氩弧焊机等进行焊接。

10.8.2 DEB 片结构

在装配前，所有零部件都需经过真空干燥处理，然后在露点小于－28℃的干燥气体保护下，在干燥室或手套箱中按图 10.48 工艺流程进行装配。

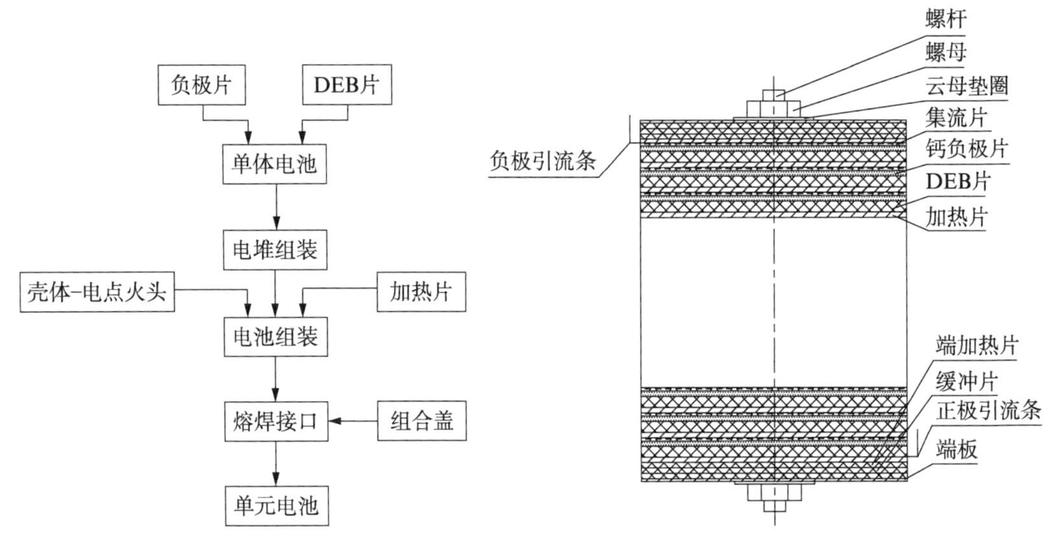

图 10.48　DEB片结构单元电池制备工艺流程　　图 10.49　DEB片结构热电池的电堆

单体电池由一片DEB片,一片Ca负极和集流片组成,两个单体电池之间有一片加热片。根据电压值,把一定数量的单体电池叠在一起,两端放上缓冲片和端加热片。由于单体电池缺少了镍杯结构,容易造成单体电池之间松弛,内阻增大,影响电性能。为此,在单体电池中心插上绝缘的硬质玻璃杆,通过拧紧螺母给单体电池加压。DEB片结构热电池的电堆如图10.49所示。电堆外缘包上引燃条和保温带,装上电点火头。由于加热片采用 $Fe/KClO_4$ 材料,燃烧后仍具有导电性,不需要连接片连接。在两端单体电池中分别引出引流条,并与电池盖的输出接线柱连接;电点火头引线与电池盖的激活接线柱相连。连接后装入电池壳中,壳盖进行密封焊接。

10.8.3　三层片和四合一结构

在电池生产前,石棉制品需经高温灼烧除去可挥发物质,所有零部件需经过干燥处理。电池生产在露点小于−28℃的干燥气体保护下的手套箱或干燥室内进行。单元电池的制备工艺流程如图10.50所示。

锂系热电池的单体电池采用三层片或四合一结构,四合一结构中包括了加热粉、正极材料、隔离粉和负极材料,而三层片结构中只有正极材料、隔离粉和负极材料,加热粉单独成型。两种结构的单体电池制备过程基本相同,分别将各种粉料按要求依次倒入模具中并摊平,在倒入负极材料之前放入石棉圈以保护负极层,盖上模盖后移至压机中在一定压力下进行压制,退模取出单体电池。成型后,必须对其外观、厚度、质量、绝缘电阻进行严格检查。

根据电性能要求,对一定数量的单体电池进行串并联组合,在每个单体电池之间放置一片集流片避免单体电池的加热层直接接触负极层,两端分别放置由加热片和石棉垫组成热缓冲层,然后由紧固架紧固在一起。将电堆周围附上引燃条并裹上保温材料后,装入不锈钢壳体中,电点火头和输出回路引流条分别与电池盖的接线柱连接。电池壳、盖之间密封采用激光焊接机、氩弧焊机等进行焊接。

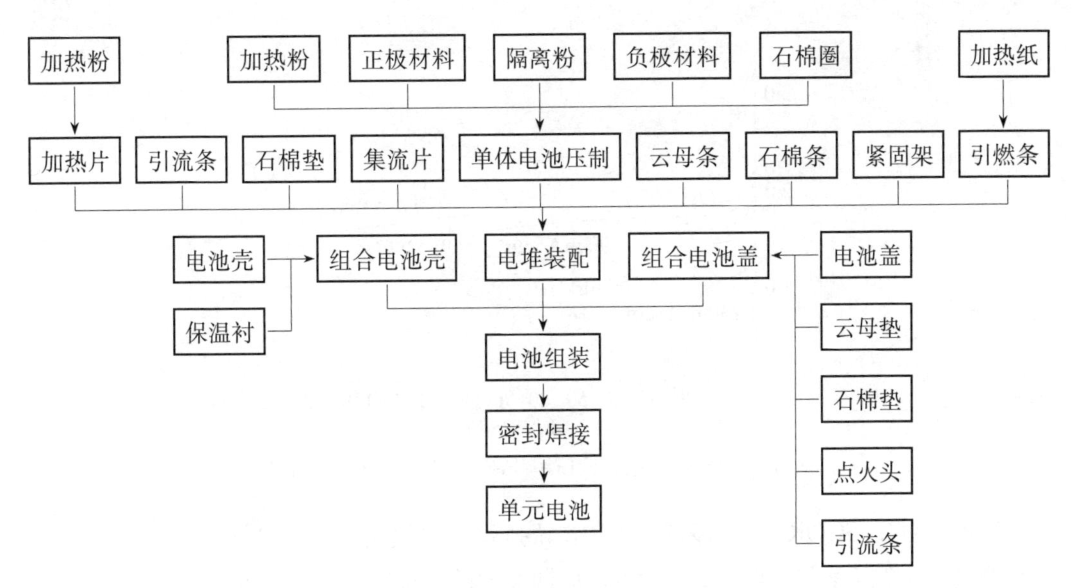

图 10.50 锂系热电池制造工艺流程

10.9 热电池的性能

相对于钙系热电池,锂系热电池具有以下特点:

(1) 在电池工作温度范围内,负极是固体,不存在液体,不会造成电噪声和电池内部短路;

(2) 锂系热电池的环境适应能力强,电池可在−50~+85℃温度环境下正常工作,在激活状态下,电池可承受1 078 $m \cdot s^{-2}$的离心作用;

(3) 正极材料在电解质中溶解度很小,因而自放电极小;

(4) 用锂合金作负极,副反应少,且内阻恒定,因而电池的比能量高,是钙镁为负极材料电池的3~7倍;

(5) 电池成本低廉。

钙系和镁系热电池目前已很少使用,下面仅对锂系热电池不同正、负极材料搭配组成的五种体系具体叙述。

10.9.1 LiAl/FeS_2 体系热电池

LiAl/FeS_2 热电池单体电池在不同电流密度下的放电曲线如图10.51所示,比能量计算结果如表10.15所示。

表 10.15 LiAl/FeS_2体系单体电池在不同电流密度下的比能量

电流密度/($mA \cdot cm^{-2}$)	比能量/($W \cdot h \cdot kg^{-1}$)
50	102.1
90	183.7
150	191.6

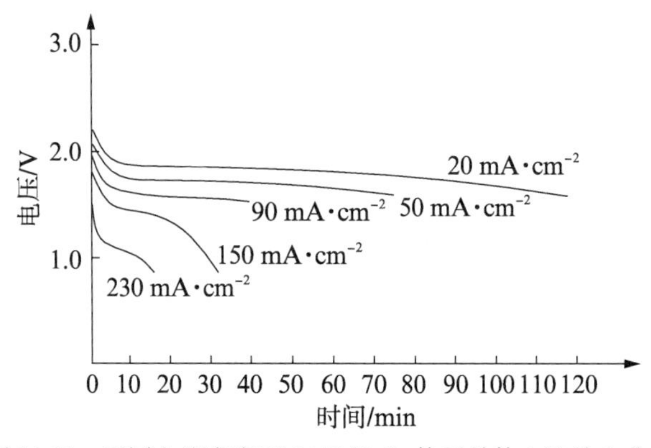

图 10.51　不同电流密度下 LiAl/FeS_2 体系单体电池放电曲线

法国 SAFT/SCORE 公司研制的空空导弹弹上热电池 P/N1030400，即采用 LiAl/FeS_2 热电池，性能参数如表 10.16 所示。而同类型的锌银电池工作时间仅 76 s。

表 10.16　P/N1030400 热电池性能参数

参数类别	参数指标	参数类别	参数指标
工作电压/V	±26、±20、−8.8、+5.9	激活时间/s	0.6～0.8
工作电流/A	0.45～18	工作时间/s	90

10.9.2　LiSi/FeS_2 体系热电池

LiSi/FeS_2 体系单体电池在不同电流密度下的放电曲线如图 10.52 所示。与 LiAl/FeS_2 体系相比，LiSi/FeS_2 体系单体电池可以在更大的电流密度下进行放电，从而可提高热电池的输出功率。

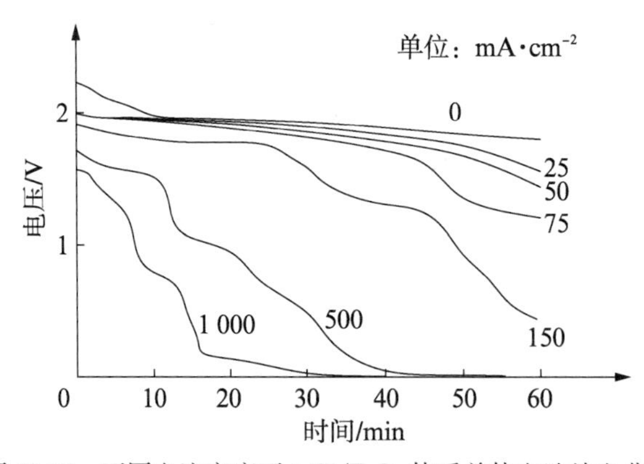

图 10.52　不同电流密度下 LiSi/FeS_2 体系单体电池放电曲线

LiSi/FeS_2 体系从 20 世纪 80 年代开始研究，技术已经十分成熟，性能发展已接近顶峰，形成了大功率、长寿命和快激活三大系列品种，电池性能参数如表 10.17、表 10.18 和表 10.19 所示。由于技术成熟和性能稳定，LiSi/FeS_2 体系在目前热电池研制过程中已得到广泛应用。

表 10.17 大功率电池性能

工作电压/V	工作电流/A	激活时间/s	工作时间/s	功率/W	质量/g	外形尺寸/mm
140±10	15	≤1	≥20	2 100	1 500	ϕ63×181
28±2.8	44	≤1	≥60	1 232	1 200	ϕ68×144
65^{+10}_{-7}	11.7	≤1	≥70	760	900	ϕ62×110
48^{+5}_{-6} $\pm20^{+3}_{-2}$	10 A,17 A 脉冲,3,1	≤1	≥20	500	410	ϕ40×100

表 10.18 长寿命电池性能

工作电压/V	工作电流/A	激活时间/s	工作时间/s	质量/g	外形尺寸/mm
28±3	17.5	≤1	≥300	1 300	ϕ68×150
28±3	20	≤1	≥520	2 000	ϕ84×170
28.5±0.5	2	≤1	≥600	1 000	80×45×115
56^{+10}_{-6}	12	≤1	≥520	2 500	ϕ86×200
27±4	2.5	≤1.5	≥2 400	2 000	ϕ90×110

表 10.19 快激活电池性能

工作电压/V	工作电流/A	激活时间/s	工作时间/s	质量/g	外形尺寸/mm
$\pm20^{+3}_{-2}$，+5±0.5	0.9,0.65	≤0.2	≥50	400	ϕ33×71
27±4	1.5	≤0.2	≥20	150	ϕ32×80
27±4	3	≤0.2	≥20	250	ϕ40×80
27±4	4.5	≤0.2	≥20	400	ϕ50×80

美国 Sandia 国家实验室、Argonn 国家实验室、法国 SAFT 公司、日本蓄电池有限公司、俄罗斯国家宇航局等一直从事热电池的研制，其在大功率、长寿命热电池项目开发领域已经取得了阶段性成果。部分热电池产品性能如表 10.20 所示。

表 10.20 国外部分热电池产品性能

电压 /V	电流 /A	直径 /mm	高度 /mm	激活时间 /s	工作时间 /s	功率 /W	生产厂家
27±2.7	70	80	110	1	60	2 000	SAFT
60±15	35.5	98	234	1	480	2 130	MSA
27±3	4.5	9	100	1.5	2 400	122	SAFT
28±4	1	76.2	93.9	1.5	3 600	28	Iven Tek
28	0.6	51	63.5	0.2	300	17	SAFT

10.9.3 LiB/FeS_2 体系热电池

单体电池中负极片由锂硼合金带直接冲制而成，其他各层可经采用分片成型或一次压制成型。LiB/FeS_2 体系单体电池在不同电流密度下的放电结果见图 10.53。相对于 LiAl/FeS_2 和 LiSi/FeS_2 电化学体系，LiB/FeS_2 体系放电曲线简单，只有两个放电平台，每个平台的电压基本稳定；大电流密度放电能力更强，在 400 mA·cm^{-2} 的电流密度下电池极化仍较小；容量更大。

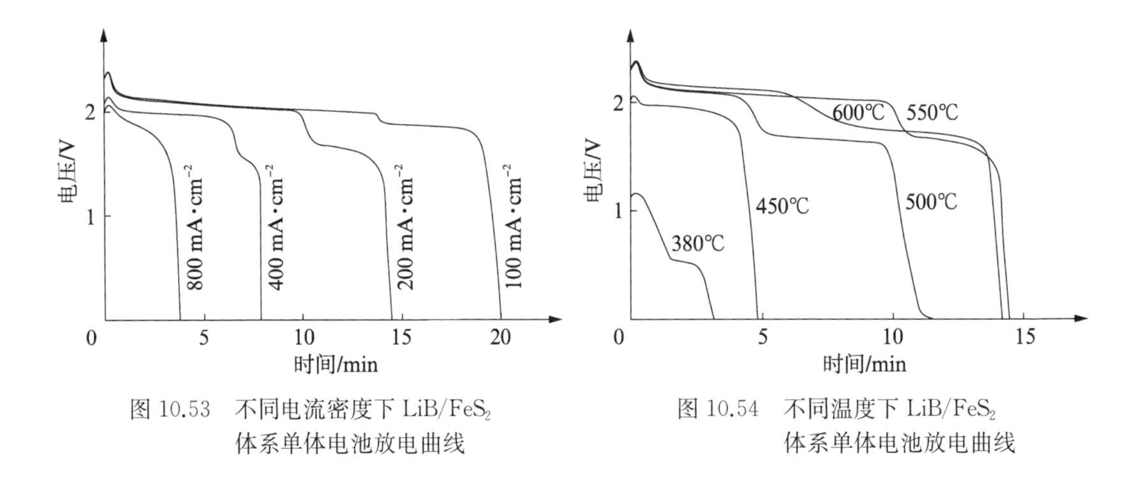

图 10.53　不同电流密度下 LiB/FeS_2 体系单体电池放电曲线

图 10.54　不同温度下 LiB/FeS_2 体系单体电池放电曲线

LiB/FeS_2 体系单体电池在不同温度下的放电结果见图 10.54。随着温度的升高，两个放电平台升高。在 600℃时第二个电压平台的放电时间大于第一个电压平台。放电容量随着温度的升高，开始增大，到了 550℃后则降低。在 LiCl－KCl 电解质中，导电主要靠 Li^+ 离子的迁移。在温度较低时，Li^+ 离子的迁移速度慢，浓差极化起主要作用，特别是放电温度 380℃，接近 LiCl－KCl 电解质熔点 352℃，由于放电引起电解质中 Li^+ 与 K^+ 比值的变化，导致熔点升高，使电解质提前凝固，放电结束。由于放电温度 600℃超过了二硫化铁的分解温度 550℃，在放电过程中伴随着二硫化铁的分解，容量得到部分损失，使放电容量下降。

10.9.4　LiSi/CoS_2 体系热电池

LiSi/CoS_2 体系的正负极材料早在 20 世纪 70～80 年代就开始了研究，而 LiSi/CoS_2 体系在热电池的应用到 90 年代才开始。由于二硫化钴的价格较贵，目前 LiSi/CoS_2 体系主要应用于高功率热电池和长寿命热电池的研制中。

二硫化钴为金属导体，电阻率小，大电流放电时减少内部压降，提高电能输出效率；二硫化钴颗粒表面呈现多孔结构，有利于与电解质充分接触，可有效降低实际放电电流密度，减少反应极化；二硫化钴的热稳定性高，可以进一步提高电池内部工作温度，提高电极材料的活性和离子迁移速度，减少极化。这三方面的优势使二硫化钴体系热电池具有更小的内阻，有利于容量的快速输出，比二硫化铁更适合于在高功率热电池中的应用。美国 Sandia 国家实验室开展了 LiSi/CoS_2 体系高功率热电池的研究。高功率电池的设计如下：单体电池直径 ϕ32 mm；负极为添加了 25%电解质的 LiSi 合金 0.99 g；以含 35%氧化镁的 LiF－LiCl－LiBr 或含 25%氧化镁的 LiBr－KBr－LiF 为隔离粉；正极粉为锂化后的二硫化铁或二硫化钴；电堆采用 10 片单体电池串联。制作的热电池以 360 mA・cm^{-2} 电流密度放电，其中附加脉宽为 50 ms、脉冲电流密度为 1 640 mA・cm^{-2} 的脉冲电流，放电结果如图 10.55 所示。结果表明，在 360 mA・cm^{-2} 的电流密度下进行放电以二硫化钴为正极的电池电压在放电初期稍低于以二硫化铁为正极的电池，但随着放电的持续以二硫化铁为正极的电池严重极化，电压快速下降，而以二硫化钴为正极的电池极化较小，电压平稳。

通过脉冲放电时压降计算得到的内阻也证明二硫化钴的内阻要小得多。

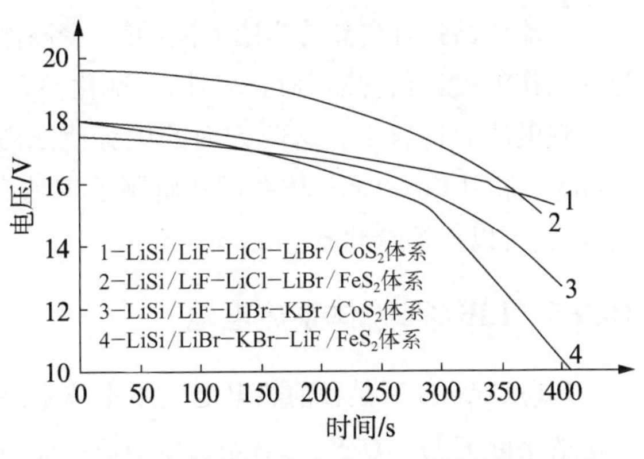

图 10.55　不同体系热电池在−54℃下放电结果

美国成功地将 LiSi/CoS_2 体系应用于高电压、大功率热电池中。该电池的脉冲功率为 180 kW(500 V、360 A)，由四个单元电池并联组成，每个单元电池由 125 个单体电池串联组成。单元电池外形尺寸为 ϕ101.2 mm×279.5 mm，质量为 4.792 kg。单元电池以脉冲负载 250 A 放电，脉冲间隔每 1 min 一次，脉冲宽度前 2 次为 0.5 s，其余为 1 s，总时间大于 10 min。单元电池的放电电压曲线如图 10.56 所示，平均功率和平均比功率曲线如图 10.57 所示。结果表明，该电池兼具高功率、高能量、长时间输出的能力，放电 10 min 的工作电压始终保持在 210～230 V，并具有很高的功率脉冲放电能力，脉冲输出功率超过 30 kW，电池的比功率达到 9.09 kW·kg^{-1} 或 19.2 kW·dm^{-3}。该电池的性能已经达到了当今热电池的顶峰水平。

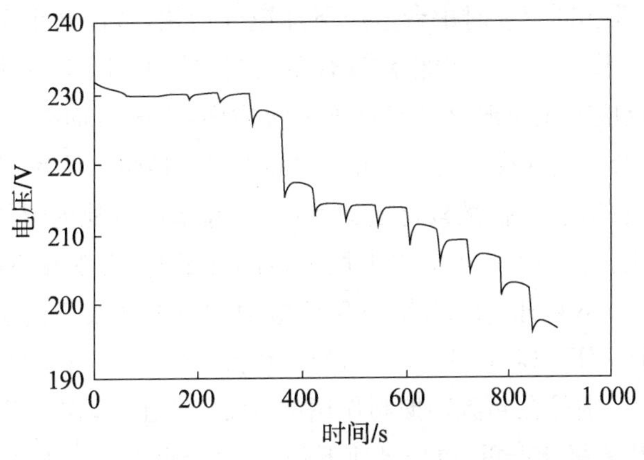

图 10.56　单元电池的放电电压曲线

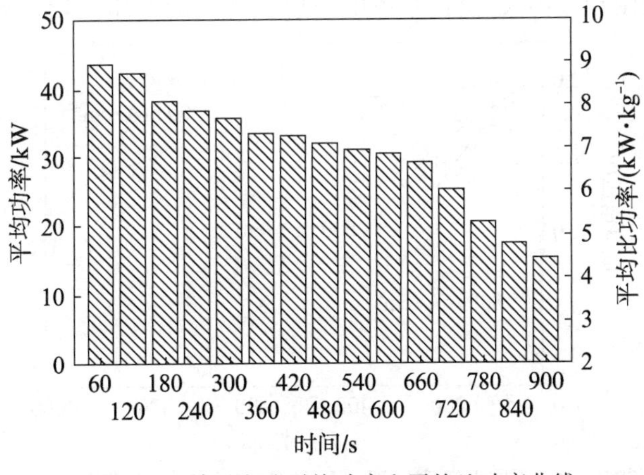

图 10.57　单元电池平均功率和平均比功率曲线

二硫化钴具有更高的热稳定性,可减少高温分解,降低容量损失,同时可以拓宽热电池的工作温度,延长热寿命。另外,二硫化钴在电解质中的溶解度比二硫化铁低,有利于减少热电池的自放电。这两方面的优势使二硫化钴在长寿命热电池中得到成功应用。Thomas 采用 LiSi/CoS_2 体系成功研制了声呐浮标用热电池,并采用真空双壳体进行保温,电池可以连续脉冲放电 2.5～6 h。

10.9.5 LiB/CoS_2 体系热电池

LiB/CoS_2 体系是目前热电池应用中技术最先进的电化学体系之一。图 10.57 为不同电流密度下 LiB/CoS_2 体系单体电池放电曲线,其中放电温度为 460℃、电解质为 LiF－LiCl－LiBr。图 10.58 为不同放电温度下 LiB/CoS_2 体系单体电池放电曲线,其中电流密度为 500 mA/cm^2、电解质为 LiF－LiCl－LiBr。由图 10.58 和图 10.59 可知,单体电池加热后电压迅速上升到最高值,然后由于原料的消耗和产物的生成电压开始逐渐下降。放电曲线均呈现出两个电压平台,分别对应于 LiB 合金中金属锂相和 Li_7B_6 相放电,前者的平台电压为 2.1 V,后者则低 0.3 V。通过计算几乎全部金属锂相参与了第一平台的放电反应,而 Li_7B_6 相中只有 30％～40％的锂参与了第二个平台的电化学反应。随着放电电流密度的增加,在消耗相同容量时平台电压下降速度增快,致使两个平台分界开始模糊。对锂硼合金的表征结果发现,金属锂相被具有多孔结构的 Li_7B_6 相吸附着。放电开始时,金属锂参与电化学反应转化为锂离子溶解于电解质中,合金表面剩下 Li_7B_6 相。随着放电的进行,反应面向合金内部推进,而多孔结构的 Li_7B_6 相阻碍了离子的扩散,产生扩散极化。随着电流密度的增加,扩散极化更加严重,引起单体电池内阻的增加,最终使得平台电压下降速度增快。比较第一个放电电压平台的容量时,发现在不同电流密度下其容量基本相同。由图 10.58 可知,在 440℃下单体电池的放电曲线不同于其他曲线,这是由于放电温度非常接近 LiF－LiCl－LiBr 电解质的熔点 430℃,电解质虽然已经熔融但是离子的迁移能力较差,特别是在起流动抑制作用的 MgO 存在下,在 500 mA·cm^{-2}的电流密度下放电电解质浓差极化严重,电压迅速下降,锂硼合金的容量不能释放。当放电温度高于 460℃时,单体电池的内阻下降,电解质的离子迁移能力大幅度提高。由于在 460℃以上单体电池的内阻相差不大,使得单体电池放电初期的电压比较接近。随着放电反应

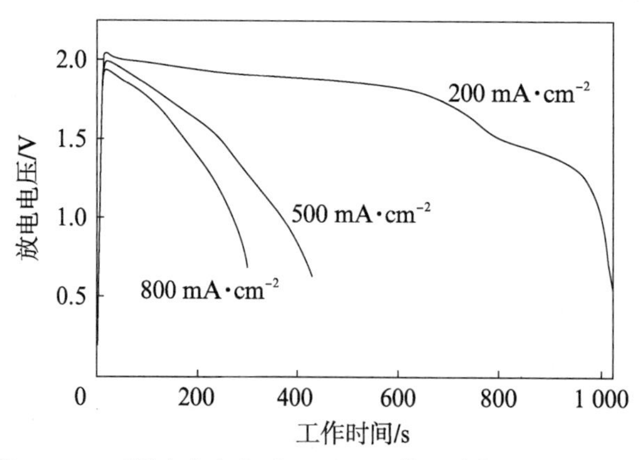

图 10.58 不同电流密度下 LiB/CoS_2 体系单体电池放电曲线

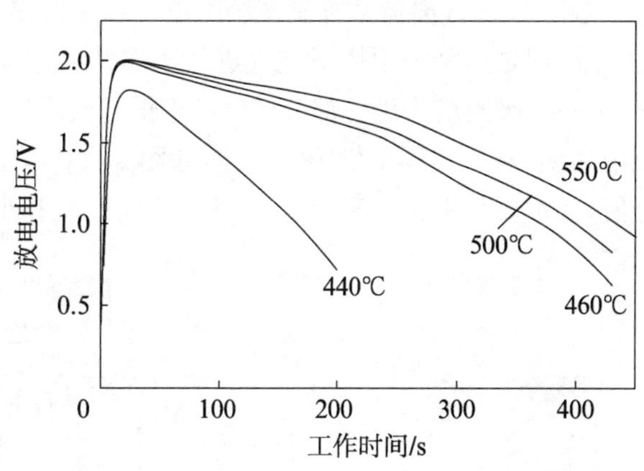

图 10.59 不同温度下 LiB/CoS_2 体系单体电池放电曲线

的进行，锂硼合金内离子扩散极化逐渐增加，而高温可以促进离子的迁移速度使电压下降减缓，导致在不同温度下单体电池的电压差距增加。比较第一个放电电压平台的容量时，发现在不同电流密度下其容量基本相同。

为了满足新型武器系统使用要求，LiB/CoS_2 体系开始在热电池研制过程中得到应用，技术日渐成熟，目前已开发出了多种热电池产品，部分 LiB/CoS_2 体系热电池性能参数如表 10.21 所示。

表 10.21 LiB/CoS_2 体系热电池的性能

工作电压/V	工作电流/A	脉冲电流/A	工作时间/s	激活时间/s	环境温度/℃	质量/g	外形尺寸/mm
160±10	17	50	≥20	≤0.4	−20~70	≤730	ϕ48×142
50±5	6	35	≥75	≤0.2	−50~70	≤180	ϕ36×60
28±3	8	13	≥60	≤0.2	−50~70	≤170	ϕ40×50
28±3	12	—	≥400	≤0.6	−45~70	≤930	ϕ58×150
28±3	20	37.5	≥520	≤0.8	−45~70	≤2 300	ϕ84×165

10.10 热电池的生产设备和仪器

热电池生产设备和仪器主要有空气干燥系统及露点仪、焊接设备和热电池综合测试仪等。

10.10.1 空气干燥系统及露点仪

热电池负极材料的化学性能非常活泼，一遇到空气中水蒸气就会发生反应。同时，电解质极易吸潮。故热电池整个制造过程都必须在露点小于−28℃的环境条件下工作。为此，必须有空气干燥设备及测定湿度的仪器从而保证生产场地达到规定的湿度要求。

1. 空气干燥系统

用于热电池生产的干燥系统大体上有两种类型，吸附型的无热再生干燥系统和冷冻—转轮除湿系统。吸附型的无热再生干燥系统由无油空气压缩机、装有硅胶或分子筛

的干燥再生循环塔、贮气罐、气水分离器及控制系统组成。该系统是采用双塔变压吸附、无热再生的工艺,其工作原理是一个吸附塔对空气进行压缩并通过高吸水性的氧化铝或分子筛进行干燥,同时另一个吸附塔采用一部分产生的干燥空气降压带走吸附的水,以固定的切换时间进行双塔切换,从而连续提供干燥气体,如图10.60所示。该系统的优点是节能、体积小、使用方便,其主要与手套箱配套使用,适用于实验室和小批量生产。

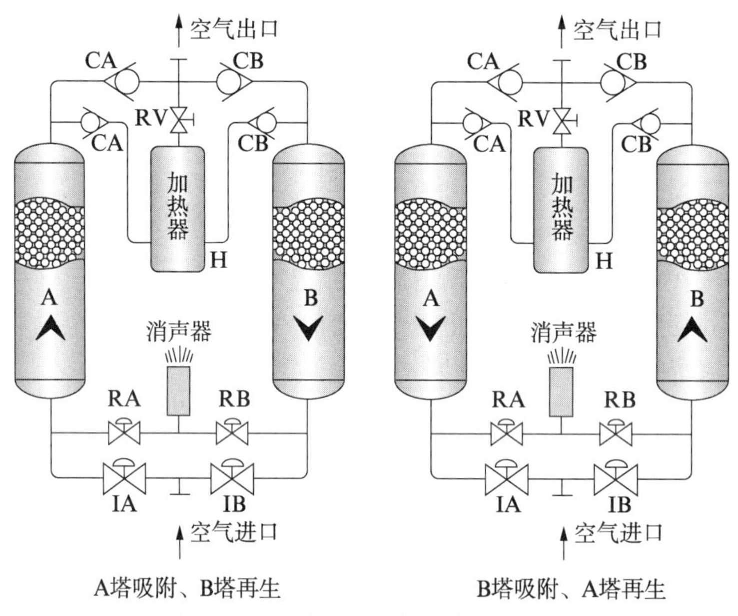

图10.60 无热再生干燥系统工作原理

目前热电池生产用气体干燥系统主要使用的是冷冻—转轮除湿系统。该系统有新风冷却段和转轮除湿段。新风冷却段是将空气经过新风过滤器洁净后冷却,大部分水凝结成液体并排除,该段的特点是除湿效率高、除湿量大。转轮除湿段是将新风冷却处理后的空气通过转轮时吸湿介质吸附残余的水蒸气,从而获得超低湿度的干燥空气。在除湿过程中,转轮缓慢转动,转轮吸附水蒸气后进入再生区域由高温空气进行脱附再生,这一过程周而复始,干燥空气连续的经温度调节后送入指定空间。冷冻—转轮除湿系统工作原

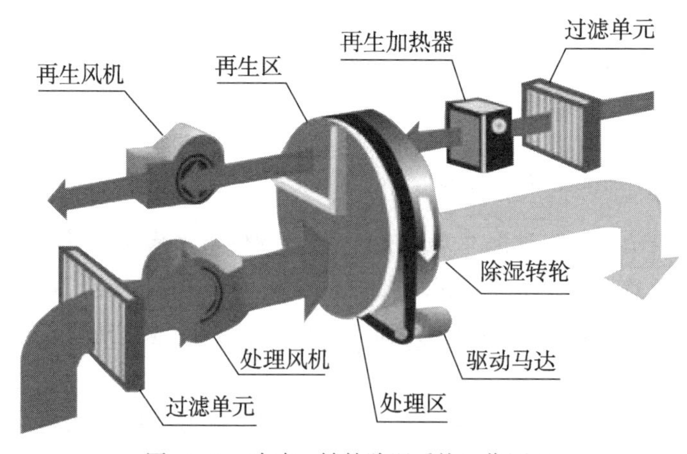

图10.61 冷冻—转轮除湿系统工作原理

理如图10.61所示。该系统的特点是除湿量大、露点极低、出风量大、运转操作和维修简单、使用时间长，适用于大批量生产。

2. 露点仪

热电池试验和生产过程都在极低湿度环境中进行，监测生产场地的湿度是保证产品质量的必要手段。在极低湿度的条件下，常规使用的干湿度仪测试误差较大，因此对极低湿度的测试一般使用露点测试仪。通常空气中结露温度与所在的环境气氛的含水量是一一对应关系，即每一个结露温度(称为露点温度)对应环境气氛的一个含水量值。露点可以简单地理解为使气体中水蒸气含量达到饱和状态的温度，是表示气体绝对湿度的方式之一，因此，露点温度是度量气体水分含量的一种单位制。露点分析仪就是基于这种单位制而测量气体中绝对水分含量的仪器。

常用的露点测试仪种类如下。

(1) 镜面式露点仪。不同水分含量的气体在不同温度下的镜面上会结露。采用光电检测技术，检测出露层并测量结露时的温度，直接显示露点。镜面制冷的方法有：半导体制冷、液氮制冷和高压空气制冷。镜面式露点仪采用的是直接测量方法，在保证检露准确、镜面制冷高效率和精密测量结露温度前提下，该种露点仪可作为标准露点仪使用。目前国际上最高精度达到±0.1℃(露点温度)，一般精度可达到±0.5℃以内。

(2) 电传感器式露点仪 。采用亲水性材料或憎水性材料作为介质，构成电容或电阻，在含水分的气体流经后，介电常数或电导率发生相应变化，测出当时的电容值或电阻值，就能知道当时的气体水分含量。建立在露点单位制上设计的该类传感器，构成了电传感器式露点分析仪。目前国际上最高精度达到±1.0℃(露点温度)，一般精度可达到±3℃以内。

(3) 电解法露点仪。利用五氧化二磷等材料吸湿后分解成极性分子，从而在电极上积累电荷的特性，设计出建立在绝对含湿量单位制上的电解法微水分仪。目前国际上最高精度达到±1.0℃(露点温度)，一般精度可达到±3℃以内。

(4) 晶体振荡式露点仪。利用晶体沾湿后振荡频率改变的特性，可以设计晶体振荡式露点仪。这是一项较新的技术，目前尚处于不十分成熟的阶段。国外有相关产品，但精度较差且成本很高。

(5) 红外式露点仪。利用气体中的水分对红外光谱吸收的特性，可以设计红外式露点仪。目前该仪器很难测到低露点，主要是红外探测器的峰值探测率还不能达到微量水吸收的量级，还有气体中其他成分含量对红外光谱吸收的干扰。但这是一项很新的技术，对于环境气体水分含量的非接触式在线监测具有重要的意义。

(6) 半导体传感器露点仪。每个水分子都具有其自然振动频率，当它进入半导体晶格的空隙时，就和受到充电激励的晶格产生共振，其共振频率与水的摩尔数成正比。水分子的共振能使半导体结放出自由电子，从而使晶格的导电率增大，阻抗减小。利用这一特性设计的半导体露点仪可测到−100℃露点的微量水分。

但随着各厂家的不断努力，该方法正在逐渐得到完善，例如，通过改变材料和提高工艺使得传感器稳定度大大提高，通过对传感器响应曲线的补偿做到了饱和线性，解决了自动校准问题。代表产品为英国 Michell 的 Easidew 系列，采用陶瓷基底的氧化铝电容及

C2TX微处理器;芬兰维萨拉公司的DMT242A系列电容式露点传感器,采用了DRYCAP和自动校准技术能在线自动校准零位漂移,因此可靠性、精确度较高,另外采用了不锈钢烧结过滤器作为传感器保护,能够防冷凝、抗灰尘,可以在环境恶劣、粉尘较多的生产环境内使用。

10.10.2 焊接设备

由于热电池电极材料和电解质不能与普通空气接触,故需将热电池焊接密封。密封性能的好坏会直接影响热电池的储存寿命。其常用设备有氩弧焊机、真空电子束焊机、激光焊机等。

氩弧焊即钨极惰性气体保护弧焊,是指在惰性气体(氩气)保护下用工业钨或活性钨作不熔化电极的焊接方法,简称TIG。氩弧焊的起弧采用高压击穿的起弧方式,先在电极针(钨针)与工件间加以高频高压,击穿氩气,使之导电,然后供给持续的电流,保证电弧稳定。氩弧焊接优点为:焊接强度大,成本低。其缺点如下:

(1) 焊接热惯性大,为防止加热片被引燃,需要散热夹具;

(2) 在焊接过程中,产生氮氧化合物和臭氧化物,直接危害人体健康;

(3) 产生较强的光辐射,主要包括红外线和紫外线,对人体及眼睛有危害。

电子束焊接是一种利用电子束作为热源的焊接工艺。电子束发生器中的阴极加热到一定的温度时逸出电子,电子在高压电场中被加速,通过电磁透镜聚焦后,形成能量密集度极高的电子束,当电子束轰击焊接表面时,电子的动能大部分转变为热能,使焊接件的结合处的金属熔融,当焊件移动时,在焊件结合处形成一条连续的焊缝。它的优点为:焊缝质量高,成型美观,热影响比氩弧焊小。其缺点如下:

(1) 设备较复杂,价格较高;

(2) 电子束光点直径小,只有0.5 mm;

(3) 要求工件加工精度高;

(4) 也需要散热夹具;

(5) 焊接时,产生X射线,必须加以防护。

激光焊机也称为激光焊接机,利用激光束优良的方向性和高功率密度的特点,将激光束聚焦在被焊接物体表面,形成局部高温,使材料瞬间熔化而焊接。激光焊机的缺点为:价格贵,要求工件加工精度高。其优点如下:

(1) 适用焊接不锈钢等难熔金属;

(2) 自动化程度高,焊接精度高,操作方便;

(3) 能量集中,热影响区极小,焊接热电池时,不需散热装置。

10.10.3 热电池综合测试仪

热电池的放电性能用热电池综合测试仪进行测试。测试线路如图10.62所示。该套测试设备可以实现恒流、恒阻两种放电模式的全自动智能测试,采集的数据包括电池的工作电压、工作电流、激活电流、激活时间、表面温度等。测试前通过软件对放电负载进行预先设置,测试时对数据自动采集、实时打印,测试结束可对数据进行存储及处理。

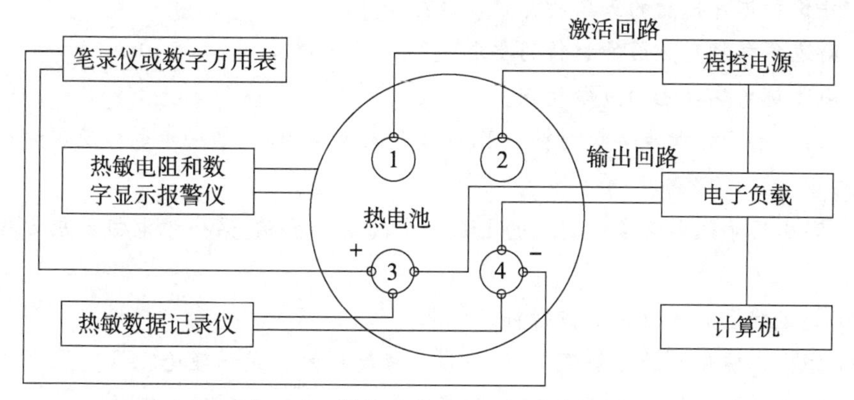

图 10.62 热电池综合测试仪线路简图

10.11 使用和维护

热电池为全密封一次激活使用的化学电源，电池内部均为固态材料，具有超过 10 年的储存寿命，使用前无须任何维护，使用时需要注意以下几个问题：

(1) 由于热电池内装有电点火头，因此激活回路应采用短路插头(座)进行短接保护；

(2) 热电池工作前，应用兆欧表或绝缘电阻测试仪测量热电池的绝缘电阻，此时激活回路之间不得开路，应有短路插头(座)保护，以防误动作引燃电点火头；

(3) 取下短路插头(座)，用电雷管测试仪检查热电池激活回路之间的阻值，确认电点火头处于正常状态；

(4) 电池一经激活使用，严禁由外界引起对电池的短路；

(5) 在进行地面联试时，应对电池采取安全防护措施。

10.12 发展趋势

随着现代武器的迅猛发展，对热电池提出了更高的要求，高比功率、高比能量及长寿命热电池是未来的主要发展方向，因此还需要不断改善新型正极、负极、电解质等材料的性能，提高规模生产的能力，同时进一步改进热电池的制造工艺技术，提高电池的可靠性。

思考题

(1) 简述热电池工作原理和优缺点。

(2) 热电池的结构分为哪两种？各自的优点分别是什么？

(3) 简述热电池对电解质的要求。

(4) 简述 LiCl－KCl、LiF－LiCl－LiBr、LiCl－LiBr－KBr 三种电解质的组成、熔点和工艺流程。

(5) 简述选择电解质流动抑制剂的基本原则。

(6) 简述热电池加热材料的种类和各自优点。

(7) 评价加热片性能的五项指标是什么?

(8) 简述热电池对热缓冲材料的要求。

(9) 简述钙系热电池的致命缺点。

(10) 写出用于热电池负极材料的 LiSi 合金的主要物相、第一步电极反应方程式和理论容量。

(11) 写出用于热电池负极材料的 LiB 合金的主要物相、第一步电极反应方程式和理论容量。

(12) 简述锂系热电池对正极材料的要求。

(13) 写出二硫化铁的分解温度、第一步电极反应方程式和理论容量。

(14) 写出二硫化钴的分解温度、第一步电极反应方程式和理论容量。

(15) 简述锂系热电池激活时产生电压尖峰的原因。

(16) 简述热电池需要在干燥空气下生产的原因。

参考文献

李国欣.2007.新型化学电源技术概论[M].上海:上海科学技术出版社:219-259.

陆瑞生,刘效疆.2005.热电池[M].北京:国防工业出版社:2005.

Guidotti R A, Masset P J. 2006. Thermally activated ("thermal") battery technology Part I: An overview[J]. Journal of Power Sources, 161: 1443-1449.

Guidotti R A, Masset P J. 2007. Thermal activated (thermal) battery technology Part II. Molten salt electrolytes[J]. Journal of Power Sources, 164: 397-414.

Guidotti R A, Masset P J. 2008. Thermally activated ("thermal") battery technology Part IIIa: FeS_2 cathode material[J]. Journal of Power Sources, 177: 595-609.

Guidotti R A, Masset P J. 2008. Thermally activated ("thermal") battery technology Part IIIb: Sulfur and Oxide-based cathode materials[J]. Journal of Power Sources, 178: 456-466.

Guidotti R A, Masset P J. 2008. Thermally activated ("thermal") battery technology Part IV: Anode materials[J]. Journal of Power Sources, 183: 388-398.

第11章 水激活电池

11.1 概述

水激活电池是一种用淡水或海水激活的化学电池，是一类从镁氯化银海水激活电池发展起来的储备电池。长期以来，氯化银一直是作为参比电极广泛地应用于分析化学和电化学研究工作中，直到1860年Davis把氯化银用作正极活性物质，1880年Warren首次制成了氯化银电池，才使电池家族中又增添一个新的成员。

镁氯化银海水电池的独特性能，在二次大战中引起了广泛的兴趣。贝尔电话实验室很快就研制出作为电动鱼雷电源的镁氯化银海水激活电池。随后，通用电气公司也参与研制成用于浮标、探空气球、海空救生装置、航标灯和应急灯的镁氯化银系列电池。

由于氯化银价格较高，其水激活电池产品长期以来只作为军用产品，为了满足商业和民用的需要，1949年又推出了廉价的镁氯化亚铜水激活电池，主要用于一次性使用的大气探空气象装置上。以后，为了降低反潜武器(ASW)电源的造价，又研制了不含银的水激活电池。这项任务导致对几乎所有的正负极活性材料进行配对研究，最后形成了结构不同、性能各异的多种实用电池系列，满足了军用、民用的多种要求。

11.2 工作原理及特点

11.2.1 体系及原理

水激活电池的基本工作原理与其他化学电池一样，由不同材料制成的正极和负极之间的电位差产生电动势，推动电解液中的离子做定向移动形成电流。

大多数水激活电池工作时与环境有物质交换，反应产物不断地排除，新鲜电解液随时进入。因此，比较而言，水激活电池的化学原理较为简单，其成流反应视电化学体系而异。

(1) 镁氯化银(Mg/AgCl)体系：

负极 $$Mg \longrightarrow Mg^{2+} + 2e \quad (11.1)$$

正极 $$2AgCl + 2e \longrightarrow 2Ag + 2Cl^- \quad (11.2)$$

总反应 $$Mg + 2AgCl \longrightarrow MgCl_2 + 2Ag \quad (11.3)$$

(2) 镁氯化亚铜(Mg/Cu_2Cl_2)体系：

负极 $$Mg \longrightarrow Mg^{2+} + 2e$$

正极 $$Cu_2Cl_2 + 2e \longrightarrow 2Cu + 2Cl^- \quad (11.4)$$

总反应 $$Mg + Cu_2Cl_2 \longrightarrow MgCl_2 + 2Cu \tag{11.5}$$

(3) 镁硫酸铜($Mg/CuSO_4$)体系:

负极 $$Mg \longrightarrow Mg^{2+} + 2e$$

正极 $$CuSO_4 + 2e \longrightarrow Cu + SO_4^{2-} \tag{11.6}$$

总反应 $$Mg + CuSO_4 \longrightarrow MgSO_4 + Cu \tag{11.7}$$

(4) 镁碘化亚铜(Mg/Cu_2I_2)体系:

负极 $$Mg \longrightarrow Mg^{2+} + 2e$$

正极 $$Cu_2I_2 + 2e \longrightarrow 2Cu + 2I^- \tag{11.8}$$

总反应 $$Mg + Cu_2I_2 \longrightarrow MgI_2 + 2Cu \tag{11.9}$$

(5) 镁硫氰酸亚铜(Mg/CuSCN)体系:

负极 $$Mg \longrightarrow Mg^{2+} + 2e$$

正极 $$2CuSCN + 2e \longrightarrow 2Cu + 2SCN^- \tag{11.10}$$

总反应 $$Mg + 2CuSCN \longrightarrow Mg(SCN)_2 + 2Cu \tag{11.11}$$

(6) 镁氯化铅($Mg/PbCl_2$)体系:

负极 $$Mg \longrightarrow Mg^{2+} + 2e$$

正极 $$PbCl_2 + 2e \longrightarrow Pb + 2Cl^- \tag{11.12}$$

总反应 $$Mg + PbCl_2 \longrightarrow MgCl_2 + Pb \tag{11.13}$$

(7) 镁二氧化铅(Mg/PbO_2)体系:

负极 $$Mg \longrightarrow Mg^{2+} + 2e$$

正极 $$PbO_2 + H_2O + 2e \longrightarrow PbO + 2OH^- \tag{11.14}$$

总反应 $$Mg + PbO_2 + H_2O \longrightarrow Mg(OH)_2 + PbO \tag{11.15}$$

(8) 镁氧化镍(Mg/NiOOH)体系:

负极 $$Mg \longrightarrow Mg^{2+} + 2e$$

正极 $$2NiOOH + 2H_2O + 2e \longrightarrow 2Ni(OH)_2 + 2OH^- \tag{11.16}$$

总反应 $$Mg + 2NiOOH + 2H_2O \longrightarrow Mg(OH)_2 + 2Ni(OH)_2 \tag{11.17}$$

(9) 铝氧化银(Al/KOH/AgO)体系:

负极 $$2Al + 4OH^- + 2K^+ \longrightarrow 2KAlO_2 + 4H^+ + 6e \tag{11.18}$$

正极 $$3AgO + 3H_2O + 6e \longrightarrow 3Ag + 6OH^- \tag{11.19}$$

总反应 $$2Al + 3AgO + 2KOH \longrightarrow 2KAlO_2 + 3Ag + H_2O \tag{11.20}$$

(10) 锌氯化银(Zn/AgCl)体系:

负极 $$Zn \longrightarrow Zn^{2+} + 2e \tag{11.21}$$

正极 $$2AgCl + 2e \longrightarrow 2Ag + 2Cl^- \tag{11.22}$$

总反应 $$Zn + 2AgCl \longrightarrow ZnCl_2 + 2Ag \tag{11.23}$$

在上述10个电化学体系中,除Zn/AgCl外,负极上都有一个重要的副反应存在:

$$Me + mH_2O \longrightarrow Me(OH)m + \frac{m}{2}H_2\uparrow + Q \tag{11.24}$$

式中,Me为金属负极。这个反应伴随着两个现象:析出氢气和放出热量Q。这个反应之所以重要是因为氢气的析出有利于电极表面的反应产物(氢氧化物)的及时剥离和促进电解液的流动,减缓电极表面被屏蔽和电解液浓差极化现象;热量的产生又保证了电池具有良好的低温放电性能。当然,另一方面,副反应同时也造成了电池电压和电流效率的降低以及电极表面自腐蚀的加剧。因此,对它要进行适当的控制,以满足使用要求。

镁、铝电极除了副反应放出热量外,成流反应也有热效应。如铝电极电流效率与放出热量的关系为:电流效率为100%、50%和25%时,1 mol铝反应所放出的热量分别为450.2 kJ、1 274.4 kJ、2 922.9 kJ;而1 mol镁100%成流反应放出343.1 kJ热量。实际放电时,加上副反应放出的热量,总热量就更大,这些热量往往超过了实际需要。为此,在产品设计时要考虑把多余的热量散发掉,从而保证电池工作于稳定均衡的状态。

11.2.2 特点和用途

水激活电池作为一类常用的储备电池,必然会带有储备电池的基本特征。也就是说,电池在储存时某一关键组分或与其他组分隔离、暂缺或处于惰性状态,只在要求电池激活放电时,才将这一组分注入或混入,活化于电池工作区。因此,广义地说,水激活电池是一类以海水为电解液或以水为溶剂或水同时起正极活性物质和溶剂作用,且海水或淡水仅在要求电池激活时才由环境注入的电池。从这个意义上说,水激活电池可以分为三类。

(1) 以海水为电解液的电池。如镁氯化银、镁氯化亚铜、镁氯化铅、镁二氧化铅、镁碘化亚铜、镁硫化氰酸亚铜、锌氯化银和中性电解液铝空气电池等。

(2) 以海水或淡水为溶剂的电池。如铝氧化银电池等。

(3) 以海水或淡水为正极活性物质和溶剂的电池。如锂水、钠水电池、铝水电池等。

在这三类电池中,第三类电池系列中水的作用远较前两类复杂,作为一种氧化剂,水既是正极活性物质也作为电解质的溶剂,反应伴随着大量的锂负极或钠负极的腐蚀反应及大量氢气的产生而无法抑制,其电池结构也完全不同,以锂片或钠片为负极,以碳黑或石墨为正极集流体和催化剂,以聚合物膜为隔离层,工作原理异于其他水激活电池,因此,一般独立成章,另行讨论。同样,中性电解液铝空气电池一般也并入空气电池中一并讨论。但就使用海水或淡水激活的特性而言,或从用途上看,这些电池都可列入水激活电池的范畴。

水激活电池的主要特点如下：

(1) 储存寿命长，电池内无电解液存在，故不受自放电影响；

(2) 低温性能好，电池一旦激活，即有大量副反应产生热量，使电池本体温度远高于环境温度而不受其制约；

(3) 比能量、比功率相对较高，电池工作于非密封状态，与外界有物质传递；

(4) 特别适合于有水的环境中使用。

正是上述特点，使水激活电池广泛应用于鱼雷推进、声呐浮标、探空气球、海空救生装置、海底电缆增音机和航标灯、应急灯、电动车辆等领域，形成了独特的电池系列。不同体系的水激活电池具有特定的用途，如同样作为鱼雷电源，采用镁氯化银电池的多数为轻型鱼雷，如美国的MK-44、意大利的A244/S。而铝氧化银电池，多数用作鱼雷推进电源，如法国的"海鳝"和意大利的A290鱼雷。

主要电化学体系的水激活电池的特性和用途如表11.1所示。

11.3 正极材料

自从《国际海上人命安全公约》修正案通过之后，世界各国对海上救生用水激活电池都进行了大量的研究并取得了广泛的应用，对电极材料的研究也取得了较大的成果。

可以用作水激活电池正极的活性材料有很多，制造方法也各不相同。要注意的是，制造好的正极要储存于干燥清洁的环境中，因为水激活电池要求高活性的正极，而负极又是耐湿性极差的铝、镁合金，潮气和杂质污染都会使电池激活性能和输出性能下降。

11.3.1 氯化银正极

氯化银可以铸压成型或电解成型。铸压成型的氯化银正极主要用于大容量电池；电解成型的氯化银正极主要用于小容量电池。

氯化银铸压成型制造过程大致如下。氯化银的熔点约455℃。因此将氯化银粉末加热至500～600℃即可熔融，然后浇铸滚压成所需厚度。这种物质具有良好的可锻性和可延展性，可轧制成0.08 mm厚以上的极片。这种极片是无孔、半透明塑性物，几乎没有导电性(事实上，即使在250℃的温度下AgCl晶体中的固体离子的比导电率仍仅为0.03 $\Omega^{-1}\cdot m^{-1}$)。要作为电极还须将其用加水的锌粉与照相显影液那样的还原性溶液在电极表面还原一层气孔性银层，再将作为集电体的银线或银箔热焊在该银层上，对大面积电极只需加压即可连接。

氯化银电解成型制造过程大致如下，用这种方法成型的电极主要用于卷绕型或插片型电池。把银片或镀有足够厚银层的铜片经除油清洗和高温退火处理，浸入1 mol·dm^{-3} HCl溶液，对电极可用石墨板或不锈钢板，通以40～50 mA·dm^{-2}的电流，通电时间根据电池容量要求确定。这样就可在银表面制得活性高、结合力好的AgCl层。因避免AgCl见光分解，故此方法成型时需在遮光的环境下进行操作。这种电极激活快，缺点容量小，适合于鱼雷点火启动电池或鱼雷入水感应等电源的使用；AgCl层厚度增加可以提高电池的容量，缺点是会延长激活时间，适合声呐、浮标、海底救生、航标灯等电源使用。

表 11.1 水激活电池的特性和用途

体　系		Mg/AgCl	Mg/Cu_2Cl_2	$Mg/PbCl_2$	Mg/Cu_2I_2	Mg/CuSCN	$Mg/CuSO_4$	Mg/PbO_2	Mg/NiOOH	Zn/AgCl	Al/AgO
开路电压/V		1.6～1.7	1.5～1.6	1.1～1.2	1.5～1.6	1.5～1.6	2.1	2.4	2.3	—	2.36
工作电压/V		1.1～1.5	1.1～1.3	0.9～1.05	1.33～1.49	1.24～1.43	1.3～1.7	1.5～1.7	1.6～1.8	0.9～1.1	1.4～1.6
电流密度/($mA \cdot cm^{-2}$)		10～500	5～30	1～30	—	—	0.5～30	1～20	5～150	很小	700～1 200
工作温度/℃		−60～65	−60～65	−60～65	−60～65	−60～65	−60～65	—	—	—	−60～65
质量比能量/($W \cdot h \cdot kg^{-1}$)		100～150	50～80	50～80	50～80	50～80	—	—	—	—	180～220
体积比能量/($W \cdot h \cdot dm^{-3}$)		180～300	20～200	50～120	50～120	50～120	—	—	—	—	450～500
激活时间/s		<0.5	1～10	<1	<1	<1	—	—	—	—	3～4
工作时间/s		数分～100 h	0.5～10 h	1～20 h	—	—	数分～100 h	数分～30 h	数分～10 h	长期	—
结构类型		浸没型	浸润型	浸没型	浸没型	浸没型	浸润型	浸没型	浸没型	浸润型	控流型
		浸润型	—	—	—	—	—	—	—	—	—
		自流型	—	—	—	—	—	—	—	—	—
		控流型	—	—	—	—	—	—	—	—	—
现　状		生产	生产	生产	—	—	—	—	—	生产	生产
一般特性		能量密度大、激活快，放电平稳、低温性能好、设计简单，电压范围宽	价格低廉、资源丰富，正极材料易潮解	成本低廉、来源丰富、激活快、工作可靠，活性材料利用率高、电压较低、无须维护	—	—	成本低廉资源丰富，无吸湿性，易溶于水	成本低、工艺成熟，阴极材料来源广泛	工艺较成熟，电压高	价格低廉，无电压滞后，反应产物不成渣，无气体析出，温度盐度不敏感，比功率低，有枝晶	负极材料来源广泛，比能量高，耗银量低、辅助系统复杂
主要应用		鱼雷、声呐、浮标、海空救生、应急灯、航标灯等电源	探空气象装置	声呐浮标	—	—	—	—	—	声呐、浮标、海底电缆增音器	鱼雷动力电源

研究表明,AgCl放电可以在Ag-AgCl交界处发生,靠离子在固体内扩散成流,但电阻很大。另一个途径是AgCl和$\eta \cdot Cl^-$形成络合物$(AgCl_{n+1})^{n-}$,再扩散至AgCl层中微孔底的Ag表面放电。这时是液相迁移成流,因为电池内的析氢搅拌了电解液,与前者相比电阻小得多,成流主要靠后者完成。这样一来,放电反应要受AgCl层孔隙的制约,而AgCl层越厚,孔隙减少孔径缩小,放电反应就困难,激活时间也相应增加。

氯化银正极的一种典型工艺流程如图11.1所示。

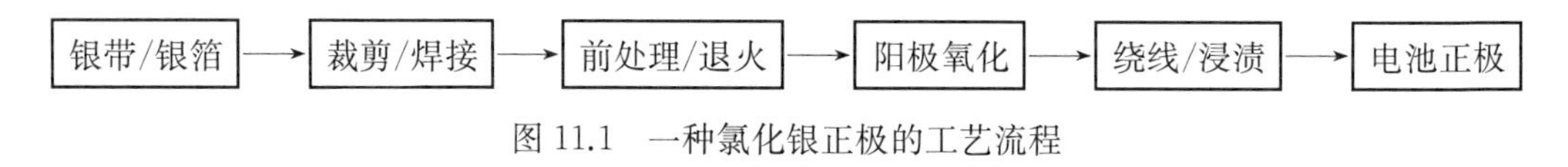

图11.1　一种氯化银正极的工艺流程

11.3.2　氯化亚铜正极

氯化亚铜为四面体白(灰)色结晶,暴露在空气中会迅速被氧化成绿色,氯化亚铜不溶于硫酸、硝酸和醇,微溶于水,溶于浓盐酸和氨水并生成配合物,其化学活性高,可以应用于水激活电池。

氯化亚铜与氯化银电池相比,有价格上的优势。因此,广泛应用于鱼雷动力、声呐浮标、航标灯等领域水激活电池的正极材料。氯化亚铜由于自身电导率很低,在制备电极时,将其接合在金属网骨架上。这种金属骨架起到集流和提高电极机械强度的作用。氯化亚铜正极的电性能,如活性物质利用率、工作电压等,很大程度上是由集流条件的好坏决定的。为改善集流条件,一般在氯化亚铜粉料加入碳粉和铜粉等导电性添加剂,并采用气焰喷镀等方法,在活性物质和电子通道,以此提高大电流放电性能,特别是初始阶段电压。

CuS添加剂在进行液相还原后可提高海水电池氯化亚铜正极放电初始阶段的电压,减小电压滞后,缩短电池激活时间。原因主要是:在液相还原法活化处理时,促使正极上生成细小的金属枝晶,形成了导电网络,减小了极化。

氯化亚铜用含铜矿砂制备,铜在硫化铜精矿中一般以CuS的形式存在,硫化铜精矿在焙烧时生成CuO并放出SO_2,其反应式为

$$2CuS + 3O_2 \longrightarrow 2CuO + 2SO_2\uparrow \tag{11.25}$$

用硫酸浸出焙烧灰,其化学反应为

$$CuO + H_2SO_4 \longrightarrow CuSO_4 + H_2O \tag{11.26}$$

铜以硫酸盐的形式被浸出到溶液中。在该浸出液中加入还原剂Na_2SO_3或SO_2将Cu^{2+}还原为Cu^+,再加NaCl沉淀得Cu_2Cl_2,其化学反应为

$$2CuSO_4 + 2NaCl + Na_2SO_3 + H_2O \longrightarrow Cu_2Cl_2\downarrow + 2Na_2SO_4 + H_2SO_4 \tag{11.27}$$

氯化亚铜作电池正极一般有压制成型、涂敷成型、吸着成型和浇注成型等制造方法。

(1) 压制成型。该方法在氯化亚铜的粉末内加入适量的合成树脂或糊料,与铜网共同加压制成。

(2) 涂敷成型。该方法把甘油、葡萄糖等弱还原性物质加入氯化亚铜粉末内,用水调

制成胶状物涂敷在铜网上成型。

(3) 吸着成型。该方法将铜网浸渍在熔融的氯化亚铜内制成电极。

(4) 浇铸成型。1943年,阿达姆斯取得了氯化亚铜电极浇注金属骨架的专利权,该金属骨架呈网状。浇注电极的优点是具有很高的比热容。但是这种电极激活慢,为了缩短激活时间,可以将加固的铜网安置在电极内部,并采用预放电将铜网和还原出来的铜点连通。连续浇注氯化亚铜电极带工艺可以保证生产效率、铸件的质量及高的成品率。轧辊出产后电极带加工成卷型,并随后被切成若干合乎尺寸的电极半成品。其过程高度生产化,生产规模只受熔化制备炼炉功率的制约。电极带在生产线上生产,其组成是纵向切网剪床,铜网成型机,熔炼炉和带连续浇铸机器。其特点:电极带厚度为0.45~0.65 mm;电极带宽度为420 mm;浇铸速度为6~10 m/min;炼炉容量为240 kg;额定电力功率为57 kW;用于冷却的水耗为3 m^3/h;安放设备的生产使用面积为100~110 m^2。

采用单层熔炉熔炼工艺制备的氯化亚铜电极,组装的模块电池激活时间较快、放电时间较长、活性物质利用率较高。

在实际生产中,为了增加活性物质的导电性,电极中还可添加石墨粉或铜粉。加入铜粉的另一个作用是减缓氯化亚铜的还原。若使用憎水性黏结剂,如聚四氟乙烯可以延长正极放电寿命,副作用是增加激活时间。添加适量发泡剂,可使电极孔率增加,提高电流密度,增加电压稳定性,但会引起极片氧化,降低容量。添加硫黄后电压可升高0.1~0.2 V。所有这些工艺措施,可根据实际需要交替使用,以得到最佳的电池性能。另外,由于电池放电过程中正极中铜离子多少有些溶出而使正极损坏,因此一般还需用纸或非编织布等包裹正极,以保证正极完成全过程放电。

在电极制造过程中,还应十分注意氯化亚铜的吸湿歧化。由于

$$Cu^{2+} \xrightarrow{(+0.17\ V)} Cu^{+} \xrightarrow{(+0.52\ V)} Cu \qquad Cu^{2+} \xrightarrow{(+0.34\ V)} Cu$$

所以,

$$2Cu^{+}(\text{水溶液}) = Cu(\text{固}) + Cu^{2+}(\text{水溶液}) \tag{11.28}$$

干燥的纯氯化亚铜粉末为白色结晶体,受潮时在日光和空气中变成黄色,再显污紫色,然后变成蓝黑色。当进一步变成绿色或淡蓝色时,表明已发生了严重歧化(实际上这一过程进行得相当快,在充足水分和无还原剂条件下,只需不到1 s的时间)。此时应做还原处理,即在500℃左右使 $CuCl_2$ 热分解为 Cu_2Cl_2。

11.3.3 氧化银正极

AgO是一种灰黑色的固体,其组成可能是 Ag_2O_2、AgO及Ag(I)Ag(III)O_2,通常将其简写为AgO。它具有以NaOH或KOH水溶液作为电解质、比能量高的特点。

现有工艺一般采用化学合成法、热分解法及电化学法(化成)制备氧化银电极的活性材料。其中最常用的制备方法为化学法和电化学法。化学法制备的银电极活性物质其热稳定性差、电阻率大,不适合做电池正极活性物质,电化学法获得的热稳定性好、电阻率

小,基本满足一次电池的性能要求。

氧化银电极的化成反应如下：

$$2Ag + 2OH^- \longrightarrow Ag_2O + H_2O + 2e \tag{11.29}$$

$$Ag_2O + 2OH^- \longrightarrow 2AgO + H_2O + 2e \tag{11.30}$$

$$Ag + 2OH^- \longrightarrow AgO + H_2O + 2e \tag{11.31}$$

$$4OH^- \longrightarrow 2H_2O + O_2\uparrow + 4e \tag{11.32}$$

初始,反应在金属银和电解液的界面上进行,银氧化生成 Ag_2O,随着 Ag_2O 的生成,电极表面逐渐被 Ag_2O 所覆盖。由于 Ag_2O 的电阻率比金属银大得多,充电过程的欧姆电阻剧烈增加,可进行氧化反应的银的表面越来越小,真实电流密度越来越大,到一定程度,上述反应突然停止,银电极处于钝化状态,这时电极电位急剧上升,电极电位上升到一定程度时,Ag_2O 转化成 AgO 的过程开始。与此同时,还有从银生成 AgO 的过程在进行。当电极达到一定氧化程度以后,上述生成 AgO 的反应变困难,电极电位向正的方向移动,到达氧的析出电位时,开始电解电液中的 OH^-,并析出氧气。上述原理可知,氧化银电极的活性物质为 AgO、Ag_2O 及银的混合物。AgO 的电化当量(0.345 $A \cdot h \cdot g^{-1}$)比 Ag_2O 的(0.231 $A \cdot h \cdot g^{-1}$)大很多,提高 AgO 的含量,可以提高电池的比能量,降低电池成本,对于军用产品来说具有重大意义。而且 AgO 含量对电池的电极性能有明显影响,最低含量应控制在 70%以上,从铝银电池的实际试验来看,AgO 含量达到 80%以上才能满足产品性能要求。化成后的银电极因为引进了氧原子而普遍增重,增重的多少随着 AgO 的含量而变化,电极增重的越多,AgO 含量越高,增重率的大小直接反应出化成效果的好坏,即增重率越高,说明银电极的化成效果越好。

氧化银正极的一种典型工艺流程如图 11.2 所示,其化成装配示意图见图 11.3 所示。

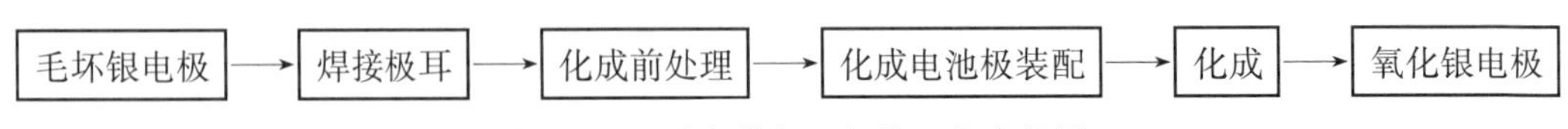

图 11.2 一种氧化银正极的工艺流程图

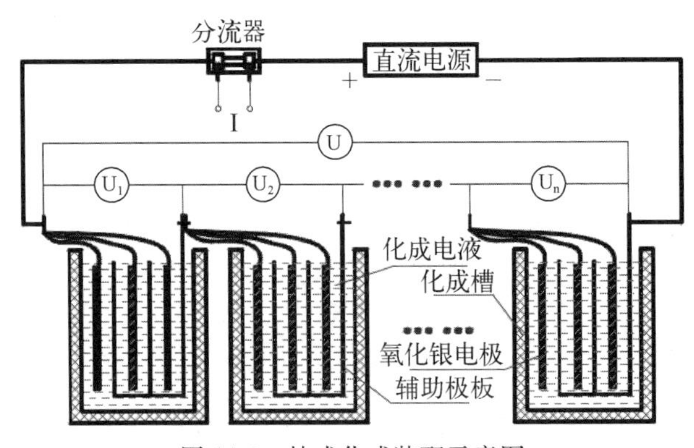

图 11.3 挂式化成装配示意图

11.3.4 氯化铅正极

氯化铅正极也有两种制造方法。

(1) 黏合法。用黏结剂使正极粉末混合物黏合后热压成型。以往使用的黏结剂是尿素—甲醛缩合物,性能不够好。近来改用聚四氟乙烯。正极粉末混合物由80%$PbCl_2$,9.6%~15%碳黑,3.7%可溶性蜡,0.7%~4.4%铅氧化物粉末(以2%~3%为佳)组成。用50%聚四氟乙烯水乳液(用量为1.6%~5%)调和均匀。再经100℃干燥15 min后,送入100℃的炼合滚轮上,压成1.25 mm厚的薄片。切成所需形状,压入铜网集流体即成。其中碳黑可以提高导电性,蜡为润滑剂,铅氧化物为添加剂,以2.2%PbO_2配比为最好。

(2) 热压法。取粒度大于100目的$PbCl_2$和粒度分布为95%大于100目、90%大于200目、85%大于325目的Pb,与石墨粉末按70∶30∶3混合后,每千克粉料加入约150 cm^3水,调制成膏涂于安置在塑料框架内的栅网上。用强气流迅速去除约一半的水分,经2~11 MPa压力压紧,等完全干透后,从塑料框架中取出,再热压30 s。最常用的热压条件是温度220~250℃,压力35~45 MPa,即得硬实、有光泽的暗灰色氯化铅正极。当粉料配比不同时,一般在同样压力下,铅料含量越低,需要的温度越高,以保证铅能流动使极片有适当的黏合力。温度的提高可能造成新制成的极片黏着于压模中,这时可使用脱模剂。但石墨过多会使电极物理性能变差。此外,经数周或数月储存,极片可能产生翘曲,为此可预先用载重的两平板夹住极片在110℃以上保持一段时间。最好是130~160℃,处理6 h以上。

11.3.5 其他正极材料

经长期研究还开发应用了从其他多种电池系统移植过来的正极材料,如铅酸电池中的PbO_2、镉镍电池中的NiOOH、干电池中的MnO_2等。还有,$CuSO_4$、Cu_2I_2、CuSCN等新材料也已用作水激活电池的专用正极材料。

硫酸铜正极由石墨、黏结剂和硫酸铜、炭精等组成。硫酸铜易溶于水,所以成型后的电极尚需用牛皮纸或玻璃纸包裹起来。这种电极价格很低,约为氯化亚铜的1/4。

碘化亚铜正极由73%(质量百分比)碘化亚铜、7%石墨、聚四氟乙烯等黏结剂混合成膏状,涂敷于导电网上压制而成。

硫氰酸亚铜正极由75%~80% CuSCN、0~4%添加剂、7%~10%石墨、0~2%黏结剂及导电网组成。

这三种正极都可添加10%~20%硫,使电压升高0.1~0.2 V。

11.4 负极材料

水激活电池主要使用的金属负极材料有锂、钠、钙、镁、铝、锌及其合金。在这些负极材料中,锂、钠、钙与水反应相当激烈,采用常规的水激活电池结构无法控制这种电极反应的进行,因此目前尚未满足实用要求。镁尽管也有较严重的副反应,但电压高,可以大电流放电。同时研制了多种镁合金减少腐蚀反应、提高工作电压,从而得到了最为广泛的应用。铝由于一系列新型铝合金的研制成功和设计了新型结构,在一定程度上降低了负差效应的影响,已在鱼雷推进电源中崭露头角。这里要强调的是镁合金和铝合金的部分品种中含有毒性金属,特别是含铊合金,熔炼、铸压和使用要采取必要的防护措施。这也限制了这类合金的广泛使用。此外,锌作为最常见的负极材料,也可用于水激活电池的某些场合。

11.4.1 镁金属负极

纯镁作为水激活电池负极放电使用时,反应产物黏附性强,电极表面逐渐被反应产物覆盖,导致电池放电性能迅速下降。镁合金配方的研究从三个方面提高电性能:① 有更负的电位和更好的放电性能;② 反应产物易从表面脱落,不因放电时间的延长而减少反应面积;③ 析氢量较低。

常规的工业用镁合金材料在作为水激活电池负极材料时,存在腐蚀速度较大、材料利用率较低的现象,难以作为水激活电池的活性材料,因此以往水激活电池的镁合金负极一般使用 AZ 系列合金,合金成分中的铝可以减少腐蚀反应,锌的作用是减轻铝引起的滞后现象,减少铝在晶界聚集,使腐蚀比较均匀,如再加入钙,会使滞后现象更弱。AZ61 和 AZ31 镁合金,与纯镁相比反应产物较易离开电极表面,黏附物较少,但放电性能不理想。近年来在自流型和控流型结构的水激活电池中,应用了虽易于成渣、但具有更高电压和更大输出电流的 AP65 和 MTA75 合金。MTA75 合金特点是电位负、析氢量低、腐蚀少、阳极极化低、镁负极表面的氧化膜层疏松易脱落,工作电压稳定,适合长期稳定工作。镁合金中含有的 Pb、Sn、Ga 等高氢过电位元素的过电位,增大了正极氢析出反应,使氢去极化反应减慢,从而发生微观原电池腐蚀的镁合金负极溶解过程阻滞,自腐蚀速度降低,利用率提高。对 Mg-Al-Sn 系列合金负极材料的研究表明,在人造海水介质中发生电化学反应时,第二相粒子 Mg_2Sn 会在镁基体和氧化膜之间形成活化点,从而增强了合金的电化学活性,其中 Mg-6%Al-1%Sn 的自腐蚀活性、电化学活性均要优于合金 AP65 和 AZ31,同时 Mg-6%Al-1%Sn、AP65、AZ31 在交流阻抗谱实验中,Mg-6%Al-1%Sn 具有最小电荷转移电阻。对 Mg-Al-Pb 系列合金负极材料的研究表明,铝的质量分数为 6%时放电电位最负,当最终退火温度达 473 K 时,合金放电过程最平稳,放电电压值可达到 −1.5 V;当退火温度达 673 K 时,合金晶粒出现明显的长大,导致合金恒电流放电电位正移到 −0.9 V,且放电平稳降低。交流阻抗实验结果表明:两种系列合金的固-液界面电荷转移机制为电化学活化机制,且 Mg-Al-Pb 合金的电荷转移电阻 R_{CT} 大于 Mg-Al-Sn 合金的 R_{CT}。不同电流密度下的放电性能,Mg-Al-Pb 合金的放电电位更负,整体电化学性能较优。在 Mg-Al-Pb 加入低于 1%的锌,在电流密度 330 mA/cm^2 条件下放电,放电电位稳定性更好,锌作为微量添加的合金元素有利于 Mg-Al-Pb 合金恒电流放电性能。

部分水激活电池镁合金负极成分如表 11.2 所示。

表 11.2 镁合金负极的成分

元 素	AZ31		AZ61		AP65		MTA75	
	最小/%	最大/%	最小/%	最大/%	最小/%	最大/%	最小/%	最大/%
Al	2.5	3.5	5.8	7.2	6.0	6.7	4.6	5.6
Zn	0.6	1.4	0.4	1.5	0.4	1.5	—	0.3
Pb	—	—	—	—	4.4	5.0	—	—
Tl	—	—	—	—	—	—	6.6	7.6
Mn	0.15	0.7	0.15	0.25	0.15	0.30	—	0.25

续表

元 素	AZ31		AZ61		AP65		MTA75	
	最小/%	最大/%	最小/%	最大/%	最小/%	最大/%	最小/%	最大/%
Si	—	0.1	—	0.05	—	0.3	—	0.3
Ca	—	0.04	—	0.3	—	0.3	0.3	—
Cu	—	0.05	0.05	0.05	0.05	—	—	—
Ni	—	0.005	—	0.005	—	0.005	—	0.005
Fe	—	0.006	—	0.006	—	0.01	—	0.006

几种镁合金负极的性能和表面膜性状如表11.3所示，几种合金和纯镁在海水中的性质见表11.4。三种合金的电压-时间曲线如图11.4所示。三种合金的功率输出曲线如图11.5示。从图11.4和图11.5不难看出，AP65合金的工作电压比AZ系列中性能最好的AZ61合金还高0.2 V，而MTA75合金的工作电压再高0.1 V，AZ61的最大输出电流是0.387 A·cm^{-2}，AP65的最大输出电流大于0.465 A·cm^{-2}，而MTA75的性能更好。

表11.3 几种镁合金负极性能和表面膜性状

合 金	主要成分	最高工作电压/V	开路电压/V	表面膜性状
ZW3	3Zn0.6Zr	1.59	1.63	浓厚胶黏的
AZ91	9Al1Zn	1.54	1.74	非常轻微的
AZ81	8Al1Zn	1.56	1.72	非常轻微的
AZ61	6Al1Zn	1.56	1.72	非常轻微的
AZ31	3Al1Zn	1.54	1.66	中等胶黏的
AP65	6Al5Pb	1.74	1.81	轻微的

表11.4 几种合金和纯镁在海水中的性质

电极材料	V/(ml·min^{-1}·cm^{-2})	负极用率/%	开路电位/(V)(vs SCE)
纯Mg	0.56	48.7	−1.663 3
AP65/MTA75/Mg-CuCl	0.15	84.6	−1.803 1
Mg-Pb-Sn-Ga	0.17	81.8	−1.814 4
AZ31	—	74.0	−1.59
AZ61	—	76.1	−1.44
Mg-Ga-X	0.18	82.4	−1.872 5

配置好的合金经熔铸粗轧后得到的板材，还须经过加温精轧至所需的厚度。某些镁合金如含大原子量的元素Pb、Tl等，极易碎裂。因此精轧时，温度和一次压延量都要适当地控制，经过反复压轧才能达到一定的厚度，供电池装配使用。

镁合金负极是非常活泼的电极活性材料。在长期干态储存时，电极表面极易被氧化腐蚀。为防止腐蚀现象的发生，可以采用在电极表面生成铬酸盐的化学转化膜的方法来保护镁合金负极，也有采取阳极氧化技术在镁合金表面生产致密氧化膜来减缓腐蚀，或将镁负极经过处理后干燥或密封保存。当然，经过处理的镁合金负极使用时，在海水作用下首先分解表面膜层，造成电压滞后会对激活时间产生影响，膜层越厚，耐腐蚀性能越好，但激活时间也相应增长。

镁带或镁箔作负极时，一种典型工艺流程如图11.6所示。

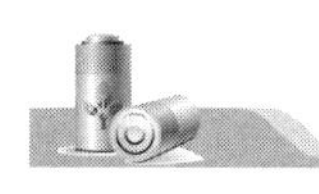

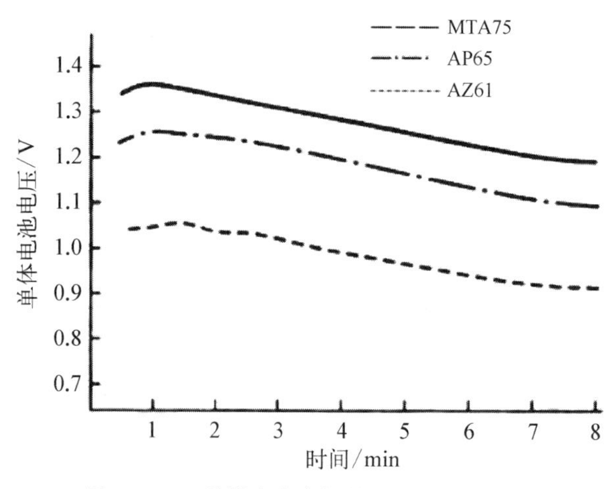

图 11.4　三种镁合金负极的电压—时间曲线

(测试条件：电解液流速 60 mm/s,电解液温度 25,负极电流密度 310 mA/cm^2)

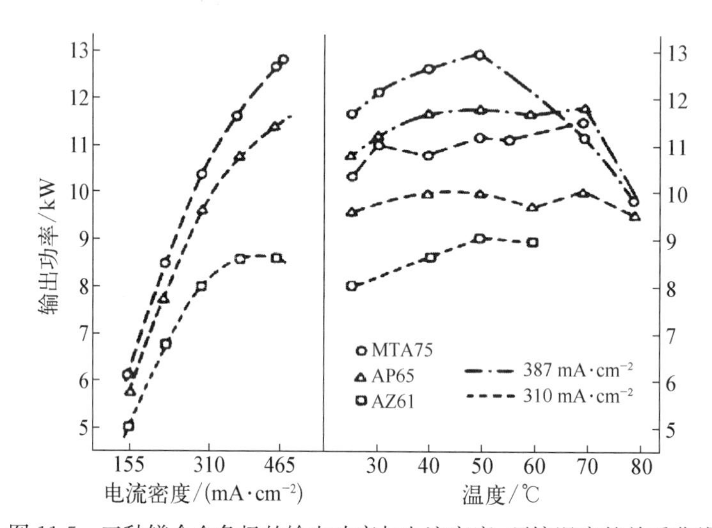

图 11.5　三种镁合金负极的输出功率与电流密度、环境温度的关系曲线

(测试条件：负极电流密度 310 mA·cm^{-2};电极电位为相对于 Ag/AgCl 电极;电解液为室温下的人造海水)

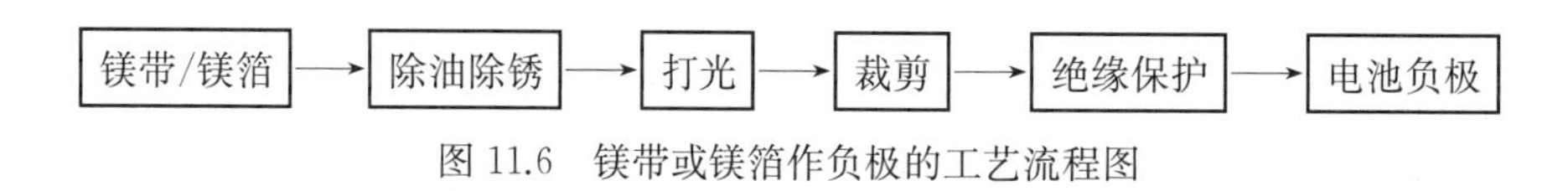

图 11.6　镁带或镁箔作负极的工艺流程图

11.4.2　铝金属负极

用铝做电池材料一直吸引着人类。因为它有常用负极材料中较高的安时容量(其安时当量为 0.336 g·A·h^{-1},容量是锌负极的 4 倍)、较负的电位,即能提供更大的功率、丰富的资源意味着更低的成本,且物理性能安全、可靠。其优良的电化学性能使铝具有巨大的市场潜力。但是长期以来,由于铝易于氧化,在铝表面形成稳定和致密的氧化膜,使铝在中性溶液中的电位仅为−0.8 V 左右,存在负差效应,达不到其理论上的电极电位。且在水或空气中处于钝化状态,限制了电化学活性的发挥。而使用时,作为负极材料的铝消

除了氧化层后又异常活泼，存在较大的自腐蚀反应。工作时易产生胶体物，黏结在铝负极表面不易脱落，这又阻碍了电极反应的正常进行。上述特点限制了其成为优越的电池负极材料。

为了寻找消除这些缺陷的方法，学者对许多铝合金展开了研究。从1952年Rohman在美国获得第一个Al-Zn-Hg合金阳极专利开始，各国研究者进行了大量三、四元铝合金技术研究。1984年，Reboul等提出了含I、Hg、Zn的铝阳极活化机理，即著名的溶解—再沉积机理。该理论得到了广泛的验证，并成为活化机理的基础。特别是Despic和Drazic等在前人的基础上专门研究了In、Ga、Tl与Al组成的多元合金，得到的铝合金电极可使稳定电位达到$-1.7\sim-1.4$ V(相对于饱和甘汞电极)，钝化电流增大至$0.1\sim1$ A·cm^{-2}，电流效率高达99.5%(中性电解液)。图11.7、图11.8是几种多元铝合金电极的阳极极化曲线。很显然，合金的电极电位比纯铝低0.6～0.8 V。锡在碱性电解液中，这些合金材料也能改善Al负极性能，再加入适量磷、铅、镉、锡和锌可大大减少析氢反应，同时也抑制腐蚀反应。研究认为，加入的合金元素通过溶解—沉积机理聚集在A1的表面，从而使A1合金不是特别活化，起到了抑制腐蚀的作用。另外，在电解液中添加约

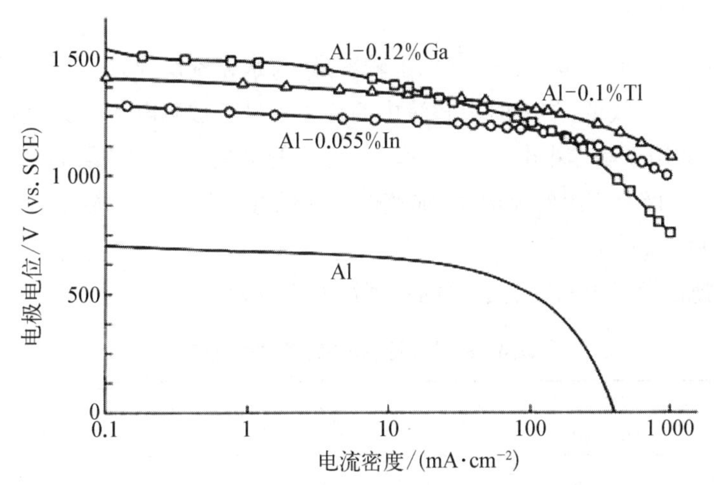

图11.7 Al及其Ga、Tl、In的合金在2 mol·dm^{-3} NaCl溶液中的阳极极化曲线

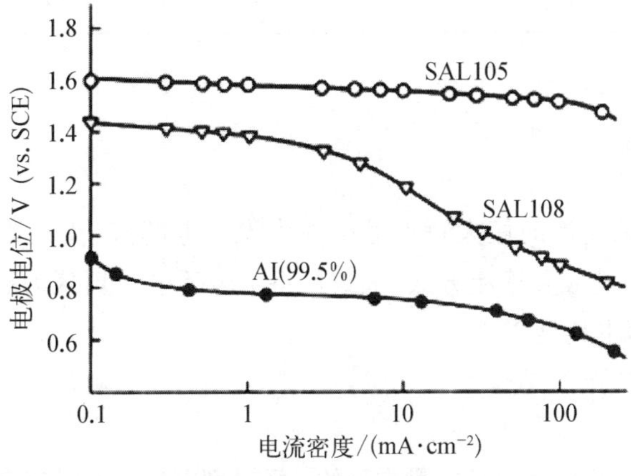

图11.8 室温下99.5%的Al及其两种合金在2 mol·dm^{-3} NaCl溶液中的阳极极化曲线

(SAL105：0.07%In，0.03%Ga；SAL108：0.07%In，0.05%Ga，0.03%Tl)

20 g·dm^{-3} 的 $NaSn(OH)_6$,其被还原成金属态沉积在铝的表面,形成保护层,从而使合金表面钝化,抑制腐蚀效果更明显。

虽然对铝合金机理的研究目前还多数集中在二、三元合金中,但作为铝合金负极的应用已发展到五元至七元合金。各种合金材料的加入,相互之间也存在抑制和促进,其作用不容忽视。

作为水激活电池的负极材料,电解质也是影响铝合金电性能的重要因素。Saidman等研究了 AI-In 合金在 NaCl 溶液中的作用机理,认为由于 Cl^- 离子的吸附而使合金元素起活化作用,抑制了铝合金负极的再钝化。Drazic 和 Chin 等研究了 Cl^- 离子对铝合金负极的影响,表明,Cl^- 离子在铝的氧化膜上的吸附,导致不同组分的氢氧化物和氯化物的形成。这些化合物的生成,将影响活化元素沉积的速度,高浓度的 Cl^- 离子将导致更大程度的化合物的生成以及使活化元素还原速度下降,从而使腐蚀速度降低。

铝合金作为负极材料的应用既要考虑添加的合金元素对铝合金电化学性能的相互影响,也必须考虑到电解质环境对铝合金的相互作用,两者缺一不可。

11.4.3 锌金属负极

锌是最常用的电池负极材料。锌加工较容易,与水无副反应,在中性电解液中放电产物不成渣。但比功率较低,放电时电解液中的锌离子易于被漏电流还原,引起极板间的短路。因此,锌只适用于制作小电流、低功率、长寿命的电池。锌片中若含有 Cu、Fe、Ni 等,将降低 H_2 在锌电极上析出的过电位,加速电池在储存过程中的自放电,故这些有害的杂质必须严格控制。

水激活电池的负极材料镁、铝、锌的物理性能比较如表 11.5 所示。

表 11.5 镁、铝、锌的物理性能比较

名称	原子量/g	密度 /(g·cm^{-3})	熔点/℃	安时当量 /(g·A·h^{-1})	电极电位 /V	备 注
Mg	24.31	1.74	650	0.45	−2.37	实际上约为−1.6 V
Al	26.98	2.69	660	0.34	−1.66	实际上约为−0.8 V
Zn	65.37	7.14	420	1.22	−0.763	

11.5 电池结构

如前所述,水激活电池的最大特点是电池内没有电解液,仅在激活时由环境注入电池,因此,根据不同的进液和液流方式,大致可将水激活电池划分为浸没型、浸润型、自流型和控流型等四种基本类型。

11.5.1 浸没型

浸没型结构类型是水激活电池中最常见的。浸没型电池工作时完全浸没在电解液中,正负电极间夹一层隔离物,电极堆可以是叠片状的(图 11.9),也可以是卷绕式,见图 11.10。

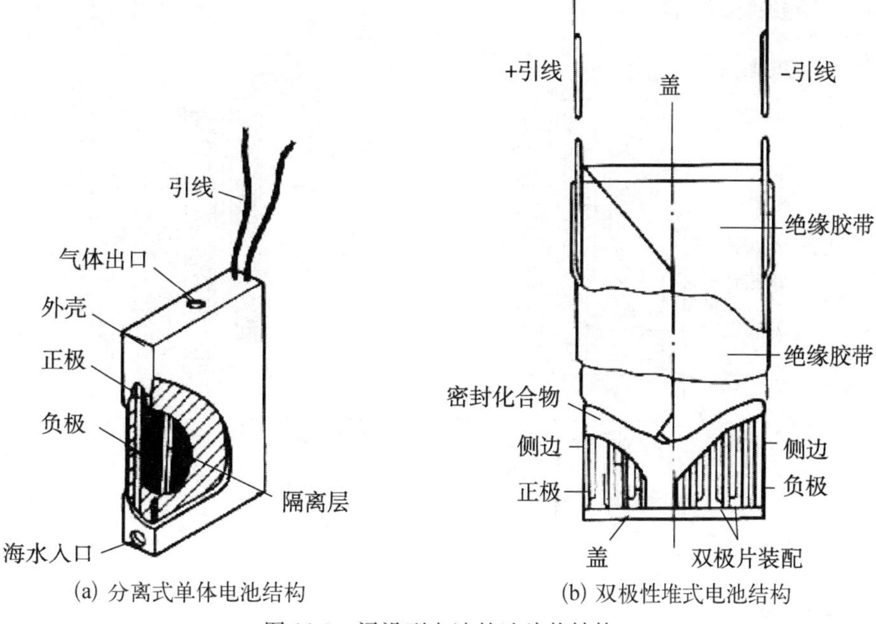

(a) 分离式单体电池结构　　(b) 双极性堆式电池结构

图 11.9　浸没型电池的迭片状结构

迭片状电极堆的电极隔离物往往采用等距排列的绝缘条,或者是多孔性波纹塑料片。卷绕形电极堆的电极隔离物也可以使用更柔软灵活的脱脂棉线,结构更紧凑,极片也更易于弯曲,在一定的空间中提供了更大的表面积,适宜于短寿命大电流使用的场合。

在浸没型电池结构中,由隔离物形成的空隙保证了海水的迅速进入,使电池及时激活工作;同时,副反应产物氢气也能顺利逸出,并搅动了电解液,带走部分固体反应产物(氢氧化物),使电池反应在整个寿命期间持续不断地进行。这类电池放电电流可达 50 A,放电电压一至数百伏,放电时间可从几秒到数天。

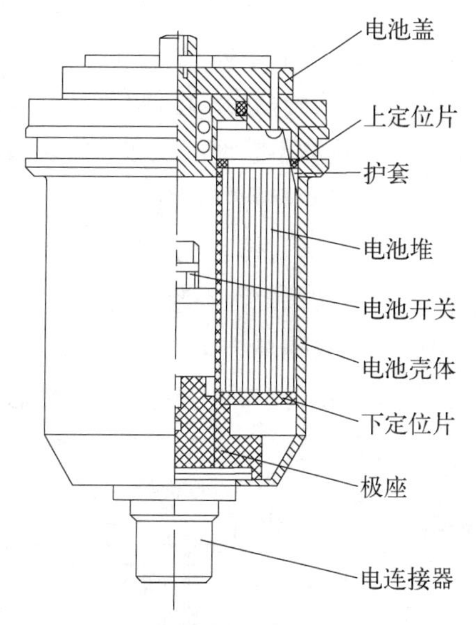

图 11.10　浸没型电池的卷绕式结构

11.5.2　浸润型

浸润型结构主要用于活性材料为可溶性物质,如 Cu_2Cl_2、$CuSO_4$ 等组成的系列。浸润型水激活电池的结构最为简单,如图 11.11 所示。正负极片间夹一层起绝缘和吸蓄电解液作用的隔膜形成单体电池,数个单体电池串并联迭合后组成电极堆并形成电压输出。整个电极堆可以装入电池壳中,也可以用绝缘胶带包封起来,仅留进液口,以降低隙漏电流和减少游离电解液,防止可溶性活性材料更多地水解,成本也可大大降低。

这类电池平时储存于密封袋中,使用时去除包装,在水中浸泡数分钟,让隔膜吸足水后取出,甩去游离电解液即可使用。这类电池放电时,电流可达 10 A,产生 1.5～130 V 的电压,放电时间 0.5～15 h。

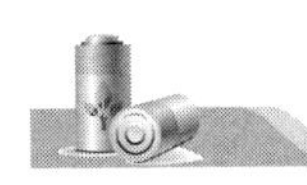

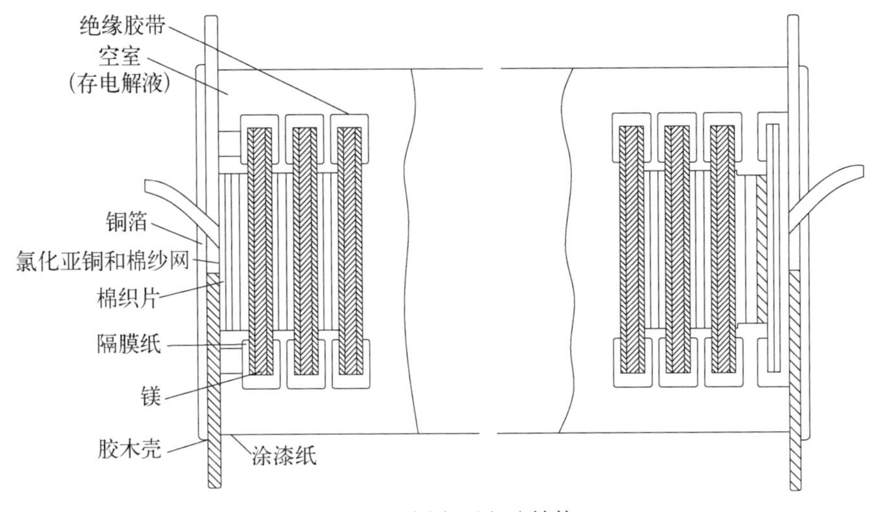

图 11.11　浸润型电池结构

11.5.3　自流型

自流型结构的水激活电池是作为一种鱼雷动力电源而设计的，比较而言，其成本较低，相应的性能指标并不太高。其特点是利用鱼雷的运动迫使海水在电池中不断地流动，解决了前两种结构的电池存在的缺陷——随着电极反应的进行，活性区域的 pH 逐渐升高，氢氧化物不断地沉积在电极表面，影响了进一步的反应。

自流型水激活电池的结构如图 11.12 所示。鱼雷入水后，海水从鱼雷下部的勺状口进入电池，通过海水配注器均匀地流布于整个电极堆，使所有单体都能激活放电。同时，鱼雷的运动又源源不断地输进新鲜海水，把反应产物驱出电极堆再从雷体上部的排放口喷除。电极隔离物如使用效率更高、整个表面能均匀分布的细小绝缘柱或玻璃珠，会使海水流动更快、流布更均匀，正负极间距也更小，电极堆强度也更高。这些措施，保证了电池

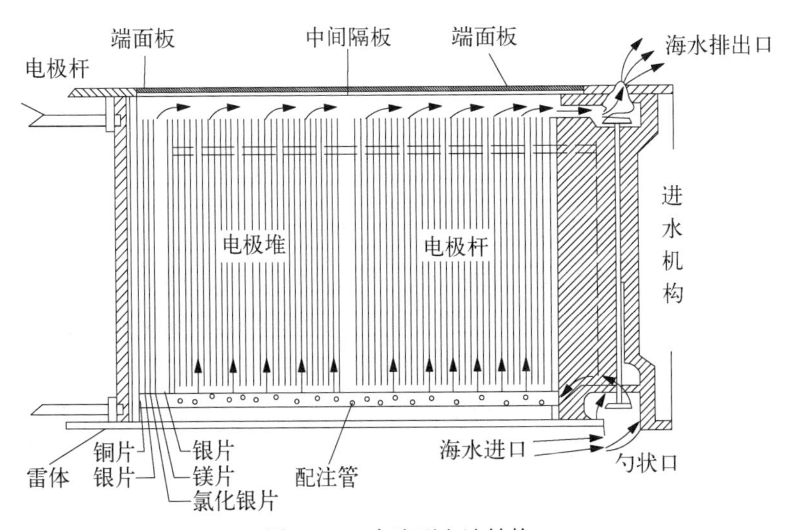

图 11.12　自流型电池结构

在一个 pH、盐度，甚至温度都处于一个变化不大的条件下工作，使放电电流和电压都较稳定和均衡。如某海水电池可由 118 只到 460 只单体电池组成，功率达到 25～400 kW，电流密度 500 mA・cm^{-2}，比功率 90 kW・kg^{-1}，放电时间 5～15 min。

11.5.4 控流型

水激活电池应用于鱼雷推进，势必要求在广阔的海域内使用。这时，必然要面临温度、盐度变化而带来的放电性能的差异，造成输出功率的变化，如图 11.13 所示。

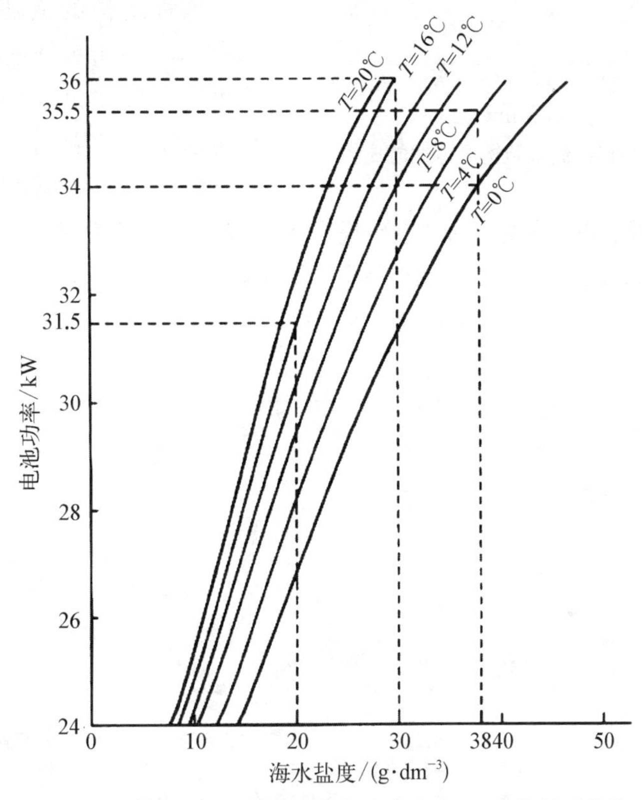

图 11.13 自流型电池输出功率与海水盐度、温度的关系曲线

为了改善电池的放电特性，在自流型结构基础上设计出控流型电池结构。这种结构增加了海水循环控制系统，如图 11.14 所示。这种系统既控制了盐度变化，也能适当地控

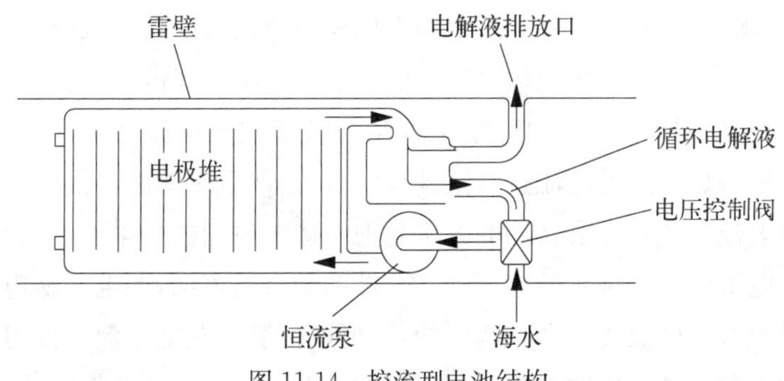

图 11.14 控流型电池结构

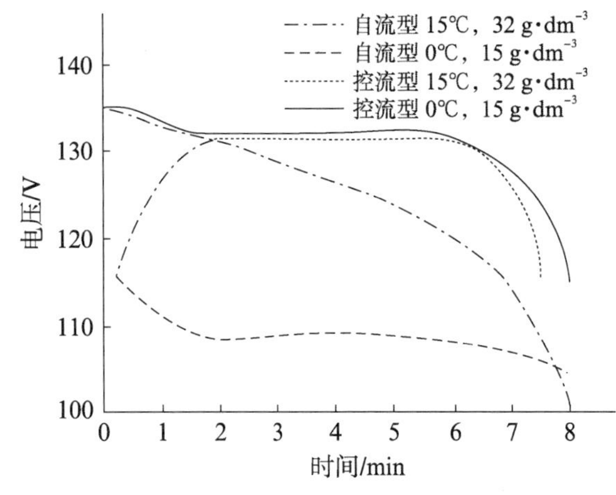

图 11.15 自流型和控流型结构电池性能比较

制温度变化。图 11.15 比较了两种结构电池在不同温度、盐度下的放电性能。很明显,在不同环境条件下,控流型电池放电电流和电压的稳定性和量值都大大提高,电池比能量可达110 $W \cdot h \cdot kg^{-1}$,若再增加专用的温度控制,还可使电池比能量提高到 130 $W \cdot h \cdot kg^{-1}$。

这种结构的成功设计,也使 Al/AgO 体系在鱼雷推进电源中的应用成为可能。Al/AgO 海水激活电池除采用海水循环和温度控制环节外,还增加了气液分离器和碱性电解质储箱,从而改变了传统的水激活电池的电解液成分,提高了电解液的循环效率。Al/AgO 鱼雷推进电源的结构如图 11.16 所示。该电池单体电压 1.5 V 时的电流密度为 1.1 $A \cdot cm^{-2}$,比能量高达 180~220 $W \cdot h \cdot kg^{-1}$,是目前性能最好的鱼雷推进电源。

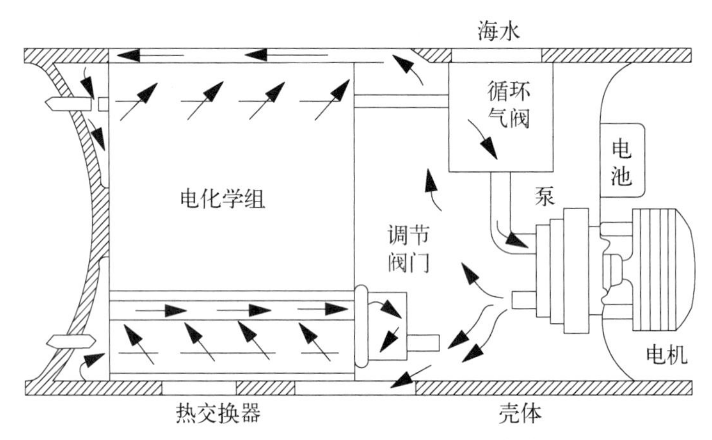

图 11.16 Al/AgO 鱼雷推进电源结构

从上述四类水激活电池的性能可知,随着结构复杂程度的增加,电池性能也大幅度地提高。因此在进行电池设计时,要根据用途来选择适当的结构类型,避免不必要的制造难度、降低制造成本。

水激活电池组在放电过程中,在多于一个单体电池构成的各类水激活电池中,所有单体电池都使用共同的电解液,各单体电池的电解液是连续导通的。这样一来,在高低电位间势必存在一定的泄漏电流。“漏电流”的产生导致了电池整体性能的降低,消耗了电池的容量,造成了浪费。当这种电流达到某种程度,就会严重影响电池的输出性能。

为减小“漏电流”,实践上最常用的方法是把单体电池间的导电通道设计得尽可能长。在许多实例中,电池的负极或正极连接到一个外部的金属表面,漏电流从电池中流到这个表面,通过在电池开口处放置一个带沟槽的盖,可以控制这些漏电流。同时添加适当的抑制剂,正负极片采用大小不同的面积,面积稍大的极片用绝缘胶带包封适当宽度的边缘,使用双极性电极，减少电池内部连线，裸露的所有非活性导电表面都经过绝缘处理等。

Harival 和 Doll 等提出了利用毛细管虹吸原理解决隙漏电流的方案。在这个方案中，每个单体电池都被单独地放在一个比电极稍大的塑料盒内。盒的上部有一毛细管构成的排气孔，电极下部是一个封闭的空间，用以收集反应产物。这样的组合电池外部电解液的连续性为毛细管中排出的气体所打破，即单体内的电解液进出由放出的气体量所控制，从而减少甚至消除了隙漏电流的影响。这种结构的电池可以工作于 6 000 m 深的海底。

当电池尺寸都确定后，电池的最终隙缝电阻可用下式计算：

$$R=\rho\frac{L}{S} \tag{11.33}$$

式中，R 为隙缝电阻，单位为 Ω；L 为通道长度，单位为 mm；S 为通道横截面积，单位为 mm^2；ρ 为电解液电阻率，单位为 Ω · mm。

11.6　电池组

前面已介绍了水激活电池的四种基本结构类型及其特点。从理论上说，按 11.3 节和 11.4 节中介绍的方法制造负极和正极，负极再经刷光处理，裁切成所需尺寸，正极可直接裁取相应尺寸后，即可相互配对，选用适当的隔离方式和框壳结构，迭合装配，制成四种结构类型多种电对系列的水激活电池。但是，实际上，目前除了镁氯化银电池可以制成所有这四种结构的实用电池外，其余都仅适于制造某种结构的实用电池。因此，正负极的配对组合实际上并非有自由的。某些电对一旦装配成电池，由于一些性能不能满足使用要求而告失败；试验成功的电对也往往只能形成某一结构类型的电池系列。下面就按这四种结构类型分别介绍几种典型电池组产品的结构、制造和性能。

水激活电池大多使用高活性负极材料，易与空气的氧气发生化学反应，生产氧化物，从而会造成电池失效，在水分较多的环境内，该反应会加速进行；同时水激活电池又是储存寿命长的储备电池，因此水激活电池的生产必须在相对湿度小于 5%的环境内进行，以减缓氧化速度，因此对电池生产制造的环境要求较高。电池正极材料和零部件在装配前都应做真空干燥处理；负极材料表面根据工艺需要进行刷抛，去除氧化膜或采用阳极氧化技术，生成需要的保护膜；电池在干燥空气环境中内装配，一般是干燥房或手套操作箱内完成装配；部分高性能电池还应在惰性气体保护的条件下装配。这些工序是制造水激活电池的最基本的工艺要求，确保电池内部没有活性气体或水分存在，电极表面保持良好活性，使电池激活时间缩短。同时，电池封口时也必须注意其密封性，确保其储存寿命。

11.6.1　浸没型结构电池组

浸没型结构的水激活电池组如图 11.9 和图 11.10 所示。可以制成这类结构的电对有：Mg/AgCl、$Mg/PbCl_2$、Mg/Cu_2I_2、Mg/CuSCN、Mg/PbO_2、Mg/NiOOH 等。电极堆可以是迭片式，也可以是卷绕式。

迭片式结构的电池，舍弃了原来的单体电池分离式结构，采用了双极性堆式结构，极片结构如图11.17所示。这种极片减少了单体电池间的内部连线，使电池结构更为紧凑。一般负极比正极稍大，露出的边缘用绝缘带包封起来。Mg/AgCl电池双极性极片的正负极间靠一层银箔连接，其他体系电池则用U形钉把正负极装订在一起。两对极片间的隔离物可以是条状或波形穿孔的隔离片，也可以是正极或负极表面粘贴的均匀分布的绝缘小柱等。电极全部迭合后除进出水口，四面都用绝缘胶料填封。一般电极堆与电池壳体也用此胶料黏结在一起，以减少泄漏电流。

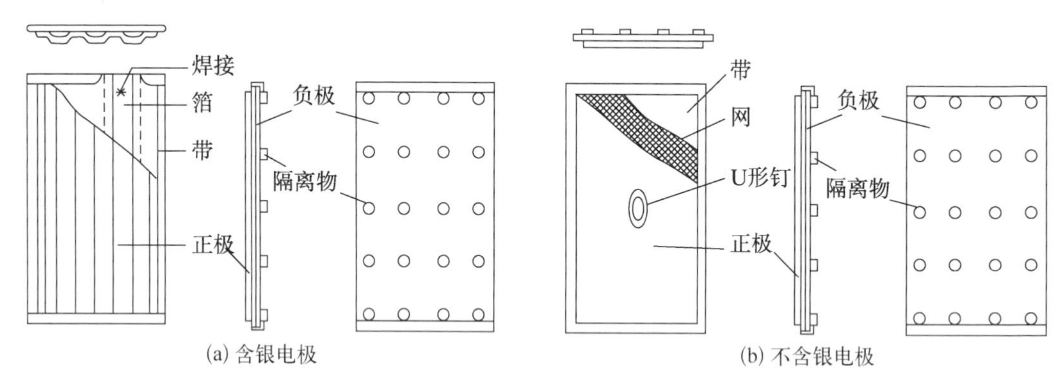

图11.17　双极性电极结构图

卷绕式结构的电池是两片负极夹一片均匀绕上脱脂棉线作隔离物的正极，单体电池之间靠铆钉连接，然后全部单体一个接一个地卷绕在电极座上成型，如图11.18所示。其中正极上脱脂棉线缠绕的间距不仅影响正负极间的绝缘；同时形成进水通道，影响进水速度，进而影响激活时间。另一方面脱脂棉线的线径规格，也会影响电池工作时的内阻，一般情况下，脱脂棉线支数股数越小电池工作时内阻越小，有利于输出电压；同时形成的进水通道也越小，不利于快速激活。为了缩短激活时间，一般在脱脂棉线上浸渍电解质，选用易溶性且离子易迁移的电解质，增加电解液(浸渍带脱脂棉线正极的溶液)的浓度，并且在该溶液中添加特种亲水性有机物，加快电解液的浸润速度，从而加快了正负极反应的速度，缩短激活时间。这种电池正负极不能厚，所以放电容量有所限制。前后单体之间要严格绝缘。对铆接部位也要注意绝缘保护，防止单体电池之间产生短路。电池堆生产中除了要保证单体绝缘外，最重要的要保证在卷绕过程中各个单体的松紧度一致，过紧将造成水无法

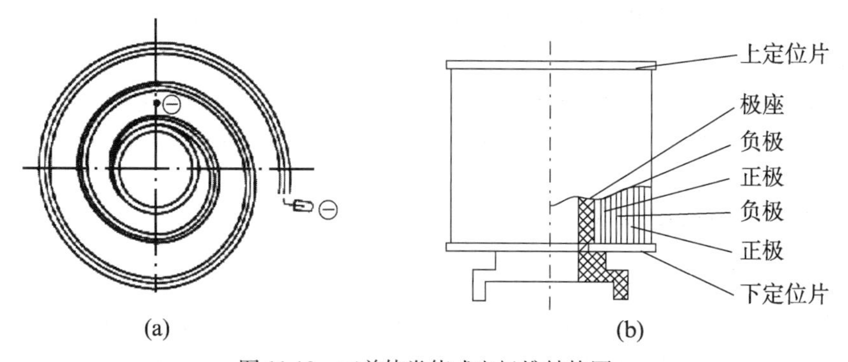

图11.18　三单体卷绕式电极堆结构图

迅速地进入电池堆内部,过松会使正负极间距过大,增大电池内阻,均会延长电池激活时间。

浸没型电池的开口,可以设计成瓶口型,如图11.9所示。电池上部的孔为出液口,下部的孔为进液口,使用时拔去或旋开盖子即可。在某些特殊用途中,要考虑干态储存时的良好密封和一旦工作时的即刻打开、迅速激活,电池开口设计就比较复杂。某鱼雷启动用水激活电池的电池盖结构如图11.19所示。电池开口是密封部位和弹簧的有效配合。储存时由密封圈到位保持密封;工作时拉去保险销后,压缩态弹簧瞬间打开活动盖,形成电池入水激活的通道。

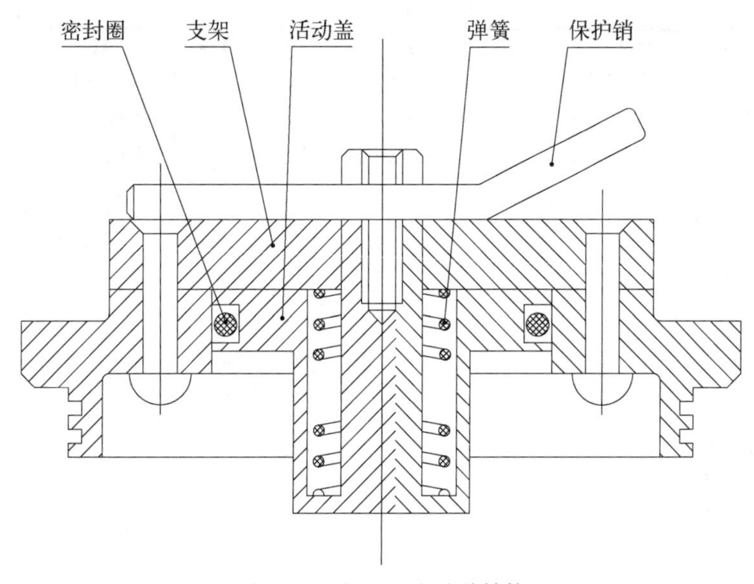

图11.19 浸没型电池盖结构

几种电化学体系的浸没型结构电池在模拟海水电解液中的性能曲线,如图11.20～11.25所示。模拟海水电解液由相应质量百分比的典型海盐配方配制而得。其中低盐海水电解质海盐的质量百分含量为1.05%±0.05%;高盐海水电解质是指海盐的质量百分含量为3.55%±0.05%。典型海盐由下列化学成分组成(质量百分比):

NaCl	58.490%
$MgCl_2 \cdot 6H_2O$	26.460%
Na_2SO_4	9.750%
$CaCl_2 \cdot 2H_2O$	2.765%
KCl	1.645%
$NaHCO_3$	0.477%
KBr	0.238%
其他	0.175%

此外,镁二氧化铅浸没型水激活电池的开路电压为2.4 V,工作电压为1.5～1.7 V,电流密度为1.5～20 mA·cm^{-2}。镁氧化镍电池的开路电压为2.3 V,工作电压为1.6～1.8 V,电流密度为5～150 mA·cm^{-2}。

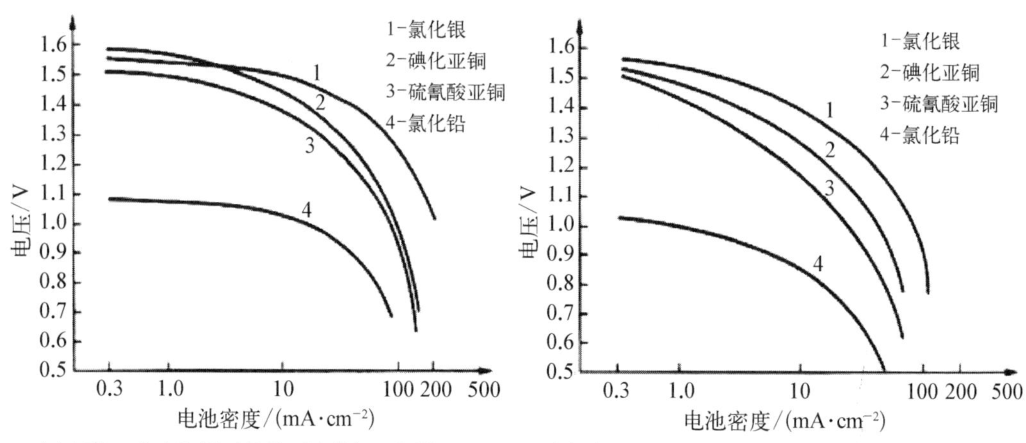

图 11.20 不同温度下典型单体电压与电流密度的关系

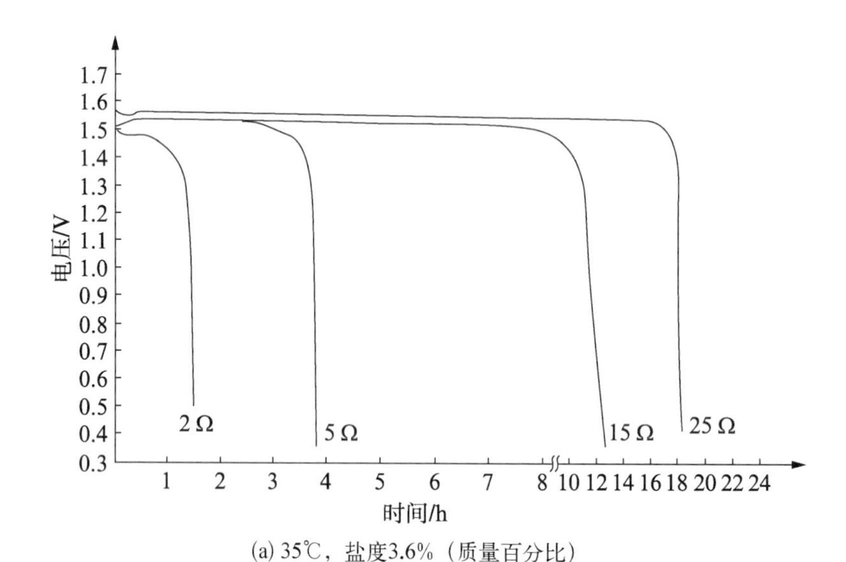

(a) 35℃，盐度3.6%（质量百分比）

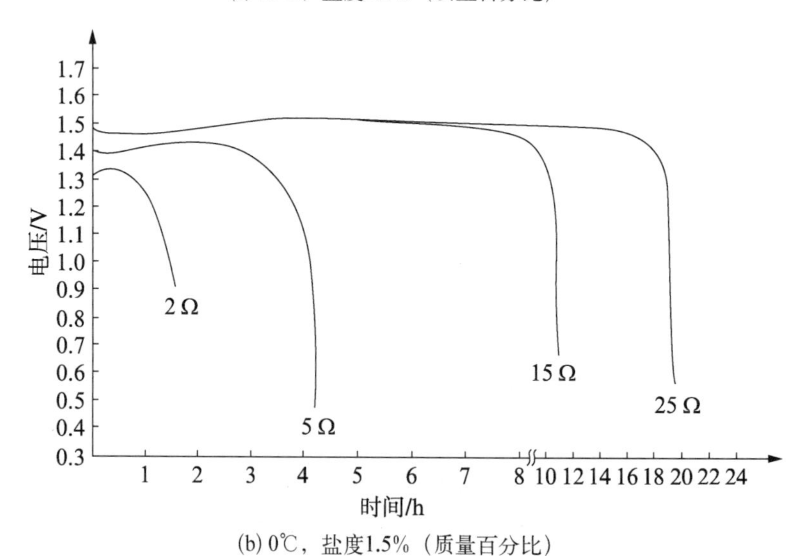

(b) 0℃，盐度1.5%（质量百分比）

图 11.21 镁氯化银电池放电曲线

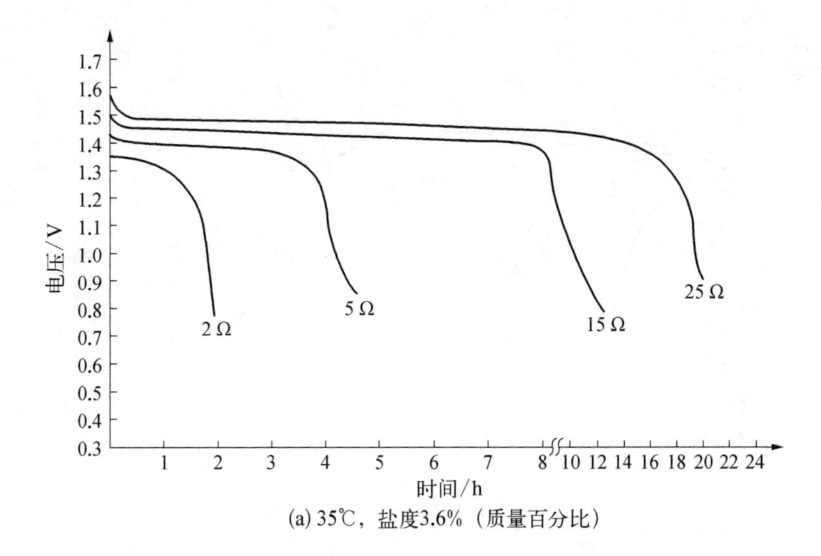

(a) 35℃，盐度3.6%（质量百分比）

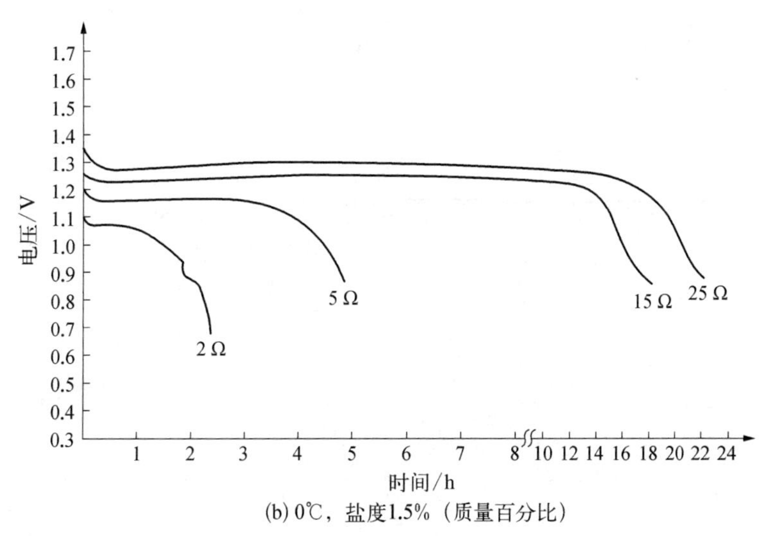

(b) 0℃，盐度1.5%（质量百分比）

图 11.22 镁硫氰酸亚铜电池放电曲线

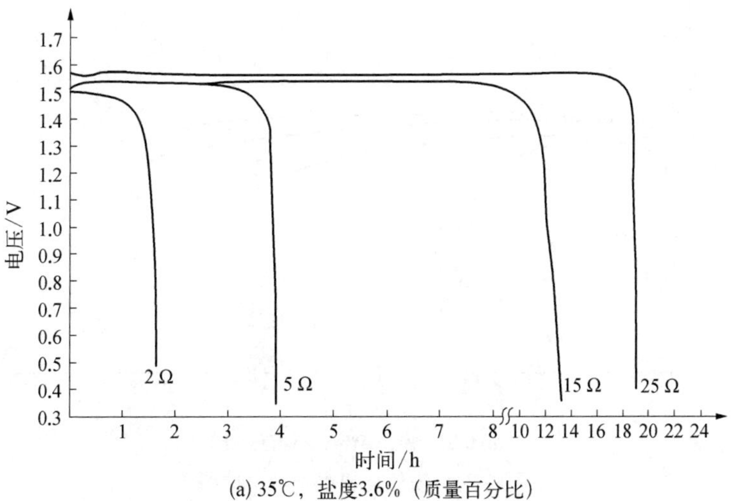

(a) 35℃，盐度3.6%（质量百分比）

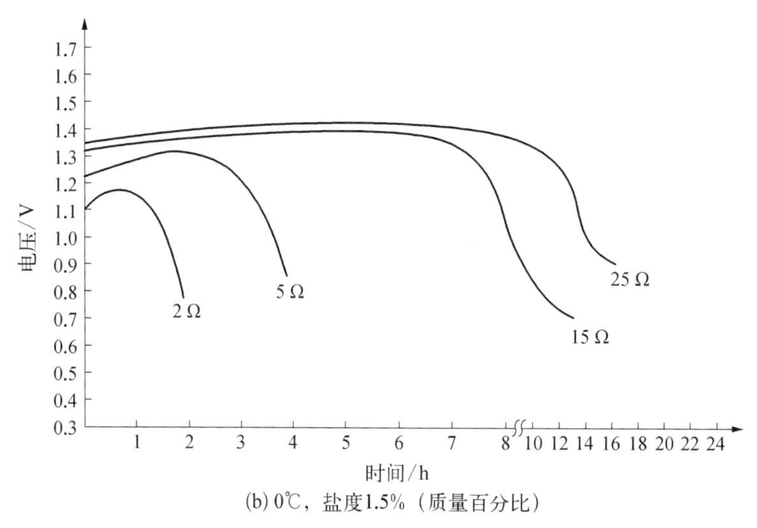

(b) 0℃，盐度1.5%（质量百分比）

图 11.23　镁碘化亚铜电池放电曲线

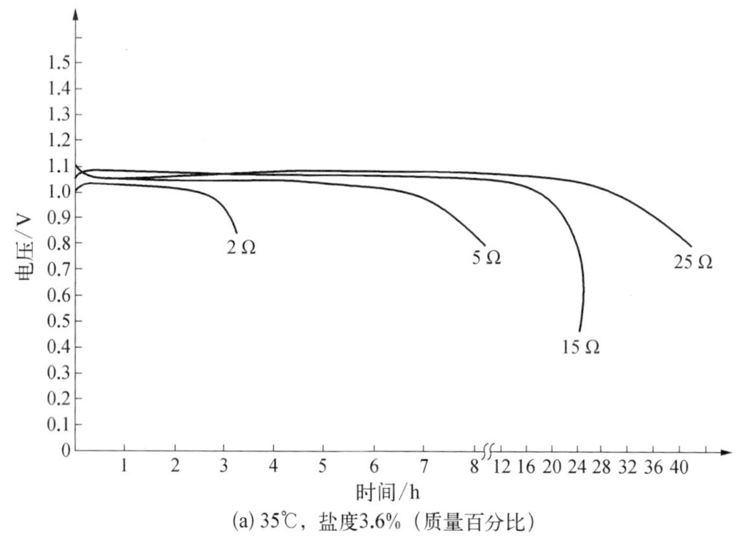

(a) 35℃，盐度3.6%（质量百分比）

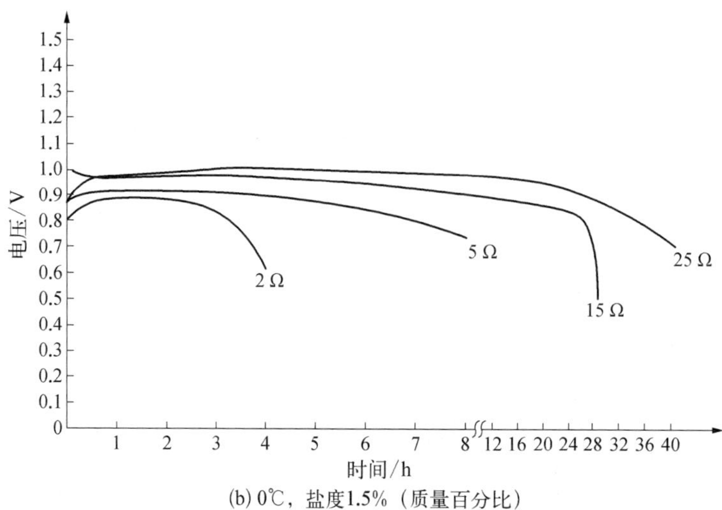

(b) 0℃，盐度1.5%（质量百分比）

图 11.24　镁氯化铅电池放电曲线

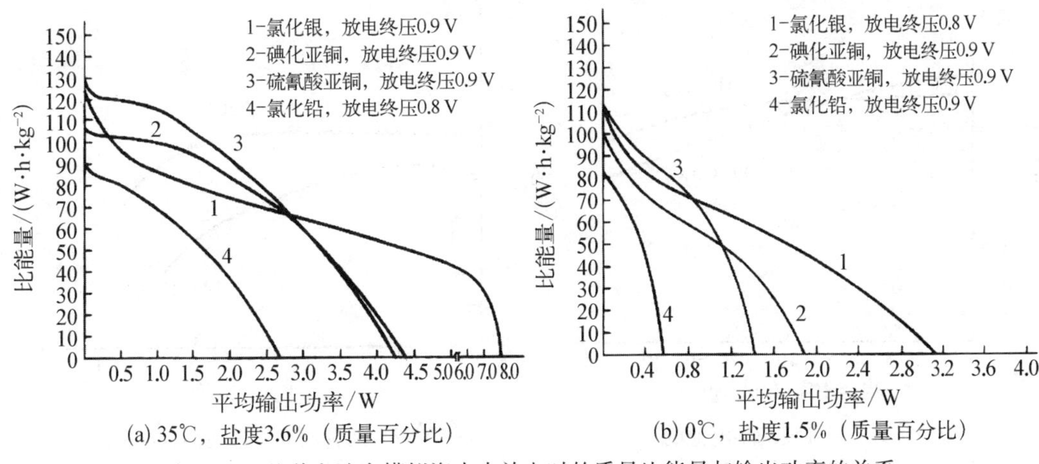

图 11.25 几种电池在模拟海水中放电时的质量比能量与输出功率的关系

在这些浸没型结构的水激活电池中，以镁氯化银体系性能最好，价格也最昂贵。其次是镁氧化镍体系，成本有所降低。镁氯化铅和镁二氧化铅体系，成本低廉，前者激活快、工作可靠，但电压较低，后者工艺成熟、电压较高，但铅板栅与活性物质在放电过程中的接触尚有待于提高，正极活性物质利用率也较低，仅为40%左右。镁碘化亚铜和镁硫氰酸亚铜体系性能适中。

11.6.2 浸润型结构电池组

浸润型结构的水激活电池如图11.11所示。这种结构的电池适宜于使用在水溶液中易溶或易水解的正极，如氯化亚铜、$CuSO_4$等，但也有用氯化银的。负极一般都是镁合金。此外，锌银体系在放电时，锌离子易为漏电流还原，而在极片上局部析出，引起正负极之间短路，因此锌银体系也采用浸润型结构。

浸润型结构比浸没型结构简单。正负电极之间靠吸水性隔膜如脱脂棉、滤纸等绝缘，一般不再使用隔离片。但在大电流长寿命场合使用时，也要使用隔离片，以减少反应产物对电极的影响，减缓大电流放电造成的过热影响。这种电池正极强度要好，防止铜离子过多溶出而降低容量。吸水隔膜装配前可在食盐溶液中先浸渍处理，使烘干后带上一定的盐分，有助于电池激活和在淡水中的使用。电池有时仅用绝缘带包缠所有单体电池，不再使用壳体，储存时靠包装袋保持密封。

两种典型的浸润型水激活电池的伏安曲线和放电曲线分别如图11.26和图11.27所示。镁硫酸铜电池的开路电压为2.1 V，工作电压为1.3～1.7 V，电流密度为0.5～30 mA·cm^{-2}。用作海底电缆收音机电源的一种锌银浸润型电池的工作电压为0.9～1.1 V，电流仅为5 mA，工作时间为1 a。

11.6.3 自流型结构电池组

自流型水激活电池主要用作鱼雷推进电源，目前仅限于镁氯化银体系。其他体系尽管也做了大量研究，但性能都无法满足使用要求，尚无实用价值。一种典型的电解液自流

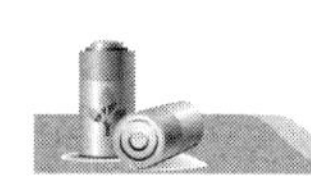

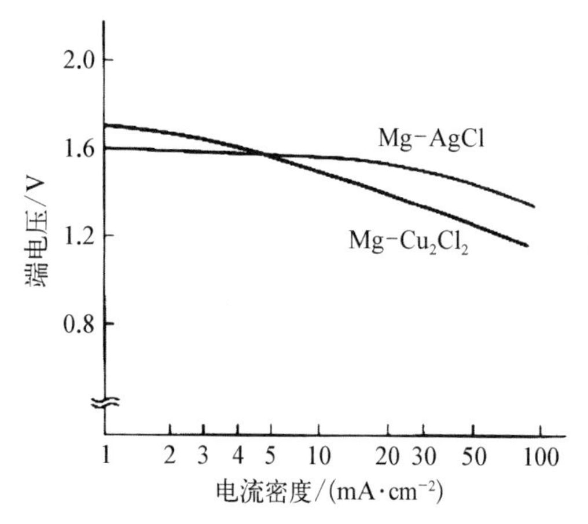

图 11.26　两种浸润型电池的伏安曲线(室温)

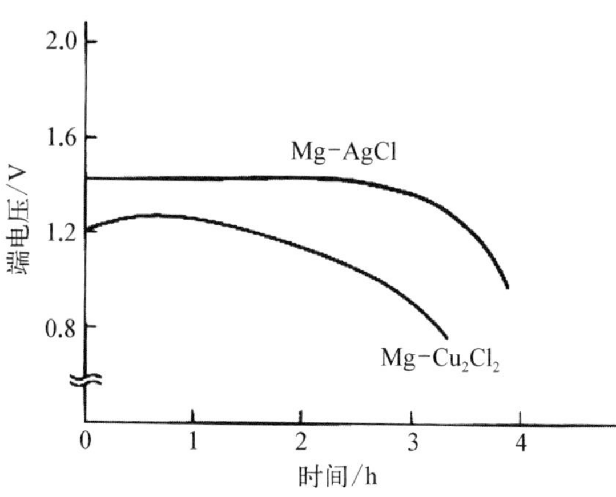

图 11.27　两种浸润型电池的放电曲线(室温,20 mA · cm^{-2})

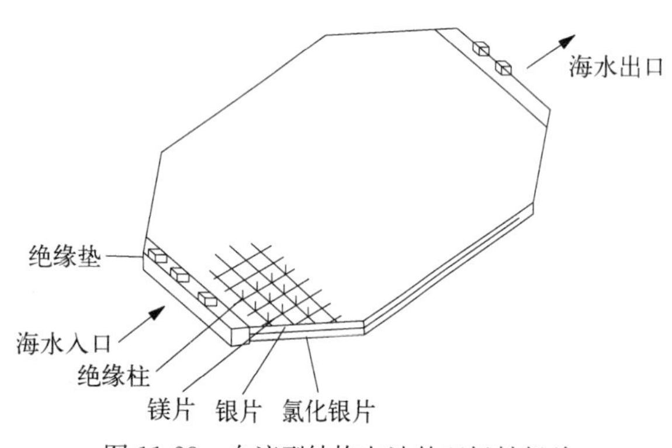

图 11.28　自流型结构电池的双极性极片

型水激活电池的结构如图 11.12 所示。整个电池组由 146 个单体电池组成。其双极性八角形极片如图 11.28 所示。

负极为镁合金 AP65,厚 0.28 mm,一面贴有厚 0.022 mm 银片,八角形的其中两个相对的边缘粘有进出水口绝缘垫。

正极为熔铸氯化银,厚 0.5 mm,活化面积为 5.7 dm^2,整个表面均匀地钻有 0.22 mm的小孔,孔距 6.25 mm。这些小孔使电解液和电流都能更好地流通分布。

电极间的隔离物是负极表面均匀分布的圆柱形绝缘小柱。这种小柱利用加热型模从大片热胶原料上冲出所需形状并直接粘贴在镁合金表面。对其他电池也可粘贴在正极或隔膜上。这种隔离方法有下列优点:

(1) 通过选择原料厚度改变电解液流动速度,从而控制电流密度;

(2) 可以使用极薄的正极或负极,增大活性表面积,使放电倍率提高;

(3) 使整个电池的安装尺寸更精确,提高电极堆的机械强度;

(4) 使电极表面隔离物的位置和尺寸都均匀一致,易于控制电解液的流布特性;

(5) 这种结构和它的柔性,使大尺寸电极的制造成为可能。

其中最重要的是它能改变隔离物在电解液入口和出口处的位置和形状,从而有效地控制电解液流动特性,减少泄漏电流。

电池内海水的分配靠一根表面钻有按电解液分布要求确定的小孔,贯穿整个电极堆,与进水口相连的绝缘管实现。它保证海水能均匀地输送到各电池单体。

除进出水口外,电极堆的其余几个面都用绝缘布包贴,再用环氧胶封进橡皮绝缘套内。平时电池储存于电池箱内。使用时,电池直接装入鱼雷的电源舱与鱼雷后段独立的进水机构连接。

整个进水机构由鱼雷下部的一个勺状进水口、上部出水口、中间一套弹簧控制杆联动机构等组成。控制杆上下端装有阀门，通过保险索，压紧弹簧关闭两个阀门。一旦拉掉保险索，弹簧张开，立即打开上、下阀门，海水就能在电池内流动，保证电池及时激活放电。

该电池性能指标要求如下：

单体电池电压：1.1 V；

总电压：160 V；

电流：180 A；

功率：32 kW；

工作温度：0～30℃；

负载电阻：0.85 Ω；

电解液：NaCl 含量 15～38 $g \cdot dm^{-3}$的海水；

电解液流速：45～30 $dm^3 \cdot min^{-1}$；

工作时间：≥6 min；

激活时间：≤2 s。

该电池典型的放电曲线如图 11.29 所示。

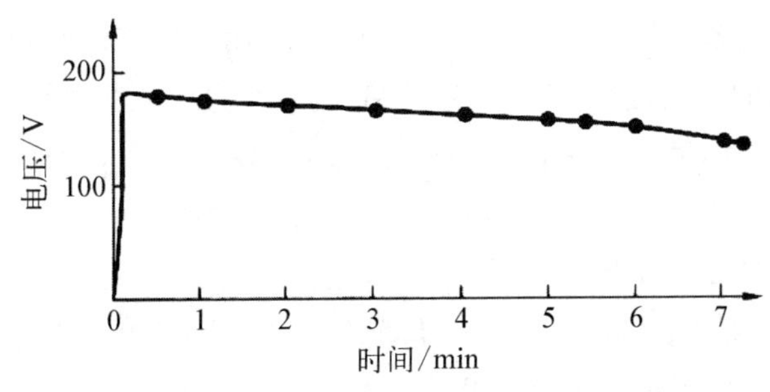

图 11.29　典型的自流型结构电池放电曲线

11.6.4　控流型结构电池组

控流型电池，即海水循环流动控制型水激活电池，是目前世界上使用最广泛的一种鱼雷推进电源。图 11.14 和图 11.16 表示了其中两种典型的电池结构。这类电池也使用双极性堆式结构。其中，四单体电池叠合的结构如图 11.30 所示。

四单体电池叠合的形式，是这类电池的标准电极堆叠合形式。更多的单体电池也同样依次堆叠在一起。如 MK61 Mod O 的结构为：

单体电池数：236 个(分两组安装)；

正极表面积：396 cm^2；

正极厚度：0.038 cm；

负极厚度：0.028 cm；

电极间隔：0.058 cm；

电解液流动面积：10.24 cm^2。

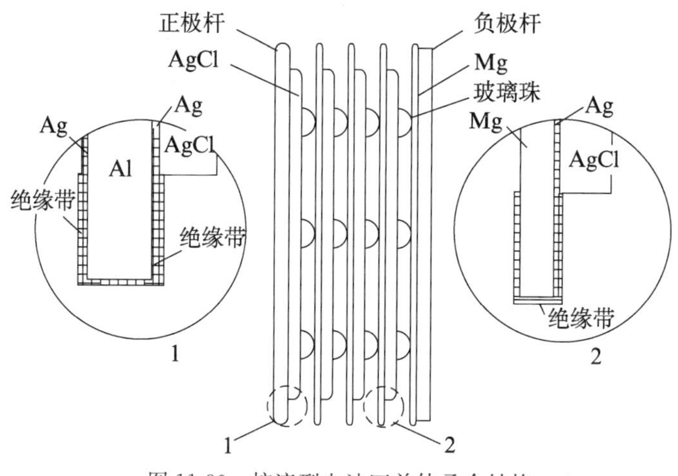

图 11.30　控流型电池四单体叠合结构

正极是熔铸氯化银。负极是镁合金 AZ61。为了防止氢氧化镁污积在海水进出口死角处,电极设计成腰形或切去四角的矩形,以便在进液口产生一个横向液流,而在海水出口形成一个沉淀物的喷射通道。电极间的隔离物是嵌在正极上的小玻璃珠,使极间距更小,降低液相电阻,提高电解液分布均匀性和流动效率。

整个电池除了电极堆外还有两个测量系统:一个用于检查海水在各单体电池中的流速,据此控制进水口的阀门,提供适当的液流量;另一个是电压测量系统,用于调整新鲜海水和循环电解液的比例,稳定电解液的导电率。这样使电池在整个放电期间有一个更稳定的电解液工作状态,电池能更均匀地激活放电,也有效地防止了电池过热时,活性物质消耗得太快,使电池能量过早耗尽和增加反应产物污积的可能性。

该电池的放电曲线如图 11.31 所示。目前最新的 Mg/AgCl 鱼雷推进电源中又增加了专用浓度计和双铂丝浮头式温度计,更严格地控制海水的盐度和温度,进一步提高了电池工作稳定性和比能量。

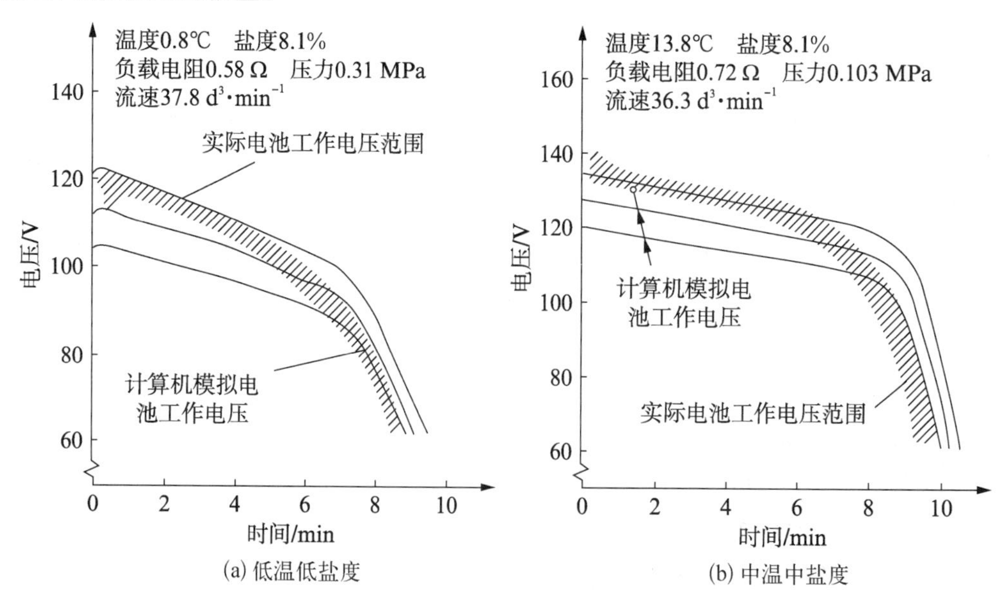

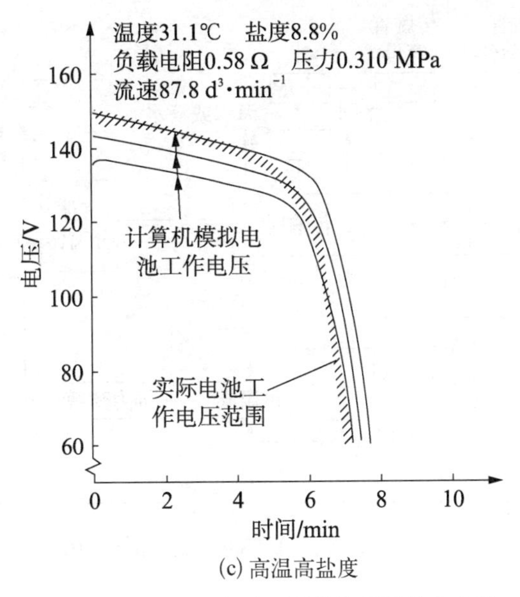

(c) 高温高盐度

图 11.31　MK61 Mod O 电池不同条件下的放电曲线

（实线为计算模拟的范围；斜线区为实际工作范围）

控流型结构的鱼雷推进电源——铝氧化银电池如图 11.16 所示。该电池的性能优于镁氯化银体系，如图 11.32 所示，但结构也更为复杂，整个电源系统如图 11.33 所示。铝氧化银电源主要由辅助系统和电堆两部分组成，辅助系统用以控制激活电堆和维持电堆正常放电，电堆则负责对外输出能量。铝氧化银电堆内部是由若干双极性平板串联而成，其外部结构表现就是双极性堆式结构样式，主要用于军用水下动力电源，是第三代鱼雷动力电池。

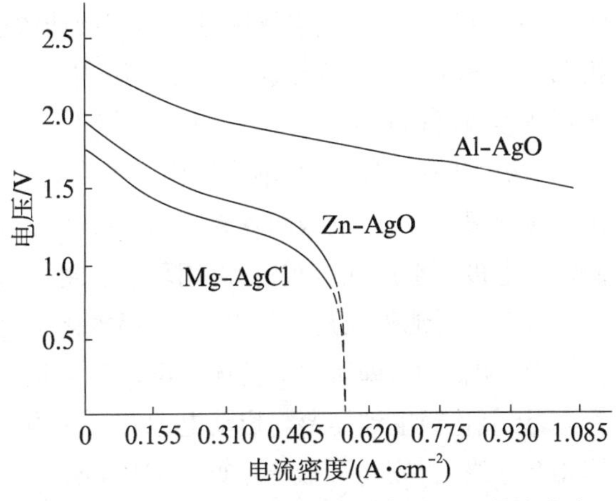

图 11.32　三种常见鱼雷电源单体电池的伏安曲线

该铝氧化银电池系统首先要解决析氢问题。铝在浓碱性溶液中析氢严重，无负载时尤为突出。尽管在 0.8～1.2 $A \cdot cm^{-2}$ 时析氢最少，但仍达 0.031～0.620 $cm^3 \cdot cm^{-2} \cdot min^{-1}$。为此，除了使用新型铝合金和添加缓蚀剂外，在电解液循环系统中设计了一个气液分离器，使电解液去除气体后再进入循环。

该铝氧化银电池系统须解决的第二个问题是控制内阻和反应热量。这种热量一般为电池能量输出的 110%～120%，而在无负载时更高。这种控制同样基于调节新鲜海水与循环电解液的比例，即对电解液循环流动的控制。这种控制既解决热交换问题，也从电池内和电极堆的孔隙中去除了氢氧化铝固体产物。另外在靠近雷壁的部位设置了热交换器，提高散热效率。

该铝氧化银电池系统须解决的第三个问题是电解液浓度。实验表明，铝氧化银体系

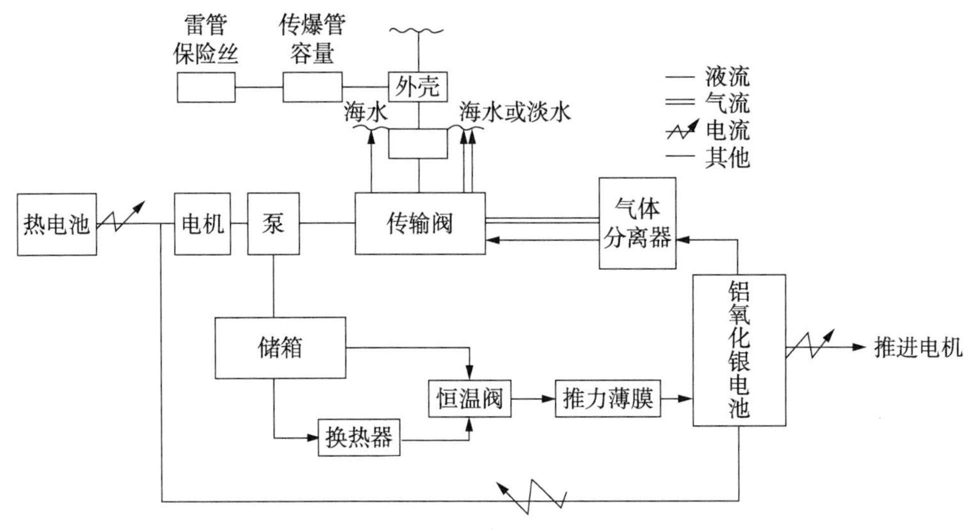

图 11.33　Al/AgO 电池系统框图

在 KOH(或 NaOH)与海水的浓度比为 15%～35%时,电池工作电压和气体析出处于一种有利的平衡中。为此,设计了一个电解质储箱,里面配置了与反应消耗相适应的片、丸和块状 KOH(或 NaOH)的机械混合物。工作起始,由热电池驱动的循环泵吸入海水,片状 KOH 首先溶解。使电解液迅速达到最佳浓度范围。整个放电期间,溶解稍慢的丸、块状 KOH 使电解液保持在这一浓度范围内。KOH 在海水中溶解所放出的大量热能使电池在数秒内就达到了工作温度 70～90℃,不受环境温度的影响。

电极堆同样采取串联堆式结构。极片间隔离物为 0.89 mm 的玻璃珠。通过烧结或热压在氧化银电极上,电极间隔为 0.51～0.64 mm,视去除反应产物和控制液相电阻的需要而定。电极堆也用绝缘布包缠,用环氧胶封。

大多数电池外壳是不带电的,但铝氧化银电池由于其自身特性,外壳始终会与正极或负极形成电势差,即所说的壳体带电。铝氧化银电池壳体带电会存在一定的风险和危害。首先,铝氧化银电池需要与启动电池并联供电,这就使得启动电池壳体不能带电,或两壳体相互绝缘,否则将形成充电回路,造成电池互相充电,危害电池安全;其次,很多滤波电路都是用接地电容滤除共模干扰的,而一些场合不得不将外壳作为地。若电池壳体带电,则使鱼雷外壳也带电,造成滤波电路中共模电容需要的耐压值升高;同时,理想的接地平面是一个零阻抗、零电位的物理体,但由于壳体带电,当电池负载出现波动时,电池电压也随之波动,带电的壳体电势也会随之波动,有可能会造成滤波效果的下降。铝氧化银电池壳体电势变化的主要因素为电堆结构,其大小是固有漏电流在液相电阻上的压降,与电池负载电流、电解液浓度、放电深度等因素关系较小。

11.7　性能测试

为验证在不同海域中使用的有效性,水激活电池电性能的测试一般在相应环境力学考核的基础上,分为四种条件进行电性能测试,分别为高温高盐试验、高温淡水试验、低温低盐试验和低温淡水试验等。具体验证条件见表11.6。

表11.6 水激活电池电性能试验条件表

试验名称	被试电池温度/℃	电解液温度/℃	电解液/质量百分比浓度
低温低盐试验	−18±2	1±2	低盐度海水 (1.5±0.05)%
高温高盐试验	+60±2	+37±2	高盐度海水 (3.95±0.15)%
低温淡水试验	0±2	+5±2	淡水
高温淡水试验	+60±2	+37±2	淡水

其中淡水在试验时使用的淡水可以用自来水代替。

11.8 使用维护

水激活电池为一次性激活使用的化学电池,电池未灌入电解液而激活使用前,内部材料均为固态,正负极之间完全分离,可延长水激活电池寿命,但电极材料本身遇水易氧化,长时间储存易分解,因此水激活电池平时以干态储存,一般储存五年内,可在海水环境中使用,储存两年内可在湖水环境中使用,拆除包装后的电池应放在干燥器或干燥箱内。电池处于待用状态,储存一年,可在海水环境中使用。装好电池的包装箱应存放在通风、干燥的仓库内,不得暴晒和雨淋。

11.9 发展前景

水激活电池已有了100多年的历史,作为一种传统电源,非激活状态储存寿命长,免维护,安全可靠,适用于救生设备、科技设备及武器装备,而且其电极材料资源丰富,生产工艺成熟,质量、体积、容量没有固定的标准,可以根据不同需要进行设计和生产,便于使用,在许多方面仍有强大的生命力,在军用和民用设备上的范围越来越广。因此,今后除了进一步完善现有的体系,如探索性能更优的合金材料、设计更优的结构、优化正极制造工艺等,更重要的是要找到一种廉价的能完全替代含银系列的电池体系。随着鱼雷等技术的发展,小型化、快激活的技术也将成为水激活电池发展的一个方向。国际上目前正在研究的主要候选材料是:二氧化锰、钢丝绒、活性铁、卤化铜、草酸铜、草酸亚铜、甲酸亚铜、酒石酸亚铜、氧化亚汞、氧化铜、氯化亚汞、三氯异氰尿酸等。随着国民经济的发展和军事工业、科学探险事业的需要,水激活电池必将得到更大的发展和应用。

思考题

(1) 简述水激活电池的工作原理。

(2) 简述水激活电池的主要优点和用途。

(3) 写出镁氯化银和铝氧化银体系水激活电池的正、负极反应和总反应。

(4) 为什么负极为镁或铝的水激活电池有良好的低温放电性能？

(5) 水激活电池的结构分为哪四种？各自的优点分别是什么？

(6) 简述水激活电池隙漏电流及其抑制措施。

(7) 简述水激活电池正极材料种类及其优点。

(8) 简述水激活电池正极为阳极氧化成型氯化银的工艺过程。

(9) 简述水激活电池负极材料种类及其优点。

(10) 简述水激活电池负极为镁带的前处理工艺过程。

(11) 简述水激活电池电性能测试的条件有哪些。

(12) 如何保证水激活电池在淡水中快速激活？

(13) 采取哪些途径能够有效延长水激活电池的储存寿命？

(14) 如何设计体系为镁氯化银的卷绕式浸没型水激活电池入水激活通道？

(15) 简述铝氧化银水激活电池壳体带电的原因及其风险和危害。

(16) 一种鱼雷上使用的电池直径为ϕ24 mm，高为41 mm，工作电压为1.7 V，负载有50 Ω，入水感应时间不超为0.5 s，是否可以设计为水激活电池？若可以，如何设计入水激活通路？

参考文献

韩超.2018.铝氧化银电池壳体电势产生原因的研究[J].江西化工，(3)：77-79.

韩雪荣，高新龙，吕霖娜.2015.铝氧化银电池用银电极化成工艺研究[J].化学工程与装备，(9)：11-13.

黄俏.海水激活电池用Mg-Al-Sn及Mg-Al-Pb合金阳极材料的电化学性能研究[D].中南大学硕士学位论文，2014.

吉泽四郎.1987.新电池读本[M].苏昆译.北京：中国化学工业出版社，82-84.

李国欣.1992.新型化学电源导论[M].上海：复旦大学出版社：401-441.

刘洪涛，夏熙.2002.电极用纳米Ag_2O的电化学性能研究Ⅲ.电极的循环伏安行为[J].应用化学，19(5)：441-445.

Coleman J R. 1972. J Power Sources 4[M]. Amsterdam, Netherlands: Elsevier Science Bv: 33-49.

Despic A R, et al. 1977. J Power Sources 6[M]. Amsterdam, Netherlands: Elsevier Science Bv: 361-368.

Drazic D M, et al. 1979. J Power Sources 7[M]. Amsterdam, Netherlands: Elsevier Science Bv: 353-363.

Gibso A, et al. 1974. J Power Sources 5[M]. Amsterdam, Netherlands: Elsevier Science Bv: 447-464.

Harivel J P, et al. 1972. J Power Sources 4[M]. Amsterdam, Netherlands: Elsevier Science Bv: 51-61.

Hasvold O, Storkersen N. 2001. Electrochemical power sources for unmanned enderwater vehicles used in deep sea surveyoprations[J]. Journal of Power Sources, 96: 252-258.

Katan T et al. 1973. J. Electrochem[J]. Soc., 120(7): 883-888.

King J F. 1972. Proceedings of the 25th Power Sources Symposium[C]. Atlantic City, NJ: 35-38.

Linden D. 1984. Handbook of Batteries and Fuel Cell[M]. Mc GrawHill Book Company, 1984, Part V, Chapt. 34.

Peace L J, Holland R. 1972. J Power Sources 4[M]. Amsterdam, Netherlands: Elsevier Science Bv: 63-77.

Smith D, Kennedy J. 1980. Proceedings of the 29th Power Sources Symposium[C]. Atlantic City, NJ: 51-53.

Yu K, Xiong H Q, 2015. Dai Y L. Discharge behavior and electrochemical properties of Mg-Al-Sn ally anode for seawater activated battery[J]. Transactions of Nonferrous Metals Society of China, 25(4): 1234-1240.

第 12 章　新型化学电源

12.1　金属空气电池

12.1.1　概述

金属空气电池也称为金属燃料电池，是用金属代替氢而形成的一种新概念的燃料电池，将锂、锌、铝等金属像燃料氢一样提供到电池中的反应位置，与氧一起构成一个连续的电能产生装置。金属燃料电池具有低成本、无毒、无污染、放电电压稳定、高比能量和高比功率等优点，是很有发展和应用前景的新能源。表 12.1 列出了可以作为金属空气电池的金属及其电化学特性。

表 12.1　金属空气电池的特性

金属阳极	电化学当量 /(A·h/g)	理论电压 /V	实际电压 /V	原子价态变化	理论比能量 /(W·h/kg)	理论比能量 /(W·h/L)
Li	3.86	2.98	2.7	1	13 086	10 600
Na	1.16	2.71	2.2	1	1 703	3 870
Ca	1.34	3.11	2.0	2	2 972	9 960
Mg	2.20	3.03	1.2～1.4	2	4 032	14 400
Zn	0.82	1.65	1.1～1.3	2	1 350	6 220
Fe	0.96	1.3	1.0	2	1 200	4 500
Al	2.98	2.75	1.1～1.4	3	4 332	17 300

12.1.2　锂空气电池

1. 电池分类

锂空气电池属于金属空气电池的一种，空气电池由于阴极一侧活性组分(空气或是 O_2)取自环境而不是储存在电池体系中，因此，由活性阳极材料与空气电极组成的电化学储能体系通常具有较高的能量密度，而体系的容量也主要受限于阳极的容量和反应产物的形式与特性。所有的金属中锂具有最高的理论电压和电化当量，是理论能量密度最高的储能器件，实际能量密度可期望达到传统锂离子电池的三倍以上。

锂空气电池主要由锂金属负极、电解质和空气正极组成。

按照放电机制分类，锂空气电池主要可以分为有机电解液体系、混合电解质体系、水基电解液体系和固体电解质体系。其中有机电解液体系和混合电解液体系表现出一定应用潜力，是锂空气电池研究的重点。有机体系锂空气电池与锂离子电池技术接近，主要特点是放电产物储存于空气电极内。混合电解液锂空气电池可以理解为锂金属电极与燃料电池空气电极的复合，主要特点是采用陶瓷电解质技术，实现有机电解液、水基电解液的物理分离和离子导通。

2. 工作原理

锂空气电池的工作原理基于以下两个反应：

$$2Li + O_2 \longrightarrow Li_2O_2 \tag{12.1}$$

$$4Li + O_2 \longrightarrow 2Li_2O \tag{12.2}$$

按式(12.1)计算，电池开路电压为3.10 V，按式(12.2)计算则为2.91 V，锂空气电池的理论能量密度可达到5 200 W·h·kg^{-1}。而在实际应用中，氧气由外界环境提供，因此排除氧气后的理论能量密度达到惊人的13 086 W·h·kg^{-1}，高出现有电池体系1～2个数量级，在军用和民用的高能量密度领域中具有重要的应用前景。

目前，有机体系内氧化还原反应过程如下：氧气首先被还原为超氧负离子(O_2^-)，然后继续还原为过氧负离子(O_2^{2-})，与锂离子相遇生成过氧化锂(Li_2O_2)，或 O_2^- 也有可能与电解液中的锂离子生成超氧化锂(LiO_2)，然后继续还原为过氧化锂，虽然有研究人员认为最终能够形成 Li_2O，但迄今未发现直接证据。具体反应过程如图12.1所示。

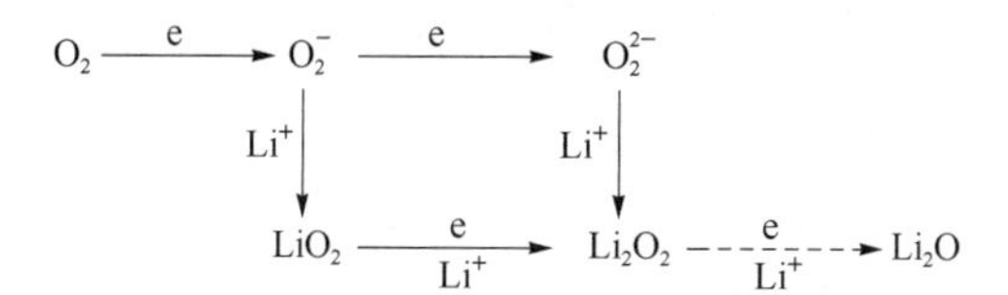

图12.1　有机体系内氧还原机理

由于 O_2^-、O_2^{2-} 和 LiO_2、Li_2O_2 都不能够溶解于有机电解液内，放电产物将储存于空气电极内，当气体通道完全被放电产物堵塞之后，放电终止。为了储存更多的放电产物，空气电极需要保持一定的孔隙率，空气电极不同层的催化活性需要进一步调控，电池结构示意图如图12.2所示。

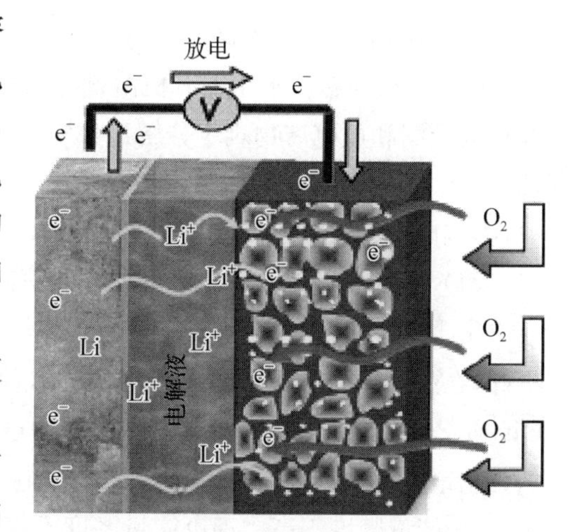

图12.2　有机电解液体系锂空气电池结构示意图

混合电解液体系指的是空气电极一侧使用水基电解液，锂金属一侧使用有机电解液，中间采用固体电解质陶瓷膜，实现物理隔离两种电解液体系、保障锂离子导通。这种结合相当于锌空气电池的空气电极与锂金属电池的金属电极的组合，其结构示意图如图12.3所示。

这类电池的水系电解液以碱性为主，也有研究小组关注酸性体系和中性体系。以碱性电解液为例，在放电过程中，O_2 在空气电极一侧被还原为 OH^- 离子，溶解于水基电解液中；金属锂被氧化为 Li^+ 离子，溶解于有机电解液中；有机电解液和无机电解液通过固体电解质膜实现 Li^+ 离子浓度平衡。整个反应过程如下所示：

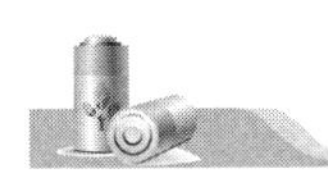

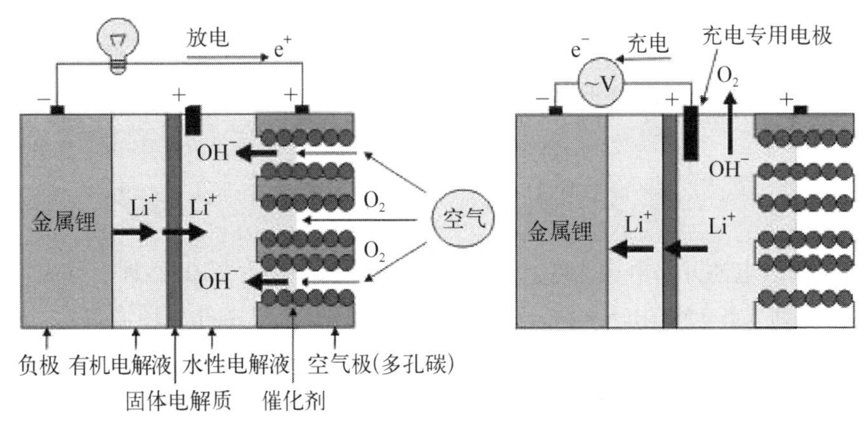

图 12.3　混合电解液体系锂空气电池结构示意图

$$空气电极：O_2 + 2H_2O + 4e^- \longrightarrow 4OH^- \tag{12.3}$$

$$金属电极：Li - e^- \longrightarrow Li^+ \tag{12.4}$$

$$总反应：\quad 4Li + O_2 + 2H_2O \longrightarrow 4LiOH \tag{12.5}$$

3. 存在的问题

有机体系锂空气电池由于有机电解液的氧还原、氧析出研究经验很少，微观反应机制、电极材料等诸多问题仍然不清晰。目前，主要面临的问题如下。

(1) 实际能量密度不高。有机体系内，当氧气扩散通道被放电产物堵塞后，放电终止，导致实际能量密度不高。

(2) 循环问题。常用的有机溶剂在放电过程中会参与反应，生成难分解产物碳酸锂，电解液干涸和放电产物难于分解造成空气电池循环性很不理想。

(3) 自呼吸膜的开发。空气中水分扩散至电池内，将会腐蚀锂金属，造成活性材料损失，影响电池的正常使用。

(4) 碳腐蚀问题。混合体系存在以下问题限制其商业化进程。

① 陶瓷膜的稳定性与可获得性。用于锂离子空气电池的 LISICON 陶瓷膜机械性能不好，在酸碱体系内的化学稳定性较差，使用过程中容易破碎。目前，国际上只有日本 Ohara 公司能够生产，市场上销售的样品是 5 cm×5 cm 的陶瓷薄膜，价格约为 \$200。另外，陶瓷膜的大面积样品制备非常困难，电池规模化制备也会出现很多技术困难。

② 能量密度不高。理论能量密度不高是这个体系的一个本质缺陷。碱性体系内，氢氧化锂在室温下的溶解度为 12.8 g，如果控制晶体不析出，理论能量密度为 444 $W \cdot h \cdot kg^{-1}$。如果允许晶体析出，能量密度将进一步提高，晶体主要沉积于陶瓷膜上，可能会影响锂离子的传输性能。在酸性体系内，室温下的溶解度为 77 g，如果控制晶体不析出，理论能量密度为 1 353 $W \cdot h \cdot kg^{-1}$。

③ 安全性。如果陶瓷膜破裂，水与金属锂将发生剧烈的化学反应，同时释放出氢气，有可能会出现严重的安全事故。

④ 自呼吸膜。由于水的沸点较低，保持氧气畅通、防止水分挥发是一个主要技术挑

战。此外，对于碱性体系，自呼吸膜需要具备氧气/二氧化碳的高效选择性。

⑤ 碳腐蚀。在空气电池中，长期循环测试后发现了碳腐蚀现象。虽然没有酸性、中性溶液内碳稳定性的报道，但碳腐蚀可能难以避免。

4. 研究进展

锂空气电池中的空气电极与其他金属空气电池中的空气电极结构相似，主要组成是集流体、扩散层和催化层，扩散层为氧气进入催化层提供通道，催化层主要由多孔碳材料或其负载催化剂组成，是氧气活化后和锂离子发生反应的场所，还负责提供反应产物过氧化锂生长和沉积界面。当多孔碳表面、孔隙被完全堵塞时，电池将会停止放电。因此，选择合适的碳材料种类和负载催化剂、优化电极结构是提高锂空气电池性能的关键因素之一。具有代表性的研究开发机构国际上主要集中美国和日本两个国家，有美国陆军实验室、美国西北太平洋国家实验室、美国阿贡国家实验室、美国道顿大学、IBM公司(美国)、Polyplus公司(美国)、Yardney公司(美国)、MIT(美国)、丰田(日本)、日本产业技术综合研究所(日本)、三重大学(日本)。国内集中在高校、研究所等机构。

Abraham等在1996年首次报道了有机电解质锂空气二次电池体系，电池比能量为250～300 W·h·kg^{-1}。其中负极是固态锂电极、隔膜是固态聚合物电解质(SPE，采用聚丙烯腈PAN、EC、PC和$LiPF_6$制备而成)、正极是充满碳的固态聚合物电解质。Kuboki等将电极比容量提高到5 360 mA·h·g^{-1}(放电电流密度0.01 mA·cm^{-2})，采用了憎水的离子液体和锂盐体系来阻止由于水分杂质带来的锂阳极的寄生腐蚀。电池在空气中工作56天。

2010年，美国西北太平洋国家实验室首次报道了实验室级别容量为1.12 A·h锂空气一次电池，能量密度达到362 W·h·kg^{-1}，在空气环境中工作33天，环境湿度为20%。这是世界上首次报道锂空气电池器件能量密度。有机体系的最主要优势是理论能量密度高，有可能成为能量密度最高的储能装置。2011年，开发了多孔氧化石墨烯材料作为空气电极，材料首周放电克容量达到15 000 mA·h·g^{-1}，可以作为一次电池空气电极材料使用。此外，该实验室也对锂空气电池二次关键材料及相关机制进行了详细研究，不过目前暂无产品报道。

美国Polyplus公司研究集中在水系锂空气电池方面，主要是对金属锂保护、固态电解质的研究，联合美国Corning公司的NASICION结构固态电解质薄膜技术，开发了金属锂电池。2012年报道了电池容量为8 A·h(能量为24 W·h)锂空气一次电池，工作时间超过400 h，比能量密度有望达到800 W·h·kg^{-1}；开发了容量为250 mA·h的水系锂空气二次电池，但能量密度有所降低。

2015年，中国科学院长春应用化学研究所张新波课题组研制了5 A·h锂空气电池，能量密度达到526 W·h·kg^{-1}，研制了51 A·h锂空气电池模块，在不包括辅助件质量的情况下，电池组能量密度可达360 W·h·kg^{-1}，循环寿命有待提高。

混合电解液体系已经在美国开发多年。由于不能制备大面积锂离子导体陶瓷膜，美国能源部终止了对Ohara公司的资助。美国的Polyplus公司也采用这种技术路线，对外宣布能够制备出700 W·h·kg^{-1}的一次电池器件。Zhou等利用超离子导体膜

(LISICON)建立了一种碱性水溶液体系的锂/空气电池体系。采用Mn_3O_4基的气体扩散电极和金属锂作为阴阳极。可以持续放电500 h,这与燃料电池相像。在这种长时间的放电中,空气电极的比能量可以达到50 000 mA·h·g^{-1}(基于碳/黏结剂/催化剂组成的催化电极的总质量)。日本三重大学提出以醋酸体系作为电解质溶液,由于体系的缓冲作用而使其pH值稳定在中性,从而使其具有较高的循环稳定性。醋酸体系的反应方程式如下:

$$2Li + 1/2O_2 + 2CH_3COOH \rightleftharpoons 2CH_3COOLi + H_2O \tag{12.6}$$

体系的比容量可以达到400 mA·h·g^{-1}(电压3.4 V),由此计算的比能量可达到1 360 W·h·kg^{-1}。

12.1.3 铝空气电池

1. 概述

铝空气电池是以铝或铝合金为负极,以空气为正极,其中铝负极具有三电子反应,因而具有较高的电化学当量(2 980 mA·h·g^{-1}),是除金属锂以外质量比能量最高的轻金属电池材料。铝空气电池理论比能量可达4 332 W·h·kg^{-1},实际质量比能量可达200~400 W·h·kg^{-1},比功率达到50~200 W·kg^{-1}。铝空气电池操作简便,使用寿命长,金属铝电极可以机械更换,电池管理简单,电池寿命只取决于氧电极的工作寿命;电池结构多样;金属铝电极生产绿色环保,资源丰富,能够实现循环使用。然而,由于铝空气电池在放电过程中阳极腐蚀会产生氢,这不仅会导致阳极材料的过度消耗,而且还会增加电池内部的电学损耗,因而严重阻碍了铝空气燃料电池的商业化进程。铝是地球上丰度最大的金属元素,价格低廉。特别是其化学活性低于锂,易于控制并且有较大的理论比能量。铝空气电池具有低成本、无毒、无污染、放电电压平稳、高比能量的优点,资源丰富,还能再生利用,并且不存在储存问题。因此,铝空气电池具有广阔应用前景。

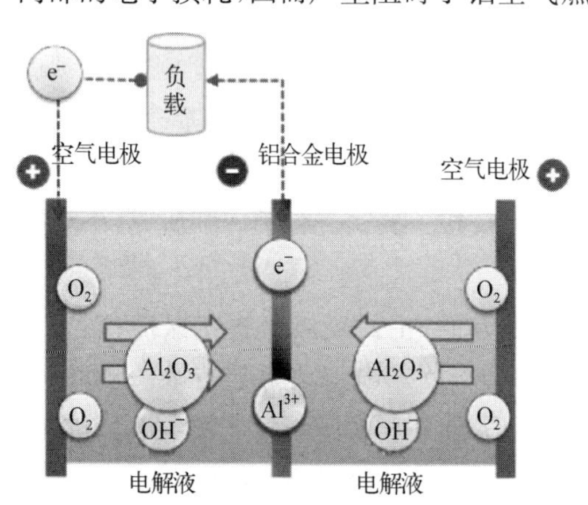

图12.4 铝空气电池工作原理图

2. 工作原理

铝空气电池是以铝或铝合金为负极,以空气为正极,以中性或碱性水溶液为电解液而构成,工作原理如图12.4所示,其电化学反应原理为

碱性条件:

$$4Al + 3O_2 + 6H_2O + 4OH^- \longrightarrow 4Al(OH)_4^- \tag{12.7}$$

中性条件:

$$4Al + 3O_2 + 6H_2O \longrightarrow 4Al(OH)_3 \tag{12.8}$$

在碱性电解液中，铝合金负极不断与电解液中的 OH^- 反应，生成 $Al(OH)_4^-$，并放出电子，电子通过外线路负载流入空气正极，空气电极获得电子，与水发生还原反应生成 OH^-，化学反应持续进行，铝电极和氧气不断消耗，电子在外线路不断定向流动形成电流而发电。其中，当 $Al(OH)_4^-$ 达到一定浓度时，会自然生成 $Al(OH)_3$。

从可充电性来看，该电池可分为一次电池和机械可充的二次电池(即更换铝负极)。正极使用的氧化剂，可因电池工作环境不同而异。电池在陆地上工作时使用空气；在水下工作时可使用液氧、压缩氧、过氧化氢或海水中溶解的氧。

3. 存在的问题

经过前期研究与实验，铝空气电池的开发和应用取得了一定的进展，但其开发和应用发展非常缓慢，主要是因为该电池存在严重缺陷，暂未实现商业化推广应用，仍有一些亟须解决的问题。

(1) 阳极极化比较严重。金属铝表面很容易形成一层氧化膜，导致铝阳极的实测电极电位显著正于理论值，如在碱性电解液中，铝阳极的理论电极电位为 -2.35 V，但实际测得的电极电位一般都大于 -1.6 V，阳极极化的结果导致电池的电压比理论值大幅降低，实际比能量偏低。这主要是由于金属铝表面存在一层钝化膜，抑制了铝的失电子氧化反应，导致铝电极电位的升高，电池电压下降。为了减小阳极极化，使铝阳极的电极电位负移，常常会向纯铝中添加一些金属元素，制备成特殊的铝合金，如添加镓(Ga)、铟(In)、铅(Pb)、铋(Bi)、锡(Sn)等元素对铝阳极有一定的去极化作用，可以有效地改善电极钝化膜的性质，制得的铝合金阳极的电极电位一般在 $-1.9 \sim -1.7$ V。

(2) 负极腐蚀较为严重。铝的化学性质比较活泼，作为负极材料，可以在中性电解液中工作，也可在碱性电解液中工作，在中性电解液中工作时，铝负极的腐蚀相对较小，在碱性电解液中铝阳极的腐蚀就比较严重，碱性环境中其自腐蚀反应方程式如下：

$$2Al + 2OH^- + 6H_2O \longrightarrow 2Al(OH)_4^- + 3H_2\uparrow \qquad (12.9)$$

通过配置特殊的铝合金，并进行恰当的热处理，铝阳极在碱性电解液中的自腐蚀电流密度可降至 $1\ mA\cdot cm^{-2}$ 左右，但仍然不理想，铝空气电池若长时间不使用，则必须将铝负极取出，若使用碱性电解液，铝表面的氧化膜遭到破坏后会导致大量析氢，并难以使其溶解停止，导致电池自腐蚀放电严重，所以负极取出后必须进行清洗和干燥，彻底除去附着的碱性物质。但碱性电解液腐蚀性较强，不便于非专业人员进行操作，增加了实际推广应用的可操作性难度。寻找减少腐蚀、增加电池电压和电流密度的新合金是目前铝空气电池的研究热点，在铝电极中添加少量的金属元素，减少自腐蚀速率。在电解液中加入缓蚀剂也可以抑制铝的自腐蚀。

(3) 不可充电。铝空气电池为一次电池，不具可充性，当铝阳极反应完后，需更换负极。铝空气电池的负极材料铝和正极活性物质氧气都被不断消耗，反应不可逆。对不能继续使用的电解液必须进行处理，以回收废弃电解液中的碱和粉末状氧化铝或凝胶状氢氧化铝。若作为动力电池不可充电，无疑是一个重大缺憾。

(4) 空气电极有待优化。氧在空气电极的还原过程极其缓慢，所以必须使用合适的催化剂，以加快氧气的还原速率。目前铝空气电池的正极材料还不成熟，正极材料的制约因素在于没有开发出既经济实用又性能良好的催化剂。常用的催化剂主要有：贵金属(铂、钯、金、银等)、钙钛矿型氧化物、锰氧化物等。铂、钯、金等贵金属对氧气还原具有较好的催化效果，能够提供高效、长久的催化活性，但其价格昂贵、成本高，因此只能用于实验室研究，不能实现商业化应用。银对氧气还原过程也有较好的催化作用，但催化性能不如铂、钯、金，且银的价格仍然较高。钙钛矿型氧化物和锰氧化物具有一定的氧气还原活性，成本比贵金属低，但性能不稳定，且使用寿命比较有限。正极催化剂若使用贵金属类，其成本高昂，不适宜商用；非贵金属催化剂性能达不到要求，不能提供与负极匹配的大电流密度，或者催化活性丧失较快。

4. 研究进展

加拿大铝业公司 ELTECH 研制了不同组分的铝合金，其具有高功率密度和高能量的特点。加拿大 Alcan 公司于 1993 年推出了电动车用铝空气电池。美国 1994 年研制出的电动车用铝空气电池，比能量已达到 300 W·h·kg^{-1}以上，且电池可做到集成化，容量可达到 5 000 A·h 以上，已达到了工业化生产水平。同时，美国推出了海底无人驾驶作业车和鱼雷推进用铝空气电池，其比能量已达到 440 W·h·kg^{-1}。Altek 公司推出的 APS100 动力供应系统使用的 1 500 W·h 的铝空气电池，如图 12.5 所示，能量密度可达 300 W·h·kg^{-1}。

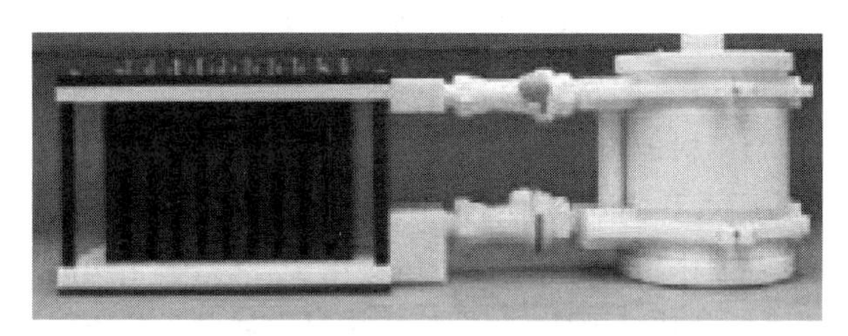

图 12.5 Altek 公司的铝空气电池

Voltek 公司研发的铝空气电池系统采用铝合金负极，电池输出比能量达到 300～400 W·h·kg^{-1}，系统通过机械式更换金属进行充电，整个过程只要几分钟，其中氧电极的工作电流密度达到 650 mA·cm^{-2}，改善了电池大电流下的放电性能，氧电极的寿命也提高到 3 000 次以上，延长了系统使用寿命，提高了系统输出功率。以色列 Phinergy 公司推出的铝空气电池组可支持样车行驶 1 600 km，所使用的电池组含 50 块铝板，行驶过程中只需加 2 次水，该铝板铝空气电池的功率密度为 8 kW·kg^{-1}。

12.1.4 锌空气电池

1. 概述

锌空气电池是以金属锌为负极、以氧气为正极、使用氢氧化钾水溶液为电解质溶液，其反应原理为：$Zn+1/2O_2 \longrightarrow ZnO$。该电池体系的理论比能量可达 1 350 W·h·kg^{-1}，实际比能量为 200～400 W·h·kg^{-1}。锌空气电池允许深度放电，电池容量不受放电强度的影响，且适用温度范围宽(−20～80℃)，具有较高的安全性，可有效防止因短路、泄露造成的起火或爆炸。另外，由于空气电极的寿命非常长，因此当电池容量用完后只需更换锌板负极就可实现电池能量的重新补给，即可设计“机械式再充电”的二次电池。

锌空气电池在便携式通讯机、雷达装置及江河上的航标灯上得到了广泛的应用，同时还可用作铁路信号、通信机、导航机、理化仪器和野战医疗手术照明电源。小型高性能的扣式电池于20世纪70年代后期以商品化进入市场后，成功地应用于助听器、电子手表、计算器、存储器以及其他小功率电源的场所。

以锌负极、纯氧和氢氧化钾组成的封闭式电池组可应用于海洋气象卫星(即海洋气象资源测定浮标)。

锌空气电池的发展可分为三个阶段。

(1) 早在18世纪，制成了第一个微酸性的锌空气电池。当时以 NH_4Cl 作为电解质，锌皮作为负极，含有少量铂的活性碳作为正极载体：

$$Zn \mid NH_4Cl \mid O_2(C) \tag{12.10}$$

$$Zn + 2NH_4Cl + \frac{1}{2}O_2 \longrightarrow Zn(NH_3)_2Cl_2 + H_2O \tag{12.11}$$

它的结构和外形与锌锰干电池相似，但电池容量要高出一倍以上。

(2) 到20世纪20年代，对锌空气电池作了大量研究和改进，已开始转到碱性锌空气电池上来了。它以汞齐化锌作为负极，用经过石蜡防水处理的多孔碳作为正极，20% NaOH 水溶液作为电解液。放电电流密度可达到 $0.5 \sim 3.5\ mA \cdot cm^{-2}$，后又进一步提高到 $7 \sim 10\ mA \cdot cm^{-2}$。锌电极也被做成可更换的。到了20世纪40年代，由于锌银电池的研制成功，人们发现在碱性溶液中粉状锌电极能在大电流条件下放电。这为锌空气电池的进一步发展提供了条件。

(3) 到20世纪60年代，由于常温燃料电池研究的迅速发展，获得了高性能的气体电极。它为高性能锌空气电池的发展创造了条件，使其性能得到了又一次突破。1965年美国发展了用聚四氟乙烯作黏结剂的薄型气体扩散电极新工艺后，就取代了其他的气体电极。此电极厚度为 $0.12 \sim 0.5\ mm$，而最高的放电电流密度可达到 $1\,000\ mA \cdot cm^{-2}$(在氧气中)。到1967年，有学者将上述电极改进——加上一层聚四氟乙烯制成的防水透气膜，构成固定反应层的气体扩散空气电极，使电极能在常压下工作。此时该类电极在空气中以 $50\ mA \cdot cm^{-2}$ 放电(以 $3\ mol \cdot dm^{-3}$ KOH 溶液作电解液)工作寿命近5 000 h。到20世纪60年代末，高效率的锌空气电池已进入了工业生产阶段，在许多方面得到了卓有成效的应用。

根据不同的标准，锌空气电池的分类如下。

(1) 以电解液的性质可分为微酸性电池和碱性电池。

(2) 以空气的供应形式可分为内氧式电池和外氧式电池。

内氧式：电池负极板在正极气体电极两侧或周围，电池有完整的外壳。如图12.6所示。

外氧式：电池负极板在正极气体电极中间，气体电极兼做电池壳的部分外壁。如图12.7所示。

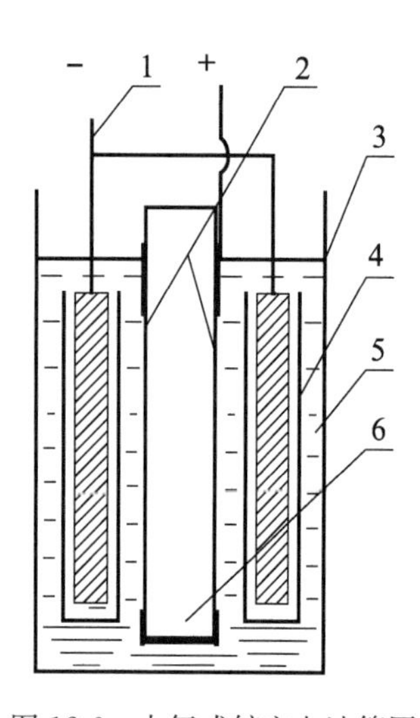

图 12.6　内氧式锌空电池简图

1-锌负极;2-气体电极;3-外壳;4-隔膜;5-电解液;6-带有气体电极的气室。

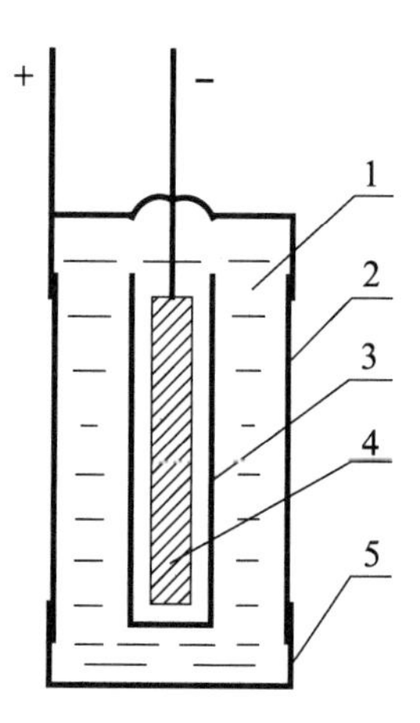

图 12.7　外氧式锌空电池简图

1-电解液;2-气体电极;3-隔膜;4-锌负极;5-电池框架。

(3) 以负极的充电形式可分为原电池、机械充电式电池、外部再充式电池和电化学再充式电池。

锌空原电池：一次使用后全弃。

机械充电式锌空气电池：即更换负极,保留正极继续使用,更换下的负极废弃。

外部再充式锌空气电池：即将放完电的负极要换出来,在电池外另行充电,充足电后再装入继续使用。

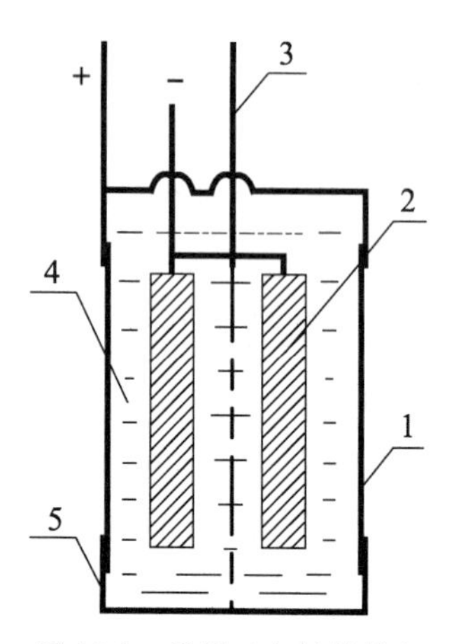

图 12.8　带第三电极的锌空电池示意简图

1-空气电极;2-锌电极;3-第三电极;4-电解液;5-电池框架。

电化学再充式锌空气电池：即利用第三电极或双功能的气体电极充电(图 12.8)。

(4) 以电解液的处理方法可分为静止式电池和循环式电池。

(5) 以电池的形状可分为矩形、扣式、圆柱形电池。

2. 工作原理

1) 电池反应

$$\text{负极：} Zn + 2OH^- \longrightarrow ZnO + H_2O + 2e \qquad (12.12)$$

$$\text{正极：} \frac{1}{2}O_2 + H_2O + 2e \longrightarrow 2OH^- \qquad (12.13)$$

$$\text{电池反应：} Zn + \frac{1}{2}O_2 \longrightarrow ZnO \qquad (12.14)$$

2) 电池电动势

锌空(氧)电池的电动势为

$$E = \phi^{\theta}_{O_2/OH^-} - \phi^{0}_{Zn/ZnO} + \frac{0.059}{2}\lg P_{O_2}^{\frac{1}{2}} = 1.646 + \frac{0.059}{2}\lg P_{O_2}^{\frac{1}{2}} \qquad (12.15)$$

式中，$\phi^0_{O_2/OH^-}$ 为氧电极的标准电极电位，其值为 $+0.401$ V；$\phi^0_{Zn/ZnO}$ 为锌电极的标准电极电位，其值为 -1.245 V。

由式(12.15)可见，电动势与氧的分压有关。在普通常压下，空气中 P_{O_2} 分压约为大气压的 20%，所以

$$E = 1.646 + \frac{0.059}{2}\lg P_{O_2}^{\frac{1}{2}} = 1.636 \text{ V}$$

锌空气电池的电动势是很难达到理论值的。一般测得的电池开压在 1.4～1.5 V，主要原因是在氧电极，其电极很难达到热力学平衡。

3. 特性

1）优点

(1) 质量比能量高。理论上可达 1 350 W·h·kg^{-1}，实际上已达到 220～300 W·h·kg^{-1}。

(2) 原材料容易取得，价廉，使用时无特殊困难和危险。它没有锌银电池中大量使用贵金属银的要求，没有无锂电池所需的性能非常活泼的危险材料，不必像钠硫电池那样要求高温工作条件，也没有无燃料电池的复杂的辅助系统，更没有镉汞电池那样只能在小功率情况下应用的限制。

(3) 工作电压平稳。可与锌银电池的电压性能比美。几种碱性电池性能比较如图 12.9 所示。

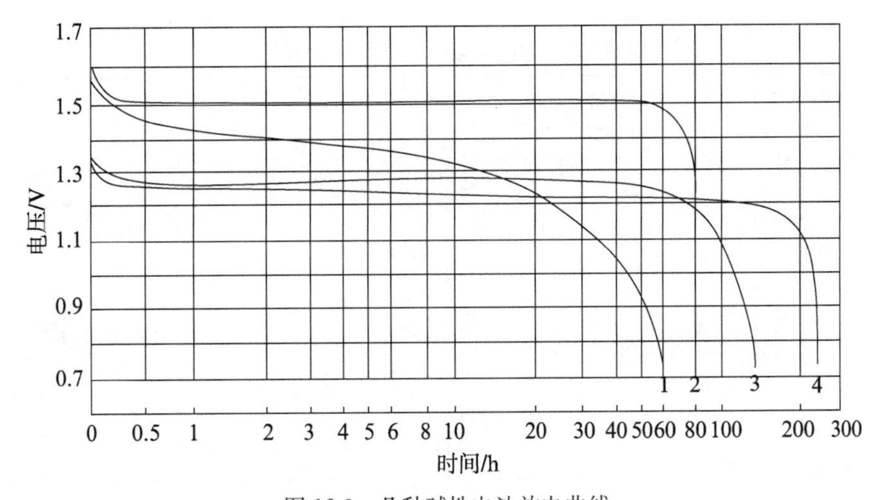

图 12.9　几种碱性电池放电曲线

1 -碱性锌锰电池；2 -碱性锌银电池；3 -碱性锌汞电池；4 -碱性锌空气电池。

(4) 在较大的负载区间和温度范围内提供较好的性能。

2）缺点

(1) 由于电池工作需空气中的氧，这样就不能在密封条件下工作，从而带来了两个问题：一是电解液容易吸收空气中的二氧化碳，使电解液碳酸盐化，造成电池失效；二是使电解液中的水分易蒸发或吸潮，而使电池早期失效。

(2) 和其他碱性电池一样，在电池的使用中爬碱问题还是不能杜绝，给维护保养带来一定的麻烦。

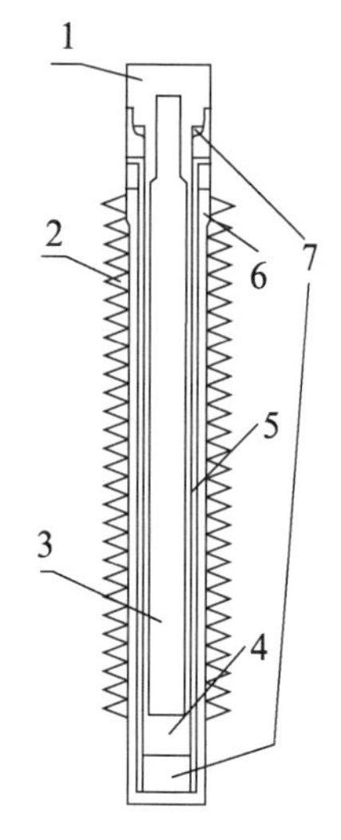

图 12.10　锌空电池典型结构示意图

1-带有负极的电池盖；2-带孔的电池间隔板；3-带隔膜的多孔锌电极；4-KOH电解液；5-含有Pt催化剂的多孔气体电极；6-敞开式的电池框架；7-耐电解液的密封。

(3) 在大电流负载下使用时电池的热量散发问题还须认真对待，否则难以达到预期效果。

4. 结构设计

1) 锌空气电池

典型的锌空气电池结构如图12.10所示。

它采用了燃料电池技术。正极采用低极化、稳定而长寿命的气体扩散电极。负极采用了具有大比表面积特性的海绵状锌粉电极。其气体扩散电极与外壳框架黏结成一体，所以该电极兼作单体的壁部分。为了增强其强度，在其外侧伴有加强筋。

锌空气电池的物理和电气特性，如表12.2所示。

锌空气电池的放电特性如下。

(1) 在常温下锌空气电池典型放电曲线，如图12.11所示。

(2) 在常温下锌空气电池的电流电压特性曲线，如图12.12所示。

此类电池在江河航道中的航标灯中被广泛选用，同时还可用作铁路信号、通信机、导航机、理化仪器、野战医疗手术照明电源。

表 12.2　锌空气电池的物理和电气特性

型号	最大外形尺寸/mm			质量(带液)/kg		开路电压/V	最高工作电压/V	放电规则			输出容量/(A·h)	可更换负极使用次数/次
	长	宽	高	干态	湿态			放电电流/A	终止电压/V	放电方法		
JQ 200U	120	55	200	0.69	1.05	>1.30	1.18	1.0	0.9	连放	200	15
							1.22	0.3	1.0	间放，3.5 h/d	190	2
JQ 500U	151	82	227	1.45	2.40	>1.30	1.18	1.5	0.9	连放	500	10
							1.20	0.75	1.0	间放，3.5 h/d	480	2
JQ 1000U	173	118	232	2.50	4.20	>1.30	1.18	2.0	0.9	连放	1 000	5
							1.20	1.5	1.0	间放，3.5 h/d	950	2

2) 扣式锌空气电池

扣式锌空气电池的结构特点和其他锌空气电池完全不同。锌电极是用电解液(或胶凝剂)混合海绵状锌粉制成，而装有正、负极活性物质的外壳作为电池的正、负极端子，上下两个壳体之间用绝缘密封圈绝缘密封。

扣式锌空气电池的结构如图12.13所示。

(1) 负极——锌电极。由于锌空气电池的正极很薄，所以允许负极空间的用锌量可

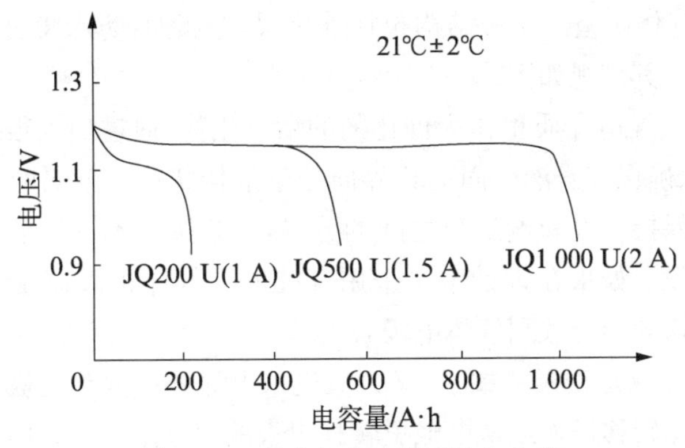

图 12.11　锌空气电池典型放电曲线

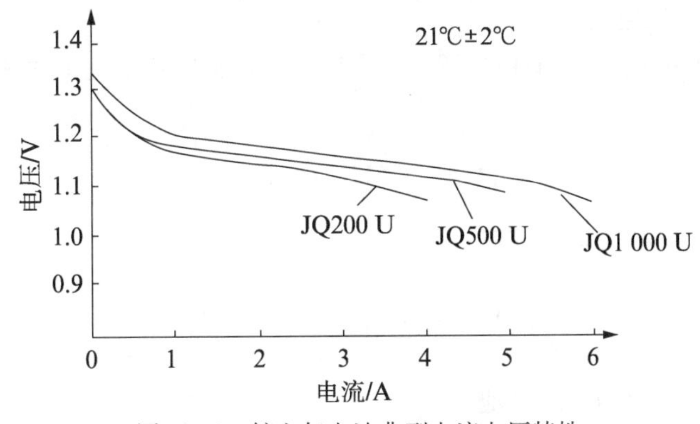

图 12.12　锌空气电池典型电流电压特性

比其他系列电池大 2 倍左右，结果电池容量就大，使比能量至少增加一倍。

必须指出，考虑锌负极结构时不能忘记下列两个要素：锌电极放电后，锌转变成氧化锌时体积膨胀；能容纳在工作条件下产生的水量，需占一定体积。此二者所需的体积称之为负极自由体积，一般是负极空间体积的 15%～20%。在结构上必须保证做到这一点，否则易引起电池膨胀，影响电池的正常使用。

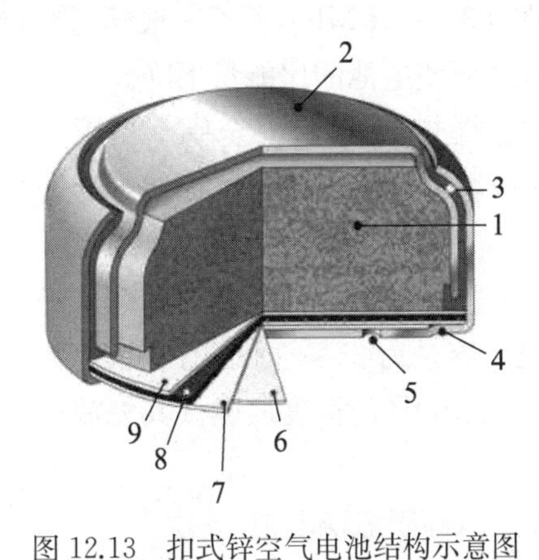

图 12.13　扣式锌空气电池结构示意图

1 -锌负极；2 -电池盖，做为负极的引出端子；3 -绝缘密封圈；4 -金属外壳；5 -空气通道；6 -滤纸；7 -聚四氟乙烯型气体扩散电极；8 -聚四氟乙烯防水膜；9 -隔膜和电解液。

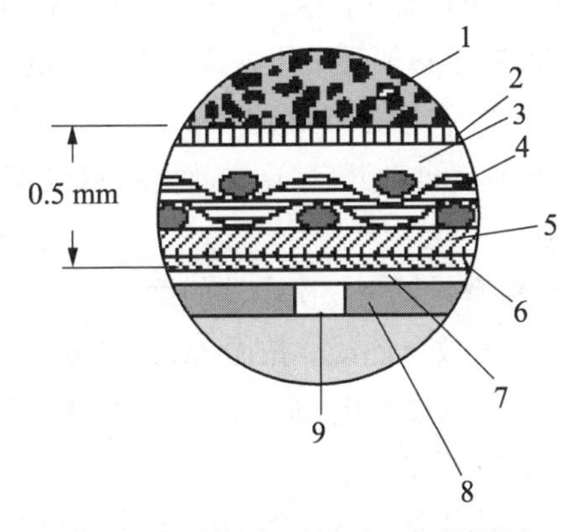

图 12.14　锌空扣式电池正极剖视图

1 -锌极；2 -隔膜；3 -催化层；4 -金属网；5 -防水膜；6 -扩散膜；7 -空气扩散层；8 -正极外壳；9 -空气进口。

(2) 正极——气体电极。正极结构包括催化层、金属网、防水膜、扩散膜,空气扩散层和带孔的正极外壳。其剖视如图12.14所示。

催化层包含在碳导电介质里作为催化剂的锰氧化物,通过加入很细的聚四氟乙烯微粒而产生疏水性,以确保气—液—固三相界面处于最佳状态。金属网构成结构支架并作为集流体。防水膜保持空气和电解液之间的分界,它起透气不透液的作用。扩散膜为调节气体扩散速度而设。如果在设计中是采用气孔调节气体扩散速度,则该膜可以不用。空气扩散层把氧气均匀的分散到气体电极表面。

带孔的正极外壳既是正极的端子,又为氧进入电池和扩散到电极催化层提供了一条通路。氧和其他气体转移进入或从电池里转移出去的速度是由气孔面积或者正极层表面上的膜之孔率进行调节的。正极结构的好坏决定了整个电池的主要技术性能。

3) 密封锌氧二次电池

密封锌氧二次电池的结构如图12.15所示。该电池是利用充电时正极产生氧气,将其储存于电池内。

$$4OH^- \longrightarrow 2H_2O + O_2 + 4e \tag{12.16}$$

放电时氧气重新在正极上放电:

$$\frac{1}{2}O_2 + H_2O + 2e \longrightarrow 2OH^- \tag{12.17}$$

因此它可成为密封的二次电池。

密封锌氧二次电池具有如下特点。

(1) 由于它制成密封状,所以它既无锌空气电池的水分透过气体电极而损耗的缺陷,也克服了由于空气中CO_2而引起的电解液碳酸盐化的问题。

(2) 由于氧气压力随充放电而变化,所以可用压力表来显示电池的充电状态,而这在一般电池中是无法办到的。

(3) 可以利用压力开关来自动控制充放电,所以就能做到无须维护。

(4) 由于充电后压力可达7 MPa,放电后压力在0.35~0.7 MPa,所以一般塑料容器已无法满足,而必须采用能满足压力要求的金属容器,从而使电池的比能量下降。

(5) 由于电池外壳成为压力容器,所以为了防止爆炸,必须有安全阀。当压力高达10 MPa时就自动开启,这样就使材料成本上升。一般容器要用不锈钢或镍铬合金薄板加工而成。

现将密封锌氧二次电池的性能描述如下。

(1) 充放电曲线。按图12.15所示的电池,其设计容量为25 A·h。有8个锌氧电极对,以60%深度放电,充放电200周,每25周进行一次100%的深度放电。其充放电性能如图12.16所示。

(2) 比能量。该电池的比能量达132 W·h·kg^{-1},高于氢镍电池。

(3) 充放周期。在相同的放电深度下,它没有氢镍电池多。这是由于锌电极的变形而使容量下降。所以在空间长寿命的电池上,它的竞争力就不如上述两种电池。

由于它的成本比较氢镍电池低,所以当锌电极变形问题有突破时,其竞争力将会加强。

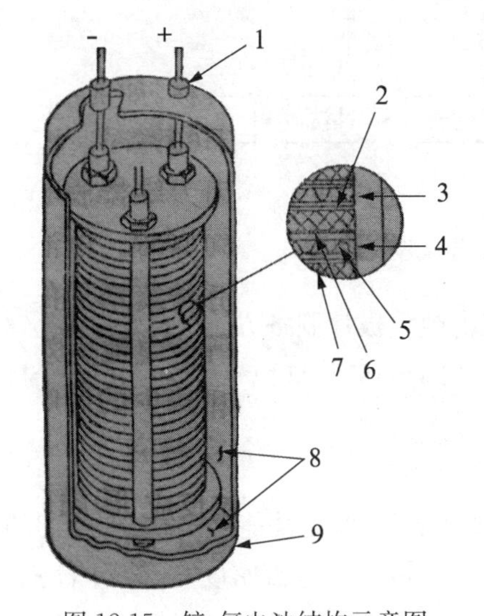

图 12.15　锌-氧电池结构示意图

1 -绝缘输电通道；2 -隔膜；3，4 -氧气；5 -气体分布网；6 -氧极；7 -锌极；8 -储氧空间；9 -耐压容器。

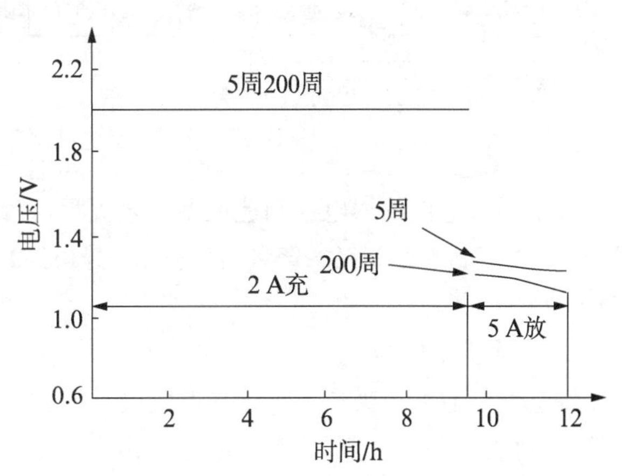

图 12.16　密封锌氧二次电池的充放电曲线

5. 制造

锌空气电池和其他系列电池一样是由正极、负极、隔膜、电解液、外壳五大部分组成。在此所讨论的重点仍是正极、负极的制造。对隔膜、电解液来说是如何选择材料和配方问题，外壳是选材及注塑成型问题，在此不作论述。

1）多孔锌电极

锌空气电池负极锌电极具有如下要求：① 电极孔率要高，活性比表面大；② 自放电要小；③ 有一定的机械强度、变形要小。

对不同使用要求的电池，上述要求有所侧重。如对大功率的一次电池，则重点在①，其他条件可放宽。但如果是上节所叙述的扣式锌氧手表电池，则②就成了一个重点而不能忽视。而对锌空蓄电池来说，③是要认真对待的。所以因按不同使用要求区别对待，选择不同的制造方法来满足电性能的要求。

负极的制造方法有以下几种。

（1）压成法：由锌粉、添加剂和缓蚀剂等均匀混合后，在一定的模具中加压成型。

（2）涂膏法：将锌粉，添加剂和黏结剂调成膏状，然后涂在导电网上制成。

（3）烧结法：用海绵状电解锌粉压结成型后，再在还原性气氛中烧结而成。

（4）电沉积法：以锌板作为正极，导电网作为负极，在碱性电解液中以一定的电流进行电沉积。按沉积时间及电流效率作为依据控制锌的沉积量，然后在相应的模具中压成电极，再清洗、烘干即可。

（5）化成法：以 ZnO 为主要原料，用黏结剂调成膏状，涂在导电网上，再以辅助电极对其进行化成，制成极片。

典型工艺规程举例如下。

化成法锌电极制造工艺流程如图 12.17 所示。

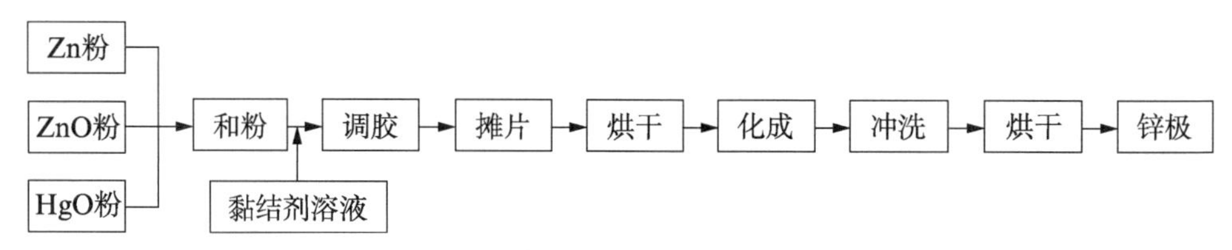

图 12.17　化成法锌电极制造工艺流程框图

锌空(氧)电池的锌电极制造典型工艺规程,锌银电池负极片制备方法。其中,氧化锌粉(ZnO,分析纯)为85%～95%,锌粉(Zn,分析纯)为5%～15%,红色氧化汞(HgO,分析纯)为1%～4%。

2) 气体扩散电极

锌空气电池的正极——气体扩散电极具有如下要求:① 催化性能要好,即催化剂的活性好,比表面积大,可加速氧的电化学还原速度,提高电极工作电流密度;② 防水性强,电极长期在碱性溶液中浸泡不发生冒汗等现象;③ 导电性能好;④ 透气性能好,以保证供氧渠道畅通;⑤ 具有良好的机械强度,以满足电极兼做电池外壳或做气室壁的要求。

按所用防水材料的不同正极可分成两种。

(1) 聚乙烯型电极。此种类型的电极一般均较厚,在1 mm以上。其适用于中、小电流密度的电池,在制造单体电池时也可以作为嵌件,与电池框架,一起注塑成型成为一个整体。

聚乙烯型电极的制造工艺流程,如图12.18所示。

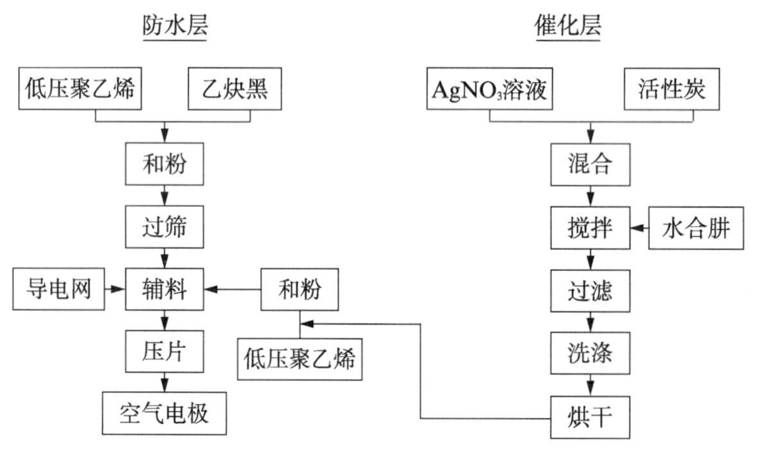

图 12.18　聚乙烯型电极制造工艺流程框图

(2) 聚四氟乙烯型电极。此种类型的电极可以做成薄形电极,满足大电流密度要求的电池性能要求。按其制造工艺的不同,可分为三种:全喷涂烧结式电极,此种工艺制造的电极其催化层厚度仅0.10～0.15 mm,防水层厚度仅0.04～0.06 mm;烧结式电极;滚压式电极。

聚四氟乙烯型气体扩散电极由防水层、催化层和导电网组成。防水层典型的配方为乙炔黑∶聚四氟乙烯=1∶1(质量比)。

催化层典型的配方为活性碳∶聚四氟乙烯=3∶1(质量比)。

气体扩散电极制造工艺流程如图12.19所示,步骤如下。

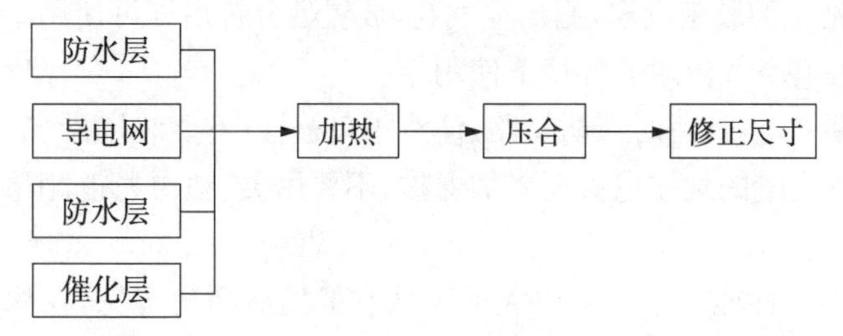

图 12.19　聚四氟乙烯型电极制造工艺流程框图

将无甘油玻璃纸按极片的二倍面积裁切。

将压片模的盖打开,置一半玻璃纸于模框内。随后按图纸的次序叠齐放入防水膜、导电骨架、防水膜、催化膜,然后将另一半玻璃纸覆盖在催化膜上,合上模盖。将带有电极的模具移到电炉架上加热。数分钟后,用点温计测量压片模上下温度应达 50～60℃。然后将模具移入压机(图 12.20),加压 8～10 MPa 一次后,转向 90°角度,再压一次。

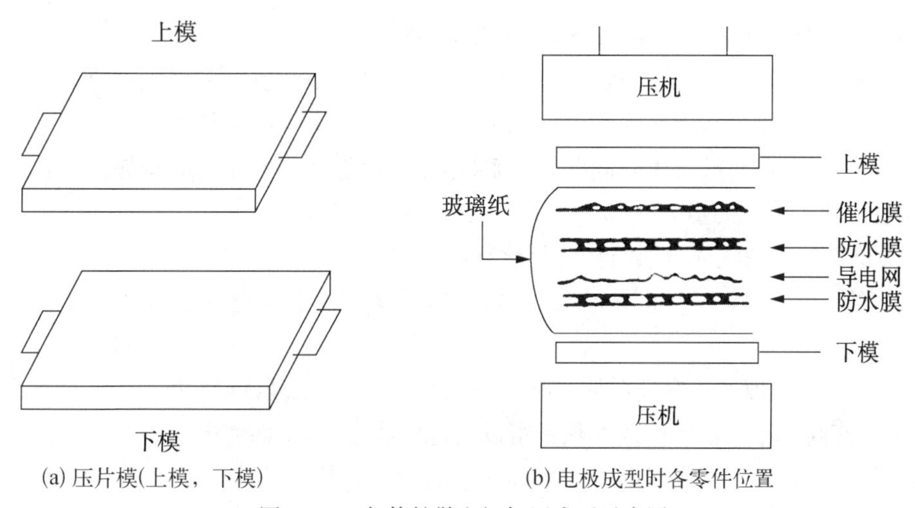

图 12.20　气体扩散电极加压成型示意图

打开模盖,取出极片,剥去玻璃纸置于干燥洁净的有盖盘内。

检验。测定极片催化面的定距离电阻(Ω/50 mm)应达技术要求,测定极片防水面的定距离电阻(Ω/50 mm)应达技术要求。检验合格的极片置于干燥洁净的有盖盘内备用。

6. 使用维护

锌空气电池与其他系列电池有所不同,它是半个电池,半个"能量转换器",所以在使用维护中应按其特点进行。

目前已经商品化的锌空气电池大多数是一次电池,或者是机械再充电的电池,所以使用维护就比较简单,只需掌握几条原则就可。

(1) 在储存期间不要拆开封装,储存在阴凉干燥处。

(2) 使用时才拆开封装(对机械充电用的备用锌电极暂不拆封装,到充电时用多少启封多少)。

(3) 方形锌空气电池按要求注入定量的专用电解液,浸泡一定时间即可使用。扣式电池使用时将电池上的胶带剥离,露出空气孔,放置数分钟后即可使用。

(4) 电池应在有空气流通的环境下使用。

(5) 电池不要充电,使用时严防短路,注意正负极柱,不要装接错。

(6) 对兼做外壳壁的气体电极要妥加保护,不要用尖、硬物去碰、压。

7. 应用与发展前景

锌空(氧)电池的性能是非常吸引人的。从它的发展历史可见,在化学工业及电子技术的发展带动下,才使它的潜力逐渐开发出来,使它有了新的生命力,应用面逐渐扩大。不但在通信机、航标灯、海洋浮标等设备上被应用,从20世纪70年代末开始进入日常生活的领域,如助听器、石英电子表、计算器等等小型电子仪器上,而且应用面仍在扩大。但是,锌空(氧)电池存在着如下问题:

(1) 空气电极的不可逆性,使得电池充电成了较复杂的课题;

(2) 锌电极在高倍率放电时的钝化,充电时产生锌枝晶,在碱性电解液中锌反应物的有限溶解性;

(3) 在高倍率应用时产生大量热量的散发问题。

上述困难使锌空气电池在应用上受到很大的限制。虽然也有采用机械再充电式电池作为动力电源,在试验车上作为动力电源进行过试验,但由于电池使用时大量热量未能很好引出排除,以及电解液再生等问题难以解决,未见有发展成商品化的趋势。

经过电池工作者的努力又取得了下列几个方面的进展:

(1) 价格便宜的气体电极结构和催化剂的出现;

(2) 充电采用附加一个析氧的第三电极进行,从而保护了空气电极的性能不因充电而衰降;

(3) 采用电解液的体内外循环,使电解液能得以体外处理,既解决了锌电极存在的问题,又可以使高倍率放电所产生的热量得以借电解液带出,从而使电池能正常的工作。

这样一来,人们对锌空气电池的兴趣又油然而生。其中日本三洋公司制成了124 V、560 A·h牵引车用电池已在大型车辆上使用。同样15 V、560 A·h的样机也适应于各种固定使用场合。这些系统中单体电池容量为560 A·h、1 V,额定电流密度为80 $mA\cdot cm^{-2}$,最大可达130 $mA\cdot cm^{-2}$。锌空气电池的发展具有很大的潜力。它将在化学工业和高科技的发展带动下得到新的发展、完善,从而增强它的生命力,向无污染动力电源领域进军。

12.2 钠离子电池

12.2.1 概述

早在20世纪70年代末期,对钠离子电池的研究与锂离子电池几乎同步,其工作原理与电池构成均与锂电池类似,分为嵌入脱出式钠离子电池与转换反应钠离子电池。但是随着锂离子电池的商业化,能量密度较低的钠离子电池的研究也随之滞后。早期电化学储能体系下的钠电池是以金属钠为负极的高温 Na/S 和 $Na/NiCl_2$ 体系,这两个体系可以提供一定的能量密度,但是功率密度较差。在高温下(300~350℃),单质硫和金属钠均呈液态,避免循环过程中钠枝晶的形成。但是这类高温钠电池也存在一系列的问题导致其不能广泛应用，如工作温度较高，若电解质破裂或渗漏，会有严重的安全问题，甚至会起火爆炸；另外，高温下工作的电池，需要大量的能量维持；高温钠电池的电解质制备工艺复杂，成本高，难以大规模应用。锂离子电池作为一类绿色环保的能量存储体系，具有比容量大、能量密度高等优点，但是由于锂源的储量有限，而且在世界各地分布不均，锂离子电池相关材料的价格也随着锂离子电池的发展而不断攀升，大大限制了锂离子电池作为大型能量存储设备的应用潜力。所以，对清洁、价格低廉、可持续发展的二次能源的开发成为研究的重点。

钠元素与锂处于同一主族，周期相邻，物理化学性质上与锂类似，但是钠元素在全球储量高，价格低廉，如表 12.3 所示。所以钠的相关化合物为原料的二次电池体系在成本上具有极大的优势。

表 12.3　元素钠与锂物理化学性质、分布对比

	Na	Li
原子量/(g/mol)	23	6.94
E_0/V(vs SHE)	−2.71	−3.04
原子半径/Å	1.06	0.76
熔点/℃	97.7	180.5
丰度/%	2.36	0.002

注：SHE，标准氢电极。

钠离子电池与锂离子电池的工作原理相似，在充、放电过程中，Na^+ 在正极、负极间嵌入和脱出，为“摇椅电池”，如图 12.21 所示。充电时，钠离子从正极材料中脱出进入电解液，经过电解液后到达负极材料，嵌入；放电过程则相反；同时，电子伴随着钠离子的迁移过程由外电路从负极流向正极，产生电流。

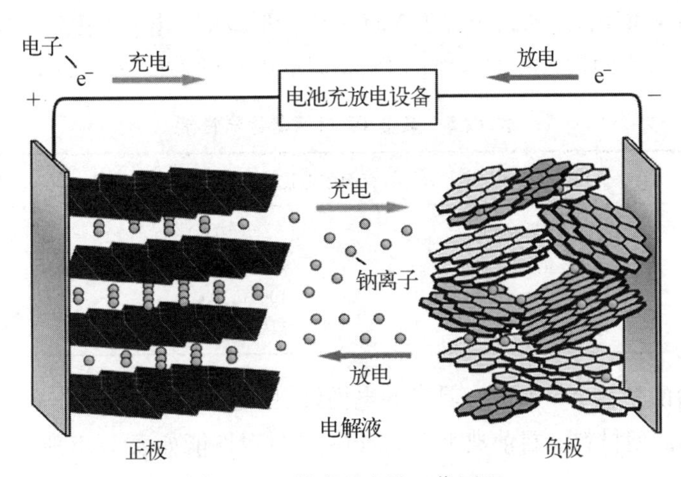

图 12.21　钠离子电池工作原理

12.2.2　钠离子电池组成

1. 正极

钠离子正极材料主要有金属氧化物层状材料 Na_xMeO_2（Me＝Fe，Ni，Co，Mn，Cr，

V)、过渡金属磷酸钠盐 $NaMePO_4$(Me = Fe, Co, Ni, Mn)、过渡金属氟磷酸钠盐 $NaMePO_4F$(Me=Fe,Co,Ni,Mn)、焦磷酸盐 $Na_2MeP_2O_7$(Me=Fe,Mn)、普鲁士蓝及类似物等。

金属氧化物层状材料 Na_xMeO_2 的层状结构建立在网格分布的共边 MeO_6 正八面体的基本结构之上,通过不同的堆积方式构成的钠离子空隙将 $NaMeO_2$ 分为 O 型和 P 型,而后通过最小重复单元的过渡金属层数又将材料进一步分为 O3 型和 P2 型。O3 型 $NaMeO_2$ 由氧原子的六方密堆积(ccp)阵列为基础,钠离子和过渡金属离子根据其离子半径的差异分别位于不同的八面体空隙中。在 O3 结构中,共边的 MeO_6 结构和 NaO_6 结构分别形成了 MeO_2 和 NaO_2 层,而后由 NaO_6 堆积形成了三层不同的 MeO_2 层结构,即 AB、CA 和 BC,钠离子就位于这些 MeO_2 层形成的八面体空隙中。一些典型的 O3 材料的电化学性能如表 12.4 所示。

表 12.4 典型 O3 材料电化学性能

材 料	工作电压区间/V	首圈放电比容量/(mA·h·g^{-1})	循环性能
$NaNiO_2$	1.25~3.75	125(0.10 C)	85%(5 圈)
$NaTiO_2$	0.60~1.60	152(0.10 C)	98%(60 圈)
$NaFeO_2$	1.50~3.60	82(0.10 C)	75%(30 圈)
$NaCoO_2$	2.00~3.80	116(0.10 C)	80%(10 圈)
$NaMnO_2$	2.00~3.80	187(0.10 C)	70%(20 圈)
$NaCrO_2$	2.00~2.60	112(0.10 C)	90%(300 圈)

当层状金属氧化物处于缺钠状态(如 Na_xMeO_2),层状金属氧化物的结构就会发生变化,而 P2 相是这些结构中最稳定的结构。P2 型 $NaMeO_2$ 同样在氧原子堆积的基础上,钠离子和过渡金属离子位于相应的空隙中。与 O3 型结构不同的是,MeO_6 八面体结构以 AB AB AB 的形式堆积,而钠离子位于 MeO_2 层所形成的三棱柱空隙中,其最小重复单元中过渡金属的层数为两层。一些典型的 P2 材料的电化学性能如表 12.5 所示。

表 12.5 典型 P2 材料电化学性能

材 料	工作电压区间/V	首圈放电比容量/(mA·h·g^{-1})	循环性能
$Na_{1/2}VO_2$	1.50~3.60	82(0.10 C)	70%(30 圈)
$Na_{1/2}CoO_2$	2.00~3.80	116(0.10 C)	90%(20 圈)
$Na_{2/3}MnO_2$	1.40~4.30	190(0.10 C)	95%(5 圈)
$Na_{1/2}CrO_2$	2.00~2.60	112(0.10 C)	80%(10 圈)

过渡金属磷酸钠盐 $NaMePO_4$ 具有导电性好、稳定性佳、工作电压高和良好的循环性能,属于 Nasicons 型材料。目前典型 Nasicons 型材料性能如表 12.6 所示。

表 12.6 典型 Nasicons 型材料电化学性能

材 料	工作电压区间/V	首圈放电比容量/(mA·h·g^{-1})	循环性能
$Na_3V_2(PO_4)_3$	2.30~3.90	120(0.10 C)	90%(100 圈)
$NaVOPO_4$	1.50~4.30	50(0.10 C)	90%(100 圈)
$NaMnPO_4$	2.40~4.50	124(0.05 C)	65%(20 圈)

焦磷酸盐 $Na_2MeP_2O_7$ 以 MeO_6 八面体和 PO_4 四面体，通过共顶点氧原子产生钠离子扩散通道，以 $Na_2FeP_2O_7$ 性能最为优异。典型的焦磷酸盐型材料性能如表12.7所示。

表12.7 典型焦磷酸盐型材料电化学性能

材料	工作电压区间/V	首圈放电比容量/(mA·h·g^{-1})	循环性能
$Na_2FeP_2O_7$	2.00～4.00	82(0.05 C)	/
$Na_2MnP_2O_7$	1.50～4.50	90(0.05 C)	96%(30圈)
$Na_2CoP_2O_7$	1.50～4.80	80(0.05 C)	86%(30圈)
$Na_2(VO)P_2O_7$	2.00～4.30	80(0.05 C)	/
$Na_7V_3(P_2O_7)_4$	2.50～4.35	80(0.1 C)	75%(600圈)

普鲁士蓝及其类似物 $A_xM_A[M_B(CN)_6]\cdot zH_2O$(A为碱金属离子，M为过渡金属)在钠离子电池正极材料中也有应用。但是，由于类普鲁士蓝及其类似物本身在结构上具有一定的缺陷：材料结构中存在较多的空位，可能会在钠离子嵌入/脱出过程中引起材料结构的塌陷，从而影响电化学性能。此外，在材料的合成过程中存在大量的结晶水，这些结晶水会在电池的循环过程中对性能产生影响。

表12.8 典型普鲁士蓝材料电化学性能

材料	工作电压区间/V	首圈放电比容量/(mA·h·g^{-1})	循环性能
$KMnFe(CN)_6$	2.00～4.00	100(0.05 C)	100%(30圈)
$Na_2Mn[Fe(CN)_6]\cdot zH_2O$	2.00～4.00	150(0.1 C)	75%(500圈)
$Na_{1.72}MnFe(CN)_6$	2.00～4.20	134(0.05 C)	90%(30圈)
$FeNiFe(CN)_6$	2.00～4.00	106(10 mA·g^{-1})	96%(100圈)
$Fe_4[Fe(CN)_6]_3$	2.00～3.50	67(0.125 mA·cm^{-2})	80%(40圈)
$Na_2CoFe(CN)_6$	2.00～4.00	150(10 mA·g^{-1})	90%(200圈)
$Na_{1.32}Mn[Fe(CN)_6]_{0.83}\cdot 3.5H_2O$	2.00～4.00	109(0.5 C)	90%(100圈)

有机正极材料由于其绿色、可从生物质中获得、低成本等优势一直受到研究者的关注。导电聚合物是一种典型的有机钠离子正极材料，在聚吡咯中掺杂 $Fe(CN)_6^{4-}$ 得到具有135 mA·h·g^{-1}容量的正极材料，循环稳定性和倍率特性均十分优异；在聚吡咯中掺杂二苯胺磺酸钠盐制备的正极材料具有115 mA·h·g^{-1}的可逆容量。但是，由于有机材料在有机电解液溶剂中的高度溶解性极大地限制了其应用。除此之外，有机正极材料还存在着热稳定性差、动力学过程缓慢、电子导电率差等问题。

2. 负极

碳基材料主要分为石墨和非石墨碳基材料两大类。其中，石墨具有高的结晶度、规则的层状结构、良好的导电性等有利于锂离子的嵌入和脱出，具有较高的比容量、较低的嵌锂电池和循环稳定性，实际比容量可达约350 mA·h·g^{-1}。但是，因为钠离子半径远大于锂离子半径，导致在锂离子中成功应用的石墨材料因其层间距较小，仅有极少的容量。而非石墨型碳材料，如硬碳、无定性碳、纳米碳基材料均具有一定的储钠性能。

硬碳材料具有比石墨更大的层间距，结构中含有石墨微晶和无定性区两相，在钠电池

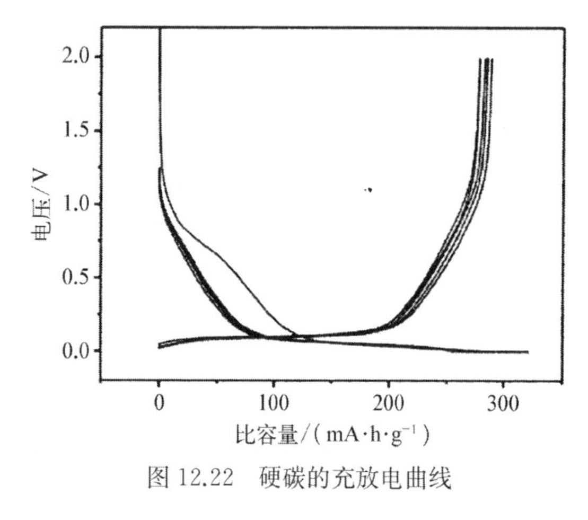

图 12.22　硬碳的充放电曲线

中具有约 300 mA·h·g^{-1}的比容量,是目前研究较多的一种钠离子电池碳基负极材料。硬碳材料典型的充放电曲线如图 12.22 所示。可以通过不同的制备方法,制备出具有不同形貌或不同元素掺杂的硬碳材料,以提高比容量、改善循环性能和倍率性能。

无定型碳材料的石墨化程度低,结构中存在大量的无序的碳微晶,且含有大量的纳米微孔,为钠离子存储提供了理想的活性位点。

除了碳基材料外,合金类材料、钛基材料、金属化合物材料也可以作为钠离子电池的负极材料。合金类材料的储钠机制为合金化反应,具有较高的理论储钠比容量,如 Sn、Sb、Pb、P、Si 等,对应的理论比容量分别为 845($Na_{15}Sn_4$)、660(Na_3Sb)、485($Na_{15}Pb_4$)、2 596(Na_3P)、954(NaSi)mA·h·g^{-1}。但是合金类负极普遍都有循环过程中存在很大的体积膨胀,会造成严重的容量衰减。可以通过材料纳米化、与碳材料复合、使用电解液添加剂、改善黏结剂或引入惰性物质作为结构支撑等手段抑制/缓解充放电过程中的体积膨胀。钛基材料包括钛基氧化物(TiO_2)和钛酸盐类材料($Na_2Ti_3O_7$),该类材料通过嵌入脱出机制进行储钠。TiO_2 具有稳定性高、储量丰富、价格低廉等优点,在锂电池中被广泛应用。锐钛矿 TiO_2 可以储存 0.5 mol 的 Li^+,却不能储存 Na^+,可以通过合成纳米尺寸的 TiO_2 缩短 Na^+ 的扩散距离,提高电化学性能。钛酸盐 $Na_2Ti_3O_7$ 具有稳定的层状结构,其基本单元由二维的$(Ti_3O_7)^{2-}$过渡金属层组成,Na 原子位于层间。理论上 $Na_2Ti_3O_7$ 可以实现 2 个钠离子的脱嵌,具有 200 mA·h·g^{-1}的比容量,平均工作电压为 0.3 V。金属化合物,如 Fe_2O_3、Fe_3O_4,SnO_2、SnSe、Ni_3S_2 等,在钠电池中发生多电子反应或合金化反应,具有很高的理论比容量,但是也存在导电性差、首次库伦效率低和循环性差的问题,可通过纳米化或者与碳复合进行改善。

3. 电解液

目前用于钠离子电池的电解液分为有机系、水系和固态电解质,在电池中起到传输钠离子的作用。有机系电解液根据有机溶剂不同,分为酯类电解液和醚类电解液。

1) 有机系电解液

目前常用的钠离子电解液的钠盐有高氯酸钠 $NaClO_4$、六氟磷酸钠 $NaPF_6$、三氟甲基磺酸钠 $NaCF_3SO_3$ 和双三氟甲基磺酰亚胺钠 $NaN(SO_2CF_3)_2$。酯类电解液具有种类多、热稳定性好、离子电导率高、电化学窗口宽等特点,常用的酯类溶剂有酸乙烯酯(EC)、碳酸丙烯酯(PC)、碳酸二甲酯(DMC)、碳酸甲乙酯(EMC)、碳酸二乙酯(DEC)和甲基磺酸乙酯(EMS)等。相比酯类电解液,醚类电解液的电化学窗口窄、起始氧化电位低,常用于有机正极材料、硫系化合物、空气电极和石墨负极材料中。常用的醚类溶剂有乙二醇二甲醚(DME)、四甘醇二甲醚(TGM)和二甘醇二甲醚(DGM)。

2) 水系电解液

水系电解液具有安全性高、价格低廉、电导率高等优点，但是电化学窗口窄，也限制了正负极材料的选择，因此水系钠离子电池有望用于大规模储能系统。可用于钠离子水系电解液的钠盐有：醋酸钠 CH_3COONa、硫酸钠 Na_2SO_4、氢氧化钠 NaOH、硝酸钠 $NaNO_3$、高氯酸钠 $NaClO_4$，pH 值多为中性(7)，或弱碱性(8)，也可以为碱性(12～14)。

美国 Aquion Energy 公司是全球第一家批量生产水系钠离子电池的公司，采用 Na_2SO_4 作为钠盐、$Na_{0.44}MnO_2$ 作为正极。恩力能源科技(南通)有限公司第一代 20 MW・h生产线生产出的水系钠离子电池组成储能系统，可保证每个充电放电循环的成本低于 0.19 美元/度电。

3) 固态电解质

固体电解质材料可分为无机电解质、聚合物电解质和复合电解质。无机电解质中 NASICON 结构的化合物被研究的最多，最常见的为 $Na_{1+x}Zr_2Si_xP_{3-x}O_{12}$ ($0\leqslant x\leqslant 3$)，还可以用二价、三价、四价或五价的元素替代 Zr^{4+}，Ge 或 As 替代 Si/P 位。聚合物电解液多采用聚合物与钠盐共混得到，如 PEO/NaFSI、PEO/NaTFSI($Na[(CF_3SO_2)_2N]$)、PEO/NaFNFSI($Na[(FSO_2)(n-C_4F_9SO_2)N]$)。

12.2.3　应用与发展前景

钠离子电池在近几年发展比较迅速，其由于价格低廉，在未来大规模使用中会具有独特的吸引力。但是由于能量密度较低，仍需要在正、负极材料的开发上付出更多的努力。

12.3　锂硫电池

12.3.1　锂硫电池概述

锂硫电池是指以硫或含硫化合物为正极、金属锂为负极的一类电池体系。目前常用的正极以单质硫为主。以单质硫为正极活性物质、金属锂为负极的锂硫电池能够实现 2 电子的转移，因此其理论能量密度高达 2 600 W・h・kg^{-1} 和 2 800 W・h・L^{-1}，平台电压为 2.1 V，在高能电池方面具有相当诱人的应用前景，此外，单质硫环境友好，价格低廉，因此锂硫电池被认为是未来高能量密度二次电池体系的代表，具有成为第四代空间用储能电源的潜力。

比能量高是锂硫电池也是金属锂电池最大的特点，正因为这个原因，以锂硫电池为代表的金属锂二次电池在未来无人机、运载火箭、上面级、战略导弹、单兵系统等方面具有相当诱人的应用前景。但是，锂硫电池的寿命仍然较短并且安全性有待提高。

12.3.2　锂硫电池基本组成

锂硫电池主要由含硫材料为正极、金属锂为负极、聚丙烯聚乙烯复合微孔隔膜、多元有机电解液和全密封外壳等部件组成。正极片是将浆料通过涂布设备均匀地涂敷在集流体的两侧所得，湿涂层和集流体在慢速通过烘干通道时，在热气流下干燥以除去溶剂，并

按照设计要求,通过辊压机将锂硫电池正极片压制成具有一定厚度和面密度的极片。将正、负极极片和隔膜叠片制备成电堆,将电堆上的极耳与电池极耳焊接,装入一定尺寸软包装铝塑复合膜中,加入定量的电解液并完成封口,进行化成处理及容量筛选后真空封口,电池即可使用。

12.3.3 电池工作原理

锂硫电池电化学反应式如下所示。

$$S_8 + Li \rightleftharpoons Li_2S_x\ (x \leqslant 8) \longleftrightarrow Li_2S$$

相对于锂离子电池来说,锂硫电池的工作原理要复杂得多,以单质硫为正极的锂硫电池工作原理图如图12.23所示。硫的高容量和可逆性来源于 S_8 分子中 S—S 键的电化学断裂和重新键合,整个过程具有一定的可逆性。S正极需要经过多步反应被还原成 Li_2S,其中在众多产物中 Li_2S_2 和 Li_2S 不溶于溶剂,其他最中间产物均溶于溶剂。因此,在充电过程中,可溶性中间产物,即长链多硫化物离子[$Li_2S_x\ (x \geqslant 4)$]在浓度梯度等的作用下会穿过隔膜到达金属锂负极,并被金属锂负极发生氧化还原反应生成不溶性的 Li_2S_2、Li_2S 以及链段长度稍短的可溶性多硫化锂,而该多硫化锂会再次穿过隔膜向正极迁移。在充电过程中同样存在此现象。因此,锂硫电池具有典型的穿梭反应特点。穿梭反应对锂硫

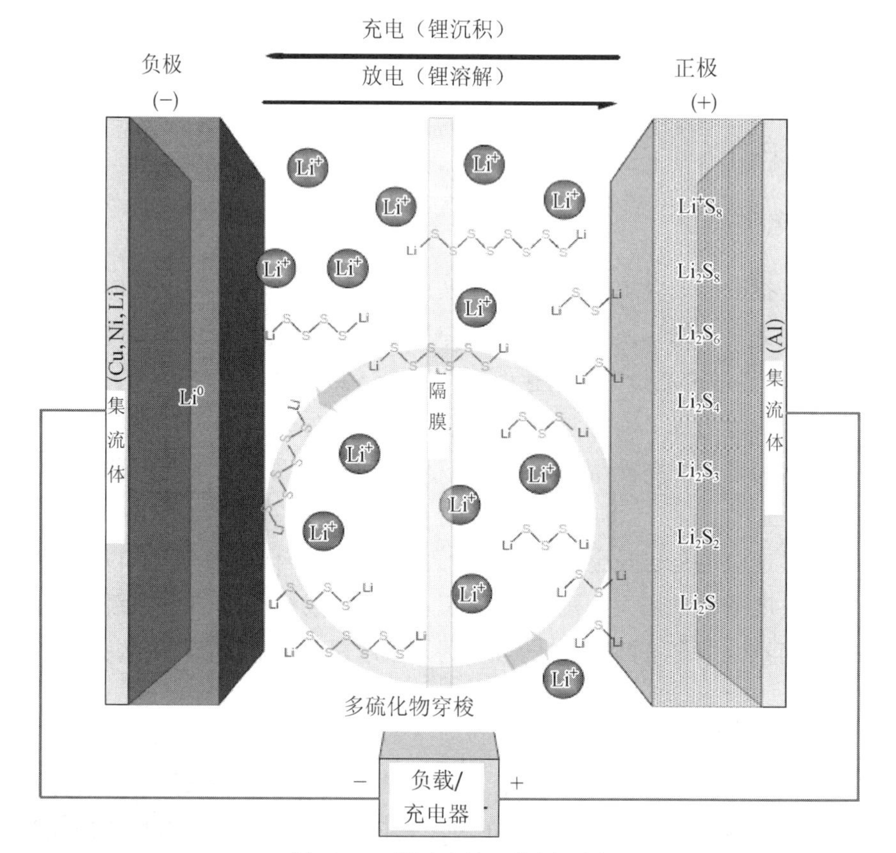

图12.23 锂硫电池工作原理图

电池有两方面的影响：一方面导致电池的自放电，放电比容量较低以及金属锂负极的侵蚀；另一方面，电池充电末期发生明显的穿梭反应，对电池的过充具有一定保护作用。锂硫电池放电电压平台在 2.3 V 和 2.1 V 附近。放电曲线见图 12.24。高电压平台来自环状 S_8 分子的断裂生成 S_4^{2-} 的过程，而低电压平台对应着 S_4^{2-} 向 S^{2-} 的过程。

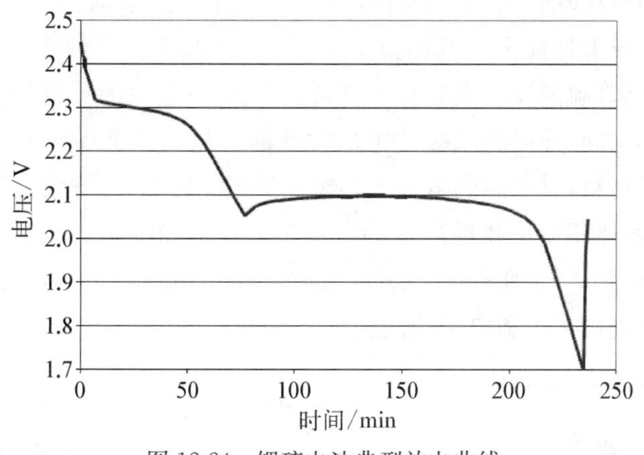

图 12.24　锂硫电池典型放电曲线

12.3.4　锂硫电池存在的问题

虽然锂硫电池的能量密度很高，但是在正极、负极方面仍存在很多的缺点。

硫正极方面，单质硫固有的电子绝缘性（5×10^{-30} S/cm，25℃）使其表现为电化学惰性，容量发挥难，因此需要在正极材料中加入大量的导电碳黑，从而降低了电池的比能量。此外，硫电极的放电中间产物多硫化锂在有机电解质体系中具有高的溶解性，这些易溶的多硫化物扩散至锂负极，生成锂的低价多硫化物沉积到负极，同时一些低价的液态多硫化物又会扩散回正极发生氧化反应，形成穿梭效应，一方面造成活性物质流失，另一方面导致了电池的自放电率大，严重降低了充放电效率。还有，单质硫在充放电过程中存在一定的体积变化，完全锂化后体积膨胀约 80%，长期循环会导致电极结构的破坏甚至坍塌，从而影响电池的容量性能和循环性能。

在电池负极方面，锂金属的电化学可逆性和安全可靠性仍是目前研究的难点。主要存在如下几个问题未得到解决：① 锂枝晶，电池充电过程中易形成金属锂枝晶，枝晶刺穿隔膜，发生短路，继而可能引起爆炸，即使不造成短路，枝晶在放电过程中会发生不均匀溶解，造成部分枝晶折断，形成电绝缘的“死锂”，导致锂负极充放电效率低；② 化学不稳定性，金属锂活性高，在发生意外事故或电池滥用时易与电解质或空气发生剧烈反应，甚至导致爆炸；③ 电化学不稳定性，充放电过程中，金属锂与电解质反应，造成电池贫液，内阻增加，循环性能降低。

12.3.5　锂硫电池研究进展

在锂硫电池正极材料方面，针对硫正极的缺点，世界各国的研究者开展了广泛的研究来克服其缺点，改善硫正极的电化学性能。主要的改善措施集中在以下三个方面。

1. 硫/碳复合材料

为了提升硫的导电性以及抑制中间产物多硫离子的溶解穿梭,研究者们常用的策略是将硫封装在高电导率的碳材料内,常用的碳材料包括碳纳米管、碳微米管、石墨烯、碳空心球、活性炭、介孔碳、分级孔碳等。碳纳米管具有独特的管状结构、大的长径比及优异的长程导电性,同时其较薄的管壁也为硫的电化学反应提供了良好的电子和离子传输能力;多孔碳具有良好的导电性能和较高的比表面积,对多硫离子有较强的吸附能力;空心碳球、空心碳纤维等则将硫的反应限制在了材料的内腔,其较大的孔容为硫的放电产物体积膨胀提供了足够的空间,并提高了极片中活性硫的含量。石墨烯作为一种具有特殊二维纳米结构的导电碳材料,具有高的电导率和柔性的平面结构,可有效包覆硫颗粒形成导电网络结构,缓冲硫的体积变化并提高硫的电化学活性。如图12.25所示,垂直排列的硫-石墨烯(S-G)纳米墙中,硫纳米粒子都均匀地镶嵌在石墨烯层间和垂直排列在基板上的有序石墨烯可以实现锂离子和电子的快速扩散。

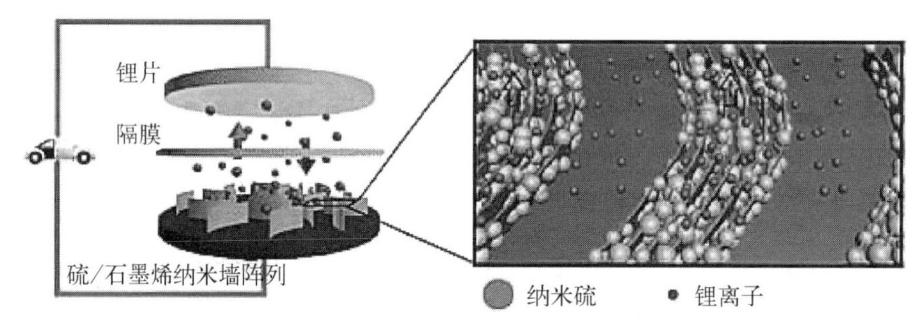

图12.25 垂直结构的硫/石墨烯复合材料

2. 硫/异原子掺杂碳复合材料

导电碳材料一定程度上改善了锂硫电池的电化学性能,但同时也存在一些缺点,首先,多孔碳材料对多硫化物溶解扩散的物理吸附作用有限。其次,碳表面的非极性特性决定了其与极性较强的多硫化锂结合较弱,难以有效抑制多硫化物的溶解扩散,同时也不利于放电产物硫化锂的沉积,从而影响硫正极的电化学性能的进一步发挥,削弱其高容量的优势。因此,通过对碳材料进行掺杂改性,如氮、硫、硼、磷等的杂原子掺杂能够提升碳材料的表面化学极性,改善对多硫离子的化学吸附作用,缓解其溶解、迁移和穿梭,减少活性材料的损失,同时提供了有利于硫化锂的有效沉积。异原子掺杂还能够有效提升碳材料的电子电导率。能谱分析结合第一性原理计算表明,不同杂原子对应不同的固硫机制。N原子主要是以吡啶型、吡咯型存在于碳材料上,这两种类型的氮掺杂更容易与多硫化物形成化学键 $S_xLi\cdots N$;O原子则是以羰基、醚键和羟基等形式掺杂,O的孤对电子易与多硫化锂中的 Li^+ 成键而固硫。氧化石墨烯GO、N-掺杂介孔碳、N-掺杂石墨烯、石墨化氮化碳 $g-C_3N_4$、N、S双掺杂石墨烯和纳米碳纤维等均显示出对多硫离子良好的化学吸附能力,从而获得稳定的循环性能。

3. 金属化合物/硫复合材料

为了进一步提升硫基正极材料对中间产物多硫化物的化学吸附作用,金属化合物,特别是金属氧化物(TiO_2、Ti_4O_7、MnO_2、MgO、CaO、La_2O_3)和金属硫化物(CoS_2、Co_9S_8),

被广泛地应用到硫正极中，其固硫机制是金属化合物与多硫化锂之间的极性相互作用或路易斯酸碱作用。例如，崔屹课题组观测到多硫化物优先沉积在锡掺杂的氧化铟（ITO）表面而不是碳表面，为过渡金属氧化物对多硫离子的化学吸附提供了直接的证据（图 12.26）。NAZAR 课题组对 MnO_2 的固硫作用提出了不同的机制：通过硫代硫酸盐的化学转化固定多硫离子。在 δ－MnO_2 纳米片上，表面的 Mn^{4+} 首先氧化 S_x^{2-} 生成 $S_2O_3^{2-}$，长链 S_x^{2-} 随后插入 $S_2O_3^{2-}$－中 S—S，形成 $(O_3S—S_x^{2-}—SO_3)^{2-}$，以此方式将多硫离子固定在电极表面，并为 Li_2S 的沉积提供更好的界面。这些开创性工作拓展了人们对于硫正极电化学反应过程的认知，并为载硫正极材料的设计提供了理论基础。

图 12.26　多硫离子与 ITO 之间键合作用示意图

在锂硫电池负极方面，金属锂不仅化学性质活泼，而且其溶解沉积效率低。特别是当硫正极与锂负极的面积容量比接近时或电流密度较大的时候，会造成金属锂负极的粉化和容量的快速衰减，因此，在金属锂负极方面进行改性或保护非常有必要。目前，主要的研究集中在以下三个方面。

（1）电解液添加剂。电解液直接与金属锂负极接触，通过电解液添加剂的方式能够原位调控锂硫电池中金属锂负极的表界面。美国 Sion power 公司率先报道在锂硫电池电解液中添加硝酸锂，显著提升了锂硫电池的循环性能和充放电效率。Doron Aurbach 课题组通过傅立叶红外光谱和 X 射线光电子能谱对硝酸锂的作用机制进行了较为深入的研究。硝酸锂能够钝化金属锂电极表面，从而抑制金属锂与聚硫化锂之间的电子转移，达到抑制多硫化锂与金属锂负极之间的副反应。

除了硝酸锂之外，研究者们还尝试硝酸镧添加剂调节金属锂的界面。La^{3+} 能够被金属锂快速的还原，继而与聚硅氧烷反应形成 La_2S_3。随着锂硫电池不溶放电产物的不断聚集，金属锂负极出现了复合钝化膜，从而有利于提升金属锂负极的沉积溶解效率。

（2）人工保护膜。Wu 等通过在金属锂负极涂敷一层 Nafions 和聚偏氟乙烯组成的聚合物薄膜，不仅避免了多硫化锂与金属锂的直接接触，而且该弹性保护膜还能够抑制金属锂枝晶的生长，从而避免直径生长导致电池内短路。Tu 等在金属锂表面涂敷一层柔性自支撑的氧化石墨烯薄膜，能够降低金属里表面的不平整度。此外，同样能够一定程度上抑制金属锂枝晶的生长，从而提升锂硫电池的循环稳定性。Kaskel 等将硅碳锂三元复合材料作为锂硫电池的负极，硫碳材料作为正极的锂硫电池 1 000 次循环后的容量仍能够高达 1 470 $mA \cdot h \cdot g^{-1}$。Wen 等将金属表面氮气化处理，生成一层较为致密的氮化锂保护层，厚度 200～300 nm，不仅能够抑制多硫化锂与金属锂的直接接触，而且提高了锂离子的传输电阻，所制备的锂硫电池 0.2 C 的倍率下库仑效率高达 91.4%，优于空白金属锂的性能。

（3）合金化负极。通过将金属锂负极合金化能够稳定负极的骨架，抑制聚硫化锂中间产物与金属锂的副反应。Wang 等将锂硼合金直接作为锂硫电池的负极,有效地解决了由于巨大的体积变化而造成的骨架坍塌和容量衰减等问题。Scorsati 等使用锂锡合金代替金属锂,35 次循环的可逆容量仍高达 850 mA·h·g^{-1}。

锂硫电池得到全世界广泛的关注和研究,世界各国投入巨大的财力和人力开展锂硫电池的研究,尽管取得了长足的进步,但是锂硫电池工程化研究还较少。

1999 年 10 月,由 PolyPlus Corporation、Sheldahl Corporation 和 Eveready Battery Company 三家公司组成的集团开发一种锂硫电池。该电池的正极为单质硫系正极,锂负极是以铜或聚合物为集流体,利用蒸气沉积法在集流体上形成一层金属锂薄膜而制成的。据 PolyPlus 公司报道,此电池体积比能量和质量比能量分别达 520 W·h·dm^{-3}和 420 W·h·kg^{-1}。

美国 Sion Power 公司跟 NASA 合作,开发航天领域用锂硫二次电池,集中解决的问题是优化硫电极制作方法,并提高电极的电子导电性能。2004 年 5 月 11 日,Sion Power 公司在微软公司年度 Windows 硬件工程会议上向全世界宣布已研制出轻便、循环周期长的商品高能锂/硫电池。演示电池组的(10.5 V、4.8 A·h)使用的单体电池比能量达到 250 W·h·kg^{-1}。其后期研制的锂/硫电池样品性能参数如下:电池尺寸 63 mm×43 mm×11.5 mm,工作电压区间 1.7~2.5 V,额定容量 2.8 A·h,比能量达到 350 W·h·kg^{-1},全充放循环次数 25~80 次。

2010 年,Sion Power 公司与巴斯夫、劳伦斯伯克利国家实验室、西北太平洋国家实验室合作,又收到美国能源部高级能源研究计划署资助,开发超过 300 英里的纯电动车动力锂硫电池的研制,目标使电动车电池组质量小于 700 lbs,能够载 5 名乘客(共 3 500 lbs)行驶 300 英里。英国的 Zephyr 无人高空飞行器,夜间的动力则由 Sion Power 公司开发的锂硫电池组提供,2010 年 7 月飞行达到创纪录的 14 天。除 Sion Power 外,江森自控也受到美国能源部高级能源研究计划署的资助研发锂/硫电池,2011 年报道电池容量约 4.5 A·h,放电初期比能量 393 W·h·kg^{-1},90 次循环容量损失约 30%。

国内开展锂硫电池工程化研究的单位主要有军事科学院防化研究院、北京理工大学、中国科学院大连化学与物理研究所、上海交通大学、上海空间电源研究所、中国科学院硅酸盐研究所、国防科技大学等。中国科学院大连化学物理研究所陈剑研究员团队研制的能量型锂硫二次电池,单体容量 39 A·h,质量比容量达到 616 W·h·kg^{-1}(50℃),循环次数不详。北京理工大学吴锋院士团队研制出单体 18.6 A·h、460 W·h·kg^{-1}的锂硫电池。

尽管锂硫电池的能量密度已经到了比较高的水平,但是在安全性、循环性能和服役寿命等关键指标距离工程化应用还有很大的差距。此外,基于锂硫电池复杂的放电机制,还需要通过更为先进、原位的表征分析方法对存在的基础问题进行深入的研究。

12.4 液流电池

12.4.1 液流电池原理

液流电池的概念是由 Thaller 于 1974 年提出的。该电池通过正、负极电解质溶液活性物质发生可逆氧化还原反应(即价态的可逆变化)实现电能和化学能的相互转化。充电时，正极发生氧化反应使活性物质价态升高；负极发生还原反应使活性物质价态降低；放电过程与之相反。与一般固态电池不同的是，液流电池的正极和(或)负极电解质溶液储存于电池外部的储罐中，通过泵和管路输送到电池内部进行反应，因此电池功率与容量独立可调。从理论上讲，有离子价态变化的离子对可以组成多种液流电池。图 12.27 给出了部分可能组成液流电池的活性电对及其半电池电压。如 $Fe^{2+/3+}/C^{r2+/3+}$、$Br^{1+/0}/Zn^{2+/0}$、$Ni^{2+/3+}/Zn^{2+/0}$、$V^{4+/5+}/V^{3+/2+}$、$Fe^{2+/3+}/V^{3+/2+}$ 等。

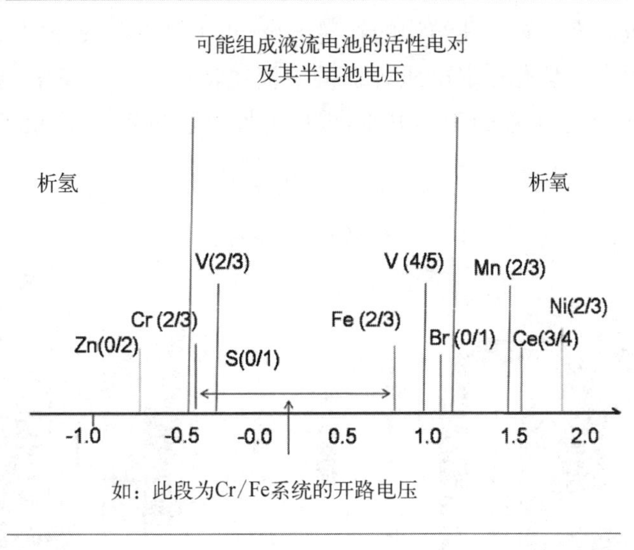

图 12.27　可能组成液流电池的活性电对及其半电池电压

12.4.2　液流电池结构与组成

液流电池系统由电堆、电解液、电解液储罐、循环泵、管道、辅助设备仪表以及监测保护设备组成(图 12.28)。液流电池具有较强氧化性和还原性，因此组成液流电池系统所需

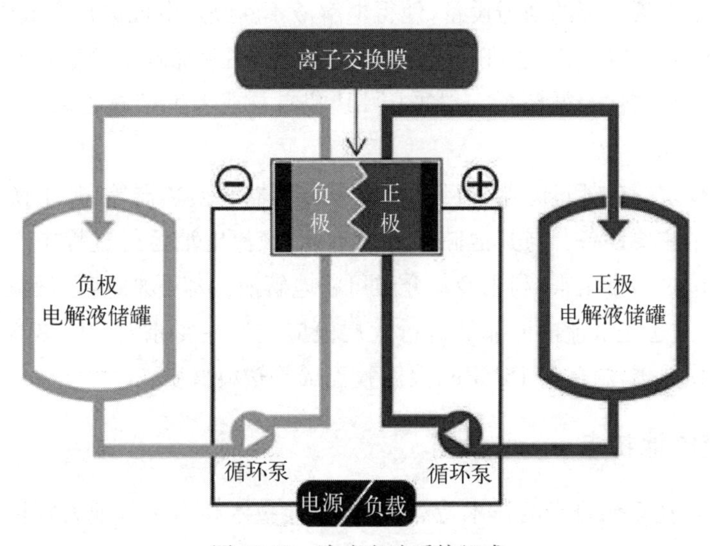

图 12.28　液流电池系统组成

的设备仪表都必须是耐腐蚀的,一般采用塑料材质或者内衬防腐材料。

液流电池电堆是由数节或数十节单电池、密封件、固定电极和分配电解质溶液的电极框、电解质溶液进液板、电堆电解质溶液公共管路、集流板(一般是经防腐处理的铜板)、端板(一般是铝合金板或不锈钢板)、紧固件(主要包括螺杆、螺母、垫圈、紧固弹簧等)等组成。图12.29是4节单电池组成的电池短堆内的电解质溶液流动形式示意图。图中相邻的两个单电池之间的隔板称为双极板(bipolar plate)。它的一侧与上一个单电池的正极相连,另一侧与后一个单电池的负极相连,故称为双极板。隔膜将单电池分为正负极两个反应区域,区域内为具有多孔结构的石墨电极,正负极电解液分别流经正负极进行氧化还原反应,从而形成具有一定电压等级的液流电池电堆。液流电池电堆的电极面积和工作电流密度决定了电堆的工作电流,根据电堆串联的节数,决定了液流电池电堆的功率。

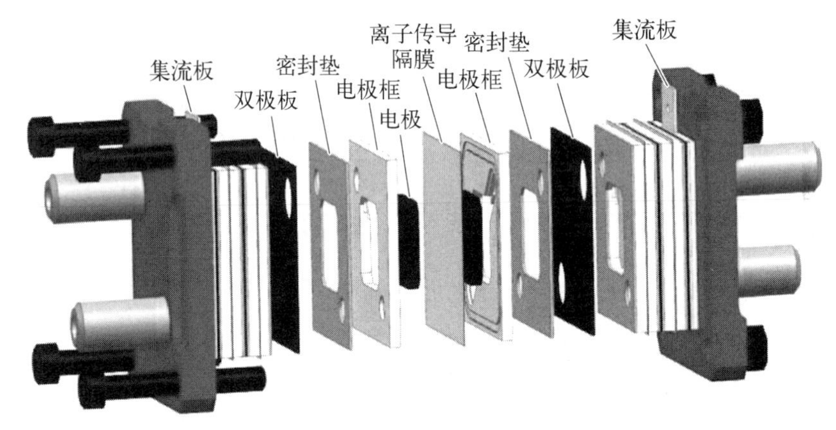

图12.29 液流电池电堆结构示意图

电解液储罐是电解液的储存容器,一般材质为PP、PVC、PE等,最主要的是储罐的安全、可靠性,否则一旦泄露不仅造成电解液损失,而且造成环境污染等问题。

循环泵是电解液循环的动力设备,使得电解液不断经过电堆进行充放电,一旦循环泵出现故障,液流电池系统就无法进行充放电运行,由此可见循环泵的稳定性和可靠性对于液流电池系统的重要性。循环泵一般采用PP塑料泵或者聚四氟乙烯泵,泵的类型包括离心泵、磁力泵等。

辅助设备仪表等包括过滤器、流量计、压力传感器和换热器等,其中换热器是液流电池系统的另一个主要设备。与其他储能电池不同,液流电池运行过程中产生的热量能够通过电解液从电堆内带出来,利用冷却介质可将电解液冷却下来,实现液流电池运行温度控制相对简单,这也是液流电池能够进行大规模应用的主要原因。换热器一般采用水冷式或者风冷式换热器,材质为PP、PE、聚四氟乙烯等塑料材质。

12.4.3 液流电池特点

基于液流电池系统自身的技术特点,液流电池技术相对于其他大规模储能技术具有以下优势。

(1) 液流电池储能系统运行安全可靠,全生命周期内环境负荷小、环境友好。液流电池储能系统的储能介质为电解质水溶液,只要控制好充放电截止电压,保持电池系统存放空间良好的通风条件,液流电池不存在着火爆炸的潜在危险,安全性高。液流电池电解质溶液,特别是全钒液流电池系统的电解质溶液在密封空间内循环使用,在使用过程中通常不会产生环境污染物质,不受外部杂质的污染。

(2) 液流电池储能系统的输出功率和储能容量相互独立,设计和安置灵活。液流电池的输出功率由电堆的大小和数量决定,而储能容量由电解质溶液的浓度和体积决定。

(3) 能量效率高,室温条件下运行,启动速度快,无相变化,充放电状态切换响应迅速。在充放电过程中通过溶解在水溶液中活性离子价态的变化来实现电能的存储和释放,而没有相变化,所以,启动速度快,充放电状态切换响应迅速。

(4) 液流电池储能系统采用模块化设计,易于系统集成和规模放大。与其他电池相比,液流电池电堆和电池单元储能系统模块额定输出功率大,易于液流电池储能系统的集成和规模放大。

(5) 具有较强的过载能力和深放电能力。液流电池储能系统运行时,电解质溶液通过循环泵强行在电堆内循环,电解质溶液活性物质扩散的影响较小,系统具有2倍以上的过载能力,液流电池放电没有记忆效应,具有很好的深放电能力。

液流电池也存在其自身的不足之处:① 液流电池系统由多个子系统组成,系统复杂;② 为使电池系统在稳定状态下连续工作,必须给包括循环泵、电控设备、通风设备等辅助设备提供能量,所以液流电池系统通常不适用于小型储能系统;③ 受液流电池电解质溶解度等的限制。

12.4.4　液流电池分类

自20世纪70年代以来,研究者探索研究了多种液流电池。根据正负极电解质活性物质采用的氧化还原活性电对的不同,液流电池可分为全钒液流电池、锌/溴液流电池、锌/氯液流电池、锌/铈液流电池、锌/镍液流电池、多硫化钠/溴液流电池、铁/铬液流电池、钒/多卤化物液流电池。根据正负极电解质活性物质的形态,液流电池又可细分为液—液型液流电池和沉积型液流电池。沉积型液流电池根据反应的特点,可分为半沉积型液流电池及全沉积型液流电池。

电池正负极电解质溶质均为可溶于水的溶液状态的液流电池为液—液型液流电池,例如全钒液流电池、多硫化钠/溴液流电池、铁/铬液流电池、钒/多卤化物液流电池。沉积型液流电池是指在运行过程中伴有沉积反应发生的液流电池。电极正负极电解质溶液中只有一侧发生沉积反应的液流电池,称为半沉积型液流电池或单液流电池,例如锌溴液流电池、锌镍液流电池;电池正负极电解质溶液都发生沉积反应的液流电池为全沉积型液流电池,例如铅酸液流电池。

表12.9给出了按正负极电解质活性物质形态的液流电池的分类。

表 12.9　液液流电池分类、特点及代表产品

分类		特点	代表产品
液—液型液流电池		正负极活性物质均溶解于电解液中;正负极电化学氧化还原反应过程均发生在电解液中,反应过程中无相转化发生;需要设置隔膜	全钒液流电池、多硫化钠溴液流电池、铁铬液流电池、全铬液流电池、钒溴液流电池等
沉积型液流电池		正极电化学氧化还原反应过程发生在电解液中,无相转化发生;负极电对为金属的沉积溶解反应,充放电过程中存在相转化;需要设置隔膜	锌溴液流电池、锌铈液流电池、全铁液流电池、锌钒液流电池等
单液流电池	固—沉积型液流电池	正极电化学反应过程为固固相转化;负极电对为金属沉积溶解反应;正负极电解液组分相同;无须设置隔膜	锌镍单液流电池、锌锰单液流电池、金属—PbO_2 单液流电池等
	固—固型液流电池	正负极电化学氧化还原反应均为固固相转化过程;正负极电解液组分相同;无须设置隔膜	铅酸单液流电池

12.4.5　全钒液流电池

全钒液流电池是目前技术上最为成熟的液流电池,已进入大规模商业示范运行和市场开拓阶段。全钒液流电池通过电解质溶液中不同价态钒离子在电极表面发生氧化还原反应,完成电能和化学能的相互转化,实现电能的存储和释放。其正极采用 VO^{2+}/VO^{2+} 电对,负极采用 V^{3+}/V^{2+} 电对,硫酸为支持电解质,水为溶剂。全钒液流电池工作原理如图 12.30 所示。

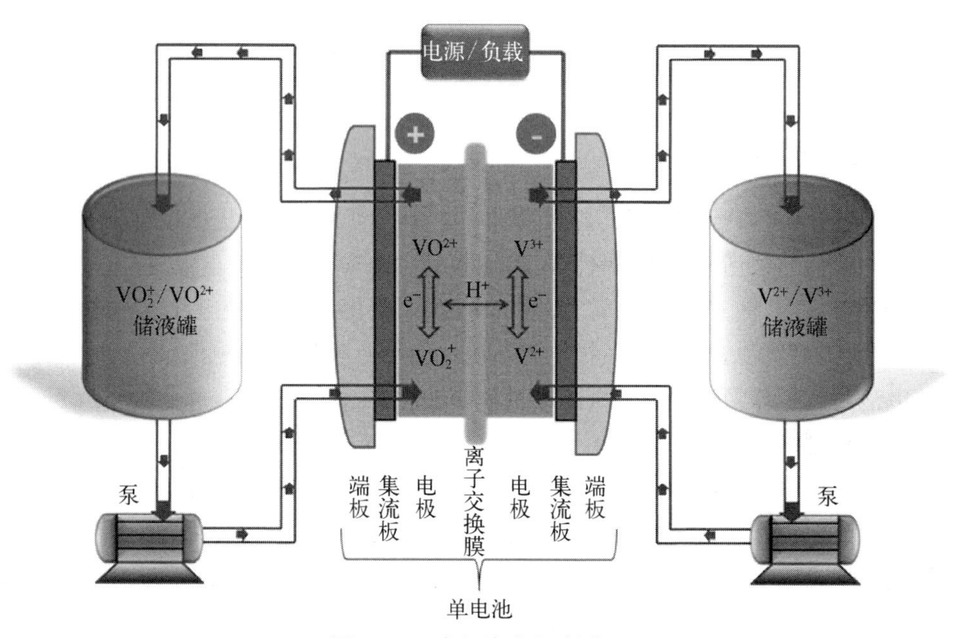

图 12.30　全钒液流电池原理

正极反应:　$VO^{2+} + H_2O \longrightarrow VO_2^+ + 2H^+$　　$E_1^0 = 1.004\ V$

负极反应:　$V^{3+} + e^- \longrightarrow V^{2+}$　　$E_2^0 = 0.255\ V$

总电极反应:$VO^{2+} + V^{3+} + H_2O \longrightarrow VO^+ + V^{2+}$　　$E^0 = 1.259\ V$

全钒液流电池正极反应的标准电位为+1.004 V，负极为−0.255 V，故 VRB 电池的标准开路电压约 1.259 V。根据电解质溶液的浓度及电池的充放电状态，电解质溶液中钒离子的存在形式会产生一些变化，从而对电池正极电对的标准电极电位产生一些影响，故实际使用时全钒液流电池的开路电压一般为 1.5～1.6 V。在全钒液流电池中，电解质溶液不同价态的钒离子呈现明显不同的颜色，2 价钒离子(V^{2+})溶液为紫色，3 价钒离子(V^{3+})溶液为绿色，4 价钒离子(VO^{2+})溶液为蓝色，5 价钒离子(VO_2^+)溶液为黄色。因此，通过观察电池正负极电解液的颜色可粗略估计全钒液流电池的充放电状态。在全钒液流电池中，由于正、负极电解质溶液采用的是种类相同，仅是价态不同的钒离子作为电解质活性物质，避免了正、负极电解质活性物质在电池系统长期运行过程中的污染，提高了全钒液流电池储能系统的运行寿命，而且在液流电池储能系统长期运行引起电解质溶液大幅度衰减后，容易再生持续利用，大幅度降低了全钒液流电池储能系统全生命周期的成本。

12.4.6　锌/溴液流电池

锌/溴液流电池正负极采用成本和电化当量均较低的活性物质，因此相对于其他液流电池体系，锌/溴液流电池展现出较高的能量密度和较低的成本，目前该技术已经进入示范阶段。锌/溴液流电池的工作电压为 1.6 V；理论质量能量密度为 419 W·h·kg^{-1}，是铅酸电池的 1.66 倍；实际能量密度达到 60 W·h·kg^{-1}，是铅酸电池的 2～3 倍。

锌/溴液流电池的工作原理如图 12.31 所示，电池正极采用 Br^-/Br_2 电对，负极采用 Zn^{2+}/Zn 电对。充电时正极 Br^- 发生氧化反应生成 Br_2，Br_2 被络合剂捕获后富集在密度大于水相电解液的油状络合物中，沉降在电解质溶液储罐的底部；负极 Zn^{2+} 发生还原反应，生成的金属锌沉积在负极表面。放电时开启油状络合物循环泵，油水两相混合后进入电池内的 Br_2 发生还原反应生成 Br^-；负极表面的锌发生氧化反应生成 Zn^{2+}。其电极反应如下：

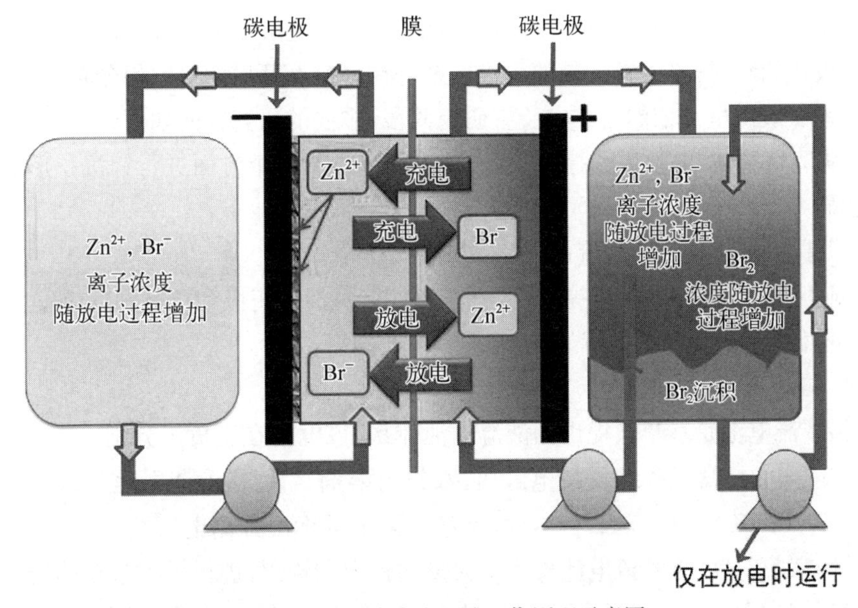

图 12.31　锌/溴液流电池工作原理示意图

正极反应：　$2Br^- \longrightarrow Br_2 + 2e^-$　　$E_1^0 = 1.076\ V$

负极反应：　$Zn^{2+} + 2e^- \longrightarrow Zn$　　$E_2^0 = 0.76\ V$

电池总反应：　$Zn^{2+} + 2Br \longrightarrow Br_2$　　$E^0 = 1.836\ V$

锌/溴液流电池具有以下优势：

(1) 能量密度高，电解质活性物质成本相对较低；

(2) 模块化设计，输出功率及储能容量可以独立灵活调变；

(3) 温度适应能力强(−30～50℃)。

由于锌/溴液流电池正极电解质活性物质 Br_2 具有很强的腐蚀性及化学氧化性、很高的挥发性及穿透性，而负极电解质活性物质锌在沉积过程中容易形成枝晶，严重限制了锌/溴液流电池的应用。正极电解质活性物质 Br_2 渗透隔膜到负极与负极活性物质发生化学反应，引起电池的自放电降低了锌/溴液流电池的能量效率，Br_2 穿透塑料材质的电解质溶液储罐和电解质溶液输运管路，造成环境污染。负极电解质活性物质锌离子在沉积过程中容易形成金属锌枝晶造成脱落，大幅度降低了电池的储能容量和使用寿命。20世纪70年代中期，美国 Exxon 和 Gould 两家公司各自解决了锌/溴液流电池锌沉积形貌控制和抑制 Br_2 穿透隔膜引起正负极电解质溶液互混污染的两大技术难题，推进了锌/溴液流电池的应用开发。

12.4.7　其他类型液流电池

1. 锌镍液流电池

锌镍单液流电池正极与负极分别采用氢氧化镍电极与惰性金属集流体，采用锌酸盐作为电解质，高浓度的 KOH 作为支持电解液。锌/镍液流电池正极反应的标准电位为+0.49 V，负极为−1.215 V，故锌/溴液流电池的标准开路电压约 1.705 V。充电过程中，锌沉积在负极集流体表面，放电时生成可溶性锌酸盐。电解液的循环流动，降低了负极反应的浓差极化，有效抑制了锌枝晶的形成以及锌在多次循环后的不均匀分布。

目前锌镍液流电池依然处在实验室研究阶段，主要的研究方向如下：

(1) 从沉积基体、电池运行控制策略、锌沉积添加剂三个方面进行锌沉积形貌控制策略与方法研究；

(2) 提高正极氧化镍的容量；

(3) 电极表面修饰和改性，提高析氢析氧过电位，抑制正极和负极副反应发生；

(4) 电堆的设计与集成技术。

2. 铁/铬液流电池

铁/铬液流电池是最早被提出的液流电池体系，该电池在正负极分别采用 Fe^{2+}/Fe^{3+} 和 Cr^{2+}/Cr^{3+} 电对，盐酸作为支持电解质，水作为溶剂。铁/铬液流电池正极反应的标准电位为+0.77 V，负极为−0.41 V，故铁/铬液流电池的标准开路电压约 1.18 V。美国、日本等相关国家曾对铁/铬液流电池投入了大量的精力和资源，进行了十余年的研发。1975年 NASA levis 研究中心的 Thaller 首次提出铁/铬液流电池，1979年 NASA 组织实施铁/铬液流电池发展计划，详细验证铁/铬液流电池技术的可行性和潜在应用价值。1980 年作为月光计划的一部分，日本开始了铁/铬液流电池研发。自 20 世纪 90 年代之后，随着全钒液流电池的发展和成熟，铁/铬液流电池逐渐退出了历史舞台。

3. 钒/多卤化物液流电池

澳大利亚新南威尔士大学 M.Skyllas-Kazacos 研究团队为提高电解质溶液浓度——即提高电池系统的能量密度，提出钒/溴液流电池体系。在钒/溴液流电池体系中，该电池在正负极分别采用 $Br/ClBr_2$（$Cl/BrCl_2$）和 VBr_2/VBr_3 电对，二价钒离子在电解液中溶解度较高，可以达到 3～4 mol/L，从而使钒/溴液流电池体系的能量密度可达 50 W・h/kg。由于溴的严重腐蚀性和环境污染，该团队又提出钒/多卤化物液流电池，该电池用多卤离子代替多溴离子，并将其称为第二代全钒液流。

由于在钒/多卤化物液流电池中含有不同种类的活性物质，电解液存在交叉污染，电池容量衰减增快，能量效率下降。同时，溴等卤化物的强腐蚀性和恶臭气味对环境的污染等问题都难以解决。这些都限制了钒/多卤化物液流电池的实际应用。

4. 铅酸单液流电池

与传统铅酸电池不同，单液流铅酸电池采用溶解于甲基磺酸中的 Pb^{2+} 作为活性物质。Pb^{2+} 与 PbO_2 组成正极反应电对，与 Pb 组成负极反应电对。早在 1946 年就出现了采用高氯酸作为电解液来组装单液流铅酸电池的报道。20 世纪 70～80 年代，研究者将电解液换成四氟硼酸，并继续开展研究。2004 年，英国 Pletcher 等提出采用甲基磺酸作为溶剂，该电池在 20 mA/cm^2 条件下充电，能量效率达 60%。该电池的优势在于不需要电池隔膜，只需要一个电解液储罐，简化系统降低了成本。但是，由于其反应历程复杂，对电池的可靠性和寿命均提出挑战。

12.4.8　液流电池应用

液流储能电池作为容量调节范围宽、充放电效率高、循环寿命长、响应迅速、环境友好的储能技术有着广阔的应用前景和巨大的市场潜力。其主要的应用领域有：配套并网以及离网式可再生能源发电系统，提高电网对可再生能源发电的消纳水平用于电网调幅调频提高电力品质；延缓输配电网络扩容升级，提高电网运营效率；终端用户自主进行能量管理；应急和备用电源，保证稳定、及时的应急电力供应。在近年来提出的智能电网技术中，储能系统作为其中重要的组成部分，起到中枢纽带的作用。工程的实施将为液流储能电池技术的发展注入新的活力。

思　考　题

(1) 锂空气电池主要分为哪几种体系，各个体系的优缺点是什么？

(2) 简述有机体系锂空气电池的充放电反应机理。

(3) 简述铝空电池基本原理和特性、应用。

(4) 简述锌空电池基本原理和制造流程。

(5) 简述钠离子电池的工作原理及分类。

(6) 与锂离子电池相比，锂/硫电池有哪些优势和不足？

(7) 简述锂/硫电池的工作原理及存在的问题。

(8) 造成锂/硫电池循环寿命差的原因有哪些？提出可能的解决措施。

参考文献

蔡艳平，李艾华，徐斌，等.2015.铝-空气新能源电池技术及其放电特性[J].电源技术.39(6)：1232－1234.

李国欣.2007.新型化学电源技术概论[M].上海：上海科学技术出版社：260－310.

邱坤，吴先勇，卢海燕，等.2016.碳基负极材料储钠反应的研究进展[J].储能科学与技术，5(3)：258－267.

托马斯·B.雷迪.2007.电池手册(原著第三版)[M].汪继强，刘兴江等译.北京：化学工业出版社：215－298.

徐国宪，章庆权.1984.新型化学电源[M].北京：国防工业出版社：62－100.

Aurbach D, Pollak E, Elazari R, et al. On the surface chemical aspects of very high energy density rechargeable Li-sulfur batteries[J]. J Electrochem Soc, 2009, 156 (8): A694－A702.

Barpanda P, Avdeev M, Ling C D, et al. 2013. Magnetic structure and properties of the $Na_2CoP_2O_7$ pyrophosphate cathode for sodium-ion batteries: A supersuperexchange-driven non-collinear antiferromagnet[J]. Inorganic Chemistry, 52: 395－401.

BarpandaP, Liu G, Avdeev M, et al. 2014. t-$Na_2(VO)P_2O_7$: A 3. 8 V pyrophosphate insertion material for sodium-ion batteries[J]. ChemElectroChem, 1: 1488－1491.

Barpanda P, Ye T, Nishimura S, et al. 2012. Sodium iron pyrophosphate: A novel 3. 0 V iron-based cathode for sodium-ion batteries[J]. Electrochemistry Communications, 24: 116－119.

Bommier C, Ji X. 2015. Recent development on anodes for Na-ion batteries[J]. Israel Journal of Chemistry, 2015, 55: 486－507.

Boyadzhieva T, Koleva V, Zhecheva E, et al. 2015. Competitive lithium and sodium intercalation into sodium manganese phospho-olivine $NaMnPO_4$ covered with carbon black[J]. RSC Advances, 5(106): 87694－87705.

Braconnier J J, Delmas C, Hagenmuller P. 1982. Etude par desintercalation electrochimique des systemes Na_xCrO_2 et Na_xNiO_2[J]. Materials Research Bulletin, 17(8): 993－1000.

Br C J, Thieme S, Grossmann H T, et al. 2014. Lithium-sulfur batteries: influence of C-rate, amount of electrolyte and sulfur loading on cycle performance[J]. Journal of power sources, 268: 82－87.

Carlier D, Blangero M, Ménétrier M, et al. 2009. Sodium ion mobility in $Na(x)CoO_2$ ($0.6 < x < 0.75$) cobaltites studied by Na MAS NMR[J]. Inorganic Chemistry, 48(15): 7018－7020.

Dorfler S, Hagen M, mAlthues H, et al. 2012. High capacity vertical aligned carbon nanotube/sulfur composite cathodes forlithium-sulfur batteries[J]. Chemical Communication, 48: 4097－4099.

Ellis L D, Hatchard T D, Obrovac M N. 2012. Reversible insertion of sodium in Tin[J]. Journal of the Electrochemical Society, 159(11): A1801－A1805.

EllisL D, Wilkes B N, Hatchard T D, et al. 2014. In situ XRD study of silicon, lead and bismuth negative electrodes in nonaqueous sodium cells[J]. Journal of the Electrochemical Society, 161(3): A416－A421.

Guignard M, Didier C, Darriet J, et al. 2013. P2－Na_xVO_2 system as electrodes for batteries and electron-correlated materials[J]. Nature Materials, 12(1): 74－80.

Hassoun J, Sorosati B. 2010. A high-performance polymer Tin sulfur Lithium ion battery[J]. Angewandte Chemie-International Edition, 49 (13): 2371－2374.

He G, Huq A, Kan W H, et al. 2016. β-$NaVOPO_4$ obtained by a low-temperature synthesis process: a new 3.3 V cathode for sodium-ion batteries[J]. Chemistry of Materials, 28(5): 66-78.

Irisarri E, Ponrouch A, Palacin M R. 2015. Review-Hard carbon negative materials for sodium-ion batteries[J]. Journal of the Electrochemical Society, 162: A2476-A2482.

Jahel A, Ghimbeu C M, Monconduit L, et al. 2014. Confined ultrasmall SnO_2 particles in micro/mesoporous carbon as an extremely long cycle-life anode material for Li-ion batteries[J]. Advanced Energy Materials, 4(11): 6001-6006.

Jayaprakash N, Shen J, Moganty S S, et al. 2011. Porous hollowcarbon@sulfur composites for high-power lithium-sulfur batteries[J]. Angewandte Chemie-International Edition, 50(26): 5904-5908.

Ji L, Rao M, Zheng H, et al. 2011. Graphene oxide as a sulfur immobilizer in high performance lithium/sulfur cells[J]. Journal of the American Chemical Society, 133(46): 18522-18525.

Ji X, Lee K T, Nazar L F. 2009. A highly ordered nanostructuredcarbon-sulphur cathode for lithium-sulphur batteries[J]. Nature Materials, 8(6): 500-506.

Kim J, Park I, Kim H, et al. 2016. Tailoring a new 4V-class cathode material for Na-ion batteries[J]. Advanced Energy Materials, 6: 1502147.

Kim J S, Ahn H J, Ryu H S, et al. 2008. The discharge properties of Na/Ni_3S_2 cell at properties of Na/Ni_3S_2 cell at ambient temperature[J]. Journal of Power Sources, 178(2): 852-856.

Kim S W, Seo D H, Ma X, et al. 2012. Electrode materials for rechargeable sodium-ion batteries: Potential alternatives to current lithium-ion batteries[J]. Advanced Energy Materials, 2(7): 710-721.

Komab S, Mikumo T, Yabuuchi N, et al. 2010. Electrochemical insertion of Li and Na ions into nanocrystalline Fe_3O_4 and α-Fe_2O_3 for rechargeable batteries[J]. Journal of The Electrochemical Society, 157(1): A60-A65.

Ko Y N, Kang Y C. 2014. Electrochemical properties of ultrafine Sb nanocrystals embedded in carbon microspheres for use as Na-ion battery anode materials[J]. Chemical Communications, 50(82): 12322-12324.

Lee D H, Xu J, Meng Y S. 2013. An advanced cathode for Na-ion batteries with high rate and excellent structural stability[J]. Physical Chemistry Chemical Physics, 15(9): 3304-3312.

Liang C, Dudney N J, Howe J. Y. 2009. Hierarchically structured sulfur/carbonnanocomposite material for high-energy lithium battery[J]. Chemistry of Materials, 21(19): 4724-4730.

Liang X, Hart C, Pang Q, et al. 2015. A highly efficient polysulphide mediator for lithium-sulphurbatteries[J]. Nature Communications, 6: 5682-5690.

Li B, Li S, Liu J, et al. 2015. Vertically aligned sulfur-graphene nanowalls on substrates for ultrafast lithium-sulfur batteries[J]. Nano Lett, 15(5): 3073-3079.

Liu S, Li G R, Gao X P. 2016. Lanthanum Nitrate as electrolyte additive to stabilize the surface morphology of lithium sulfur battery[J]. Applied Materials & Interfaces, 8(12): 7783-7789.

Luo J, Lee R C, Jin J T, et al. 2017. A dual-functional polymer coating on s lithium anode for suppressing dendrite growth and polysulfide shutting in Li-S batteries[J]. Chemical Communications, 53 (5): 963-966.

Lu Y H, Wang L, Cheng J G, et al. 2012. Prussian blue: a new framework of electrode materials for sodium batteries[J]. Chemical Communication, 48: 6544-6546.

Ma G Q, Wen Z Y, Wang Q S, et al. 2014. Enhanced cycle performance of a Li-S battery based on a protected lithium anode[J]. Journal of Materials Chemistry A, 2 (45): 19355 - 19359.

Matsuda T, Takachi M, Moritomo Y. 2013. A sodium manganese ferrocyanide thin film for Na-ion batteries[J]. Chemical Communication, 49: 2750 - 2752.

Ma X, Chen H, Ceder G. 2011. Electrochemical properties of monoclinic $NaMnO_2$ [J]. Journal of the Electrochemical Society, 158(2): A1307 - 1309.

Mikhaulik Y V, Akridge J R. 2004. Polysulfide shuttle study in the Li - S battery system[J]. Journal of Eelectrochemical Society, 151 (11): 1969 - 1976.

Mikhaylik Y V. 2001. Methodes of charging lithium-sulfur batteries[P]. U. S. Patent 6329789.

Minowa H, Yui Y, Ono Y, et al. 2014. Characterization of Prussian blue as positive electrode materials for sodium-ion batteries[J]. Solid State Ionics, 262: 216 - 219.

Oshima T, Kajita M, Okuno A. 2004. Development of sodium-sulfur batteries[J]. International Journal of Applied Ceramic Technology, 1: 269 - 276.

Pang Q, Liang X, Kwok C Y, et al. 2016. Advances in lithium-sulfur batteries based on multifunctional cathodes and electrolytes[J]. Nature Energy, 132: 1 - 11.

Pang Q, Nazar L F. 2016. Long-life and high-areal-capacity Li-S batteries enabled by a light-weight polar host with intrinsic polysulfide adsorption[J]. Acs Nano, 10(4): 4111 - 4118.

Pang Q, Tang J, Huang H, et al. 2015. A nitrogen and sulfur dual-doped carbon derived from polyrhodanine @ cellulose for advanced lithium-sulfur batteries [J]. Advanced Materials, 27: 6021 - 6028.

Park C S, Kim H, Shakoor R A, et al. 2013. Anomalous manganese activation of a pyrophosphate cathode in sodium ion batteries: A combined experimental and theoretical study [J]. Journal of American Chemical Society, 135: 2787 - 2792.

Qiu Y, Li W, Zhao W, et al. 2014. High-rate, ultralong cycle-life lithium/sulfur batteries enabled by nitrogen-doped graphene[J]. Nano Letters, 14(8): 4821 - 4827.

Sangster J, Pelton A D. 1993. The Na-Sb (sodium-antimony) system[J]. Journal of Phase Equilibria, 14 (2): 250 - 255.

Senguttuvan P, Rousse G, Seznec V, et al. 2011. $Na_2Ti_3O_7$: Lowest voltage ever reported oxide insertion electrode for sodium ion batteries[J]. Chemistry of Materials, 23(18): 4109 - 4111.

Slater M D, Kim D, Lee E, et al. 2013. Sodium-ion batteries[J]. Advanced Functional Materials, 23: 947 - 958.

Song J, Wang L, Lu Y, et al. 2015. Removal of interstitial H_2O in hexacyanometallates for superior cathode of a sodium-ion battery[J]. Journal of American Chemical Society, 137(7): 2658 - 2664.

Song J, Xu T, Gordin M, et al. 2014. Nitrogen-doped mesoporous carbon promoted chemical adsorption of sulfur and fabrication of high-areal-capacity sulfur cathode with exceptional cycling stability for lithium-sulfur batteries[J]. Advanced Functional Material, 24: 1243 - 1250.

Song M K, Zhang Y G, Caims J E. 2013. A long-life, high-rate lithium/sulfur cell: A multifaceted approach to enhancing cell performance[J]. Nano Letters, 13(12): 5891 - 5899.

Sudworth J L. 2001. The sodium/nickel chloride (ZEBRA) battery[J]. Journal of Power Sources, 100: 149 - 163.

Sun Q, He B, Zhan X Q, et al. 2015. Engineering of hollow core-shell interlinked carbon spheres for highly stable lithium-sulfur batteries[J]. Acs Nano, 9: 8504 - 8513.

Tahir M N, Oschmann B, Buchholz D, et al. 2016. Extraordinary performance of carbon-coated anatase TiO_2 as sodium-ion anode[J]. Advanced Energy Materials, 6(4): 1501489.

Takeda Y, Akagi J, Edagawa A. 1980. A preparation and polymorphic relations of sodium iron oxide ($NaFeO_2$)[J]. Materials Research Bulletin, 15(8): 1167 - 1172.

TranT T, Obrovac M N. 2011. Alloy negative electrodes for high energy density metal-ion cells[J]. Journal of The Electrochemical Society, 158(12): A1411 - A1416.

Uebou Y, Kiyabu T, Okada S, et al. 2002. Electrochemical sodium insertion into the 3D-framework of $Na_3M_2(PO_4)_3$(M=Fe, V)[J]. Reports of Institute of Advanced Material Study Kyushu University, 16: 1 - 5.

Wang H, Wu Z, Meng F, et al. 2013. Nitrogen-doped porous carbon nanosheets as low-cost, high-performance anode material for sodium-ion batteries[J]. ChemSusChem, 6(1): 56 - 60.

Wang J, Cheng S, Li W F, et al. 2016. Simultaneous optimization of surface chemistry and pore morphology of 3D graphene-sulfur cathode via multi-ion modulation[J]. Journal of Power Sources, 321: 193 - 200.

Wang L, Lu Y H, Liu J, et al. 2013. A Superior low-cost cathode for a Na-ion battery[J]. Angewandte Chemie Intternational Edition, 52: 1964 - 1967.

Wei S C, Zhang H, Huang Y Q, et al. 2011. Pig bone derived hierarchicalporous carbon and its enhanced cycling performance of lithium-sulfur batteries[J]. Energy & Environmental Science, 4(3): 736 - 740.

Wenzel S, Hara T, Janek J, et al. 2011. Room-temperature sodium-ion batteries: Improving the rate capability of carbon anode materials by templating strategies[J]. Energy & Environmental Science, 4(9): 3342 - 3345.

Wu D, Li X, Xu B, et al. 2014. $NaTiO_2$: A layered anode material for sodium-ion batteries[J]. Energy & Environmental Science, 8(1): 195 - 202.

Wu X Y, Wu C H, Wei C X, et al. 2016. Highly crystallized $Na_2CoFe(CN)_6$ with suppressed lattice defects as superior cathode material for sodium-ion batteries[J]. ACS Applied Materials & Interfaces, 8: 5393 - 5399.

Xia X, Dahn J R. 2012. $NaCrO_2$ is a fundamentally safe positive electrode material for sodium-ion batteries with liquid electrolytes[J]. Electrochemical and Solid-State Letters, 15(1): A1 - A6.

Yabuuchi N, Kubota K, Dahbi M, et al. 2014. Research development on sodium-ion batteries[J]. Chemical Reviews, 114(23): 11636 - 11682.

Yanagita A, Shibata T, Kobayashi W, et al. 2015. Scaling relation between renormalized discharge rate and capacity in Na_xCoO_2 films[J]. Applied Materials, 3(10): 710 - 715.

Yang X, Zhang R, Chen N, et al. 2016. Assembly of SnSe nanoparticles confined in graphene for enhanced sodium-ion storage performance[J]. Chemistry - A European Journal, 22(4): 1445 - 1451.

Yao H, Zheng G, Hsu P, et al. 2014. Improving lithium-sulphur batteries through spatial control of sulphur species deposition on a hybrid electrode surface[J]. Nature Communications, 5: 3943 - 3952.

Yu C Y, Park J S, Jung H G, et al. 2015. $NaCrO_2$ cathode for high rate sodium-ion batteries[J]. Energy & Environmental Science, 8(7): 2019 - 2026.

Yu S, Li Y, Lu Y H, et al. 2015. A promising cathode material of sodium iron-nickel hexacyanoferrate for sodium ion Batteries[J]. Journal of Power Sources, 275: 45 - 49.

Zhang C F, Wu H B, Yuan C Z, et al. 2012. Confining sulfur in double-shelled hollow carbon spheres for lithium-sulfur batteries[J]. Angewandte Chemie-International Edition, 51(38): 9592 - 9595.

Zhang S S. 2015. Heteroatom-doped carbons: Synthesis, chemistry and application in lithium/sulphurbattery[J]. Inorganic Chemistry Frontiers, 2(12): 1059 - 1069.

Zhang W, Qiao D, Pan J, et al. 2013. A Li^+ - conductive microporous carbon-sulfur composite for Li - S batteries[J]. Electrochimica Acta, 87: 497 - 502.

Zhang X L, Wang W K, Wang A B, et al. 2014. Improved cycling stability and high security of Li - B alloy anode for lithium-sulfur battery[J]. Journal of Materials Chemistry A, 2 (30): 11660 - 11665.

Zhang Y J, Xia X H, Wang X L, et al. 2016. Graphene oxide modified metallic lithium electrode and its electrochemical performances in lithium-sulfur full batteries and symmetric lithium-metal coin cells[J]. Rsc Advances, 6(70): 66161 - 66168.

Zhao R, Zhu L, Cao Y, et al. 2012. An aniline-nitroaniline copolymer as a high capacity cathode for Na-ion batteries[J]. Electrochemistry Communications, 21(1): 36 - 38.

Zheng G Y, Yang Y, Cha J J, et al. 2011. Hollow carbon nanofiberencapsulatedsulfur cathodes for high specific capacity rechargeable lithium batteries[J]. Nano Letters, 11(10): 4462 - 4467.

Zhou M, Xiong Y, Cao Y, et al. 2013. Electroactive organic anion-doped polypyrrole as a low cost and renewable cathode for sodium-ion batteries[J]. Journal of Polymer Science Part B: Polymer Physics, 51(2): 114 - 118.